高职高专“十二五”规划教材

锑冶金

雷　霆　白荣林　朱从杰　张汉平　陈福亮　编著

北　京
冶金工业出版社
2012

内 容 简 介

全书共分15章，阐述了金属锑、锑合金和锑化合物的主要用途，锑的储量、资源与生产，锑的主要物理化学性质；重点介绍了锑精矿的挥发焙烧、鼓风炉挥发熔炼及其他挥发熔炼，中低品位锑矿的熔池熔炼，氧化锑的还原熔炼和硫化锑精矿的直接熔炼，锑的湿法冶金，粗锑的精炼，复杂锑矿的处理，锑白、高纯锑及其他工业锑品的生产技术；对锑冶金中的污染治理和环境保护进行了分析。

本书除作为高职高专冶金技术专业学生教学用书外，还可供从事有色金属冶炼，尤其是从事锑冶金的科研、设计单位、生产企业的工程技术人员参考，也可供本科院校的教师和学生阅读。

图书在版编目(CIP)数据

锑冶金/雷霆等编著. —北京：冶金工业出版社，2012. 2
高职高专“十二五”规划教材
ISBN 978-7-5024-5859-1

Ⅰ. ①锑… Ⅱ. ①雷… Ⅲ. ①锑—有色金属冶金—高等职业教育—教材 Ⅳ. ①TF818

中国版本图书馆 CIP 数据核字(2012)第020295号

出版人 曹胜利
地　址 北京北河沿大街嵩祝院北巷39号，邮编100009
电　话 (010)64027926 电子信箱 yjcbs@cnmip.com.cn
责任编辑 杨盈园 王雪涛 美术编辑 李新 版式设计 葛新霞
责任校对 王永欣 责任印制 张祺鑫
ISBN 978-7-5024-5859-1
北京百善印刷厂印刷；冶金工业出版社出版发行；各地新华书店经销
2012年2月第1版，2012年2月第1次印刷
787mm×1092mm 1/16； 22.75印张； 548千字； 350页
49.00元
冶金工业出版社投稿电话：(010)64027932 投稿信箱：tougao@cnmip.com.cn
冶金工业出版社发行部 电话：(010)64044283 传真：(010)64027893
冶金书店 地址：北京东四西大街46号(100010) 电话：(010)65289081(兼传真)
(本书如有印装质量问题，本社发行部负责退换)

前言

锑是一种银白色金属，在我国一般把它归入有色金属类，但实际上，锑是一种稀有金属，其在地壳中的平均丰度仅为百万分之二至百万分之五。

锑主要用于制造合金及半导体材料，在橡胶、染料、搪瓷等工业中有广泛的应用，此外还用于电缆护套、焊料、装饰用铸件等。锑的化合物种类繁多，在医药、电子、玻璃制造、阻燃剂、陶瓷、搪瓷、印染、化工、化学分析等方面都有广泛的应用。

我国是世界上锑的主要生产国和出口国，锑的地质储量居世界第一位。目前，无论是锑的资源量、生产量还是出口量，皆名列世界第一。锑已成为我国的有色金属优势资源，同时也是我国的保护性资源。

赵天从教授曾于1987年出版了专著《锑》，为我国锑冶金的发展作出了重大贡献。二十多年来，我国锑工业发展迅速，锑的选矿与冶炼技术取得了很大进步。锑选矿回收率逐步提高，尤其在复杂多金属难选锑矿的选矿及强化氧化锑矿物的选矿回收方面获得了较大进展。在锑的冶炼方面，传统的火法冶炼工艺得到了进一步完善，新的火法及湿法冶炼工艺也在不断地被开发和使用。科技工作者对如何充分利用锑资源，开发新工艺、新产品，节能降耗，注重污染治理和环境保护等方面进行了不懈的努力，完成了大量的科研课题。正是在这样的背景下，应冶金工业出版社之约，在大量收集国内外相关资料并结合承担课题的基础上，我们曾于2009年出版了专著《锑冶金》。

要发展我国的锑产业，科研、生产一线高技能人才的培养很有必要，然而，目前的高职高专院校在这方面的教学和教材较缺乏，因此，根据我国锑产业发展的需要，我们在2009年出版的《锑冶金》基础上，编写了此书，作为高职高专冶金技术专业“锑冶金”课程使用教材，希望对我国锑工业的发展有所裨益。

本书的编写时间较为仓促，加之作者学识所限，书中不妥之处，恳请读者不吝赐教。

编　者

2011年10月

目录

1 概　论

1.1　锑的性质与用途

1.1.1　锑的性质

锑是化学元素周期表中第Ⅴ主族元素，元素符号 Sb，英文单词 antimony，源出于希腊文 anti 和 monos 两字的复合词，原意是“很少单独存在的金属”。

锑有许多无机和有机化合物。锑的原子价有 +3、+4、+5 和 −3，但主要是 +3 价，4 价化合物是 3 价和 5 价的结合体。

1.1.1.1　锑的物理性质

锑的相对原子质量为 121.75，原子序数为 51。它有四种同素异形体，即灰锑、黑锑、黄锑和爆锑，后三种均不稳定。灰锑是普通常见的所谓金属锑，外表呈银白色，断面呈现紫蓝色金属光泽，其主要物理性质见表 1-1。

表 1-1　锑的主要物理性质

物理性质		数　据
熔点/℃		630.7
沸点/℃		1635.0
密　度	(20℃)/g·cm^{-3}	6.884
	(630.5℃)/g·cm^{-3}	6.697
晶　系		六方晶系(菱形六方体)
晶格常数/nm		$a = 0.4307$；$c = 1.1273$
莫氏硬度		3.0~3.5
熔化潜热/kJ·mol^{-1}		18.866
蒸发潜热/kJ·mol^{-1}		19.51
线膨胀系数(20℃)/μm·(m·℃)$^{-1}$		8~11
电阻率(20℃)/Ω·m		37×10^{-2}
磁化率(18℃)		-99.0×10^{-6}
比热容(27℃)/J·(kg·K)$^{-1}$		24.4
热导率(0℃)/W·(m·K)$^{-1}$		25.9
稳定的同位素		Sb^{121}，Sb^{123}

锑是较易挥发的金属，关于锑的沸点，文献报道的有 1330℃、1380℃、1440℃、1587℃和 1635℃等数据。A·H·涅斯梅亚诺夫(A. H. Несмеянов)在详细分析了已发表的数据后，绘制了锑的蒸气压与温度的关系曲线图，将其沸点确定为 1635.0℃。金属锑的蒸气压 p

(Pa)与温度 T(K)的关系可按下式计算:

温度低于或等于1300℃时: $\lg p = 7.995 - 6060/T$

温度高于1300℃时: $\lg p = 9.154 - 7880/T$

由630℃至1635℃锑的蒸气压与温度关系的计算结果见表1-2。表1-2的数据也表明,锑的沸点为1635.0℃。根据表1-2的数据绘制出的锑蒸气压与温度的关系曲线见图1-1。

表1-2　锑在不同温度下的蒸气压

温度/℃	630	700	800	900	1000	1100	1200	1300	1400	1500	1600	1635
蒸气压/Pa	18.67	58.26	221.32	670.61	1719.85	3853.01	7506.03	13732.17	27864.30	51862.26	87992.52	101324.7
蒸气压/mmHg	0.14	0.437	1.66	5.03	12.90	28.9	56.3	103.0	209.0	389.0	660.0	760

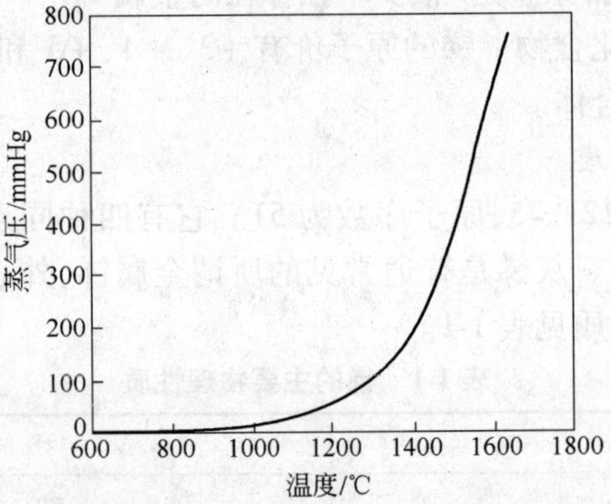

图1-1　锑蒸气压与温度的关系曲线(1mmHg = 133.3Pa)

1.1.1.2　锑的化学性质

锑是一种较稳定的金属,在常温下即便长时间置于潮湿的空气中,也能保持其表面的光泽而不受氧化。据测定,即使在100 ~ 250℃的温度范围内加热,金属锑仍无明显的氧化现象,但若将粉状锑加热超过熔点时,则着火燃烧,若加热到750 ~ 800℃时,熔融的锑能使水蒸气分解而析出氢。锑的主要化学性质见表1-3。

表1-3　锑的主要化学性质

接触的物质	发生的化学反应
常温下的空气和水	无反应
热空气	氧化为 Sb_2O_3
氧气	强烈燃烧
热蒸汽	产生 Sb_2O_3
稀酸	无作用
浓盐酸	有氧时溶解
浓硝酸	产出氧化氮气体,残留 Sb_2O_3 白色粉末
王水	溶解为 $SbCl_3$ 溶液
热浓硫酸	产出 $Sb(OH)SO_4$
Cl_2	产出 $SbCl_3$
Br_2	加热时生成 $SbBr_3$
I_2	加热时生成 SbI_3

续表 1-3

接触的物质	发生的化学反应
Mg	加热时生成 Mg_3Sb_2
次氯酸钙(钠)	不溶解
浓酒石酸	溶解产出 $(SbO)_2C_4H_4O_4$
黄色硫化铵	溶解
NaOH 或 KOH 水溶液	无作用
与硫磺混合	生成黑色 Sb_2S_3
与硫的配合力	小于 Cu、Fe、Zn、Ni、Co、Cd 等金属

1.1.2 锑的主要用途

1.1.2.1 金属锑及其合金的用途

金属锑很少单独被使用,主要用于制造合金及半导体材料,在橡胶、染料、搪瓷等工业中也有广泛的应用,此外还用于电缆护套、焊料、装饰用铸件等。

金属锑常用于搪瓷面釉中作为使瓷釉不致透明的乳浊原料。锑面釉常用的有锑底白釉(金属锑含量为 9.50%)、锑光面釉(金属锑含量为 7.00%)、锑一次搪面釉(金属锑含量为 6.66%,氧化锑 2.86%)等几种。

锑作为添加剂加入锡铅焊料中,使焊料的焊接强度增加,其加入量随锡的减少、铅的增加而增加。例如 HISnPb10 焊料中,锑的含量少于 0.15%,而 HISnPb90-6 焊料中,锑的含量则达到 5%~6%。

合金中锑的主要作用是提高合金的硬度及使其在常温下不氧化。

锑是铅合金中用量最大的合金元素。锑部分固溶于铅,使铅合金的硬度、强度提高,并增加对硫酸的耐蚀性。用于化工设备和管道材料时,以含锑约 6% 的铅合金为适宜;而用作连接构件时,以锑含量为 8%~10% 为宜。含锑铅合金品种较多,根据成分、性能的不同分成 3 组,即铅锑合金、硬铅合金和特硬铅合金。

由于锑的加入使锡合金的强度显著提高,锡合金可作为轴承材料。锡合金有 SnSb2.5(锑含量为 1.9%~3.1%)及 SnPb13.5~2.5(铅含量为 12.0%~15.0%、锑含量为 1.75%~3.25%)两种牌号。锡合金的箔材在电气、仪表等工业中用于制造零件,例如 SnSb2.5 合金,其厚 0.05mm 的箔材可用作子弹壳底火垫片;SnPb13.5~2.5 合金,其厚 0.02mm 的箔材可用于制作电容器。

较为著名的含锑合金有:印刷活字合金,其成分为:Sn 2%~4%、Sb 10%~13%、Pb 88%~83%,其特点是在冷却凝固时轻微膨胀,所以能制成轮廓清晰的铸件;巴氏合金(又称白色合金),根据成分可分为锡巴氏合金(以锡为基体的锡-锑-铜合金)和铅巴氏合金(以铅为基体,以铅部分或全部代替锡),其特点是有高的耐磨性,作为轴承合金用于制造轴承。

1.1.2.2 锑化合物的用途

锑化合物种类繁多,应用范围相当广泛,在医药、电子、玻璃、阻燃剂、陶瓷、搪瓷、印染、化工、化学分析等方面都有应用。如葡萄糖酸锑钠是治疗黑热病的首选药,疗效很好,且很少发生副作用,可由葡萄糖酸钠与锑酸作用制得。酒石酸锑氧钾 $C_4H_4O_7KSb \cdot 1/2H_2O$(吐酒石)和锑-273(次没食子酸锑钠)都是治疗血吸虫病的药物,前者通过扰乱血吸虫虫体代谢达到消灭血吸虫的目的，后者则能将肠系膜静脉中血吸虫转入肝脏，阻塞于肝小血管，被吞噬细胞所包围，最后消灭。酒石酸锑氧钾由三氧化锑与酒石酸氢钾溶液共热后结晶制得；锑－273 则由没食子酸和三氧化锑在中性液中反应制得。

锑与$Ⅲ_A$族、$Ⅵ_A$族元素形成的化合物 InSb、AlSb、GaSb、Sb_2Se_3、Sb_2Te_3 等都是很好的半导体材料。金属锑和铟在高温熔合，再经熔炼提纯即为锑化铟的单晶，该单晶可制成具有特殊性能的红外线探测器件。

氧化锑（Sb_2O_3）、锑酸钠（$NaSbO_3$）、水合锑酸钠［$NaSb(OH)_6$］等都可在玻璃生产中作为澄清剂，只是 Sb_2O_3 用于普通玻璃，而 $NaSbO_3$ 和 $NaSb(OH)_6$ 用于显像管玻璃壳、光学玻璃及各种高级玻璃。

Sb_2O_3 作玻璃澄清剂使用时，要和硝酸盐并用，其原理为在 1000～1200℃温度下，Sb_2O_3 被硝酸盐放出的氧所氧化（$Sb_2O_3 \rightarrow Sb_2O_5$）；当温度达到 1300℃以上时 Sb_2O_5 又放出氧（$Sb_2O_5 \rightarrow Sb_2O_3$），从而起澄清作用；在冷却过程中 Sb_2O_3 再转变为 Sb_2O_5，这样便把氧气气泡吸收除去。一般玻璃中 Sb_2O_3 的用量为 0.05%～0.5%。$NaSbO_3$ 和 $NaSb(OH)_6$ 作为玻璃澄清剂比 Sb_2O_3 效果好，它们单独使用，所起的作用与 Sb_2O_3 相似，也是高温时生成 Sb_2O_3 而放出氧，冷却时 Sb_2O_3 再转变为 Sb_2O_5 吸收氧气气泡，从而达到澄清玻璃的目的。

在钠钙玻璃中加入一定量的 Sb_2O_3、硫磺、炭粉，熔炼后再经显色热处理，即得到价格便宜、便于推广的锑红玻璃，此种玻璃用作信号玻璃和艺术玻璃等。

锑系阻燃剂在无机阻燃剂中占有越来越重要的地位，阻燃剂已成为锑的最大应用领域，其消耗量占锑总消耗量的 80%以上。采用 Sb_2O_3、非胶体 Sb_2O_5、胶体 Sb_2O_5、$SbCl_3$、$NaSbO_3$ 等，已分别开发出了组成不同、特性不同、应用在不同场合的系列品种，广泛应用于橡胶、塑料、化纤、地毯、涂料等阻燃制品中。随着 Sb_2O_3 超微细技术的发展，能够得到粒径更细的 Sb_2O_3，其添加性能更好，对被阻燃基材物理性能的恶化程度更小。胶体 Sb_2O_5 的平均粒径仅 0.03μm，约为一般 Sb_2O_3 粒径的 1/100，由于极细，基本上不恶化树脂基材的物理性能，同时对树脂的颜色也少有影响。试验证明，胶体 Sb_2O_5 的阻燃性高于同系列的非胶体 Sb_2O_5、Sb_2O_3 及 $NaSbO_3$ 等，是锑系阻燃剂中最好的一种。

$SbCl_5$ 用于检验生物碱和铯元素。$NaSbO_3$ 和焦锑酸钾（$K_2H_2Sb_2O_7 \cdot 4H_2O$）都可用于钠离子的鉴定。$SbCl_3$ 常作为无机和有机氯化反应的催化剂。

Sb_2O_3 是最重要的锑化合物之一，除了前面提到的用途外，还可用作石油化工和合成纤维的催化剂；用于制造媒染剂、乳白剂；用作合成锑盐的原料；在搪瓷工业中用作添加剂，以增加面釉的不透明性和表面光泽。另外，Sb_2O_3 还是一种优良的白色颜料，其遮盖力略次于钛白，而与锌钡白相近。在钛白的生产中，Sb_2O_3 能有效地抑制钛白的光致反应。利用 Sb_2O_3 良好的抗粉化、对光稳定性能以及阻燃性能，人们已经制备出各种用途的含锑二氧化钛，如钛镍黄、化纤钛白、超细含锑二氧化钛等。

1.2 炼锑原料

我国是世界上锑的主要生产国和出口国，锑的地质储量居世界第一位。二十多年来，我国的锑冶金工业得到了快速发展，目前，无论是锑的资源量、生产量还是出口量，皆名列世界第一，锑已成为我国的有色金属优势资源。2004 年，在我国居世界第一位的十种有色金属产量中，锑产量为 124.9kt，占全球锑产量的 80%以上，锑品出口量为 76.9kt，约占全球锑品出口量的80%。国土资源部公布,我国2003年末锑矿储量为507kt,基础储量875kt,资源量1197kt,总资源储量2072kt。

自然界的含锑矿物多达120余种,经美国地质调查所鉴定有固定成分的达112种。锑在自然界存在的形态按化合价划分为零价、三价和五价。零价的锑即自然锑,三价和五价的锑矿物则有含锑的金属间化合物、硫化物、卤化物或含卤化物、氧化物。

重要的工业矿物有辉锑矿、方锑矿、锑华、锑赭石、脆硫锑铅矿、黝铜矿、红锑矿及硫汞锑矿等。常见含锑矿物的名称及其主要特征如表1-4所示。天然矿物的成分往往不完全符合化学计量,表1-4中有些矿物的锑含量是实验测定量。

表1-4 常见含锑矿物及其主要特征

矿物名称		分子式	锑含量/%	莫氏硬度	密度/$g \cdot cm^{-3}$	颜色	
						矿物	条痕
自然锑(antimony)		Sb	约98	3~3.5	6.6	锡白,钢灰	锡白,灰
金属化合物	方金锑矿(aurostibite)	$AuSb_2$	55.28	3	9.98	铅灰	青铜色
	锑银矿(dyscrasite)	Ag_3Sb	27.34	3.5~4	9.4~10	银白	银白
	锑铜矿(horsfordite)	Cu_6Sb	24.20	4~5	8.8	灰,银白	银白
	红锑镍矿(breithauptite)	NiSb	67.47	3.5~4	8.23	铜红	红褐
	锑钯矿(Stibiopalladinite)	Pd_5Sb_2	31.40	4~5	9.5	钢灰,银灰	黑
	砷锑矿(Allemontite)	SbAs	61.90	3.5	6.2	锡白	锡白
硫化物及硫盐类	辉锑矿(stibnite)	Sb_2S_3	71.68	2	4.63	铅灰	灰黑
	锑硫镍矿(ullmannite)	NiSbS	57.29	5.5	6.65	钢灰,银白	灰黑
	硫锑铁矿(gudmundite)	FeSbS	58.07	5.5~6	6.72	钢灰,银白	灰黑
	辉锑铋矿(horobetsuite)	$(Bi,Sb)_2S_3$	28.52	2	5.45	灰	灰
	脆硫锑铅矿(jamesonite)	$Pb_4FeSb_6S_{14}$	35.39	2.5	5.56	钢灰,铅灰	黑,灰
	块硫锑铅矿(boulangerite)	$Pb_5Sb_4S_{11}$	26.44	2.5	6	钢灰,蓝灰	红褐
	针硫锑铅矿(falkmanite)		25.77	2~3	6.31	铅灰,浅褐	灰褐
	柱硫锑铅矿(Freieslebenite)	$AgPbSbS_3$	22.84	2.5	6.3	灰,银白	灰白
	砷硫锑铅矿(geocronite)	$Pb_{14}(Sb,As)_6S_{23}$	14.08	2.5~3	6.4	蓝灰,银白	铅灰
	车轮矿(bournonite)	$PbCuSbS_3$	24.91	3	5.8	黑,钢灰	灰
	辉锑铅矿(zinkenite)	$Pb_9Sb_{22}S_{42}$	45.47	3~3.5	5.23	钢灰	钢灰
	斜辉锑铅矿(meneghinite)	$Pb_{13}CuSb_7S_{24}$	19.46	2.5	6.38	铅灰,黑灰	灰黑
	黝铜矿(tetrahedrite)	$Cu_{12}Sb_4S_{13}$	29.64	3.5~4	4.6~5.2	黑,钢灰	黑
	银黝铜矿(freibergite)	$(Ag,Cu,Fe)_{12}(Sb,As)_4S_{13}$	18.93	3.5~4	4.85~5	黑,钢灰	黑红
	脆硫锑铜矿(famatinite)	Cu_3SbS_4	27.63	3~4	4.57	灰黑,钢灰	黑
	硫锑铜矿(Stibioenargite)	$Cu_3(Sb,As)S_4$	15.28	3		黑	黑
	脆银矿(stephanite)	Ag_5SbS_4	15.42	2~2.5	6.25	黑,铅灰	黑
	浓红银矿(pyrargyrite)	Ag_3SbS_3	22.3	2.5~3	5.77~5.86	深红至灰黑	深红

续表 1-4

类别	矿物名称	分子式	锑含量/%	莫氏硬度	密度 /g·cm^{-3}	颜色	
						矿物	条痕
硫化物及硫盐类	辉锑银铅矿(ramdohrite)	$Ag_3Pb_6Sb_{11}S_{24}$	36.44	2	5.33	黑灰	灰黑
	硫锑铅银矿(andorite)	$PbAgSb_3S_6$	41.85	3~3.5	5.41	灰黄,钢灰	黑
	圆柱锡矿(cylindrite)	$Pb_3Sn_4FeSb_2S_{14}$	13.2	2.5	5.41	铅灰至黑	黑
	辉锑锡铅矿(franckeite)	$(Pb,Sn)_6FeSn_2Sb_2S_{14}$	12.2	2.5	5.7	黑灰	灰黑
	硫汞锑矿(livingstonite)	$HgSb_4S_8$	51.58	2	4.85	钢灰,铅灰	红
	辉锑铁矿(berthierite)	$FeSb_2S_4$	56.94	2~2.5	4.3	钢灰,深褐	灰褐
氧化物和氢氧化物类	方锑矿(senarmontite)	Sb_2O_3	88.39	2	5.25	白,灰,无	白
	锑华(valentinite)		83.59	2.5~3	5.69	灰白	白
	红锑矿(kermesite)	Sb_2S_2O	75.24	1.5	4.55	樱桃红	褐红
	硫氧锑钙石(sarabauite)	$CaSb_{10}O_{10}S_6$	75.62	4.5	4.8	深红色	橙色
	黄锑矿(cervantite)	Sb_2O_4	79.19	4~5	6.5	黄至红	淡黄
	黄锑华(Stibiconite)	$Sb_2O_4 \cdot H_2O$	76.37	4~5	4.94	褐,浅黄	淡黄
	锑钽矿(stibiotantalite)	$SbTaO_4$	33.2	5.5	6.7	褐	浅黄
	铌锑矿(stibiocolumbite)	$SbNbO_4$	43.69	5.5	5.98	褐	黄褐
	锑钙石(romeite)	$(Ca,Fe,Mn,Na)_2$-$(Sb,Ti)_2O_6(O,OH,F)$	44.54	5.5~6	5.05	黄至褐	黄褐

1.2.1 自然锑和锑的金属间化合物

自然锑呈锡白至钢灰色,有金属光泽,常失去光泽变为深灰色。自然锑属三方晶系,结晶形态包括假立方晶形及斜方六面体晶形,但常呈他形晶及他形晶集合体,通常以粒状、片状、块状、网状、纤维状和放射状等形状产出。自然锑性脆,硬度低,无磁性。自然锑与自然砷很相似,较难区分,但自然锑无味,而自然砷常具有一种大蒜臭味,而且自然锑不像自然砷那样容易失去光泽。自然锑无单独形成的富矿床,常与辉锑矿及含银锑矿物伴生,在氧化作用下转变为锑的氧化物,其中以三氧化锑为最常见。南非莫奇森(Murchison)地区的锑矿床中发现有自然锑呈微粒附着在蓝铁矿和辉锑矿的晶面上,显然是和这些矿物同时生成的。美国赫尔马德锑矿有相当含量的原生自然锑,它嵌布在接近石英-辉锑矿矿脉的围岩中。此外,瑞典的萨拉(Sala)银矿,美国加州科恩(Kern)公司和加拿大魁北克沃尔夫(Wolfe)公司的矿山也发现有自然锑。我国贵州独山半坡锑矿亦见有自然锑与辉锑矿共生。

锑与其他金属可形成固溶体或金属间化合物,如方金锑矿、锑银矿、锑钯矿等。其形成条件也与硫化物和氧化物的固溶体相同,且大都属于交代形成,而很少充填形成。这类矿物在自然界出现在金、银、砷化物矿石以及稀有金属铂钯矿床中,偶尔也可在伟晶岩中遇到。

我国云南金宝山特大型铂钯矿床中的主要钯矿物即为三方锑钯矿。锑与其他金属形成的这类矿物对锑的生产价值不大,但在金属精炼和合金制造中具有实际意义。例如,锑和砷由于原子价和晶体结构相同,而原子半径(As0.256nm、Sb0.29nm)的差别仅13.8%,也在广泛互溶的界限值以内,所以能够形成一系列连续的固溶体,结果在冶炼中,砷常随锑出现,被认为是一种较难分离的杂质元素。又如锑与金,虽不形成固溶体,但可生成 $AuSb_2$ 金属间化合物(方金锑矿),出现在某些金矿和合金锑矿内。在有色金属的熔炼和精炼中,常视锑为金的一种捕集剂。

1.2.2 硫化锑矿物

最简单的硫化锑矿物为辉锑矿(图1-2),其成分符合分子式 Sb_2S_3,有时含有极少量 Se、As、Bi、Pb、Cu、Fe、Hg、Au 及 Ag 等,其中绝大部分元素为成矿时期的机械混入物。辉锑矿分布很广,是锑生产中最主要的矿物。辉锑矿是低温热液矿床中较晚形成的矿物,由于成矿时上升的热液中很少或不含有其他溶解的硫化物,所以可析出相当纯净的三硫化锑,是典型的浅成矿床。它主要富集于基本上由辉锑矿单矿物组成的石英脉或碳酸盐矿层中。此外,它常见于一些矿化较复杂的热液脉内,而与辰砂、雄黄等共生。少量辉锑矿还见于热泉沉积物和火山凝华物中。如果在成矿的高温阶段,上升热液中遇有相当数量的其他金属硫化物,则三硫化锑就会与这些硫化物形成混晶或固溶体,其中有些在成矿液体温度降低时不发生分解,因而形成有固定组成的复杂硫化物。

图1-2 辉锑矿晶体

辉锑矿除常单独形成工业矿床外,往往还出现在铜、铅、锌矿石中而成为这些金属生产中的副产品。

辉锑矿属斜方晶系,其产出形态多样,如放射状、针状、片状、柱状、半自形晶粒集合体等,在矿床空隙部位常生成闪亮美观的粗大柱状结晶或晶簇,柱面具有明显的纵纹,较大的晶体往往显现弯曲。长而弯曲的片状晶体像阿拉伯人的弯刀,是收藏家的至爱,弯曲的晶形是由双晶作用产生的。在矿床发生氧化时,氧化产物往往仍保持形似辉锑矿的假晶。辉锑矿的颜色为铅灰至钢灰色,表面常带暗蓝色,呈金属光泽,条痕色为铅灰至灰黑色。辉锑矿性脆,平行{010}面解理完全,解理面上常有横的聚片双晶纹。共生矿物多为石英、重晶石、含汞的黝铜矿、黄铁矿、白铁矿、毒砂、蓝铁矿等。矿脉中常含有金,有些还含有钨。

复杂硫化锑矿物是成矿期间硫化锑与其他金属硫化物复合形成的,两者常呈天然混晶或固溶体,其形成有两种方式:第一种是充填式,即锑原子分散填充于载体分子的空穴内,这种固溶体可出现在某些非化学计量的矿物分子中,如黄铁矿和磁黄铁矿;第二种是置换固溶体,常见于矿石矿物中。在这种固溶体中溶剂金属在其晶核的正常位置上被溶质金属所置换。最易形成固溶体的条件是溶质与溶剂的原子半径相近,原子价和晶体结构相同。复合硫化锑矿物大都是 Sb_2S_3 与其他在常温下可稳定存在的简单金属硫化物的复合物。例如表1-4中的脆银矿,其分子式 Ag_5SbS_4 可写成 $5Ag_2S \cdot Sb_2S_3$。

由于成矿时,成矿液体中的化学组分十分复杂,因而复合硫化锑矿物的化学成分往往并不完全符合分子式。例如,黝铜矿的分子式一般写成 $Cu_{12}Sb_4S_{13}$,如其中不仅含铜而且还含有原子价相同的锡原子或铁原子时,则可写成 $(Cu,Sn)_{12}Sb_4S_{13}$ 或 $(Cu,Fe)_{12}Sb_4S_{13}$。复合含锑硫化物中的锑为三价锑,可称为硫代亚锑酸锑,这种硫化锑矿的种类繁多,较常见且具有经济价值的复杂硫化锑矿物的特性简述如下。

1.2.2.1 硫汞锑矿

硫汞锑矿的分子式为 $HgSb_4S_8$,其英文名称 livingstonite,系取自 19 世纪探险家、传教士 David Livingstone 的名字。硫汞锑矿的分子式曾被误认为 $HgSb_4S_7$,直到 1957 年才确定其正确的成分。硫汞锑矿能稳定存在的最高温度约 451℃,可以在 200℃、100 个大气压下,用 HgS 和 Sb_2S_3 在 Na_2S 溶液中人工合成 $HgSb_4S_8$ 晶体。硫汞锑矿常产于低温热液矿床,与辉锑矿、辰砂、自然硫、方解石等共生,在某些方解石和石膏标本中,发现其与石膏和自然硫一起产出。硫汞锑矿属单斜晶系,其晶体常呈放射状、纤维状和柱状,具有半金属光泽,不透明至半透明,无磁性。在矿相显微镜下,反射色为浅灰色带奶油色调;双反射显著;非均质性强,内反射局部可见深红色。硫汞锑矿是一种少见的矿物,但在某些矿山却是主要的含锑矿物之一。世界著名产地有墨西哥、澳大利亚的新南威尔士、新西兰及美国的内华达等。

1.2.2.2 车轮矿

车轮矿的化学组成为 $CuPbSbS_3$,常含微量的砷、铁、银、锌、锰等杂质。车轮矿属斜方晶系,斜方单锥晶类,晶体呈短柱状、板状及假立方状,双晶很常见。当双晶重复形成时可形成一种扁平的似车轮形的晶体,所以称为车轮矿。车轮矿性脆,无磁性,在矿相显微镜下,反射色为白色,在油中带微弱的蓝灰色调。

车轮矿广泛分布在中温和低温热液矿床中,但数量不大;主要在铅锌和多金属矿床中,与较晚的硅化阶段有关;在低温锑矿中为早期析出的矿物;在氧化带中,则易分解为孔雀石、白铅矿及氧化锑。世界著名产地有乌拉尔、斯洛伐克的普尔西布蓝、智利的华斯科爱尔多、英国康沃尔的惠尔博爱斯、墨西哥、秘鲁等地。

1.2.2.3 圆柱锡矿

圆柱锡矿也称圆柱锡石,其化学组成为 $Pb_3Sb_2Sn_4S_{14}$,一般含有少量铁,所以常写为 $Pb_3Sn_4FeSb_2S_{14}$。圆柱锡矿是一种非常特别的矿物,属斜方晶系,它有一种很特殊的晶体习性,如其名称所指,可形成圆柱或圆筒状晶体。它实际上是由片状体或壳状体卷曲形成的,但在压力作用下常不能卷曲而以叶状或壳状体产出。具有这种晶体习性的其他矿物仅有绿泥石和蛇纹石,但需要借助显微镜才能观察到,而圆柱锡矿靠肉眼就能观察到。圆柱锡矿也常形成块状或放射状集合体,常与辉锑锡铅矿、闪锌矿和黄铁矿一起产在锡矿脉中。世界著名的产地是玻利维亚的朴坡(Poopo)。我国广西大厂、云南蒙自白牛厂等矿区也有圆柱锡矿赋存。

1.2.2.4 辉锑锡铅矿

辉锑锡铅矿的化学组成为 $Pb_5Sb_2Sn_3S_{14}$,成分中常有 Fe、Zn、Ag 等元素混入,其分子式常写成 $(Pb,Sn)_6FeSn_2Sb_2S_{14}$,属单斜晶系。晶体呈薄板状,常弯曲;双晶复杂。集合体为块状、放射状或球状。辉锑锡铅矿晶体呈浅灰黑色,条痕呈浅灰黑色,具有金属光泽,不透明,解理完全,硬度较低。具挠性,无弹性,并略具延展性。辉锑锡铅矿常常与辉锑铅矿、圆柱锡矿和黝锡矿一起产于与灰岩接触的岩石中,亦见于锡矿矿脉中。

1.2.2.5 黝铜矿

黝铜矿的分子式应为 $Cu_{12}Sb_4S_{13}$ 或 $5Cu_2S \cdot 2CuS \cdot 2Sb_2S_3$,其中的铜常常部分地被银、

铁、锌、汞、镍、钴、钒所取代，而其中的锑可完全或者部分地为砷所取代，完全被砷取代时则为砷黝铜矿（$Cu_{12}As_4S_{13}$），或者当锑含量较高时称为黝铜矿，含砷较高时则称为砷黝铜矿。黝铜矿与砷黝铜矿的晶体结构相同，属立方晶系，六四面体晶类，常见单形有立方体、四面体、菱形十二面体、三角三四面体、四角三四面体等，也呈集合体或粒状产出，偶见双晶。黝铜矿实际上是一种成分十分复杂的矿物。最常见的黝铜矿是 Cu－Sb 型黝铜矿，呈黄褐色，纯 Cu－Sb 型黝铜矿呈青绿色，含银的 Cu－Sb 型黝铜矿呈浅黄褐色，而含汞的 Cu－Sb 型黝铜矿呈光泽较暗的浅黄色。黝铜矿分布广泛，但是一般很少聚积，常见于各种成因的热液矿床和多种硫化物共生组合中；它主要分布于中温热液矿床中，尤其在一些火山热液成因的矿床，与黄锡矿、黄铜矿、闪锌矿等共生。世界著名产地有英国、罗马尼亚、美国、玻利维亚、秘鲁、墨西哥等。如美国爱达荷州的黝铜矿已开采数十年，是该国产量最大的锑矿。我国某些银铜铅锌多金属硫化矿中含有银黝铜矿。

1.2.2.6 *脆硫锑铅矿*

脆硫锑铅矿，又称为羽毛矿，其分子式为 $Pb_4FeSb_6S_{14}$，也写为 $4PbS \cdot FeS \cdot 3Sb_2S_3$，但成分有时并不完全符合化学式，铁含量可达 10% 而远超过理论含量，其他混入物有 Cu、Ag、Zn、Bi、As 等，属单斜晶系，通常呈柱状、针状，具有聚片双晶，在显微镜下易于发现。集合体除多呈致密块状充填于矿床的洞穴或裂隙中外，还常形成纤维状、针状、放射状、毛发状晶簇，有时也形成粗大的棱状晶体而易与辉锑矿晶体混淆。脆硫锑铅矿性脆，无磁性。脆硫锑铅矿风化后转化为锑和铅的氧化物，例如水锑铅矿（$Pb_2Sb_2O_7 \cdot nH_2O$）。脆硫锑铅矿在显微镜观察下与辉锑矿、块硫锑铅矿、针硫锑铅矿和其他某些硫盐矿物很相似。通常不容易与块硫锑铅矿分清楚，后者呈现多种不同色调，而各种晶面间的差别也比脆硫锑铅矿显著。脆硫锑铅矿具聚片双晶，三组解理；而块硫锑铅矿未发现双晶，只有一组解理。脆硫锑铅矿与块硫锑铅矿以及针镍矿均能形成毛发状晶簇，但块硫锑铅矿晶体较柔韧，能弯曲，而脆硫锑铅矿晶体更脆；针镍矿的颜色与脆硫锑铅矿有较大的差别，针镍矿为黄色。与方铅矿比较，脆硫锑铅矿的晶体一般有强金属光泽，呈灰绿黄色。脆硫锑铅矿是热液成因的矿物，主要见于铅锌矿床和锡石硫化物矿床中，常与黄铁矿、闪锌矿、方铅矿、辉锑矿等共生。

脆硫锑铅矿在大多数锑矿床中的蕴藏量很少，但我国广西大厂矿田则为主要的有用矿物之一。在广西大厂锡矿床中，脆硫锑铅矿形成巨大聚积，其数量之多在世界上亦是很罕见的。此外，在我国湖南、吉林、辽宁、甘肃、江西等省的中低温铅锌矿床及美国内华达州和玻利维亚的辉锑矿床中也有产出。

1.2.2.7 *块硫锑铅矿和针硫锑铅矿*

块硫锑铅矿的分子式为 $Pb_5Sb_4S_{11}$，实验结构式为 $Pb_5Sb_{4.1}S_{11}$，属单斜晶系，呈针状结晶和纤维晶簇。针硫锑铅矿的分子式与块硫锑铅矿相同，实验结构式为 $Pb_{4.9}Sb_{3.9}S_{11}$，与块硫锑铅矿的性质很相似，两者均可呈连续的固溶体，而且在两个连续的固溶体中还可能插入另一固溶体。块硫锑铅矿主要产于中低温热液矿床中，如我国独山、大厂锑矿床中均有，在德国、前苏联、法国、瑞典、玻利维亚等国的锑矿床中也有出现。块硫锑铅矿和针硫锑铅矿与脆硫锑铅矿的差别是很小的，并且在自然界普遍存在，蕴藏量也比较丰富。

1.2.2.8 *辉锑铁矿*

辉锑铁矿又称为蓝铁矿，其分子式为 $FeSb_2S_4$，可认为是辉锑矿和黄铁矿的混晶，常出现在低温锑矿床内，共生矿物有石英、黄铁矿、辉锑矿。辉锑铁矿易与辉锑矿相混淆，但前者常形成针状、纤维状晶簇，其条痕色与辉锑矿不同，为褐色，主要产地有罗马尼亚、德国、挪威、法国、澳大利亚和南非。辉锑铁矿是南非锑矿中的一种主要矿物，含有丰富的镍。

1.2.2.9　*浓红银矿*

浓红银矿（Ag_3SbS_3），又称深红银矿，属三方晶系，晶体呈各种形态的短柱状，集合体为致密块状或粒状，在吹管火焰下加热极易熔化，以其颜色和条痕可与淡红银矿（Ag_3AsS_3）区别；以其条痕及银的反应可与辰砂、赤铜矿及雄黄等辨别。浓红银矿与淡红银矿两者很难区别，唯后者颜色及条痕色稍浅，相对密度较小，吹管试验有砷的反应。浓红银矿密度为 5.77～5.86g/cm^3。淡红银矿颜色由深红色到朱红色，类似辰砂，条痕呈鲜红色；浓红银矿颜色为深红色、黑红色或暗灰色，条痕呈深红色。浓红银矿具有金刚石光泽或金属光泽，半透明。解理完全，断口呈贝壳状到参差状。江西冷水坑产出的浓红银矿含 Ag 58.97%、Sb 23.11%、S 18.21%。内蒙古蒙恩陶勒盖产出的浓红银矿含 Ag 63.08%、Sb 20.83%、S 17.14%。浓红银矿见于中低温铅锌银矿床中，为晚期形成矿物，也可以在次生富集中形成。在这些矿床中浓红银矿常与方铅矿、闪锌矿、黄铁矿、自然银以及砷和锑的硫盐矿物共生。我国内蒙古、江西、辽宁、青海、广东等省均有产出。

1.2.3　氧化锑矿物

氧化锑矿物也可分为简单氧化锑矿物和复杂氧化锑矿物。

简单氧化锑矿物是指矿物的成分为简单的三氧化锑（Sb_2O_3）。常见的有方锑矿（Sb_2O_3）和锑华（Sb_2O_3），大多是辉锑矿的风化产物，往往保留辉锑矿的晶形而成假晶，有时内部还留有辉锑矿的残核。

复杂的氧化锑矿是指三氧化锑与五氧化锑、其他氧化物或硫化物的混晶或固溶体。当固溶体内的氧化锑为三氧化锑时称为亚锑酸盐，如果为五氧化锑则称为锑酸盐。元素周期表第Ⅰ族中的铜和钠，第Ⅱ族的锌、钙、铍，第Ⅳ族的钛和铅，第Ⅴ族的钒和钽，第Ⅶ族的锰及第Ⅷ族的铁等金属，由于与锑的原子价相同或原子半径相近，都可与三氧化锑形成混晶式的复杂氧化锑矿。较常见的复杂氧化锑矿物有黄锑矿（Sb_2O_4）、黄锑华（$Sb_2O_4 \cdot H_2O$）和红锑矿等。

1.2.3.1　*方锑矿*

方锑矿多呈粒状或皮壳状集合体产出，有时形成无色或浅灰色发亮的八面体结晶，折光率为 2.087，具有金刚石光泽、玻璃光泽或油脂光泽，解理不完全，无磁性。共生矿物有石英、辉锑矿、锑华、黄锑矿、红锑矿等。用吹管试验分析，其性状与锑华颇为相似，但方锑矿属立方晶系，而锑华属斜方晶系。

1.2.3.2　锑华

锑华结晶习性为板状或棱柱状，常呈辐射状晶簇或单个长柱状晶体，负光性，折射率为 2.35，颜色为白色、黄白色、浅褐红色或无色，半透明至微透明，具有金刚石光泽或珍珠光泽，解理完全，性脆，无磁性。置木炭上易被吹管火焰熔成白色薄膜，可完全挥发。锑华一般产于硅化灰岩穴隙内晶族状辉锑矿晶面上，少量可嵌生于硅化灰岩和石英集合体上。根据其结晶形态和嵌生特征可认为是由辉锑矿溶解后再沉淀结晶而成。

1.2.3.3 黄锑矿

黄锑矿属斜方晶系,斜方单锥晶类,晶体少见,常呈粉末状、鳞片状集合体,或呈致密块体,颜色为黄色到红色,有时无色,具有油脂光泽、珍珠光泽或土状光泽。解理完全到中等。吹管火焰下不熔,在盐酸中亦不溶。

1.2.3.4 黄锑华

黄锑华的化学成分为$Sb_3O_6(OH)$,也写为$Sb_2O_4 \cdot H_2O$。黄锑华属立方晶系,是天然锑、辉锑矿及其他亚锑酸盐或硫代锑酸盐的风化产物,呈淡黄、黄白或浅红白色,晶体少见,常成块状致密隐晶或非晶质的土质集合体,有时呈辉锑矿的假晶。具有玻璃光泽或土状光泽,无磁性。黄锑华常与辉锑矿、锑赭石和锑华一同产出,并常紧密共生,可作锑矿的找矿标志。

1.2.3.5 锑赭石

锑赭石的化学组成为$Sb_2O_3 \cdot Sb_2O_4 \cdot H_2O$,Sb含量为74%~79%,可能不是一个独立矿物,大概是锑华和黄锑华等的混合物,是锑矿床氧化带中较常见的产物。常呈致密状、鲕状或粉末状产出,具有玻璃光泽,无磁性,颜色视其杂质含量多少而变化,一般呈黄色或橘红色。

1.2.3.6 红锑矿

表1-4中所列氧化物和氢氧化物类中的红锑矿,系三氧化锑与三硫化锑的混晶,又称为硫氧锑矿。红锑矿的主要组成为$2Sb_2S_3 \cdot Sb_2O_3$,化学分子式简写为Sb_2S_2O,一般认为其形成原因是辉锑矿尚未完全氧化而形成的。红锑矿属三斜晶系,常以针状、枝状或皮壳状集合体产出,颜色为红色或樱桃红色,呈金刚石光泽,半透明至不透明,硬度较低,没有磁性。主要产地有英国、匈牙利、加拿大、墨西哥等。

我国广西右江流域德保、丹池及田东等地区的一种埋藏很浅的似层状矿床中,有一种红色锑矿物,俗称"红锑",有些资料也把它称为红锑矿。这种矿物分散于第四系红土层中,分布零乱,排列无序;形状各异,呈圆球状、卵状、粒状、似棱状及块状等。凡圆球状、卵状、粒状及少部分似棱状者,表面均极光滑。块状者,棱角较完整,表面欠光滑。圆球状及卵状者,少部分表面可见到似擦痕痕迹。单个矿物大者重达一吨或数百、数十千克,此为少数;小者几千克,最小的如豆粒,此为多数。锑含量一般为40%~60%,含有较多的CaO、Fe_2O_3、Al_2O_3等氧化物,CaO含量一般为11%~15%。密度为4~4.7g/cm^3,硬度为5.5~7,具壳状断口,油脂光泽。这种矿物的成分复杂,其物理及化学性质与表1-4中所列的红锑矿有很大差异,应是两种不同的矿物。这种矿物目前仅在我国发现,矿物名称尚难确定,可能是一种锑酸钙盐类矿物。

1.2.3.7 硫氧锑钙石

硫氧锑钙石的化学组成为$CaSb_{10}O_{10}S_6$,含Ca 2.49%、Sb 75.62%、S 11.95%、O 9.94%,属单斜晶系。晶体呈板柱状。晶体颜色为深红色、洋红色或雄黄红色,橙色条痕,油脂光泽,未见解理。硬度4~4.5,密度为4.8g/cm^3,无脆性,具有一定的可切性。硫氧锑钙石首次于1978年在马来西亚的萨拉鲍(Sarabau)矿山被发现,其英文名称Sarabauite是由其产地而来的。硫氧锑钙石常呈似雄黄的细脉状矿物集合体,与石英、方解石、硅灰石、辉锑矿、方锑矿成共生组合产出,可能是热液矿床中形成的原生矿物,可以在温度500℃、压力100MPa的水热条件下人工合成硫氧锑钙石晶体。

我国锑矿资源的分布从大区来看,以1996年保有储量统计,主要集中在中南地区,占全国锑矿储量的68.7%,居首位;其次是西南地区,占21.3%;西北地区占8.3%,华东、东北、华北的锑矿很少,3个地区合计占1.7%。就各省区来看,储量占有依次为:广西1155.7kt、湖南562.1kt、云南284.6kt、贵州239.3kt、甘肃152.9kt,五省区合计储量2394.6kt,占全国锑矿总储量的86.1%。广东122kt、陕西78.7kt、河南51.4kt、西藏44.3kt,这四个省区合计储量296.4kt,占10.7%。内蒙古、吉林、黑龙江、浙江、安徽、江西、湖北、四川、青海九省区的储量很少,合计仅占3.2%。

云南省锑资源分布较广,全省有7个专州,16个县有锑矿,其中云南木利锑业有限公司是云南省发展锑工业的主要基地,该矿探明锑矿储量为160kt,至今仍有10余万吨,矿石平均品位高,矿物组成简单,有害杂质含量低,现已形成具备年产4000t以上精锑以及锑白等产品的采选冶联合配套生产能力,被列为我国锑生产的主要后备生产基地。

2 锑精矿的挥发焙烧

2.1 锑的生产方法

金属锑的冶炼方法，分为火法与湿法，现仍以火法冶炼为主。火法炼锑主要采用的是挥发焙烧-还原熔炼或挥发熔炼-还原熔炼等方法，即先经挥发焙烧(熔炼)产出三氧化锑，三氧化锑再经过还原熔炼和精炼，产出金属锑。另外，对高品位的辉锑矿或精矿，可采用沉淀熔炼法直接产出金属锑。根据所用溶剂的性质，湿法炼锑可分为：碱性浸出-硫代亚锑酸钠溶液电解；酸性浸出-氯化锑溶液电解两种方法。前一种方法用硫化碱作为浸出剂，是20世纪逐渐兴起的炼锑工艺。

硫化锑矿石和精矿的挥发焙烧-还原熔炼；硫化锑精矿的沉淀熔炼；碱性浸出-浸出液电解等三种方法是目前工业生产上主要采用的炼锑方法。此外，锑冶炼厂还可以以富矿石为原料，采用熔析法生产生锑(三硫化锑)。锑的生产方法与其他有色金属生产方法的不同之处主要是所用的原料未规范化，应根据原料品位、形态和产品要求确定生产方法。

我国的锑冶炼厂，95%以上采用火法炼锑工艺，即先将硫化锑矿石或精矿挥发焙烧(熔炼)产出三氧化锑，再对三氧化锑进行还原熔炼和精炼，产出金属锑。

硫化锑矿石及精矿的挥发焙烧工艺在工业生产上已得到广泛应用，其挥发焙烧的基本原理是基于硫化锑在空气不足的情况下，受热氧化为易挥发的三氧化锑，三氧化锑随炉气进入收尘系统，冷凝为白色粉状结晶沉积下来，达到锑与脉石的分离。

最早的挥发焙烧设备是处理锑含量为15%左右或更贫的块状锑矿石的某些直井炉或称竖炉，在我国通用的是类似赫氏焙烧炉的一种中国式直井炉。此外，多年来进行过研究或投入生产运用的挥发熔炼设备还有回转窑、液态化炉、烧结机、隧道窑、飘悬炉、鼓风炉及旋涡炉等。

直井炉这一挥发焙烧设备，长期被广泛使用，历史悠久，现已逐渐被淘汰，它起源于法国，我国曾长期使用该种设备处理价廉质次的手选块矿，燃料消耗低，能产出质量很好的三氧化锑。

回转窑也是较早使用的炼锑挥发焙烧设备，前南斯拉夫曾长期使用，经验丰富。后来意大利又研制出一种回转窑闪速挥发焙烧的新方法，直接处理粉状浮选硫化锑精矿，方法独特，设备流程简单，不需要加入熔剂，能耗低，产出窑渣锑含量低，直收率高达96%，此种炉型具有硫态化沸腾炉的特点，反应速度快，处理能力大，挥发率高，产出的锑氧粉质量好。

沸腾焙烧主要用于处理硫化锑矿，北京有色金属研究总院和锡矿山矿务局先后对沸腾焙烧处理浮选硫化锑精矿及低品位含锑氧化物物料进行了试验研究。前苏联对锑含量小于5%的贫锑矿料(锑锍、氧化矿、尾矿、浸出渣)，曾试用沸腾焙烧及烧结焙烧，锑挥发率分别为80%及90%~97%。前苏联已将其用于低品位矿石的焙烧，我国某厂将其用于处理脆硫锑铅矿精矿。

隧道窑挥发焙烧锑精矿是我国的研究成果，该工艺既能处理硫化锑精矿，也能处理硫化锑和氧化锑的混合精矿，锑的挥发率高，产出的锑氧粉质量好。

我国锡矿山曾利用原有的冷凝收尘设备进行了浮选锑精矿的飘悬焙烧试验。日本采用飘悬焙烧处理含贵金属锑精矿，锑挥发率为87%～90%，焙砂经再处理回收贵金属。

三氧化锑的生产也可采用挥发熔炼来实现，这种方法是在高温、强氧化气氛及炉料呈熔融体的情况下，使锑最大限度地以三氧化锑的形态挥发、冷凝下来，从而克服了挥发焙烧时因炉料熔结带来的困难。挥发熔炼是由普通的鼓风炉熔炼发展起来的，适于处理高品位精矿、硫-氧混合矿及各种冶炼中间产物。墨西哥曾采用热炉顶的鼓风炉熔炼法处理氧化矿，使80%的锑挥发为三氧化锑，20%的锑还原为粗锑。我国对鼓风炉炼锑有创造性的发展，除热炉顶外，还采用低料柱、薄料层、大风量、全挥发工艺流程，能处理高品位硫化锑精矿。前苏联和捷克斯洛伐克、玻利维亚文托冶炼厂，都进行过旋涡炉挥发熔炼作业，另外，日本进行过吹炉熔炼试验，美国对锑的富集熔炼的研究也取得了一定的进展，提高了熔炼效率。

硫化锑精矿还可在低于硫化锑熔点和空气充足的条件下进行死焙烧，使之氧化成不挥发的四氧化锑，然后进行还原熔炼，产出金属锑，在焙烧过程中砷、汞等易挥发组分也可与锑分离。这种方法主要用于处理高品位辉锑矿精矿，由于精矿中的脉石和杂质含量低，因而后续还原生产的难度不大。美国斯提布乃特炼锑厂用多膛炉焙烧砷含量为1.8%的锑精矿，使75%的锑呈 Sb_2O_4 形态残留于焙砂内。智利用锑含量为60%～65%的富精矿与硝石在多膛炉内进行死焙烧，仅16%的锑进入气相。在处理硫汞锑矿时，由于汞易挥发，前苏联及捷克斯洛伐克曾采取控制焙烧气氛和温度的办法，使锑主要呈 Sb_2O_4 形态留在焙砂中，然后再进行还原处理。

由于三氧化锑易挥发，所以对以锑华和方锑矿为主的氧化锑精矿或硫氧混合精矿同样可以采用上述挥发工艺处理。

2.2 锑精矿挥发焙烧反应的热力学

硫化锑矿石及精矿氧化挥发焙烧时，其主要化学反应为：

$$2Sb_2S_3 + 9O_2 = 2Sb_2O_3 + 6SO_2$$

其 $\Delta G_T^\ominus$ 随温度的变化见表2-1，从表中的数据可以看出，在工业生产的焙烧温度（800～1000℃）下，硫化锑的氧化反应很容易进行，反应产生的锑化合物只有 Sb_2O_3 和 Sb_2O_4。

硫化锑矿石和精矿氧化挥发焙烧时，还可能发生如下反应：

$$2Sb_2O_3 + O_2 = 2Sb_2O_4$$

$$2Sb_2O_3 + 2O_2 = 2Sb_2O_5$$

由于 Sb_2O_5 仅在70℃以下才能稳定存在，故在氧化焙烧的实际条件下，Sb_2O_5 将可能发生以下反应而转化为 Sb_2O_4：

$$Sb_2O_5 + Sb_2O_3 = 2Sb_2O_4$$

$$6Sb_2O_5 \xrightarrow{\text{分解}} 6Sb_2O_4 + 3O_2$$

Sb_2O_4 较难挥发，在锑精矿的挥发冶炼工艺中应尽量避免 Sb_2O_4 的生成，可以采取的措施是提高温度及添加还原剂。Sb_2O_4 在温度大于900℃即开始分解为 Sb_2O_3 和氧气，还原剂则可使 Sb_2O_4 还原为 Sb_2O_3。

表 2-1　硫化锑氧化反应的 $\Delta G_T^{\ominus}$ 随温度的变化

温度/℃	$\Delta G_T^{\ominus}$/kJ · mol^{-1}	温度/℃	$\Delta G_T^{\ominus}$/kJ · mol^{-1}
202	-623470	702	-566470
302	-611486	802	-557871
402	-599465	902	-549116
502	-587392	1002	-540089
602	-575855	1102	-530872

霍夫曼（H. O. Hofman）和布拉奇福德（J. Blatchford）曾使用几乎纯净的辉锑矿对其氧化过程进行了研究。试料加热时，开始记录的温度为337.5℃，最终升温到545.4℃，试料在连续升温过程中的变化情况见图2-1。

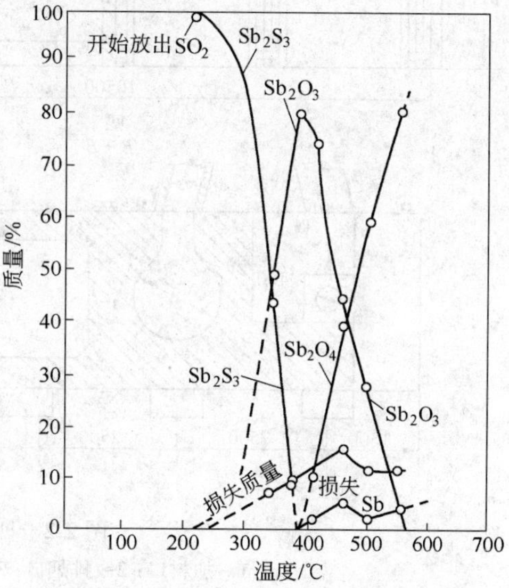

图 2-1　辉锑矿在空气中氧化与温度的关系

从图2-1中可以看出，辉锑矿在温度逐渐上升到200℃时开始放出二氧化硫，由200℃到400℃的过程中，三硫化锑迅速氧化释放出二氧化硫，生成三氧化锑；当三氧化锑的生成达到最高点时，三硫化锑的氧化即告完成，同时四氧化二锑开始生成。由此可见，三硫化锑的氧化首先生成三氧化锑，在三硫化锑消失后，才有四氧化二锑的生成。硫化锑精矿既可挥发焙烧生成三氧化锑，也可进行非挥发焙烧获得四氧化二锑；对硫化锑精矿，在空气中进行氧化焙烧时，炉料的温度需加热到450℃以上（实际工业生产中，氧化焙烧的温度在800～1000℃左右），当然，影响三氧化锑氧化和挥发速度的因素除炉料的温度外，还与炉料表面三氧化锑的分压、气流的成分、氧气的充足程度、炉料尺寸和炉型等因素有关。

2.3　直井炉挥发焙烧

2.3.1　直井炉的炉型及附属设备

我国的直井炉是在法国赫氏炉的基础上发展起来的。赫氏炉是硫化锑矿挥发焙烧的最早炉型，发明人赫伦士密特（W. Herrenschmidt）于1908年4月5日申请了专利（法国专利No. 386107）。由于其冷凝系统的冷却管在空中排列形似“人”字，我国又称其为“人字炉”。

中国式直井炉（又称锑氧炉）较赫氏炉的结构和操作有不少改进，其最大的特点是适宜高温作业。基本炉型见图2-2。

中国式直井炉，一般炉体高5m，炉拱为半球形，每个炉腔有效面积为4m^2，炉顶中心设ϕ400mm的加料口，加料后用200mm铸铁板封闭，炉底有两层铸铁炉条，排气口（鹅颈）设于炉膛一侧，整个炉体用酸性黏土耐火砖砌成，周围用重型钢轨或工字钢作攀柱，其间用ϕ32mm的圆钢拉固，生产中常将四个直井炉并排拉固在一起，共用一套收尘系统，称为一连炉。

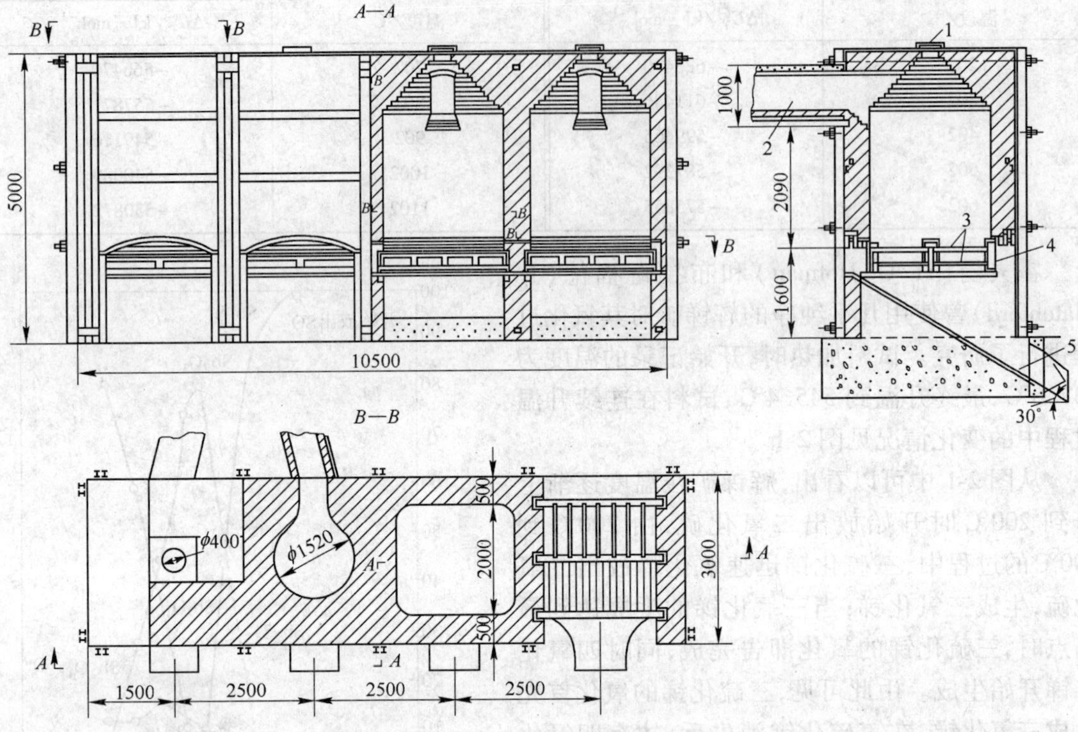

图 2-2　四炉一连中国式直井炉

1—加料口；2—排烟口；3—上、下炉条；4—过桥柜架；5—排渣坑

中国式直井炉及附属设备见图 2-3，主要有加料系统（包括料仓、运输皮带、计量装置）、排料系统（松渣机构、运渣车）及冷凝收尘系统（水冷管、表面冷却器、布袋收尘室、风机、烟道等）。

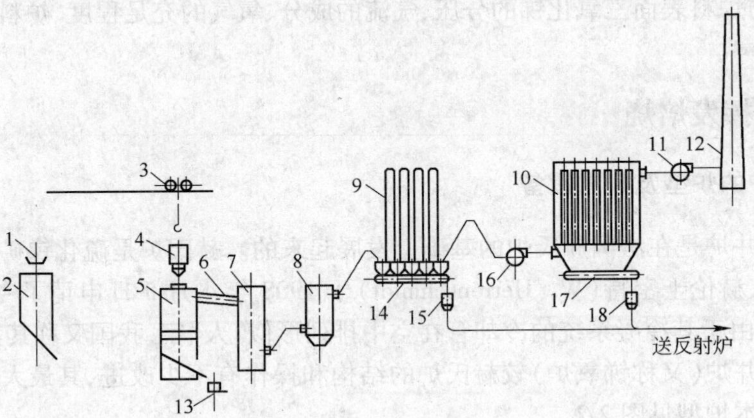

图 2-3　中国式直井炉及附属设备配置

1—皮带运输机；2—精矿仓；3—电葫芦；4—料罐；5—直井焙烧炉；6—鹅颈；7—火柜；8—水冷管；9—冷却烟道；10—布袋室；11，16—抽风机；12—烟囱；13—渣车；14，17—螺旋输送机；15，18—锑氧输送泵

冷凝收尘系统是冷凝和收集三氧化锑的重要系统，主要由水冷管、表面冷却器、布袋收尘室和锑氧粉输送装置四部分组成，其主要作用和结构为：

水冷管：使烟气由970℃降至500～550℃，水冷夹套管高2m，内管用ϕ277～370mm无缝钢管制成，外管用4.5～6mm钢板围成，散热面积15m^2，散热系数为41860～50232J/(cm^2·℃)。

表面冷却器：使烟气温度降至120～160℃，它由冷却管和沉积室两部分组成。冷却管在高温段是ϕ0.7m×3.5m的铁管，低温段是ϕ0.4m×4m～ϕ0.4m×5m的铁管，散热系数为12558～20930J/(cm^2·℃)，沉积室为方形，用红砖砌壁，内外涂以石灰。

布袋收尘室：也用红砖砌成，水泥挂面，布袋为涤纶绒布。过滤速度一般为0.35m/min，收尘效率为99%以上，过滤后废气含尘量为2～8g/m^3。

锑氧粉输送装置：主要由输送泵和若干输送管道组成，用压缩空气将冷凝系统收集的锑氧粉输送到还原熔炼工序。

2.3.2 直井炉挥发焙烧实践

采用中国式直井炉处理的锑矿种类及化学成分见表2-2，其作业实践主要包括配料控制、炉温控制、风量控制、炉料粒度控制和焙烧操作等环节，其控制要点见表2-3。

表2-2 直井炉处理的原料种类和化学成分

原料	化学成分/%									
	Sb	As	Cu	Pb	S	Se	SiO_2	Fe_2O_3	CaO	Al_2O_3
块矿	7～12	0.04～0.05	0.003～0.004	0.006～0.007	2.8～4.8	0.0002	80～90	1.4～2.6	0.16～0.20	0.3～5.0
浮选精矿	45～55	0.06～0.25	0.010～0.011	0.050～0.140	18.0～25.0	0.0010～0.0020	10～30	2.7～4.4	0.08～0.25	0.9～1.5
碎块	8～15	0.04～0.06	0.003～0.004	0.006～0.007	3.2～6.0	0.0010	75～84	1.5～2.5	0.15～0.20	2.0～5.0

表2-3 中国式挥发焙烧炉各工序控制要点

工序	控制要点
配料	块矿：锑含量7%～12%、粒度20～150mm；焦炭粒度20～80mm；可搭配一些2mm以上的碎矿、部分制粒浮选精矿；炉料锑含量应达15%左右
炉温控制	高温：950～1050℃；鹅颈中部温度：970℃以上；加料后保持850℃
风量控制	在空气不足气氛中进行，全系统保持一定负压，炉口负压为－9.8Pa
料粒控制	加料后料柱高度1.8m，松渣后1.6m，红渣后需在1m以上
焙烧操作	包括烘炉、开炉、进料、松渣、挫渣等过程

图2-4和图2-5分别是焙烧过程各阶段实测的炉气出口成分变化、烟气流量和温度变化。

焙烧产物：氧化挥发焙烧的产物主要有锑氧粉、炉渣和废气等。

视冷凝地点的不同，锑氧粉又分为不同形态的结氧、粉结氧、粉氧、纤维氧、红氧等，其化学成分及主要性质见表2-4。

炉渣是直井炉焙烧的废弃物，视原料不同，所产炉渣的密度和成分也不同，表2-5是锡矿山南炼厂所产炉渣的性质。

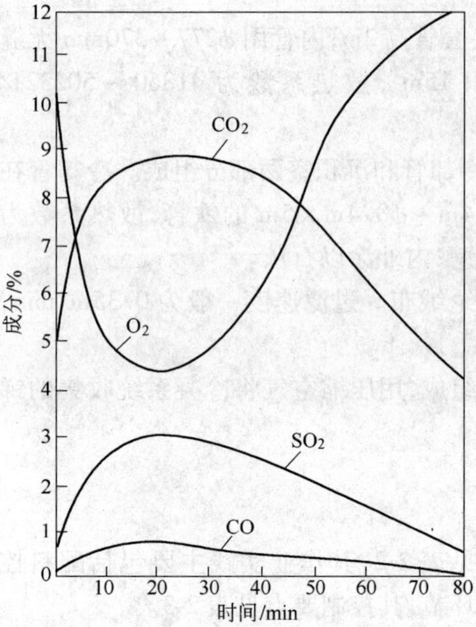

图 2-4　焙烧过程各阶段炉气成分变化

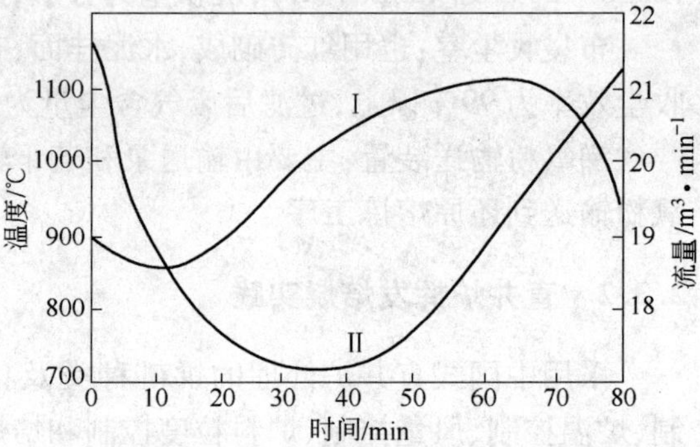

图 2-5　焙烧过程各阶段烟气流量和温度变化

Ⅰ—烟气流量变化曲线；Ⅱ—温度变化曲线

表 2-4　锑氧粉的化学成分和性质

名称	产率/%	化学成分/%										假密度/g·cm⁻³	真密度/g·cm⁻³	自然堆角/(°)	安息角/(°)	色泽及形态
		Sb	As	Fe	S	Pb	Se	SiO_2	CaO	Al_2O_3	MgO					
结氧		76~78	0.05	0.10~0.40	0.50~0.70	0.03	0.001~0.060	0.70~1.30	0.70~0.97	0.70~1.00	0.32~0.60	2.53		38	3	产于鹅颈和烟柜,灰色、块状
粉结氧	11	78~79	0.09~0.20	0.10~0.20	0.60~0.70	0.02~0.04	0.002	0.24~0.68	0.69~3.00	0.35~0.70	0.58~1.30	1.06		40	38	黄白色,粉末状、夹有块片
粉氧	49	82~83	0.27	0.14	0.14~0.30	0.05	0.003	0.60~0.70	1.00	0.40~0.60	0.40	0.66	5.19	35	38	白色,粉末状,产于表面冷却器
布袋氧	40	82	0.33~0.37	0.09	0.20	0.10~0.20		0.34~0.36	0.46	0.21~0.27	0.30	0.43		31	44	白色,粉末状,布袋收集

表 2-5　直井炉炉渣性质

名　称	密度/g·cm⁻³	化学成分/%					
		Sb	SiO_2	Fe_2O_3	CaO	S	Al_2O_3
直井炉炉渣	1.13	0.67	94.99	0.96	0.32	0.31	0.22

废气经布袋收尘后排入大气，其主要成分和含尘量等见表2-6。

表2-7是直井炉挥发焙烧的主要技术经济指标。表2-8所示为直井炉挥发焙烧的热平衡。表2-9所示为直井炉挥发焙烧的料平衡。

表2-6 废气主要成分和含尘量

名称	含尘量(Sb_2O_3)/mg·cm^{-3}	含尘量(SO_2)/%	化学成分/%			
			SO_2	CO_2	O_2	$CO+N_2$
废气	2~8	0.2~0.7	0.3~3.0	4.0~9.1	4.3~12.0	81.9~85.4

表2-7 直井炉挥发焙烧的主要技术经济指标

名称	年生产统计数据		生产试验数据	
	编号1	编号2	编号1	编号2
矿石平均锑品位/%	16.39	15.13	8.95	9.96
炉床处理能力/t·(m^2·d)$^{-1}$	3.05	3.50	3.84	4.48
焦率/%	5.02	5.96	6.05	5.03
煤率/%	1.86			
每吨锑氧焦耗/kg	353.00	345.00	602.00	442.00
渣锑含量/%	0.82	1.15	0.85	0.81
最低回收率/%	95.20			
平均回收率/%	95.40	93.00	90.70	92.00
每吨锑氧收尘滤布消耗/m^2		0.20		
每吨锑氧电耗/kW·h		152.00		
每吨锑氧水耗/m^3		8.80		

表2-8 直井炉挥发焙烧热平衡

名称	收入		名称	支出	
	物料量	热量/kJ		物料量	热量/kJ
精矿(25℃时)	100kg	1674.40	烟气带走热	175.20m^3(970℃)	329754
空气显热(25℃时)	174.10m^3	5554.80	炉渣带走热		24723.80
焦煤显热	5.96kg	87.91	其他损失	79.00kg	42002.30
燃料及化学反应热		319383			
合计		326700	合计		396480

表2-9 直井炉挥发焙烧料平衡

名称	收入						支出									
	精矿		焦煤		合计		锑氧		炉渣		烟气		其他损失		合计	
	含量/kg	占有率/%	含量/kg	占有率/%	含量/kg	占有率/%	含量/kg	占有率/%	含量/kg	占有率/%	含量/kg	占有率/%	含量/kg	占有率/%	含量/kg	占有率/%
Sb	15.130	100.00			15.130	100.00	14.080	93.06	0.910	6.01			0.140	0.93	15.130	100
S	6.270	97.88	0.136	2.12	6.406	100.00	0.046	0.07	0.025	0.38	6.312	98.53	0.024	0.37	6.406	100
As	0.048	100.00			0.048	100.00	0.048	99.79					0.001	0.21	0.048	100
Pb	0.138	100.00			0.138	100.00	0.018	13.04	0.120	86.96					0.138	100

直井炉作为我国较早使用的挥发焙烧设备,它具有如下主要优点:设备简单、投资少、见效快、适于小规模生产;不需要高品位原料及复杂的制备过程;产出的锑氧质量好,易于后续的还原熔炼;水、电、燃料消耗少,容易操作,生产成本低。但是,直井炉挥发焙烧方法也存在一些缺点,如炉床单位处理量小、生产能力低;对原料适应性差,不适宜处理富锑矿石、高品位锑精矿及低熔点脉石的硫化矿;渣锑含量高,冶炼回收率低;劳动强度大、环境条件差;废气含二氧化硫浓度低,不易利用,废热也难充分利用。

2.4 平炉挥发焙烧

平炉挥发焙烧相对于其他锑精矿的挥发方法,其冶炼炉的结构较为简单。平炉挥发熔炼的主要优点是:

(1)对原料的适应性强,既能处理硫化矿,也能处理氧化矿和硫氧混合矿。

(2)对原料的水分无特殊要求,可以处理粉矿而无需制团。

(3)锑的挥发率高,一般大于95%。

(4)生产成本相对较低,适合处理中低品位(30%以下)锑矿。与鼓风炉相比,由于其处理中低品位锑矿时需消耗大量的焦炭(占锑矿的45%以上)和熔剂(铁矿石、石灰石),造成燃料消耗大、渣率高(70%以上)、生产成本高,因而从经济角度考虑,鼓风炉是不适宜处理中低品位锑矿的,而平炉则可在一定程度上弥补这些缺陷。正是由于以上优点,平炉炼锑在我国得到广泛的应用,尤其适用于中小型锑冶炼企业。

平炉挥发焙烧的缺点是自动化程度低,劳动强度较大,单位面积的处理能力低,不能连续作业。

2.4.1 平炉挥发焙烧系统的结构

平炉挥发焙烧系统主要由平炉和冷凝收尘系统两部分组成。平炉的结构很简单,类似于一个中空的长方体,由拱炉顶、焙烧室、栅板和炉底等构成;栅板位于炉内中下部,其与拱炉顶之间的空间构成焙烧室。炉顶和焙烧室用黏土砖砌成,炉底用红砖砌成,栅板为孔眼均匀分布的铸铁板。

云南木利锑业有限责任公司使用的平炉,其炉膛长度约4m,宽度约2m,炉床面积$8m^2$。

广西南丹县有色金属冶炼厂平炉焙烧室的炉膛长度为7.3m,宽度1.37m,炉床面积$10m^2$。该厂采用孔眼结构为上小下大的栅板,上孔尺寸20mm×15mm、下孔尺寸30mm×20mm、栅板厚30mm,这种结构的栅板不易堵塞。焙烧室炉头高950mm、炉尾高850mm。冷凝收尘系统由沉降室($15m^3$)、人字形水套冷却管(直径500mm)、布袋收尘器(过滤面积$240m^2$)等组成。焙烧所需空气从炉头及炉体两侧的底部鼓进,离心式鼓风机功率5.5kW,风量$2269m^3/h$。抽风机为锅炉引风机,风量为$22000m^3/h$,全压为2.7kPa,一台抽风机可供两座平炉同时使用。

为了获得质量好的锑氧,应配置合适的冷凝收尘系统。冷凝收尘系统中的沉降室大小、冷却管的冷却方式和整个系统的阻力对锑氧粉的质量(尤其是表观质量)及锑氧粉分布有影响。为了尽量生产数量多、表观质量好的锑氧粉,广西南丹县有色金属冶炼厂采用较大($15m^3$)的沉降室,且上面加盖水箱,沉降室后接两个直径为500mm,共24m长的水套人字管。以上措施是为了使平炉炉尾烟气中的氧化锑迅速冷却到600℃左右,以便得到表观质量很好的锑氧，即洁白的海绵锑氧。水套冷却管后面是直径为500mm的U形表冷管，表冷管高4m，冷却面积150m²，U形表冷管的阻力较大，便于得到更多的海绵锑氧。生产实践表明，在铅、砷含量为0.5%以下时，除结氧外可得到锑含量为80%以上的锑氧粉，且在水套冷却管和部分U形表冷管下得到的海绵锑氧粉可直接出口。

2.4.2　平炉挥发焙烧生产工艺

平炉挥发焙烧一般用于处理锑品位为12%～35%的锑矿石（或锑精矿），其原理是在一定温度下，使矿石中的锑挥发并氧化成氧化锑，氧化锑在冷凝收尘系统中成为锑氧粉。锑矿中的脉石成分和燃料中的灰分成为平炉渣。块状渣从操作门中清出，由栅板孔落入炉底的粉渣则定期从炉底清出。

平炉挥发焙烧采取间断、分批作业的方式。云南木利锑业有限责任公司平炉的每个焙烧周期约6h。采用优质煤作燃料，煤的配入比例为锑矿石量的40%。该公司采用多次进料，一次性出渣的焙烧工艺，即先在炉内栅板上布一层底煤，底煤燃烧后再加入一层配好的炉料进行挥发焙烧，焙烧一定时间后，对炉渣进行适当松动，再加入炉料进行焙烧，如此重复数次后，一次性出渣。入炉锑矿石的锑品位要求大于12%，一般为25%～30%。该公司8m²平炉的处理能力约8t/d。

广西南丹县有色金属冶炼厂则根据不同锑矿品位，总结出了不同的操作办法。品位在20%以下的低品位矿，采用一次性进料一次性出渣的焙烧方法，即先进底煤燃烧起来，接着一次性加入锑矿，这样减少了进料和出渣的操作时间，相对地增加了焙烧时间，使锑矿中的硫化锑更有效地挥发氧化。缺点是底层的锑矿不易挥发氧化，易结炉，炉渣锑的品位较高，最高达2.6%。焙烧品位为25%～35%的锑矿时，由于品位较高，锑矿熔点低，易熔化造成结炉。因而为了避免结炉，该厂采用多次进料多次出渣的方法进行焙烧，即每一次入炉的煤和矿的数量少，进料薄而快，待锑矿挥发氧化完全后立即出渣，接着继续进料焙烧，如果抽风、鼓风足够，锑矿挥发氧化很快，炉渣的锑品位很低，仅为2%左右。此法的缺点是炉温高，劳动环境较恶劣，劳动强度大。常用的操作方法是把品位25%～35%和品位15%左右的锑矿结合起来进行焙烧，即多次进料，一次性出渣，先焙烧品位15%左右的锑矿，然后加些煤在上面再加入品位为25%～35%的锑矿进行焙烧。这种操作方法生产的炉渣锑含量约2.3%，劳动强度相对较低。

平炉挥发焙烧生产中最常见的问题是结炉，严重时会造成停炉，使生产不能进行。除了锑矿品位高、煤的质量不好易造成结炉外，不经常翻动焙烧炉料、抽风太小也是造成结炉的主要原因。加大抽风可减少结炉的发生，其原理是强力抽风会使锑矿中已熔化的硫化锑加快挥发氧化，避免其渗到焙烧炉料底层造成结炉。

广西南丹县有色金属冶炼厂目前10m²平炉挥发焙烧的技术条件及技术经济指标如下：

入炉锑品位/%：15～35；

煤比/%：18；

炉料厚度/mm：150～350；

焙烧温度/℃：700～1100；

丢渣品位/%：2.3；

锑氧锑含量/%：>80；

锑矿粒度/mm:10～40;

煤粒度/mm:10～60;

一次进料量/t:1.5～3;

日处理量/t:9;

回收率/%:>86。

2.5　回转窑挥发焙烧

2.5.1　常规挥发焙烧

南斯拉夫炼锑厂于1938年建立了两座常规回转窑,进行辉锑矿精矿挥发焙烧。每台回转窑窑长26m,筒径2m,倾斜程度为3%,窑内衬200mm厚黏土耐火砖,至加料口处内径收缩到1m。窑体16kW马达带动,转速0.3r/min,炉料由料仓经溜槽及加料管导入窑内。采用低压喷嘴喷入重油供热。

处理的原料为20%～40%的块矿及60%～80%的精矿,块矿锑含量为10%～20%,需破碎至40mm,精矿包括含Sb 10%的重选精矿及含Sb 50%的浮选精矿,三者混合后锑含量为25%～27%。入炉前配入3～5mm的无烟煤,配比为原料量的22%～24%。炉料在圆筒混料机中混合,不经干燥而直接入炉,炉料水分达6%～7%。

窑内高温焙烧区温度为1100℃,炉料在窑内的停留时间为2～3h,尾气排出温度700～720℃,烟气经收尘后排空。

焙烧产品锑氧的主要成分为:Sb 70%～80%,As 1.3%～1.5%,Pb 0.1%～0.2%,S 0.6%～0.65%。锑回收率约90%,窑渣锑含量为0.6%～0.8%。

在焙烧过程中,窑内整个长度都有炉结形成,25天内,炉结厚度可达150mm,故每月需停炉清理2～3天,清除炉结的同时进行炉衬的小修,内衬大修周期约在4个月以上。

该厂曾在回转窑内进行了粒度为5mm、Sb含量为10%～12%锑矿石的焙烧试验,锑氧中锑的回收率仅73%。

为了探讨低品位难选硫氧锑矿挥发熔炼的工业生产工艺,前苏联某厂曾先后在ϕ1.2m×10m及ϕ2.5m×41m的回转窑中进行挥发焙烧的小型和工业性试验。

小回转窑处理的矿石Sb含量为1.49%,其中55%为氧化物形态,矿石破碎至20～25mm后,配入10%～20%的焦粉,焙烧温度为950～1050℃,时间1.5～2.0h,采用重油供热。回转窑处理矿石的能力为11.8t/d,即相当于每立方米有效容积处理矿石2.4t左右,窑渣Sb含量为0.23%。烟气经沉降室-旋风收尘器-表面冷却器-布袋收尘室收尘后排空,所得锑氧Sb含量为30%～36%,锑在其中的回收率为80%。炉料中约50%的焦粉未参加反应而留在窑渣中。

大回转窑处理的矿石是氧化锑矿,粒度-25mm,Sb含量为1.5%,脉石主要为石英,占50%。

大回转窑倾斜度为2°30″,上段(17m)内衬黏土砖,厚度为150mm,下段(24m)黏土砖厚度为300mm,转速为0.75～2.00r/min。重油供热,窑内高温区温度为1250℃。窑渣借水力冲入渣池。

试验所得结果如下:每吨矿石消耗还原剂(焦粉)231kg,重油55kg。矿石处理能力为113t/d。窑渣炭含量为7%,焦炭利用率约60%。所得锑氧的质量较差,其中含Sb 25%左右,As 0.44%,Pb 2.0%,SiO_2 50%,FeO 5%～6%。

2.5.2 闪速挥发焙烧

回转窑闪速挥发焙烧最早由意大利曼西阿诺炼锑厂研究成功并投入生产应用。它与回转窑常规挥发焙烧方法的根本区别在于物料的焙烧反应不是在与窑壁的相对运动中完成的,而是在与窑内高温空气强烈混合及密切接触下完成的。因此,焙烧的物料必须磨至一定细度并干燥至一定程度,才能形成类似湍流或流态化状态,从而使矿石中的硫化锑和氧化锑迅速挥发,被气流带出窑外,进入冷凝收尘系统。这种焙烧方式大大强化了反应过程,可充分利用硫化精矿的表面能并节省燃料消耗,同时使炉气中的 SO_2 得到富集,以便回收利用。

曼西阿诺炼锑厂的回转窑闪速挥发焙烧系统见图 2-6。

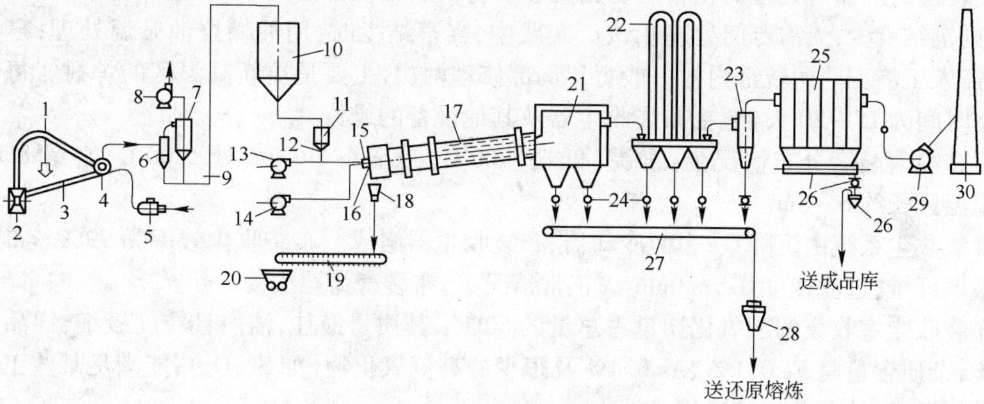

图 2-6 回转窑闪速挥发焙烧系统

1—给料漏斗;2—鼠笼破碎机;3—干燥环管;4—分配器;5—热风炉;6,23—旋涡收尘器;7—布袋收尘器(自动振打);8—排风机;9—干精矿运输装置;10—干精矿仓;11—称量装置;12—给料装置;13—喷料风机;14—焙烧风机;15—精矿喷枪;16—燃油喷嘴;17—回转窑;18—炉渣排放装置;19—炉渣输送机;20—倒渣车;21—沉降室;22—表面冷却器;24—锑氧排放装置;25—布袋收尘器;26—纯氧化物卸料装置;27—不纯氧化物输送机;28—不纯氧化物卸料装置;29—排风机;30—烟囱

精矿先进入干燥系统,此时的精矿含水平均为6% ~8%,干燥后精矿含水约0.5%。热风温度不大于250℃,该温度在热风炉出口进行控制。热风炉无特殊结构,用低压喷嘴烧油,油压力为98kPa,热风炉工作压力为59 ~78kPa。

分配器内装有普通不锈钢叶片,其作用是排送合格干精矿进收尘系统,并使没有完全干燥的精矿循环再干燥。整个干燥系统(从热风炉至布袋收尘器)的压力降为6375Pa,该厂认为这是操作中需要严格控制的参数。其干燥系统和收尘系统的技术指标如下。

干燥系统指标:精矿处理量 1000kg/h,气流量 5000m^3/h(标态),入口热风温度 250℃,出口气体温度 120℃。

收尘系统指标:气流量 5000m^3/h(标态),气体温度 110℃,含尘量 150 ~200g/m^3,布袋过滤速度 1.0m/min,布袋收尘器压降 981Pa,旋涡收尘器压降 588Pa,热耗 1.36MJ/t。

干燥后的精矿用空气输送至焙烧工段精矿仓,用压缩空气喷入回转窑,当精矿硫含量较高时,焙烧反应可自热进行,若热量不够时,则有燃油系统补充。

干精矿高度分散地喷入回转窑后,在 1200 ~1300℃的高温下进行闪速焙烧,反应在 2 ~3s 内迅速完成。渣呈糊状(炉况不正常时可能出现液态状),大约在窑的中部开始沉积,并随窑的转动再次经过反应的高温区。此时，随渣带走的锑再一次强烈氧化挥发，使渣锑含量进一步降低。渣的排出温度约800℃，经水冷后堆存。

从窑内排出的含有氧化锑的烟气温度为800℃，先经沉降室吸入冷空气进行二次氧化，烟气温度急剧下降到400℃，含杂质较多的粗颗粒三氧化锑大部分在此沉积下来。较细的三氧化锑则经后续的旋涡收尘器和布袋收尘器收集，除布袋收尘器收集的部分三氧化锑可作为商品出售外，其余均送反射炉还原熔炼。

曼西阿诺炼锑厂的回转窑规格为 $\phi1.8m \times 12m$，倾斜程度为3%，转速可以调节，最高0.5r/min。根据该厂经验，窑的倾斜程度与渣锑含量和处理量的关系不大，主要与窑内衬的寿命有关，在相同的条件下，降低窑的转速，加大窑的倾斜度可减少耐火材料的消耗。

回转窑的寿命与处理的物料密切相关。若物料成分较稳定，脉石含量少，且与空气混合均匀，则窑结就少，无需专门处理。该厂实践中，当窑结少时，用油嘴烧油升温处理；窑结多时，则需人工清理。回转窑内衬一般每年局部修理两次，主要是更新高温区的炉衬。每年平均维修时间为15～20天（包括布袋收尘器及其他设备的维修）。

回转窑内温度分布情况为：窑头（低端）700℃，距窑头5～6m处1200℃，窑尾850℃。窑内高温区长约6～8m。

锑氧收尘系统由沉降室、表面冷却器、布袋收尘器组成。布袋收尘效率为99%，布袋材质为玻璃纤维，过滤速度0.5m/min 。正常情况下，布袋寿命至少为一年。

布袋收尘室收集的三氧化锑量占总量的60%，其质量最佳，洁白且粒度极细，锑品位达80.5%，杂质含量是Fe 0.1%、As 0.4%及很少的高价氧化物（如 Sb_2O_4），能满足某些工业部门的使用要求，故部分直接出售。

焙烧烟气用水洗法除砷、汞和二氧化硫，洗水先澄清，后与选厂尾矿水混合，中和至pH=7左右返回选厂使用。

2.6　沸腾炉挥发焙烧

目前，在锑冶炼中采用沸腾炉焙烧工艺的工厂主要有南宁冶炼厂和金城江冶炼厂，用以处理复杂脆硫锑铅矿，但其目的是脱硫，而不是挥发锑。

前苏联曾进行过沸腾炉挥发锑的工业试验。20世纪50年代，北京有色金属研究总院和锡矿山矿务局都进行过沸腾焙烧处理浮选硫化锑精矿试验，由于沸腾炉处理锑精矿时所产锑氧粉夹杂有飞扬的脉石，不适于在反射炉内进行还原熔炼，故未能在工业上获得应用。锡矿山矿务局使用的小型试验设备见图2-7，扩大试验使用的沸腾炉见图2-8。扩试的综合试验条件及主要结果见表2-10，金属平衡见表2-11。

表2-10　沸腾焙烧扩大试验综合条件

综合条件	数　据
沸腾炉尺寸	炉床面积 $1.2m^2$，有效高度4.2m，长1.5m，宽0.8m
试　料	浮选锑精矿，成分为：Sb 51.10%，S 19.76%，Fe_2O_3 4.15%，Al_2O_3 5.03%，SiO_2 17.12%，CaO 2.76%。 无烟煤，粒度为 -1.5mm 及 -1.5～1.5mm 的各占50%，成分为：固定碳85.11%，挥发物4.73%，灰分10.16%
试验条件	料层温度（780±20）℃，稳定时的直线速度为0.7m/s，沸腾层高度0.8m，矿：煤=100：40，炉床能力 $9t/m^2$

表 2-11　沸腾焙烧扩大试验的金属平衡

收入					支出					
原料	重量/t	锑含量/%	含锑重量/t	分布/%	产物	重量/t	锑含量/%	含锑尘量/t	分布/%	合计
浮选精矿	22.50	51	11.47	100	布袋氧化锑	3.493	80.10	2.800	48.80	
					鼓风前	2.632	78.84	2.280	20.00	62.50
					鼓风后	2.685	76.94	2.080	17.70	
					旋涡料	2.413	66.00	1.585	13.70	
					旋涡前料	1.216	45.92	0.560	4.99	30.50
					火柜料	1.946	4.10	0.800	7.00	
					炉渣	4.400	18.10	0.800	7.00	7.00
					其他			0.561	4.90	
共计	22.50		11.47	100	共计	18.765		11.470	100.0	100.0

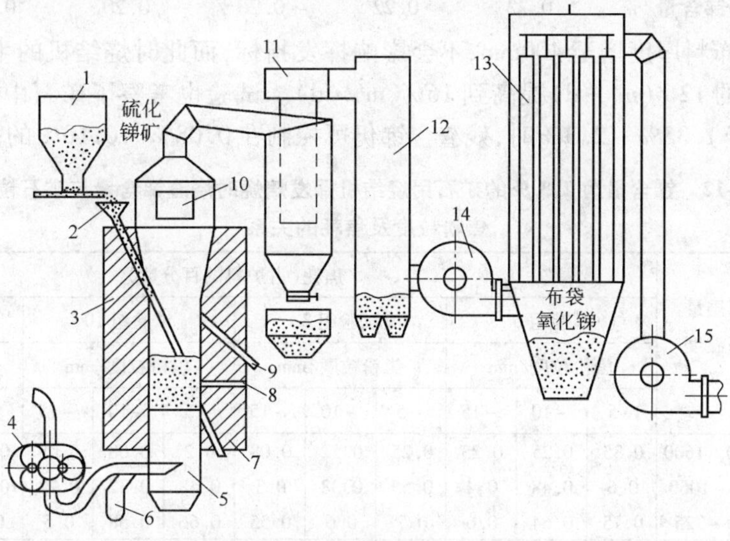

图 2-7　沸腾焙烧处理锑精矿小型试验设备

1—圆盘进料器；2—水套进料管；3—沸腾炉体；4—罗茨鼓风机；5—风巷；6—孔板流量计；7—底部排料管；8—热电偶插孔；9—排渣管；10—操作门；11—旋涡收尘器；12—冷凝器；13—布袋过滤器；14，15—抽风机

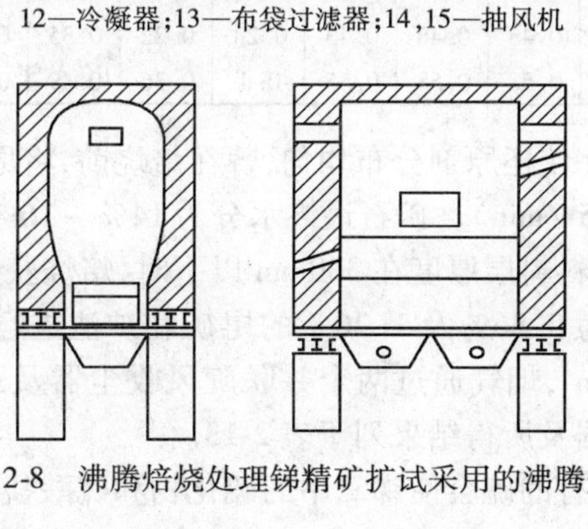

图 2-8　沸腾焙烧处理锑精矿扩试采用的沸腾炉

2.7　烧结机挥发焙烧

烧结机挥发焙烧含锑物料，可克服因物料熔结给操作带来的麻烦，且烧结机可处理颗粒较粗的物料，返尘量小，燃料利用率也高于其他炉型，因此引起了人们的关注。

表2-12所列是前苏联用带式烧结机挥发焙烧处理卡达姆朱依斯基的低品位氧化－硫化锑矿石的条件和试验结果。由表2-12可见，增加焦粉用量及粒度，焙烧温度可提高到1600℃，而烧渣锑含量也随之降低，从而有利于锑的挥发；当焦粉粒度为10～15mm、用量为10%～12%时，焙烧的效果最佳，此时渣锑含量可降至0.08%～0.10%，但矿石粒度以小于15mm为宜，增大粒度则挥发指标下降。在较佳的试验条件下，如矿石粒度不大于15mm，焦粉粒度为10～15mm且用量为10%～12%，空气通过料层速度为0.3～0.5m/s时，对挥发指标无影响。

试验考察了布料厚度对指标的影响，当矿石粒度为30mm，焦粉粒度为10mm，焦耗为10%，空气穿过速度为0.3m/s时，所得结果如下：

料层厚度/mm	200	250	300	350	400
烧渣锑含量/%	0.23	0.22	0.20	0.20	0.19

结果表明，布料厚度增至400mm，不会影响挥发指标，而此时烧结机的生产能力却由料层厚度300mm的12t/(m^2·d)提高到16t/(m^2·d)。试验也考察了矿石中锑含量的影响，当锑含量波动于1.35%～2.3%时，残渣含锑仍可控制在0.08%～0.10%的范围内。

表2-12　锑含量为2.3%的矿石用烧结机挥发焙烧时烧渣锑含量与矿石粒度、焦粉粒度及焦耗的关系

空气穿过速度 /m·s^{-1}	矿石粒度 /mm	料层最高温度 /℃	焦耗（占炉料的百分数）											
			试验组6			试验组8			试验组10			试验组12		
			焦粉粒度/mm			焦粉粒度/mm			焦粉粒度/mm			焦粉粒度/mm		
			－5	－10	－15	－5	－10	－15	－5	－10	－15	－5	－10	－15
0.3	－15	1400～1600	0.35	0.25	0.23	0.25	0.12	0.08	0.2	0.08	0.08	0.12	0.06	0.08
	－30	775～1060	0.6	0.48	0.4	0.55	0.38	0.3	0.48	0.32	0.22	0.42	0.28	0.2
	－40	500～725	0.75	0.64	0.6	0.7	0.6	0.55	0.66	0.58	0.5	0.6	0.5	0.48
0.4	－15	1400～1600	0.45	0.33	0.32	0.28	0.12	0.12	0.2	0.08	0.0	0.14	0.08	0.08
	－30	950～1250	0.55	0.45	0.43	0.45	0.28	0.21	0.35	0.18	0.1	0.32	0.12	0.08
	－40	650～900	0.66	0.6	0.55	0.60	0.5	0.4	0.58	0.42	0.3	0.56	0.38	0.28
0.5	－15	1480～1600	0.5	0.4	0.4	0.3	0.18	0.14	0.2	0.1	0.08	0.17	0.08	0.08
	－30	1360～1450	0.6	0.48	0.48	0.43	0.28	0.22	0.35	0.18	0.1	0.28	0.1	0.08
	－40	725～1050	0.65	0.58	0.58	0.55	0.4	0.36	0.49	0.32	0.24	0.44	0.24	0.16

为了改善料层透气性并使还原剂分布均匀，曾在焙烧前，将原料（尾矿和滤渣）在圆盘上制粒（圆盘倾角50°，转速35r/min）。矿石最终水分为14%～16%，若降至12%，料层透气性下降，挥发率降低。制粒原料料层厚度在300mm以下时，焙烧获得的锑挥发率超过90%。

曾以平均锑含量分别为0.86%及1.36%的尾矿和炉渣进行了半工业性烧结机焙烧试验，烧结机有效面积为0.3m^2，烟气通过两个并联旋风收尘器及过滤面积为43m^2的布袋收尘室后排空。主要试验数据及所得结果列于表2-13。

在使用烟煤时，其中含有的硫会使锑氧中的硫化物和硫酸盐的含量增加。

表 2-13　烧结机焙烧半工业试验结果

项目名称		结　果
料层厚度/mm		220
炉料锑含量/%		0.75～0.85
炉料水分/%		14～16
炉料在带上停留时间/h		0.5
物料产出率/%	烧　渣	68.4
	旋风尘	0.03
	布袋尘	1.4
	集气管尘	0.47
物料锑含量/%	烧　渣	0.08～0.10
	集气管尘	1.4～1.6
	旋风尘	3.8～3.9
	布袋尘	46.5
烟气量/$m^3 \cdot t^{-1}$		2500～3000
煤耗/%		13.5
柴油消耗/$kg \cdot t^{-1}$		44.0
烧结机单位生产能力/$t \cdot (m^2 \cdot d)^{-1}$		24（处理炉渣） 12（处理尾矿）
烧结渣碳含量/%		0.7

2.8　飘悬挥发焙烧

飘悬焙烧处理浮选锑精矿试验是由我国锡矿山矿务局于 20 世纪 60 年代利用原有的冷凝收尘设备完成的。用此方法处理锑精矿时，也是由于产出的锑氧粉夹杂有飞扬的脉石，不适于反射炉还原熔炼，所以未能在工业上获得应用。图 2-9 是试验设备示意图，表 2-14 是试验的主要条件和结果。

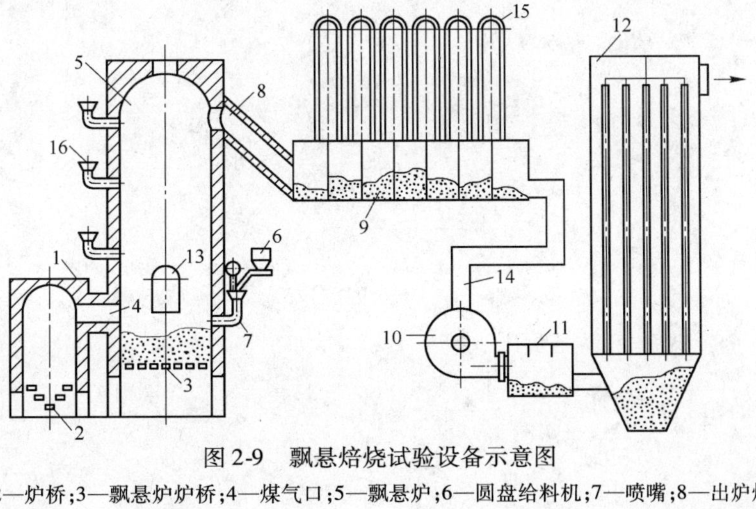

图 2-9　飘悬焙烧试验设备示意图

1—煤气炉；2—炉桥；3—飘悬炉炉桥；4—煤气口；5—飘悬炉；6—圆盘给料机；7—喷嘴；8—出炉烟道（鹅颈）；9—冷凝收尘系统；10—抽风机；11，14—烟道；12—布袋室；13—工作门；15—冷凝管；16—备用喷嘴

表 2-14　飘悬焙烧试验的主要条件和结果

条件和指标		数　据
设备情况		(1)炉体容积 $21m^3$,喷料嘴至炉底距离 8.5m;外砌红砖,内衬黏土耐火砖,四周用巨型钢轨做攀柱,用 20mm 圆铁拉固; (2)圆盘给料机给料,定时定料送入烧嘴,用低压空气喷入炉内; (3)加热设备用固定桥漏斗式煤气炉
试　料		浮选硫化锑精矿,成分为:Sb 51.10%,S 19.76%,Fe_2O_3 4.15%,Al_2O_3 5.03%,SiO_2 17.12%,CaO 2.76%
控制条件		炉顶压力:49Pa(5 mmH_2O);炉温:900~1000℃;喷嘴与固定床的高差 1.4m
技术经济指标	锑氧分布/%	30.7(布袋室)、23.6(风机后区)、23.2(风机前区)、22.5(火柜)
	锑氧锑含量/%	78.7(布袋室)、78.5(风机后区)、73.8(风机前区)、65.1(火柜)
	处理量/$kg \cdot d^{-1}$	4200
	煤耗(占精矿)/%	煤气炉:18.2;固定床:4.6

3 锑精矿的鼓风炉挥发熔炼

3.1 概述

我国的硫化锑精矿鼓风炉挥发熔炼法，与国外炼锑鼓风炉的还原熔炼法有所区别，是我国于20世纪60年代试验成功的炼锑新工艺，其熔炼特点是挥发熔炼在低料柱、薄料层、高焦率、热炉顶等条件下实现。熔炼过程中，含锑物料中的硫化锑挥发氧化，脉石造渣后由炉缸放出，主要挥发产物氧化锑在冷凝系统中收集。经过几十年的实践、改进与提高，鼓风炉挥发熔炼锑精矿工艺已发展成为中国炼锑的主要挥发工艺之一，被国内炼锑厂普遍采用。

鼓风炉挥发熔炼工艺之所以能得到较快发展，主要是其具有以下主要特点：

(1)对原料的适应性强，既能处理硫化矿，也能处理氧化矿和硫氧混合矿。无论是块精矿、粉精矿(需预先制团)，还是锑冶炼厂的中间产物、其他锑含量较高的物料，如泡渣、锑渣、生锑渣、炉底砖渣等，均可入炉处理。

(2)适于处理高品位锑精矿，精矿含锑品位越高，经济效益越好。

(3)锑的挥发率高，一般在90%以上。

(4)鼓风炉的生产能力较大，按处理精矿量计算的单位生产能力为直井炉的5~6倍、平炉的20~30倍，回收率高达97%~98%。

(5)产出的锑锍和粗锑可返回鼓风炉处理，不必另购处理锑锍的设备。

(6)较容易实现机械化操作，从而降低劳动强度、改善职业卫生条件。

鼓风炉炼锑的缺点是焦率高、热效率低。锑鼓风炉的焦率，一般为炉料量的20%~25%，或为精矿量的30%~45%，个别厂的焦率高达炉料量的47%。锑鼓风炉的炉气温度高，其带走的热量约占总热量的60%，因而其热效率较低。此外，需要加入铁矿石等作为熔剂。因此，鼓风炉炼锑的成本相对较高，不宜用于处理中低品位锑矿。

3.2 鼓风炉挥发熔炼的基本原理

锑精矿中的Sb_2O_3和Sb_2S_3均易挥发，挥发的Sb_2S_3又易于与空气中的O_2反应，生成Sb_2O_3，所以向炉内鼓入空气，焦煤燃烧提供热量，精矿中的硫化锑在高温下挥发成气态，气态Sb_2S_3再与空气中的氧气反应生成氧化锑，精矿中的脉石与铁矿石和精石灰发生造渣反应，生成$SiO_2-FeO-CaO$三元熔渣，最后使锑与脉石分离。这就是我国目前鼓风炉炼锑的基本原理和实践过程。

采用鼓风炉挥发熔炼锑精矿时，浮选的锑精矿需加入石灰作黏结剂，压制成团矿作为主要原料。鼓风炉的批料由铁矿石、焦炭和团矿组成，铁矿石和焦炭的成分及团矿的合理组成分别见表3-1和表3-2。

表 3-1　铁矿石和焦炭的成分

名　称	化学成分/%							挥发分/%
	SiO_2	Fe_2O_3	CaO	MgO	Al_2O_3	C	S	
焦　炭	5.74	4.27	1.12	0.34	3.64	79.25	2.27	6.75
铁矿石	9.39	47.86	18.71	1.78	6.56			

表 3-2　团矿合理组成

物　相	Sb_2S_3	Sb_2O_4	Sb_2O_3	FeS_2	FeAsS	CaO	MgO	Al_2O_3	SiO_2	Fe_2O_3
成分 /%	68.18	4.47	0.30	3.44	0.14	3.60	0.39	1.58	13.61	1.10

注：CaO 中 $CaCO_3$ 占 0.76%，MgO 中 $MgCO_3$ 占 0.68%。

鼓风炉挥发熔炼工艺的特点是炉顶温度很高，达 800～1100℃，炉料一入炉就经受到高温的作用，剧烈地进行干燥、脱水、离解、挥发、氧化和造渣等一系列复杂的物理化学反应，大致发生如下 17 个主要反应，且反应(3-1)～(3-4)进行得迅速而彻底，它们的离解压曲线见图 3-1。

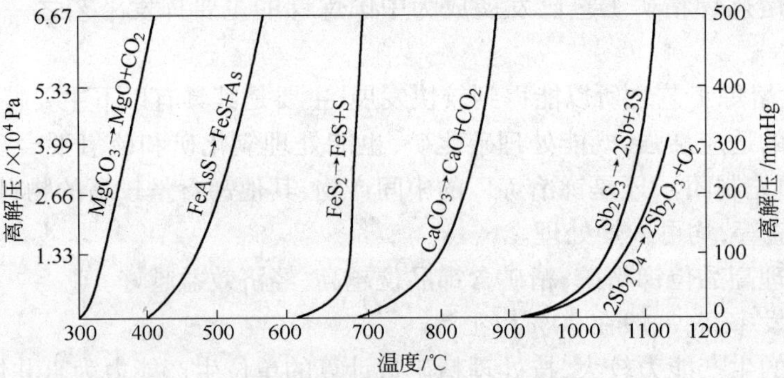

图 3-1　有关物质的离解压曲线

$$CaCO_3 \xlongequal{\triangle} CaO + CO_2 \tag{3-1}$$

$$MgCO_3 \xlongequal{} MgO + CO_2 \tag{3-2}$$

$$FeS_2 \xlongequal{\triangle} FeS + S \tag{3-3}$$

$$FeAsS \xlongequal{\triangle} FeS + As \tag{3-4}$$

$$2FeS + 3O_2 \xlongequal{} 2FeO + 2SO_2 \tag{3-5}$$

$$2Sb_2S_3 + 9O_2 \xlongequal{} 2Sb_2O_3 + 6SO_2 \tag{3-6}$$

$$S + O_2 \xlongequal{} SO_2 \tag{3-7}$$

$$C + O_2 \xlongequal{} CO_2 \tag{3-8}$$

$$2CO + O_2 \xlongequal{} 2CO_2 \tag{3-9}$$

$$2C + O_2 \xlongequal{} 2CO \tag{3-10}$$

$$CH_4 + 2O_2 \xlongequal{} CO_2 + 2H_2O \tag{3-11}$$

$$2C_6H_6 + 15O_2 \xlongequal{} 12CO_2 + 6H_2O \tag{3-12}$$

$$Sb_2S_3 + 2Sb_2O_3 \xlongequal{} 6Sb + 3SO_2 \tag{3-13}$$

$$9Sb_2O_4 + Sb_2S_3 = 10Sb_2O_3 + 3SO_2 \quad (3\text{-}14)$$

$$Sb_2O_4 + CO = Sb_2O_3 + CO_2 \quad (3\text{-}15)$$

$$Sb_2O_4 + C = Sb_2O_3 + CO \quad (3\text{-}16)$$

$$2Sb_2O_4 + C = 2Sb_2O_3 + CO_2 \quad (3\text{-}17)$$

图 3-2 是上述部分反应的反应自由能与温度的关系，从图中可大致估算出这些物质的氧化顺序为：碳及挥发分—硫—硫化锑—硫化亚铁。根据三硫化锑蒸气压与温度的数据及关系曲线（表 3-3，图 3-3），可以认为，锑精矿加入鼓风炉后，其中的三硫化锑将优先挥发，然后在烟气气流中氧化为三氧化锑，最后在冷凝收尘系统中沉积。

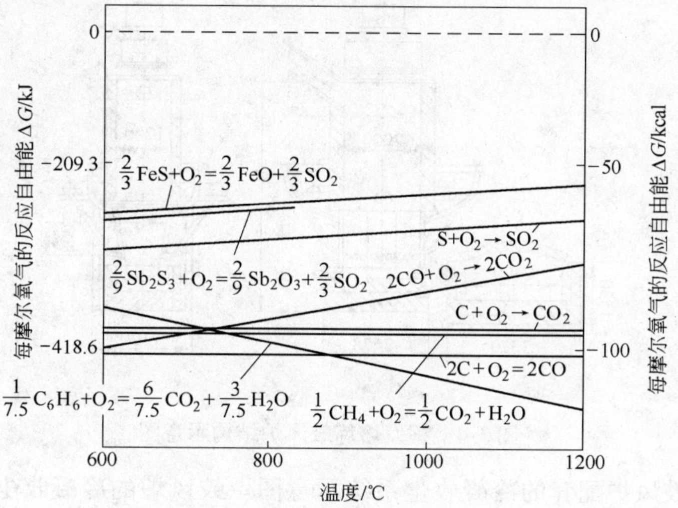

图 3-2 反应自由能与温度的关系

表 3-3 三硫化锑在不同温度下的蒸气压

温度/K	673	723	773	873	973	1073	1173	1223
蒸气压/Pa	0.0107	0.1514	5.907	65.884	447.58	2127.46	7752.19	13670.00
蒸气压/mmHg	8.03×10^{-5}	1.135×10^{-3}	0.044	0.494	3.357	15.96	58.15	102.53

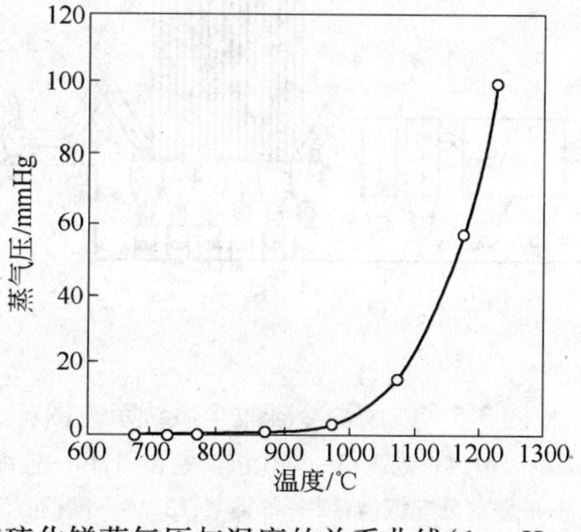

图 3-3 三硫化锑蒸气压与温度的关系曲线（1mmHg = 133.3Pa）

3.3　鼓风炉的结构和工艺系统

图 3-4 是锡矿山矿务局 $2m^2$ 鼓风炉示意图。通常用于挥发熔炼的鼓风炉是半水套鼓风炉，横截面可为圆形、矩形或椭圆形，由炉顶（包括加料装置）、炉身、炉缸和前床等部分组成。炉缸与前床之间，以过渣道或溜槽连接，该部分很容易损坏，管理维修的工作量较大，常常影响鼓风炉的正常生产。因此，某些锑冶炼厂的鼓风炉取消了前床，而加深炉缸。

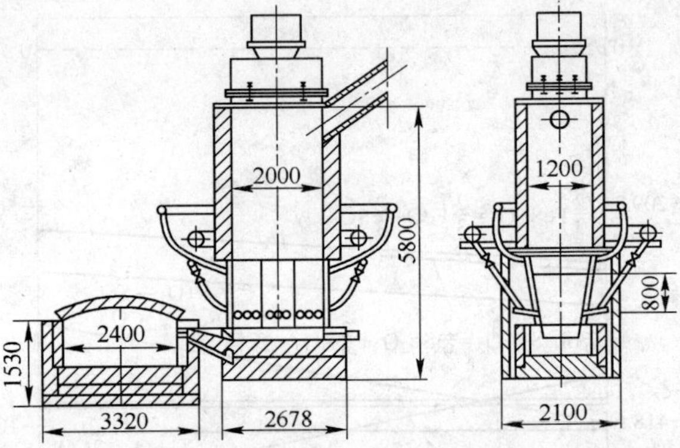

图 3-4　挥发熔炼鼓风炉结构示意图

图 3-5 是与鼓风炉配套的冷凝收尘系统示意图。鼓风炉的冷凝收尘系统主要由鹅颈、烟尘沉降室、汽化冷却器或水冷却器、表面冷却器、抽风机和布袋室等组成。

图 3-6 是鼓风炉挥发熔炼工艺流程图。整个工艺流程主要包括干团矿的制备、鼓风炉造渣熔炼、炉气系列冷凝收尘等部分。

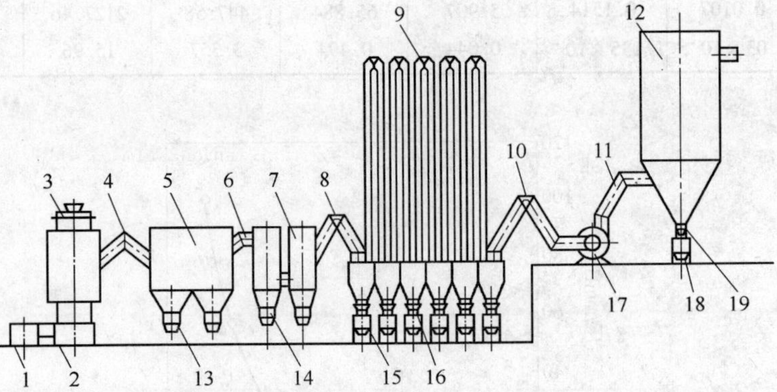

图 3-5　鼓风炉冷凝收尘系统示意图

1—前床；2—过渣道；3—鼓风炉；4—鹅颈；5—烟尘沉降室；6，8，10—连续烟道；7—汽化冷却器；9—表面冷却器；11—布袋室分配烟道；12—布袋室；13，14—闸门；15，18—锑氧输送泵；16，19—圆盘闸门；17—抽风机

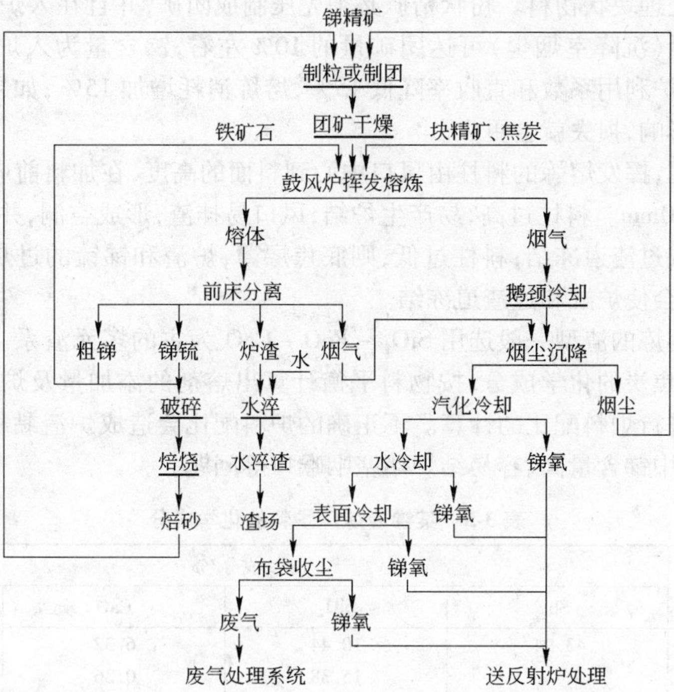

图 3-6 鼓风炉挥发熔炼工艺流程图

3.4 鼓风炉挥发熔炼的主要技术条件

鼓风炉挥发熔炼的主要技术条件见表 3-4。

表 3-4 鼓风炉挥发熔炼的主要技术条件

名 称	主 要 技 术 条 件
对炉料要求	精矿含锑品位在 40% 以上；入炉前尽可能分离出精矿中的易挥发杂质金属；宜处理块矿，粉精矿需预先压制成团矿，且入炉前应筛除粉料
渣型选择	选用 $SiO_2-FeO-CaO$ 为主的多元系炉渣；炉渣的化学成分一般为：SiO_2 40% ~42%，FeO 28% ~30%，CaO 20% 左右，Al_2O_3 及其他成分 10% 左右；合理的渣型应根据实际情况进行调整，其原则是获得流动性好、锑含量低的炉渣，渣的黏度在 40Pa · s 左右较适宜
焦 率	一般为炉料量的 20% ~25% 或为精矿量的 30% ~45%
风 量	一般为 60 ~ 80m^3/(m^2 · min)
风 压	一般为 7999 ~ 10666Pa

锑精矿中常见的易挥发杂质主要是砷和铅，在熔炼过程中 90% 以上的砷和 70% ~80% 的铅挥发进入锑氧（如果锑锍和粗锑返回鼓风炉处理，则砷和铅除极少量进入炉渣外将全部进入锑氧）。为了提高锑氧质量，改善精炼技术指标，最好是在熔炼前通过选矿或其他方法分离出精矿中易挥发的杂质金属。

鼓风炉只宜处理块状物料。粉状精矿必须先压制成团矿，并且在入炉前必须筛除粉料，否则产出的返粉量（沉降室烟尘）可达团矿量的10%左右，锑含量为入炉锑含量的15%左右，这相当于鼓风炉利用系数和直收率降低15%，熔炼消耗增加15%；如果再考虑粉尘进入锑氧对反射炉的影响，损失就会更大。

生产实践表明，挥发熔炼的料柱由风口中心到料面的高度，在加料前应为300～500mm，加料后为600～800mm。料柱过高，易产生炉结，风口易挂渣，形成空洞，并向炉子中心延伸，严重时会使炉缸或过渣道冻结；料柱过低，则底焦层薄，炉渣和锑锍的过热度低，黏度大，流动性差，严重时也会使炉缸和过渣道冻结。

鼓风炉挥发熔炼的渣型一般选用 $SiO_2-FeO-CaO$ 为主的多元渣系。根据选择的渣型和锑矿石、熔剂及焦炭的化学成分，按物料平衡计算出熔剂的添加量及炉料配比。实践中，一般利用计算机进行炉料配比的计算。不正确的炉料配比会造成炉渣黏稠、流动性差、渣和锑锍不易分离、渣中锑含量高、容易结炉堵塞咽喉口等问题。

表3-5 某锑冶炼厂炉料的化学成分

物 料	成分/%			
	Sb	SiO_2	CaO	FeO
球 团	43.94	10.44	6.32	7.46
焦 炭		15.38	0.36	0.50
石灰石		2.82	54.30	0.40
铁矿石		3.26	1.17	68.44

某锑冶炼厂炉料的化学成分如表3-5所示，该厂对基本渣型 $w(SiO_2):w(FeO):w(CaO)=45:33:22$ 做调整，增减其中某一成分，并保持另外两种成分的比例不变，选择不同的渣型在高温电炉中进行试验，最终确定了适宜的炉料配比并成功应用于生产。试验结果总结如下：

（1）增加 SiO_2 量，则渣熔点升高，黏度增大；SiO_2 量降低15%和20%，渣在1000℃时就开始熔化。

（2）SiO_2 和 FeO 比例不变，只是增减 CaO 量对渣的影响不明显。将 SiO_2 量降低17.5%，在1000℃的温度下，增加 CaO 量，渣黏度明显上升；降低 CaO 量，渣流动性变好，在 CaO 量降低5%时，渣流动性最好，CaO 量降低10%，渣流动性变化不大，即 CaO 量的最佳下降幅度为5%。

（3）FeO 量的变化对渣的密度影响很明显，但对渣的熔点影响不大。当 FeO 量增加时，渣的流动性变好，渣的熔点稍有降低，这种渣冷却后像铁块一样。FeO 量降低，渣密度明显降低，熔点稍有上升，渣发黏。

（4）最终的试验结果是 SiO_2 量降低17.5%，CaO 量降低5%，FeO 量不变，此时渣的熔点很低，流动性以及渣锑分离效果都很好。相应的渣型为 $w(SiO_2):w(FeO):w(CaO)=29:47:24$。炉料配比为球团:焦炭:石灰石:铁矿石＝100:40:15:31。

按调整后的渣型重新确定的炉料配比进行生产，鼓风炉的熔炼就容易进行了，渣浮在熔体面上流动性很好，容易放出，鼓风炉炉况正常，熔化后的渣和锑锍顺利流出，渣锑分离好，渣中锑含量低。

鼓风炉熔炼的生产操作主要包括开炉准备、开炉和正常操作三个步骤：

（1）开炉准备。检查鼓风炉水套、风嘴及冷凝系统，试机操作，要求各系统运行正常。

（2）开炉。用木材点火，加焦炭5～6批或更多批次，同时抽风，然后开鼓风机鼓风，分数批加入焦炭、锑锍、粗锑及熔剂等开炉炉料,熔炼一定时间后即转入正常操作。

(3)正常操作。按照焦炭—熔剂—锑矿石或其他含锑物料的顺序分批进料,每批炉料熔炼一段时间后,再加入下一批炉料继续熔炼。出现结炉现象时,可用粗锑洗炉。定期从前床中放出炉渣以及锑锍和粗锑。无前床鼓风炉一般从虹吸渣口连续放渣,定期放出锑锍和粗锑。

3.5 鼓风炉挥发熔炼的主要产物

鼓风炉挥发熔炼的主要产物有:锑氧、锑锍和粗锑、炉渣和废气。

锑氧是鼓风炉熔炼的最终产品,其中90%左右是粉锑氧,其余10%左右是粉结锑氧。锑氧的主要化学成分是三氧化锑,还含有少量易挥发的金属(砷、铅等)氧化物和飞扬的脉石,熔炼品位较高的精矿时,锑氧平均锑含量可达到80%左右,能满足反射炉还原熔炼的要求。典型鼓风炉熔炼所产锑氧的化学成分见表3-6。

表3-6 鼓风炉产出的各种锑氧粉化学成分

锑氧粉名称	化学成分/%					
	Sb	As	S	Pb	Cu	Fe
水冷却器锑氧粉	69.04	0.16	0.38	0.11	0.002	1.21
表面冷却器锑氧粉	79.36	0.32	0.34	0.06	0.001	0.19
布袋室锑氧粉	81.25	0.31	0.35	0.13	0.001	0.06

锑锍和粗锑是鼓风炉挥发熔炼的中间产物,锑锍不能送反射炉处理,粗锑铁含量较高,也不适宜直接送反射炉提取金属锑,一般是返回鼓风炉处理。粗锑和锑锍的产出率主要与料柱高度、鼓风量和精矿的成分有关。表3-7为两个炼锑厂的团矿成分与锑锍和粗锑产出率的关系。粗锑和锑锍的化学成分见表3-8。

表3-7 两个炼锑厂所用团矿的成分及锑锍、粗锑产出率

编号	团矿化学成分/%							锑 锍		粗 锑	
	Sb	As	Pb	S	SiO_2	CaO	Fe	产出率/%	含锑率/%	产出率/%	含锑率/%
厂1	50	0.08	0.14	19.97	11	3.97	3.0	4.5	0.4	1.9	3.0
厂2	38~44	0.70~0.80	0.1~0.15	25.27	13~15	0.8~1.0	8.0~11.0	13.0~16.0	1.3~2.0	4.0~6.0	8.0~10.0

注:含锑率是指粗锑和锑锍的锑含量与入炉炉料锑含量之比。

表3-8 锑锍和粗锑化学成分

编 号	锑锍化学成分/%			粗锑化学成分/%		
	Sb	Fe	S	Sb	Fe	S
1	4.70	64.44	26.40	50.32	40.03	9.65
2	4.60	64.69	24.84	63.60	22.24	5.63
3	7.85	62.92	24.12	75.43	13.80	3.50
4	4.57	64.96	25.76	86.32	10.33	2.07
5	1.90	67.54	24.90	91.40	7.49	1.15
6	0.30	58.12	24.92	52.32	33.14	11.65

炉渣是由脉石、熔剂和焦炭灰分形成的各种低熔点化合物，也含有少量的金属硫化物和金属粒子，比如未能完全分离而夹杂其中的锑锍。据测试，把锑含量1.43%的炉渣置于坩埚中重新熔化，则有锑锍在坩埚底部析出，渣锑含量可降低到0.83%，析出的锑锍成分为：Sb 8.2%，Fe 59.36%和S 15.06%，因此在熔炼过程中，应尽量创造条件使锑锍和粗锑与炉渣分离，正是基于这一点，一般在鼓风炉炉膛一侧设置前床。对某些小型鼓风炉来说，也可不设前床而加深炉缸，以利锑锍和粗锑的沉降。炉渣锑含量一般低于1%，经水淬后可送渣场堆存或用作制造水泥的原料。

鼓风炉挥发熔炼产生的废气量很大，布袋室出口废气量常达理论量的3倍左右，其主要原因是冷凝收尘系统庞大，漏风严重。废气的成分主要与炉料的化学成分及鼓风量有关。某锑冶炼厂鼓风炉废气的化学成分见表3-9。废气中的SO_2含量一般均超过环保标准，如锡矿山南炼厂2000年监测的烟气中SO_2浓度平均结果是：0.31%或8802mg/m^3，远超过排放标准。因此，废气一般需要用石灰吸收法处理，以使其SO_2的浓度达到国家规定的排放标准。

表3-9　废气化学成分

名　称	化学成分/%				
	SO_2	O_2	CO_2	N_2	CO
废　气	0.3～0.8	16～18	2～4	76～79	0～0.3

3.6　鼓风炉挥发熔炼的主要技术经济指标

反映鼓风炉挥发熔炼的主要技术经济指标有生产率、利用系数、金属回收率和单位消耗等。

影响挥发熔炼技术经济指标的因素较多，其中精矿（或团矿）的品位是最重要的因素。精矿品位高，则熔剂加入量少，金属回收率高，鼓风炉利用系数高，熔炼总消耗（原材料、燃料、动力等）低，成本低。

因此，要提高鼓风炉挥发熔炼的技术经济指标，最重要的措施是提高精矿品位。精矿锑品位至少应在40%以上，表3-10列出了两种不同品位的精矿在鼓风炉挥发熔炼中的主要技术经济指标。

表3-10　不同品位精矿鼓风炉挥发熔炼的技术经济指标对比

精矿品位/%	渣率/%	渣锑含量/%	渣损失率/%	每吨锑消耗/kg		
				焦　炭	铁矿石	烟　煤
46.00	59.91	0.74	0.90	906	934	123
28.73	133.77	0.73	3.62	1921	4361	305

鼓风炉挥发熔炼的生产率一般按炉料计，通常为35～45t/(m^2·d)。如果不考虑配入的熔剂量，仅按风口区面积和每天处理的含锑物料量计算，则其处理含锑物料的生产能力约为20～33t/(m^2·d)。

鼓风炉的利用系数是指每平方米风口区面积，每天处理的金属锑量（以吨计）。一般鼓风炉的利用系数为7.5～12.5t/(m^2·d)。

金属的回收率主要与精矿品位和渣锑含量有关,在渣锑含量低于1%,精矿品位为30%～50%时,回收率约为92%～98%。

单位消耗一般是指生产1t精锑所消耗的原材料、燃料、水电等的数量,如果仅考虑鼓风炉部分,则单位消耗也可按锑氧熔炼出的每吨金属锑量计算。影响单位消耗的主要因素也是精矿品位,随着精矿品位的不同直接导致单位消耗的变化。不同品位的精矿在鼓风炉挥发熔炼中的主要消耗见表3-10。

4 硫化锑精矿的其他挥发熔炼

4.1 旋涡炉挥发熔炼

4.1.1 概述

20世纪40年代，苏联和美国出现了一种特殊类型的固体燃料燃烧室，称为旋风火箱。这种设备大大强化了燃烧过程，强度超过通常粉煤悬浮燃烧的几十倍，而且设备紧凑、灰尘少以及氧的利用率高，因而受到冶金工作者的重视。

鉴于硫化精矿的燃烧和熔炼与固体燃料碎屑的燃烧过程相似，1952年，苏联哈萨克斯坦共和国科学院动力研究所在研究了旋风燃烧室一般原理的基础上，进行了熔炼铜精矿的试验，并称为精矿的旋涡熔炼。此后，旋涡熔炼法处理锑精矿的试验研究工作也取得了重大的进展。

苏联吉尔吉斯加盟共和国科学院曾用旋涡炉、淋洗塔和快速收尘器处理锑矿石，入炉混合物料的粒度为1～5mm，除锑矿石外，添加石灰石和碳酸钠（为矿石量的20%～25%）及煤（7%～15%）。当每吨炉料消耗空气量为2000m^3的时候，炉膛单位熔炼量为2.25t/(m^3·h)，粉尘逸出率为2%～3%；液体燃料消耗为炉料量的17%；炉中最高温度为1500℃；挥发物中锑回收率达91%～92%。

自1962年开始，捷克斯洛伐克对锑精矿的旋涡熔炼作了大量的试验研究。用锑含量为30%～50%及总硫28%的精矿，按获得最佳渣成分计算配入石灰石、铁矿石及粉煤（发热量26707kJ/kg）进行旋涡熔炼时，其锑含量为50%精矿的熔炼产物及组成见表4-1。

实验室炉膛单位熔炼量为3.45t/(m^3·h)，其挥发物中的锑含量随空气过剩量减少而降低，当过剩空气系数$\alpha=1$时指标最好。α值愈小，产出的锑锍量愈大，随α值降低，挥发物中铅含量增加，砷含量降低。挥发物中锑回收率可达99%，粉尘机械逸出率不超过3%。

旋涡熔炼可集中在小容积的旋涡体中进行，这样既可提高设备的单位处理能力，又能有效地利用热源，且易于实现过程的机械化与自动化。1975年，捷克斯洛伐克为玻利维亚设计建设了一座采用旋涡熔炼工艺处理锑精矿的炼锑厂，年产锑品约6000t。

表4-1 旋涡熔炼试验的产物及成分

产物名称	产出率（占精矿）/%	化学成分/%							
		Sb	As	Pb	Fe	S	CaO	FeO	SiO_2
挥发物	60	79.5	0.75	1.6	0.5	0.16	0.8	0.2	
锑锍	3	5.5				3			
炉渣	25	1.7					15	38	28

4.1.2 旋涡炉挥发熔炼的主要反应

硫化锑精矿旋涡炉挥发熔炼的主要物理化学过程分析如下：

配有造渣熔剂（石灰石及铁矿石）和粉煤的硫化锑精矿喷入旋涡室后，在旋涡室上部遇到经过预热而沿室壁以切线方向鼓入的高速热气流，在热空气所形成的550～660℃温度带中，物料中的硫化锑部分氧化为三氧化锑。在这个氧化过程中，一种可能是粉状硫化锑直接氧化，另一种可能是硫化锑气态挥发以后的氧化。由于在氧化过程中所鼓入的空气量有限，因此物料在上部温度带所形成的三氧化锑在数量上会受到限制，而且这部分为数不多的氧化物产出后，也将和物料中绝大部分的硫化锑一起被熔化，这些熔融液滴与物料中的造渣物料，在高速气流的作用下被强大的离心力抛向室壁，形成黏附于室壁并沿壁向下流动的熔体薄膜层，因此，物料入炉初期，在旋涡室内上部温度带所发生的主要是熔化反应。

在旋涡室中部，高速旋转气流激烈冲刷室壁的熔融薄膜层，使其温度迅速升高，三硫化锑在高温及高速气流的作用下进一步氧化成三氧化锑，其中既有三硫化锑先在高温下挥发后的氧化反应，也存在着熔融硫化锑受高速气流洗刷而直接氧化的反应。然而，无论是前者还是后者，在旋涡炉的特定强化条件下，传质传热、气－液、气－固、液－液、液－固等反应均不受物理因素的限制。旋涡室中部温度逐步上升并维持在860℃左右。显然，在这一温度带中，三硫化锑有足够大的蒸气压，其先挥发再氧化条件是充分的。而由于过剩空气量严格控制，三氧化锑很难继续氧化成高价氧化锑，这时旋涡炉中部的主要反应与一般挥发焙烧相同，即：

$$2Sb_2S_3 + 9O_2 = 2Sb_2O_3 + 6SO_2$$

在旋涡室中部，来不及挥发的大量三硫化锑及生成的部分三氧化锑，在旋涡室下部进行还原反应。此外，燃烧不完全的CO也能使锑的硫化物和氧化物发生还原反应。由中部开始，到下部激烈发生的反应如下：

$$2Sb_2S_3 + 3C = 3CS_2 + 4Sb$$

$$Sb_2S_3 + 3CO = 3COS + 2Sb$$

$$Sb_2O_3 + 3C = 2Sb + 3CO$$

$$Sb_2O_3 + 3CO = 2Sb + 3CO_2$$

如果炉料内有 Sb_2O_4 存在，也可发生如下的还原反应：

$$Sb_2O_4 + 2C = 2CO_2 + 2Sb$$

$$Sb_2O_4 + 4CO = 4CO_2 + 2Sb$$

同时有可能在炉壁液膜内产生交互反应：

$$Sb_2S_3 + 2Sb_2O_3 = 6Sb + 3SO_2$$

在旋涡炉下部，硫化锑氧化放出的热，使熔融薄膜层温度迅速上升，可高达1450℃，旋涡室下部成为造渣带和过热带。

被熔融液膜所包裹的少量硫化锑，将发生造锑锍反应而形成锑锍，精矿中大量的脉石则造渣，还原反应产出的金属锑，大部分经高速气流洗刷而氧化升华，极少量被锍渣包裹而流入旋涡炉沉淀室。

4.1.3　旋涡炉挥发熔炼的工艺流程和设备

采用旋涡炉挥发熔炼工艺处理锑精矿的冶炼厂仅玻利维亚文托炼锑厂一家。该厂的挥发熔炼系统主要由炉料加工、输送系统、旋涡炉及收尘系统组成。炉料加工、输送系统负责将炉料磨细并切向喷入旋涡炉。旋涡炉由反应室、辐射室、分离室和电热前床组成，反应室内径850mm，内高1300mm，反应室和分离室由冷却水套构成。旋涡熔炼中，呈Sb_2S_3直接挥发的锑约占精矿的75%，氧化后再挥发的占25%以下。从反应室出来的含Sb_2S_3和Sb_2O_3的烟气进入辐射室并全部氧化为三氧化锑，最后在冷凝收尘系统中收集锑氧。旋涡炉的炉渣和锑锍由分离室进入电热前床并在其中保温、沉降和分离，炉渣和锑锍分别定期放出。

文托炼锑厂旋涡炉挥发熔炼所产锑氧先用木炭在短鼓回转窑中进行预还原产出粗锑，粗锑送反射炉精炼后制得精锑和其他锑产品；短鼓回转窑和反射炉产出的次生锑氧返回短鼓回转窑，短鼓回转窑和反射炉产出的炉渣则返回旋涡炉。

图4-1是文托炼锑厂锑品生产的工艺流程图，图4-2为该厂旋涡炉挥发熔炼系统的设备连接图，表4-2是该厂锑品生产工艺的主要技术条件和技术经济指标。

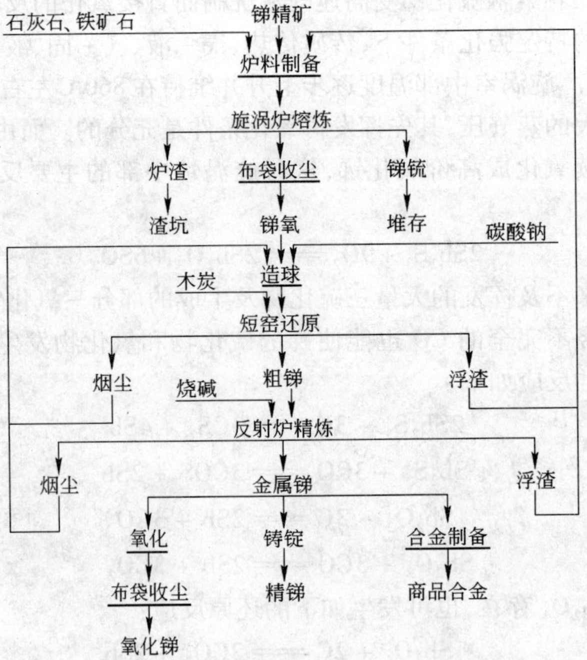

图4-1　文托炼锑厂锑品生产工艺流程

表4-2　文托炼锑厂技术条件和指标

技术条件和指标	数　据
原　料	锑精矿锑品位不小于60%，铅、砷含量不高于0.5%
旋涡炉尺寸	由反应室、分离室和电热前床组成，反应室内径850mm，内高1300mm，反应室和分离室由冷却水套构成
处理能力	设计能力为31.5t/d，实际能力平均已达到39.1t/d

续表 4-2

技术条件和指标	数　据
挥发熔炼的主要指标	以三硫化锑直接挥发的锑约占精矿的75%，氧化后再挥发的锑约占25%；布袋收尘室锑氧粉锑含量为76%～79%，冷却器锑氧粉锑含量为66%～70%；锑的回收率95.5%～96.0%；渣锑含量为0.5%～1.5%
还原熔炼	采用短鼓回转窑还原熔炼。还原剂：木炭；熔剂：苏打
精　炼	采用反射炉加苛性钠精炼。精炼温度800℃
主要产品	两种等级的金属锑，三种不同成分的铅基合金，一种优质氧化锑
A级精锑成分/%	Sb≥99.6，Pb≤0.12，Cu≤0.11，As≤0.10，Fe≤0.05，其他元素≤0.02
B级精锑成分/%	Sb≥99.5，Pb≤0.12，Cu≤0.10，As≤0.12，Fe≤0.05，其他元素≤0.11
锑合金Ⅰ成分/%	Sb 13.00～15.00，Pb 75.00～79.80，Cu 0.50～1.50，As 0.70，Sn 5.50～6.50，Ni 0.50～1.30
锑合金Ⅱ成分/%	Sb 14.00～16.00，Pb 73.80～78.55，Cu 0.50～1.50，As 0.20～0.80，Sn 5.70～6.30，Ni 0.45～1.00，Cd 0.60～1.60
锑合金Ⅲ成分/%	Sb 14.50～16.50，Pb 71.00～73.75，Cu 0.50～1.50，As 0.15
氧化锑成分/%	Sb_2O_3≥99.850，Sb_2O_4≤0.020，Fe_2O_3≤0.003，Ag_2O_3≤0.025，PbO≤0.100，SnO_2≤0.002，S≤0.001

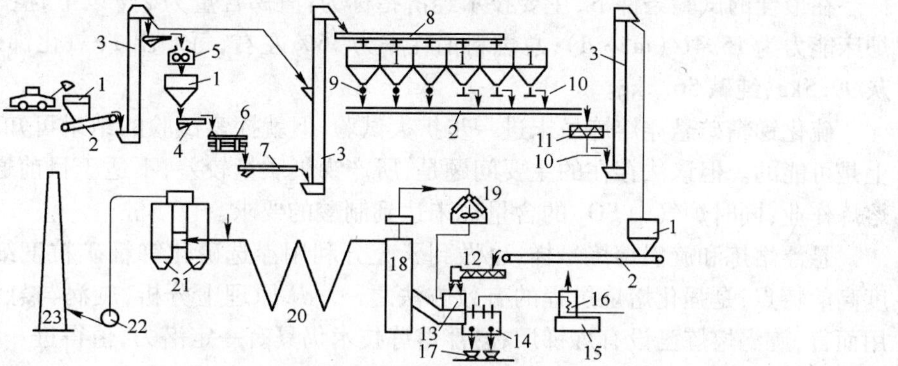

图 4-2　文托炼锑厂旋涡炉挥发熔炼设备

1—料仓；2—螺旋运输机；3—斗式提升机；4—振动式运输机；5—对辊破碎机；6—振动磨；7—管式运输机；8—链式运输机；9—叶轮闸门；10—圆盘给料机；11—螺旋混合机；12—螺旋给料机；13—旋涡炉；14—电热前床；15—加热设备；16—空气预热炉；17—渣包；18—辐射室；19—空气冷却器；20—烟道；21—袋式收尘器；22—烟道抽风机；23—烟囱

4.2　悬浮挥发熔炼

北京有色金属研究总院曾对硫化锑精矿的悬浮熔炼进行过试验研究。试验是在直径为380mm 的小型悬浮炉中进行的，其附属设备有沉淀池、空气预热室、自动加料器及过滤面积为 17m^2 的布袋收尘室。在试验中，用 15 种不同配料比做过 19 炉次试验，共处理硫化锑精矿 1283.5kg。

通过试验初步认为较适宜的操作条件是：

温度：悬浮炉1300℃左右，沉淀室1200℃左右；

压力：炉尾负压29.4～78.4Pa；

喷嘴出口空气速度：100m/s；

空气过剩系数：$\alpha=1$；

空气量：$100m^3/h$；

煤气量：加20%煤时，小于$16m^3/h$。

针对锑精矿主要脉石为SiO_2，试验最初按SiO_2 38%，CaO 15%，FeO 28%的渣型配入赤铁矿和石灰石，发现因锑锍的生成，使渣含FeO量降为20%～23%，黏度较大，流动困难，造成渣锑含量为3.5%～6%，个别甚至高达10%以上。后改用Na_2CO_3作熔剂，渣变得易流动，而渣锑含量亦相应降低。例如，当矿石、石灰、纯碱、煤为下列配比时，渣锑含量均较低：

配比为100∶7∶4∶20时，渣锑含量1.62%；

配比为100∶6∶5∶20时，渣锑含量1.73%；

配比为100∶6∶5∶30时，渣锑含量1.71%。

在某些不正常情况下也出现过渣锑含量为4.5%的情况。试验表明，当炉渣温度较高、纯碱量为3%～4%时，即可维持操作。

试验中有两炉次设有旋风收尘器，十七炉次未设旋风收尘器。前者布袋室锑氧锑含量为81%，旋风收尘器锑氧锑含量为71.9%；后者布袋室锑氧锑含量为78%左右，烟道尘锑含量为74%，预热室尘锑含量为54%，产出氧化锑的质量较差，平均含锑品位低于78%。

在最佳的试验条件下，主要技术经济指标为：渣锑含量为2%以下，渣率为22.5%左右，炉床能力为$15.4t/(m^3\cdot d)$，总燃料消耗率为36%左右，每产出1t氧化锑，耗粉煤500kg，石灰99.5kg，纯碱56.5kg。

硫化锑精矿悬浮熔炼虽未进一步扩大试验，但就探索试验的结果可知，这一方法在技术上是可能的。但该法存在的主要问题是，所产锑氧质量较差，不适于目前通用的反射炉还原熔炼作业，同时炉气中SO_2的含量也未达到制酸的要求。

悬浮熔炼和旋涡熔炼一样，也做到了充分利用浮选硫化锑精矿粒度细、表面积大、分散度高的特点，是强化熔炼过程的有效方法之一。从原理上分析，旋涡与悬浮大同小异，就应用而言，旋涡熔炼已设有炼锑厂，悬浮熔炼技术仍具有一定潜力，值得进一步探讨。

5 中低品位锑矿的熔池熔炼

5.1 熔池熔炼工艺的技术特点

熔池熔炼工艺(bath smelting process)是当前重有色金属火法冶炼中正在研究和发展的很有前途和应用范围很广的一种新的熔炼工艺。

熔池熔炼工艺的技术特点是向熔池内部鼓入空气、富氧空气、工业纯氧或空气与燃料的混合气体,使熔体呈剧烈的沸腾状态,此时当炉料从炉顶以各种不同的方式加入熔池表面时,炉内液、固、气三相充分接触,为反应的传热、传质创造了极为有利的条件,促使反应的热力学和动力学条件达到较为理想的状态而使反应迅速进行。在熔炼过程中充分利用了矿石的内能(铁、硫等成分的反应热),使其向自热熔炼和降低能耗方向发展。

熔池熔炼工艺与其他方法相比,明显地具有流程短、备料工序简单、冶炼强度大、炉床能力高、节约能耗、控制污染、炉渣易于贫化等一系列优点,从而获得了普遍重视。

"熔池熔炼"这一概念,实际上很早就已经在重有色金属冶炼工艺中得到了广泛的运用。其最早的应用可追溯到19世纪末和20世纪初,将转炉吹炼铜锍和烟化炉贫化熔炼铅鼓风炉渣先后用于工业生产。此外,如我们所熟知的冰镍转炉吹炼,加拿大发明的诺兰达法(Noranda),日本的三菱法(Mitsubishi)以及我国研究成功的"白银炼铜法"(baiyin copper smelting process),处理炼铅鼓风炉炉渣的铅锌烟化法(fuming process),炼锡富渣以及富中矿的烟化法等,均属于熔池熔炼在工业生产中实际应用的典范。QSL炼铅法,澳大利亚赛罗熔炼法(Sirosmelt process)等也是熔池熔炼的一种运用。

近几十年来,在有色金属火法冶炼技术方面,世界各国开发出的新冶炼工艺主要有:用于冶炼铜和镍的奥托昆普(Outokumpu)闪速熔炼(flash smelting)技术,三菱(Mitsubishi)熔炼技术(铜冶炼),诺兰达(Noranda)熔池熔炼技术(铜),顶吹旋转转炉技术(铜、镍和铅),采用含氧燃料的反射炉冶炼技术(铜、镍),电炉熔炼技术(铜和镍),帝国熔炼技术(锌),炼铅的QSL(Queneau-Schuhmann-Lurgi)工艺,炼铜的肯那库-奥托昆普(Kennecott-Outokumpu)固体铜锍闪速-转换工艺,处理铜、镍、锡等复杂物料的奥斯麦特(Ausmelt)工艺,Contop炼铜工艺,基夫赛特(Kivcet)炼铅工艺,瓦纽科夫(Vanyukov)熔池熔炼工艺以及在我国已成功投入工业应用的艾萨(ISA)炼铜工艺和富氧顶吹熔炼-鼓风炉还原炼铅工艺(ISA-YMG法)等。

熔池熔炼按反应气体鼓入熔体的方式,分为侧吹、顶吹和底吹三种类型。

侧吹:富氧空气直接从设于侧墙而埋入熔池的风嘴鼓入铜锍-炉渣熔体内,未经干燥的精矿与熔剂加到受鼓风强烈搅拌的熔池表面,然后浸没于熔体之中,完成氧化和熔化反应。属于侧吹熔池熔炼的有白银炼铜法(baiyin copper smelting process)、诺兰达法(Noranda)、瓦纽科夫(Vanyukov)熔炼法等炼铜方法。

顶吹:喷枪从炉顶往炉内插入,喷枪出口浸没于熔体之中或距熔池液面一定高度。根据冶金反应的需要,喷入还原性或氧化性气体,在湍动的熔池内完成还原或氧化反应。属于顶吹熔池熔炼的有艾萨熔炼法(Isassmelt)、三菱法(Mitsubishi)和顶吹旋转转炉法等炼铜、炼镍、炼铅方法。

底吹:喷枪由炉底往炉内插入,浸没于熔体中,如一步炼铅的QS法,采用卧式长形圆筒反应器,在用隔墙分开的氧化段和还原段都设有数个底吹喷嘴。在氧化段喷吹氧气,使硫化铅精矿氧化成金属铅和高铅(锌)炉渣;在还原段,喷吹氧气和还原剂(粉煤和天然气)贫化炉渣,回收铅、锌。

5.2 烟化法

烟化炉烟化法是典型的"熔池熔炼"。1927年世界上第一座工业烟化炉在美国东赫勒拿(East Helena)炼铅厂投入生产。我国对烟化炉的开发及半工业试验始于1957年,1959年设计建成第一座工业试验炉,1962年正式全面投产。烟化炉在我国工业生产中的应用已超过40余年,广泛而成功地用于炼铅炉渣的烟化和富锡渣以及富锡中矿的烟化处理,以便回收其中易挥发的有价金属,如Pb、Zn、Sn、Bi、Cd、In、Ge等。

烟化炉烟化法具有金属回收率高,生产能力较大,可用劣质煤粉作发热剂和还原剂,而且燃料消耗相对较少,易于实现过程的机械化和自动化,烟化产物可综合利用等优点,因此在世界各地被广泛采用。例如,加拿大的特雷尔(Trail)炼铅厂,美国的埃尔帕索厂(El Paso)和东赫勒拿(East Helena)厂,澳大利亚的皮里港(Port Pirie)铅厂,哈萨克斯坦的契姆肯特(Чимкент)炼铅厂等都已先后采用了烟化炉烟化法来处理炉渣。我国的原云南会泽铅锌矿冶炼厂,株洲冶炼厂,云锡一冶,韶关冶炼厂等在20世纪50年代后期也开始逐渐使用烟化炉烟化法吹炼处理各种炉渣。烟化法金属挥发率一般为:Zn 85% ~94%,Pb 98% ~100%,Cd 100%,Ge 75%,In 70% ~75%,Tl 75%,Se 95%,Te 95%,铜与贵金属不挥发留在炉渣内。

值得一提的是,用烟化炉烟化法处理锡炉渣和低锡物料,具有生产能力大、废渣锡含量低、富集比大、金属回收率高、成本低等优点,已成为国内外处理锡炉渣及低锡物料行之有效且较有前途的方法,广泛应用于各炼锡厂。我国主要的炼锡厂在20世纪60年代以后逐渐推广使用该工艺。40余年来,在锡炉渣及低锡物料的液态烟化技术方面积累了相当丰富的经验,烟化炉硫化挥发已发展成为处理锡粗炼富渣、富锡中矿等的有效方法,以云南锡业公司第一冶炼厂为例,该厂采用烟化炉处理锡含量为8% ~10%的粗炼富渣和锡含量为3% ~6%的富锡中矿,烟化炉炉床能力达18 ~25t/(m^2·d),锡回收率96%以上,弃渣锡含量低于0.1%。实践表明,烟化炉烟化法工艺过程易于掌握,技术可靠,经济效益明显,但对于高钨、高硅的锡炉渣或低锡物料的处理仍很困难。据有关资料认为,当炉渣硅酸度大于1.4或WO_3含量高于2%时,将给正常的烟化作业带来困难。20世纪70年代,国内曾对此类锡炉渣进行过硫化挥发处理,没有获得成功。80年代末到90年代初,又对此类锡炉渣进行过固态硫化挥发小型试验,未获得进一步应用。

烟化炉烟化法作为一种挥发工艺,就金属的挥发特性来说,具有一系列无法比拟的优越性,这是因为与静态熔池和固态料柱挥发相比,熔池熔炼强化了易挥发金属及其化合物进入气相的过程,在气泡中金属易挥发组分的分压增大及扩散阻力大大降低,加快了整个挥发过程。

表5-1、表5-2给出了国内外某些烟化炉的主要尺寸和参数。

表 5-1　国内部分烟化炉的主要尺寸和参数

名　称		云锡一冶		柳州冶炼厂	平桂冶炼厂
炉床面积/m^2		2.6	4	2.01	1.84
内型尺寸	长/mm	1220	1584	2012	2000
	宽/mm	214	2526	1000	920
	高/mm	5440	6800	2312	2350
风嘴数目/个		8	16	8	10
风嘴直径/mm				29	25
风嘴中心到炉底水套距离/mm		200	625(包括底衬砖)	145	110
炉料加料口尺寸/mm				200×240 ϕ200	240×260 ϕ200
三次风口直径/mm		ϕ100	ϕ100		
渣口内径/mm		ϕ130	ϕ130	100×100	60×60 60×150
渣口中心到炉底距离/mm		200	200	80	230
风口比/%				0.262	0.267
风口鼓风强度/$m^3\cdot(cm^2\cdot min)^{-1}$				0.664	0.651
一次风压/MPa		0.0657~0.0686	0.0657~0.0686		
二次风压/MPa		0.0883~0.108	0.0883~0.108	0.031	0.037
风量/$m^3\cdot h^{-1}$		4500~5000	7000~8000		
一次风量/%		30	30		
二次风量/%		70	70		
炉内压力/Pa		-29.5~-98	-29.5~-98		
进料量/t·炉$^{-1}$		6~7	13~15		0.85~0.95
风煤比控制		0.7~0.9	0.7~0.9		
炉温/℃		1150~1250	1200~1300	1200~1250	1250~1300
冷却水温度/℃		<60	130~140(气化)		
炉床能力/t·$(m^2\cdot d)^{-1}$		23~27	15~19		
弃渣锡含量/%		0.10	0.01		

表 5-2　国外部分烟化炉的主要尺寸和参数

名　称	烟化炉编号									
	1	2	3	4	5	6	7	8	9	10
炉床面积/m^2	2.6	5.3	6.69	4.74	2.54	2.88	14.2	2.6	4	17.5
风嘴数/个	12	16	28	20	6	12	32	8	16	14
风嘴直径/mm	40				30		30			37.5
风量/$m^3\cdot min^{-1}$	45~50	180	76	50.7	56.6	31.7	325.6			303
风速/$m\cdot s^{-1}$	55				230		273			335
渣池深/m	0.91	1.0	0.56	0.65	1.8	1.22	2.11			
渣量/t	8.5		15.2	12.0	10.0	11.0	90.0			

5.3　熔池熔炼-连续烟化法与鼓风炉挥发熔炼法的对比

如前所述，我国目前锑的冶炼工艺流程主要是：高品位的锑精矿（Sb 含量大于 40%），经配料、压团固结后，团矿在高焦率、低料柱的鼓风炉中进行挥发熔炼，产出粗锑氧粉；低品位的锑块矿（Sb 含量小于 20%），在赫氏炉（竖井式挥发焙烧炉）中进行挥发焙烧产出粗锑氧粉。

粗锑氧粉经反射炉还原熔炼和精炼产出精锑。

采用高品位的锑精矿经配料、压团、干燥固结后在鼓风炉中进行挥发熔炼产出粗锑氧粉，是我国目前主要的炼锑工艺。据不完全统计，全国超过 50% 以上的锑是用这一方法生产出来的。

鼓风炉挥发熔炼法是我国炼锑工业所独创的工艺，是我国广大炼锑业的技术人员和工人对鼓风炉这一古老的冶金设备的一种创新。该方法是 1965 年由我国的锑都——湖南省锡矿山矿务局和湖南冶金研究所等单位共同试验成功的。在这以前，我国锑冶炼工艺主要采用以国外引进的赫氏焙烧炉，以及后来不断改进沿革而成的中国式直井焙烧炉生产粗锑氧粉，随后由于生产的不断发展以及选矿厂向冶炼厂提供的高品位粉状锑精矿日益增多，原有的直井式焙烧炉不适于直接处理粉状物料，必须另外寻求新的冶炼方法以适应生产力不断发展的需要，经过多方面的探索试验之后，鼓风炉挥发熔炼法采用低料柱、高焦率以及高温炉顶等独特的技术措施，有效地解决了粉状锑精矿（经配料、造块后）中锑的挥发富集问题，并迅速在锡矿山的锑冶炼中推广、应用、完善，逐步取代了原有焙烧炉，形成了我国炼锑工业中独特的鼓风炉挥发熔炼工艺。

四十余年来，鼓风炉挥发熔炼法，经不断地改进和完善，取得了很大的成绩，在我国炼锑工业中发挥了重要作用，其主要优点是：

(1) 对原料有较大的适应性。不论是硫化锑矿、氧化锑矿或者是硫氧混合块状锑矿、粉状锑精矿（经造块后）均能够被有效地处理，并获得较好的技术经济指标。

(2) 鼓风炉挥发熔炼法生产能力大。其炉床能力一般可达到 20 ~ 30t/(m^2 · d)，比焙烧炉有很大的提高，而且单炉的生产能力随生产规模的要求可大可小。

(3) 金属冶炼回收率较高。对品位大于 40% 的锑精矿，金属回收率一般可达 90% 以上。湖南锡矿山生产实践表明，经采取增加外加热式前床，炉渣经炉外保温分离后，渣锑含量可降到 1.0% 以下，金属回收率可提高 3% ~4%。

(4) 成品锑氧粉质量较高。除去火柜尘、沉降尘外，成品锑氧粉的锑含量一般可达 79% ~80%，对反射炉还原熔炼和精炼有利。

但事物总是一分为二的，鼓风炉挥发熔炼法也存在着严重的不足，其突出的主要问题是：

(1) 鼓风炉挥发熔炼法不适于直接处理粉状物料，锑精矿在入炉前必须事先经过配料造块，为了提高团矿的质量，锑精矿须预先经过配料、混匀、碾压、压密等多道工序作业，否则团矿质量不易得到保证。另外，湿团块入炉前必须经过干燥、固结、筛除粉料等工序，以保证入炉团矿的质量。我国锑精矿压团工艺由于多方面的原因，一直未能得到满意的解决，团矿质量差，入炉团矿粉料率高，以云南省文山州木利锑业有限责任公司冶炼厂为例，入炉团矿粉矿率高达 15% ~20% 以上，直接影响鼓风炉作业及挥发效果。

（2）鼓风炉挥发熔炼法需用大量优质冶金焦，而且焦率很高，一般焦率约为40%左右（对团矿而言）。冶金焦价格昂贵，这增加了锑冶炼的加工成本，同时也限制了鼓风炉直接处理低品位精矿的经济合理性。

（3）鼓风炉挥发熔炼法产出的弃渣锑含量仍偏高，一般达5%左右。云南文山州木利锑业有限责任公司冶炼厂的渣锑含量大于2%，为了降低渣锑含量，必须增设外加热式前床（实际上是一个燃煤反射炉），这又增加了燃煤消耗，即便如此，渣锑含量仍然达1.0%左右，这是一些炼锑厂金属回收率不高的直接原因。

（4）鼓风炉挥发熔炼法处理硫化锑矿或硫氧混合矿时，会产出大量低浓度二氧化硫烟气，造成对环境的污染。当处理硫化矿时，精矿硫含量高达20%以上，如湖南湘西含金锑矿，云南西畴县小锡板硫化锑精矿硫含量高达24%～27%，鼓风炉排出烟气含二氧化硫浓度可达2%以上。由于对低浓度二氧化硫烟气尚缺乏有效且经济的治理回收利用方法，排空后将造成对环境的严重污染，现各锑冶炼厂普遍采用高烟囱排放措施，但这一问题仍然是我国各炼锑厂急需解决的课题。

（5）鼓风炉挥发熔炼法需要庞大而复杂的备料工序，需大量的优质冶金焦，增加外加热前床需增加燃煤等，导致了工艺过程能耗高、加工成本高的必然结果，这是其工艺过程本质决定的。

基于上述理由，为了适应生产的发展，结合我国资源，并综合分析和借鉴国内外锑的冶炼工艺，从降低能耗和加工成本，加强环境保护，节约能源，提高金属回收率等方面出发，提出对现行鼓风炉熔炼挥发工艺进行改革，是必要的和适时的，特别是针对我国有的地区缺焦多煤的具体情况，更显得尤为重要。

熔池熔炼-连续烟化法，将熔池分为熔池熔炼区和连续烟化区，熔池同时起到熔炼和还原挥发作用。根据配料比，物料以固体冷料的形式加入，作业按加料－熔化－吹炼－放渣的程序在同一炉内循环进行，省去了常规烟化炉必需的化矿和保温设备，基建费用下降、工艺简单、能耗低。

在熔池熔炼过程中，由于喷吹作用，熔池内部熔体上下翻腾，形成了熔体液滴向上喷溅和向下溅落。向下溅落的熔体流或称熔体雨洗涤炉气中的机械粉尘，同时由于熔体与固体物料传热传质得到最大的改善，从而大大缩短了固体物料在炉内的停留时间，加快了固体物料的熔炼挥发，提高了炉床能力。工业实践的结果表明，机械烟尘率低，常可达到小于1.0%，挥发烟尘的质量高，富集比大，有利于再处理流程的简化和获得较优的技术经济指标。

以锑的冶炼为例，采用熔池熔炼-连续烟化法与现行鼓风炉熔炼挥发法相比，具有一系列的优点，主要表现在：

（1）对原料适应性强。粉矿块矿等都可直接入炉，省去了复杂的制团工序。熔池熔炼对入炉炉料的湿度、松散度和细度没有严格的要求，粉状锑精矿不需再经过造块及干燥处理，可以直接入炉熔炼。熔剂及返料，富块矿经破碎到小于10 mm粒度范围后，即可直接加入炉内熔炼，不需细磨。

（2）可以因地制宜地采用低质煤代替鼓风炉所必需的优质冶金焦作为燃料和熔剂，降低冶炼加工成本。

（3）不需要再增加外加热前床，渣锑含量就可达到较低水平，依据烟化炉处理锡渣生产实例，预计渣锑含量可小于0.5%或更低，既提高了金属回收率，也节省了外加热前床的投资，节约了燃煤。

（4）可以处理锑品位为15%～30%的中低品位锑矿，使矿山选冶回收率大幅度升高。以某锑矿为例，选40%锑精矿的选矿回收率为60%左右，如把精矿品位降至15%～20%，选矿回收率可提高至80%，加上冶炼回收率可再提高5%～10%（对鼓风炉挥发熔炼而言）。如果是直井式挥发熔炼，冶炼回收率将提高更大，即整个选冶回收率可提高20%～25%，有效地利用了有限资源。

（5）当处理硫化锑矿时，由于有可能按理论空气需要量控制鼓风量，空气过剩系数α小于或等于1.0，冶金计算的结果表明，当精矿硫含量达20%左右时，烟气中二氧化硫浓度可以满足制酸要求，从而为解决烟化中二氧化硫对环境污染的问题提供了可能性。

（6）流程短，设备较简单，工艺过程容易掌握和控制，易于实现机械化和自动化，进一步提高了劳动生产率，降低了劳动强度。

由上述简单的比较可以看出，以锑为例，采用熔池熔炼-连续烟化挥发取代现行鼓风炉挥发熔炼，由于取消了复杂的备料、压团、干燥等工序，用低质煤代替鼓风炉必须的优质冶金焦，特别是当处理硫化锑矿或硫氧混合矿时，有可能最大限度地利用精矿的内能，取消外加热保温前床，节约燃煤，从而将极大地降低能耗和加工成本，提高金属回收率，增加经济效益。

5.4 采用熔池熔炼工艺处理锑矿的可行性

为了论证采用熔池熔炼工艺处理锑矿的可行性，首先有必要了解锑及其主要化合物的主要理化性质，根据锑及其主要化合物的理化性质，表明它们在熔池熔炼-连续烟化法冶炼作业的正常温度在1100～1200℃以下，均已具有很高的蒸气压，这为采用该工艺处理锑矿挥发锑提供了理论依据。

5.4.1 锡的烟化挥发与锑的烟化挥发

锡烟化挥发的可行性已被大量的工业实践所证实，并充分显示出采用烟化法处理低锡物料的优越性。我国云南锡业公司第一冶炼厂烟化炉的生产实践就是一个较为突出的实例。为了进一步论证采用烟化挥发法处理含锑（包括锑精矿和低品位锑矿）物料的可行性，将含锡物料烟化过程机理与含锑物料烟化挥发可行性进行讨论、对比分析如下：

（1）锡物料的烟化挥发是在作业温度1100～1200℃，还原性气氛条件下，首先使锡的高价氧化物还原成易挥发的氧化亚锡挥发，当锡含量降低到一定程度后，为了加速残存锡的挥发，加入一定量的硫化剂，促使锡生成硫化亚锡，利用硫化亚锡在作业温度下，比氧化亚锡具有更大蒸气压、更易挥发的特点，使残留锡更快、更彻底地完全挥发出来。挥发物在炉子上部的高温区被空气中的氧氧化，生成锡的氧化物进入烟尘中，从而达到回收富集的目的。

（2）锑物料在鼓风炉挥发熔炼中，则是利用了锑的高价氧化物在还原气氛下易被还原成Sb_2O_3，物料中的Sb_2S_3易被氧化成Sb_2O_3，而Sb_2O_3易挥发的基本原理。与此同时，在此过程中，不可避免地有大量的氧化锑被还原成金属锑，或部分Sb_2S_3直接熔化生成锑锍，这就是在鼓风炉熔炼过程中会产生一部分金属锑和锑锍的原因。当然，由于金属锑在作业温度下已具有较大的蒸气压，因而也可直接呈金属锑蒸气挥发，所有这些挥发组分在炉子上部或火柜高温气流中被氧化成 Sb_2O_3 进入烟尘富集。从以上分析可以看出，锡、锑两种金属挥发过程的机理是极为相似的。

(3) 同时可以肯定，鼓风炉挥发熔炼所能达到的作业工艺条件如温度、气氛、物料停留时间、还原作用强度等，烟化炉烟化挥发过程中同样也可以达到，并且更加优越，而且由于强化了挥发过程，减少了挥发物的扩散阻力，对挥发作业将更为有利，这是烟化炉弃渣较鼓风炉弃渣金属含量更低的原因所在。

图 5-1 是根据锡、锑两种金属的主要氧化物、硫化物的蒸气压与温度的数据绘制出的 SnO、SnS、Sb_2O_3、Sb_2S_3 以及 Sb 的蒸气压与温度的关系曲线。

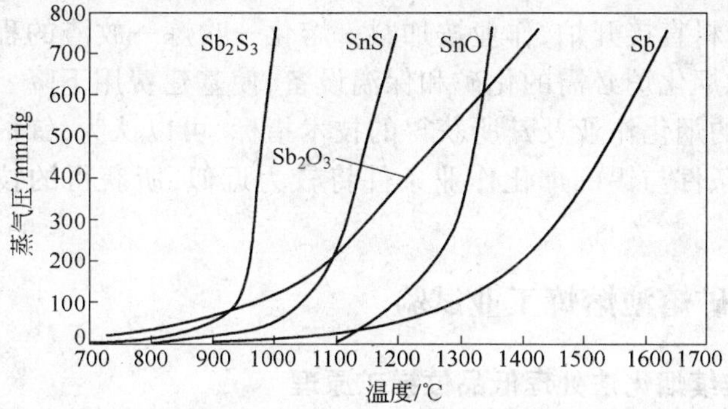

图 5-1 锑及其主要化合物和锡的主要化合物的蒸气压与温度的关系曲线

(1mmHg = 133.3Pa)

由图 5-1 中可以看出，锡、锑两种金属的主要氧化物、硫化物的挥发性能较为相似，在烟化炉的作业温度 1100 ~ 1200℃ 的条件下，锑及其三硫化锑、三氧化锑和硫化亚锡、氧化亚锡皆具有较大的蒸气压，易于挥发，因此，对照锡的烟化作业及其所获得的技术指标，可以认为，锑的烟化挥发不仅是可能的，而且其作业条件与锡的烟化作业条件将较为近似，所获得的技术指标也将不会比锡的技术指标差。

5.4.2 沉没熔炼处理锑矿扩大试验

针对目前锑挥发熔炼工艺中存在的主要问题，国内外进行了大量的研究与开发工作。从 1985 年起，昆明冶金研究院就开始了采用熔池熔炼-连续烟化法处理锡炉渣和中低品位锑矿的试验研究。1990 年，在个旧市有色金属加工厂建成 $2m^2$ 试验烟化炉，进行工业试验，处理该厂历年堆存的锡炉渣，同年 7 月，试验成功后转入工业生产，1991 年又建成 $4m^2$ 烟化炉及其相应设备，投入工业应用，目前仍在正常运行之中。

对中低品位锑矿的处理，昆明冶金研究院采用沉没熔炼（熔池熔炼的一种形式），完成了处理中低品位锑矿的扩大试验。考察了锑矿石对熔池熔炼的适应性、适宜的喷枪结构选择以及以煤代油等试验内容。对中低品位锑矿的处理，得出了如下基本结论：

(1) 采用沉没熔炼（熔池熔炼）处理中低品位锑矿，能使锑及其化合物有效地挥发，其挥发指标稳定可靠，渣锑含量较低（在 0.5% ~ 0.7% 之间），锑的挥发率为 97% ~ 99%。

(2) 当锑矿中的铅含量和砷含量符合两者之和小于 0.5% 的要求时，所获得的表冷尘及布袋尘的锑氧粉锑含量为 80% ~ 82%，完全符合后续还原熔炼精锑的要求。

(3) 在试验过程中未产出锑锍和金属锑，不会对设备造成损害而发生事故。

(4) 该方法既可处理能成团的粉状物料，又可处理粒状物料，对物料适应性强，能处理硫化矿、氧化矿及混合矿，且允许矿石中的锑含量有较大的波动范围。

目前，鼓风炉挥发熔炼法一般处理锑含量大于40%的锑矿，而在锑的选矿中，要达到此品位，锑的回收率将受到影响，如昆明冶金研究院对云南省文山州木利锑业有限公司选矿厂流程查定结果表明，选矿回收率仅为30%，如果降低锑品位到10% ~30%，选矿回收率将大幅度增加，这将极大地提高整个矿山的金属回收率和经济效益。

综上所述，在烟化炉的正常作业温度1100 ~1200℃的条件下，锑及其三硫化锑、三氧化锑等锑的化合物都具有较大的蒸气压，易于挥发。熔池熔炼-连续烟化法处理低品位锑矿，如能实现固体冷料直接开炉，作业按加料—熔化—吹炼—放渣的程序在同一炉内循环进行，则可省去常规烟化炉必需的化矿和保温设备，使基建费用下降、工艺趋于简单、能耗更为降低。对照锡的烟化作业及其所获得的技术指标，可以认为，锑的烟化挥发不仅是可能的，而且，其作业条件与锡的烟化作业条件将较为近似，所获得的技术指标也将不会比锡的技术指标差。

5.5 中低品位锑矿熔池熔炼工业试验

5.5.1 熔池熔炼-连续烟化法处理低品位锑矿原理

采用熔池熔炼-连续烟化法处理低品位锑矿，锑矿石的挥发熔炼过程是在烟化炉内实现的。新建的烟化炉开炉时，需预先烘烤炉膛，预热整个系统，然后加入木柴、焦炭等并鼓入微风逐渐升温，待着火并且木柴、焦炭充分燃烧后，加入一定量的贫化炉渣，为形成液态熔池作准备，此时，调整鼓风机的风量，粉煤在一、二次风的作用下，由小到大送入炉内，粉煤在炉内燃烧，使炉温迅速升高，并逐渐形成熔体。待炉内温度升高到烟化炉作业的正常温度1100 ~1200℃时，炉内整个熔池已基本形成，此时（或在熔池形成过程中），经配料后的炉料（低品位锑矿石、石灰石、铁矿石、烧渣等），从烟化炉炉顶加入。配料和加料是按如下方式进行的。首先按确定的每批料量，低品位锑矿石、石灰石、铁矿石、烧渣分层堆配，初步混合，然后通过加料料钟和漏斗，加入烟化炉内。炉料分批加入（每批炉料计为一炉），烟化一定时间后，从渣口放出一定量的贫化炉渣，随后再加入第二批炉料，重复烟化-放渣作业。

炉料一入炉就经受高温的作用，并在熔池内沸腾、搅拌，气、固、液三相充分接触，剧烈地进行干燥脱水、离解、挥发、氧化和造渣等一系列复杂的物理化学反应。

根据锑及其主要化合物的蒸气压与温度的数据及关系曲线和图5-2的有关反应自由能与温度的关系曲线，在熔池熔炼-连续烟化炉的正常作业温度1100 ~1200℃下，烟化炉内大致发生如下主要化学反应：

$$2C + O_2 = 2CO$$

$$C + O_2 = CO_2$$

$$2CO + O_2 = 2CO_2$$

$$CaCO_3 = CaO + CO_2$$

$$MgCO_3 = MgO + CO_2$$

$$FeAsS = FeS + As$$

$$2/3FeS + O_2 = 2/3FeO + 2/3SO_2$$

$$S + O_2 = SO_2$$

$$2/9Sb_2S_3 + O_2 = 2/9Sb_2O_3 + 2/3SO_2$$

$$Sb_2S_3 + 2Sb_2O_3 = 6Sb + 3SO_2$$

$$4/3Sb + O_2 = 2/3Sb_2O_3$$

$$9Sb_2O_4 + Sb_2O_3 \longrightarrow 10Sb_2O_3 + 3SO_2$$

由以上各反应式可以看出,在熔池熔炼-连续烟化炉的作业条件下,锑矿石中的锑最后将以三氧化锑的形式挥发,在冷凝收尘系统内富集收集,而在反应过程中形成以及加入的氧化钙、氧化镁、氧化亚铁等将与物料中的二氧化硅等脉石造渣,由渣口放出。

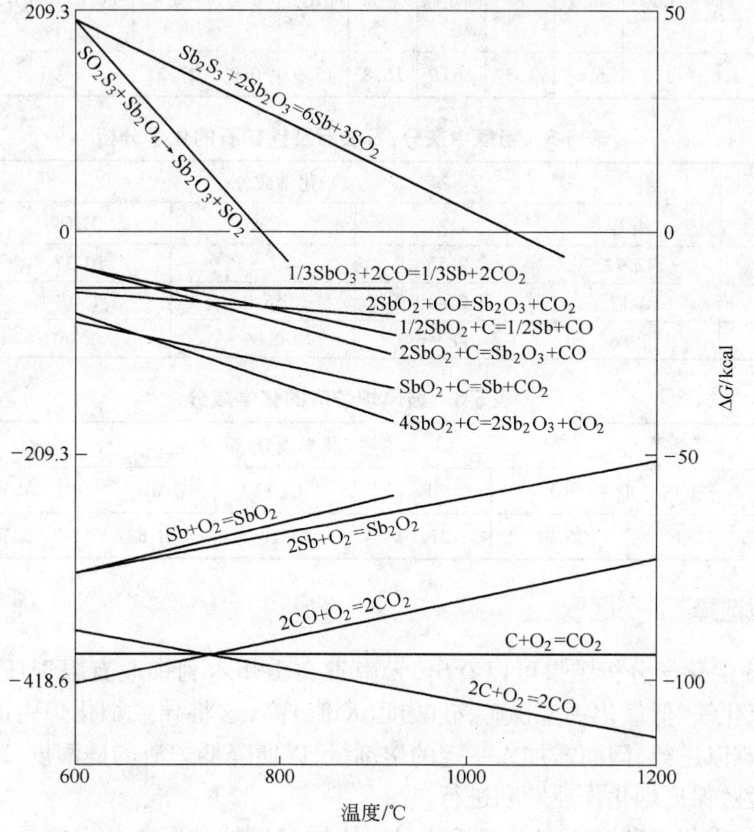

图 5-2　有关反应自由能与温度的关系曲线

5.5.2　试料的理化性质

表 5-3 是经选矿厂选矿后运到冶炼厂用于试验的锑矿石的化学分析结果。表 5-4 ~ 表 5-6 是试验中采用的粉煤、粉煤中灰分、石灰石、铁矿石、鼓风炉炉渣等原料测定的理化性质。

表 5-3　锑矿石的化学分析结果

名 称	化学成分/%									
	Sb	SiO_2	Fe	CaO	MgO	Al_2O_3	S	As	Pb	水分
重介质锑矿	30.42	34.4	8.1	1.9	0.6	4.0	9.4	0.029	<0.01	1.5
混合锑矿	30.53	38.3	7.6	1.2	0.8	4.7	7.5	0.031	<0.01	2.9
重介质跳汰混合锑矿	28.09	35.1	7.3	1.2	0.8	4.7	7.6	0.032	<0.01	2.9
跳汰锑矿	30.08	42.0	5.1	1.4	0.9	4.4	5.5	0.032	<0.01	4.5

表 5-4　粉煤的理化性质分析

名 称	含量和成分/%									性能指标			
	SiO_2	Fe	CaO	MgO	S	固定碳	灰分	挥发分	水分	发热值/MJ	粒度200目(0.074mm)以上/%	密度/$g \cdot cm^{-3}$	水分/%
粉煤	7.2	1.6	1.3	5.6	1.5	66.1	16.8	15.9	6.0	27.31	> 90	0.52	1.5

表 5-5　粉煤中灰分、石灰石及铁矿石的化学分析

名 称	化学成分/%				
	SiO_2	Fe	CaO	MgO	Al_2O_3
粉煤中灰分	42.72	9.55	7.8	30.37	
石灰石	0.17	0.44	55.0	1.03	0.15
铁矿石	2.86	59.93	0.66	0.76	

表 5-6　鼓风炉炉渣的化学成分

名 称	化学成分/%						
	Sb	SiO_2	Fe	CaO	MgO	Al_2O_3	S
鼓风炉炉渣	3.39	36.91	27.20	13.18	0.88	5.70	0.001

5.5.3　渣型选择

从表 5-3 的化学分析结果可以看出，云南省文山州木利锑业有限责任公司的锑矿石属高硅、较低氧化铁、低氧化钙型锑矿，硅酸度（*K* 值）高，这将导致烟化炉内的炉渣黏度大，熔炼挥发作业难以进行，因而需加入一定的熔剂量，以便降低炉渣的硅酸度，减小炉渣的黏度，改善其流动性，保证烟化作业顺利进行。

云南省文山州木利锑业有限责任公司所用锑精矿的脉石成分主要是二氧化硅，因而工业试验中确定采用 SiO_2-FeO-CaO 系炉渣渣型，用铁矿石和石灰石作熔剂。配料中渣型控制为：SiO_2：32%，FeO：36%，CaO：15%，此时炉渣硅酸度为 1.4，并据此进行配料计算和计算炉渣产出率。

5.5.4　配料计算

根据配料中渣型控制：SiO_2：32%，FeO：36%，CaO：15%，进行配料计算。

考虑到工业试验中准备的各种锑精矿的数量，以重介质锑矿 40%、跳汰锑矿 60% 混矿，

计为1号混合锑矿;两种重介质跳汰混合锑矿各取50%进行混矿,计为2号混合锑矿,混矿后两种锑矿扣除水分后的化学成分见表5-7。

表5-7 混合锑矿的化学成分

名 称	化学成分/%								
	Sb	SiO_2	Fe	CaO	MgO	Al_2O_3	S	As	Pb
1号混合矿	29.22	37.63	6.11	1.55	0.77	4.12	6.84	0.03	0.01
2号混合矿	28.46	35.63	7.21	1.14	0.77	4.69	7.36	0.03	0.01

以100kg锑矿为例,计算所需加入的铁矿石和石灰石的数量。

需加入的铁矿石量$T_{铁矿石}$为:

$$T_{铁矿石} = (H_{SiO_2} \cdot \alpha - H_{FeO})/T_{FeO} + T_{SiO_2} \cdot \alpha/T_{FeO} + Y \cdot Y_{灰分} \cdot (Y_{灰分SiO_2} \cdot \alpha - Y_{灰分FeO})/T_{FeO}$$

需加入的石灰石量$S_{石灰石}$为:

$$S_{石灰石} = (H_{SiO_2} \cdot \beta - H_{CaO})/S_{CaO} + T_{铁矿石} \cdot (T_{铁矿石SiO_2} \cdot \beta - T_{铁矿石CaO})/S_{CaO} + Y \cdot Y_{灰分} \cdot (Y_{灰分SiO_2} \cdot \beta - Y_{灰分CaO})/S_{CaO}$$

式中 $T_{铁矿石}$——需加入的铁矿石量;

H_{SiO_2}——混合锑矿中SiO_2含量;

H_{FeO}——混合锑矿中FeO含量;

T_{FeO}——铁矿石中FeO含量;

T_{SiO_2}——铁矿石中SiO_2含量;

α——α=选定渣型中FeO含量/选定渣型中SiO_2含量;

Y——加入的烟煤量;

$Y_{灰分}$——烟煤中灰分含量;

$Y_{灰分SiO_2}$——烟煤灰分中SiO_2含量;

$Y_{灰分FeO}$——烟煤灰分中FeO含量;

$S_{石灰石}$——需加入的石灰石量

β——β=选定渣型中CaO含量/选定渣型中SiO_2含量;

H_{CaO}——混合锑矿中CaO含量;

S_{CaO}——石灰石中CaO含量;

$T_{铁矿石SiO_2}$——需加入的铁矿石中SiO_2含量;

$T_{铁矿石CaO}$——需加入的铁矿石中CaO含量;

$Y_{灰分CaO}$——烟煤灰分中CaO含量。

熔池熔炼-连续烟化法中,煤耗量占入炉物料的比例一般不大于35%,即使以入炉矿石计,其比例也不宜超过50%,否则能耗过高,烟化炉就失去了本身的优越性。考虑到该因素,可以认为上述两计算式中,第三项由烟煤带入的灰分中SiO_2消耗的熔剂量占加入的总熔剂量的比例不大,因而配料计算时忽略烟煤带入的灰分中SiO_2消耗的熔剂量,计算出的熔剂总需要量适当增加,便能保证烟化作业对熔剂量的需求,将各数据代入上述两式,即可计算出烟化条件下每处理100kg锑矿所需的铁矿石和石灰石的数量:

$$T_{铁矿石} \approx 50\text{kg}, \quad S_{石灰石} \approx 30\text{kg}$$

即配料比为:混合锑矿(1号、2号):铁矿石:石灰石 = 100:50:30

所占百分比为:混合锑矿(1号、2号):铁矿石:石灰石 = 56%:27%:17%

5.5.5 试验内容

5.5.5.1 设备的无负荷及满负荷试运行

熔池熔炼-连续烟化法工艺的设备装置系统,虽然已经在处理锡炉渣等熔炼方面相继取得成功并已显示出比传统烟化炉熔炼的优越性,但在锑的熔炼方面的应用尚属首次,兼之全部工业试验装置除排烟收尘系统系利用文山州木利锑业有限责任公司原有鼓风炉排烟收尘系统设备外,其他设备全部新建,因此在进行工业试验时,首先分别对新建设备进行了以下工作:

(1)单台无负荷试运转;

(2)无负荷联动试运转;

(3)单台带负荷、满负荷试运转;

(4)带负荷联动试运转等。

整个熔池熔炼-连续烟化炉系统无漏水、漏风现象。冷却水的供应系统能满足工业试验开炉要求,无水套供水不足现象。排烟收尘系统装置完好,处于备用状态。熔炼烟化炉有较大负压,管道、烟道无破裂、渗漏现象,所有阀门开启灵活,布袋室可分别关风振打,整个电路系统畅通无阻,即设备的无负荷及满负荷试运行正常,可进行工业试验。

5.5.5.2 冷料开炉试验

一般烟化炉需配置化矿和保温设备(常用鼓风炉或反射炉化矿,电热前床保温)。这次工业试验中,在总结以往工作经验和沉没熔炼扩大试验的基础上,大胆尝试用冷料直接开炉,即废除烟化炉前需配置的化矿和保温设备,锑矿石以冷料的形式直接加入烟化炉进行脱水、加热、熔化、熔炼挥发、造渣等作业。

试验过程是这样进行的:新建烟化炉按前面叙述的方法进行开炉及加料操作。待炉内温度升高到烟化炉作业的正常温度1100~1200℃时,炉内整个熔池已基本形成,此时,将经配料混匀后的锑矿石、铁矿石、石灰石等冷炉料从烟化炉炉顶的加料口加入炉内。从试验情况(1~3炉)看,冷料加入后,经受高温的作用,在熔池内沸腾、搅拌,气、固、液三相充分接触,传热、传质过程完全,冷物料剧烈地进行干燥脱水、离解、挥发、氧化、造渣等一系列复杂的物理化学反应。伴随着大量的白色挥发气体(气相Sb_2O_3)产生,炉况顺畅,未出现剧烈降温、固结、死炉等现象,这充分说明采用熔池熔炼–连续烟化法工艺处理低品位锑矿,直接冷料开炉是可行的。

5.5.5.3 合理渣型试验

按选择的渣型确定的配料比,即:混合锑矿(1号、2号):铁矿石:石灰石 = 56%:27%:17%,进行配料。试验中第5~15炉主要考察渣型选择是否合理,从渣口放渣情况看,渣的流动性较好,证明渣的黏度不高,该渣型能使炉况顺畅,烟化作业顺利进行。表5-8是第5~15炉炉渣锑含量的试验结果,从表中也可以看出,渣锑含量较低,平均值仅为0.468%(个别炉次渣锑含量偏高的原因是吹炼时间较短的缘故)。以上试验结果说明,渣型的选择是合理的。

表 5-8　第 5～15 炉炉渣锑含量试验结果

炉　次	第 5 炉	第 6 炉	第 7 炉①	第 8 炉	第 9 炉	第 10 炉	第 11 炉	第 12 炉	第 13 炉	第 14 炉	第 15 炉	平均值
渣锑含量/%	0.45	0.49	1.19	0.50	0.46	0.49	0.48	0.46	0.42	0.55	0.40	0.47

①该炉渣锑含量偏高的原因主要是吹炼时间较短的缘故。

5.5.5.4　风煤比试验

在风煤比试验中，风量固定，用变动加煤量的大小来改变风煤比。试验结果为：在加料阶段，为了加快化矿速度，保持炉内有较高温度，风煤比宜偏大，空气过剩系数控制在 0.95～1.00，而在后期，炉内主要完成液态挥发作业，风煤比可适当减小，空气过剩系数控制为 0.90～0.94。

5.5.5.5　吹炼时间试验

吹炼时间是一个重要的工艺参数，吹炼时间的长短直接影响着锑的挥发率。表 5-9 是工业试验中对不同炉次确定不同吹炼时间后所获得的渣锑含量的数据。图 5-3 是根据表 5-9 的数据绘制的吹炼时间与渣锑含量的关系曲线。

表 5-9　不同吹炼时间下的渣锑含量

吹炼时间/min	15	20	25	30	35	40
渣锑含量/%	1.19	0.84	0.69	0.50	0.46	0.38

注：表中的渣锑含量是同一吹炼时间下三炉的平均值。

从表 5-9 和图 5-3 的试验结果可以看出，吹炼时间长，渣锑含量低，但随着吹炼时间的延长，后期的挥发效率很低，加大了烟化作业的成本。同时，由于使用的云南省泸西县圭山烟煤灰分中造渣成分属酸性，二氧化硅含量达 42.72%，如吹炼时间过长，炉渣黏度增大，炉渣容易变稠，流动性变差，反而影响正常的烟化作业。因此确定吹炼时间为 30min，此时渣锑含量已降至 0.5%。

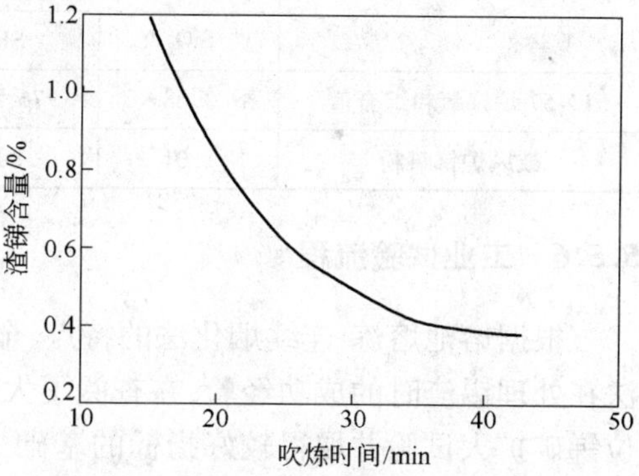

图 5-3　吹炼时间与渣锑含量的关系曲线

5.5.5.6　处理量试验

在确定入炉物料的配料比，固定风煤比、吹炼时间的条件下，进行处理量试验。根据烟化炉的设计能力，初步确定烟化炉的加料速度为 2.0～2.5t/h。加入两批料共计 5t 后，停止加料，烟化 20～30min，放出部分贫化炉渣，以上即完成一炉作业，随后再加料进入第二炉作业。暂定放渣期间停止加料，烟化炉加料时间作业率为 85%，这样烟化炉生产能力为每天处理物料 40～50t。从试验情况看，在确定的配料比、风煤比、吹炼时间的条件下，按 2.5t/h 的加料速度，炉况正常，渣锑含量小于 0.5%，即每天物料的处理量可达 50 t，基本可实现连续加料。

5.5.5.7　综合条件试验

根据以上确定的各条件，进行综合条件试验。工艺参数为：

状态：冷料开炉；

配料比：混合锑矿（1号、2号）：铁矿石：石灰石＝56%：27%：17%；

风煤比：空气过剩系数0.9～1.0；

吹炼时间：30min；

处理量：每小时2.5t物料；

物料：混合锑矿（1号、2号）1400 kg，铁矿石675 kg，石灰石425kg。

在综合条件下，处理物料200t，其中锑矿石112t，试验结果见表5-10～表5-12。

表5-10　综合条件试验下的炉渣成分

炉　次	炉渣成分/%				硅酸度 K
	Sb	SiO_2	FeO	CaO	
18～23炉平均值	0.49	32.12	33.80	16.50	1.4
24～35炉平均值	0.47	36.42	37.70	15.09	1.5
36～57炉平均值	0.46	42.33	33.67	15.29	1.8

表5-11　系统产品锑氧粉含量

炉　次	锑氧粉含量/%		
	火柜尘（Sb_2O_3）	表冷尘（Sb_2O_3）	布袋尘（Sb_2O_3）
1～57炉平均值	49.24	77.04	77.88

表5-12　锑氧粉成分

名　称	化学成分/%					
	SiO_2	Sb	Fe	S	C	CaO
1～57炉锑氧粉综合值	2.68	76.40	1.72	0.18	4.56	<0.5
鼓风炉锑氧粉	1.01	80	0.15	0.18	0.7	<0.5

5.5.6　工业试验流程

根据熔池熔炼-连续烟化法的特点、金属锑及其主要化合物的特性和熔池熔炼-连续烟化法在处理锡渣时的成功经验，在查阅了大量文献资料、顺利完成了采用沉没熔炼处理中低品位锑矿扩大试验并取得较好指标的基础上，昆明冶金研究院确定的工业试验采用的工艺流程如图5-4所示，设备连接如图5-5所示。

5.5.7　工业试验的主要设备

熔池熔炼-连续烟化法处理低品位锑矿工业试验，在云南省文山州木利锑业有限责任公司进行。

工业试验中，使用的主要设备和尺寸如下：

（1）$4m^2$ 熔池熔炼-连续烟化炉一座，总体积1.6 m^3；

（2）炉子内型尺寸：熔池面积$4m^2$，化矿区炉高2.5 m，挥发区炉高6 m，风嘴16个；

（3）水冷烟道尺寸：1m×1m×8m；

（4）火柜：4×18 m^3；

（5）空气表面冷却器：表面积$400m^2$；

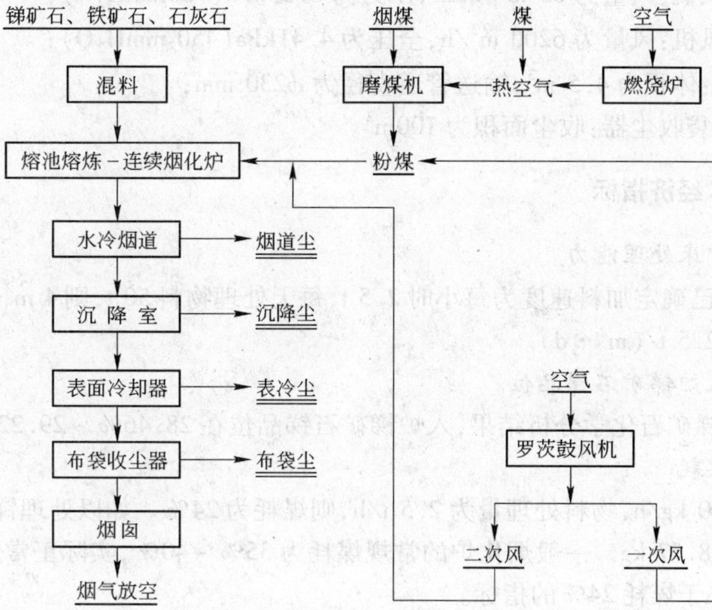

图 5-4　熔池熔炼-连续烟化法处理低品位锑矿工业试验工艺流程

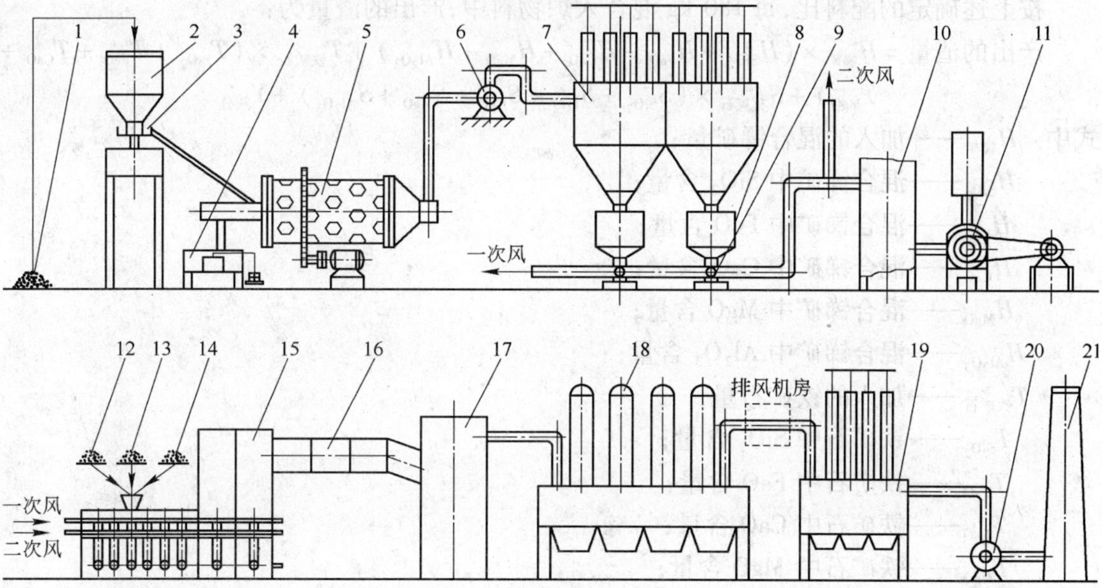

图 5-5　熔池熔炼-连续烟化法处理低品位锑矿工业试验设备

1—烟煤；2—煤斗；3—圆盘给料机；4—热风炉；5—风扫球磨机；6—抽风机；7—粉煤沉积箱；8—粉煤中间仓；9—送煤螺旋；10—气包；11—鼓风机；12—石灰石；13—锑矿石；14—铁矿石；15—烟化炉；16—水冷烟道；17—火柜；18—表面冷却器；19—布袋收尘器；20—排风机；21—烟囱

（6）布袋收尘器：过滤面积 $1960m^2$；

（7）球磨机：功率为 110kVA；

(8)罗茨鼓风机:风量为63 m^3/min ,压力为6.86kPa(700mmH_2O);

(9)离心通风机:风量为6200 m^3/h,全压为4.41kPa(450 mmH_2O);

(10)粉煤仓:体积为4.5 m^3,输送管道直径为ϕ230 mm;

(11)粉煤布袋收尘器:收尘面积为100m^2。

5.5.8 主要技术经济指标

5.5.8.1 炉床处理能力

处理量试验已确定加料速度为每小时2.5 t,每天处理物料50 t,则4 m^2烟化炉的炉床处理物料能力为:12.5 t/(m^2·d)。

5.5.8.2 入炉锑矿石锑品位

按表5-3的锑矿石化学分析结果,入炉锑矿石锑品位在28.46% ~29.22%之间。

5.5.8.3 煤耗

供煤量为600 kg/h,物料处理量为2.5 t/h,则煤耗为24%。如以处理锑矿石计,则每吨锑矿石煤耗为428.57 kg。一般烟化炉的常规煤耗为35% ~40%,实际正常炉次的供煤量为450 ~570kg/h,小于煤耗24%的指标。

5.5.8.4 锑的挥发率

为计算锑的挥发率,首先计算产渣率:

按上述确定的配料比,每180 kg混合入炉物料中,产出的渣量为:

$$\text{产出的渣量} = H_{\text{锑矿}} \times (H_{SiO_2} + H_{FeO} + H_{CaO} + H_{MgO} + H_{Al_2O_3}) + T_{\text{铁矿石}} \times (T_{SiO_2} + T_{FeO} + T_{CaO} + T_{MgO}) + S_{\text{石灰石}} \times (S_{SiO_2} + S_{FeO} + S_{CaO} + S_{MgO} + S_{Al_2O_3}) + Y_{\text{灰分}}$$

式中 $H_{\text{锑矿}}$——加入的混合锑矿量;

H_{SiO_2}——混合锑矿中SiO_2含量;

H_{FeO}——混合锑矿中FeO含量;

H_{CaO}——混合锑矿中CaO含量;

H_{MgO}——混合锑矿中MgO含量;

$H_{Al_2O_3}$——混合锑矿中Al_2O_3含量;

$T_{\text{铁矿石}}$——加入的铁矿石量;

T_{SiO_2}——铁矿石中SiO_2含量;

T_{FeO}——铁矿石中FeO含量;

T_{CaO}——铁矿石中CaO含量;

T_{MgO}——铁矿石中MgO含量;

$S_{\text{石灰石}}$——加入的石灰石量;

S_{SiO_2}——石灰石中SiO_2含量;

S_{FeO}——石灰石中FeO含量;

S_{CaO}——石灰石中CaO含量;

S_{MgO}——石灰石中MgO含量;

$S_{Al_2O_3}$——石灰石中Al_2O_3含量;

$Y_{\text{灰分}}$——烟煤中灰分含量。

代入各数据后计算得出每 180 kg 入炉物料产出的渣量大致为 120 kg,即渣率≈70%。

锑的挥发率为:

$$锑的挥发率 = 1 - \frac{渣锑含量(\%) \times 入炉物料量 \times 渣率(\%)}{入炉锑矿石数量 \times 锑矿石锑品位(\%)} \times 100\%$$

将各表的相关数据代入上式,可计算出综合条件试验过程中锑的挥发率为 97.97%,大于要求的 94% 的锑挥发率指标。

5.5.8.5 渣锑含量

按表 5-10 中综合试验条件下各炉次的渣锑含量,得出工业试验中平均渣锑含量为 0.4675%,远小于要求的渣锑含量小于 1% 的渣锑含量指标。

5.5.8.6 锑氧粉锑含量

按反射炉精炼锑的要求,入炉锑氧粉的锑含量需大于 75%。工业试验中,据表 5-12 的锑氧粉综合成分分析,锑氧粉锑含量为 76.4%,预计能满足反射炉精炼锑的要求。

5.5.8.7 铁矿石和石灰石用量

按配料比的实际用量计算:每吨锑矿石的铁矿石用量为 482 kg,或铁矿石率为 27%(占入炉物料的比例);每吨锑矿石的石灰石用量为 304 kg,或石灰石的消耗率为 17%(占入炉物料的比例)。

表 5-13 列出了工业试验的主要参数和技术经济指标。

表 5-13 熔池熔炼-连续烟化法工艺的主要参数和技术经济指标

名 称	主要参数和指标	备 注
试验规模	$4m^2$ 烟化炉及相应设备	
试验状态	冷料开炉	
入炉锑矿品位/%	28.46~29.22	
加料速度/$t \cdot h^{-1}$	2.5	
配料比	56:27:17	锑矿(%):铁矿(%):石灰石(%)
风煤比	0.9~1.0	空气过剩系数
吹炼时间/min	30	
炉床处理能力/$t \cdot (m^2 \cdot d)^{-1}$	12.5	
每吨锑矿石煤耗/kg	428.57	
锑挥发率/%	97.97	
渣锑含量/%	0.4675	
锑氧粉锑含量/%	76.4	
每吨锑矿石铁矿石消耗/kg	482	
每吨锑矿石石灰石消耗/kg	304	

5.5.9 经济效益初步评价

继工业试验后,文山州木利锑业有限责任公司又开炉进行了试生产,累计处理锑矿石 560 t,产出锑综合品位大于 75% 的锑氧粉 200 余吨,锑的直收率大于 90%。现以收集到的某年该公司鼓风炉生产锑氧粉的主要经济技术指标和这次试验所确定的熔池熔炼-连续烟化法处理低品位锑矿工业试验的工艺参数为基础，以一个月（实际生产 26 天）为生产周期，进行初步经济效益比较和评价，其结果见表 5-14。

表 5-14　熔池熔炼－连续烟化法熔炼工艺与鼓风炉熔炼工艺处理锑矿的主要指标比较

名　称	主要参数和指标		说　明
工艺路线	熔池熔炼-连续烟化法熔炼工艺	鼓风炉熔炼工艺	
规　模	$4m^2$ 烟化炉	$0.84m^2$ 鼓风炉两座	按 26 天计
锑矿品位/%	28.46～29.22	37.55	
处理量/t·月$^{-1}$	728	594	
配料比	56∶27∶17	56∶35∶9	锑矿（%）∶铁矿（%）∶石灰石（%）
风煤比	0.9～1.0		空气过剩系数
吹炼时间/min	30		
焦　率		37.12	焦炭/锑物料（%）
炉床能力/t·$(m^2·d)^{-1}$	12.5		
利用系数/t·$(m^2·d)^{-1}$		5.11	
煤　耗	24		煤/物料（%）
锑挥发率/%	97.97	88.99	
锑直收率/%	90	78.42	
渣锑含量/%	0.4675	2.69	
锑氧粉总量/t	247	220	
锑氧粉锑含量/%	76.4	80.00	
每吨锑矿石铁矿石消耗/kg	482（24%）	625（35%）	
每吨锑矿石石灰石消耗/kg	304（17%）	161（9%）	
原燃材料消耗			
焦炭/t		394	单价 400 元/t
煤耗/t	312		单价 240 元/t
铁矿石消耗/t	350	370	单价 105 元/t
石灰石消耗/t	220	100	单价 100 元/t
电耗/kW·h	325160	256520	单价 0.162 元/(kW·h)
工资/元	39282.56	39282.56	
吨锑氧消耗			
焦炭/t		1.79	
煤耗/t	1.26		
铁矿石消耗/t	1.42	1.68	
石灰石消耗/t	0.89	0.45	
电耗/kW·h	1316	1166	
工资/元	159.04	159.04	
吨锑氧成本/元	927	1709.60	

注：1. 鼓风炉数据主要根据文山州木利锑业有限责任公司月生产和财务报表提供，实际消耗数较指标计算消耗数大，这可能是考虑了其他零星消耗之故。

2. 鼓风炉入炉锑物料包括块矿（锑含量为 46.88%）、团矿（锑含量为 27.58%）、泡渣（锑含量为 33.06%）、冰酮（锑含量为 33.58%）等，而烟化炉入炉锑物料主要指锑矿石，锑平均品位为 28.84%。

3. 熔池熔炼-连续烟化法锑氧粉吨加工成本计算中，其电耗按球磨机每天 24h 计算，实际上，球磨机的电耗远小于该数值。

从表5-14的数据可以看出，熔池熔炼-连续烟化法工艺与鼓风炉挥发熔炼工艺相比，首先，它能处理中低品位锑矿，扩大了锑矿利用范围和锑资源的综合利用水平；其次，无论从处理量、锑的挥发率、锑的直收率、渣锑含量等技术经济指标来看，都有较大程度的改善，特别是用粉煤代替了优质冶金焦，使其加工成本大幅度降低。虽然粉煤系统的增加，增大了电耗，但综合起来，吨锑氧粉的加工费仍比鼓风炉挥发熔炼工艺低得多。从以上经济角度比较也说明，熔池熔炼-连续烟化法液态挥发工艺比鼓风炉挥发工艺优越。

5.5.10 小结

(1) 工业试验的结果表明，采用熔池熔炼-连续烟化法工艺处理低品位锑矿，取代目前国内通用的鼓风炉挥发熔炼和直井式挥发熔炼工艺处理锑矿是可行的。确定的工艺技术路线畅通，指标合理。

(2) 用熔池熔炼－连续烟化法工艺处理锑品位为15%～30%的低品位锑矿，取得了炉床处理能力为12.5 t/(m^2·d)，锑挥发率97.97%，直收率90%，渣锑含量0.4675%，锑氧粉锑含量76.4%，煤耗24%，铁矿石率27%，石灰石率15%的较好技术经济指标。经工业试验和试生产证明，作业正常，指标稳定，工艺路线先进。

(3) 用熔池熔炼－连续烟化法工艺处理低品位锑矿，实现了冷料开炉，省去了一般烟化炉必需的化矿、保温设备，简化了生产工序，大大节约了基建投资。

(4) 该工艺实现了以煤代焦，降低了能耗，可处理大批量低品位锑矿，大幅度提高选冶回收率，达到了降低生产成本的目的。

(5) 该试验的成功，为我国的锑冶金工业开辟了一条新的途径，有重大的经济效益、社会效益和很大的推广应用价值。它是锑冶炼技术的一项改革，对锑冶炼行业的技术进步有较大意义，必将对我国锑冶金工业产生很大的影响。

6 氧化锑的还原熔炼

6.1 概述

锑矿石通过挥发焙烧或挥发熔炼产出锑的氧化物产品，俗称锑氧或锑氧粉，其主要成分为 Sb_2O_3。挥发焙烧或挥发熔炼过程中，在收尘器的特定位置可以获得少量较纯净的高品质氧化锑并可作为最终产品出售，但大多数锑氧均含有较多的杂质元素。锑氧粉一般需经过还原熔炼获得金属锑，然后再经一系列加工处理后，生产出各种锑品出售。

6.2 氧化锑还原熔炼的热力学

还原过程的热力学主要研究还原反应进行的可能性、必需的热力学条件以及如何创造条件使还原反应能充分进行。氧化物的还原在冶金中十分普遍，研究较成熟。金属氧化物的离解压和标准生成自由能是氧化物还原热力学研究的两个重要参数。

6.2.1 金属氧化物的离解压

6.2.1.1 生成-离解反应的基本概念

在冶炼的原料及各种中间产品中，金属及其伴生元素往往以各种化合物形态存在，如含氧盐、氢氧化物、硫化物、氧化物等，这些化合物只在一定条件下是稳定的，某些化合物在高温或一定真空条件下能离解（或称分解）产生金属和一种气体或一种简单化合物和一种气体，如：

$$2Ag_2O = 4Ag + O_2$$

$$CaCO_3 = CaO + CO_2$$

这类反应总称为离解反应。但这些反应是可逆的，在一定温度下，当 O_2、CO_2 的分压超过一定限度，或分压一定而温度低于一定限度，则反应将向生成 Ag_2O、$CaCO_3$ 的方向进行，此时称为 Ag_2O、$CaCO_3$ 的生成反应，因此离解反应和生成反应实际上是一对平衡反应的两个方面。

化合物的生成-离解反应无论在理论上还是工艺上，在冶金中都非常重要，许多冶炼工艺过程往往是以离解反应为主（此时称为煅烧或焙解过程），也有许多过程常伴随着生成-离解反应；同时氧化物生成-离解反应的热力学原理是分析还原过程热力学的基础，因此，研究生成-离解反应的热力学条件，通过它来认识各种化合物的稳定性，从而控制适当条件以保证或防止离解反应的进行，是冶金工作的重要任务之一。下面以氧化物的生成-离解为例，研究其反应的热力学条件。

6.2.1.2 金属氧化物的离解、离解压

金属氧化物的生成-离解反应可用以下反应式表示：

$$m\mathrm{Me} + \frac{n}{2}\mathrm{O_2} = \mathrm{Me}_m\mathrm{O}_n$$

反应向右进行则为生成反应，向左进行则为离解反应。

为简便起见，以二价金属氧化物 MeO 为例进行研究。MeO 的生成-离解反应为：

$$2Me + O_2 \xlongequal{} 2MeO$$

反应的平衡常数 K_p 可表示如下：

$$K_p = 1/p_{O_2} \cdot \frac{a_{MeO}^2}{a_{Me}^2}$$

式中 a_{Me}, a_{MeO}——分别为 Me 和 MeO 的活度；

p_{O_2}——系统中氧的平衡分压。

当系统中 Me 及 MeO 均处于标准状态且温度一定时，其活度均为 1，故，$p_{O_2} = 1/K_p$，为常数，即在上述条件下，系统中氧的平衡分压为常数，此数值称为该氧化物的离解压，对具体的氧化物 MeO，其离解压可用 $p^{\ominus}_{O_2(MeO)}$ 表示，即 $p^{\ominus}_{O_2(MeO)} = 1/K_p$。

由化学平衡原理可知，在上述条件下，当系统中氧的实际分压 $p_{O_2} > p^{\ominus}_{O_2(MeO)}$ 时，则上述金属氧化物的生成-离解反应向生成氧化物 MeO 的方向进行；当 $p_{O_2} < p^{\ominus}_{O_2(MeO)}$ 时，则氧化物 MeO 离解；当 $p_{O_2} = p^{\ominus}_{O_2(MeO)}$ 时，则反应保持平衡。这说明金属氧化物的离解压愈大，此氧化物愈不稳定，愈易离解析出金属；其离解压愈小，则要使它离解就需要更高的真空度或更高的温度，即此氧化物愈稳定。因此离解压的大小是衡量氧化物稳定性的一个标志。

根据两种氧化物离解压的相对大小，也可判断还原反应能否自动进行。假定系统中有两元素 Me 和 A（假设它们均为二价）及其氧化物 MeO 和 AO 四种物质，MeO 和 AO 的离解压分别为 $p^{\ominus}_{O_2(MeO)}$ 和 $p^{\ominus}_{O_2(AO)}$，现分析在不同情况下反应进行的方向：

（1）当 $p^{\ominus}_{O_2(MeO)} > p^{\ominus}_{O_2(AO)}$，MeO 的离解使系统中氧的分压 $p_{O_2} = p^{\ominus}_{O_2(MeO)}$ 时，其离解才达到平衡；但系统中又有 A 存在，其氧化物的离解压 $p^{\ominus}_{O_2(AO)} < p^{\ominus}_{O_2(MeO)}$ 或 $p^{\ominus}_{O_2(AO)} < p_{O_2}$，因此 A 将被氧化，消耗系统中的氧，使 p_{O_2} 下降，这又导致了 MeO 的进一步离解，如此不断循环，整个过程可用下式表示：

$$MeO \xlongequal{} Me + \frac{1}{2}O_2$$

$$A + \frac{1}{2}O_2 \xlongequal{} AO \qquad (+$$

$$MeO + A \xlongequal{} Me + AO$$

该过程实际上是 A 作为还原剂将 MeO 还原。若系统中 Me、A、MeO、AO 均为凝聚相，且均为纯物质，互相也不形成溶液（或固溶体），则反应将进行到 A 或 MeO 相完全消耗为止。

（2）当 $p^{\ominus}_{O_2(MeO)} < p^{\ominus}_{O_2(AO)}$，同样可证明 Me 将使 AO 还原。

（3）当 $p^{\ominus}_{O_2(MeO)} = p^{\ominus}_{O_2(AO)}$，则系统保持平衡。

因此，从离解压的角度来说，选择还原剂的标准是：还原剂氧化物的离解压应小于被还原氧化物的离解压。

6.2.1.3 温度对金属氧化物离解压的影响

在金属氧化物离解成氧及金属的系统中，若金属及其氧化物均为标准状态，且温度低于它们的沸点，则系统有三个相（两个凝聚相和气相），两个独立组元，根据相律：$f = C - P + 2$，即 $f = 2 - 3 + 2$，$f = 1$。说明在上述条件下，系统中只有一个自由度，也即系统中氧的平衡分压（氧化物的离解压）仅随温度而变。离解压与温度的关系可通过范特霍夫等压方程求出：

$$\frac{d\ln p^{\ominus}_{O_2}}{dT} = \frac{\Delta H}{RT}$$

式中　ΔH——离解过程的热效应。

若 ΔH 随温度变化不大，视为常数，则积分得：

$$\ln p_{O_2}^{\ominus} = -\frac{\Delta H}{RT} + I$$

式中　I——积分常数。

一般离解反应均为吸热反应，故离解压均随温度的升高而升高，或者说氧化物的稳定性随温度的升高而降低，如图 6-1 所示。从图 6-1 也可看出，若某氧化物的离解压与温度关系符合图中的曲线 1，而系统的起始状态（p_{O_2}和温度）处于Ⅰ区域内（如 a 点），则说明 $p_{O_2} > p_{O_2}^{\ominus}$，反应将向生成该氧化物的方向进行，故区域Ⅰ为氧化物的稳定区；同理，若起始状态在区域Ⅱ内（如 b 点），则 $p_{O_2} < p_{O_2}^{\ominus}$，氧化物将离解，即区域Ⅱ为金属稳定区；若起始状态恰恰在曲线上（如 c 点），则系统保持平衡。

对图 6-1 所示的金属氧化物的离解压与温度的关系曲线进行分析，可得出如下结论：

（1）金属氧化物的离解压曲线在图中位置越高，则离解压越大；一般银、铜等金属氧化物的离解压较大，稳定性差。而碱金属、碱土金属及大部分稀有金属氧化物的离解压小，稳定性高。

（2）在标准状态下，氧化物离解压曲线在图 6-1 中位置低的金属可作为还原剂，将位置较它高的氧化物还原，如图中曲线 2 代表的金属氧化物，其金属可以将曲线 1 代表的金属氧化物中的金属还原出来。

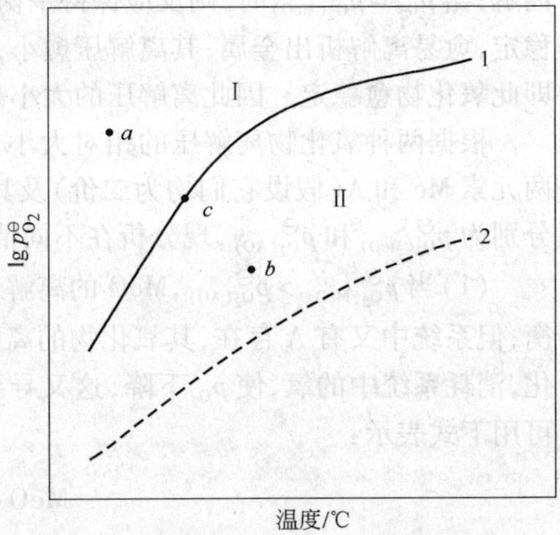

图 6-1　金属氧化物的离解压与温度的关系

（3）由于各氧化物的离解压随温度而改变的趋势不同，故各氧化物离解压曲线可能交叉，即在不同的温度范围内，氧化物的相对稳定次序可能不同。例如温度低于 1420℃时，CO 的离解压大于 MnO 的离解压，CO 的离解压曲线在 1420℃左右与 MnO 的离解压曲线交叉，温度高于 1420℃时，CO 的离解压小于 MnO 的离解压，说明在标准状态下，当温度低于 1420℃时，锰能将 CO 还原，即：Mn + CO ══C + MnO，而温度高于 1420℃时，则其逆反应有可能自动进行。

（4）在通常耐火材料所允许的温度（约 1700℃）范围内，绝大部分金属氧化物的离解压都很小，除少数金属（银、汞等）外，靠氧化物离解法不太可能得到金属。如从这些金属氧化物中提取金属，必须选择一种对氧的亲和力更大的物质作为还原剂，以夺取金属氧化物中的氧，使金属还原才能达到目的。

金属氧化物离解压是衡量其稳定性的标准，根据它可判断标准状态下还原反应进行的可能性。为了更全面地了解还原过程的可能性，还有必要研究生成-离解反应的另一个热力学参数，即生成自由能。

6.2.2　金属氧化物的标准生成自由能

金属氧化物的生成反应可用下式表示：

$$m\mathrm{Me} + n/2\mathrm{O}_2 \Longleftrightarrow \mathrm{Me}_m\mathrm{O}_n$$

在标准状态下，按上式生成 1mol $\mathrm{Me}_m\mathrm{O}_n$ 的自由能变化称为该氧化物的标准生成自由能，用 $\Delta G^{\ominus}$ 表示。在冶金中，为了便于各金属间直接比较，一般用 1mol 氧气与金属作用生成氧化物的自由能变化值代表该氧化物的标准生成自由能，本书用 ΔG^* 表示。对二价金属氧化物而言，$\Delta G^* = 2\Delta G^{\ominus}$；对三价金属氧化物而言，$\Delta G^* = 2/3\Delta G^{\ominus}$；而四价氧化物的 ΔG^* 和 $\Delta G^{\ominus}$ 则相等。

ΔG^* 或 $\Delta G^{\ominus}$ 是十分重要的热力学参数，可通过它分析金属氧化物还原反应的热力学条件。

假设一种金属氧化物用还原剂 A 还原，为简便起见，假定金属和还原剂均为二价，则该还原反应为：

$$\mathrm{MeO} + \mathrm{A} \Longleftrightarrow \mathrm{Me} + \mathrm{AO}$$

根据热力学定律，若上述反应的标准自由能变化 ΔG 为负值，则标准状态下，有可能自动进行。ΔG 与 AO 的标准生成自由能 ΔG^*_{AO} 及 MeO 的标准生成自由能 $\Delta G^*_{\mathrm{MeO}}$ 存在如下关系：

$$2\Delta G = \Delta G^*_{\mathrm{AO}} - \Delta G^*_{\mathrm{MeO}}$$

只有当 $\Delta G^*_{\mathrm{AO}} < \Delta G^*_{\mathrm{MeO}}$ 时，ΔG 才为负值，即标准状态下还原反应才有可能自动进行。因此，金属氧化物 MeO 的标准生成自由能 $\Delta G^*_{\mathrm{MeO}}$ 愈小（或愈负），则 MeO 愈稳定，愈难被还原；同时也说明 $\Delta G^*_{\mathrm{MeO}}$ 值愈负，则此金属对氧的亲和力愈大。

金属氧化物的标准生成自由能随温度的变化而变化，某些金属氧化物的 ΔG^* 值与温度的关系（$\Delta G^* - T$ 曲线）见图 6-2。分析图 6-2 可得出如下规律：

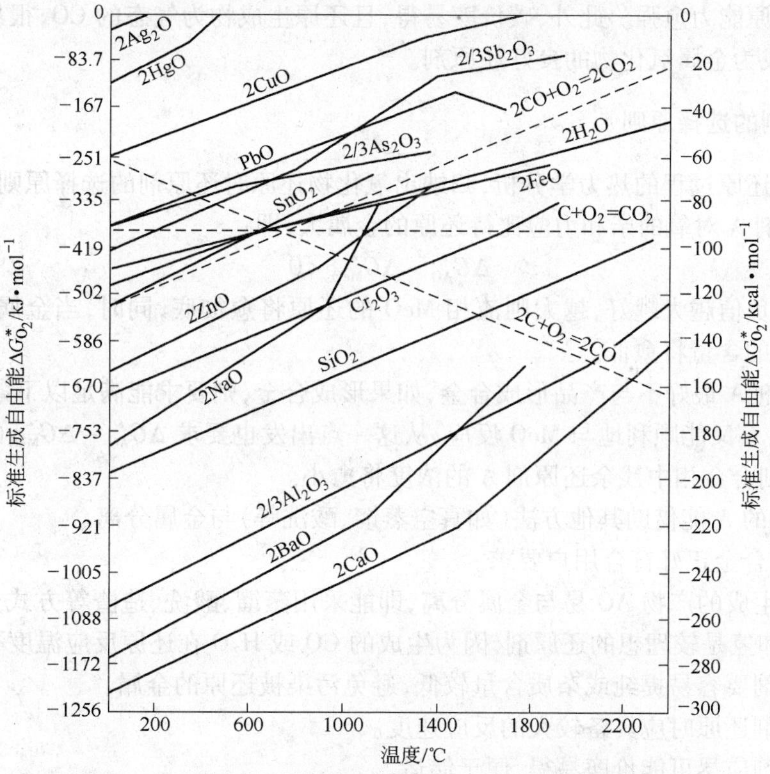

图 6-2 锑及某些金属氧化物的标准生成自由能与温度的关系

(1)金属氧化物的 ΔG^* 值与温度的关系曲线在图中位置愈低,则其 ΔG^* 值愈小,说明此金属对氧的亲和力愈大,因此在标准状态下,图中位置较低的金属可将位置较高的金属氧化物还原。如钙可将 ZnO 还原成金属锌,氢可将 HgO 还原成金属汞;钙、铝等都是较强的还原剂。

锑与氧的亲和力较弱,许多金属能将其氧化物还原成金属锑,例如可用碳或氢将三氧化锑还原成金属。

(2)所有金属氧化物的 ΔG^* 值均随温度的升高而大体上呈直线增加,说明金属氧化物的稳定性(即对氧的亲和力)随温度的升高而降低。但需要说明的是,上述曲线在金属或氧化物的相变点(特别是沸点和升华点)都发生转折。在金属相变点曲线向上转折,即高于金属相变点后,ΔG^* 值随温度升高而增加的趋势比相变前更大,而在氧化物的相变点则相反。

这种规律在冶金中具有一定的意义,因为高于金属的相变温度后,金属氧化物的稳定性随温度升高而下降的趋势更大,因此某些还原剂虽在温度低于某金属相变点时,不能将其氧化物还原,但反应温度超过相变点一定范围后,则还原反应有时成为可能。如图 6-2 所示,在标准状态下,低温时铝不能将 BaO 还原,但当温度升高到一定程度后,BaO 能被铝还原。

(3)将金属氧化物的 $\Delta G^* - T$ 曲线与 CO_2、CO 的 $\Delta G^* - T$ 曲线对照,可发现三者间有明显的差别。对金属氧化物而言,ΔG^* 随温度的升高而增加,当金属及其氧化物均处于固相温度范围时,各金属氧化物的 $\Delta G^* - T$ 曲线接近于平行,而 CO_2 的 $\Delta G^* - T$ 曲线则接近于水平,CO 的 ΔG^* 则随着温度的升高而下降。

上述差别在冶金中具有很大的意义,由于金属对氧的亲和力随温度升高而降低,而碳与氧的亲和力反而随温度的升高而增加,因此在高温下,碳可作为许多金属氧化物的还原剂,且温度愈高还原能力愈强。此外,碳价廉易得,且还原生成物为气态的 CO,很易与目标金属分离,所以碳成为金属氧化物的良好还原剂。

6.2.3　还原剂的选择原则

根据上述还原过程的热力学分析,归纳出氧化物还原时还原剂的选择原则如下:

(1)还原剂 A 对氧的亲和力应比待还原的金属大,即:

$$\Delta G^*_{AO} - \Delta G^*_{MeO} < 0$$

上述差的负值越大越好,越大则渣相 MeO 的还原将愈彻底,同时,当金属形成合金时,合金相中金属的含量将愈低。

(2)还原剂 A 最好不与产品形成合金,如果形成合金,则要求能满足以下条件之一。

1)合金中 A 又能顺利地与 MeO 反应,从这一点出发也要求 $\Delta G^*_{AO} - \Delta G^*_{MeO}$ 的负值越大越好,负值越大则合金相中残余还原剂 A 的浓度将愈小。

2)合金中的 A 能借助其他方法(如真空蒸馏、酸洗等)与金属分离。

3)形成的合金正好符合用户要求。

(3)还原生成的产物 AO 易与金属分离,即能采用蒸馏、酸洗、造渣等方式分离。从这个角度来说,碳和氢是较理想的还原剂,因为生成的 CO 或 H_2O 在还原反应温度下为气态。

(4)还原剂要容易提纯或杂质含量较低,避免污染被还原的金属。

(5)还原剂还原时应具备较大的反应速度。

(6)还原剂应尽可能价廉易得,便于储运。

在实践中,要完全满足上述条件可能是困难的,应根据对产品的纯度要求、原材料价值、产品价值等因素综合考虑,在大量实验和反复对比的基础上确定最适当的还原剂。

就锑氧粉的还原而言,目前工业上主要采用无烟煤或木炭作为还原剂。无烟煤或木炭除了起还原作用外,在还原熔炼生产过程中还作为燃料起供热作用。

6.2.4 碳燃烧反应的热力学分析

用碳还原金属氧化物的热力学可能性,一方面取决于金属对氧的亲和力,另一方面取决于碳对氧的亲和力,因而有必要研究碳与氧的各种反应(碳的燃烧反应)。

6.2.4.1 *碳氧系的燃烧反应*

碳的燃烧过程包括下列四种反应。

(1)碳的完全燃烧反应。

$$C + O_2 = CO_2 \tag{6-1}$$

其标准自由能变化 $\Delta G^\ominus$ 及平衡常数 K_p 与温度的关系可用下式表示:

$$\Delta G^\ominus = -393940 - 0.84T \quad (J)$$

$$\lg K_p = 20586/T + 0.044$$

(2)碳的不完全燃烧反应。

$$2C + O_2 = 2CO \tag{6-2}$$

其标准自由能变化 $\Delta G^\ominus$ 及平衡常数 K_p 与温度的关系可用下式表示:

$$\Delta G^\ominus = -223310 - 175.22T \quad (J)$$

$$\lg K_p = 11670/T + 9.156$$

(3)一氧化碳完全燃烧反应。

$$2CO + O_2 = 2CO_2 \tag{6-3}$$

其标准自由能变化 $\Delta G^\ominus$ 及平衡常数 K_p 与温度的关系可用下式表示:

$$\Delta G^\ominus = -564600 + 173.55T \quad (J)$$

$$\lg K_p = 29502/T - 9.068$$

(4)碳的气化反应(布多尔反应)。

$$C + CO_2 = 2CO \tag{6-4}$$

其标准自由能变化 $\Delta G^\ominus$ 及平衡常数 K_p 与温度的关系可用下式表示:

$$\Delta G^\ominus = 170620 - 174.38T \quad (J)$$

$$\lg K_p = -8916/T + 9.113$$

根据上述方程式,C－O 系各反应的 $\Delta G^\ominus$ 与温度的关系如图 6-3 所示。从图中曲线 1、2 可知,碳对氧的亲和力很大,故碳为氧化物的良好还原剂,特别是碳对氧的亲和力随温度的升高而变大,这在金属氧化物的还原中具有重要意义。同时从图中也可看出,在温度不太高的情况下(低于 978K),气体 CO 对氧的亲和力也很大,故温度不太高时,CO 同样是氧化物的良好还原剂。

6.2.4.2 *布多尔反应*

反应(6-4)称为布多尔反应,其对冶金过程具有重大意义,下面研究其平衡态气相成分与各种参数的关系。

根据相律:

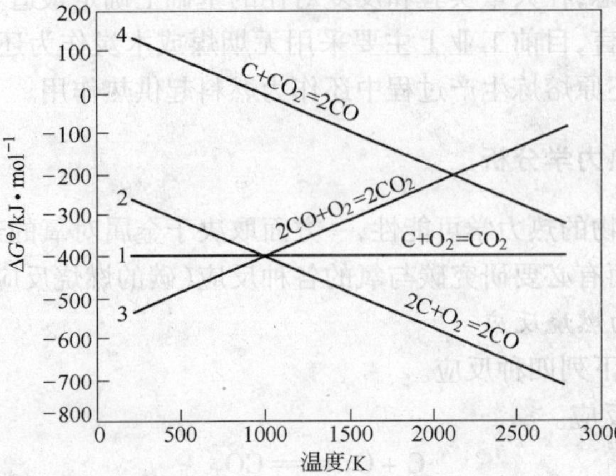

图 6-3 C－O 系各反应 $\Delta G^{\ominus}$ 与温度的关系

$$f = C - P + 2$$

对 C－CO－CO_2 体系而言，独立组分数 C 及相数 P 均为 2，故自由度等于 2，说明反应的平衡状态由温度及压力两个参数决定。在不同温度及压力下，系统中 CO 和 CO_2 的平衡分压可联立以下方程式解出：

$$p_{CO}/p_{CO_2} = K_p$$

$$p_{CO} + p_{CO_2} = p$$

式中 p_{CO}，p_{CO_2}——分别为系统中 CO 和 CO_2 的平衡分压；

p——系统中 CO 与 CO_2 的分压之和，不考虑其他惰性气体；

K_p——布多尔反应的平衡常数。

根据布多尔反应的 $\lg K_p = -8916/T + 9.113$，将 K_p 的值代入上述方程组，可计算出当 p 为 0.1MPa（1 个大气压）时系统中 CO 的质量分数与温度的关系如图 6-4 所示，在不同 p 值下 CO 的质量分数与温度的关系如图 6-5 所示。

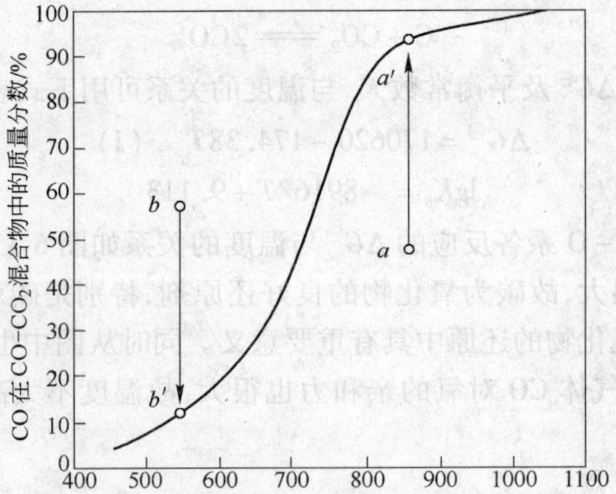

图 6-4 C－CO－CO_2 系中 CO 质量分数与温度的关系（p＝0.1MPa 时）

对图 6-3、图 6-4 及图 6-5 进行分析，可得出以下结论：

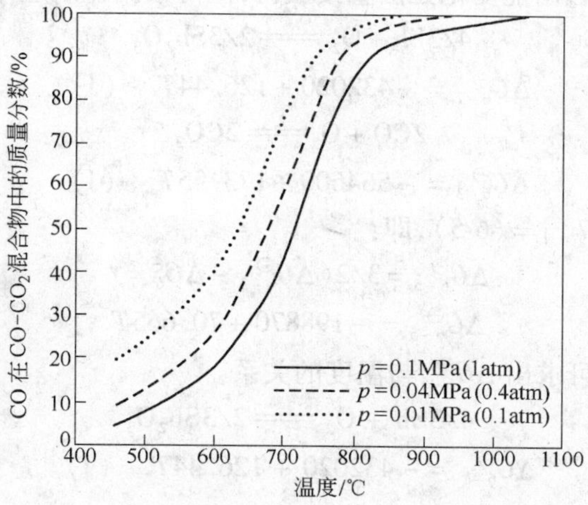

图6-5　不同p值下，C－CO－CO_2系中CO质量分数与温度的关系

(1)由图6-3中的曲线4可知，布多尔反应的标准自由能-温度曲线约在705℃(978K)时通过零点，即温度高于705℃时，反应(6－4)的$\Delta G^{\ominus}$为负，标准状态下反应(6－4)向右进行，CO相对于CO_2更稳定，平衡时，气相以CO为主；当温度低于705℃时，反应(6－4)的$\Delta G^{\ominus}$为正，标准状态下反应(6－4)向左进行，CO_2相对于CO更稳定，气相以CO_2为主。

(2)根据图6-4，在C－CO－CO_2平衡体系中，压力为0.1MPa(1atm)时，在400～1000℃的温度范围内，气相成分随温度的改变而急剧改变。在400℃时，气相中CO的平衡质量分数很小，很难使金属氧化物还原；当温度升高到1000℃时，气相中的CO平衡质量分数几乎达到100%，有利于金属氧化物的还原。

(3)图6-4中的平衡曲线将图分为两个区域，曲线以下区域中CO的质量分数小于其平衡质量分数，反应(6－4)将向右进行，假设起始状态为a点，则在温度不变的情况下，反应将进行到CO的质量分数达到a'时为止；在曲线以上区域中CO的质量分数大于其平衡质量分数，反应(6－4)将向左进行，假如起始状态为b点，则在温度不变的情况下，反应将进行到CO的质量分数等于b'时为止。

(4)由图6-5可知，升高温度或降低压力都有利于反应向生成CO的方向进行，即在高温下及在真空中有利于金属氧化物的还原。

6.2.5　碳还原氧化锑的热力学分析

锑氧粉的还原一般是在反射炉中进行的，还原熔炼时，用无烟煤或木炭作为还原剂。用固定碳还原金属氧化物，通常称为直接还原。当体系内有固定碳存在时，锑氧粉的还原过程主要发生下列反应：

$$Sb_2O_3 + 3CO = 2Sb + 3CO_2 \tag{6-5}$$

$$CO_2 + C = 2CO$$

上述两个反应是锑氧粉还原的基本反应，固定碳还原锑氧粉的最终反应式为：

$$Sb_2O_3 + 3C = 2Sb + 3CO \tag{6-6}$$

反应(6－5)是氧化锑还原过程的主要反应，有必要分析其热力学平衡条件。反应(6－4)是布多尔反应，在前面已经讨论过了。

反应(6－5)的标准自由能变化无法直接获得,但可根据盖斯定律求出。已知:

$$4/3Sb + O_2 \xlongequal{} 2/3Sb_2O_3 \tag{6-7}$$

$$\Delta G^{\ominus}_{6-7} = -432020 + 126.44T \quad (J)$$

$$2CO + O_2 \xlongequal{} 2CO_2$$

$$\Delta G^{\ominus}_{6-3} = -564600 + 173.55T \quad (J)$$

则 3/2[(6-3)－(6-7)]=(6-5),即:

$$\Delta G^{\ominus}_{6-5} = 3/2(\Delta G^{\ominus}_{6-3} - \Delta G^{\ominus}_{6-7})$$

$$\Delta G^{\ominus}_{6-5} = -198870 + 70.665T$$

通过以下反应同样可求出 $\Delta G^{\ominus}_{6-5}$与温度的关系。

$$4/3Sb + O_2 \xlongequal{} 2/3Sb_2O_3$$

$$\Delta G^{\ominus}_{6-7} = -432020 + 126.44T \quad (J)$$

$$2C + O_2 \xlongequal{} 2CO$$

$$\Delta G^{\ominus}_{6-2} = -223310 - 175.22T \quad (J)$$

$$C + O_2 \xlongequal{} CO_2$$

$$\Delta G^{\ominus}_{6-1} = -393940 - 0.84T \quad (J)$$

则 3(6-1)－3/2(6-2)－3/2(6-7)=(6-5),即:

$$\Delta G^{\ominus}_{6-5} = 3\Delta G^{\ominus}_{6-1} - 3/2\Delta G^{\ominus}_{6-2} - 3/2\Delta G^{\ominus}_{6-7}$$

$$\Delta G^{\ominus}_{6-5} = -198825 + 70.65T$$

两种方法求出的 $\Delta G^{\ominus}_{6-5}$是一致的,两者的差异很小。根据范特霍夫等温方程可得:

$$\Delta G^{\ominus}_{6-5} = -RT\ln K_p$$

$$\Delta G^{\ominus}_{6-5} = -RT\ln\frac{[CO_2]^3}{[CO]^3}$$

$$\Delta G^{\ominus}_{6-5} = -198870 + 70.665T$$

$$\ln\frac{[CO_2]}{[CO]} = 7973.3/T + 2.833$$

式中,$[CO_2]$和$[CO]$分别为平衡气相中 CO_2 和 CO 的质量分数,不考虑其他惰性气体,则 $[CO_2]+[CO]=100$,所以通过联立方程可求出不同温度下平衡气相中的 CO 质量分数,如表 6-1 和图 6-6 所示,为便于讨论,布多尔反应平衡气相中的 CO 质量分数也示于其中。

表 6-1 Sb_2O_3 及 CO_2 还原反应平衡气相中的 CO 质量分数

温度/℃	CO 的质量分数/%	
	$Sb_2O_3+3CO \xlongequal{} 2Sb+3CO_2$	$CO_2+C \xlongequal{} 2CO$
400	0.01	0.86
450	0.03	2.44
550	0.11	12.91
650	0.30	40.99
750	0.70	76.56
850	1.38	94.07

续表 6-1

温度/℃	CO 的质量分数/%	
	$Sb_2O_3 + 3CO = 2Sb + 3CO_2$	$CO_2 + C = 2CO$
950	2.45	98.54
1050	3.94	99.58
1150	5.90	99.86
1200	7.05	99.91

图6-6 中曲线1 为反应(6-5)的还原曲线，反映出不同温度下 Sb_2O_3 还原反应(6-5)所需的最低 CO 质量分数；曲线 2 为布多尔反应的平衡气相组成曲线。由图 6-6 可知，在很宽的温度范围内，由布多尔反应提供的 CO 质量分数均远大于反应(6-5)所需的最低 CO 质量分数，说明有固定碳存在时，即使在较低的温度下，Sb_2O_3 也很容易被还原。

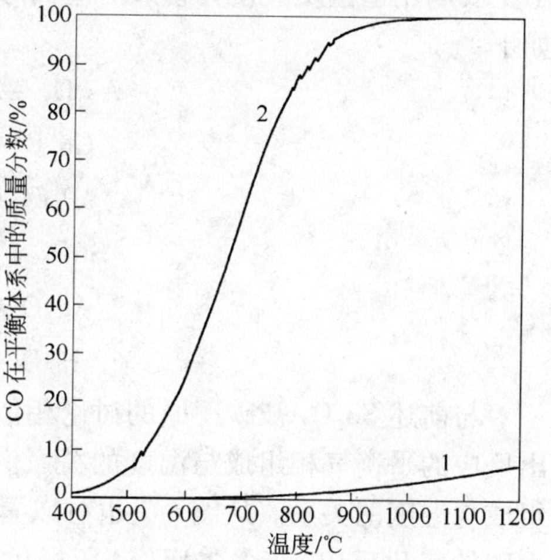

图 6-6 Sb_2O_3 及 CO_2 还原反应平衡气相中的 CO 质量分数

上述讨论所采用的热力学分析数据一般是在高温条件下测定并通过回归分析得出的，如反应(6-7)，$\Delta G^{\ominus}_{6-7} = -432020 + 126.44T$ 的适用温度约大于1000℃。因此，上述讨论在低温下可能不是十分准确。

锑氧粉在反射炉内还原熔炼的实际控制温度是比较高的，一般在 1000 ~ 1200℃。因为当采用固定碳还原氧化锑时，如果温度较低，比如低于氧化锑的熔点（约 929K），则还原反应的速度将很慢。根据布多尔反应的 $\Delta G^{\ominus}_{6-4} = 170620 - 174.38T$ 可知，只有当温度大于 978K 时 $\Delta G^{\ominus}_{6-4}$ 才小于零，布多尔反应（碳的气化）才能自发进行。因此，在低温下用固定碳还原锑氧粉，还原反应可能仅在两个固相之间进行，由于两固相之间互相接触的面积很有限，还原过程进行的速度将非常缓慢。

如果将锑氧粉的还原反应温度提高到其熔点以上进行，或者有布多尔反应提供 CO 气体参与还原反应过程，则可大大提高固定碳及 CO 与熔融氧化锑接触的机会，反应过程就会获得很大的改善。此外，当采用反射炉还原锑氧粉时，除了发生氧化锑的还原反应外，还发生杂质的造渣反应。保持较高的温度可获得黏度较低、流动性好的炉渣，从而使渣与金属能够顺利地分离并减少锑在渣中的机械夹杂损失。

6.2.6 锑氧粉还原过程中杂质的行为

锑氧粉还原过程中的杂质来源有两个，一是锑氧粉中所含的 As_2O_3、PbO、CuO、SnO_2、FeO 等氧化物；二是无烟煤中所含的 Al、Mg、Ca、Si、Fe 等的氧化物。按照杂质被碳还原的难易程度，可将它们分为两大类。

6.2.6.1 易被碳还原的杂质氧化物

这类杂质包括 As_2O_3、PbO、Cu_2O、Ag_2O、HgO、SnO_2 以及 FeO 等。从这些氧化物的 ΔG^{*}-

T 图(图 6-2)中可以看出,在锑氧粉的实际还原熔炼温度下,这类杂质氧化物的标准生成自由能均处于布多尔反应曲线的上方,即 $\Delta G^*_{2CO} - \Delta G^*_{MeO} < 0$,且两者之差的负值较大,说明这些金属氧化物在标准状态下易被碳还原。此外,除 As_2O_3、SnO_2 以及 FeO 之外,上述杂质氧化物的标准生成自由能也都处于 Sb_2O_3 生成反应曲线的上方,说明这些杂质氧化物比 Sb_2O_3 更容易被碳还原而进入锑金属相中。As_2O_3 和 SnO_2 的标准生成自由能与 Sb_2O_3 的相差不大,因此从理论上讲,当 Sb_2O_3 被完全还原时,大部分 As_2O_3 和 SnO_2 也将被还原成金属进入锑金属相中,所以,锑氧粉还原所得的金属锑需经过进一步精炼才能得到合格的精锑。至于锑氧粉中的杂质 FeO,虽然也可以被碳还原,但由于 FeO 易与酸性氧化物反应,因此在实践中主要利用造渣反应使其转入炉渣而除去。锑氧粉还原过程中主要杂质氧化物的还原反应如下:

$$As_2O_3 + 3CO \longrightarrow 2As + 3CO_2$$

$$Cu_2O + CO \longrightarrow 2Cu + CO_2$$

$$PbO + CO \longrightarrow Pb + CO_2$$

$$SnO_2 + 2CO \longrightarrow Sn + 2CO_2$$

$$Ag_2O + CO \longrightarrow 2Ag + CO_2$$

$$HgO + CO \longrightarrow Hg + CO_2$$

与前述 Sb_2O_3 被碳还原的讨论相似,单独考虑某一杂质氧化物的还原反应,同样可计算出反应的平衡气相组成与温度的关系。图 6-7 所示为部分杂质氧化物还原反应的平衡气相组成与温度的关系。从图 6-7 也可以看出,在锑氧粉还原熔炼的温度范围 1000 ~1200℃内,由碳的气化反应(布多尔反应)所提供的 CO 量,均可以使这些杂质氧化物还原,而且除 Fe 和 Sn 等杂质氧化物外,Pb 和 Cu 等杂质氧化物比 Sb_2O_3 更容易被还原。

$$C + CO_2 \longrightarrow 2CO$$

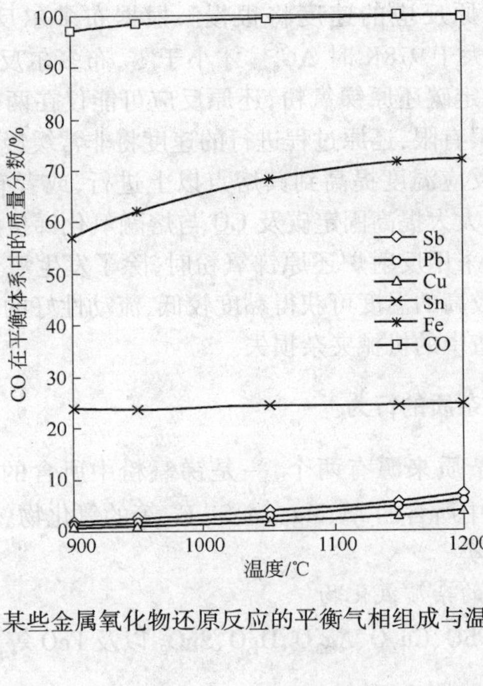

图 6-7　某些金属氧化物还原反应的平衡气相组成与温度的关系

6.2.6.2　难被碳还原的杂质氧化物

锑氧粉中难被碳还原的杂质氧化物主要来自还原剂，主要是 CaO、MgO、Al_2O_3、SiO_2 等氧化物。从这些氧化物的 ΔG^*-T 关系图可知，在锑氧粉还原熔炼的实际温度条件下，这些杂质氧化物的稳定性很高，很难被碳还原，绝大多数进入炉渣而除去。在生产实践中往往加入少量纯碱（碳酸钠）作为熔剂。碳酸钠的熔点低、密度小且碱性强，能与各种酸性氧化物作用形成熔点低、流动性好的炉渣。例如与 SiO_2 和 Al_2O_3 反应可形成低熔点的硅酸钠（Na_2SiO_3）和铝酸钠（Na_3AlO_3）。碳酸钠还能与 As_2O_3 反应生成砷酸钠（Na_3AsO_4）使其进入炉渣，减少进入金属锑中的砷，从而起到预先精炼的作用。

锑氧粉还原熔炼过程所产出的炉渣，凝固后呈蜂窝状，俗称泡渣，是由锑氧粉中的脉石、还原剂的灰分、添加的熔剂、锑及砷等组成的各种化合物，包括金属锑、锑酸钠、砷酸钠、硅酸钠、铝酸钠、亚锑酸钠、亚砷酸钠等。

6.3　氧化锑还原熔炼的动力学

如前所述，氧化锑还原熔炼的主要反应是 CO 与 Sb_2O_3 之间的反应，即用 CO 还原 Sb_2O_3。在实际还原熔炼的温度条件下，氧化锑和还原产物金属锑均呈液态，因而氧化锑的还原是在气－液界面进行的；同时，CO 还原气体是通过分散在熔体中的固定碳气化产生的，因而氧化锑还原反应是包含气-液-固多相反应的复杂过程。

6.3.1　氧化锑还原反应的环节

氧化锑的整个还原过程可大致概括为以下五个环节：

（1）固定碳气化产生的还原气体 CO 扩散到液态金属氧化物中；

（2）还原气体 CO 在反应界面进行还原反应；

（3）气体还原产物 CO_2 通过熔体扩散到固定碳表面；

（4）气体还原产物 CO_2 在固定碳表面反应；

（5）气体还原产物通过熔体表面扩散到气相中。

上述五个环节都可能对反应速度产生一定阻力。对于扩散过程，则传质系数的倒数就是该过程的阻力。对于化学反应过程，则化学反应速度常数的倒数就是该过程的阻力。

五个环节同时进行时，阻力最大、速度最慢的环节就是整个过程的限制性环节。当过程的总速度取决于化学反应速度时，则称过程是在化学反应速度范围内进行。当过程的总速度取决于气体的扩散速度时，则称过程是在扩散速度范围内进行。反应在不同范围内进行时，其遵守的动力学规律不同，各种因素对反应速度的影响也不一样。

限制性环节的确定是十分重要的问题，可以由反应活化能及反应物流速对反应速度的影响大小来判断。如果活化能较小，搅拌或提高流速对反应速度的影响比较显著，则该过程的限制性环节大多是传质过程；反之，如果活化能较大，搅拌或提高流速对反应速度的影响不显著，则化学反应过程是限制性环节。也可以通过化学反应的平衡常数从一个侧面推断过程的限制性环节，平衡常数大，则化学反应速度快，因而传质过程可能成为限制性环节。金属氧化物还原反应的限制性环节大多是传质过程，气－固还原反应尤其如此。

氧化锑的还原反应及布多尔反应的速度很快，整个还原过程的反应速度可能主要受气体扩散速度的控制。

6.3.2 影响氧化锑还原反应速度的因素

6.3.2.1 反应温度

随着温度的升高,氧化锑还原反应的平衡常数 K_p 减小,说明化学反应速度将有所降低,但是,由于 K_p 值本身很大,适当升高温度,K_p 值虽然减小,但其数值仍大大超过 10^3,即仍能保证还原率超过99.99%以上。如前所述,氧化锑的还原过程主要受扩散控制,故适当升高温度实际上不会影响其还原率,相反由于温度的提高,熔体的流动性好、黏度低,黏性阻力降低,在熔体内部反应生成的气体(CO 和 CO_2)压力将增大,这都有利于熔体的搅动、气体的扩散及固定碳在熔体中均匀分散,还原过程的速度反而会提高,所以氧化锑的还原过程还是应控制在较高的温度下进行。

6.3.2.2 还原反应气体的压力

在一定温度下,增大反应体系的压力有利于化学反应向气体摩尔体积减小的方向进行。由反应(6-5)可知,氧化锑还原反应前后气体的摩尔体积相等,因而体系的总压力对化学反应速度没有影响,所以用固定碳还原熔炼氧化锑通常在常压下进行,但是,氧化锑的还原反应主要是在熔体内部进行的,还原反应的气体是在熔体内部产生的,这些气体的局部压力对气体的扩散及熔体的搅动有着很大影响,提高还原气体的局部压力将有利于提高反应速度。如前所述,适当提高反应温度可以达到此目的。

6.3.2.3 反应物的粒度

粒度越小,反应面积越大,反应速度越快。就氧化锑的还原熔炼而言,锑氧粉呈液态,颗粒度的大小主要是指固定碳的粒度大小。固定碳的粒度越小,越有利于还原反应。

6.4 氧化锑的反射炉还原熔炼

锑氧粉的还原熔炼包括两个过程,一是氧化锑还原成金属锑的过程,二是除去锑氧中杂质的造渣和挥发过程。造渣是除杂的主要过程,在锑氧粉的还原熔炼过程中,大部分杂质进入炉渣而去除,少量杂质则挥发进入烟尘。

在反射炉内还原熔炼锑氧粉时,为了减少氧化锑的挥发,熔炼作业一般在碱熔剂覆盖下进行。

在锑氧粉的还原熔炼过程中,部分杂质易于还原而进入金属锑中,因而通过还原熔炼过程,只能得到粗锑。粗锑需经过精炼除杂后才能得到合格的金属锑。粗锑的火法精炼一般为氧化或硫化过程,通过氧化或硫化使杂质生成氧化物或硫化物并与熔剂反应形成炉渣而分离出去。我国粗锑的精炼通常在同一反射炉内进行,即在完成锑氧粉的还原熔炼后,接着进行粗锑的精炼。虽然粗锑的精炼在同一反射炉内进行,但它不属于还原熔炼的范畴,粗锑的反射炉精炼将在后续章节中讨论。

我国锑氧粉还原熔炼反射炉的炉床面积一般为 11 ~20m^2,炉床生产能力(包括精炼)为 0.6t/(m^2 · d),锑的直收率约为80%,总回收率可达98%。

6.4.1 反射炉的结构和工艺

反射炉是传统的火法冶炼设备之一。按作业性质可分为周期作业反射炉和连续作业反射炉;按冶炼工艺过程可分为熔炼和精炼反射炉。

反射炉具有结构简单、操作方便、容易控制、对原料及燃料适应性强等优点，因此，反射炉在锑氧粉的熔炼和精炼中得到了广泛应用。

反射炉的主要缺点是燃料消耗量大，热效率低（只有15% ~30%），耐火材料消耗量大。

6.4.1.1 反射炉的结构

反射炉由炉基、炉底、炉墙、炉顶、加料口、产品放出口及烟道等部分组成，其附属设备有加料装置、鼓风装置、排烟装置及余热利用装置等。图6-8是锡矿山炼锑厂$11m^2$反射炉示意图。

（1）炉基。炉基是整个炉子的基础，承受炉子巨大的负荷，因此，要求基础坚实。炉基可用混凝土、炉渣或石块捣固，其外围为混凝土或钢筋混凝土侧墙。炉基的底层留有孔道，以便安放加固炉子用的底部拉杆。

（2）炉底。炉底是反射炉的重要组成部分。炉底长期处于高温作用下，承受熔体的巨大压力，不断受到熔体冲刷和化学侵蚀，必须选择适当的耐火材料砌筑或捣打烧结炉底以延长炉子寿命。对炉底的要求是坚实、耐腐蚀并在加热时能自由膨胀。

按照炉底与炉基的关系，炉底可分为架空炉底和实炉底；按照炉底结构，炉底可分为砖砌反拱炉底和烧结整体炉底。

（3）炉墙。炉墙直接砌在炉基上。炉墙经受高温熔体及高温炉气的物理化学作用，因此，锑氧熔炼反射炉炉墙的内层用半酸性或黏土质耐火砖砌筑，外层用生铁板加固。镁质耐火材料也可用于砌筑炉墙，其寿命较长，但对锑锭的表面质量有一定的影响。

（4）炉顶。反射炉炉顶从结构形式上分为砖砌拱顶和吊挂炉顶两种，炼锑反射炉通常采用砖砌拱顶。

（5）产品放出口。反射炉产品放出口有洞眼式，扒口式和虹吸式三种形式。炼锑反射炉，一般采用普通洞眼式放出口，其位置可设在后端墙、侧墙中部或尾部炉底的最低处。

此外，在反射炉炉墙上设有加料口、工作门和放渣口，在炉尾设有竖式烟道或斜烟道，反射炉前端为火膛。

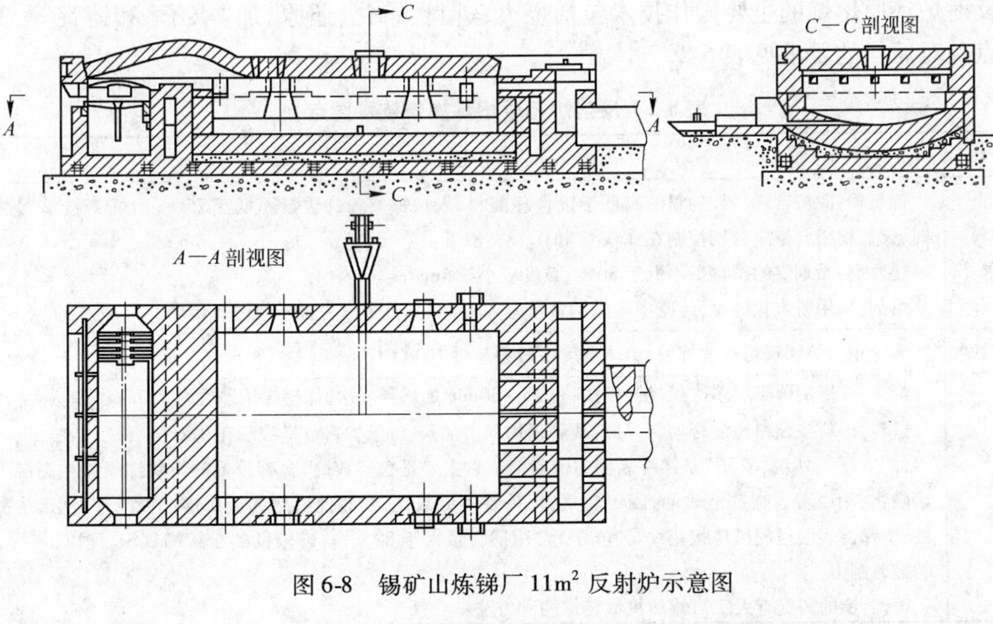

图6-8 锡矿山炼锑厂$11m^2$反射炉示意图

对反射炉的烟气,常采用汽化冷却或夹水套冷却。首先将烟气强制冷却到400℃左右,此时,锑氧粉不会再熔结;再采用表面散热设备将烟气冷却到低于滤袋材质所能经受的最高温度。

含尘烟气中带有大量的氧化锑,与挥发焙烧炉一样,需要庞大的收尘系统捕集锑氧粉,其冷却烟道和布袋收尘器与鼓风炉挥发熔炼基本一致。

6.4.1.2 反射炉熔炼工艺

氧化锑的反射炉还原熔炼主要包括熔化、还原、粗锑精炼、泡渣处理和高温炉气的冷却收尘等过程,其工艺流程见图6-9。

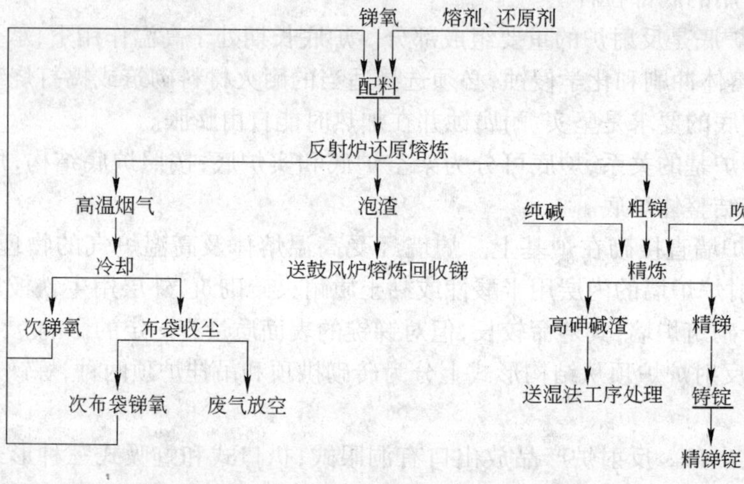

图6-9 氧化锑反射炉还原熔炼的工艺流程

6.4.2 反射炉还原熔炼的主要操作技术

反射炉还原熔炼的主要操作技术包括烧火、进料、熔化、还原、加“衣子”和铸锭等,其操作要点及对原料的要求见表6-2。

表6-2 反射炉还原熔炼操作技术要点

名称	操作技术要点
对炉料要求	锑氧粉:应按含锑、铅、砷量的高低予以合理配料,入炉锑氧粉锑含量不低于75%,冶炼1号、2号精锑时,锑氧粉铅含量应分别控制在0.08%和0.18%以下; 还原剂:无烟煤的碳含量不低于80%,粒度应小于5mm; 熔剂:采用粉末状纯碱,纯碱中碳酸钠含量应大于95%,重金属含量不超过0.02%
熔炼温度	为防止入炉锑氧粉过度挥发,熔体温度一般不超过1000℃
主要操作技术	烧火:多采用薄煤层多次燃烧操作法,每25~30min加燃料一次,保持煤层厚度为350mm; 进料:炉料按配料比混合均匀,分批从炉顶加料口加入,每批炉料重量控制在0.2t/m²; 加“衣子”:所谓“衣子”是锑锭表面的覆盖剂。它主要是含锑较高、含砷较低的粉状锑氧粉在高温下的熔融物,用以覆盖在锑液表面,隔绝空气,保持锑不受氧化,同时使熔融的金属锑缓慢冷却,创造结晶条件,使锑锭表面呈现凤尾状花纹。“衣子”常用锑含量大于80%,含砷较低的粉状锑氧粉,配以1%~2%的纯碱制得; 铸锭:锑的铸锭有人工舀铸和机械铸锭两种方法

6.4.3 反射炉还原熔炼的产物

反射炉还原熔炼的产物主要有精锑、次锑氧粉、泡渣、碱渣和烟气等。

锑、砷、铅等在各种产物中的分配平衡见表6-3。

精锑:是还原熔炼和精炼的最终产品,用于生产锑白的原料也是一种精锑产品,表6-4是产出的三种精锑的化学成分。

次锑氧粉:是反射炉收尘系统收集的氧化锑,需返回反射炉再进行还原熔炼。表6-5给出了一般次锑氧的化学成分。

泡渣:是反射炉产出的、由还原剂的灰分和氧化锑中的脉石成分、添加剂中的Na_2O和砷、锑的低价盐类组成的含锑、砷等呈蜂窝状的炉渣,其一般化学成分见表6-6。按重量计,泡渣的产出率约为锑产量的13%~22%,其处理方法有坩埚炉熔炼法和鼓风炉熔炼法等。

表6-3 锑、砷、铅等在各种产物中的分配平衡

产物名称	化学成分/%		
	Sb	As	Pb
精锑或锑白原料	78.6	13.9	52.2
次锑氧	15.9	25.2	1.3
泡渣	2.6	5.2	
碱渣	1.5	55.7	
其他	1.4		46.5
合计	100.0	100.0	100.0

表6-4 精锑的化学成分

产品名称	化学成分/%						
	Sb	As	Ca	Fe	Pb	S	Se
1号精锑	99.88	0.035	0.0015	0.0038	0.075	0.0038	0.0007
2号精锑	99.74	0.068	0.0029	0.0045	0.170	0.0054	0.0017
锑白原料	99.83	0.036	0.0036	0.0120	0.093	0.0050	0.0021

表6-5 次锑氧的化学成分

名称	化学成分/%					
	Sb	As	Ca	Fe	Pb	S
次锑氧	78.0~79.8	0.5~0.6	0.0004	0.035~0.055	0.01~0.06	0.12~0.20

表6-6 泡渣的一般化学成分

成分	Sb	As	Fe	S	Pb	SiO_2	CaO	Al_2O_3	MgO	Na_2O
含量/%	36~40	0.15~0.35	2.5~3.8	0.1~0.7	0.022	23~28	2.1~3.6	3~8.1	±1.4	7~9

碱渣:是还原熔炼完成后,加碱除砷的产物。一般化学成分见表6-7。碱渣常采用湿法处理,有钙渣法和砷酸钠混合盐法。

烟气:反射炉烟气夹带有挥发的锑氧粉和飞扬的煤尘,需配置冷凝收尘系统处理。表6-

8 是锡矿山炼锑厂反射炉出炉烟气的有关数据。

表 6-7　碱渣的化学成分

名　称	化学成分(光谱分析结果)/%										碱度
	Sb	As	Fe	Se	S	Pb	SiO_2	CaO	Al_2O_3	MgO	
碱渣	30 ~ 40	3 ~ 5	<1	0.07 ~ 0.09	<0.12	<0.02	<3	<2	<3	<1	20 ~ 30

名　称	化学成分/%					
	Na_2SbO_3	Na_3SbO_4	Sb	Na_3AsO_3	Na_3AsO_4	As
碱渣	82.27	0.22	16.51	97.88	1.89	0.23

表 6-8　出炉烟气的有关数据

名　称	炉尾烟气量 /$m^3 \cdot h^{-1}$	炉尾温度 /℃	炉尾含尘量 /$g \cdot m^{-3}$	烟尘假密度 /$g \cdot cm^{-3}$	平均烟尘粒度 /μm
烟气	1200 ~ 1500	700 ~ 750	40 ~ 48	0.7 ~ 0.8	0.2

6.4.4　反射炉还原熔炼的主要技术经济指标

还原熔炼及精炼的效果与许多因素有关,如炉膛面积大小,锑氧粉、还原煤和燃烧煤的质量,技术条件的控制及操作水平的高低等,这些因素都直接影响着锑氧粉还原熔炼的技术经济指标。

为反映反射炉生产过程的数量、质量和生产技术水平,在生产中需要考核的指标主要有生产能力,金属直接回收率,金属实际回收率和燃料、材料消耗等。我国某些工厂的一些技术经济指标见表 6-9 。由表 6-9 看出,随着反射炉炉膛面积的扩大,生产能力和指标相应地得到提高。

表 6-9　反射炉还原熔炼的主要技术经济指标

工厂编号	厂1			厂2	厂3
炉膛面积/m^2	7	11	16.8	12.25	8.8
炉膛生产能力/$t \cdot (d \cdot m^2)^{-1}$	0.77	0.62	0.624	0.46	0.94
每吨锑熔炼时间/h	4.45	3.50	2.29	4.25	2.89
每吨锑碱耗/kg	18.4	36.6	24.45	44.3	242.5
每吨锑还原煤耗/kg	166.1	130.28	131.8	191	312.9
每吨锑燃料煤耗/kg	300.4	256.98	190.75	458	395
锑的直收率/%	71.02	70.72	>82	—	60.8
锑的冶炼回收率/%	98.43	99.5	99.5	99.5	—

7 烟化法锑氧粉的还原熔炼

7.1 概述

经熔池熔炼-连续烟化法液态挥发制得的三氧化锑是一种中间产物,须进行还原熔炼方能制得金属锑。

如第6章所述,三氧化锑的还原熔炼包括三氧化锑还原成金属锑和原料中脉石的造渣两个紧密联系的反应过程。三氧化锑是极易还原的氧化物,还原熔炼采用无烟煤或木炭为还原剂。曾有人研究过用气体还原剂或利用三氧化锑的挥发性在气态中进行还原,但尚未在工业上应用。为了减少三氧化锑的挥发,还原熔炼作业一般在碱性熔剂覆盖下进行,常采用碳酸钠作为熔剂,与脉石造渣。这种熔剂熔点较低(约850℃),密度较小,在1000℃左右的炉温下能保证炉渣有一定的流动性,从而易与还原出来的金属锑分离。

三氧化锑的还原熔炼大部分在反射炉内进行,个别工厂用鼓式旋转窑进行熔炼,在还原过程中,原料内含有的各种杂质金属氧化物,大部分被还原成金属进入锑中,其中最常见的是 As_2O_3 和 PbO,因为在焙烧过程中,锑精矿内砷和铅的硫化物与锑一起氧化挥发进入冷凝系统,被捕收于粗锑氧粉中,所以在大多数情况下,所得的金属锑需要精炼脱砷、铅,以制取合格的金属锑。

火法精炼所用的除铁剂一般是硫化锑精矿及硫酸钠,脱砷、脱硫剂是苛性钠和碳酸钠。

为使精炼作业获得合格的产品和良好的经济效果,在生产中往往按产品质量要求对不同的焙烧挥发产物进行合理配料。

由于三氧化锑容易挥发,加之炉顶加料的影响,在还原过程中,不可避免地有大量三氧化锑再次进入烟道和收尘系统,形成二次三氧化锑,需再次进行还原熔炼。

在还原过程中所产生的还原渣(俗称泡渣),需采用专门的泡渣鼓风炉处理,使其中锑的化合物直接还原为金属锑,或在挥发熔炼过程中搭配处理,以三氧化锑形式回收。

云南省文山州木利锑业有限责任公司的锑矿石属高硅矿,渣黏度大,硅酸度(K)高,加之采用熔池熔炼-连续烟化法工艺处理中低品位锑矿,烟化炉对锑矿原料限制不严,粉矿块矿都可入炉,同时采用粉煤作燃料,对烟尘质量造成影响,从工业试验的结果,即表5-12中锑氧粉成分可看出,虽然烟化法锑氧粉锑品位大于75%,为76.40%,但与鼓风炉烟尘比较,成分较复杂,杂质含量较高。

在采用熔池熔炼-连续烟化法处理低品位锑矿工业性试验顺利完成后,曾在文山州木利锑业有限责任公司生产现场,在未改变配料比(与鼓风炉锑氧粉还原熔炼的配料比相同)的情况下,对烟化法锑氧粉进行了反射炉还原熔炼试验。入炉物料的配比为:烟化法锑氧粉:还原剂(木炭):助熔剂(苏打)=100:10:2,炉温1000℃。结果发现,还原熔炼时间延长,每炉熔炼时间达12天,而同样的配料比及相同炉温下,鼓风炉锑氧粉的还原熔炼时间为6天,两者比较,烟化法锑氧粉的冶炼时间延长一倍,设备生产能力降低一半,技术经济指标有较大幅度的降低。还原熔炼时间的延长，极大地影响了厂方的经济效益。为此，在工业试验结束后，在现场采集烟化法锑氧粉综合样，对其还原熔炼进行研究。

7.2　还原熔炼试验

7.2.1　试验设备和方法

7.2.1.1　测试仪器

首先，通过光谱分析，定性得出物料的元素组成，然后再经化学分析，定量得出物料的元素含量。

采用日本产 3015 型 X 射线衍射分析仪，考察物料的物相组成。X 射线衍射分析仪的技术性能为：管压 25kV，管流 20mA，靶管 CuK_{α}，扫描速度 1℃/min，走纸速度 10mm/min。

7.2.1.2　其他试验设备

(1) 高温箱式电炉：型号 SX2-6-13，炉膛尺寸 250mm×150mm×100mm。常用温度 1300℃，升温速度 100℃/min；

(2) 还原熔炼容器：100mL 石墨坩埚及高铝坩埚；

(3) 称量设备：HCTP11-10 和 HC-TP12B-1 架盘药物天平；

(4) 温度自控器。

7.2.1.3　试验方法

锑氧粉、碳酸钠与木炭混合均匀，以坩埚为容器，置高温箱式电炉中升温至一定温度进行还原熔炼，一定时间后，取出搅拌、倾析，渣、锑分别取样，对渣样进行分析。

7.2.2　物料性质

7.2.2.1　烟化法锑氧粉的光谱及化学分析

由文山州木利锑业有限责任公司现场采集两种工业试验烟化法锑氧粉试料，一为烟化法锑氧粉综合样（记为 ST-1），二为开停炉时的产出品样，称为次锑氧粉样（记为 ST-2）。首先进行光谱分析，结果见表 7-1，然后对其主要元素进行化学分析，结果见表 7-2，为便于比较，表 7-2 中也列出了工业生产中鼓风炉锑氧粉的主要化学成分。

表 7-1　烟化法锑氧粉的光谱分析结果

名　称	元素含量/%													
	Al	Si	Sb	Mn	Mg	Pb	Sn	Fe	Ti	V	Cu	Zn	Na	Ni
ST-1 成分	1	1	>10	0.01	0.1	0.01	0.001	3	0.1	0.03	0.03	0.03	0.1	0.02
ST-2 成分	>1	1	>10	0.01	0.1	0.01	0.003	3	0.1	0.03	0.03	0.03	0.1	0.02

表 7-2　烟化法锑氧粉的化学分析结果

名　称	化学成分/%						
	Si/SiO_2	Sb/Sb_2O_3	Fe/FeO	S	C	Ca	Al_2O_3
ST-1 成分	1.25/2.68	76.40/91.45	1.34/1.72	0.18	4.56	<0.50	1.46
ST-2 成分	2.37/4.94	65.67/78.62	1.85/2.38	0.29	8.74	0.47	2.65
鼓风炉锑氧	0.47/1.01	81.66/97.76	0.12/0.15	0.18	0.70	<0.50	0.15

由表7-2可知，采用鼓风炉挥发熔炼的锑氧粉较纯净，除Sb外，杂质总量为2.24%，而用烟化法挥发熔炼的锑氧粉综合样（ST-1）杂质含量达8.85%，次锑氧粉样（ST-2）达21.39%。烟化法锑氧粉（ST-1）Sb含量平均为76.4%，次锑氧粉样（ST-2）为65.67%，二者成分复杂、杂质含量高。鼓风炉锑氧粉除含少量SiO_2外，其他杂质含量都较小，而烟化法锑氧粉综合样（ST-1）含SiO_2为2.68%，比鼓风炉锑氧粉高2.65倍，含铁高出约12倍，Al_2O_3高出约10倍；次锑氧粉样（ST-2）杂质含量更高，SiO_2比鼓风炉锑氧粉高出4.9倍，Al_2O_3、Fe分别高出15倍以上。

7.2.2.2 烟化法锑氧粉的物相分析（X射线衍射）

采用X射线衍射对两种烟化法锑氧粉进行物相分析，结果表明，烟化法锑氧粉以Sb_2O_3为主，Sb_2O_3有两种晶型结构，主要以等轴晶系的形态存在，斜方晶系的较少，其他物相有无定形炭和石墨、赤铁矿（Fe_2O_3）、石英（SiO_2）等，而鼓风炉锑氧粉物相主要是等轴晶系，杂质相谱线无法辨识。

从以上分析结果可以看出，烟化法锑氧粉较鼓风炉锑氧粉物相变化不大，但SiO_2等杂质含量较鼓风炉锑氧粉高，故需进行配料计算，在不同的配料比下进行试验，以便确定最佳工艺条件，保证烟化法锑氧粉还原熔炼的顺利进行。

7.2.2.3 烟化法锑氧粉的筛分分析

取烟化法次锑氧粉样（ST-2）进行筛分，结果见表7-3。

表7-3 烟化法次锑氧粉样（ST-2）的筛分结果

筛 目	+120目（+0.122mm）	+200目（+0.074mm）	-200目（-0.074mm）
比例/%	0.1	0.9	99

+200目（+0.074mm）以上的颗粒占总量的1%，其颜色为红褐色，与挥发烟尘完全不同，可以认定是机械吹出的矿石粉尘。

7.2.3 配料原则

烟化法锑氧粉还原熔炼时的配料，主要是考虑助熔剂和还原剂的加入量。

7.2.3.1 助熔剂用量

助熔剂的消耗量主要由锑氧粉的质量确定，其用量随入炉锑氧粉中SiO_2含量的增高和熔结程度的增大而增多。为了防止入炉锑氧粉过分挥发，炉内熔体温度一般不宜超过1000℃，故采用较低熔点的碳酸钠（熔点850℃）作为熔剂，使炉料和还原剂中的脉石氧化物渣化。助熔剂碳酸钠的配入量是熔炼作业的关键，配入量太少，不能形成该还原熔炼温度下的低熔点渣，锑炉渣难以流动，不易实现渣、锑分离，配入量过高则影响作业成本。因而进行配料计算时，助熔剂碳酸钠的配入量，低限以锑炉渣能发黏，扒动时能黏结成团，渣、锑能分离为标准，高限则以锑炉渣刚能流动为限度。当然提高助熔剂碳酸钠的配入量，锑渣分离会更迅速，效果会更好，但从经济成本考虑，则不合算。

7.2.3.2 还原剂用量

还原剂的用量是由入炉锑氧粉中三氧化锑的实际含量和加入还原剂的实际含炭量决定的。

实际上，配入的还原剂量并不能全部用于还原反应，还有一部分被燃烧，即使考虑到入炉的锑氧粉在高温和负压下，部分挥发进入冷凝系统，还原剂的实际消耗量仍比理论量大。

试验中以木炭为还原剂。

烟化法锑氧粉中含炭量达 4.56% ~ 8.74%，是鼓风炉锑氧粉含炭量的 6.5 ~ 12.5 倍。根据 X 射线衍射分析，烟化法锑氧粉中的炭，其物相为无定形炭和石墨。预备试验表明，还原熔炼时，含于锑氧粉内的炭都充当了还原剂。因此，配料计算时应先考虑这部分还原剂的数量，不足部分再以木炭或无烟煤补充。

还原剂数量太多，会成为锑炉渣中的悬浮体，使炉渣不能聚集、流动，并且使黏度提高，金属锑与渣难以分离，同时，还原剂在炉内容易烧损，所以，须根据熔炼时间的长短，考虑适当的过量系数，但过量系数太大对熔炼作业是不利的。

7.2.4　还原熔炼的热力学及渣型

根据烟化法锑氧粉的 X 射线衍射分析，Sb 以 Sb_2O_3 形态存在，Sb_2O_3 是极易还原的氧化物之一，其标准生成自由焓随温度的变化曲线见图 6-2。采用固定碳还原 Sb_2O_3 的热力学讨论详见第 6 章。

有关 Sb_2O_3 还原的热力学分析，前人曾作过许多研究，由于所采用的热力学经验公式不同，因而导致计算结果有所不同，但这并不影响有关 Sb_2O_3 还原的最终结论。以下简要介绍 A · A · 罗兹洛夫斯基的热力学研究结果。

实际生产中，锑氧在液态进行还原反应，对液态 Sb_2O_3 的还原，A · A · 罗兹洛夫斯基曾按照以下三个反应式：

$$Sb_2O_3(l) + 3CO = 2Sb(l) + 3CO_2 \qquad (7\text{-}1)$$

$$Sb_2O_3(l) + 1.5C = 2Sb(l) + 1.5CO_2 \qquad (7\text{-}2)$$

$$Sb_2O_3(l) + 3C = 2Sb(l) + 3CO \qquad (7\text{-}3)$$

计算出其标准自由能变化与温度的关系分别为：

式(7-1)　$\Delta G^{\ominus} = -138866.96 - 496.14T - 25.31 \times 10^{-3}T^{2} + 1.72 \times 10^{-6}T^{3} - 0.4184 \times 10^{3}T^{-1} + 170.46T\lg T$　(J/mol)

式(7-2)　$\Delta G^{\ominus} = 122423.84 - 716.55T - 13.39 \times 10^{-3}T^{2} + 0.8786 \times 10^{-6}T^{3} - 6.694 \times 10^{5}T^{-1} + 150.37T\lg T$　(J/mol)

式(7-3)　$\Delta G^{\ominus} = 383756.48 - 936.97T - 1.464 \times 10^{-3}T^{2} - 12.970 \times 10^{5}T^{-1} + 130.30T\lg T$　(J/mol)

按以上各式计算出不同温度下各反应的标准自由能变化数值及平衡常数分别见表 7-4 和表 7-5。

表 7-4　三氧化锑还原反应的 $\Delta G^{\ominus}$　(kJ/mol)

反应式	温度/℃						
	600	700	800	900	1000	1100	1200
(7-1)	-152.480	-148.381	-143.926	-139.176	-134.179	-128.975	-123.596
(7-2)	-127.470	-150.178	-172.444	-194.323	-215.859	-237.089	-258.044
(7-3)	-102.340	-151.860	-200.855	-249.373	-297.453	-345.130	-392.434

表 7-5 三氧化锑还原反应的平衡常数 K_p

反应式	温度/℃						
	600	700	800	900	1000	1100	1200
(7-1)	1.32×10^{9}	9.22×10^{7}	1.01×10^{7}	1.57×10^{6}	3.20×10^{5}	8.06×10^{4}	2.41×10^{4}
(7-2)	4.23×10^{7}	1.15×10^{8}	2.48×10^{8}	4.49×10^{8}	7.19×10^{8}	1.05×10^{9}	1.41×10^{9}
(7-3)	1.33×10^{6}	1.42×10^{8}	5.98×10^{9}	1.27×10^{11}	1.60×10^{12}	1.65×10^{13}	8.23×10^{13}

从表 7-2 和表 7-5 的数据可以看出，反应(7-3)，即固定碳还原三氧化锑，生成一氧化碳的趋向最大，此反应与用碳还原其他氧化物一样，是经过气相按(7-1)、(7-4)两个反应进行的：

$$Sb_2O_3(l) + 3CO = 2Sb(l) + 3CO_2$$

$$3C + 3CO_2 = 6CO \qquad (+$$

$$\overline{Sb_2O_3(l) + 3C = 2Sb(l) + 3CO}$$

反应(7-1)、(7-4)都是可逆反应，反应进行的方向取决于温度和气相成分。在同一温度下，反应(7-4)中 CO 的平衡浓度大于反应(7-1)平衡所需的浓度时，三氧化锑就被还原。由第 6 章的表 6-1 可知，反应(7-4)中 CO 的平衡浓度远远大于反应(7-1)平衡所需的浓度，因此三氧化锑很容易被还原。

三氧化锑的还原反应速度很快，在低温下即可迅速进行。若在 1000℃ 的高温下，可在数分钟内还原出大部分金属锑。但还原熔炼应包括 Sb_2O_3 还原为金属锑和原料中的脉石造渣两个紧密联系的反应过程。若造渣反应进行得不好，或熔点高、密度大、不熔化，则不能实现金属锑与渣的分离；若金属锑以微细质点嵌布在固体炉渣内，即使反复搅拌，虽能使金属锑颗粒长大，也难以彻底分离。

原料中主要造渣脉石成分是 SiO_2，此处还有 Al_2O_3、CaO、FeO、Fe_2O_3 及 MgO ，要迅速形成低熔点渣，工业上传统的做法是添加苏打作助熔剂，苏打(Na_2CO_3)的熔点为 850℃，熔融时有挥发性，也有较强的腐蚀性，配入苏打可与脉石结合，生成较低熔点的化学物质，以利于脉石熔化造渣及实现渣锑分离。根据相图，对脉石造渣的渣型探讨如下。

7.2.4.1 $SiO_2 - Na_2O$ 系

相图见图 7-1。此系有四种化合物，即正硅酸钠 2 $Na_2O \cdot SiO_2$、偏硅酸钠 $Na_2O \cdot SiO_2$、二硅酸钠 $Na_2O \cdot 2SiO_2$ 和 $3Na_2O \cdot 8SiO_2$，其中二硅酸钠 $Na_2O \cdot 2SiO_2$ 为一致熔融化合物，熔点为 874℃，它有两种变体，分为 α_1 型和 β 型，转化温度 710℃，含 SiO_2 66%，Na_2O 34%，该化合物与偏硅酸钠 $Na_2O \cdot SiO_2$ 及 $3Na_2O \cdot 8SiO_2$ 分别形成共晶，相应熔化温度为 874℃ 及 799℃，成分为 $SiO_2$62.1%、Na_2O 37.9% 及 SiO_2 71.4%、Na_2O 28.6%。二硅酸钠 SiO_2 含量较高，适用于 1000℃ 左右的炉温，并且其附近有两个低温共晶，可以使炉渣熔点及黏度不致出现较大的波动，因此，配料时在 SiO_2 含量高、其他杂质含量低的情况下均可按这一化合物成分计算。但在大量多组元脉石成分的影响下，很难做到准确计算。

7.2.4.2 $SiO_2 - Al_2O_3 - Na_2O$ 系

相图见图 7-2。在以 SiO_2 及 Na_2O 为主的体系中，Al_2O_3与 SiO_2，Al_2O_3 与 Na_2O 之间都难以形成化合物，在 $SiO_2 - Na_2O$ 系中添加 Al_2O_3，可以形成多种化合物，如 $NaAlSiO_4$ 等，但不致引起炉渣熔点及黏度有较大的提高。

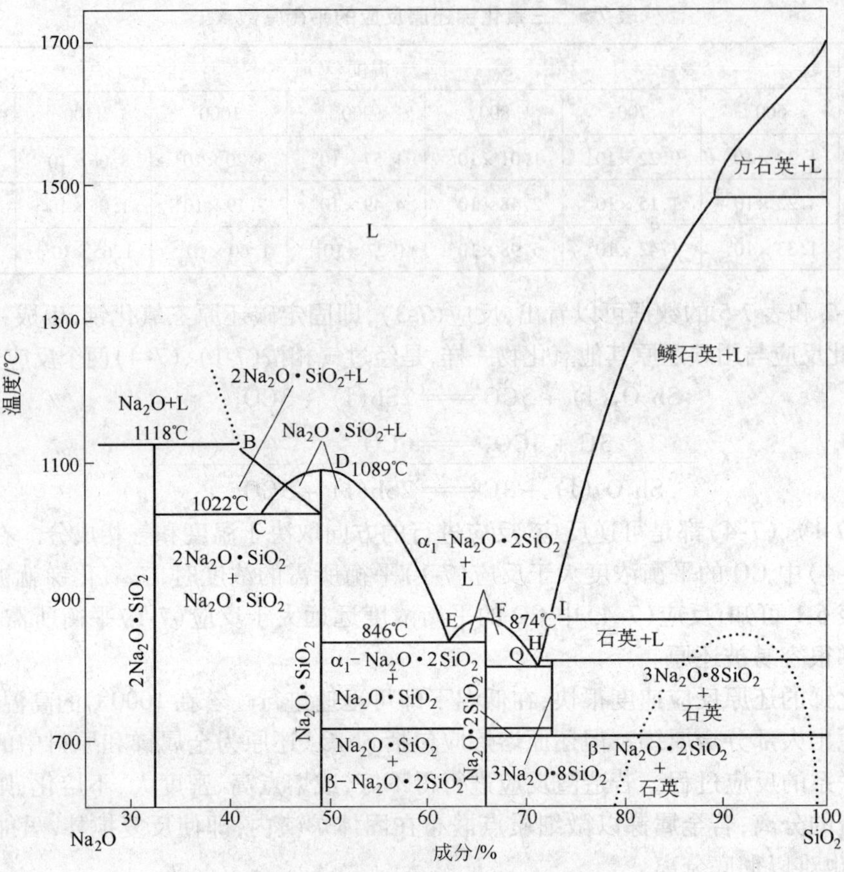

图 7-1　SiO_2-Na_2O 系相图

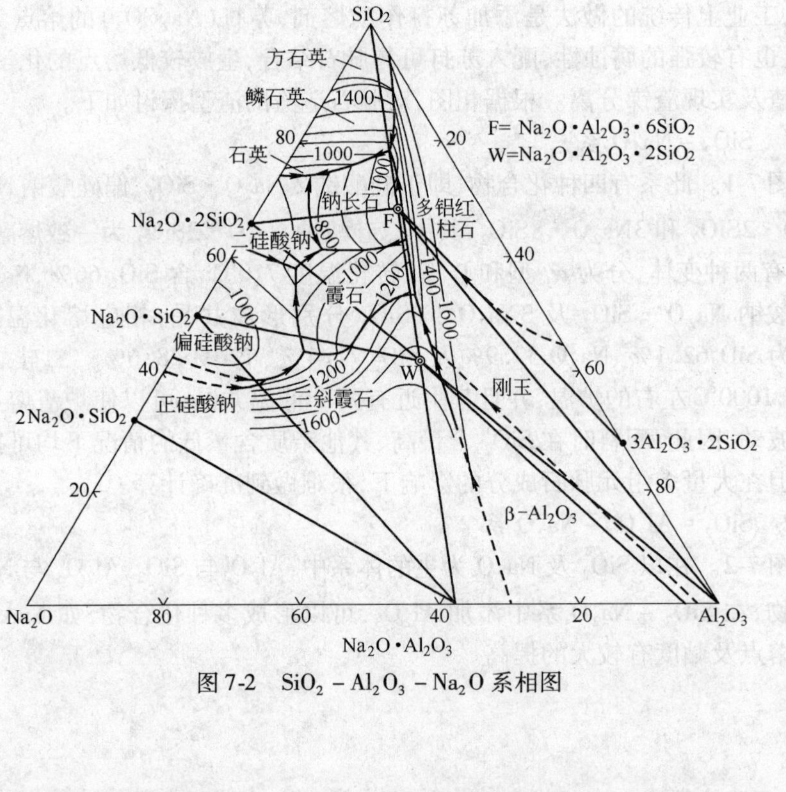

图 7-2　$SiO_2-Al_2O_3-Na_2O$ 系相图

7.2.4.3 SiO_2-Na_2O-CaO 系

相图见图 7-3。共有三个二元化合物：偏硅酸钠 $Na_2O\cdot SiO_2$（NS）、二硅酸钠 $Na_2O\cdot 2SiO_2$（NS_2）和 $CaO\cdot SiO_2$（CS）；三个三元化合物：$Na_2O\cdot 2CaO\cdot 3SiO_2$（$NC_2S_3$），$2Na_2O\cdot CaO\cdot 3SiO_2$（$N_2CS_3$）和失透石（或称析晶石）$Na_2O\cdot 3CaO\cdot 6SiO_2$（$NC_3S_6$）。以 Na_2O-SiO_2 为主的渣相成分中，随 CaO 量的增加，往往引起炉渣熔点的提高，从图 7-3 中 Na_2O-SiO_2 连线底边往上看，$Na_2O\cdot 2SiO_2$ 化合物处于底边连线上，随着 CaO 量的增多，则出现越来越多的固熔体，熔点也随之升高。烟化法锑氧粉中 CaO 数量少，故还原熔炼时，对其熔点影响不大。此系中有几个无变量点，熔点低、CaO 含量不高，反应时有可能生成，但因其数量少，物相分析时一般不易查出，故统一归入玻璃相中。这几个无变量点的性质见表 7-6。

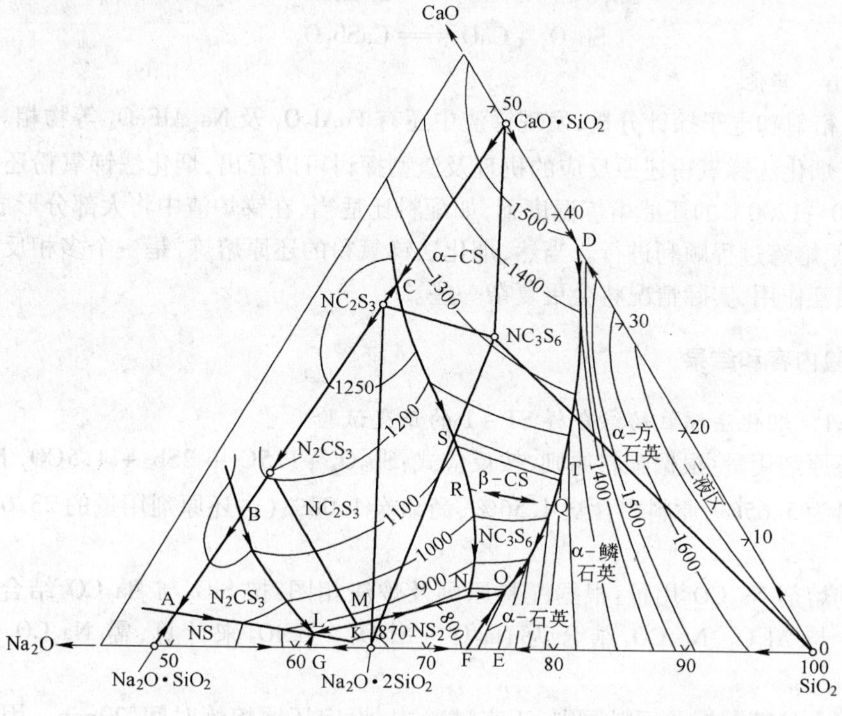

图 7-3 SiO_2-Na_2O-CaO 系相图

表 7-6 $Na_2O\cdot SiO_2-CaO\cdot SiO_2-SiO_2$ 系中几个无变量点的性质

图上点号	相间平衡	平衡性质	平衡温度/℃	组成/%		
				Na_2O	CaO	SiO_2
K	$L=NS+NS_2+N_2CS_3$	共晶点	821	37.5	1.8	60.7
L	$NC_2S_3+L=NS_2+N_2CS_3$	包晶点	827	36.6	2.0	61.4
N	$NC_2S_3+L=NS_2+NC_3S_6$	包晶点	740	24.1	5.2	70.7
O	$L=NS_2+NC_3S_6+SO_2$	共晶点	725	21.3	7.0	24.3

7.2.4.4　铁的行为

铁在原料中以 Fe_2O_3 及 FeS 形式存在，在还原剂含量不高的情况下，容易发生下列反应：

$$Fe_2O_3 + Na_2CO_3 = Na_2Fe_2O_4 + CO_2$$

$$FeS + Na_2CO_3 = Na_2S + CO_2 + FeO$$

$$FeO + Al_2O_3 = FeAl_2O_4$$

$$2FeO + Na_2CO_3 + 1/2O_2 = Na_2Fe_2O_4 + CO_2$$

7.2.4.5　锑的行为

锑渣中可能会有部分没有完全澄清分离的金属锑以及来不及还原的 Sb_2O_3。Sb_2O_3 在还原熔炼过程中，还可能发生下列反应：

$$Sb_2O_3 + Na_2CO_3 = 2NaSbO_2 + CO_2$$

$$Sb_2O_3 + CaO = CaSb_2O_4$$

7.2.4.6　其他

X 射线衍射和电子探针分析，发现锑渣中还有 $FeAl_2O_4$ 及 Na_2AlFeO_4 等物相。

从以上烟化法锑氧粉还原反应的机理及渣型探讨可以看出，烟化法锑氧粉还原熔炼时，在通常 1000～1200℃的还原熔炼温度下，如配料比适当，在锑炉渣中将大部分形成低熔点化合物，使还原熔炼过程顺利进行。当然，烟化法锑氧粉的还原熔炼，是一个多相反应过程，各种化合物相互作用，实际情况将会更复杂一些。

7.2.5　试验内容和结果

7.2.5.1　烟化法锑氧粉综合样 ST－1 的正交试验

理论还原剂用量：根据配料原则，按反应式：$Sb_2O_3 + 1.5C \rightarrow 2Sb + 1.5CO_2$ 计算的理论还原剂用量为 5.65%，原料中含炭 4.56%，尚缺炭 1.08%（占还原剂用量的 23.68%），用木炭补充。

理论助熔剂 Na_2CO_3 用量：根据配料原则及炉渣相图，按 SiO_2 与 Na_2CO_3 结合为 $Na_2O \cdot 2SiO_2$，SiO_2 与 Al_2O_3、Na_2CO_3 结合为 $Na_2O \cdot Al_2O_3 \cdot 6SiO_2$ 来计算，需 Na_2CO_3 的数量为 6.55%。

根据以上计算数据及配料原则，正交试验中，设定还原熔炼时间：20min。因子为：木炭加入量：0，2.5%，4%；碳酸钠加入量：6%，7%，8%；还原熔炼温度：950℃，1000℃，1050℃。详见表 7-7。

表 7-8 是正交试验的试验结果。表 7-9 是极差分析结果。

表 7-7　正交试验表

水　平	因　子		
	温度/℃	木炭量/%	碳酸钠量/%
Ⅰ	1050	0	6
Ⅱ	1000	2.5	7
Ⅲ	950	4	8

表 7-8 正交试验的试验结果

编号	原料量/g	温度/℃	木炭量/%	碳酸钠量/g	金属量/g	回收率/%	渣产量/g	锑炉渣成分/%				
								Sb	SiO_2	Fe	Na_2O	Al_2O_3
ST-1-1	200	1000	0	6	126.5	82.90	28.0	24.04	20.49	6.87	18.47	10.77
ST-1-2	200	1000	2.5	7	127.5	83.55	21.5	22.02	20.72	4.04	20.92	10.75
ST-1-3	200	1000	4	8	126.0	82.57	55.0	38.95	17.06	2.83	14.23	10.25
ST-1-4	200	1050	0	7	127.0	83.22	33.0	16.27	23.13	7.40	21.20	11.08
ST-1-5	200	1050	2.5	8	123.0	80.60	42.0	31.17	19.03	5.22	14.29	9.91
ST-1-6	200	1050	4	6	115.0	75.36	27.5	24.51	18.57	6.18	15.53	10.28
ST-1-7	200	950	0	8	117.0	76.67	49.5	30.88	18.26	5.00	17.85	9.45
ST-1-8	200	950	2.5	6	126.3	82.77	32.2	24.68	21.53	4.14	19.53	10.70
ST-1-9	200	950	4	7	120.2	78.83	32.5	35.62	17.08	3.16	15.97	9.22

表 7-9 极差分析结果

Ⅰ	Ⅱ	Ⅲ	K_1	K_2	K_3	R	$K_1-\mu$	$K_2-\mu$	$K_3-\mu$
2.490	2.392	2.330	0.830	0.797	0.777	0.054	2.280	-1.000	-3.070
2.438	2.469	2.368	0.810	0.823	0.789	0.020	0.253	1.586	-1.800
2.410	2.456	2.398	0.803	0.819	0.800	0.034	-0.377	1.147	-0.773

根据极差分析，温度条件以1000℃为最好，木炭条件以2.5%为最好，此时还原剂的过量系数为1.27，Na_2CO_3用量以7%为宜，此最佳工艺条件即为ST-1-2组试验条件。为了减低碱耗，Na_2CO_3用量可选用6%，此时金属回收率变化不大。

综合正交试验的试验结果，可归纳出烟化法锑氧粉还原熔炼的最佳工艺条件为：还原熔炼温度1000℃；碳酸钠加入量6%～7%；木炭加入量2.5%（过量系数为1.27），此时金属回收率在83%左右。

7.2.5.2 烟化法次锑氧粉ST－2的还原熔炼试验

为进一步弄清烟尘质量对还原熔炼的影响，对烟化法次锑氧粉ST-2进行还原熔炼试验研究。

按前述配料原则及方法计算，烟化法次锑氧粉ST-2还原熔炼时所需还原剂木炭的理论量为4.86%，需助熔剂碳酸钠的理论量为12.05%。由于烟化法次锑氧粉ST-2本身的含炭量已高达8.74%，为所需理论炭量的1.8倍，故勿需外配木炭作还原剂。

不同试验条件下，其金属回收率随还原熔炼时间、碳酸钠的配入量、还原熔炼温度、木炭配入量等的变化关系分别见表7-10～表7-13和图7-4～图7-7。

表 7-10 金属回收率与还原熔炼时间的关系

固定条件	还原熔炼温度：1000°C，木炭配入量：0，碳酸钠配入量：10%			
还原熔炼时间/min	15	30	45	60
金属回收率/%	67.00	72.33	79.18	72.71

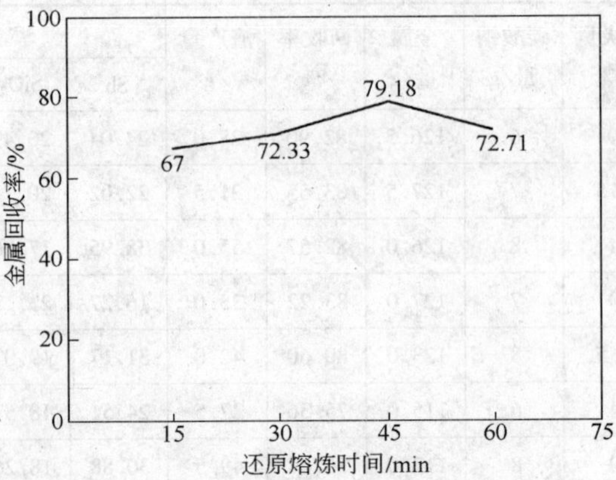

图 7-4　金属回收率与还原熔炼时间的关系曲线

表 7-11　金属回收率与碳酸钠配入量的关系

固定条件	还原熔炼温度:1000°C,木炭配入量:0,熔炼时间:45min				
碳酸钠配入量/%	8	10	12	14	16
金属回收率/%	61.41	67.00	76.40	82.22	86.41

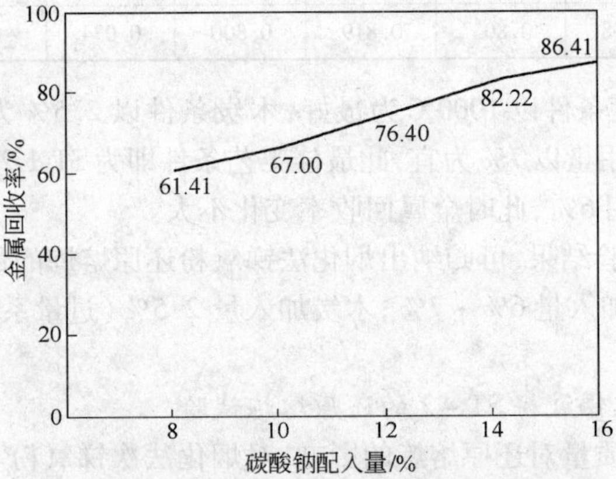

图 7-5　金属回收率与碳酸钠配入量的关系曲线

表 7-12　金属回收率与还原熔炼温度的关系

固定条件	碳酸钠配入量:12%,木炭配入量:0,还原熔炼时间:45min			
还原熔炼温度/℃	950	1000	1050	1100
金属回收率/%	67.94	69.81	77.66	74.23

表 7-13　金属回收率与木炭配入量的关系

固定条件	碳酸钠配入量:10%,还原熔炼温度:1000 ℃,熔炼时间 45min			
木炭配入量/%	0	1	2	4
金属回收率/%	69.81	69.05	68.52	62.05

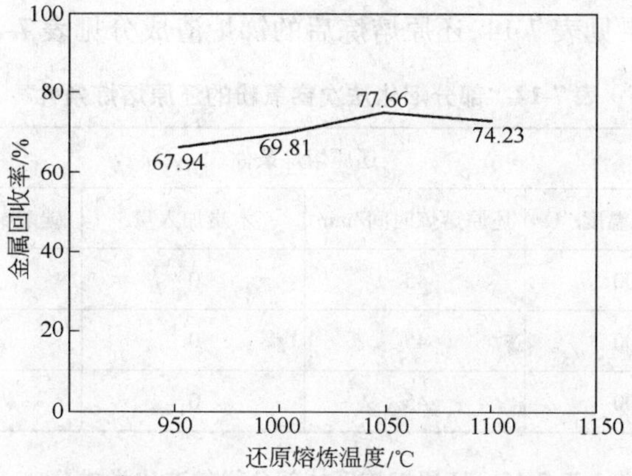

图 7-6　金属回收率与还原熔炼温度的关系曲线

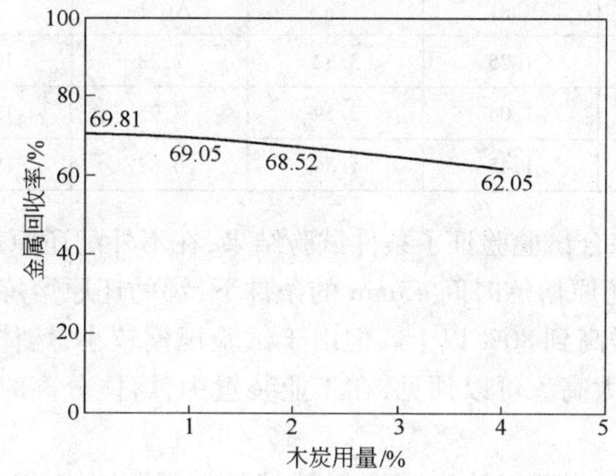

图 7-7　金属回收率与木炭配入量的关系曲线

图 7-4 为金属回收率与还原熔炼时间的关系曲线。随着还原熔炼时间的延长，回收率有所提高，到 45min 时出现一极大值 79.18%，随后又复下降。这表明，还原熔炼过程中始终存在着两个相互矛盾的过程：三氧化锑的还原反应和高温挥发反应。还原熔炼过程的前期，前者速度远远大于后者，后期则后者的相对速度有所增高，故还原熔炼的适宜时间为 45min。

图 7-5 是金属回收率与碳酸钠配入量的关系曲线。从图中可以看出，随碳酸钠用量的增加，回收率呈明显增加的趋势，但碳酸钠的消耗太高，使成本提高太大，这是不经济的，故确定碳酸钠的适宜配比为 12% ~14% 。

图 7-6 是金属回收率与还原熔炼温度的关系曲线。随着还原熔炼温度的升高，金属回收率也随之提高，但温度达 1050℃以上时，回收率则呈下降趋势，这可能是由于温度过高，导致锑氧粉直接挥发所致，故还原熔炼时的炉温不宜超过 1000℃。

图 7-7 是金属回收率与木炭用量的关系曲线，随着含炭量增加，熔渣黏度上升，渣锑分离不好，金属回收率下降，在含炭量增加到 10% 的极端条件下，无金属产出，渣锑根本无法分离，故试验确定的适宜外配炭量为 0% 。

上述工艺条件优化试验确定了烟化法次锑氧粉的适宜还原熔炼条件为：不外配还原剂、

配加10% ~12%的碳酸钠、还原熔炼温度1000℃、还原熔炼延续时间45min。在优化条件下进行综合验证试验,结果见表7-14,还原熔炼后的锑炉渣成分见表7-15。

表7-14 部分烟化法次锑氧粉的还原熔炼条件

编 号	还原熔炼条件				金属回收率/%
	还原熔炼温度/℃	还原熔炼时间/min	木炭加入量	碳酸钠加入量/%	
ST-2-2	1000	45	0	10	67.00
ST-2-3	1000	45	0	12	76.40
ST-2-4	1000	45	0	14	82.22

表7-15 还原熔炼后的部分锑炉渣化学成分

编 号	锑炉渣成分/%					
	SiO_2	CaO	Fe	Al_2O_3	Na	Sb
ST-2-2	13.81	1.25	3.32	7.28	10.66	23.82
ST-2-3	14.40	1.04	2.19	7.95	13.20	36.50
ST-2-4	12.22	1.45	1.56	6.82	18.75	14.64

由以上分析可见,综合试验验证了条件试验结果,在不外配还原剂、配加12%的碳酸钠、还原熔炼温度1000℃、还原熔炼时间45min的条件下,锑的还原熔炼回收率达76.4%,适当增加熔剂量,回收率可增高到80%以上。但由于试验规模较小,熔体分离时间不足,还原熔炼渣中金属态锑的含量太高。可以预见,在工业装置中,熔体分离时间充足时,渣锑含量应能大幅下降。

综合上述试验研究结果可以认为,烟化法次锑氧粉还原熔炼的适宜工艺条件为:还原熔炼温度:1000℃;碳酸钠加入量:12% ;还原熔炼时间:45min,不需加入木炭,此时金属回收率在76%左右。但是,在调整还原熔炼条件后,此类锑氧粉虽能进行正常的还原熔炼作业,但其技术经济指标较差。故在采用熔池熔炼-连续烟化法处理低品位锑矿时,应尽量减少此类含有机械尘的低品位锑氧粉的生成。

7.3 还原熔炼后的锑渣特性

7.3.1 试验设备和方法

7.3.1.1 熔点测定

用昆明冶金研究院自制的熔点测定仪测量,测定仪以大功率的镍片为发热体。磨细的炉渣置镍片上加温,并通氩气保护,用显微镜观察熔化情况,记录下熔化开始和终了的温度。用双铂铑热电偶测温,并随时用纯银丝校正热偶温度,仪器灵敏度为±25℃,每种渣样测定三次,结果取平均值。

7.3.1.2 X射线衍射

X射线衍射仪的型号和性能见7.2.1.1节。

7.3.1.3 电子探针分析

使用仪器:日本岛津产 EPMA-1600 型电子探针分析仪。分析晶体 RAP、LS5A、LiF、AoP,电压 15kV,电流 18mA。

7.3.2 锑渣熔点

对还原熔炼正交试验后的 9 种锑渣(编号为 ST-1-1 ~ ST-1-9),进行熔点测试。熔点测试值见表 7-16。

表 7-16 锑渣熔点测试值

编 号	ST-1-1	ST-1-2	ST-1-3	ST-1-4	ST-1-5	ST-1-6	ST-1-7	ST-1-8	ST-1-9
熔点/℃(开始 ~ 终了)	918 ~ 1000	813 ~ 918	936 ~ 970	840 ~ 870	964 ~ 1000	885 ~ 950	860 ~ 900	812 ~ 902	873 ~ 910

再选择部分烟化法次锑氧粉还原熔炼后的锑渣(编号为 ST-2-1 ~ ST-2-9),进行熔点测试。ST-2-1 ~ ST-2-9 的还原熔炼条件及熔点测试值分别见表 7-17 和表 7-18。

表 7-17 部分烟化法次锑氧粉的还原熔炼条件

编 号	还原熔炼条件				金属回收率/%
	还原熔炼温度/℃	还原熔炼时间/min	木炭加入量/%	碳酸钠加入量/%	
ST-2-1	1000	45	0	8	61.41
ST-2-2	1000	45	0	10	67.00
ST-2-3	1000	45	0	12	76.40
ST-2-4	1000	45	0	14	82.22
ST-2-5	1000	45	0	16	86.41
ST-2-6	1000	45	1	10	69.05
ST-2-7	1000	45	2	10	68.52
ST-2-8	1000	45	4	10	62.05
ST-2-9	1000	45	10	10	无金属产出

表 7-18 锑渣熔点测试值

编 号	ST-2-1	ST-2-2	ST-2-3	ST-2-4	ST-2-5	ST-2-6	ST-2-7	ST-2-8	ST-2-9
熔点/℃(开始 ~ 终了)	910 ~ 982	870 ~ 943	810 ~ 893	680 ~ 850	840 ~ 923	740 ~ 849	900 ~ 937	900 ~ 1000	915 ~ 1010

从表 7-16、表 7-18 的熔点测试数据可以看出,烟化法锑氧粉还原熔炼后的锑渣皆是低熔点炉渣,适于 1000℃的还原熔炼温度。

炉渣黏度:采用定性方法考察,即锑炉渣搅拌澄清后,可以用倾析法分离的,认为其流动性较好。

7.3.3　锑渣的 X 射线衍射分析

选择两种烟化法锑氧粉还原熔炼后的锑渣 ST-1-2 和 ST-2-4,记为 S-34 和 ST-35,进行 X 射线衍射和电子探针分析。该两种锑渣的化学成分分析结果分别见表 7-8 和表 7-15。

锑渣 S-34 样,经 X 射线衍射分析,证明有如下物相:

(1) Sb;

(2) $NaAlSiO_4$;

(3) $(Na_2O)_{33}NaAlSiO_4$;

(4) $FeAl_2O_4$;

(5) $CaSb_2O_4$;

(6) Na_2AlFeO_4;

(7) Sb_2O_3;

(8) $Na_2SiO_3 \cdot 5H_2O$(样品吸水而成)。

其 X 射线衍射图见图 7-8 和图 7-9。

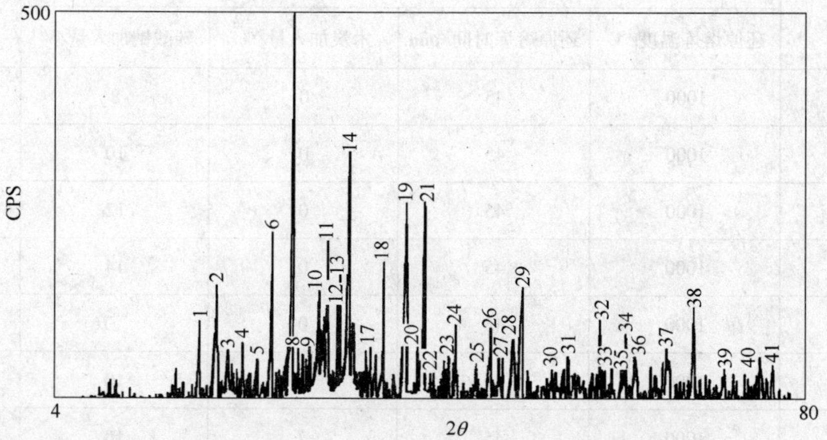

图 7-8　锑渣 S-34 的 X 射线衍射图(一)

经 X 射线衍射分析,查明锑渣 ST-35 中有下列物相:

(1) Sb;

(2) $NaAlSiO_4$;

(3) $CaSb_2O_4$;

(4) $(Na_2O)_{33}NaAlSiO_4$;

(5) Na_2AlFeO_4;

(6) $Ca_5Sb_5O_{17}$;

(7) $Na_2SiO_3 \cdot 5H_2O$(样品吸水而生成)。

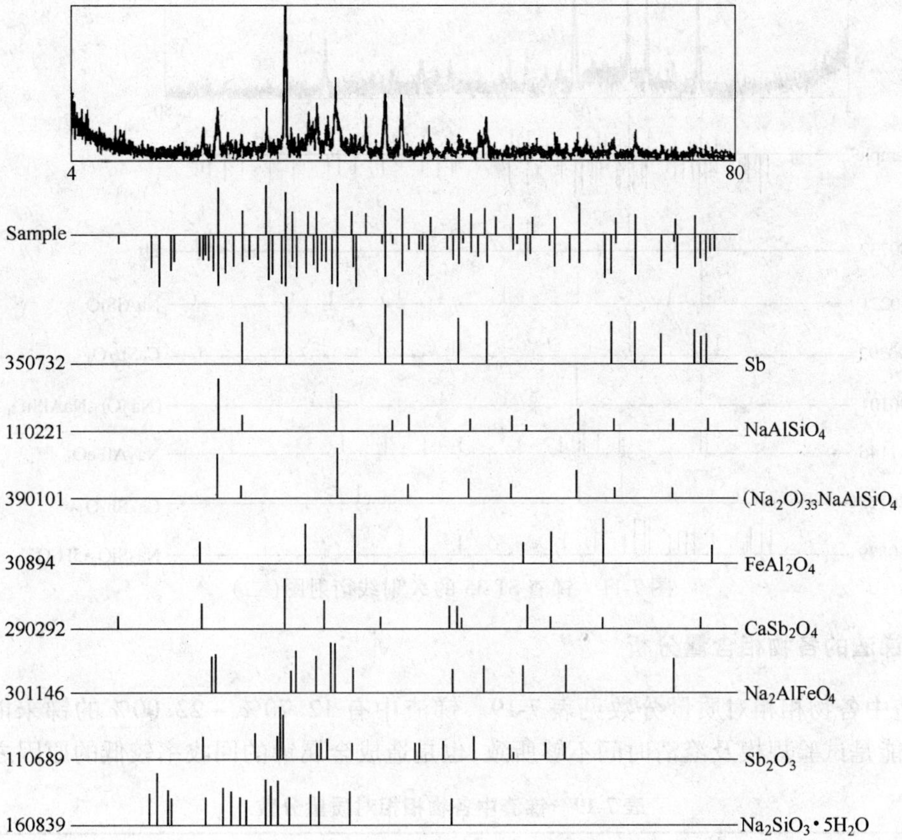

图 7-9 锑渣 S-34 的 X 射线衍射图(二)

其 X 射线衍射图见图 7-10 和图 7-11。

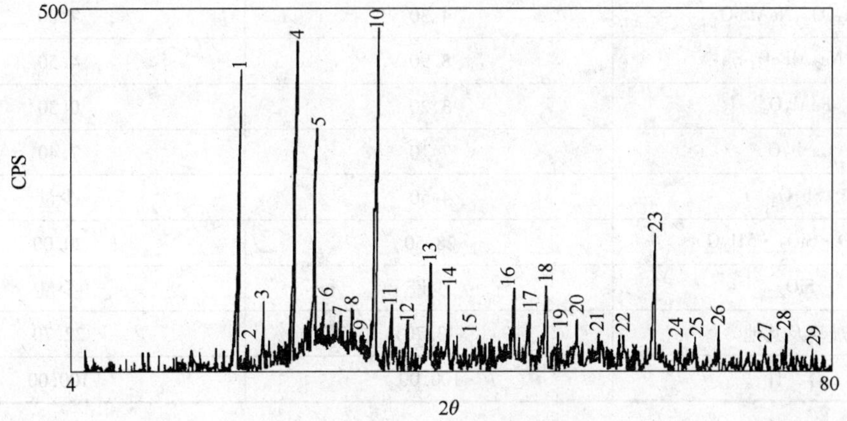

图 7-10 锑渣 ST-35 的 X 射线衍射图(一)

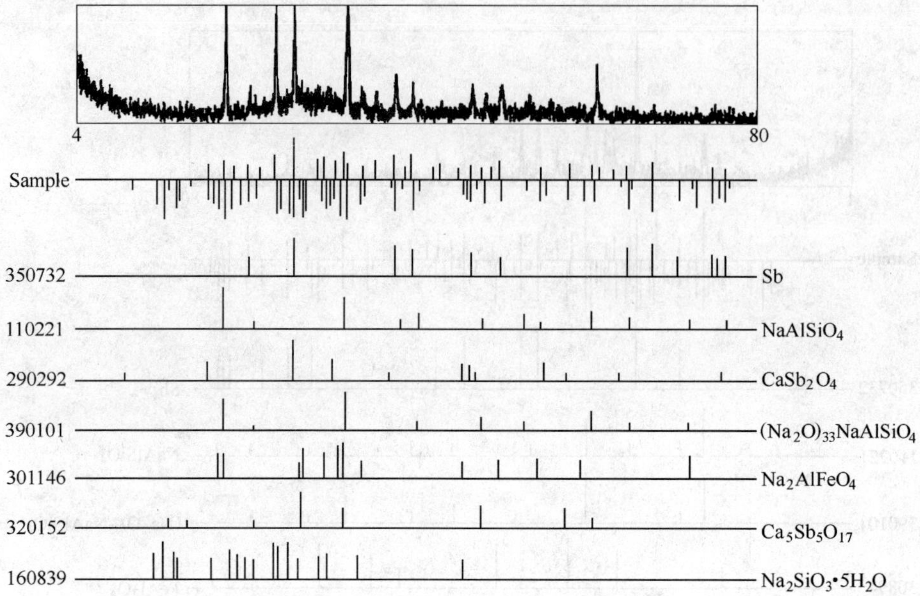

图 7-11　锑渣 ST-35 的 X 射线衍射图(二)

7.3.4　锑渣的各物相含量分析

锑渣中各物相相对质量分数见表 7-19。锑渣中有 12.70% ~22.00% 的锑未能与渣分离,这可能是试验规模及澄清时间不够所致,也是造成金属锑的回收率较低的原因之一。

表 7-19　锑渣中各物相相对质量分数

物相名称	含量/%	
	S－34(ST-1-2)	ST-35(ST-2-4)
Sb	22.00	12.70
$NaAlSiO_4$	7.80	25.40
$(Na_2O)_{33}NaAlSiO_4$	4.30	7.00
Na_2AlFeO_4	8.90	4.50
$FeAl_2O_4$	3.20	0.30
$CaSb_2O_4$	7.10	7.40
Sb_2O_3	4.50	少量
$Na_2O \cdot SiO_2 \cdot 5H_2O$	28.50	20.00
SiO_2	少量	少量
玻璃及其他	13.70	22.70
合　计	100.00	100.00

7.3.5　锑渣的电子探针分析

锑渣 S-34 的元素定性分析结果见图 7-12,形貌及元素分布图略。元素定量分析见表 7-20。

表 7-20 锑渣 S-34 的元素定量分析

元 素	Sb	SiO_2	Fe_2O_3	Na_2O	Al_2O_3	K_2O	S	TiO_2	CaO	ZnO	As_2O_3	MgO
含量/%	28.146	27.499	8.549	18.804	8.981	1.085	0.961	1.040	0.59	0.822	0.731	0.62

从图 7-12 中可见，锑渣 S-34 中所含元素峰值，主要元素为 Sb、Si、Na、Al、Fe，其他元素为 K、S、Ti、Ca、Zn、As、Mg。

从锑渣 S-34 形貌图及 K、Al、Sb、Na、Ca、Si、O、Fe 等元素的面扫描分析图（图略）可知，锑主要以金属锑状态存在，与硅、氧基本上没有关系，而 Si、Al、Na、K、Fe 等元素主要以氧化物形式生成硅酸盐物相和少量铁、铝氧化物物相，有少量铁熔入金属锑中。

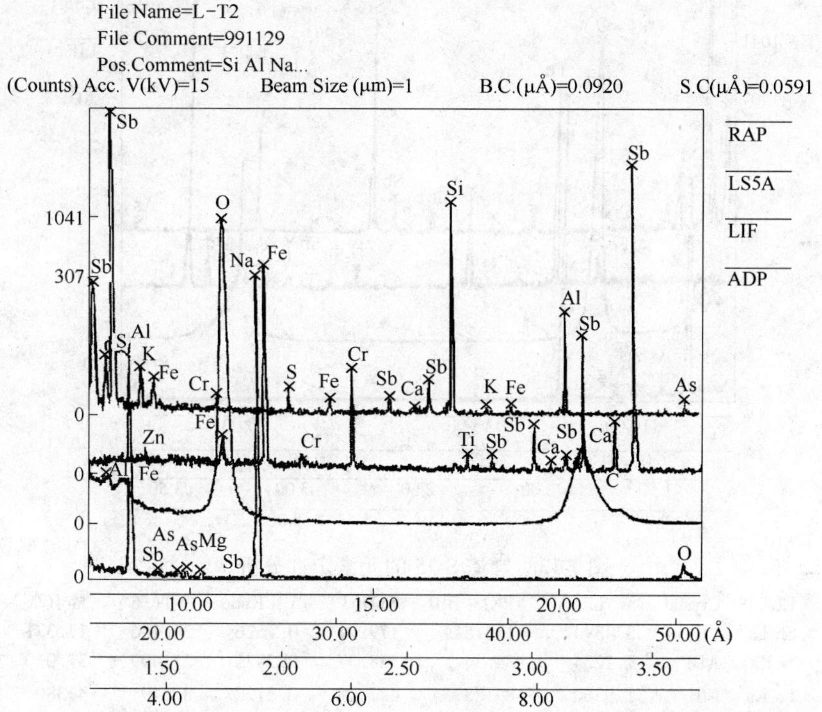

图 7-12 锑渣 S-34 的元素定性分析（1°A = 0.1nm）

注:No.	ELE.	Crystal	W.L(A)	PKI-BBI	STD(I)	I-Ratio	WT(%)	Mol(%)	Oxide
1	Sb La	LIF	3.4894	138.51	179.01	0.7626	26.146	17.871	Sb
2	Si Ka	ADP	7.1254	84.34	288.37	0.2925	27.499	37.020	SiO_2
3	Fe Ka	LIF	1.9860	88.83	422.18	0.2128	8.549	4.880	Fe_2O_3
4	Na Ka	RAP	11.9101	304.88	1485.37	0.2037	18.804	24.541	Na_2O
5	Cr Ka	LIF	2.2887	45.88	413.81	0.1104	4.863	2.481	Cr_2O_3
6	Al Ka	RAP	8.3893	217.50	2486.88	0.0875	8.881	7.125	Al_2O_3
7	K Ka	ADP	3.7414	18.84	570.24	0.0827	1.085	0.840	K_2O
8	S Ka	ADP	5.3721	11.26	898.83	0.0282	0.961	2.425	S
9	Ti Ka	LIF	2.7485	6.92	335.73	0.0206	1.040	1.053	TiO_2
10	Ca Ka	LIF	8.3584	23.18	1441.11	0.0161	0.590	0.851	CaO
11	Zn Ka	LIF	1.4352	2.01	218.18	0.0092	0.322	0.320	ZnO
12	As La	RAP	9.8709	8.78	801.88	0.0075	0.781	0.298	As_2O_3
13	Mg Ka	RAP	8.8900	11.82	2121.52	0.0058	0.820	1.244	MgO
			合计			100.000			

锑渣 ST-35 的元素定性分析结果见图 7-13，形貌及元素分布图略。元素定量分析结果见表 7-21。

从图 7-13 中可见，锑渣 ST-35 中所含元素峰值，主要元素为 Sb、Si、Na、Al，其他元素为 K、S、Ti、Fe、Ca、Zn、As、Mg。

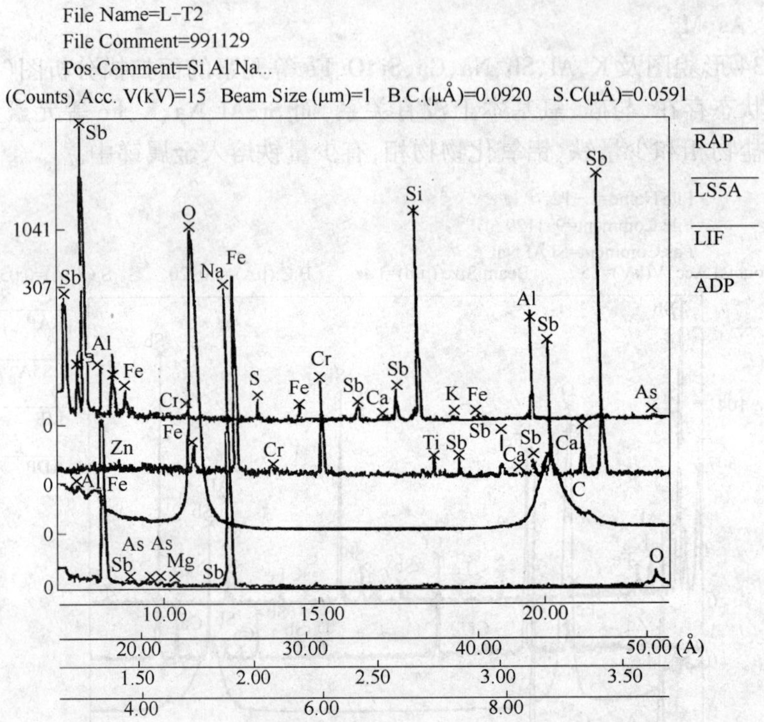

图 7-13　锑渣 S-35 的元素定性分析

注：

No.	ELE.	Crystal	W. L. (A)	PKI − BBI	STD(1)	1 − Ratio	WT(%)	Mol(%)	Oxide
1	Sb La	LIF	3.4394	136.51	179.01	0.7626	26.146	17.371	Sb
2	Si Ka	ADP	7.1254	84.34	288.37	0.2925	27.499	37.020	SiO_2
3	Fe Ka	LIF	1.9360	89.83	422,18	0.2128	8.549	4.380	Fe_2O_3
4	Na Ka	RAP	11.9101	304.66	1495.37	0.2037	18.804	24.541	Na_2O
5	Cr Ka	LIF	2.2887	45.68	413.81	0.1104	4.668	2.481	Cr_2O_3
6	Al Ka	RAP	8.3393	217.50	2486.88	0.0875	8.981	7.125	Al_2O_3
7	K Ka	ADP	3.7414	18.64	570.24	0.0327	1.095	0.340	K_2O
8	S Ka	ADP	5.3721	11.26	398.98	0.0282	0.961	2.425	S
9	Ti Ka	LIF	2.7485	6.92	335.73	0.0206	1.040	1.053	TiO_2
10	Ca Ka	LIF	3.3584	23.18	1441.11	0.0161	0.590	0.851	CaO
11	Zn Ka	LIF	1.4352	2.01	219.18	0.0092	0.322	0.320	ZnO
12	As La	RAP	9.6709	6.73	901.98	0.0075	0.731	0.299	As_2O_3
13	Mg Ka	RAP	9.8900	11.82	2121.52	0.0056	0.620	1.244	MgO
		合计					100.000		

表 7-21　锑渣 ST-35 的元素定量分析

元素	Na_2O	Sb	SiO_2	Al_2O_3	Fe_2O_3	CaO	K_2O	As_2O_3	TiO_2	S	MgO
含量/%	30.51	11.896	21.192	18.735	1.297	1.112	1.016	3.197	1.274	0.725	0.414

从锑渣 ST-35 形貌图及 K、Al、Sb、Na、Ca、Si、O、Fe 等元素面扫描分析图(图略)知,锑主要以金属状态存在,边缘有氧化痕迹,而 Si、Al、Na、K、Fe 等元素主要以氧化物形式生成硅酸盐物相。

从锑渣 ST-35 中锑和硅元素的线扫描分析(图略)也可知,锑和硅元素所生成的物相基本上是分开的,说明锑以独立物相存在,没有进入硅酸盐物相。

从锑渣 ST-35 中氧和锑元素的线扫描分析(图略)中也可见锑和氧线也基本上是分开的,说明锑主要以金属状态存在,仅少量锑生成氧化物。

7.3.6 锑渣的渣相鉴定

为进一步查清锑渣中 Sb、Si、Fe、Ca 、Na、Al 等元素的分布,又对锑渣进行了渣相鉴定(各元素面分布的照片略),其结果与上述分析一致。

7.3.7 锑渣的物相分析小结

(1)锑渣中夹杂有较多的金属锑,说明澄清分离的时间不足,这与试验的规模有关。

(2)锑渣中的主要物相为:Sb、$NaAlSiO_4$、$(Na_2O)_{33}NaAlSiO_4$、$FeAl_2O_4$、$CaSb_2O_4$、Na_2AlFeO_4、Sb_2O_3、$Ca_5Sb_5O_{17}$、$Na_2SiO_3 \cdot 5H_2O$(样品吸水而成)等。

(3)锑渣中的锑主要以金属锑状态存在,与硅、氧基本上没有关系,而 Si、Al、Na、K、Fe 等元素主要以氧化物形式生成硅酸盐物相和少量铁、铝氧化物物相,有少量铁熔入金属锑中。

(4)尚有少量的 Sb_2O_3 以独立相存在,说明还有提高回收率的可能性。

(5)锑渣中各元素互相结合,分别以独立相的形态存在,这以按传统相图确定的物相有一定差异,配料计算尚有改进余地。

(6)试料熔炼时间较短,导致结晶粒度细小,各物相互相结合紧密,会给测定结果带来一定偏差。

7.4 小结

(1)试验研究的结果表明,虽然烟化法锑氧粉比鼓风炉锑氧粉的成分复杂、杂质含量较高,但通过改变还原熔炼制度,能顺利实现烟化法锑氧粉的还原熔炼。用锑品位为 76.4% 和 65.64% 的两种烟化法锑氧粉,分别进行还原熔炼试验,在不同的配料比下,实现了正常的还原熔炼作业,回收率分别达到 83% 和 76%。

(2)烟化法锑氧粉的物相较鼓风炉锑氧粉物相变化不大,以 Sb_2O_3 为主。Sb_2O_3 主要是等轴晶系,斜方晶系的较少,其他物相有无定形炭和石墨、赤铁矿(Fe_2O_3)、石英(SiO_2)等。

(3)助熔剂碳酸钠的配入量是熔炼作业的关键,其数量主要由锑氧粉的质量决定,对烟化法锑氧粉,配比以 6% ~7% 为宜,提高配比,效果当然更好,分离更迅速。

(4)烟化法锑氧粉中所含的固定炭,可以 100% 作还原剂,配料计算时应先考虑这部分还原剂的数量,不足部分再以木炭或无烟煤补充。考虑到还原剂在炉内的烧损,还原剂的过量系数宜控制在 1.2 ~1.3。

(5)烟化法锑氧粉适宜的还原熔炼工艺条件为:还原熔炼温度:1000℃;助熔剂碳酸钠的配入量:6% ~7%;还原剂木炭加入量:2.5%(过量系数控制在 1.2 ~1.3)。

(6)还原熔炼后的锑炉渣,熔点低、黏度小,说明配料比下选定的渣型是适宜的。锑渣中的主要物相为：Sb、$NaAlSiO_4$、$(Na_2O)_{33}$ $NaAlSiO_4$、$FeAl_2O_4$、$CaSb_2O_4$、Na_2AlFeO_4、Sb_2O_3、$Ca_5Sb_5O_{17}$、$Na_2SiO_3 \cdot 5H_2O$(样品吸水而成)等。锑渣中的锑主要以金属锑状态存在，与硅、氧基本上没有关系，而Si、Al、Na、K、Fe等元素主要以氧化物形式生成硅酸盐物相和少量铁、铝氧化物物相，有少量铁熔入金属锑中，尚有少量的Sb_2O_3，以独立相存在。

(7)较低品位的锑氧粉(次锑氧粉)，虽能进行正常的还原熔炼作业，但需加入较多的碳酸钠，而且其技术经济指标较差，故在采用熔池熔炼-连续烟化法处理低品位锑矿时，应尽量减少此类含有机械尘的低品位锑氧粉的生成。

8 硫化锑精矿的直接熔炼

硫化锑精矿的直接熔炼法一般是指不需要经过锑氧粉的挥发环节而直接从硫化锑精矿产出金属锑的方法。硫化锑精矿的直接熔炼法主要有沉淀熔炼法、反应熔炼法、碱性熔炼法、熔盐电解法、氢还原法、低温焙烧－还原熔析法及造锍熔炼法等。

8.1 沉淀熔炼

沉淀熔炼是一种古老的炼锑方法，最早在英国开始工业化应用。这种工艺方法不适宜处理中低品位硫化锑精矿，适宜的原料一般为 Sb 含量为 45% ~65% 的富精矿或熔析的生锑，而且对精矿的粒度也有较严格的要求。如果物料中含有过多的脉石和杂质或浮选精矿的粒度过细，都不利于锑的沉淀熔炼。熔炼所用的沉淀剂一般为废马口铁。此外，高品位硫氧混合锑矿也可采用沉淀熔炼法生产金属锑。

沉淀熔炼的生产能力较低，但工艺和设备简单，适于小规模生产。

8.1.1 沉淀熔炼的热力学分析

沉淀熔炼的主要反应为：

$$Sb_2S_3 + 3Fe \xlongequal{\quad} 2Sb + 3FeS$$

在 Sb-Fe-S 三元系中，存在 Sb、Sb_2S_3、FeS 及 Fe 几个相的分层区，其中一层为熔融金属锑相，另一层为硫化锑和硫化铁的熔体，后两者相互间的溶解度很小。因此，利用这个反应可以获得金属锑。

在 900 ~1200℃的温度范围内，上述反应的自由能变化可近似地用下式表示：

$$\Delta G^{\ominus} = -146973 - 32.919T \quad (J)$$

根据 $\Delta G^{\ominus}$ 与平衡常数的关系：

$$\ln K_p = -\Delta G^{\ominus}/RT$$

可得：

$$\lg K_p = 7677.359T^{-1} + 1.72$$

由以上两式可计算出不同温度下的 $\Delta G^{\ominus}$ 和 K_p 值，见表 8-1。从表中可以看出，反应的平衡常数很大，说明硫化锑的沉淀熔炼反应很容易进行。

表 8-1 Sb_2S_3 与 Fe 反应的 $\Delta G^{\ominus}$ 和 K_p 值

温度/℃	900	1000	1100	1200
$\Delta G^{\ominus}$/kJ	－185.592	－188.884	－192.175	－195.468
K_p	1.84×10^8	5.62×10^7	2.05×10^7	8.53×10^6

对于硫氧混合锑矿的沉淀熔炼，还发生以下反应（假定氧化矿中的锑以三氧化锑的形式

存在)：

$$Sb_2O_3 + 3Fe \xlongequal{\quad} 2Sb + 3FeO$$

该反应的标准自由能变化与温度的关系可根据盖斯定律，由 Sb_2O_3 和 FeO 的标准生成自由能求出，即：

$$\Delta G^{\ominus} = -156540 - 4.5T \quad (\mathrm{J})$$

$$\lg K_p = 8177.106T^{-1} + 0.235$$

反应在 900～1200℃范围内的 $\Delta G^{\ominus}$ 和 K_p 值见表 8-2。表中数据表明，该反应也很容易进行。

表 8-2　Sb_2O_3 与 Fe 反应的 $\Delta G^{\ominus}$ 和 K_p 值

温度/℃	900	1000	1100	1200
$\Delta G^{\ominus}$/kJ	-161.819	-162.269	-162.719	-163.169
K_p	1.60×10^7	4.55×10^6	1.55×10^6	6.11×10^5

沉淀熔炼反应实际上是一种还原置换反应，即以铁作为还原剂把硫化锑或氧化锑中的锑置换出来，因此从理论上讲，只要某金属硫化物的稳定性大于硫化锑，则该金属可用于硫化锑的沉淀熔炼。对氧化锑来说也同样如此。

图 8-1 为某些金属与 1mol S_2 反应生成硫化物的自由能变化与温度的关系，由图中曲线可知，除 FeS 外，还有一些金属硫化物的稳定性大于 Sb_2S_3，如 Pb、Cu、Zn 等，这些金属与熔融

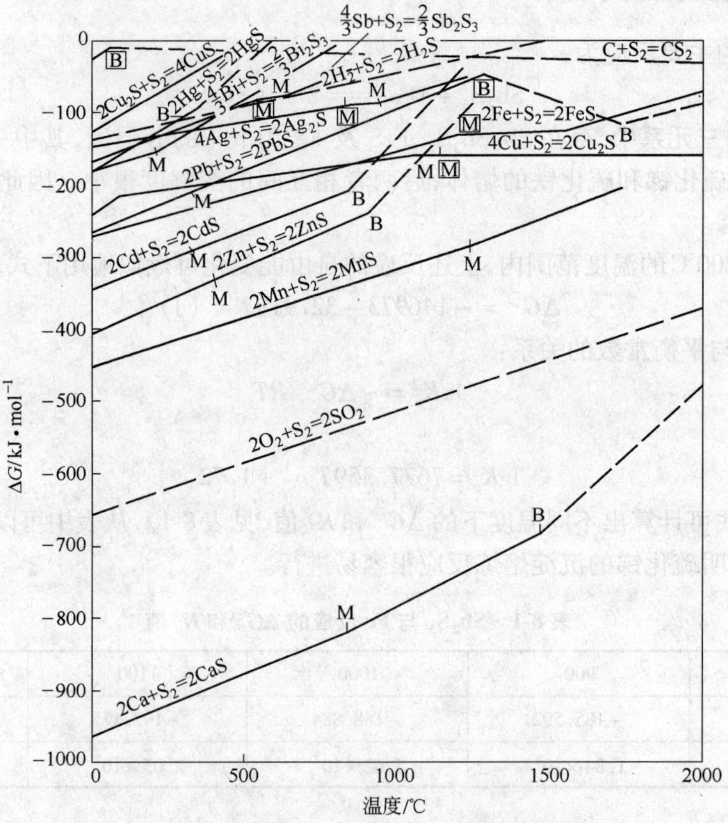

图 8-1　金属硫化物的生成自由能与温度的关系

的硫化锑接触时,也能把锑置换出来。由于铁价廉易得,所以工业上一般用铁作为置换锑的沉淀剂。图 8-2 也表明铁可以把锑从熔融氧化锑中置换出来。

硫化锑的沉淀熔炼反应生成的硫化铁具有较高的密度,与锑液的密度相差很小,这将使析出的锑不易沉聚,可能造成渣锑不易分离,生产中一般加入纯碱或芒硝、食盐等溶剂,形成密度较小的浮渣,从而使析出的锑易于聚集。造渣过程的主要化学反应如下:

$$FeS + Na_2CO_3 \xlongequal{} FeO + Na_2S + CO_2$$

$$FeO + SiO_2 \xlongequal{} FeSiO_3$$

$$4Fe + Na_2SO_4 \xlongequal{} 4FeO + Na_2S$$

$$FeS + 2NaCl \xlongequal{} FeCl_2 + Na_2S$$

在硫化锑精矿的沉淀熔炼生产中,往往还加入一定量的煤,其作用是防止锑的挥发损失,此外它还能与纯碱一起与硫化锑反应,使锑沉淀出来,反应式如下:

$$Sb_2S_3 + 3Na_2CO_3 + 6C \xlongequal{} 2Sb + 3Na_2S + 9CO$$

8.1.2 沉淀熔炼的设备及工艺

沉淀熔炼使用的主要设备为坩埚炉或一端倾斜的深炉膛反射炉或特殊的腰鼓炉。辅助设备主要包括配料、装料及收尘设施等。

高品位硫氧混合矿的沉淀熔炼可在反射炉或电炉中进行。反射炉炉床面积由 4 ~ 27m^2 不等,处理能力为 1.2 ~ 1.5t/(m^2 · d)。电炉炉床面积为 12 ~ 16m^2,一般处理能力为 2 ~ 3t/(m^2 · d)。由于反射炉氧化气氛及炉气量较电炉大,虽易于脱硫及使铁造渣、锑锍产率小,但随炉气损失的锑量也比电炉大 5% ~6%,故在电力充裕的国家,都倾向于使用电炉。

8.1.2.1 坩埚炉熔炼

图 8-2 是一种小型坩埚炉的示意图。坩埚炉的两端各有一火膛,燃烧气体从位于炉膛中部的烟道逸出。炉顶盖有铁板,坩埚则从炉顶上的圆孔放入或取出。小型坩埚炉容纳的坩埚数量要少一些,大型坩埚炉可容纳较多的坩埚。

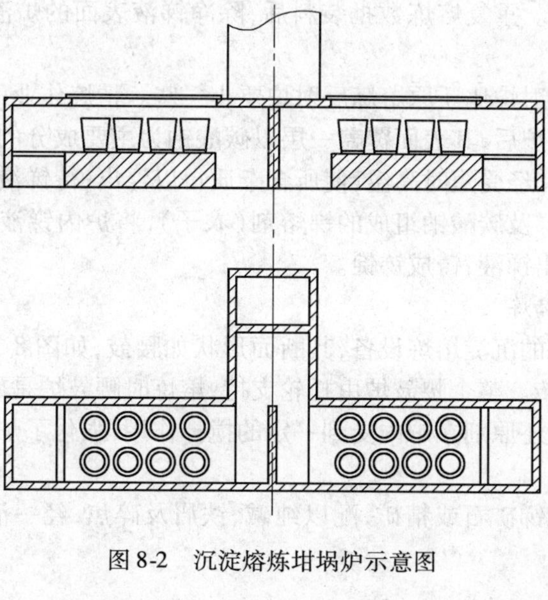

图 8-2 沉淀熔炼坩埚炉示意图

坩埚炉熔炼的工艺过程通常包括如下三期：

第一期为还原熔炼。先将坩埚置于坩埚炉内预热，然后按照一定的配比在坩埚中加入锑精矿、废铁屑、还原煤、食盐及上批第二期熔炼所产熔渣，最后用锤成饼状的废铁覆盖在料面上。为了让硫化锑完全还原，第一期熔炼加入的铁要比理论量多一些。在熔炼期间要经常监视每一坩埚的内部情况，必要时可用铁棍将废铁压沉，以加速熔化。熔炼完毕，取出坩埚，将熔体倾入铁模内，再迅速将坩埚放回炉内，装第二批炉料继续熔炼。铁模内熔体冷凝后，除去上层熔渣得一期粗锑。一期粗锑内铁含量一般较高。

第二期为除铁熔炼。将破碎后的一期粗锑加入坩埚内，并配入约10%的生锑以及少量食盐或芒硝。熔炼时应尽量避免用铁棍搅动，炉料熔化后，刮去表面浮渣，然后取出坩埚，倾入铁模内。第二期熔炼刮出的浮渣锑含量较高，可用作第一期熔炼的配料。在第二期熔炼中，为了尽量除铁，往往加入过量生锑，从而使锑金属硫含量较高，需进行第三次除硫熔炼。

第三期为除硫熔炼，也称为起花熔炼。将第二期熔炼所得锑金属破碎成小块，装入坩埚内，当锑金属开始熔化时，再加入碳酸钾和生锑作为衣子料（熔剂），熔剂覆盖在锑液表面，可防止锑氧化挥发，待锑金属完全熔化后，立即用铁棍搅拌，并迅速取出坩埚，将熔体倾入模内。锑锭冷却脱模后，除去表面熔渣及衣子层，即得精锑最终产品。第三期熔炼时，锑的氧化挥发率较高，约达装料的10%，因而要求有完善的冷凝收尘设备，以减少锑的损失。

坩埚炉熔炼法有许多缺点，最主要的是生产能力小，工人劳动强度大，燃料及坩埚的消耗高；但锑的挥发损失较反射炉熔炼法低。

8.1.2.2　反射炉熔炼

沉淀熔炼所用反射炉的炉膛较一般反射炉深，并向一端倾斜。在倾斜的一端砌有溜口，熔炼所得的液态锑通过溜口放出。小规模的熔炼生产则不设溜口，一般使用铁勺舀取锑液。

反射炉沉淀熔炼工艺通常分为还原熔炼和粗锑精炼两个过程，还原熔炼产出粗锑，再经精炼除杂后得精锑。

还原熔炼时先加入一批易熔的熔渣与碳酸钠的混合物以及配有碳酸钠的锑精矿，待炉料完全熔化并除去炉渣后，再装入废铁并加以搅拌，使三硫化锑迅速被铁置换，产出的金属锑沉降在反射炉的下部。重复熔炼数批装料后，除净锑液表面的炉渣，用铁勺舀出锑液，铸成粗锑锭。

精炼过程所用的反射炉比还原熔炼反射炉要小一些。精炼作业的第一步是将粗锑装入炉内重新熔化。粗锑入炉后，其表面覆盖一层以碳酸钠为主要成分的易熔熔渣，以防止锑氧化。粗锑熔化后，先让其经受短时高温，使所含杂质得以浮出；待锑液面上的浮渣除净后，加入少量由氧化锑、硫化锑及碳酸钠组成的锑熔剂（衣子），将炉内锑液面全部覆盖，精炼一定时间后，即可舀出或放出锑液，铸成锑锭。

8.1.2.3　腰鼓炉熔炼

腰鼓炉是一种特殊的沉淀熔炼设备，其断面形状如腰鼓，如图8-3所示。炉外壳为钢板所制，钢壳内衬以耐火砖。整个腰鼓炉由托轮支持，熔炼时腰鼓炉是旋转的，转速为1r/min。腰鼓炉的特点是炉料和还原剂在炉内受到一定的搅拌作用，强化了炉料反应的接触面积，因而沉淀反应的速度较快。

腰鼓炉所用炉料为锑矿石或精矿，配以纯碱、铁屑及碎焦，经一活动溜槽装入。采用发生炉煤气作为燃料。

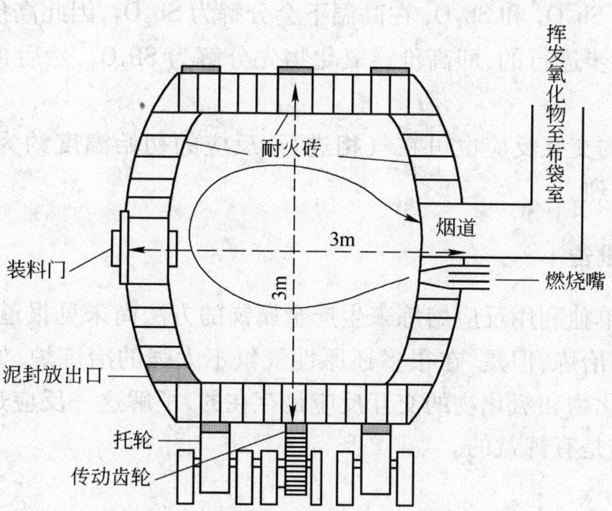

图 8-3 沉淀熔炼用腰鼓炉断面示意图

加热熔炼时,腰鼓炉即开始缓慢旋转,炉温维持在950℃左右。熔炼一定时间之后,打开放出口,还原的金属锑铸入模中,而炉渣则放入渣桶。腰鼓炉沉淀熔炼所得粗锑锑含量约为95%。炉渣锑含量为10%~16%,需要另外在回转窑内进行烟化处理。

8.2 反应熔炼

反应熔炼是用硫化和氧化混合锑矿共熔或硫化锑矿在熔融过程中部分氧化后通过交互反应产出金属锑的一种熔炼方法。

8.2.1 反应熔炼的热力学分析

反应熔炼的基本反应为:

$$Sb_2S_3 + 2Sb_2O_3 = 6Sb + 3SO_2$$

前人的实验结果表明,该反应在高温下可向右进行,析出金属锑,但反应进行得不完全,金属锑的产出率一般不超过50%。

上述反应的自由能 $\Delta G^{\ominus}$、平衡常数 K_p 与温度的关系可近似地用下式表示:

$$\Delta G^{\ominus} = 527114 - 447T \quad (J)$$

或

$$\Delta G^{\ominus} = 669440 - 1339T + 251T\lg T \quad (J)$$

$$\lg K_p = -27534.6T^{-1} + 23.35$$

反应的起始温度约906℃,在900~1200℃的温度范围内,反应的自由能 $\Delta G^{\ominus}$ 和反应平衡常数 K_p 的变化情况见表8-3。表中数据表明,该反应的平衡常数在1100℃以下时较小,但随着温度的升高,反应平衡常数迅速增大,反应剧烈进行。

表 8-3 Sb_2O_3 与 Sb_2S_3 反应的 $\Delta G^{\ominus}$ 和 K_p 值

温度/℃	900	1000	1100	1200
$\Delta G^{\ominus}$/kJ	2.71595	−41.98405	−86.6751	−131.384
K_p	0.757	5.28	1.98×10^3	4.56×10^4

锑的高价氧化物 Sb_2O_4 和 Sb_2O_5 在高温下会分解为 Sb_2O_3，因此高价锑氧化物与硫化锑的交互反应可能是分步进行的，即高价锑氧化物先分解为 Sb_2O_3，然后再与硫化锑发生交互反应并析出金属锑。

Sb_2O_3 和 Sb_2S_3 的交互反应也可在气相进行，反应的初始温度约为600℃，当温度超过900℃时，反应十分剧烈。

8.2.2　反应熔炼的设备

在实际生产中，单独利用反应熔炼来生产金属锑的方法尚未见报道，目前还没有独立的反应熔炼设备用于锑冶炼，但是，在很多还原性气氛不太强的冶炼炉，如反射炉、鼓风炉、回转窑中发现，锑的硫化物和氧化物的交互反应是存在的，了解这一反应过程对传统炼锑工艺和设备的完善及改进是有裨益的。

8.3　碱性熔炼

金属硫化物与强碱共熔而析出金属的反应，称为碱性熔炼反应。试验证明，无论是否存在还原剂，铅、锌、镉、钼及某些其他金属的硫化物与强碱共熔时，都能析出相应的金属。但硫化锑与碳酸钠或苛性钠一起熔炼时，只有在还原剂（碳）存在时，才能析出金属锑。

8.3.1　碱性熔炼的热力学分析

碳酸钠或苛性钠在高温下易分解为 Na_2O，所以，硫化锑的碱性熔炼可用下列化学反应式表示：

$$2Sb_2S_3 + 6Na_2O + 3C \xlongequal{} 4Sb + 6Na_2S + 3CO_2$$

该反应的自由能 $\Delta G^\ominus$、平衡常数 K_p 与温度的关系可由如下经验式表示：

$$\Delta G^\ominus = -447707 - 581.57T \quad (J)$$

$$\lg K_p = 23386.66T^{-1} + 30.38$$

在900～1200℃的温度范围内，反应自由能 $\Delta G^\ominus$ 和平衡常数 K_p 的变化见表8-4。

表8-4　Sb_2S_3 碱性熔炼反应的 $\Delta G^\ominus$ 和 K_p 值

温度/℃	900	1000	1100	1200
$\Delta G^\ominus$/kJ	-1129.98	-1188.13	-1246.28	-1304.45
$\Delta G^\ominus$(1mol Sb_2S_3)/kJ	-564.99	-594.07	-623.14	-652.22
K_p	2.06×10^{50}	5.60×10^{48}	2.58×10^{47}	1.80×10^{46}

从表8-4中可见，反应的平衡常数很大，说明反应进行得十分完全，然而在还原剂存在时，对硫化锑与纯碱或固体苛性钠反应的试验结果表明，金属锑的实际产率并不高，这可能是由于硫化锑的挥发造成的。

硫化锑的碱性熔炼析出金属锑的机理目前尚未完全研究清楚。碱性熔炼所得的金属锑中，常常含有杂质金属钠，这可能是被碳还原而产生的。金属钠在碱性熔炼过程中可能起着催化剂的作用。

8.3.2 碱性熔炼的设备和工艺

硫化锑碱性熔炼的设备有回转窑、腰鼓炉及电炉等，辅助设施包括配料、进料、收尘及烟尘处理装置等。碱性熔炼一般采用间断操作工艺，即先按一定的配比加入锑精矿、纯碱及煤，熔炼一定时间后，排出熔炼产物，再进行下一批炉料的熔炼。

碱性熔炼的缺点是金属锑的产出率及炉子设备的生产率较低，远远不如沉淀熔炼，但碱性熔炼所得粗锑的质量较高，粗锑中铁、砷和硫的含量较低，这主要是因为纯碱能与铁和硫等杂质发生造渣反应，形成炉渣而除去。

8.4 造锍熔炼

硫化锑精矿的造锍熔炼分为两种，一种是将硫固定于铁锍中，同时将锑还原为金属锑，此法可称为还原造锍熔炼一步炼锑法；另一种是先将硫化锑精矿熔炼成锑锍，然后再对锑锍进行处理制得金属锑，此法可称为造锍熔炼两步炼锑法。

8.4.1 还原造锍熔炼一步炼锑

还原造锍熔炼是在有还原煤存在的条件下，利用黄铁矿烧渣或铁矿石形成铁锍固硫，同时添加苏打、芒硝、食盐以及生石灰等进行造渣，从而获得金属锑。该工艺可使烟气中的 SO_2 浓度远远低于国家排放标准，从而解决我国炼锑业中普遍存在的低浓度二氧化硫烟气污染问题。

8.4.1.1 还原造锍熔炼原理

在 1000～1200℃和有过剩碳质还原剂存在的情况下，造锍剂中的高价态氧化铁先被还原成低价 FeO，FeO 再与硫化锑及碳质还原剂发生还原造锍反应，生成粗金属或合金、铁锍及炉渣，主要的还原造锍反应式为：

$$3Fe_2O_3 + C = 2Fe_3O_4 + CO$$

$$Fe_3O_4 + C = 3FeO + CO$$

$$Sb_2S_3 + 3FeO + 3C = 2Sb + 3FeS + 3CO$$

$$Sb_2S_3 + 3FeO + 3CO = 2Sb + 3FeS + 3CO_2$$

此外，原料中的脉石成分与氧化亚铁反应，生成熔点高、黏度较大的多元炉渣。

添加剂与硫化锑也发生还原造锍反应，反应式为：

$$3Na_2CO_3 + Sb_2S_3 + 6C = 2Sb + 3Na_2S + 9CO$$

$$Na_2SO_4 + 4C = Na_2S + 4CO$$

反应生成的硫化钠会降低炉渣及铁锍的熔点和黏度。

8.4.1.2 还原造锍熔炼试验

中南大学冶金科学与工程学院采用锡矿山和广西南丹茶山锑矿的硫化锑精矿进行了还原造锍熔炼试验。硫化锑精矿的化学成分见表 8-5。试验所用的辅助原料包括黄铁矿烧渣（A、B 两种）、还原煤、生石灰及添加剂等。黄铁矿烧渣、还原煤和生石灰的成分见表 8-6，添加剂纯碱、无水芒硝和食盐均为工业级试剂。

表 8-5 硫化锑精矿的化学成分 （%）

精矿产地	Sb	S	Fe	Pb	As	Au	Ag	SiO_2	CaO	Al_2O_3
锡矿山	48.15	21.82	2.46	0.085	0.02	3.1×10^{-5}	2.20×10^{-4}	16.94	0.69	2.16
茶 山	55.55	22.51	0.55	0.010	0.02	4.5×10^{-5}	1.37×10^{-3}	21.31	1.52	0.40

表 8-6 辅助原料的化学成分 （%）

物 料	S	Fe	Au	Ag	SiO_2	CaO	Al_2O_3	C
黄铁矿烧渣 A	1.69	46.50	2.6×10^{-4}	1.1×10^{-2}	15.78	3.48	1.91	
黄铁矿烧渣 B	1.82	51.77	4.3×10^{-5}	3.6×10^{-3}	11.90	3.84	2.14	
煤 粉	3.01				6.66	0.83	4.81	82.33
生石灰					18.19	80.00	1.88	

熔炼试验设备为 1 台 6 kW 的三相硅碳棒箱式马弗炉，装料容器为石墨坩埚（直径 90mm，高 70mm，容积 445cm^3）。

每次试验用天平称取 100g 硫化锑精矿，按配料计算结果加入不同量的烧渣、还原煤、添加剂以及生石灰后，研磨混匀，装入石墨坩埚，在马弗炉中熔炼一定时间后，将炉温升至 1200℃并保温一段时间，取出石墨坩埚，在室温下急冷，然后将金属锑、铁锍及炉渣分离。

试验主要考察了熔炼温度、熔炼时间、造锍剂黄铁矿烧渣及添加剂的用量对熔炼效果的影响。

A 熔炼温度的影响

按锑精矿、煤粉、纯碱、无水芒硝和食盐的质量比 100:20:10:5:2 配制炉料，烧渣和石灰加入量为其理论量。先在熔炼温度下反应 120min，再在 10min 内升温至 1200℃，保温澄清 30min。试验结果如图 8-4 所示。

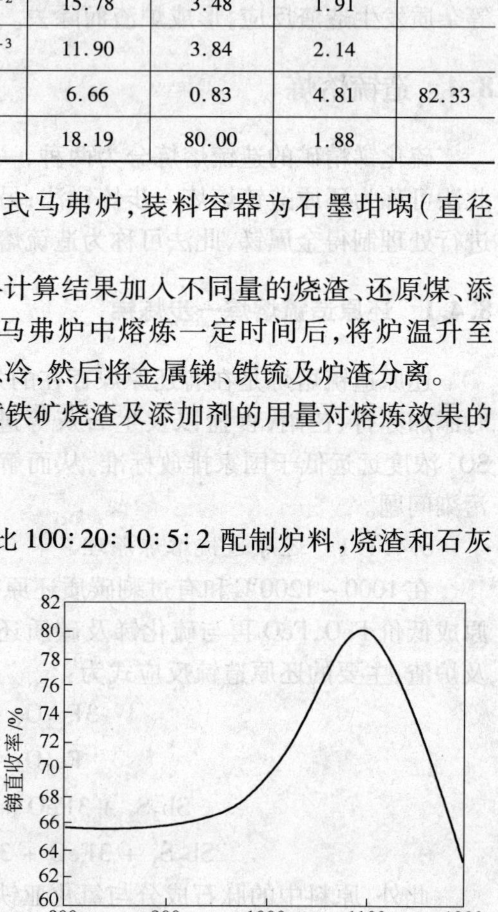

图 8-4 熔炼温度对金属锑直收率的影响

由图 8-4 可知，当温度由 800℃ 提高至 1100℃时，锑的直收率由 65.72% 增加至 79.99%。但当温度继续提高至 1200℃时，金属锑的直收率反而下降，这主要是由于温度高于 1100℃时，金属锑的挥发显著增加所致。由此可知，在还原造锍熔炼过程中始终存在这样一对矛盾：一方面是由于熔炼过程为还原过程，需要大量的热量，且较高的熔炼温度有利于 $FeO\text{-}SiO_2\text{-}CaO$ 三元渣的熔化。降低其黏度和密度，保持良好的流动性，有利于炉渣与铁锍和粗锑的分层，降低炉渣锑含量；但另一方面，金属锑是一种比较容易挥发的金属，过高的熔炼温度将使粗锑的挥发损失加剧。为妥善解决这一矛盾，一是可通过渣型的选择，尽量降低三元渣的熔点、黏度以及密度等物化性质；二是采用两段温度制度，即先在 1100℃下进行熔炼反应，再在 1200℃的高温下进行澄清分层和放渣。

B 熔炼时间的影响

按上述配比配制炉料。熔炼温度为 1100℃，保温温度为 1200℃ 。改变反应时间和保温时间，考察它们对金属锑直收率的影响，试验结果如图 8-5 所示。

由图 8-5 可知，不同的保温时间下，金属锑直收率随反应时间的变化趋势有所不同。当保温时间为 30min 时，随反应时间的延长，金属锑的直收率缓慢增加。反应时间由 1h 增加至 3h 时，金属锑直收率也随之由 67.04% 上升至 78.79%。但此后继续延长反应时间，金属锑的直收率反而下降，这主要是由于金属锑的挥发加剧所致。当保温时间为 50min 时，金属锑的直收率对反应时间的变化要敏感得多。在 2h 内，金属锑的直收率迅速增加至 79.99%，此后继续延长反应时间，金属锑的直收率随之下降。由此可以判断，硫化锑精矿的还原造锍反应很迅速，在 1～1.5h内即可达到平衡。当保温时间为 30min 时，由于保温时间不够，反应 3h 后才达到最高金属锑的直收率。为了缩短熔炼时间，提高生产效率，同时追求最高金属锑直收率，最佳反应时间为 2h，保温时间为 50min。

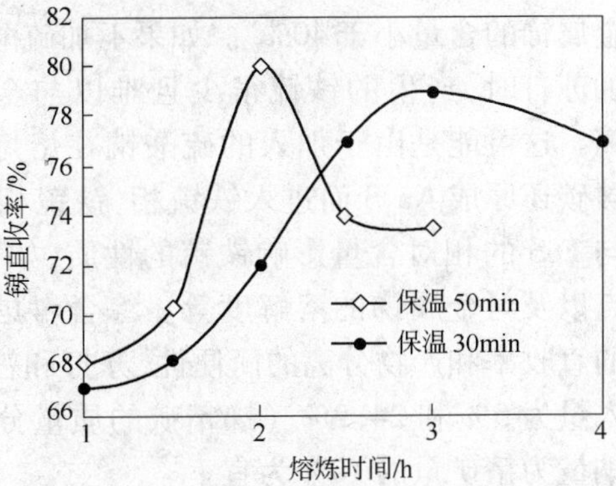

图 8-5　熔炼时间对金属锑直收率的影响

C　烧渣加入量的影响

按上述配比配制炉料，改变固硫所用的黄铁矿烧渣量（按理论量的百分比计），造渣用的烧渣量和石灰加入量均为理论值。先在 1100℃ 温度下反应 2h，再将炉温迅速升至 1200℃，并保温 50min。试验结果如图 8-6 所示。

由图 8-6 可知，烧渣的加入量对金属锑直收率的影响很大。随着烧渣加入量的增加，金属锑的直收率也随之显著上升；但当固硫用的烧渣加入量超过理论量的 110% 后，金属锑直收率的提高比较缓慢。在试验中还发现，随着烧渣加入量的增加，炉渣的熔点和黏度随之下降，熔体流动性明显改善。这说明由于体系的强还原性气氛使得炉渣成分偏离了选定渣型，因此，为了获得较高的金属锑直收率，加入过量的烧渣是有必要的。最终选定的烧渣加入量为其理论量的 120%。

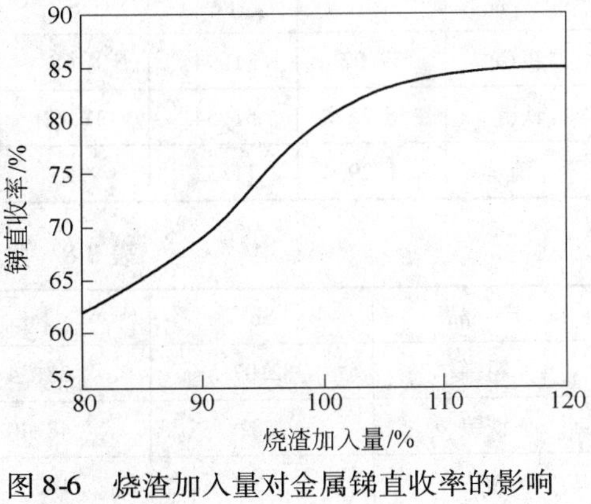

图 8-6　烧渣加入量对金属锑直收率的影响

D　添加剂加入量的影响

按锑精矿、煤粉、食盐的质量比为 100∶20∶2 的配比加入煤粉和食盐。烧渣和石灰加入量为其理论量的 120%。熔炼温度为 1100℃，反应时间为 2h，在 1200℃ 下保温 50min，分别控制总钠量为精矿量的 4%、8% 和 10%，再改变苏打加入量（与锑精矿的质量比），考察不同添加剂加入量对熔炼过程的影响。试验结果如图 8-7 所示。

由图 8-7 可知，添加剂加入量对熔炼过程的影响很复杂。当总钠量固定不变时，增加苏打的加入量，金属锑的直收率基本上呈上升趋势，但当总钠量为 8% 时，苏打量超过一定值后，金属锑的直收率反而下降。由于加入添加剂的主要作用在于降低铁锍相的密度和熔点，因此，当总钠量小于 8% 时，产物中并无单独铁锍相出现，主要为金属锑和铁锍的混合物，其中，金属锑的含量小于 40% 。如果不加硫酸钠而只加苏打时，产生的铁锍很少且难以与金属锑分离。这可能是由于加入的硫酸钠在熔炼过程中被碳还原成 Na_2S 而进入铁锍相，铁锍相中 Na_2S 与 FeS 的相对含量影响铁锍的性质，如密度、熔点以及对金属锑的溶解度等。综合考虑金属锑的直收率和产物分离的简便性，苏打和芒硝的加入量为 5% 和 24.2%（锑精矿的质量分数），总钠量为精矿量的 10% 为宜。

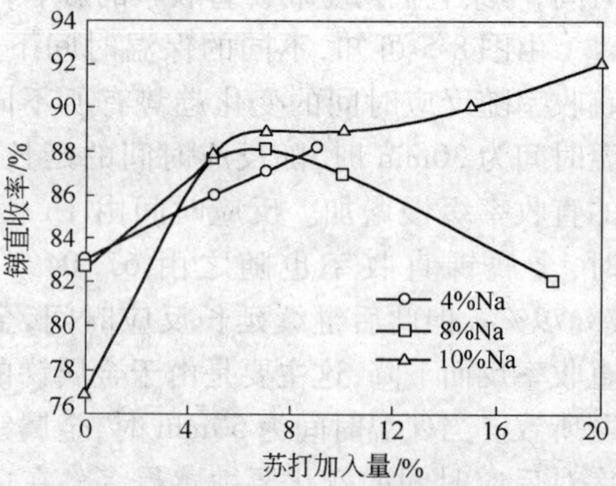

图 8-7　苏打加入量对金属锑直收率的影响

E　最优条件综合试验

根据条件试验结果，用南丹锑精矿进行最佳条件综合试验，主要试验产品的化学成分及主要元素的分布分别列于表 8-7 和表 8-8。表中数据表明，金属锑的直收率较高，达到 82.07% 。炉渣中锑含量较低，可以直接弃去，但铁锍及烟尘中锑含量较高，需要返回熔炼工序，这样金属锑的总回收率可达到 97.79%。粗锑中铁和硫的含量较高，分别达到 31.94% 和 8.68%，需要设置单独的精炼工序。按产物计算，总的固硫率为 99.20%，基本消除了含硫气体对环境的污染。原料中的银主要进入粗锑中，银的直收率为 77.65%，总回收率为 99.15%。金在产物中的分布比较分散，可能是由于原料中金的含量很低，分析误差所致。

表 8-7　综合试验产品的化学成分　（%）

产　品	Sb	Fe	S	Na	CaO	SiO	Au	Ag
粗锑	59.02	31.94	8.68				5.0×10^{-5}	6.5×10^{-3}
铁锍	6.25	51.54	31.72	2.44			4.0×10^{-5}	2.0×10^{-3}
渣	1.29	11.32	2.25	7.73	16.40	47.27	4.1×10^{-5}	6.0×10^{-4}

表 8-8　主要元素在产品中的分布　（%）

产　品	Sb	Fe	S	Au	Ag
粗锑	82.07	33.34	21.52	36.47	77.65
铁锍	7.82	48.40	70.79	26.25	21.50
渣	2.21	14.56	6.89	37.28	0.85
烟尘	7.90	3.70	0.80		
合计	100.00	100.00	100.00	100.00	100.00

F　铁锍的处理

硫化锑精矿还原造锍熔炼的主要产物为粗锑、铁锍、炉渣及烟尘。在这些产物中，铁锍是一种重要的产物，其主要成分为 FeS 和 Na_2S。另外，铁锍中 Sb 和 Ag 的含量也较高，因此，为了提高 Sb 和 Ag 的总收率，必须将铁锍处理后返回熔炼工序。

由于铁锍含有硫化钠，容易吸水风化。用水浸出硫化钠，再用蒸发结晶法可得到硫化钠产品，因此，铁锍处理工艺的关键在于如何将其中的FeS转化为氧化铁并回收其中的硫。将铁锍中的FeS转化为氧化铁有两种方法，一种是将FeS湿法氧化为氧化铁和元素硫；另一种是将铁锍焙烧，所得到的高浓度SO_2烟气用于制酸，而氧化铁渣含有金属锑以及金、银，可返回熔炼工序作造锍剂并回收其中的有价金属。

8.4.2 造锍熔炼两步炼锑

造锍熔炼两步炼锑法，即首先用硫酸钠作造锍剂并配入过量的煤，将硫化锑精矿熔炼成锑锍，然后再将锑锍进行湿法浸出-电积处理或将锑锍进行熔融电解处理制得金属锑。

8.4.2.1 熔炼原理

造锍熔炼两步炼锑法生成的锑锍为锑-钠锍，是硫化锑原料与硫酸钠在有还原剂存在条件下共熔而生成的硫代盐熔体，其主要反应式为：

$$Na_2SO_4 + 4C = Na_2S + 4CO$$

$$Na_2SO_4 + 2C = Na_2S + 2CO_2$$

$$Na_2SO_4 + 3C = Na_2S + CO_2 + 2CO$$

$$Na_2SO_4 + 4CO = Na_2S + 4CO_2$$

$$Sb_2S_3 + mNa_2S = Sb_2S_3 \cdot mNa_2S$$

碳还原硫酸钠开始于700～750℃，CO还原硫酸钠开始于850℃，随着温度的提高，反应速度显著增加，还原反应能较彻底地进行。

Sb_2S_3与Na_2S作用生成的锑锍中，主要含$NaSbS_2$、$Na_4Sb_2S_5$和Na_3SbS_3等硫代锑酸盐。除这些化合物外，锑锍中可能存在一定量的Na_3SbO_3、$NaSbO_2$及NaSbSO等锑-钠氧化物和氧硫代盐。它们是硫化钠与原料中的锑氧化物作用而生成的，例如，可发生以下一些反应：

$$Sb_2O_3 + 3Na_2S = Na_3SbO_3 + Na_3SbS_3$$

$$2Sb_2O_3 + 3Na_2S = 3NaSbO_2 + Na_3SbS_3$$

$$Sb_2O_3 + Na_2S = NaSbO_2 + NaSbSO$$

在造锍熔炼的实际条件下，强还原性气氛的存在，可使硫酸钠迅速转变成硫化钠并与硫化锑生成锍相，而且有可能使锑还原成金属。少量金属锑一般不形成单独的金属相，而可完全溶解于锍相中。为了避免形成独立的锑金属相，熔炼时必须配入过量的硫酸钠，以获得足够的锍相。例如，用锑含量为40%～45%的精矿（锑氧化率为10%～15%）进行造锍熔炼，当硫酸钠的配料量不小于精矿量的40%时，没有发现单独的金属相。

造锍熔炼时，硫酸钠不仅用作造锍剂，而且用作熔剂。造渣时，作熔剂消耗的硫酸钠量达到炉料中的50%～70%，这部分硫酸钠可用碳酸钠、石灰石等代替。

8.4.2.2 熔炼设备和工艺

造锍熔炼两步炼锑法一般用三相交流电炉作为造锍熔炼设备。电极电压为50～100V，熔炼温度约1200℃。

采用电炉进行造锍熔炼可处理多种含锑硫化矿，如硫化锑精矿及含银的黝铜矿精矿等。前苏联哈萨克科学院选矿冶金研究所曾用本国的锑原料，对电炉造锍熔炼进行了研究，结果表明，电炉造锍熔炼的最佳条件是：硫酸钠消耗为精矿量的40%～55%；还原剂（煤）消耗量为精矿量的3%～6%；熔炼温度1150℃～1200℃。在这些条件下，锍中锑的回收率为

78% ~86%，渣损失锑为0.6% ~2%，其余的锑进入烟尘。精矿熔炼能力达3.2t/(m^2·d)，锑锍产出率为精矿量的40% ~50%。锑锍的主要化学成分为：Sb 40% ~50%，S 约30%，Na 10%，Fe 7% ~8%。原料中含有的重金属和贵金属也富集于锑锍中。电炉熔炼的渣锑含量仅0.2% ~1%，可丢弃或加工成建筑材料加以利用。

8.4.2.3　锑锍的处理

造锍熔炼所得的锑-钠锍需要经过第二步处理，才能得到金属锑。锑锍的处理方法主要有两种。一种方法是湿法浸出，使锑进入硫化钠溶液中，再对溶液进行电积处理，在阴极获得金属锑，或者采用置换法获得金属锑，锑锍中的贵金属残留在浸出渣中另外进行处理；另一种方法是将锑锍进行熔盐电解处理，在阴极上析出金属锑，在阳极上析出硫，电解后的残余物主要是Na_2S，可将其返回熔炼过程。为了在电解时获得最佳效果，在造锍熔炼作业加入的硫酸钠量，应当保证所得锑锍含Na_2S 40%/mol ~50%/mol。这种成分的锑锍在熔融状态的离子导电性很高，当电解过程温度达700 ~800℃，槽电压为5 ~8V，电流密度为2 ~3A/cm^2时，电解的电流效率达70% ~80%，但由于在电解槽的工业化方面仍存在一定的问题，迄今尚未见工业应用的报道。

8.5　硫化锑的低温焙烧-还原熔析

常规火法炼锑所采用的挥发焙烧还原熔炼工艺，存在环境污染严重、工艺流程长、劳动条件差和设备投资大等缺点。

早在20世纪50、60年代，原中南矿冶学院与锡矿山合作，前后成功地进行了浮选硫化锑精矿的低温沸腾焙烧试验和在多膛炉内的非挥发焙烧试验。试验结果证明，硫化锑精矿在上述两种炉型中的低温非挥发焙烧是完全可行的，且各种经济技术指标均优于挥发焙烧。20世纪90年代，贵州工业大学用硫化锑精矿分别在沸腾炉和回转窑中进行的多次试验也验证了这一结论。

非挥发焙烧的反应温度较低，硫化锑氧化脱硫后仍留在焙砂中，同时由于无需鼓入大量空气，焙烧烟气中的SO_2浓度较高，达到了制酸的要求，避免了常规焙烧工艺SO_2低浓度的污染问题。但是，低温非挥发焙烧的焙砂中含有原矿中的脉石组分，不适应利用已成熟的反射炉还原熔炼工艺制取金属锑，若能解决焙砂的熔炼问题，则火法炼锑工艺流程将大大简化。为寻求一个理论上可行、技术进步的炼锑工艺，贵州工业大学曾进行过锑精矿非挥发焙烧产品的还原熔炼研究，取得了较好的试验结果。

8.5.1　低温焙烧-还原熔析的理论基础

辉锑矿是一种极易氧化的硫化锑矿物。根据Sb_2S_3氧化为Sb_2O_3的反应，可计算出不同温度下反应自由能的变化值为：300℃时为-2.525×10^6J/mol；600℃时为-2.435×10^6J/mol；1000℃时为-2.326×10^6J/mol。从这些数据可以看出，Sb_2S_3在较低的温度下氧化为Sb_2O_3在热力学上是完全可行的。辉锑矿在空气中的着火温度，随物料的粒度而改变，粒度为0.1mm时着火温度为290℃，粒度为0.2mm时着火温度为360℃。0.1mm试料在400℃前可全部脱硫，生成固体状Sb_2O_3与脉石共存于焙砂中，这样即实现了非挥发的低温焙烧。

关于锑精矿低温氧化焙砂的还原熔析，日本理化研究所渡边元雄研究了三氧化二锑与一氧化碳的如下反应：

$$Sb_2O_3(s) + 3CO = 2Sb(s) + 3CO_2$$

测出还原反应的平衡气相组成为：在502℃时，CO_2 为99.92%，CO为0.08%；596℃时，CO_2 为99.85%，CO为0.15%。由此可见，由于CO气体容易与固体 Sb_2O_3 接触，所以还原反应在低于金属锑的熔点以下是可以进行完全的。据渡边元雄计算的标准自由能变化值，当气体温度在500℃时，还原反应的 $\Delta G^{\ominus}$ 为 -131378J/mol；600℃时，$\Delta G^{\ominus}$ 为 -92629.6J/mol。因此，氧化锑还原为金属锑，既可以用固定碳在较高的温度下进行，也可在较低的温度下用气体还原，两者均同样具备热力学反应条件，且后者更具有应用价值。

利用氧化锑的易还原性和金属锑的低熔点性质，可以在锑的熔点（约630℃）范围内使氧化锑还原成金属锑，然后将温度提高到700℃，便可把分散的固体锑粒熔析成液体，从而达到锑与其他高熔点脉石分离的目的。

8.5.2 低温焙烧-还原熔析试验

8.5.2.1 试验原料

试验原料选择面较宽，浮选锑精矿、手选精矿、硫氧混合精矿和复杂氧化矿均可作为原料入炉。精矿在焙烧前需经脱水处理，这样既使矿粉疏松，在焙烧时又节约了热能。粒度要求小于0.295mm。试验精矿的主要成分为：Sb 37% ~62%，Si 4.9% ~26.62%，As 0.03% ~0.121%，Se 0.0016% ~0.0131%。还原气体既可用CO，也可用含 $H_2$70%左右的液氨裂解气或氨肥厂氨合成过程中释放的含 H_2 气体。

8.5.2.2 试验流程与设备

低温焙烧-还原熔析的试验流程如图8-8所示。

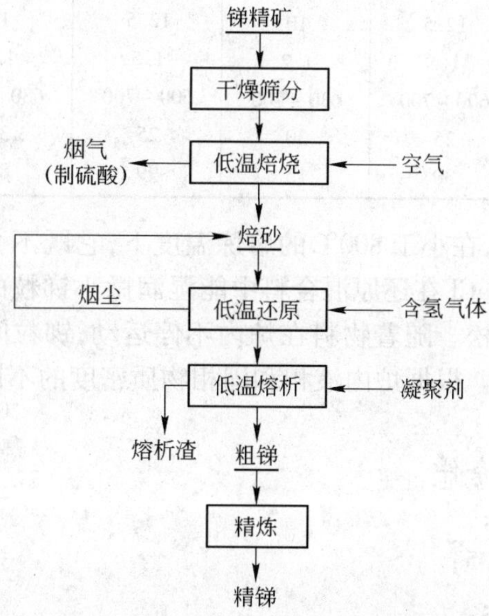

图8-8 低温焙烧-还原熔析试验流程

经过小型试验探索，焙烧炉最后选用了传质传热效果好，能充分利用浮选精矿的活性表面特性，可创造良好流体力学条件的一种松动状流态化低温焙烧炉型。这种炉型将焙烧和收尘融为一体，充分利用了硫化物的潜热，除开炉时供给必要的热能外，基本实现了全过程的自热焙烧。焙烧炉规格为 ϕ600mm×1200mm，容积为 0.33m^3，实际容量为 0.6t，炉床处理精矿能力为 4.36t/(m^2·d)。

由于锑在焙砂中处于极其分散的状态，故还原炉与熔析炉的选择必须以气固和气液接触良好为前提，再综合考虑其他因素。沸腾炉可以满足焙砂还原的要求，但还原后的产品还必须由熔析炉来完成渣锑的分离。为尽量缩短工艺，提高设备利用率，满足各项经济技术要求，通过各种炉型的对比试验，最后认为回转窑是较为可取的炉型，并借鉴沸腾炉的一些优点，在窑内增设一套相应的扬料装置，以改善还原气体与物料之间的接触，还原与熔析均在同一炉窑内进行。还原熔析回转窑规格为 ϕ600mm×3000mm，有效容积 0.1272m^3，填充系数 0.15～0.16，产能为 0.25t 焙砂/炉。

8.5.2.3 凝聚剂的选择

锑的非挥发焙烧和焙砂的低温还原在理论上是可行的，但要从低温还原后的混合产品中将锑与脉石分离，缺乏充分的理论依据和成功的实践经验。从热力学分析，用化学和物理的方法是可分离的，但工艺复杂，分离不彻底。利用锑与脉石的熔点差异，用物理的方法熔炼分离，结果是渣锑熔结不充分，曾在不同的温度条件下做过无数次试验，均以失败告终。但在熔炼中加入各种不同的凝聚剂后，实验结果就大不一样了，特别是选用氯化钠，效果特别突出。凝聚剂的选择试验结果如表 8-9 所示。

表 8-9 凝聚剂的选择试验结果

编 号	1	2	3	4	5	6
还原混合料/kg	250	250	250	250	250	250
凝聚剂	Na_2CO_3	Na_2CO_3	NaCl	NaCl	C	C
凝聚剂用量/kg	12.5	10	12.5	10	12.5	10
熔炼时间/h	1.5	1.2	1.5	1.2	1.5	1.2
炉温/℃	600～700	630～700	600～700	630～700	600～700	630～700
还原气体用量/L·min^{-1}	25	30	25	30	10	15
渣锑分离率/%	30	15	99	80	20	10

根据 NaCl 的物化特性，在小于 800℃的熔炼温度下，它既不会熔化，也不会与物料中的任何成分发生化学反应。NaCl 在还原混合料中能湿润微小锑粒的表面，使锑粒增加表面张力，而且使整个物料变得疏松。随着物料在炉内不停运动，锑粒间的不断相互碰撞，锑粒珠愈聚愈大，最后汇聚成锑液。根据炉内液相和固相物质密度的不同，完全实现了锑与脉石的分离。

8.5.2.4 试验的技术条件

焙烧温度：370～450℃；

空气过剩系数：1.2～1.5；

还原温度：400～630℃；

熔析温度：630～700℃；

窑转速：13r/min；

窑填充系数：15%；

还原时间：6h；

熔析时间:1.5h;

还原气体用量:25~180L/min;

凝聚剂用量:5.2%。

8.5.2.5 焙烧试验结果

以8×3kW的电热丝作为焙烧炉启动热源,当炉温达到400℃时开始缓慢加料。整个焙烧过程炉温控制在370~450℃之间,试验结果见表8-10。

表8-10 低温焙烧试验结果

编 号		1	2	3	4	5
进料率/$kg\cdot h^{-1}$		40	60	60	70	80
总进料量/kg		400	600	600	700	400
炉温/℃	上部	380	390	400	440	435
	中部	420	430	445	430	450
	下部	410	430	425	430	440
空气过剩系数		1.2	1.2	1.3	1.5	1.3
进风量/$m^3\cdot h^{-1}$		50	73	93.5	105	105
原料成分/%	Sb	50.13	50.13	61.2	50.13	50.13
	As	0.05	0.05	0.121	0.05	0.05
	S	19.52	19.82	24.13	19.82	19.82
焙砂成分/%	Sb	56.43	56.78	71.71	55.21	54.92
	As	0.027	0.021	0.046	0.036	0.03
	S	0.92	0.97	0.80	1.21	1.33
烟气SO_2的质量分数/%		7.1	8.3	8.9	6.4	8.5
焙砂中锑的平均回收率/%				97.13		

锑精矿氧化焙烧过程的关键是控制好炉子各部分的温度。炉温过高,料易烧结;炉温过低,产品残硫率高。而温度的控制又在于进风量和进料量的大小,只有调整好这两个参数,温度才易于控制。

8.5.2.6 还原熔析试验结果

用两种不同的非挥发低温氧化焙砂作原料,还原与熔析在同一窑内的不同阶段进行,550℃之前主要为还原阶段,650℃后为熔析阶段。为了让渣、锑更好地分离,在原料中添加了5%~5.2%的凝聚剂,以增强锑粒的聚合能力。还原剂选用含氢约70%的液氨裂解气。生产方式采用间断式作业,试验结果见表8-11。

表8-11 还原熔析试验结果

编 号	1	2	3	4	5	6
料量/$t\cdot 炉^{-1}$	0.25	0.25	0.25	0.25	0.25	0.25
窑转速/$r\cdot min^{-1}$	13	13	13	13	13	13

续表 8-11

编　号		1	2	3	4	5	6
填充系数/%		15	15	16	16	15	16
停留时间/h	400～450	2	0	0	2	0	0
	450～500	3	3	4	2	4	1
	500～550	2	2	1	2.5	1	3
	550～650	1	1	1	0.5	1	0.5
	650～700	1	2	1.5	1	1	1.5
还原气体最大量/L·min^{-1}		160	170	150	130	175	165
还原气体最小量/L·min^{-1}		32	34	30	26	35	33
焙砂成分（试验组1）/%	Sb	56.43	56.43	47.12	47.12	56.43	47.12
	As	0.027	0.027	0.034	0.034	0.027	0.034
	S	0.92	0.92	0.76	0.76	0.92	0.76
	Se	0.0026	0.0026	0.0014	0.0026	0.0014	0.0014
焙砂成分（试验组2）/%	Sb	98.2	99.1	99.6	96.3	97.6	98.1
	As	0.029	0.008	0.021	0.036	0.029	0.024
	Se	0.0027	0.0009	0.0007	0.0017	0.0021	0.0012
粗锑量/t		0.1361	0.1352	0.1131	0.1152	0.134	0.1113
金属直收率/%		94.8	95.1	95.71	94.25	92.77	92.76

低温还原的控制温度为450～550℃，熔析的最佳温度为680℃。试验所用的外加热式回转窑采用电加热，其温度可自动控制。炉料在各阶段的停留时间应满足焙砂中各种不同价态氧化锑的还原温度要求。测定炉窑出口尾气中氢的含量多少，即可确定各阶段物料所需的停留时间。

焙砂中的残硫率是还原过程的限制性指标，残硫率越高，还原越困难，不仅还原时间加长，且易产生结窑。因此，要求在焙烧过程中尽可能降低焙砂中的硫。

焙砂中氧化锑的还原速率，与氢气的通入量有密切关系。通入氢气的速率过大，会降低还原温度，造成反应减速，同时使气流带出的物流量增加。而通入氢气的速率过小，不但会降低炉内物料的还原速度，而且易造成结炉。因此通入氢气的速率过大或过小，均不利于氧化锑的还原，而且各个还原阶段的氢通入量也有所差异。

氢气与物料的接触方式对于还原速率具有很大的影响。试验所用回转窑内增加了一套扬料器，增加了气固接触的概率，提高了还原速率。但这种炉型还存在着设备利用率低，热损失大等问题，有待进一步研究解决，以使工艺更加完善合理。

在熔析阶段，适当通入微量的氢气使窑内保持还原气氛，有利于进一步除去液体锑中的砷、硒，且能把砷、硒含量降低到控制指标内，这一过程与时间和温度有直接关系。

锑精矿的低温焙烧-还原熔析工艺具有以下特点：

(1)焙烧烟气中 SO_2 的浓度高，可用于制酸，从而消除了传统火法炼锑的大气污染问题。

(2)由于焙烧过程温度较低,为炉顶设立布袋收尘创造了有利条件,使整个过程均处在趋于封闭的体系中完成,这不但简化了工艺,提高了设备利用率,而且有效地控制了锑的各类损失,金属回收率可达97%。

(3)在传统工艺中,除砷、硒的问题始终没有一个最佳的方法,因而严重影响了精锑的质量。低温焙烧-还原熔析法,不但焙烧时可以除去一部分砷、硒,而且在熔析中,只要使窑内保持还原气氛,就能把砷、硒降低到理想的含量,而且粗锑中的锑含量高达96%~99%。

锑精矿的低温焙烧-还原熔析试验取得了较好的经济技术指标,但要形成大规模生产,还有许多工作要做。

8.6 硫化锑的氢还原

早在20世纪初就有人开始进行硫化锑的氢还原试验。试验表明,在加热的硫化锑中通入氢气可获得金属锑,该还原反应可用下式表示:

$$Sb_2S_3 + 3H_2 \xlongequal{\quad} 2Sb + 3H_2S$$

反应在较低的温度下(硫化锑的熔点550℃以下)即可发生,且随温度的升高,反应体系中 H_2S 的分压也会提高,说明升高温度有利于硫化锑的还原。

日本学者须藤钦吾曾详细研究了上述氢还原硫化锑反应的平衡常数与温度的关系,其所得的关系式为:

$$\lg K_p = -10893T^{-1} + 11.950$$

据此计算的反应自由能变化与温度的关系如下:

$$\Delta G^{\ominus} = 208532 - 228.77T$$

由以上关系式可知,在标准状态下,硫化锑氢还原反应的起始温度约640℃,温度愈高,反应速度愈快。在400~800℃的温度范围内,$\Delta G^{\ominus}$ 和 K_p 的计算值列于表8-12。

表8-12 Sb_2S_3 氢还原反应的 $\Delta G^{\ominus}$ 和 K_p 值

温度/℃	400	500	600	700	800
$\Delta G^{\ominus}$/kJ	54.54	31.66	8.78	-14.10	-36.97
K_p	5.86×10^{-5}	7.26×10^{-3}	0.30	5.71	63.05

表8-12表明,在标准状态下,硫化锑的氢还原反应速度较慢,在温度较低时只能朝反方向进行,但是在实际还原过程中,由于生成的 H_2S 气体被不断排出或采用固硫剂吸收,降低了体系中 H_2S 气体的分压,还原反应依然可以在较低的温度下进行。当然,还原反应最好在较高的温度下进行。

我国学者的研究结果证实,氢还原液态硫化锑的反应速度比在固体状态下要快得多,并且还原产物也容易与残渣分离。例如在850℃时的还原时间较固态硫化锑的还原时间大大缩短,大约仅需1h左右,硫化锑的还原率大于95%。此外,高温下还原所得粗锑的质量更好,例如在850℃时,还原所得粗锑的锑含量在98%以上,比在650℃时还原所得粗锑的锑含量约高1%。

目前的试验结果表明,用氢气直接还原硫化锑生产金属锑较现在常规锑冶炼法的速度快,但在还原反应的基础理论、工业化还原反应器的设计及 H_2S 气体的回收利用等方面还存在一定的难度,有待于进一步研究。

8.7　熔盐电解

硫化锑精矿的熔盐电解是用硫化锑加硫化钠共熔,在适当的温度及电气条件下进行电解,在阴极上析出金属锑,在阳极上析出硫,但这种技术迄今没有得到工业应用。

西班牙科学院物理化学研究所曾详细研究了 $Na_2S-Sb_2S_3$ 熔体的电积过程,得出硫化锑熔盐电积的最佳条件是:Na_2S 的量为 0.33mol,温度为 900～1000℃,电流密度为 1～2 A/cm^2,电流效率高达 100%。

在上述条件下进行硫化锑的熔盐电解,由于离子导电率高,采用的电流密度比水溶液中电积高出 30～60 倍,可以大大提高设备的单位生产能力。在理论上,这是一项很有价值的技术,值得进一步研究。

9 锑的湿法冶金

9.1 概述

传统的火法炼锑工艺，存在低浓度二氧化硫的危害，这个问题一直很难彻底解决，为此，我国自1965年即开始进行锑矿的湿法处理工艺研究。湿法炼锑工艺既能处理单一的含锑原料，又能处理复杂多金属矿，如锑金矿、锑铅矿、锑汞矿、硫化-氧化混合矿以及铜、铅精炼过程的阳极泥，冶炼厂的含锑烟尘等。

锑的湿法冶金工艺主要包括锑的浸出和浸出液的处理两个过程。锑的浸出方法分为碱性浸出和酸性浸出两种，浸出液的处理则分为电解沉积法、氢还原法产出金属锑及其他一些直接产出锑白或锑酸钠等化工产品的工艺。此外，我国还开发了拥有自主知识产权的矿浆电解新技术，它将湿法冶金通常包含的浸出、溶液净化、电积三个工序合而为一，利用电积过程的阳极氧化反应来浸出矿石，其实质是用矿石的浸出反应来取代电积的阳极反应，使通常的电积过程阳极反应大量耗能转变为金属的有效浸出。同时，槽电压降低，电解电能下降，整个流程大为简化。矿浆电解技术适合于处理多金属复杂矿及伴生矿，如复杂锑铅矿等，对传统电解或电积来说，这是一个重大的变革，不仅大大简化了流程，金属回收率高，而且能源得以充分利用，环境友好，具有较好的发展前景。

碱金属硫化物的水溶液很容易使硫化锑溶解，它不但能选择性地将精矿中的锑优先溶解，而且硫化钠还可以在电积过程中再生，返回浸出使用。硫化钠水溶液为碱性，对钢铁没有腐蚀作用，因此一般容器和设备可以采用钢铁结构而无需另外采取防腐措施，这给大规模的工业生产带来很大好处，因而锑的碱性浸出工艺最早得到工业应用。现在工业上应用的湿法炼锑技术大多为硫化钠碱性浸出-硫代亚锑酸钠溶液电解的碱性湿法处理技术。

锑矿的碱性浸出-电积处理技术不仅金属回收率高，而且还可按无渣工艺处理多金属锑精矿，例如锑铅精矿的浸出渣可送炼铅厂处理，渣中的锑以锑酸钠形态回收，锑的碱性浸出率可达99%以上，电积回收率达98.92%左右，综合回收率不低于98%。火法流程中，鼓风炉挥发熔炼的回收率只有96%，直井炉挥发焙烧仅93%，碱性浸出-电积综合回收率比鼓风炉和直井炉分别高2%和5%。

酸性湿法炼锑主要采用三氯化铁、五氯化锑或氯气等作为浸出剂在酸性环境下将锑浸出，对浸出液可作电积或还原处理产出金属锑，但多数是直接生产锑白等化工产品，我国的广东和广西等已建设了一些湿法锑白厂。

锑精矿的矿浆电解法最早由北京矿冶研究总院提出，在 HCl-NH_4Cl 体系中用矿浆电解法处理脆硫铅锑矿，可成功地实现铅锑分离并一次获得电解锑。

锑的湿法冶金工艺虽然有很多优点，但也存在不少缺点。例如用湿法工艺生产金属锑的成本高于火法工艺；在环保方面，虽然没有 SO_2 的危害问题，但在废水处理方面同样也存在一定的问题。硫化钠碱性浸出-硫代锑酸钠溶液电积工艺曾用于生产实践，目前已退出我国的锑冶炼行业。但用碱性浸出继而生产焦锑酸钠的方法由于其大大简化了工艺过程，生产成本低，已成为焦锑酸钠的主要生产方法。氯化浸出-水解法生产锑白等化工产品已投入工业生产，其优点是产品质量好，金属回收率高，无 SO_2 污染，但其生产成本仍比火法高，今后的发展方向是作为生产高档锑白或其他高价值锑化工产品的中间原料。

本章主要介绍采用湿法工艺生产金属锑的方法，而用湿法工艺生产锑白或其他化工产品的内容将在后面的章节中介绍。

9.2　碱性湿法炼锑

以硫化锑精矿为原料的碱性湿法炼锑，目前所用的浸出剂，主要是硫化钠和氢氧化钠的混合溶液。碱性湿法炼锑主要包括锑的碱性浸出和浸出液的处理两大工序，即先用硫化钠和氢氧化钠溶液浸出锑精矿，产出硫代亚锑酸钠溶液，然后对硫代亚锑酸钠溶液进行电积，产出阴极锑，或者对硫代亚锑酸钠溶液进行还原处理，产出金属锑粉。硫代亚锑酸钠溶液的电积又分为隔膜电积和无隔膜电积两种，我国一般采用隔膜电积法。

硫化钠碱性浸出的优点是锑的浸出率高，选择性好，杂质金属的溶出率较低，对设备无特殊的防腐要求，易于在工业上实施，因而得到推广。

9.2.1　锑精矿的碱性浸出

9.2.1.1　碱性浸出原理

用硫化钠和氢氧化钠混合溶液作为浸出剂浸出硫化锑精矿时，其主要反应为：

$$Na_2S + Sb_2S_3 = 2NaSbS_2$$

$$NaSbS_2 + Na_2S = Na_3SbS_3$$

$$Na_3SbS_3 = 3Na^+ + SbS_3^{3-}$$

$$Na_2S + H_2O = NaOH + NaHS$$

$$Sb_2S_3 + 4NaOH = NaSbO_2 + Na_3SbS_3 + 2H_2O$$

$$Sb_2O_3 + 3Na_2S + 3H_2O = Sb_2S_3 + 6NaOH$$

$$Sb_2S_3 + 3Na_2S = 2Na_3SbS_3$$

$$Sb_2O_3 + 6Na_2S + 3H_2O = 2Na_3SbS_3 + 6NaOH$$

$$HgS + Na_2S = Na_2HgS_2$$

$$As_2S_3 + 3Na_2S = 2Na_3AsS_3$$

$$As_2S_5 + 3Na_2S = 2Na_3AsS_4$$

$$SnS_2 + 2Na_2S = Na_4SnS_4$$

$$3SnS_2 + 6NaOH = 2Na_2SnS_3 + Na_2SnO_3 + 3H_2O$$

硫化锑很容易在硫化钠碱性溶液中溶解，当溶液中有足够的硫化钠时，Sb_2S_3 将优先与硫化钠反应而不与 NaOH 发生反应，只有当溶液中的硫化钠不足时，Sb_2S_3 才会与 NaOH 发生反应。

一般认为，矿石或精矿中的三氧化锑（Sb_2O_3）在硫化钠溶液中的溶解反应分为两步，即先生成硫化锑，然后再生成硫代亚锑酸钠。该溶解反应不如硫化锑的溶解反应那样容易进行，且所需硫化钠的理论摩尔量比溶解硫化锑多一倍。此外，锑的高价氧化物 Sb_2O_4 和

Sb_2O_5 较难溶解于硫化钠溶液，硫化锑精矿中的伴生金属，除 Hg、As 和 Sn 的硫化物外，Cu、Pb、Fe、Zn、Ag 等在硫化钠溶液中都难溶解，以毒砂（FeAsS）形式存在的 As 也不能被浸出。

由于氧化锑（特别是高价氧化锑）比硫化锑难以溶解，所以在碱性湿法炼锑时，一般要求原料中氧化态的锑不大于总锑的 25%。如果硫氧混合锑精矿中高价锑氧化物的含量过高，则可通过低温还原焙烧处理，使其转变为低价氧化锑或硫化锑后再进行碱性湿法浸出。

9.2.1.2 浸出过程的影响因素

硫化锑碱性浸出过程的动力学研究表明，锑的浸出是化学反应和扩散联合控制的过程，因此，任何影响化学反应的条件及影响扩散过程的因素都将制约锑的浸出。

锑精矿碱性浸出的主要影响因素有硫化钠用量及浓度、氢氧化钠用量及浓度、浸出温度、浸出时间、搅拌强度及精矿性质（锑的形态、精矿粒度及孔隙度）等。这些因素之间存在交互效应，即当其他因素变化时，某一因素对锑浸出率的影响规律可能是不同的。以下主要介绍我国锡矿山过去所做的单因素影响试验结果，试验所用锑精矿中的主要含锑矿物是硫化锑，Sb_2S_3 中的锑占 87.3%，Sb_2O_3 中的锑占 10.3%，锑酸盐中的锑占 2.4%。

A 硫化钠用量及浓度的影响

硫化钠是锑浸出过程中最重要的影响因素，硫化钠的实际用量一般要大于理论量，实际用量与理论用量的比值称为过量系数或过剩系数。硫化钠的过量系数在 1.1 ~ 1.6 的范围内时，对锑的浸出率影响不大。在实际浸出生产中，硫化钠的过量系数一般控制在 1.1 ~ 1.2 范围内即可获得满意的浸出效果。

锑的浸出率一般随硫化钠浓度的增大而增加，但过高的硫化钠浓度对锑的浸出反而不利。

图 9-1 是在浸出温度为 98℃，Na_2S 过量系数为 1.2，液固比为 2.5∶1，浸出时间为 3h 的条件下，硫化钠质量浓度对硫化锑精矿浸出率的影响。图 9-1 表明，当温度较高时，在较宽的硫化钠质量浓度范围内，锑的浸出率均较高。当硫化钠的质量浓度在 120 ~ 140g/L 时，锑的浸出率最高，但过高的硫化钠质量浓度将导致锑的浸出率下降。

硫化钠的质量浓度对硫化锑精矿浸出过程影响的另一个试验结果如图 9-2 所示。该试验的浸出条件为：浸出温度 30℃，浸出时间 20min，液固比为 250mL Na_2S 溶液∶50g 精矿。由图 9-2 可知，锑浸出率最高时，对应的硫化钠质量浓度约为 120g/L，当 Na_2S 质量浓度大于 120g/L 时，锑的浸出率略有下降，这个结果与锡矿山在 98℃ 时的浸出结果是一致的。在工业实践中，一般将硫化钠的质量浓度控制在 120 ~ 140g/L 的范围内。

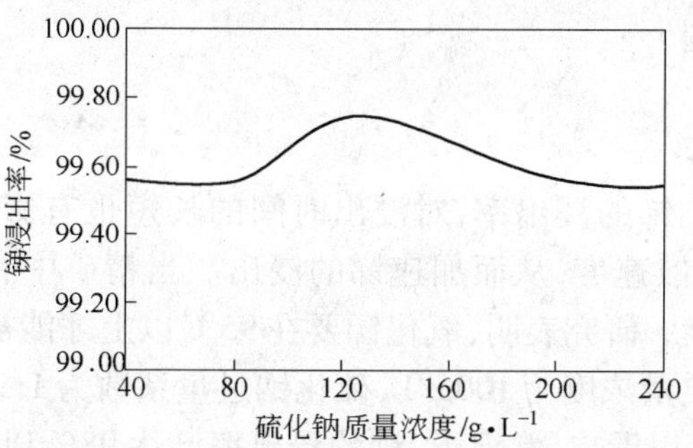

图 9-1 98℃时硫化钠的质量浓度对浸出率的影响

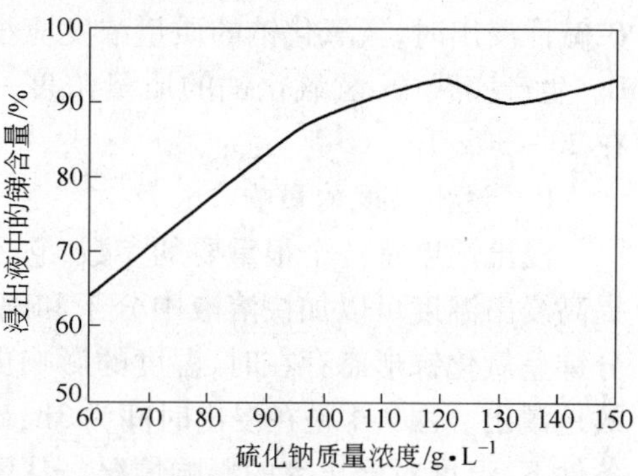

图 9-2 30℃时硫化钠质量浓度对浸出率的影响

硫化钠的质量浓度过高，锑的浸出率反而下降，其原因可能有两种。一种是在保证 Na_2S 过量系数一定的条件下，Na_2S 质量浓度的提高将导致液固比减小，溶液的黏度增加，分子扩散受到影响，因而不利于锑的浸出。另一种是当硫化钠溶液的质量浓度增加时，其氧化程度也随之增加，氧化生成 Na_2S_2（过硫化钠或称多硫化钠）、亚硫酸钠和硫代硫酸钠等。亚硫酸钠和硫代硫酸钠会使硫化锑在硫化钠溶液中的溶解度下降。硫化钠氧化过程的主要反应如下：

$$Na_2S + H_2O \longrightarrow NaHS + NaOH$$

$$2Na_2S + 3O_2 \longrightarrow 2Na_2SO_3$$

$$2Na_2S + H_2O + CO_2 \longrightarrow 2NaHS + Na_2CO_3$$

$$4NaHS + O_2 \longrightarrow 2Na_2S_2 + 2H_2O$$

$$2Na_2S_2 + 3O_2 \longrightarrow 2Na_2S_2O_3$$

硫化钠溶液中的亚硫酸钠和硫代硫酸钠会使硫化锑的溶解度降低，这已被试验所证实，而且硫代硫酸钠的影响更大。添加一定量的 NaOH，可以抑制硫化钠的水解和氧化，从而减少溶液中亚硫酸钠和硫代硫酸钠的浓度，因此，工业生产中均添加一定量的 NaOH 以抑制 Na_2S 的水解和硫化钠溶液的氧化，即采用硫化钠-氢氧化钠混合溶液作浸出剂。硫化钠溶液氧化生成的过硫化钠和硫代硫酸钠还会降低电解作业的电流效率，并影响副产品硫化钠的产量和质量。

B　氢氧化钠用量及浓度的影响

氢氧化钠的作用主要是抑制 Na_2S 的水解和硫化钠溶液的氧化，其次是当 Na_2S 用量不足时，能代替 Na_2S 溶解硫化锑。工业生产中，氢氧化钠的用量一般控制在硫化钠用量的20%左右。

在硫化钠质量浓度为170g/L时，氢氧化钠的质量浓度对硫化锑溶解度的影响见图9-3。当氢氧化钠的质量浓度小于50g/L时，硫化锑的溶解度随氢氧化钠质量浓度的增大而增加；当氢氧化钠的质量浓度大于50g/L时，硫化锑的溶解度随氢氧化钠质量浓度的增大而减小。因此，锑精矿碱性浸出时，氢氧化钠的质量浓度应小于50g/L。生产实践中，氢氧化钠的质量浓度一般控制在20～30g/L。

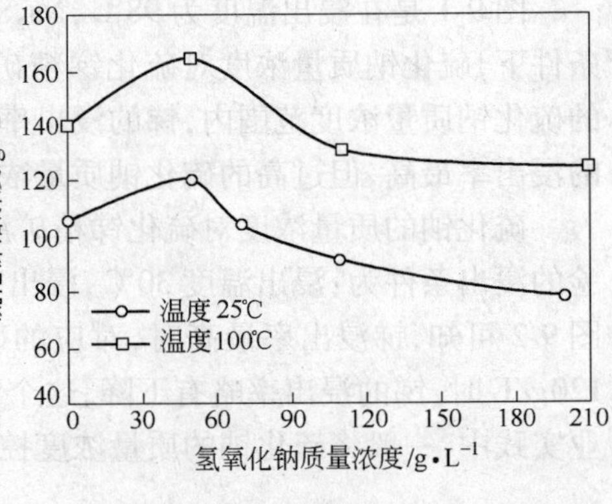

图9-3　氢氧化钠质量浓度对硫化锑溶解度的影响

C　浸出温度的影响

浸出温度是一个很重要的参数，它不仅影响锑的浸出率，对浸出时间的长短也有影响。提高浸出温度可以加快溶液中分子和离子的扩散速度，从而加速锑的浸出。当精矿中有部分锑呈氧化锑形态存在时，温度的影响更为明显。研究表明，氧化锑要在95℃以上才能被有效地浸出。图9-4是在浸出时间为3h，硫化钠质量浓度为100g/L，硫化钠过量系数为1.2的条件下，温度对浸出率的影响情况。从图9-4可以看出，常温下，锑的浸出率已达98%以上，随着浸出温度的升高，浸出率也升高。由于氧化锑较难浸出，所以当原料中的氧化锑含量较

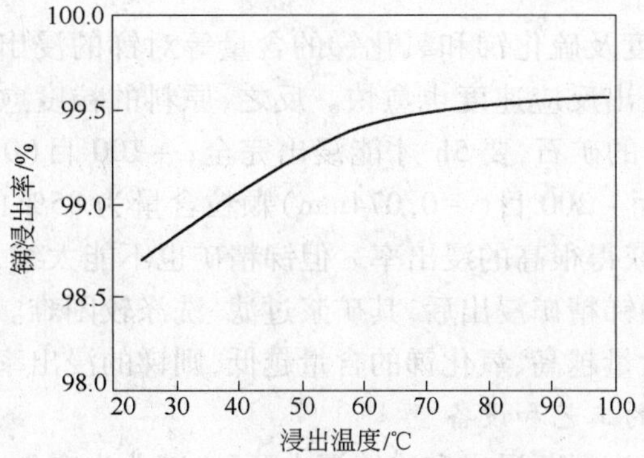

图 9-4 浸出温度对锑浸出率的影响

高时,应适当提高浸出温度。

D 浸出时间的影响

浸出时间取决于原料粒度、孔隙度、浸出温度及原料中可溶锑的含量等。在浸出过程的初始阶段,锑的浸出率随时间的延长而增大,但浸出时间过长反而会使浸出率下降,同时也降低了设备的生产能力。硫化锑在硫化钠溶液中的溶解速度很快,当溶液中有足够的硫化钠并在适当温度及搅拌的情况下,浸出 15min 即可获得很高的浸出指标。实践中为了使原料中的锑充分溶解,一般控制浸出时间为 15~30min。图 9-5 为浸出时间对浸出率的影响情况,试验用硫化锑浮选精矿的粒度为 -200 目(-0.074mm)占 85.8%,硫化钠质量浓度 97g/L,浸出温度 100℃,硫化钠过量系数 1.165。当浸出时间为 10~30min 时,浸出率即可达 99.6%~99.72%,若浸出时间再延长,对浸出反而不利,原因是 SbS_3^{3-} 和硫化钠不稳定,随着时间的延长,溶液中的硫化钠发生氧化反应,降低了溶液中的 S^{2-} 浓度,从而导致硫化锑的溶解反应反向进行,即 SbS_3^{3-} 重新离解为 Sb_2S_3 和 S^{2-}。

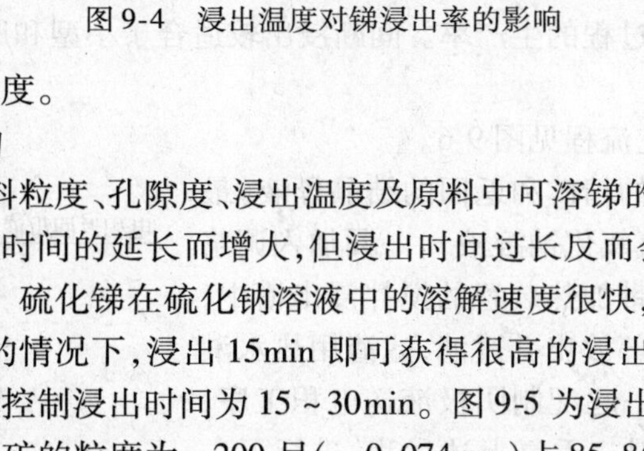

图 9-5 浸出时间与锑浸出率的关系曲线

E 搅拌强度的影响

锑精矿的浸出过程受化学反应和扩散联合控制,所以在浸出过程中,为了增加固液界面的接触和加速溶液的扩散,充分搅拌是十分必要的。为了尽量减少溶液和空气的接触,采用机械搅拌为好。搅拌速度一般控制在 600r/min,以将矿浆搅起,固体物料呈悬浮状态为宜。

F　锑精矿性质的影响

锑精矿的粒度、孔隙度及硫化锑和氧化锑的含量等对锑的浸出有较大影响。原料的粒度愈小，比表面积愈大，浸出反应速度也愈快。反之，原料的粒度愈大，浸出所需时间愈长。试验证明，粒度小于5mm的矿石，要5h才能浸出完全；-100目（0.147mm）颗粒占95%的浮选精矿，需要浸出2h，而-200目（-0.074mm）颗粒含量为85%的硫化锑精矿，其浸出速度很快，只需15min就能获得很高的浸出率。但锑精矿也不能太细，因为将精矿磨细需要增加动力消耗，同时，过细的锑精矿浸出后，其矿浆过滤、洗涤较困难。

锑精矿中硫化锑的含量越高、氧化锑的含量越低，则锑的浸出率越高、浸出时间越短。

9.2.1.3　碱性浸出的工艺和设备

锑精矿的碱性浸出分为间断浸出和连续浸出两种，工业生产上多采用连续浸出工艺，以便实现自动化，提高浸出过程的生产率。间断浸出较适合于小型和原料多变的企业。

A　间断浸出

间断浸出的原则工艺流程见图9-6。

浸出时，将一定重量的精矿和返回的结晶母液（最初用新配制的硫化钠和氢氧化钠溶液），一同加入调浆桶内搅拌调浆，然后输入带加热装置的搅拌浸出槽中，搅拌浸出一定时间后，全部放出并过滤，滤渣用热水淋洗2~3次，洗水同滤液一起配制阴极液送电积工序，滤渣堆存或作为建筑材料。重复上述过程，进行下一批原料的浸出。需指出的是，由于锑精矿中一般都含有一定量的氧化锑，为了保证较高的浸出率，浸出作业通常在加热条件下进行。

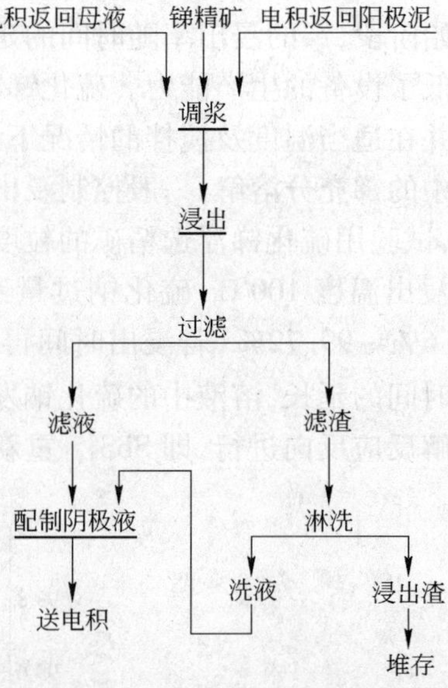

图9-6　间断浸出原则工艺流程

浸出过程的主要工艺控制条件为：浸出温度95~100℃，浸出时间15~30min，机械搅拌速度600r/min，浸出母液中Na_2S的质量浓度120~140g/L，Na_2S过量系数1.1~1.2，浸出母液中NaOH的质量浓度约20g/L，液固比（体积: 重量）控制在（3.5~5）:1。

间断浸出工艺的主要设备包括搅拌浸出槽、淋洗过滤机、蒸汽锅炉等。搅拌浸出槽可由普通钢制搅拌桶改装而成，内设蒸汽间接加热的环形管。小型冶炼厂可不设蒸汽锅炉，而采用电加热方式。

B　连续浸出

连续浸出工艺与间断浸出工艺的主要区别是前者的浸出过程是连续的，即物料连续加入搅拌浸出槽，同时连续排出浸出后的矿浆。连续浸出工艺的控制条件与间断浸出工艺基本相同。

图9-7是我国湿法炼锑厂使用的一种搅拌浸出槽，物料通过进料管连续进入浸出槽的底部，浸出后的矿浆连续从浸出槽的上部排出，并趁热直接进入过滤机过滤，然后用过量的热水在滤渣上方淋洗2~3次，渣锑含量可降至0.2%~0.4%。工艺过程简单，液固分离好，所需设备少。

关于浸出矿浆的液固分离,锡矿山矿务局曾先后做了四层浓密箱洗渣和四段浓密机逆流洗涤试验,试图通过洗渣取消过滤机达到弃渣的目的。试验表明,这种方式洗涤锑浸出渣是不合适的。主要原因是 Na_3SbS_3 比较容易水解,在洗渣过程中用大量的水冲稀浸出液,使 Na_3SbS_3 水解进入渣中,渣锑含量高达2% ~3%,同时也发现,随浓密机级数的增加,渣锑含量有上升的趋势。如果用 NaOH 来抑制 Na_3SbS_3 的水解,则造成 NaOH 的损失增加。后来又做了矿浆经浓密机后上清液和底流分别过滤和矿浆直接过滤的试验。前者虽然也能使浸出渣中锑含量控制在0.4%以下,但过程较复杂,设备较多。因此使浸出矿浆尽快地在一个过滤设备内实现过滤和多次淋洗较为理想。

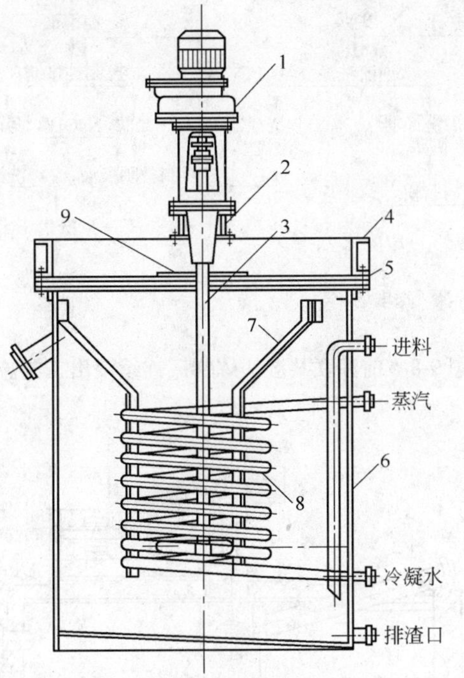

图9-7 连续浸出槽示意图

1—搅拌驱动装置;2,4—支架;3—搅拌装置;5—盖板;
6—槽体;7—角钢架;8—蛇形管;9—小孔盖

图9-8为前苏联某湿法炼锑厂处理块状硫氧混合锑矿和浮选硫化锑精矿的连续浸出工艺流程。锑的浸出剂为电解废液,其中含 Na_2S 90 ~100g/L、NaOH 25 ~35g/L 和 Sb 20 ~30g/L。块状硫氧混合锑矿先磨细到 -0.1mm,然后进入浸出作业。浸出温度控制在97 ~98℃。浸出矿浆固液分离时,采用多级浓密槽洗涤底流残渣。该工艺的特点是在对硫氧混合锑矿进行磨矿时,用电解废液代替水,这样在磨矿过程中就开始了锑的浸出反应,有利于提高锑的浸出率。

浸出作业所用的连续浸出槽如图9-9所示,用蒸汽夹套加热,为了强化过程,其中设有管式加热器。矿浆从上面经浸出槽中央的中空套管进入浸出槽下部,已浸出的矿浆则经上部溢流管排出,聚集在槽底的粗残渣定期经下部的排渣管放出。为了减少热损失,槽体外侧设有保温层。在槽内下部衬铸铁板或辉绿岩或瓷砖,以防止槽体磨损。

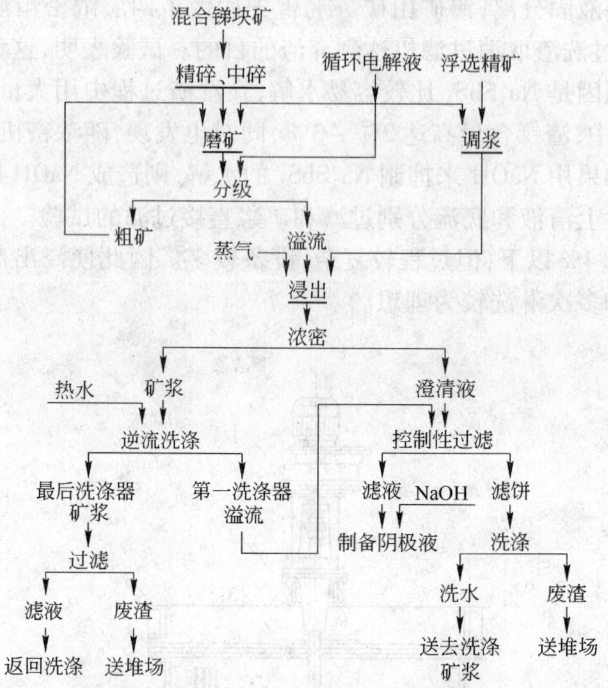

图 9-8　前苏联某湿法炼锑厂连续浸出工艺流程

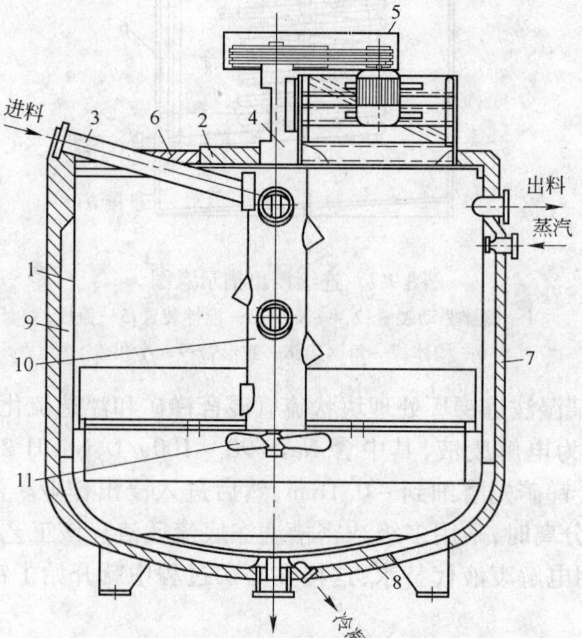

图 9-9　前苏联连续浸出槽示意图

1—槽体；2—槽盖；3—进料管；4—轴承体；5—传动装置；6—大孔盖；7—保温层；8—衬板；9—蒸汽夹套；10—中空套管；11—搅拌器

该厂利用锑的质量浓度为25 ~35g/L 的电解废液浸出时，可以得到锑的质量浓度为70 ~80g/L 的浸出液，其组成能满足电解要求。浮选硫化锑精矿的锑浸出率为98% ~99%，渣锑含量为1.3% ~1.7%。

9.2.2 碱性浸出液的电积

碱性浸出液的处理大多采用电积法，或称电解法。电积法可以产出优质阴极锑，金属回收率也大于火法。电积法能将浸出液中的硫（包括浸出剂及锑精矿中的硫）大部分转化为硫化钠，除返回用于浸出锑外，还能生产工业硫化钠，综合利用原料中的硫，消除了火法炼锑的二氧化硫危害。

碱性浸出液的主要成分是硫代亚锑酸盐、硫化钠和氢氧化钠，此外还有不同质量浓度的其他盐类，如硫酸钠、碳酸钠、硫代硫酸钠、亚硫酸钠以及多硫化钠等，锑主要以 Na_3SbS_3 形式存在于溶液中，此外，溶液中还有 Na_3SbS_4，也可能有 $NaSbS_2$。

浸出液中的盐类和水将发生离解作用，产生带正电的离子 H^+、Na^+ 和带负电的离子 S^{2-}、OH^-、SbS_3^{3-}、$S_2O_3^{2-}$、SO_3^{2-}、SO_4^{2-}、CO_3^{2-}、S_2^{2-} 等。

碱性浸出液的电积处理分为隔膜电积和无隔膜电积两种方法，前者的操作比较复杂，但电流效率高，电耗较低。电积法生产阴极锑的总反应可用下式表示：

$$4Na_3SbS_3 + 12NaOH \xlongequal{\quad} 4Sb + 12Na_2S + 6H_2O + 3O_2$$

由上式可知，碱性浸出-电积工艺中的硫化钠可再生，而氢氧化钠的作用在宏观上是使原料中的硫转化为硫化钠，因此，在氢氧化钠的用量上，还应考虑原料中的硫含量。

隔膜电积和无隔膜电积的主要区别在于电解液的不同。隔膜电积的阴极液和阳极液是不同的，两者用隔膜袋隔离。阴极液为浸出工序产出的浸出液，主要含锑成分是硫代亚锑酸钠（Na_3SbS_3），阳极液为 NaOH 溶液。无隔膜电积时直接使用碱性浸出液作电解液，视具体情况，补加 NaOH。

9.2.2.1 阳极过程

在 Na_2S-NaOH 浸出液的电积过程中，阳极可发生两个电化学反应：

$$4OH^- - 4e \xlongequal{\quad} 2H_2O + O_2$$

$$S^{2-} - 2e \xlongequal{\quad} S$$

在正常的电解条件下，由于电解液中 OH^- 浓度很高，且其析出电位较低，所以阳极上主要是 OH^- 的放电。当 OH^- 浓度很低，而 S^{2-} 浓度较高时，S^{2-} 也会放电，生成元素硫。OH^- 放电对电积过程没有影响，但 S^{2-} 放电生成的元素硫可与 Na_2S 反应生成多硫化钠：

$$nS + Na_2S \xlongequal{\quad} Na_2S_n \quad (n = 2 \sim 5)$$

多硫化钠能被阳极析出的原子氧进一步氧化为硫代硫酸钠 $Na_2S_2O_3$，例如：

$$Na_2S_2 + 3O \xlongequal{\quad} Na_2S_2O_3$$

多硫化钠和硫代硫酸钠能使电解液中的硫代亚锑酸钠氧化为硫代锑酸钠，即：

$$(n-1)Na_3SbS_3 + Na_2S_n \xlongequal{\quad} (n-1)Na_3SbS_4 + Na_2S$$

$$Na_3SbS_3 + Na_2S_2O_3 \xlongequal{\quad} Na_3SbS_4 + Na_2SO_3$$

这一氧化作用使锑由三价变为五价，五价锑在阴极的还原将消耗更多的电能。

此外，当多硫化钠与 $Na_2S_2O_3$ 迁移到阴极时，可以在阴极上替代锑被还原，消耗电能，同时它们还可以使阴极锑重新溶解，降低电流效率。主要反应如下：

$$S_n^{2-} + 2(n-1)e = nS^{2-}$$

$$S_2O_3^{2-} + 3H_2O + 6e = 2S^{2-} + 6OH^-$$

$$3Na_2S_n + 2Sb = 2Na_3SbS_3 + 3(n-2)S$$

$$3Na_2S_2O_3 + 2Sb + 3Na_2S = 2Na_3SbS_3 + 3Na_2SO_3$$

为了提高电流效率，应尽量减少 S^{2-} 放电并尽量避免阳极区产生的多硫化钠及 $Na_2S_2O_3$ 在阴极上被还原和使锑溶解。采用隔膜电积可达到这一目的。

隔膜电积中，阳极上 OH^- 的放电产生原子氧，可使 S^{2-} 氧化为 SO_4^{2-}、SO_3^{2-} 和 $S_2O_3^{2-}$，SO_3^{2-} 和 $S_2O_3^{2-}$ 可进一步氧化为 SO_4^{2-}，最终导致阳极液中 Na_2SO_4 浓度提高，给电积作业带来不利的影响：

$$S^{2-} + 2O_2 = SO_4^{2-}$$

$$2S^{2-} + 3O_2 = 2SO_3^{2-}$$

$$4S^{2-} + 3O_2 - 4e = 2S_2O_3^{2-}$$

阳极液补充的液碱含有一定量的 Na_2CO_3，液碱也吸收空气中的 CO_2 变成 Na_2CO_3，从而使阳极液中 Na_2CO_3 的浓度增高，但增加到一定程度后，可产生放电反应：

$$2CO_3^{2-} - 4e = 2CO_2 + O_2$$

这一放电反应避免了阳极液中碳酸钠的过量积累，与此类似的是液碱中带来的 Cl^- 累积到一定程度后，也将放电析出：

$$2Cl^- - 2e = Cl_2$$

氯的析出将会腐蚀阳极，同时造成空气污染，因此液碱中的氯含量愈低愈好。

9.2.2.2 阴极过程

碱性浸出液在电解时，阴极上可能发生的电化学过程有：金属锑的沉积、氢的析出以及溶液中其他物质的还原。

关于金属锑沉积的机理，不同的研究者有着不同的解释。有人认为阴极上可能产生锑离子放电，形成金属锑和氢离子放电逸出氢：

$$Sb^{3+} + 3e = 3Sb$$

$$2H^+ + e = H_2$$

根据电解液成分和控制技术条件，可能是锑的析出或氢的逸出，也可能上述两种情况同时发生。

也有人认为，电解时水和氢氧化钠最先电解，阴极析出具有强还原性的氢原子，而金属锑是由于锑的硫化盐类被氢原子还原而生成的。过程如下：

$$H^+ + e = H$$

$$Na_3SbS_3 + 3H = Sb + 3NaHS$$

另外，也有人认为 SbS_3^{3-} 是一个偶极性聚集体。在阴极上存在着双电层结构，该双电层的电位梯度很大，使双电层附近的 SbS_3^{3-} 发生强烈变形以至分解，最后偶极体的正极部分（Sb^{3+}）就在阴极上放电析出金属锑。

目前比较公认的说法是负电性的锑配离子在阴极上放电，这与一般的电解规律是不同的，锑配离子在阴极的放电反应为：

$$SbS_3^{3-} + 3e = Sb + 3S^{2-} \qquad (E^{\ominus} = -0.9V)$$

有研究指出，SbS_3^{3-} 在放电前存在一个前置转化反应，然后再在阴极上放电并析出金属锑：

$$SbS_3^{3-} = SbS_2^- + S^{2-}$$

$$SbS_2^- + 3e = Sb + 2S^{2-}$$

电解液中的高价锑配离子先还原为三价锑配离子，然后再按上述步骤在阴极析出金属锑：

$$SbS_4^{3-} + 2e = SbS_3^{3-} + S^{2-} \quad (E^\ominus = -0.61V)$$

电解液中其他物质可能发生的还原反应包括硫代硫酸钠、过硫化钠还原为硫化钠：

$$S_2^{2-} + 2e = 2S^{2-} \quad (E^\ominus = -0.524V)$$

$$S_2O_3^{2-} + 3H_2O + 6e = 2S^{2-} + 6OH^- \quad (E^\ominus = -0.65V)$$

以及 Sn(Ⅳ)和 As(Ⅲ)等杂质金属的还原析出。在工业生产中，阴极控制电位约 -1.0V，在此条件下，锡不会在阴极上析出，但升高温度可使锡的放电出现去极化作用，导致锡大量析出。As(Ⅴ)不会析出，但 As(Ⅲ)会放电析出，故当原料中的砷含量较高时，阴极锑通常需要精炼除砷。

此外，若电解条件控制不当，可导致氢离子放电而大量析出，降低电流效率。研究表明，氢在锑上析出的超电压较高，一般情况下不会析出，但电解液中的五价锑离子及升高温度能降低氢的超电压，因此应控制锑配离子的氧化及电解液温度，阴极电位应控制在 -1.10V 以内。硫代亚锑酸配离子的浓度也影响氢的析出。实践中观察到，锑质量浓度在 20 ~ 25g/L 以上时，阴极上没有气泡，低于 20g/L 时，阴极上有大量气泡冒出，电流效率下降。贫化电积试验表明，当溶液中锑质量浓度由 10g/L 降至 2 ~ 3g/L 时，电流效率只有 33% ~35%。

9.2.2.3 影响电积的主要因素

A 阴极液组成

阴极液中，Sb、Na_2S_2 和 $Na_2S_2O_3$ 的浓度对电积过程的影响很大，硫化钠的浓度对电积过程的影响要小一些。前面已经提到，当电解液中锑浓度很低时，将导致析氢而降低电流效率。实践中，当电解液中锑的起始质量浓度为 90 ~ 100g/L、终了质量浓度为 10g/L 左右时，能保证较高的电流效率和浸出工序的经济合理性。

电解液成分对电流效率影响最大的是阴极液中 Na_2S_2 和 $Na_2S_2O_3$ 的质量浓度，见表 9-1。表中数据表明，Na_2S_2 和 $Na_2S_2O_3$ 的含量对锑的电积十分有害，因此，在浸出工序应设法减少溶液的氧化，在电积过程中增设隔膜，以阻止 Na_2S_2 和 $Na_2S_2O_3$ 向阴极区迁移。

表 9-1 Na_2S_2 和 $Na_2S_2O_3$ 的质量浓度对电流效率的影响

成 分	浓度/g · L^{-1}	槽电压/V	电流效率/%	吨锑直流电耗/kW · h
Na_2S_2	0	2.8	87.67	2129
	15	2.6	77.08	2249
	30	2.9	65.87	2935
	45	2.9	60.95	3172
$Na_2S_2O_3$	5	2.7	82.68	2177
	10	2.6	77.51	2236
	15	2.6	72.84	2380

电解液中游离 Na_2S 的浓度对锑的电积有一定影响，随着 Na_2S 质量浓度的提高，溶液导电性变好，槽电压有所下降。锡矿山矿务局曾在电解液中配入不同质量浓度的游离 Na_2S 进行电积试验，结果见表 9-2，该试验的固定条件为：电流 30A，阴极电流密度 300A/m^2，阳极电流密度 1200A/m^2，异极距 50mm，电积时间 17.5h，温度 50℃，阳极液含 NaOH 378g/L，阴极

液起始锑质量浓度 82.18g/L,电积终了锑质量浓度为 17.88～18.38g/L。

表 9-2 Na_2S 的质量浓度与电流效率的关系

样 号	Na_2S 浓度/$g \cdot L^{-1}$	槽电压/V	电流效率/%	吨锑直流电耗/kW · h
1	45	2.8	87.41	2135
2	65	2.9	90.59	2134
3	85	2.7	87.69	2054

试验结果证明,保持一定的 Na_2S 浓度是有益的,在两段阴极电流密度试验中,第二段电流密度保持 150 A/m^2,阴极液终了锑质量浓度低至 10g/L,Na_2S 质量浓度提高到 170～190g/L,而锑的电流效率仍达 85%左右,所以电解液中保持一定量的游离 Na_2S 对锑电积的电流效率没有不利影响,但 Na_2S 浓度也不能太高,过高的硫化钠浓度,容易氧化产生过硫化钠及硫代硫酸钠。

B 阳极液的组成

阳极液的主要成分是 NaOH。NaOH 浓度稍高一些,会使溶液导电率增加,槽电压降低,这对电积有利,但是过高的 NaOH 浓度会使阳极区的 Na_2SO_4 在阳极上析出,导致电阻增加,槽电压升高。

NaOH 浓度也不能过低,否则会使 S^{2-} 放电并形成硫化铁薄膜包裹在阳极上,产生阳极钝化,槽电压上升。试验表明,阳极液中 NaOH 质量浓度以 120～150g/L 为宜。

阳极液中的 Na_2SO_4 易于积累,若其浓度过高,会在阳极上析出,影响电积的正常进行。此外,Na_2SO_4 也容易在隔膜袋内、循环管道和高、低位槽中结晶析出,给操作带来困难。工业实践中发现,阳极液中的 Na_2SO_4 质量浓度可以高于阴极液中的极限浓度45g/L,但还是以控制在 45g/L 以下为好。

C 电流密度

采用高的阴极电流密度可以提高电解槽生产能力和劳动生产率,但也会使槽电压升高和电能消耗增加。

为适应电解过程中锑浓度的变化,锡矿山矿务局曾作了两段阴极电流密度试验(第一段电流密度 300A/m^2,第二段电流密度 150A/m^2),电积试验的固定条件为:阳极电流密度 1200A/m^2,异极距 50mm,阴极液锑质量浓度为 89.18g/L,阳极液 NaOH 质量浓度为432g/L,温度 50℃,试验结果如表 9-3 所示。

由表 9-3 可知,在溶液中锑含量较少的情况下,降低电流密度是合理的。

表 9-3 两段阴极电流密度试验结果

阴极电流密度 /$A \cdot m^{-2}$	槽电压/V	锑电流效率/%		吨锑直流电耗/kW · h
		分 段	平 均	
300	2.6	83.65	89.52	2072
150	2.4	95.38		1677
300	2.6	84.14	85.84	2060
200	2.4	87.54		1828
300	2.5	84.54	89.14	1969
250	2.5	93.63		1780

工业生产中发现,当电解液内 Sb(Ⅲ)离子浓度高时,阴极锑上易长刺,而在 Sb(Ⅲ)离子浓度低时,阴极上易生成粉锑,散落槽底。这不仅影响产品质量,增加劳动强度,而且长刺可导致阳极隔膜被刺穿,降低电流效率,甚至妨碍生产的正常进行。为此,中南矿冶学院曾通过试验,考察了电流密度对阴极锑质量的影响。试验结果表明,要获得质量较好的阴极产物,需要根据溶液中的锑浓度选择合适的阴极电流密度,当电解液 Sb(Ⅲ)质量浓度为 10~20g/L 时,宜采用 $100A/m^2$ 左右的电流密度,Sb(Ⅲ)的质量浓度在 30~60g/L 时,可采用 $250A/m^2$ 左右的电流密度,而 Sb(Ⅲ)的质量浓度在 70g/L 以上时,则采用 $300A/m^2$ 或稍高的电流密度。

阳极电流密度同样对电积过程产生重要影响。前苏联许多研究工作者认为阳极电流不能过低,当低至 $200\sim250A/m^2$ 时,阳极上 OH^- 和 S^{2-} 同时放电,且以后者为主,铁阳极部分溶解,生成硫化铁,电流效率显著下降。为使阳极过程移向 OH^- 放电一方,铁阳极不溶解,最适宜的阳极电流密度是 $1000\sim1500A/m^2$,这在前苏联无隔膜电积实践中得到采用。

我国曾对阳极电流密度在 $1000\sim1500\ A/m^2$ 的范围内作过选择对比试验,结果以 1200 A/m^2 左右为好。1975 年,在作脆硫铅锑矿的湿法试验时,为了降低电流消耗,曾作了降低阳极电流密度试验,连续试验 20 天,结果见表 9-4。试验结果表明,平均槽电压和吨锑电耗有所下降,有一定效果,但后来未再深入研究。

表 9-4 阳极电流密度对电积过程的影响

阳极电流密度/$A \cdot m^{-2}$		阴极电流密度/$A \cdot m^{-2}$		槽电压/V	电流效率/%	吨锑直流电耗/kW·h
一段	二段	一段	二段			
1390	870	330	210	2.95	71.54	2730
900	450	280	140	2.625	68.58	2530

一般来讲,随着阳极电流密度的提高,锑的电流效率和析出率都相应增高,这是由于提高了阳极电流密度,也就是升高了阳极电位,能克服气态氧析出的超电压,而有利于阳极过程析出氧,抑制元素硫和多硫化钠的形成,从而提高锑的电流效率。阳极电流密度保持在 $1000A/m^2$ 以上是合理的。

D 电解液温度

电解过程中,依靠放出的焦耳热,可以维持溶液的温度。随着温度的升高,电解液的电阻减少,有利于降低槽电压;但温度过高,会加大溶液的蒸发量,增高环境温度,恶化劳动条件,同时,可能影响电积的阴极过程和阳极过程。电解液的温度也不能过低,温度过低会使电极极化增大,溶液中组分的溶解度下降,不利于锑的电积。

研究表明,温度对锑的析出电位影响不大,但随着温度的升高,锡和氢的超电压降低,可能导致非目标金属在阴极析出,既降低了电流效率,又影响阴极锑的质量。温度过高对阳极过程也会产生不利的影响。随着温度的升高,氧的实际析出电位和阳极溶解电位降低,从而促进阳极钝化膜的溶解,加速阳极腐蚀,因此,电解液的温度应控制在一个合理的范围内。我国工业实践中,控制电解液温度为 50~55℃,采用隔膜电积能够获得满意的电积指标。

9.2.2.4 电积工艺和设备

硫代亚锑酸钠浸出液的电积处理分为隔膜电积和无隔膜电积两种工艺。隔膜电积的电流效率较高,达 80%~85%,但操作较复杂;无隔膜电积的电流效率较低,仅 45%~55%,但操作较简单。

A　电积工艺

隔膜电积和无隔膜电积的工艺流程分别见图 9-10 和图 9-11。主要技术条件和指标见表 9-5。

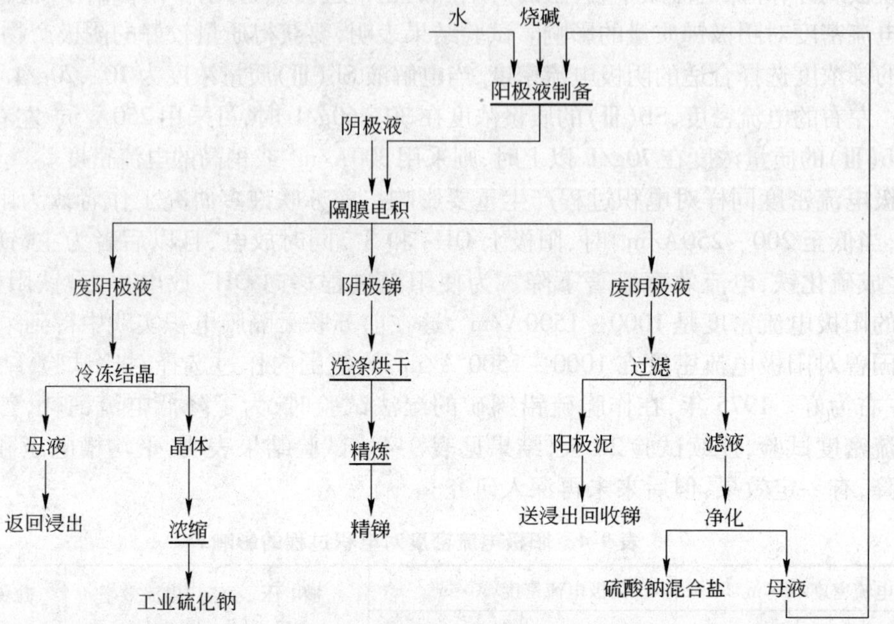

图 9-10　隔膜电积工艺流程

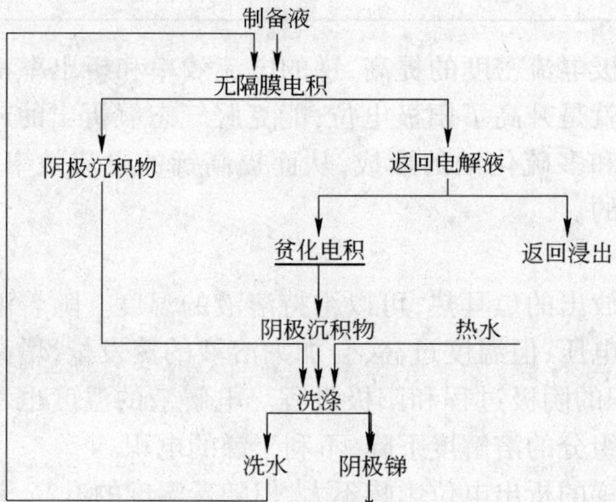

图 9-11　无隔膜电积工艺流程

表 9-5　隔膜电积和无隔膜电积的技术条件和指标

隔膜电积		无隔膜电积	
技术条件和指标	数　据	技术条件和指标	数　据
阴极液	Sb:90 ~ 100 (g/L) NaS:20%	电解液	Sb :50 ~ 60g/L NaOH:50 ~ 60g/L

续表 9-5

隔膜电积		无隔膜电积	
技术条件和指标	数据	技术条件和指标	数据
阳极液	NaOH:100~120g/L		Na_2S:50~60g/L Na_2CO_3:20~30g/L $Na_2S_2O_3$ 和 Na_2SO_3 共60~65g/L Na_2SO_4:75~80g/L
电解液温度/℃	50~55	槽电压/V	2.7~3.0
槽电压/V	2.6~3.0	电流效率/%	45~55
阴极电流密度/$A \cdot m^{-2}$	第一段:300 第二段:150	阴极电流密度/$A \cdot m^{-2}$	250~400
阳极电流密度/$A \cdot m^{-2}$	1200	阳极电流密度	1000~2000
电流效率/%	82~85	吨锑耗/kW·h	直流电耗:3000~4000
吨锑耗	直流电耗:2050~3200kW·h 碱耗:1.05t		

隔膜电积一般每4个电解槽串成一组,并布置成阶梯形,阴极液由高位槽先流入第一槽的进液区,再由电解槽另一段的上部溢流嘴流出并进入下一槽,最后流入废阴极液桶。阴极液的流速按阴极液的起始浓度和废阴极液终了浓度及电流强度和电流效率来调整。

阳极液经各槽各袋以并联形式流动,与阴极液流动方向垂直。阳极液由高位槽经进液总管上的分管流入到电解槽内各隔膜袋中,流出电解槽的阳极液经过滤后返回高位槽。阳极泥返回浸出回收其中的锑。电解中,消耗的 NaOH 在高位槽或低位槽中以液碱的形式补充。阳极液的流量在可能情况下应尽量增大,一般控制在每袋0.2~0.3 L/min。

阴、阳极片装槽前,先放入稀盐酸中浸泡10min,洗去表面铁锈,然后装槽,待阴、阳极液装满槽后通电,电积液温度也慢慢升高,控制槽内温度为50~55℃。温度过高,则产生大量碱雾,使劳动条件恶化;温度太低,槽电压升高,使电耗增加。同极距保持在120~130mm。操作中,主要维护阴、阳极液能正常流动,极板与母线接触良好。保证槽电压为2.6~3.0V。第1、2槽的锑浓度较高,阴极电流密度较大,一般为300A/m^2,第3、4槽的阴极电流密度一般控制在150A/m^2。

阴极锑的结构随电流密度和锑浓度的变化而不同。第1、2槽内阴极沉积物较致密,有树枝状结构;第3槽有时为片状,有时为粉状;第4槽为粉状结构,并有一部分粉锑落入槽底。为了获得致密的阴极锑,提高阴极锑质量,可加入表面活性物质,如聚丙烯酰胺(5mg/L),聚乙烯醇(10mg/L),硫代乙烯胺(10mg/L)等。

电解进行到3~4天后,阴极片上析出锑的厚度达3.5~5.0mm时,即可取出剥锑,然后再将阴极片放入槽内进行下一个周期的电积。剥离的阴极锑用热水洗涤后烘干取样送精炼。洗锑水返回配制阴极液,回收其中的锑和 Na_2S。

无隔膜电积一般采用更高的阳极电流,因为这样可以降低阳极氧化产物对电流效率的有害影响,即阳极电流密度愈高,则 OH^- 放电过程进行得愈激烈,从而阻止电解液的氧化过程，并且硫化物中硫的氧化在生成多硫化物后，会继续氧化生成 $Na_2S_2O_3$ 和 Na_2SO_4，这两种物质对电解的有害影响较小。

B　电解槽和电极

电解槽材质必须耐碱性能好、容易加工、成本较低。实践证明，无内衬而添加了亚甲基二萘磺酸钠作为减水剂的耐碱混凝土电解槽，可满足电解工艺的要求，其结构见图 9-12。

阴极板为 3.5 ~ 4mm 厚的普通钢板，上部焊有导电铜棒，其结构见图 9-13。阳极用圆钢或扁钢焊成栅状，上部焊有导电铜棒，如图 9-14 所示。隔膜电解槽需要增设隔膜袋和阳极框架，隔膜袋可采用 5 号工业帆布或 0238 棉帆布缝制，曾用微孔塑料代替帆布作隔膜袋，但平均槽电压约增高 0.3 ~ 0.45V。阳极框架可用 ϕ6 ~ 8mm 的圆钢焊接而成，如图 9-15 所示。在电解槽中，栅状阳极插在阳极框架的中央。

无隔膜电解槽的结构与隔膜电解槽类似，只是没有阳极液进液管及相关设施。无隔膜电解槽同样可以用耐碱混凝土制成，也可用厚度 5 ~ 6mm 的钢板制成，其形状呈矩形，一般长 1800 ~ 2300mm，宽 700 ~ 950mm，深 1000 ~ 1100mm，槽的一端设有进液室，另一端距槽顶 100mm 处设有电解废液排出管。

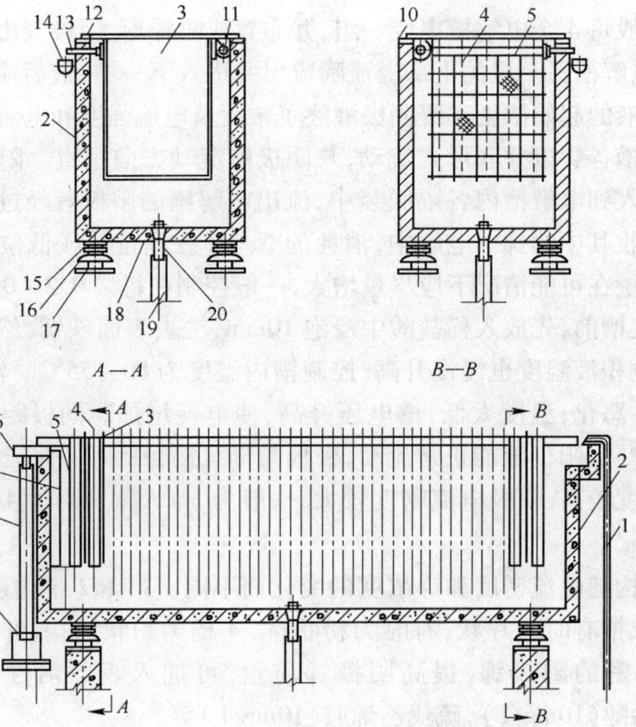

图 9-12　隔膜电解槽结构示意图

1—阴极液进液管；2—槽体；3—阴极板，4—栅状阳极；5—阳极框架；6—溢流嘴；7—溢流斗；8—阴极液出液管；9—阴极液流槽；10，12，15，17—耐碱橡胶板；11—阳极液进液总管；13—阳极液出液管；14—阳极液流槽；16—绝缘子；18—塞子；19—耐碱胶管；20—洗水下液管

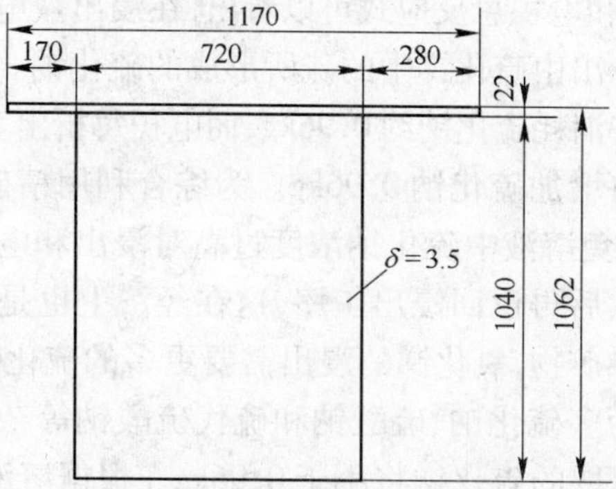

图 9-13 阴极板结构简图

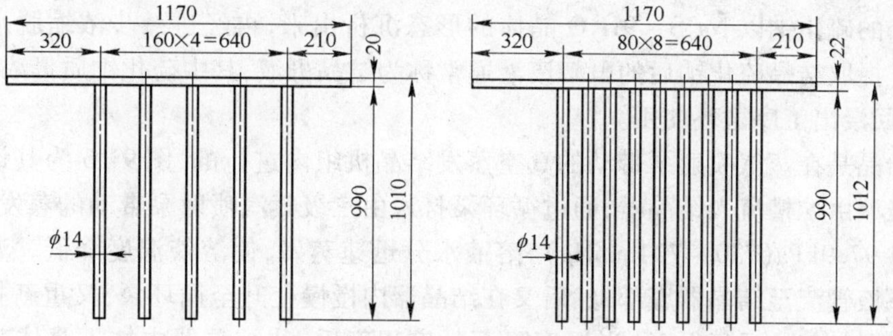

图 9-14 栅状阳极结构示意图

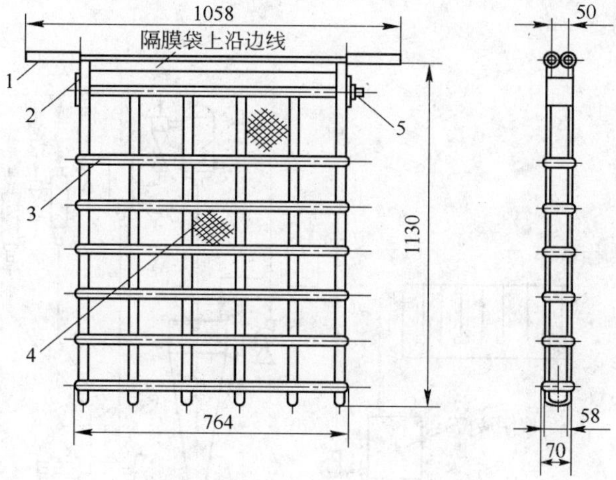

图 9-15 阳极框架示意图

1—软聚氯乙烯管;2—钢板;3—圆钢框架;4—隔膜袋;5—阳极液流出管

9.2.2.5 电解废液的处理

A 废阴极液冷冻结晶提取硫化钠

在电积过程中,阴极液中的锑在阴极上析出, S^{2-} 则留在溶液中;阳极液中的 OH^- 在阳极上放电而残存 Na^+,这些 Na^+ 将通过隔膜渗透到阴极区和 S^{2-} 结合成 Na_2S。

从硫化锑的浸出反应式和电积总反应式可以看出，在浸出液电积后的电解废液中，除了浸出时加入的硫化钠外，还将产出由硫化锑中的硫所形成的硫化钠。从理论上分析，在浸出过程中，溶解1kg硫化锑中的锑需消耗硫化钠约0.96kg，而电积每析出1kg锑，溶液中将有约1.92kg的硫化钠生成，即电积过程将增加硫化钠0.96kg。为综合利用精矿中的硫和在电积过程中以NaOH形态加入的钠，同时避免溶液中硫化钠浓度过高对浸出和电积产生不利影响，应该将多余部分的硫化钠提取出来，然后再返回浸出工序，这在经济上也是合算的。但是，在实际生产中，锑精矿中总有部分氧化锑矿物，氧化锑的浸出需要更多的硫化钠。此外，在浸出-电积循环过程中，部分硫化钠被氧化为多硫化钠、硫酸钠和硫代硫酸钠等杂质。实际上，电积过程每析出1kg锑，可从电解废液中提取的硫化钠将小于0.96kg。根据溶液及精矿中氧化锑含量的不同，每析出1kg金属锑，可从电解废液中提取的硫化钠约0.4～0.8kg。

废阴极液中，硫化钠的质量浓度一般为180～195g/L，当温度降至15～18℃时，即可将溶液中多余的硫化钠以$Na_2S\cdot 9H_2O$晶体的形态沉析出来，再经进一步浓缩脱水可产出工业硫化钠。提取结晶硫化钠后的电解废液通常称为结晶母液，其中硫化钠质量浓度约130～140g/L，返回浸出工序循环使用。

冷冻结晶是在蒸汽喷射泵带动的真空蒸发结晶机组内进行的，图9-16为其设备连接简图。废阴极液由贮槽流入结晶器，通过循环泵打入由三级蒸汽喷射泵带动的蒸发器内，真空度为97.3～97.9kPa（730～734mmHg），溶液水分迅速蒸发，使溶液温度降低。温度降低了的溶液沿下液管流至结晶器底部，然后又在结晶器内慢慢上升至循环泵，又重新打入蒸发器内进一步降温。如此反复循环，当温度降至一定程度后，往结晶器内加入晶体硫化钠作晶种，以实现大量硫化钠的结晶，然后用离心过滤机过滤得$Na_2S\cdot 9H_2O$晶体。该过程是间断进行的，所得硫化钠晶体及母液的成分见表9-6。

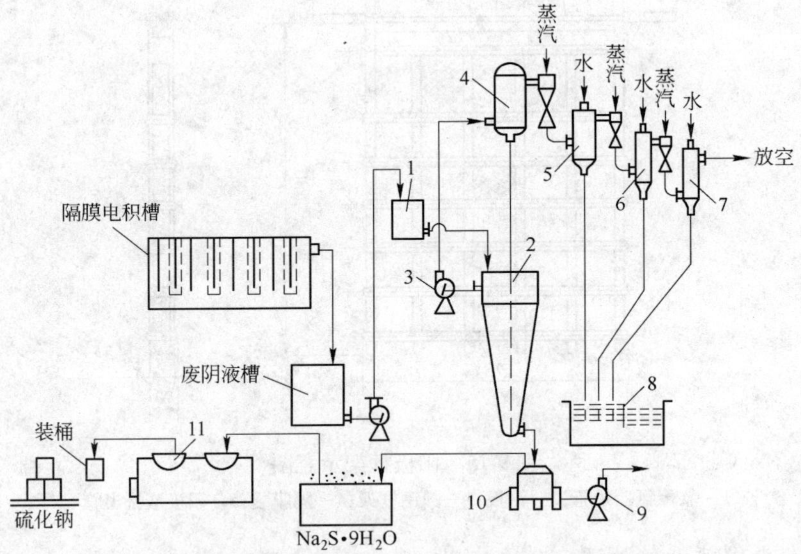

图9-16　真空蒸发结晶设备连接简图

1—结晶液高位槽；2—悬浮结晶器；3—循环泵；4—真空蒸发器；5—主冷凝器；6—辅助冷凝器；7—消声器；8—水封槽；9—母液泵；10—离心过滤机；11—浓缩锅

表 9-6 硫化钠晶体和母液的成分

成 分	Sb	As	Na_2S	NaOH	Na_2SO_4	Na_2CO_3	$Na_2S_2O_3$	Na_2S_2	Na_2SO_3
晶体/%	0.13 ~ 0.19	0.0094 ~ 0.01	28 ~ 29.6		0.25 ~ 0.45	0.8 ~ 1.25	0.44 ~ 0.78	0.038 ~ 0.5	1.0 ~ 1.6
母液/$g \cdot L^{-1}$	15 ~ 17.5	0.39 ~ 0.41	132 ~ 140	20 ~ 28	29 ~ 39	60 ~ 73	18 ~ 22	2 ~ 3	17 ~ 18.5

真空蒸发冷冻结晶的主要技术指标如下：

进液温度:40 ~ 45℃；

冷冻温度:15 ~ 18℃；

工作蒸汽压力:约 0.5 ~ 0.6MPa；

蒸发器真空度:97.3 ~ 97.9 kPa；

主冷凝器温度:30 ~ 40 ℃；

辅助冷凝器温度:30 ~ 45℃；

消声器出水温度:60 ~ 75℃；

冷却水进水温度:18 ~ 22℃。

浓缩冷冻结晶所产 $Na_2S \cdot 9H_2O$ 晶体，硫化钠含量为 28% ~ 30%，它极易吸收空气中的 CO_2 转变为 Na_2CO_3 并很容易潮解变为溶液。为了使硫化钠作为一种产品出售，并考虑到运输等问题，晶体硫化钠必须及时脱水浓缩变成工业硫化钠。浓缩是将晶体放在铁锅内用燃煤加热，使水分和结晶水大量蒸发。当晶体杂质含量较高时，需在 110 ~ 140℃时把固体残渣捞出。一般情况下不必捞渣，待温度升至 195℃左右时，出锅装桶，质量可达我国部颁标准，曾分别送往印染厂、造纸厂、选矿厂等单位试用鉴定，结果同市场销售的工业硫化钠一样，完全符合用户的要求。

B 结晶母液的净化

电解液中，铅、砷等元素未发现积累现象，但各种钠盐则有不同程度的变化。除 Na_2SO_4 外，其余钠盐在溶液中增加到一定浓度后就不继续增长，对整个过程没有多大影响。阴极液中 Na_2SO_4 的质量浓度增加到 45g/L 左右时，就在隔膜袋上结晶析出，使离子穿过时阻力增加，槽电压急剧上升，电解作业无法进行。因此应该将 Na_2SO_4 从溶液中除掉，以保证电解作业正常进行。

结晶母液的净化方法主要有贫化电积法和二次冷冻结晶法等。

贫化电积法就是抽出部分结晶母液至贫化电积槽进行第二次电积，将溶液中的锑由 10 ~ 12g/L 降至 1 ~ 2g/L，得到一部分阴极锑，然后将贫化废阴极液同晶体硫化钠一起浓缩制得工业硫化钠，过程中减少的溶液在浸出时补充。这种方法可以保持废阴极液中 Na_2SO_4 质量浓度稳定在 45g/L 以下，但增加了一套电积设备，电流效率低，电耗大，这部分贫化的废液单独浓缩时得不到合格的工业硫化钠产品，与晶体硫化钠一起浓缩则影响硫化钠产品的质量。此外，这部分废液中的锑无法返回流程，使锑的损失增加。

二次冷冻结晶法就是在更低的温度(12℃)下进行第一次结晶，以提取硫化钠。将第一次结晶后的母液温度再降低至 5 ~ 6℃，使 Na_2SO_4 同二次晶体硫化钠一起结晶出来，以达到净化目的。二次冷冻结晶也能使阴极液中 Na_2SO_4 质量浓度维持在 45g/L 以下，过程也较简单，但由于第一次结晶温度低，一次晶体浓缩时必须捞渣，所产工业硫化钠才能达到一级品。

此外，二次晶体质量更差，不论单独处理还是同一次晶体一起处理，也必须捞渣才能达到二级品。所捞出的渣是以 Na_2S、Na_2SO_4、Na_2CO_3 等为主的各种杂质和钠盐的混合物，该混合物没有很好的处理方法而只能暂时堆存，容易造成环境污染，同时，二次结晶温度低，蒸汽消耗量很大，不够经济。

C　阳极液净化

电解液中有害的钠盐主要在阳极区产生，因此对阳极液进行净化将更为重要。阳极液的净化方法主要有硫化钡净化法及真空蒸发结晶净化法。

阳极液的硫化钡净化，是将 BaS 的水溶液加入需净化的阳极液内，保持温度在 90 ~ 95℃，搅拌 30 ~ 40min，使 BaS 与溶液中的有害钠盐反应，生成溶解度很小的 $BaSO_4$、$BaCO_3$、$BaSO_3$ 等钡盐，并从溶液中沉淀析出，从而达到净化的目的。这种净化方法需消耗大量的硫化钡，应考虑其来源问题，同时，产出的钡盐渣也必须考虑处理回收，这是比较困难和复杂的。此外，由于 BaS 水溶液的加入，导致阳极液体积膨胀，这在湿法炼锑中也是不易解决的问题。

阳极液的真空蒸发结晶净化法，是使阳极液水分蒸发，使 Na_2SO_4 和 NaOH 的浓度增大，而 Na_2SO_4 在 NaOH 溶液中的溶解度随 NaOH 浓度的增加而减小，当其浓度达到过饱和状态时，即结晶析出。

锡矿山矿务局曾对真空蒸发结晶净化进行过深入研究。试验是在带有蒸汽夹套的蒸发器内进行的。蒸发器上接有水环式真空泵，以维持蒸发器内的真空度。在温度 80 ~ 90℃及真空度为 59.98 ~ 66.65kPa（450 ~ 500mmHg）的情况下，水分大量蒸发，Na_2SO_4 及 NaOH 浓度增加，当 Na_2SO_4 达到过饱和状态时结晶析出。将溶液及结晶体过滤，滤液返回阳极液循环系统，结晶体是以 Na_2SO_4 为主的混合钠盐，可作为制造玻璃和生产工业硫化钠的原料，其主要成分见表 9-7，烘干后的 Na_2SO_4 含量达 70% ~ 80%。净化试验的主要技术条件及指标如下：

净化溶液温度：71 ~ 85℃；

真空度：57.32 ~ 66.65kPa（430 ~ 500mmHg）；

吨锑阳极液处理量：4.5 ~ 6.0m^3；

阳极液中：Na_2SO_4 质量浓度：45 ~ 50g/L；

被处理的阳极液蒸发率：43.2%；

被处理的阳极液 Na_2SO_4 结晶率：68.43%；

被处理的阳极液 Na_2CO_3 结晶率：52.86%；

硫酸钠晶体中 NaOH 损失率（以被净化阳极液为基数）：2.64%；

吨锑折合金属锑的 NaOH 损失率：9.54kg；

硫利用率：80.87%；

锑回收率：99.19%；

Na_2SO_4 晶体中损失锑：0.036%；

Na_2S 晶体中损失锑：0.46%；

阳极泥中损失锑：0.19%；

浸出渣中损失锑：0.33%；

电流效率：84.05%。

表 9-7 硫酸钠晶体成分

成分	Sb	As	Na_2S	NaOH	Na_2SO_4	Na_2SO_3	Na_2CO_3	$Na_2S_2O_3$
含量/%	0.20	0.0064	0.53	4.99	57.30	0.23	10.15	3.23

试验表明，真空蒸发结晶净化阳极液，控制阳极液内 Na_2SO_4 质量浓度为 45 ~ 50g/L，可以保证阴极液内 Na_2SO_4 质量浓度低于45g/L。该净化工艺过程简单，操作方便，没有上述几种净化方法所存在的缺点，Na_2SO_4 晶体的质量达一级品，而且提高了工业硫化钠的质量，蒸汽消耗量降低，彻底消灭了废渣的危害。此外，由于阳极液的净化，使 Na_2SO_4 的质量浓度控制在 45 ~ 50g/L，减少了 Na_2SO_4 在阳极液循环系统中析出的可能，阳极液流动性变好，给操作带来了方便。

真空蒸发浓缩结晶法净化阳极液，是湿法炼锑工艺中比较理想的电解液净化方法。

9.2.3 碱性浸出液的高压氢还原法

碱性浸出液的电解处理工艺具有阴极锑质量好、金属回收率高等优点，但隔膜电积的操作较复杂，过程中蒸发出来的水带出碱雾，不利于劳动条件的进一步改善。电积过程中部分硫易氧化，难以获得较纯净的工业硫化钠产品，并且耗电也较大。

为克服上述电积过程存在的问题，湖南冶金研究所曾进行过用氢还原的试验工作，并取得了一定的效果。

9.2.3.1 *碱性浸出液氢还原的原理*

硫代亚锑酸钠用氢还原的化学反应式如下：

$$Na_2SbS_3 + 2H_2 + 4NaOH = Sb + 3Na_2S + 4H_2O$$

即在系统中有足够 NaOH 存在，并在一定的温度和压力条件下，Sb(Ⅲ)能被氢气还原为金属锑粉，系统中的硫则转变为硫化钠。

9.2.3.2 *碱性浸出液的氢还原试验*

试验用浮选锑精矿的化学成分为：Sb 47.96%，As 0.25%，S 21.55%，Fe 2.28%，Pb 0.17%。该试验用返回结晶母液(含 Na_2S、NaOH、Sb)浸出精矿，残渣经洗涤后废弃。浸出液和洗水合并，配入氢氧化钠后送管式高压釜进行氢还原，还原后得锑粉和贫锑硫化钠溶液，后者进行冷却结晶，提取结晶硫化钠。试验流程如图 9-17 所示。

该工艺的关键设备为管式高压反应器(或称高压釜)，采用无缝钢管分段焊成，反应器总长 420m。

还原反应的主要技术条件为：

还原前液锑的质量浓度：约 90g/L；

还原反应压力：约 6MPa(60atm)；

还原反应时间：140 ~ 180min(在 420m 长的管式反应器中每次还原 20min，反复进行 7 ~ 9 次)；

还原后液锑的质量浓度：20 ~ 28g/L。

高压氢还原试验与隔膜电解技术经济指标比较见表 9-8。根据试验结果及试验中发现的问题，得出如下结论：

(1)氢还原法产出的硫化钠结晶质量好。锑在晶体硫化钠中的损失主要取决于还原后液中残锑浓度和结晶温度。

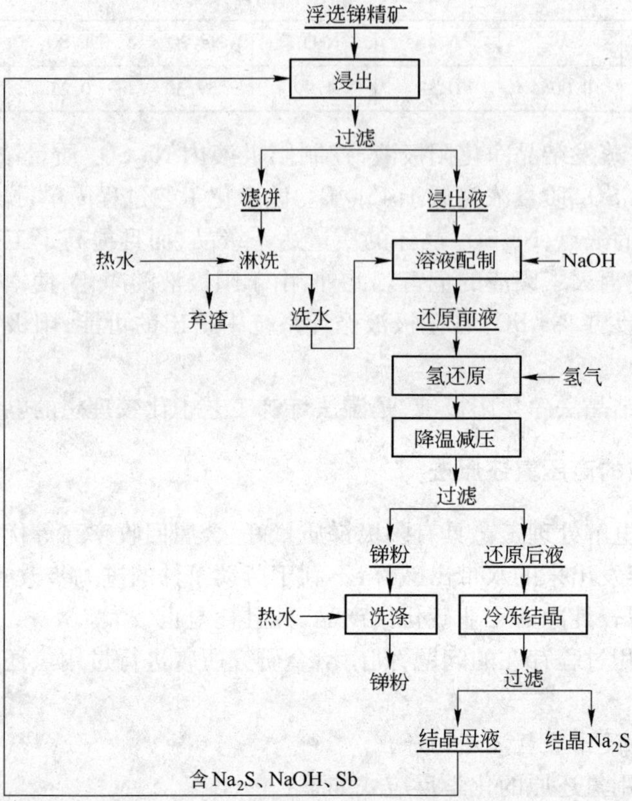

图 9-17　碱性浸出液高压氢还原试验流程

(2)还原后的锑粉铁含量较高。这除与原料组成有关外，主要取决于晶粒的大小及洗涤的程度。

(3)在氢还原过程中，反应管壁黏结锑粉，结疤较严重。

(4)还原速度太慢，需要进一步研究，提高还原速度。

表 9-8　氢还原和隔膜电解技术经济指标比较

项目	氢还原法	隔膜电解法	
浸出部分	锑浸出率：99.71% ~ 99.82% 渣锑含量：0.28% ~ 0.46% 渣中锑总损失：0.18% ~ 0.29%	锑浸出率：99.48% ~ 99.75% 渣锑含量：0.25% ~ 0.88% 渣中锑总损失：0.13% ~ 0.57%	
还原电解部分	氢气还原率：72% ~ 79.2% 还原后液残锑质量浓度：20 ~ 28g/L 锑粉成分/%：Sb 95.67 ~ 98.61，As 0.178 ~ 0.194，S 0.12 ~ 0.42，Fe 0.63 ~ 1.24，Pb 0.005 ~ 0.009	平均电流效率：85.21% 吨锑直流电耗：2107kW · h 电解残液锑质量浓度：10 ~ 15g/L 阴极锑成分/%：Sb 98.2，As 0.15，S 0.175 硫利用率：84.24%	
结晶部分	结晶温度：5.5 ~ 7.0℃ 结晶硫化钠成分/%： Sb 0.4 ~ 0.5，Na_2S 26，Na_2S_2 0.6 ~ 0.7，$Na_2S_2O_3$ 1.05 ~ 1.28，Na_2SO_3 0.38 ~ 0.6，Na_2SO_4 0.19 ~ 1.38，Na_2CO_3 1.07	一次结晶 12℃ 结晶硫化钠成分/%： Sb 0.012，Na_2S 28.5，Na_2S_2 0.39，$Na_2S_2O_3$ 1.0，Na_2SO_3 0.34，Na_2SO_4 1.38，Na_2CO_3 1.88	二次结晶 6℃ 结晶硫化钠成分/%： Sb 0.4，Na_2S 18.9，Na_2S_2 0.65，$Na_2S_2O_3$ 1.02，Na_2SO_3 1.06，Na_2SO_4 12.8，Na_2CO_3 2.26

9.2.4 碱性浸出液的铝还原法

许多金属能将硫代亚锑酸盐中的锑还原沉淀出来,用铝粉还原硫代亚锑酸盐的反应如下:

$$Na_3SbS_3 + 4NaOH + Al \Longleftrightarrow Sb + 3Na_2S + NaAlO_2 + 2H_2O$$

铝置换法所得金属锑呈粉末状,易于澄清从而与溶液分离。在80℃以下时,随着温度的升高,锑的沉淀速度增加,但进一步提高温度,沉淀速度却又减缓。延长过程的时间、提高溶液中硫化钠和氢氧化钠的浓度,可增加锑的还原率。

从理论上讲,每还原1t金属锑需要铝粉约0.222t。实际还原时,金属铝粉的加入量应确保金属铝被完全消耗,否则将造成金属锑粉与铝粉混杂,影响金属锑的质量。

铝还原后的还原后液中会积累铝酸钠,需净化脱铝后才能返回流程使用,净化过程较为复杂。

其他一些金属,如锌和铜等也能从硫代亚锑酸盐中还原出金属锑,但同时会生成这些金属的硫化物沉淀,难以与金属锑粉分离。目前金属还原法尚未在工业上得到应用。

9.3 酸性湿法炼锑

酸性湿法炼锑是在酸性环境下,利用浸出剂浸取硫化锑精矿,再从浸出液制取金属锑或锑白等化工产品的方法。酸性湿法炼锑工艺同样可分为两大工序,即锑精矿的浸出和浸出液的处理。就浸出而言,目前研究较多的是氯化浸出法,该法是在盐酸环境下,用氯气或高价金属氯化物作为浸出剂浸取硫化锑精矿。这类浸出剂实际上是强氧化剂,在浸出过程中,锑精矿中的硫大部分被氧化为元素硫进入浸出渣,而锑则形成可溶性氯化物进入溶液。浸出液的处理有两种方法,一是采用电解沉积法生产金属锑,二是采用中和-水解等方法生产锑白或其他化工产品。本节主要介绍锑精矿的酸性氯化浸出技术及浸出液的电积技术,浸出液的其他处理技术将在后面的相关章节中介绍。

酸性氯化浸出-电积提取金属锑的工艺,具有金属浸出率高、无二氧化硫危害、电积电流效率高、直流电耗低、产品纯度高等优点,但其缺点也很明显,如对设备的防腐要求高、浸出过程的选择性差、浸出液成分复杂、浸出液的净化难度较高以及在电积过程中容易生成爆锑等,因而这种工艺长期以来未能在工业上获得应用。

如果将浸出液进行水解处理,则可利用 Sb^{3+} 发生水解时 pH 值较低,而其他杂质金属离子发生水解时 pH 值较高的特性,控制适宜的水解 pH 值,使锑以氯氧锑的形态先从浸出液中水解沉淀出来,从而实现锑与其他杂质的分离,利用这一特性可生产出合格的湿法锑白产品。

9.3.1 锑精矿的酸性氯化浸出

氯化浸出的浸出剂主要有三氯化铁、五氯化锑或氯气。在盐酸存在时,当这些强氧化性浸出剂与锑精矿作用时,精矿中的大多数金属硫化物转变为相应的金属氯化物,同时硫被氧化为元素硫。精矿中的大多数金属氧化物则与盐酸反应转变为金属氯化物和水。锑精矿浸出后,控制适宜的条件进行固液分离,即得浸出渣和浸出液。用三氯化铁浸出所得的浸出液可用于电解生产金属锑或进行其他处理生产锑白等化工产品,用氯气、五氯化锑浸出所得的浸出液,一般可进行水解处理制取锑白。

9.3.1.1　氯化浸出的原理

以三氯化铁浸出锑精矿的主要反应如下:

$$Sb_2S_3 + 6FeCl_3 = 2SbCl_3 + 6FeCl_2 + 3S^0$$

$$SbCl_3 + Cl^- \longrightarrow SbCl^-$$

有研究表明,锑在浸出液中的主要存在形式是 $SbCl_4^-$ 和 $SbCl_3$ 配合物。浸出过程同时可能发生的反应还有:

$$Sb_2S_3 + 6HCl = 2SbCl_3 + 3H_2S$$

$$H_2S + 2FeCl_3 = 2HCl + 2FeCl_2 + S^0$$

$$As_2S_3 + 6FeCl_3 = 2AsCl_3 + 6FeCl_2 + 3S^0$$

$$FeAsS + 5FeCl_3 = AsCl_3 + 6FeCl_2 + S^0$$

$$PbS + 2FeCl_3 = PbCl_2 \downarrow + 2FeCl_2 + S^0$$

$$ZnS + 2FeCl_3 = ZnCl_2 + 2FeCl_2 + S^0$$

$$SnS + 2FeCl_3 = SnCl_2 + 2FeCl_2 + S^0$$

$$FeS + 2FeCl_3 = 3FeCl_2 + S^0$$

$$Sb_2O_3 + 6HCl = 2SbCl_3 + 3H_2O$$

$$As_2O_3 + 6HCl = 2AsCl_3 + 3H_2O$$

$$Fe_2O_3 + 6HCl = 2FeCl_3 + 3H_2O$$

$$Al_2O_3 + 6HCl = 2AlCl_3 + 3H_2O$$

$$SnO_2 + 4HCl = SnCl_4 + 2H_2O$$

除石英等惰性物质外,锑精矿中的大多数物质均会与浸出剂或盐酸反应,除 $PbCl_2$ 因其溶解度小而进入浸出渣外,其他杂质元素大多进入溶液,因而浸出液的成分很复杂。与碱性浸出相比,酸性氯化浸出的选择性较差,浸出液用于电解时,其净化难度更大。

浸出过程生成的元素硫有少量会被进一步氧化为 SO_4^{2-} 而进入溶液:

$$S^0 + 4H_2O - 6e = SO_4^{2-} + 8H^+$$

由上式可知,提高酸度可抑制元素硫的氧化,同时由于 $SbCl_3$ 很容易水解:

$$SbCl_3 + H_2O = SbOCl \downarrow + 2HCl$$

$$4SbCl_3 + 5H_2 = Sb_4O_5Cl_2 \downarrow + 10HCl$$

因而提高酸度更重要的意义在于抑制 $SbCl_3$ 的水解,但过高的酸度在氧化剂不足时可导致有毒气体硫化氢的逸出:

$$S^0 + 2H^+ + 2e = H_2S$$

因此,酸性氯化浸出过程应保持适宜的盐酸浓度。

以五氯化锑溶液或氯气作为浸出剂的浸出原理与三氯化铁基本相同。这两种浸出剂的优点是避免了向体系中引入杂质金属离子,有利于浸出液的净化。

9.3.1.2　浸出过程的影响因素

酸性氯化浸出属于化学反应和扩散联合控制的过程,影响浸出率的主要因素有:浸出温度、浸出时间和搅拌强度、浸出剂用量(过量系数)和浓度、矿浆液固比、精矿粒度以及盐酸用量等。

A 浸出温度的影响

温度对浸出率的影响较大,温度升高,反应速度加快,有利于减少浸出时间。但温度不宜过高,因为酸性氯化浸出一般是在常压下进行,浸出温度受到矿浆沸点的限制,而且过高的温度对防腐及操作也不利。已有的研究结果表明,采用五氯化锑、三氯化铁或氯气作浸出剂,适宜的浸出温度为90~95℃,在此温度下锑的浸出率可达99%以上。

B 浸出时间的影响

在浸出初期,反应较剧烈,过后则较为平稳,随着时间的延长,浸出率逐渐提高,浸出一定时间后,再延长时间,浸出率无明显变化。用五氯化锑或三氯化铁作浸出剂时,最佳浸出时间约1.5~2.0h,用氯气作浸出剂的最佳浸出时间约3~4h。

C 搅拌强度的影响

搅拌强度对浸出剂及反应产物的扩散有着重要影响,适当提高搅拌强度有利于提高浸出速度,机械搅拌速度一般为200~300r/min。

D 浸出剂用量及浓度的影响

浸出剂的用量一般大于其理论需要量,实际添加量与理论量之比称为过量系数。在一定范围内,浸出剂的过量系数愈大、浓度愈高,锑的浸出率愈高,但过多的浸出剂用量将导致不必要的浪费,并给后续处理工序带来困难。以五氯化锑作浸出剂时,其过量系数约在1.3左右。以三氯化铁作浸出剂时,其过量系数选1.1为宜。以氯气作为浸出剂时,其过量系数约为1.4~1.6。

E 矿浆液固比的影响

降低矿浆的液固比有利于提高设备的处理能力。当固定浸出剂用量时,降低液固比将提高浸出剂的浓度,因此,原则上应选择较低的矿浆液固比,但液固比过低,矿浆黏度增大,不利于浸出。根据浸出剂种类及其他条件的不同,矿浆液固比的选择范围在3~5之间。

F 盐酸用量的影响

在浸出过程中,盐酸的主要作用是防止$SbCl_3$水解,同时能抑制元素硫的氧化。$SbCl_3$在pH值很低时即发生水解,因此浸出液必须保持较高的酸度,但盐酸浓度太大,将增加后续处理工序的难度,且可能产生有毒气体H_2S。盐酸浓度一般应大于1.3 mol/L。

G 精矿粒度的影响

当硫化锑精矿的粒度小于2 mm时,锑的浸出率基本不受粒度大小的影响,但精矿粒度对浸出速度有影响,浸出速度随粒度的减小而增大,粗粒锑精矿的浸出时间要适当延长。锑精矿粒度过细,会给固液分离带来困难,同时在浸出渣的洗涤过程中,细粒渣更易吸附已浸出的锑化合物,增加洗涤难度,造成金属损失,其综合经济效益反而不如粗颗粒精矿的浸出。锑精矿的粒度以控制在1~0.25 mm较合理。

9.3.1.3 浸出剂的再生

用五氯化锑或三氯化铁作浸出剂浸出锑精矿后,高价金属氯化物被还原为相应的低价金属氯化物进入浸出液,为了降低生产成本,循环利用浸出剂,必须对浸出剂进行再生处理。但用氯气作浸出剂时没有再生工序。

三氯化铁在浸出后被还原为$FeCl_2$,使用适当的氧化剂可把Fe^{2+}氧化成Fe^{3+},从而使三氯化铁再生。可使用的氧化剂有空气(氧气)、双氧水、氯气等。

空气氧化的成本较低，但氧化速度较慢，而双氧水的成本较高。氯气是较合适的氧化剂。如果对浸出液进行电解处理生产金属锑，则可利用电解的阳极过程，使 Fe^{2+} 氧化成 Fe^{3+}，从而使三氯化铁再生，这是酸性氯化铁浸出-电积工艺的优势之一。

五氯化锑的再生，一般是将浸出液（主要含 $SbCl_3$）分流出一部分，然后通入氯气，使 $SbCl_3$ 氧化为 $SbCl_5$，再返回浸出工序。

9.3.2 酸性氯化浸出液的电积

到目前为止，仅对三氯化铁作浸出剂的浸出液进行过电积试验工作，简要介绍如下。

锑精矿的三氯化铁浸出-电积的原则工艺流程见图 9-18。

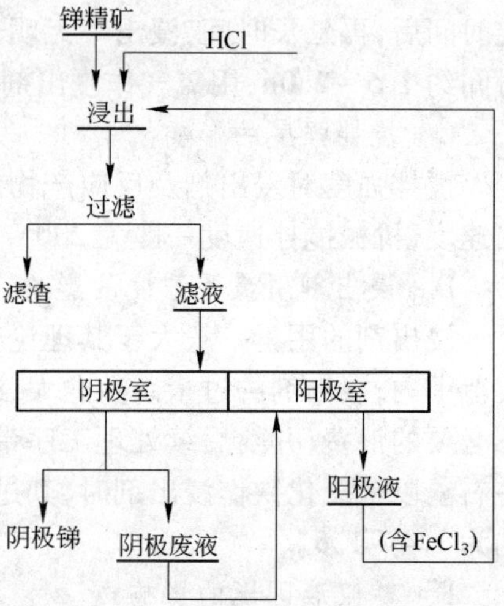

图 9-18 三氯化铁浸出-电积原则工艺流程

酸性氯化浸出液的电积在隔膜电解槽中进行，隔膜材料为阴离子交换膜，阳极材料为石墨，阴极材料可选用钛板或铜板等。阴离子交换膜只允许阴离子透过而不允许阳离子透过，阴离子交换膜可选用聚氯乙烯半均相阴离子交换膜（AM）、聚乙烯均相阴离子交换膜（PEAM）以及过氯乙烯均相阴离子交换膜（MR866）等等，其中上海树脂研究所研制的 MR866 型膜的使用效果较好，能耐 80 ~ 90℃ 的酸性氯盐介质腐蚀，对 Cl^- 的选择透过性较好。

电积时，将浸出液加入电解槽的阴极室，锑在阴极板上析出，阴极废液（含 $FeCl_2$ 及少量 $SbCl_3$）则送入阳极室，通过阳极的氧化作用使 $FeCl_3$ 再生。隔膜的作用是防止 Sb^{3+} 进入阳极室被氧化为 Sb^{5+} 而降低电流效率。

9.3.2.1 阴极过程

电解液（浸出液）加入阴极室，其主要成分是三价锑配离子及 $FeCl_2$。电积时，阴极上发生的主要反应为：

$$Sb^{3+} + 3e \xlongequal{} Sb$$

同时可能发生的副反应还有：

$$Fe^{3+} + e \xlongequal{} Fe^{2+}$$

$$2H^+ + 2e \xlongequal{} H_2$$

三价铁离子还原为二价铁离子的反应比锑的析出反应更易进行，当电解液中存在 Fe^{3+} 时，将降低电解的电流效率，因此在浸出过程中，应控制三氯化铁的过量系数，尽量减少浸出液中 Fe^{3+} 的含量。由于氢在阴极上析出的过电位较高，一般情况下，阴极上不会有氢的析出。

此外 As^{3+}、Pb^{2+} 和 Cu^{2+} 会在阴极上放电析出而影响阴极锑的质量，即：

$$As^{3+} + 3e \xlongequal{} As$$

$$Pb^{2+} + 2e \xlongequal{} Pb$$

$$Cu^{2+} + 2e \xlongequal{} Cu$$

9.3.2.2 阳极过程

连续生产过程中，阳极液为来自阴极室的电解废液，其主要含 $FeCl_2$ 及少量 $SbCl_3$，电积时阳极上发生的主要反应为：

$$Fe^{2+} - e = Fe^{3+} \quad (E^{\ominus} = 0.771V)$$

$$Fe^{3+} + 3Cl^{-} = FeCl_3$$

阳极液中不足的 Cl^- 由阴极室中的 Cl^- 透过阴离子交换膜补充，这样就使三氯化铁得到再生。

阳极区可能发生的副反应还有：

$$Sb^{3+} - 2e = Sb^{5+}$$

$$Sb^{5+} + 5Cl^{-} = SbCl_5$$

$$2Cl^{-} - 2e = Cl_2 \quad (E^{\ominus} = 1.395V)$$

$$2H_2O - 4e = O_2 + 4H^{+} \quad (E^{\ominus} = 1.229V)$$

三价锑离子的氧化将降低阳极的电流效率，即减少了三氯化铁的再生率。因此，仅考虑阳极过程，要求进入阳极室的阴极废液中含 Sb^{3+} 愈低愈好，但是就阴极过程而言，电解液中的 Sb^{3+} 太低，阴极电流效率也会降低，阴极废液中必须保证一定的 Sb^{3+} 浓度。这是一个两难的选择，一般认为阴极废液中的 Sb^{3+} 质量浓度维持在 30g/L 左右较为适宜。阳极区氧化生成的五氯化锑在返回浸出工序时可起到浸出剂的作用。

从标准电极电位来看，Cl^- 比 Fe^{2+} 更难被氧化，故其放电更慢，即使发生 Cl^- 放电，则因为新生的氯具有很强的氧化性，能将 Fe^{2+} 氧化为 Fe^{3+}：

$$Fe^{2+} + Cl = Fe^{3+} + Cl^{-}$$

此外，氧气在石墨阳极上析出的超电位较高，氧气析出的反应一般不会发生，所以阳极过程主要发生 Fe^{2+} 氧化为 Fe^{3+} 的反应而不会析出氯气和氧气。

9.3.2.3 影响电积的主要因素

影响电积的主要因素有初始阴极液中的 Sb^{3+} 和 Fe^{3+} 的浓度、阴极废液中 Sb^{3+} 的浓度、电流密度及温度等。

初始阴极液中的 Sb^{3+} 质量浓度应大于 30g/L，否则会影响电流效率。初始阴极液中 Fe^{3+} 质量浓度则越低越好，一般要求小于 10g/L。

前已述及，阴极废液中 Sb^{3+} 的质量浓度不能过高也不能过低，浓度过高将降低阳极电流效率，浓度过低则影响阴极电流效率。

电流密度过高易生成爆锑，同时容易导致杂质金属在阴极析出，影响阴极锑的质量。阴极电流密度一般要求小于 $300A/m^2$。

提高电解温度有利于降低电解液的电阻，但温度过高会导致氢在阴极上析出并产生酸雾。研究表明，电解温度以 30～45℃为宜。

9.3.2.4 爆锑的成分及生成条件

酸性氯化浸出-电积工艺至今未能在工业上应用，其主要原因之一就是氯化锑水溶液在电解时会析出爆锑。所谓爆锑，是一种呈无定形的产物，当用硬物击打、研磨、接触电火花或者加热到 120℃以上时，会爆炸放热，逸出白烟。很显然，具有这种性质的锑，在工业上不仅无用且有危险。为避免爆锑的形成，前中南矿冶学院曾对爆锑的成分及其形成条件进行了较详细的研究。

爆锑实际上是一种含有氯化物杂质的金属锑,该氯化物的组成为 SbCl,这是一种不稳定的无定形化合物。SbCl 兼有 Sb^+ 和 Cl^- 的某些特性,可以使锑的晶格产生畸变和缺陷,当 SbCl 含量超过一定数值时,会使整个阴极产物呈无定形。这意味着有一个 SbCl 的临界含量,约 3% ~5%,相应地存在着爆锑形成的临界条件。

在低温下,SbCl 为处于介稳状态的化合物。当温度升高时,SbCl 便可能按下列反应分解:

$$2SbCl \longrightarrow Sb + SbCl_2$$

$$SbCl + SbCl_2 \longrightarrow Sb + SbCl_3$$

常温下,爆锑中可能存在微量的 $SbCl_2$ 和 $SbCl_3$,随着 SbCl 的分解,无定形锑结晶,同时放出热量。当温度升高到一定程度,分解反应加快,放出的热量使体系的温度迅速上升。当分解反应和结晶过程以极大的速度发生时,便使 $SbCl_3$ 气化,导致爆炸性的结晶转变。

研究表明,过高的电流密度,高的锑、氢离子浓度、低温和低氯离子浓度以及强烈搅拌,均有利于爆锑的形成,反之,则可避免形成爆锑。影响爆锑形成的最重要因素是温度和电解液中锑离子的浓度。

当电解液中的锑离子浓度不同时,存在一个爆锑生成的最高温度。当温度高于此“最高温度”时,则不会生成爆锑,该温度称为爆锑形成的临界温度。不同锑离子浓度所对应的临界温度见表 9-9。

表 9-9　不同锑离子浓度下爆锑形成的临界温度

Sb^{3+} 质量浓度/$g \cdot L^{-1}$	70	80	90	100	115	130
临界温度/℃	32.5	35.8	38	40	41.8	43.5

只有在临界温度附近,电流密度的影响才能体现出来。在 $FeCl_3$-HCl 浸出液制备的电解液中,氯离子浓度和酸度对爆锑形成的影响可以忽略。当氯离子浓度较低时,其影响才较显著。在实际电积过程中,只要将电解液的温度保持在阴极液起始锑浓度所对应的临界温度以上 3 ~5℃,则可以避免爆锑的形成。

9.3.3　锑精矿的氟硅酸铁浸出法

酸性氯化浸出法处理含铅锑精矿(如脆硫锑铅精矿)时,矿石中的铅以 $PbCl_2$ 的形式进入浸出渣,需要另外对浸出渣进行处理以回收其中的铅,这增加了工艺的复杂性。为了简化处理工艺,实现锑铅的同时提取,昆明理工大学采用氟硅酸铁作浸出剂进行了脆硫锑铅精矿的浸出试验研究。

$PbSiF_6$ 在水中的溶解度比 $PbCl_2$ 要大得多,能满足电解沉积的要求,可在阴极同时提取锑和铅,克服了氯化浸出法的缺点,该法有可能成为一种新的湿法炼锑方法。

9.3.3.1　浸出剂的制备及浸出体系的组成

浸出剂可用黄色氧化铅 + 工业氟硅酸 + 硫酸铁晶体制备,先将氧化铅溶于氟硅酸,再加入硫酸铁,反应式为:

$$PbO + H_2SiF_6 = PbSiF_6 + H_2O$$

$$3PbSiF_6 + Fe_2(SO_4)_3 = Fe_2(SiF_6)_3 + 3PbSO_4\downarrow$$

滤去硫酸铅沉淀，即可制得浸出剂溶液。该方法制备的浸出剂中，Fe^{3+}的浓度较高，可通过调整氟硅酸的浓度控制Fe^{3+}的浓度。浸矿石时需补加适量的氟硅酸以维持一定的酸度，浸出体系的一般组成为：Fe^{3+}质量浓度44.1g/L，游离氟硅酸质量浓度25.3 g/L，Pb^{2+}质量浓度2.9g/L。

9.3.3.2 脆硫铅锑矿的浸出机理

在$Fe_2(SiF_6)_3$-H_2SiF_6体系中浸出脆硫锑铅矿，可能存在两种浸出机理：

(1)铁离子对脆硫锑铅矿的氧化：

$$Sb_6Pb_4FeS_{14} + 28Fe^{3+} = 6Sb^{3+} + 4Pb^{2+} + 29Fe^{2+} + 14S^0$$

(2)脆硫锑铅矿的非氧化酸溶：

$$Sb_6Pb_4FeS_{14} + 28H^+ = 6Sb^{3+} + 4Pb^{2+} + Fe^{2+} + 14H_2S$$

生成的H_2S再被溶液中的Fe^{3+}氧化为元素硫：

$$2Fe^{3+} + H_2S = 2Fe^{2+} + 2H^+ + S^0$$

在试验过程中没有觉察到H_2S气体的放出，而且体系的酸度不是很高，因此可以认为Fe^{3+}的氧化机制在脆硫铅锑矿精矿的溶解中起着主要作用。

9.3.3.3 浸出工艺流程

用氟硅酸铁浸出剂从脆硫铅锑精矿中选择性提取铅和锑，在试验室的研究取得了阶段性成果。氟硅酸铁能从脆硫铅锑精矿中浸出提取铅和锑，用这种浸出方法从含铅、锑的复杂硫化矿中提取生产铅和锑的工艺流程见图9-19。

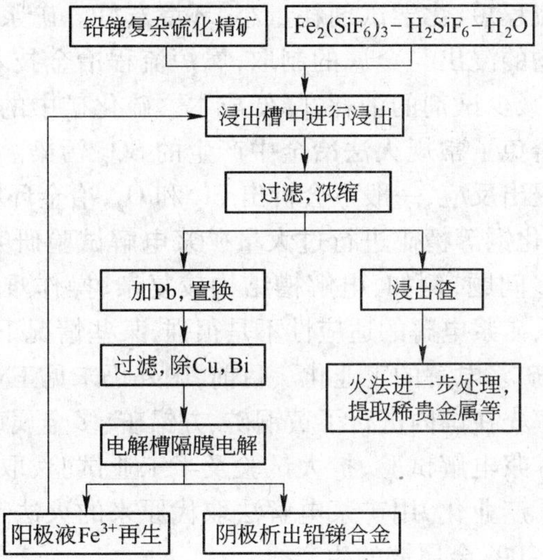

图9-19 氟硅酸铁浸出锑铅精矿的工艺流程

脆硫铅锑精矿首先用氟硅酸铁溶液浸出，浸出矿浆进行浓缩和洗涤。含单质硫和贵金属的浸出渣作进一步处理。含有溶解的铅、锑和氟硅酸的浸出液可以通过加入铅粉置换铜和锡。净化液送隔膜电解槽电解提铅锑合金。在电解阶段，铅和锑离子在阴极沉积，析出铅锑固溶体合金，而浸出液中的亚铁离子在阳极被氧化而再生氟硅酸高铁溶液，返回浸出。

9.3.3.4 浸出试验结果

$Fe_2(SiF_6)_3$-H_2SiF_6 体系可以较好地浸出脆硫铅锑矿精矿，当浸出温度为 50～66℃时，在 12 个小时的浸出时间内，铅和锑可同时溶解在溶液中，铅的溶出率为 78%，锑的溶出率为 94%。由于硫化锑浸出时，有部分 S 被氧化为 SO_4^{2-}，在应用该体系浸出脆硫铅锑精矿（铅锑复合精矿）时，铅可能生成 $PbSO_4$ 沉淀而留在渣中，造成铅的溶出率难以提高。试验结果表明，浸出液需要维持一定的酸度，Fe^{3+} 的浓度不可过高，矿石的粒度对浸出速率有明显的影响。在该体系中，浸出脆硫铅锑精矿的优化条件为：

(1) Fe^{3+} 的质量浓度范围为 35～50g/L；

(2) 游离 H_2SiF_6 的质量浓度范围为 25～130g/L；

(3) 浸出温度为 50～65℃；

(4) 精矿粒度控制在 -300 目（-0.047mm）以下，浸出时间为 12 个小时左右。粒度增大，浸出时间相对延长；

(5) 矿浆密度为 45～70g/L。

9.4 锑精矿的矿浆电解法

矿浆电解（slurry electrolysis）是将湿法冶金通常包含的浸出、溶液净化、电积等过程结合在一个装置中进行，向这个装置中加入磨细了的矿石或精矿，直接从这个装置中产出产品。矿浆电解的实质是利用电积过程的阳极氧化反应来浸出矿石，即用矿石的浸出反应来取代电积过程的阳极反应，使通常电积过程阳极反应大量耗能转变为金属的有效浸出。矿浆电解发展的历史并不长，较明确地提出矿浆电解的概念是在 20 世纪 70 年代。

矿浆电解的优点是流程短、化学试剂耗量小、环境友好。矿浆电解是在一个装置、一个步骤中同时完成金属矿物的浸出与金属的制取，属短流程冶金技术。电解处理后分离出的液体可返回使用，有利于减少试剂的消耗，降低成本。硫化矿中的硫经矿浆电解后，主要转化为元素硫，便于处置，避免了常规火法冶金中产生的 SO_2 污染。同时，阳极区的总过程主要为金属硫化物的氧化浸出反应，一般不会析出 Cl_2 和 O_2，冶金环境友好。

国外曾对硫化铅、硫化铜等精矿进行过大量矿浆电解试验研究，取得了一系列成果，但在工程化方面还存在很多问题，例如，电解槽结构较复杂、操作难度较大、浸出反应速度缓慢、反应时间长等。此外，矿浆电解的适应性不是很强，某些情况下的生产成本很高，缺乏竞争优势，这些问题阻碍了矿浆电解的工业化。目前，国外仍未见工业化规模生产的报道。

北京矿冶研究总院率先在国内进行了黄铜矿、方铅矿、多金属硫化矿、含金银的铜铅矿、铋矿及废杂铜等物料的矿浆电解试验、扩大试验及半工业试验，取得了良好的试验指标，并首先在湖南柿竹园实现了产业化，用矿浆电解法取代原来的火法工艺，从辉铋矿中提取铋，并于 1996 年建成了年产 200t 金属铋的生产线。

在锑精矿的矿浆电解研究方面，昆明理工大学、贵州工业大学、北京矿冶研究总院及广东工学院等曾进行了大量研究，但目前尚未进入工业化生产。

9.4.1 矿浆电解的一般原理

矿浆电解的一般过程是直接对由适当的电解质溶液和硫化矿精矿组成的矿浆进行电解处理。电解槽用渗滤性隔膜将阳极区和阴极区分隔，矿浆加入阳极区并进行搅拌以保证精矿悬浮,矿物中的金属在阳极区溶解后,透过隔膜进入阴极区并在阴极上析出。阳极一般用石墨制作。阴极除可用石墨制作外,还可用钛板、铅板或铜板制作。隔膜可由石棉或合成纤维制成,或可根据工艺需要采用离子交换膜。图 9-20 为矿浆电解的原则工艺流程,矿浆经电解处理后,在阴极获得金属粉末或金属片。阳极区的浸出产物进入固液分离作业,液体返回电解槽,固体渣则视其是否还含有价金属,或丢弃或进一步处理以回收其中的金属。

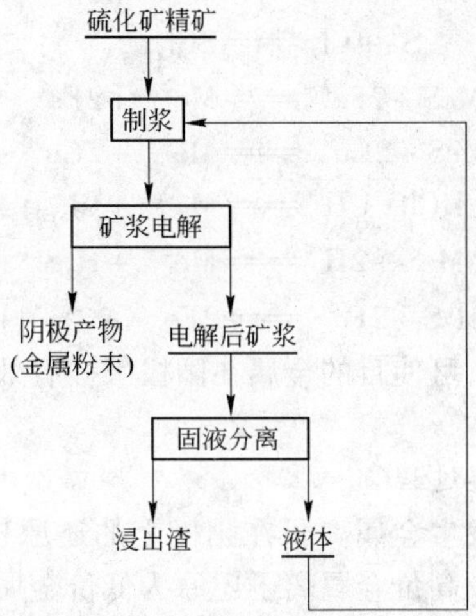

图 9-20 矿浆电解原则工艺流程

采用阴离子交换膜作隔膜时,阳极区浸出产物进行固液分离后,渣按常规方法处理,液体则送入阴极区电积,在阴极上可获得锑片。

矿浆电解的电解质溶液(矿浆介质)大多选用盐酸-氯盐溶液。常用的介质有 $NaCl + HCl$ 水溶液、$CaCl_2 + HCl$ 水溶液及 $NH_4Cl + HCl$ 水溶液等。其原因主要有以下几点:

(1)大多数金属氯化物的溶解度较大。

(2)Cl^- 与金属离子的配合能力很强,Cl^- 能与很多金属离子生成配合物,使溶液中游离的金属离子浓度大大降低,这会使各种难溶金属硫化物的溶解度随 Cl^- 浓度的增大而明显升高,使硫化物的浸出更易于实现。

(3)Cl^- 对电极过程有活化作用。电化学的研究表明,Cl^- 对大多数金属电极体系的阳极过程与阴极过程有显著的活化作用,这种活化作用能加速硫化矿物的溶解,例如黄铜矿在 $FeCl_3$ 溶液中的浸出速率比在 $Fe_2(SO_4)_3$ 溶液中高很多。

9.4.1.1 阳极区矿浆电解过程

矿浆电解的阳极区主要发生阳极上的氧化反应(电子受主为阳极的电极过程)及溶液中的化学反应(电子受主为溶液中物质的非电极过程)两种过程。

阳极上可能发生的反应主要有金属硫化矿颗粒和溶液中各种物质的阳极氧化(浸出反应)反应:

$$Me_mS_n - 2ne = mMe^{(2n/m)+} + nS^0$$

$$Fe^{2+} - e = Fe^{3+}$$

$$2Cl^- - 2e = Cl_2$$

$$H_2S - 2e = 2H^+ + S^0$$

$$2H_2O - 4e = O_2 + 4H^+$$

$$S^0 + 4H_2O - 6e = SO_4^{2-} + 8H^+$$

由于氧气在石墨阳极上析出的超电位较高,所以氧气析出反应发生的可能性不大。

阳极区溶液中,可能发生的化学反应主要包括各种氧化剂对金属硫化矿的化学氧化以及矿物的酸溶反应,例如:

$$Me_mS_n + nCl_2 = mMeCl_{2n/m} + nS^0$$

$$S^0 + Cl_2 = SCl_2$$

$$MeS + 2Fe^{3+} = Me^{2+} + 2Fe^{2+} + S^0$$

$$MeS + 2Cu^{2+} = Me^{2+} + 2Cu^+ + S^0$$

$$MeS + HClO + H^+ = Me^{2+} + Cl^- + H_2O + S^0$$

$$MeS + 2H^+ = Me^{2+} + H_2S$$

$$H_2S + 2Fe^{3+} = 2Fe^{2+} + 2H^+ + S^0$$

通过控制适宜的工艺条件,可使目的金属在阳极区被有效浸出,同时尽可能提高过程的选择性。

9.4.1.2　阴极区矿浆电解过程

矿浆电解的阴极区,主要发生金属离子在阴极上的还原析出反应及其他离子在阴极上的还原反应,包括氢气的析出及高价金属离子还原为低价金属离子等,如:

$$Me^{n+} + ne = Me$$

$$2H^+ + 2e = H_2$$

$$Fe^{3+} + e = Fe^{2+}$$

$$Cu^{2+} + e = Cu^+$$

目的金属的析出是主要反应,其他副反应可能造成电解的电流效率降低,选择恰当的工艺条件可降低副反应发生的概率。

9.4.2　辉锑矿的矿浆电解试验

贵州工业大学曾采用高品位锑精矿进行矿浆电解试验研究。对浸出过程的影响因素、电解能耗的影响因素及浸出机理等进行了考察。

9.4.2.1　工艺流程

试验所用试料为辉锑矿,系贵州产辉锑矿的浮选精矿和富锑块矿。试料粒度小于0.088mm。锑精矿中的主要矿物为辉锑矿,此外,还含有石英、黄铁矿、砷黄铁矿、方铅矿、辉铜矿、闪锌矿、黏土等。试料的化学成分见表9-10。

表9-10　试料的化学成分

元　素	Sb	As	Pb	Cu	SiO_2	Fe	Zn	S
锑精矿/%	58.47	0.15	0.25	0.035	6.65	3.37	0.003	26.01
锑块矿/%	1.70	0.075	0.0057	0.0059	37.35	1.17	0.001	16.43

矿浆电解槽用呋喃玻璃钢制作,用阴离子交换膜将电解槽隔为阴阳两个电极室,容积各为1L。阳极室装有搅拌器和加热器。阳极材料为石墨,阴极材料选用铜板或钛板。浸出剂用工业盐酸、食盐和返回的阴极液配制。每次投矿量100g。阴极液为阳极室的浸出液,用高

位槽循环，并根据需要调整浓度和流速。阴极室电积条件为 Sb^{3+} 质量浓度大于 80g/L，电流密度 500 ~ 600A/m²。

矿浆电解试验的工艺流程如图 9-21 所示。

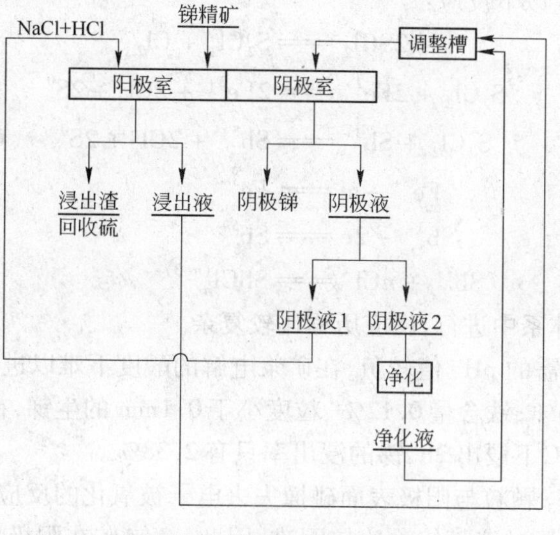

图 9-21 辉锑矿矿浆电解试验工艺流程

9.4.2.2 影响辉锑矿浸出率的因素

固定液固比为 8 ~ 10，通入电量为理论电量的 1.0 ~ 1.2 倍，试验考察了温度、酸度和氯离子浓度对浸出率的影响，得出了反映浸出率 y 与浸出温度 x_1、酸度 x_2 和氯离子浓度 x_3 关系的一次回归方程为：

$$y = 85.57 + 7.81x_1 + 1.55x_2 + 2.75x_3$$

由上式可知，影响浸出率的主要因素依次是温度、氯离子浓度和酸度。试验得出锑精矿最佳浸出条件为温度 70 ~ 85℃，盐酸浓度为 2 ~ 3mol/L，氯离子浓度 4 ~ 6mol/L。当温度降到 60℃以下时，浸出率则降至 70% 以下。

9.4.2.3 阳极室浸出反应机理

辉锑矿的矿浆电解，需要较高的酸度和氯离子浓度以保持浸出的锑在溶液中的稳定性，试验条件下阳极电位达到 1.39V 就有氯气析出，这有别于在低酸度下石墨阳极上析出氧气，因此，辉锑矿在阳极室被浸出的化学反应主要有如下类型：

(1) 直接酸溶

$$Sb_2S_3 + 2H^+ + 2H_2O = 2SbO^+ + 3H_2S$$

$$pH^{\ominus} = -5.73 \qquad (9\text{-}1)$$

(2) Sb_2S_3 颗粒直接在石墨阳极上放电

$$Sb_2S_3 - 6e = 2Sb^{3+} + 3S^0$$

$$E^{\ominus} = 0.51V \qquad (9\text{-}2)$$

(3) Sb_2S_3 颗粒直接被石墨阳极上新生的氯氧化

$$Sb_2S_3 + 3Cl_2 = 2SbCl_3 + 3S^0 \qquad (9\text{-}3)$$

(4) Sb_2S_3 颗粒被溶液中的高氧化态离子 Fe^{3+}、Sb^{5+}、ClO^- 等氧化

$$Sb_2S_3 + 6Fe^{3+} = 2Sb^{5+} + 6Fe^{3+} + 3S^0 \quad (9\text{-}4)$$

$$Sb_2S_3 + 3Sb^{5+} = 5Sb^{3+} + 3S^0 \quad (9\text{-}5)$$

$$Sb_2S_3 + 3ClO^- + 6H^+ = 2Sb^{3+} + 3Cl^- + 3H_2O + 3S^0 \quad (9\text{-}6)$$

阳极室还可能发生以下反应：

$$2SCl_2 = S_2Cl_2 + Cl_2 \quad (9\text{-}7)$$

$$S_2Cl_2 + 2Fe^{2+} = 2Fe^{3+} + 2Cl^- + 2S^0 \quad (9\text{-}8)$$

$$S_2Cl_2 + Sb^{3+} = Sb^{5+} + 2Cl^- + 2S^0 \quad (9\text{-}9)$$

$$Fe^{2+} - e = Fe^{3+} \quad (9\text{-}10)$$

$$Sb^{3+} - 2e = Sb^{5+} \quad (9\text{-}11)$$

$$Sb^{3+} + nCl^- = SbCl_n^{(n-3)-} \quad (9\text{-}12)$$

上述反应在多相体系中进行，反应历程比较复杂。

反应(9-1)由于所需的 $pH^{\ominus}$ 值较负，在矿浆电解的酸度下难以进行。试验测定了锑含量70.68%、硫含量27.15%、铁含量0.12%、粒度小于0.1mm的生锑，在2.5mol/L的盐酸中的溶解情况。在70～75℃下浸出2h，锑的浸出率只有2.38%。

反应(9-2)是 Sb_2S_3 颗粒与阳极表面碰撞失去电子被氧化的反应。由于 Sb_2S_3 颗粒和石墨表面会有液膜，电子通过液膜传输比较困难，因此，辉锑矿在阳极上直接被电氧化浸出的可能性很小。

反应(9-3)是 Sb_2S_3 被石墨阳极上新生的氯氧化的反应，实际上包含了溶解氯及产生次氯酸的反应，反应发生的概率较大，反应产生的 SCl_2 会按式(9-7)分解成 S_2Cl_2。S_2Cl_2 的氧化还原电位较高（$E^{\ominus} = 1.23V$），会按式(9-8)、式(9-9)将 Fe^{2+} 和 Sb^{3+} 及其他还原态离子氧化成高价并释放出元素硫，因此，反应式(9-8)、式(9-9)可能是辉锑矿被浸出的主要反应，即中间产物 SCl_2 离开 Sb_2S_3 矿粒表面发生歧化反应，再被溶液中的低价离子还原成元素硫。浸出渣的透射电镜照片表明，残留的辉锑矿粒表面没有硫膜，大量单质硫呈树枝状结晶存在，这与上述结论是一致的。

试验测定了电解过程中槽电压和阳极液电位的变化情况，结果如图9-22所示。

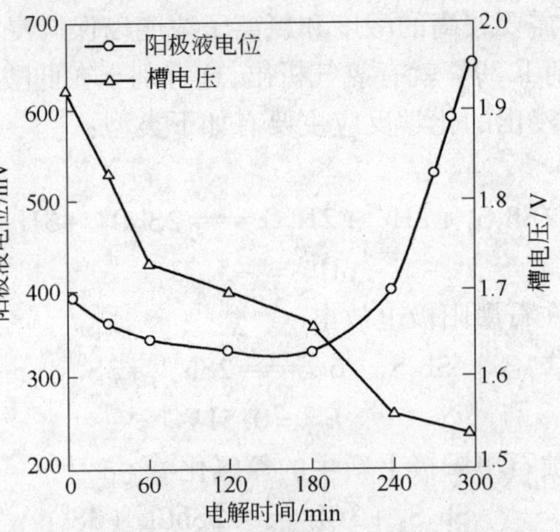

图9-22　槽电压和阳极液电位随电解时间的变化

由图9-22可知,随着电解的进行,阳极液电位逐渐升高,槽电压逐渐下降,电解3h以后,阳极液电位急剧上升,表明锑的浸出反应基本完成,溶液中的Sb^{3+}和Fe^{2+}浓度增高,会与Cl^-争相在阳极上放电而被直接氧化成高价离子。正是由于Sb^{3+}和Fe^{2+}直接在阳极上放电,因其放电电位比Cl^-低而引起槽电压呈下降趋势,因此,反应(9-4)、(9-5)对辉锑矿的浸出可能到后期才会逐渐发挥作用。反应(9-4)、(9-5)产生的单质硫之所以没有在矿粒表面形成硫膜,可能是按式(9-6)生成SCl_2的缘故。已有研究证实,SCl_2的生成是用Cl_2浸出锑精矿制取锑酸钠工艺中造成产品染色的原因。配合反应(9-12)使Sb^{3+}浓度降低,有利于反应(9-3)的进行和保持锑在溶液中的稳定。

综上所述,辉锑矿在矿浆电解阳极室中被浸出的机理主要是溶液中新生氯的化学溶解作用,主反应是Sb_2S_3与溶解氯的作用,SCl_2是反应的中间产物,S_2Cl_2的氧化作用是主要的反应,高价离子Fe^{3+}和Sb^{5+}对辉锑矿的浸出是在电解过程的后期才逐渐发挥作用的。

9.4.2.4　影响矿浆电解能耗的因素

辉锑矿矿浆电解试验表明,槽电压仅稍高于电解池理论分解电压1.26V,远低于碱性锑电积的槽电压2.7~3.0V。这是由于电解液温度、H^+和Cl^-浓度都较高、膜电阻较小、Cl^-的透过性能好,使得电解液和膜的电压降都较低的缘故,因此,影响能耗的主要因素是阴极电流效率。

阴极液(阳极室的浸出液)主要含Sb^{3+},其氧化还原电位$E^{\ominus}=0.1V$,更正电性的杂质主要是Cu^{2+}($E^{\ominus}=0.345V$)和As^{3+}($E^{\ominus}=0.24V$)。Cu^{2+}和As^{3+}积累到一定浓度后会在阴极析出,使阴极电流效率降低并使阴极锑的质量下降。阴极液中的Sb^{5+}也会在阴极上放电还原为Sb^{3+},从而降低电流效率。经测定,阳极液中Sb^{5+}的含量占Sb总量的5%~10%,若直接引入阴极室电积,阴极电效将下降2%~5%,此外,溶液中的Fe^{2+}在电解过程中会积累,当阴极液中的Fe^{2+}浓度升高到一定程度后,也会造成阴极锑产品铁含量的增加。

提高阴极电积电流效率的方法主要分为两种,一种是将阴极液中Sb^{3+}的质量浓度提高到80~120g/L,并用锑精矿还原浸出液,尽量降低其中Sb^{5+}的含量;另一种是定期让Cu^{2+}、As^{3+}和Fe^{2+}开路清除。试验证明,采用还原蒸馏的方法除砷较好。铜和铁的清除可采用简单易行的水解法,所得SbOCl可直接用于调整阴极液的Sb^{3+}浓度。采用这些措施后所进行的全流程试验结果表明,阴极电流效率均大于95%,高于不用离子交换膜的$SbCl_3$溶液电积指标。阴极锑的锑含量大于99.5%。

9.4.2.5　爆锑问题

$SbCl_3$溶液电积,需避免爆锑生成。该试验由于阳极室浸出温度需维持70~90℃,相应阴极室温度为50~65℃,远高于相应Sb^{3+}浓度下生成爆锑的临界温度,因此,自身的工艺条件即避免了爆锑的生成。即便为提高产出率而采用高电流密度($825A/m^3$),试验仍能得到正常锑。

9.4.2.6　离子交换膜和阴极的材料

试验考察过几种国产阴离子交换膜,以上海树脂研究所研制的MR866阴膜效果最好。该膜的主要优点是Cl^-的选择性透过率高,且电阻低,因而膜电压降较小。同时,该膜可耐高酸和高温且强度高,一张膜的间断使用寿命可达750h左右。聚砜季铵阴膜S203也可使用,但强度稍差。

试验证实,不锈钢、铜、钛都适合作为酸性氯盐介质矿浆电解的阴极材料,而采用钛板作阴极材料，有耐腐蚀和阴极锑易剥离的优点。

9.4.3　复杂锑铅矿的矿浆电解试验

我国广西有着丰富的锑、铅、锌、锡共生矿，其中的主要含锑矿物为脆硫锑铅矿，这类矿石无法通过选矿实现锑铅分离，只能获得锑铅精矿。

锑铅精矿的冶炼工艺非常复杂，通常是将锑铅精矿经沸腾炉焙烧脱硫，焙砂配料二次烧结后，采用鼓风炉还原熔炼产出铅锑合金。铅锑合金再经反射炉吹炼，得到锑氧粉和底铅。锑氧粉经反射炉还原熔炼再精炼生产2号精锑，底铅（Pb含量大于80%）经硅氟酸铅电解后生产1号电铅，白银被富集在铅阳极泥中回收。该工艺不仅流程长、能耗高、消耗大、金属回收率低、成本高，而且生产环境差，产出的烟气 SO_2 含量低（约1%），难以治理而直接排放，污染环境严重。

为了寻求合理的锑铅精矿冶炼工艺，我国学者进行了大量研究工作，其中昆明理工大学的矿浆电解研究较为深入，分别进行了不同电解槽容积的大量试验。试验中，电解槽用石墨作阳极，钛材作阴极，阴极室和阳极室用隔膜隔开。简要介绍如下。

9.4.3.1　*锑铅精矿原料的性质*

试验使用的原料系广西河池地区的锑铅精矿。原料中除富含铅、锑、铁等金属元素外，还含有锌、铜、锡、砷以及银、铟、镉等，其主要元素化学分析结果见表9-11。

表9-11　锑铅精矿主要化学成分

元素	Sb	Pb	Fe	Zn	Cu	Sn	S	Cd	CaO	MgO	SiO_2	Al_2O_3	As	Mn	C	In
含量/%	23.40	27.12	12.10	2.12	0.014	0.15	23.61	0.022	1.68	0.040	1.68	0.050	0.70	0.12	0.69	0.010

锑铅精矿主要是由脆硫锑铅矿、黄铁矿、磁黄铁矿及少量闪锌矿、方铅矿、硫锑铁矿、银黝铜矿、锑银矿等组成，其中脆硫锑铅矿含量高达59.09%，是精矿中最主要的矿物。脉石矿物主要为石英。

电子探针波谱进行的定点微区分析表明，物料中的脆硫锑铅矿基本接近标准的 $Pb_4FeSb_6S_{14}$ 结构，其他金属矿物的元素组成也比较接近标准矿物，其中闪锌矿平均铁含量10%，属铁闪锌矿，黝铜矿银含量高达22%，为典型的银黝铜矿。

矿物中的铅主要富集在脆硫锑铅矿和方铅矿中。脆硫锑铅矿铅含量为23.73%，占总铅含量的87.66%；方铅矿铅含量为2.11%，占总铅含量的7.79%。

矿物中的锑主要富集在脆硫锑铅矿和硫锑铁矿中。脆硫锑铅矿锑含量为16.96%，占总锑含量的72.72%，是最主要的含锑矿物；硫锑铁矿锑含量为4.23%，占总锑含量的18.15%。

矿物中的铁主要以黄铁矿、磁黄铁矿的形式存在。黄铁矿、磁黄铁矿和脆硫锑铅矿中的铁分别占总铁量的41.98%、28.35%和13.22%。

精矿中的主要含银矿物为银黝铜矿。锑银矿、银黝铜矿部分呈单体，部分与脆硫锑铅矿连生或呈细粒包体。单体及裸露连生体的银黝铜矿和锑银矿总银含量为300g/t，占精矿总银含量的47.47%；脆硫锑铅矿包裹的银黝铜矿以及呈类质同象存在的银总计293g/t，占精矿总银含量的46.36%。

精矿中的主要富砷矿物为砷黄铁矿，个别黄铁矿中固溶有少量的砷。

黄锡矿是精矿中最主要的含锡矿物，其次为锡石，其他的含锡矿物极少。

9.4.3.2 金属提取方案、浸出体系及工艺流程选择

脆硫锑铅矿的组成较复杂，对其热力学性质，目前研究得较少，有关它的热力学数据也很难查到。鉴于脆硫锑铅矿的组成可以分解为 $3Sb_2S_3 \cdot 4PbS \cdot FeS$，故以下关于脆硫锑铅矿的讨论将主要参考 Sb_2S_3 和 PbS 的热力学性质。

A 金属提取方案的选择

复杂锑铅矿的矿浆电解，可供选择的金属提取方案有：

(1)锑铅同时提取方案，即锑铅在阳极区被浸出的同时，在阴极也同时得到锑铅合金，再经火法或湿法冶金分离锑、铅。

(2)锑优先提取方案，一步实现锑、铅的分离。通过控制适宜的条件，优先浸出锑，实现矿浆电解对锑的选择性提取和锑、铅的一步分离。

(3)铅优先提取方案。通过适宜条件的控制，优先浸出铅，实现矿浆电解对铅、锑的一步分离。

为此开展了一系列的试验研究，分述如下。

a 锑铅同时提取方案

锑盐在水溶液中极易水解转化为不溶性沉淀，因此锑矿的酸性提取体系，大都采用较高的酸度来防止其水解，以利于锑的浸出。但由于铅的标准电位为负电位（Pb^{2+}/Pb 标准电位为 -0.126V），而锑的标准电位为正电位（Sb^{3+}/Sb 标准电位为 0.21V），在酸度较高时，铅不易在阴极析出，因此，为了实现锑铅的同时提取，应选择锑、铅溶解度均较高的浸出体系。

方铅矿析出元素硫的平衡 pH 值上限为 -2.34，下限为 -5.54，当 pH 值大于 -2.34 时，硫化物中的硫有可能氧化成 HSO_4^- 或 SO_4^{2-}。事实上，由于动力学的原因，绝大多数的硫仍以单质形态产出。也就是说，矿浆电解时，析出的元素硫会有少数被氧化为 HSO_4^- 或 SO_4^{2-}，因此被浸出的铅不可避免地会以 $PbSO_4$ 的形态沉淀入渣，导致铅有效浸出率的降低。为了避免 $PbSO_4$ 的形成，选取了以下几种浸出体系，并分别进行了探索试验。

(1) $CaCl_2 + H_2SiF_6 + HCl$ 浸出体系。由于 $CaSO_4$ 的溶度积较 $PbSO_4$ 的小，因此，当体系中在有足量的 Ca^{2+} 存在时，就可以避免 $PbSO_4$ 的形成，有关的资料也证实了这一点。

加入硅氟酸，是为了进一步提高铅的溶解度。

试验中发现，当加入硅氟酸时，氯化钙溶液中有絮状物生成，矿浆电解后，渣的过滤很困难，渣含水量很高。在保持锑 + 铅的理论电量时，锑浸出率为 88.29%，铅浸出率为 84.32%。

(2) $CaCl_2 + Pb(NO_3)_2$ 浸出体系。在该体系中，当 $CaCl_2$ 的质量浓度为 400g/L 时，铅的溶解度在 25℃时，可以高达 37g/L。试验中发现，在停止搅拌后，阳极区有大量的气泡放出；用阴极液冲洗阳极炭棒时，有大量棕色浓烟生成，这可能是 NO_3^- 被 Fe^{2+} 分解所致。

(3) $CaCl_2 + Pb(C_2H_3O_2)_2$ 浸出体系。$Pb(C_2H_3O_2)_2 \cdot 3H_2O$ 易溶于水，因此采用 $CaCl_2 + Pb(C_2H_3O_2)_2$ 浸出体系，有可能较大幅度地提高铅在该体系中的溶解度。$Pb(C_2H_3O_2)_2 \cdot 3H_2O$ 在质量浓度为 400g/L 的 $CaCl_2$ 溶液中的溶解度测定结果如图 9-23 所示。

由图 9-23 可知，$Pb(C_2H_3O_2)_2 \cdot 3H_2O$ 在 $CaCl_2$ 溶液中有较高的溶解度，基本可满足锑、铅同时提取的要求。为验证 SO_4^{2-} 对该体系中铅的浸出不产生影响，在 $CaCl_2$ 的质量浓度为

400g/L、$Pb(C_2H_3O_2)_2 \cdot 3H_2O$ 的质量浓度为 42g/L 的溶液中加入 2mL 浓 H_2SO_4，测定生成沉淀物的铅含量。经分析，沉淀物中的铅含量小于 0.5%，说明 $CaSO_4$ 优先于 $PbSO_4$ 而沉淀，SO_4^{2-} 在该体系中，对铅的浸出基本不产生影响。

探索试验发现，由于该体系的酸度较低，矿浆电解时，复杂锑铅矿很难被分解，在保持锑 + 铅的理论电量时，铅、锑的浸出率约为 60%。

因此，锑铅同时提取方案较难实现。这在盐酸-氯化钠和盐酸-氯化钙体系中进行的探索试验也证实了这一点。

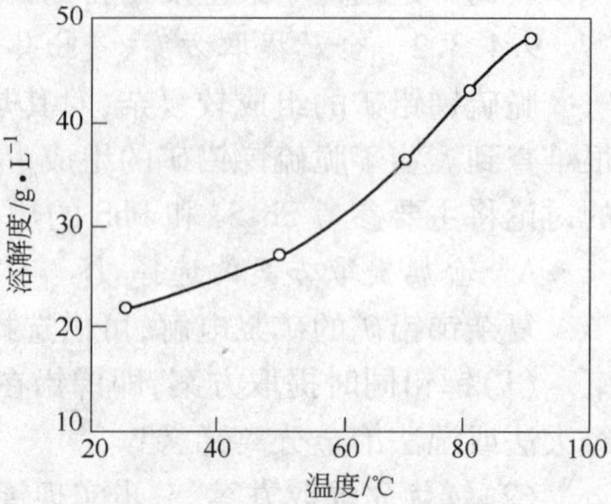

图 9-23　$Pb(C_2H_3O_2)_2 \cdot 3H_2O$ 在 $CaCl_2$ 体系中的溶解度

（$CaCl_2$:400g/L;pH = 4）

b　铅优先提取方案

锑盐易水解，因此从理论上讲，可以通过对浸出体系酸度的控制，使锑不被浸出或浸出后重新水解入渣，以实现铅的优先提取。但探索试验表明，在溶液 pH 值低于 1 时，即便通入几倍于锑铅氧化所需理论量的电量，铅的浸出率依然较低，仅 70% 左右，因此铅优先提取方案无法实现。

c　锑优先提取方案

如前所述，金属铅的析出电位为负值，而锑的析出电位为正值，因此，可以利用体系酸度较高时铅不易在阴极析出的特点，通过对锑、铅在浸出体系中溶解度的调节（铅尽可能低，而锑尽可能高），以控制铅在阴极的析出，从而实现锑、铅的一步分离。

应保持溶液有一定的酸度，提高溶液酸度，不仅有利于元素硫的生成，提高锑在溶液中的溶解度，防止锑盐的水解，而且有利于抑制铅在阴极的析出。

探索试验表明，采用锑优先提取方案是可行的，也是合理的。在适宜的浸出体系中，通入氧化复杂锑铅矿中锑所需的理论量电量，锑的浸出率即可达到 98%，而 95% 以上的铅也被浸出，以 $PbCl_2$ 的形态进入渣中，因此，试验选取了锑优先提取方案作为复杂锑铅矿矿浆电解的技术方案。

B　浸出体系的选择

矿浆电解工艺大都采用盐酸-氯化钠或盐酸-氯化钙浸出体系，这不仅有利于硫化矿物中单质硫的形成，同时也有利于矿物中有价成分的浸出。但对复杂锑铅矿而言，采用盐酸-氯化钠或盐酸-氯化钙体系是不适宜的。因为当 Cl^- 浓度较高时，氯化铅在氯化钠和氯化钙体系中均有较高的溶解度，复杂锑铅矿在该两种体系中矿浆电解时，锑和铅可同时完全浸出，并和溶液中的氯离子配合生成配合物，导致铅有较大的溶解度，这将使铅在阴极有少量析出，致使锑中铅的含量偏高约 2%，从而无法实现锑、铅的一步分离，因此，应研究采用 $PbCl_2$ 溶解度低（最好能以 $PbCl_2$ 或 $PbSO_4$ 的形态留在渣中），而 $SbCl_3$ 溶解度高，能满足锑在阴极上以板状析出的浸出体系。

a　盐酸-氯化钠浸出体系

探索试验表明，采用盐酸-氯化钠体系处理复杂锑铅矿，体系中游离酸的浓度可以大幅降低，且锑、铅的浸出率高。当通入电量为浸出锑所需理论量的 1 倍时，以渣计的锑浸出率为 97.79%，铅浸出率为 98.11%；阴极锑锑含量为 96.41%，铅含量为 1.36%。阴极产品金属锑板中,铅含量较高,无法实现锑铅的一步分离,因此,盐酸-氯化钠浸出体系不能满足复杂锑铅矿的矿浆电解要求。

b 盐酸-氯化钙浸出体系

采用盐酸-氯化钙体系处理复杂锑铅矿,体系中游离酸的浓度也可以大幅降低,且铅、锑的浸出率高。当通入电量为浸出锑所需理论量的1.07倍时,以渣计的锑浸出率为99.39%,铅浸出率为99.43%。阴极产物锑含量为66.45%,铅含量为15.87%。阴极产品中,金属锑和铅含量均较高,也无法实现锑铅的一步分离,因此,盐酸-氯化钙体系同样不适合复杂锑铅矿的矿浆电解。

c 硫酸-盐酸浸出体系

硫酸锑可溶于盐酸而硫酸铅不溶于盐酸,因此采用硫酸-盐酸的混合体系,就可以充分利用硫酸铅(溶度积小)的酸不溶性,使复杂锑铅矿中的锑优先浸出,进而在阴极析出,而铅则存留于浸出渣中,从而实现锑和铅的分离。

探索试验表明,采用硫酸-盐酸混合体系处理复杂锑铅矿,可以实现锑铅的一步分离。以渣计的锑浸出率为96.6%,铅浸出率为14.4%。阴极锑锑含量为96.41%,铅含量为0.049%。为了保证复杂锑铅矿中被浸出的锑在硫酸-盐酸混合体系有较高的溶解度,保证锑不水解,要求盐酸在该体系中的浓度不低于5mol/L,因此,在试验的温度条件下(60℃),不仅盐酸的挥发损耗高,而且操作环境恶劣。硫酸-盐酸混合体系仍不适合复杂锑铅矿的矿浆电解,而应选择在盐酸浓度较低的情况下能保证锑不水解的浸出体系。

d $HCl-NH_4Cl$ 浸出体系

溶解度试验测定结果表明,$HCl-NH_4Cl$ 体系中,在盐酸浓度较低的情况下,$SbCl_3$ 有较高的溶解度,而 $PbCl_2$ 的溶解度较之于氯化钠和氯化钙体系,有明显的降低,基本符合试验对浸出体系的要求。此外,在该体系中,AgCl 的溶解度也较高,有利于复杂锑铅矿中银的提取。试验最终选择 $HCl-NH_4Cl$ 体系作为复杂锑铅矿矿浆电解的浸出体系。

C 工艺流程的选择

用矿浆电解法在 $HCl-NH_4Cl$ 体系中处理复杂锑铅矿,锑在阴极析出,精炼后得到金属锑;硫以单质硫的形式入渣;铅以 $PbCl_2$ 的形态沉淀入渣。

从该浸出渣中提取铅,可行的工艺方案有:二次矿浆电解提铅;碳铵转化,使 $PbCl_2$ 转化为 $PbCO_3$,$PbCO_3$ 再经硅氟酸酸溶得到硅氟酸铅,硅氟酸铅经不溶阳极电积得到电铅;碳铵转化,使 $PbCl_2$ 转化为 $PbCO_3$,而后反浮选,使 $PbCO_3$ 留在浮选尾矿中得以富集,并得到碳酸铅精矿,铅精矿再经火法熔炼回收铅;碳铵转化,使 $PbCl_2$ 转化为 $PbCO_3$,转化渣经 $(NH_4)_2S$ 浸出,渣中的元素硫以多硫化物的形态被溶出,铅和银被富集在渣中,再经火法熔炼回收铅、银。

a 二次矿浆电解提铅工艺

锑铅精矿在 $HCl-NH_4Cl$ 体系中经矿浆电解选择性浸出,实现了锑、铅的一步分离,复杂锑铅矿中的铅以 $PbCl_2$ 的形态进入矿浆电解浸出渣中,这部分铅在 $HCl-CaCl_2$ 体系中再经一次矿浆电解,铅以海绵铅的形态在阴极析出,海绵铅经火法熔炼得到精铅。

虽然该工艺流程结构简单,但由于渣中的铅以 $PbCl_2$ 的形态存在,矿浆电解时,阳极将会有析氯反应发生,导致操作环境恶劣,设备腐蚀严重,因此采用二次矿浆电解处理复杂锑铅矿的办法是不适宜的。

b 硅氟酸铅不溶阳极电积工艺

矿浆电解浸出渣中的 $PbCl_2$ 经碳铵转化为 $PbCO_3$，$PbCO_3$ 经硅氟酸溶解，得到硅氟酸铅，固液分离后，滤渣作为硫精矿出售，硅氟酸铅溶液经不溶阳极电积得到电铅。

此流程为全新的湿法流程，虽然有利于铅的回收，但流程较为繁杂，工业化有一定的难度。采用硅氟酸铅的不溶阳极电积工艺，因阳极为析氧反应，槽电压较高（小型试验时槽电压约 2.6V），吨锑电耗较大（约 1000kW · h），经济上很不合理。另外，在采用硅氟酸浸出 $PbCO_3$ 时，要求溶液中游离的硅氟酸量较高（约 120g/L），不溶阳极电积时，硅氟酸的挥发损失较大，对环境和工人的健康都有一定的影响。

c 碳铵转化-反浮选提铅工艺

以 $PbCl_2$ 的形态进入矿浆电解浸出渣中的铅，经碳铵转化为 $PbCO_3$，而后反浮选脱硫，使 $PbCO_3$ 留在浮选尾矿中，富集后得到含硫较低的碳酸铅精矿，铅精矿经火法熔炼生产精铅。

该工艺可以得到品质较高的铅精矿并回收大部分的铅，同时能脱除大部分的硫，较易实现工业化，有一定的现实意义，但探索试验研究表明，富集在矿浆电解浸出渣中的银却无法进入铅精矿而难以回收，这是因为金、银等贵金属具有亲硫性。矿浆电解时溶出的银很容易吸附到单质硫表面而进入硫精矿，未溶出的银则以矿物的形式进入硫精矿。

d 碳铵转化-$(NH_4)_2S$ 提取硫工艺

复杂锑铅矿经矿浆电解浸出后，锑以金属锑的形态在阴极析出，铅以 $PbCl_2$ 的形态进入矿浆电解浸出渣中，矿物中的硫也以单质硫的形态留在浸出渣中。这部分单质硫约占浸出渣总重量的 20%。由于这部分单质硫可以与 $(NH_4)_2S$ 形成多硫化物被浸出，因此采用浸出渣碳铵转化-$(NH_4)_2S$ 提取硫的工艺，不仅可以大大降低浸出渣中硫的含量，而且可使浸出渣中的铅和银得以富集。

此流程较简单，且铅、银的回收率高，有一定的现实意义。探索试验表明，转化渣中大部分的元素硫可以被浸出，浸出渣铅含量可高达 55% 左右，硫含量可降至 15% 以下，但试验中发现，$(NH_4)_2S$ 的挥发较为严重，操作环境较为恶劣，工业生产存在一定的难度。

e 碳铵转化-煤油提取硫工艺

鉴于碳铵转化渣中的元素硫含量较高，而元素硫具有易溶于高温煤油的特点，提出了转化渣煤油热滤提取元素硫，滤渣作为铅精矿经火法熔炼回收铅、银的工艺流程，如图 9-24 所示。

该工艺避免了以上几个工艺的缺点，不仅工业化简单，而且不损失铅、银，还可以得到副产品硫，其特点概括如下：

（1）铅回收率较高，大于 95%。

（2）银回收率较高，大于 80%；由于复杂锑铅矿中的银大部分是以难溶的砷黝银矿的形态存在，矿浆电解时银无法溶出而留在浸出渣中，被浸出的少部分银也可通过在矿浆电解浸出液中添加少量的碘化钾而使银重新沉淀入渣。煤油热滤时，银留在滤渣中，可在火法炼铅时予以回收。

（3）碳铵转化后液的主要成分是 NH_4Cl，部分经浓缩后可返回矿浆电解工序，补充 NH_4Cl 的损耗。

（4）煤油热滤得到的铅精矿，其品质较高，硫含量较低，可以大大降低火法熔炼时 SO_2 对环境的污染。

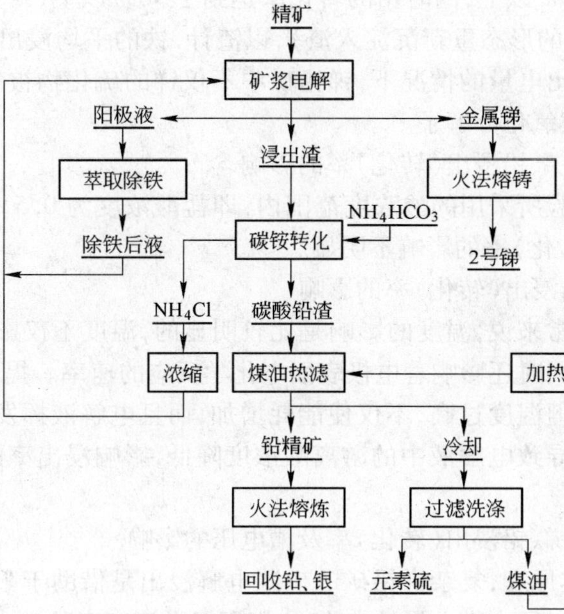

图 9-24 复杂锑铅精矿矿浆电解工艺流程

综上所述，复杂锑铅矿的处理，采用在 $HCl-NH_4Cl$ 体系中进行矿浆电解，选择性地提取金属锑，矿浆电解浸出渣中的铅经碳铵转化为 $PbCO_3$，转化渣再经煤油热滤提取硫的工艺流程是合理的。

9.4.3.3 复杂锑铅精矿矿浆电解小型试验

复杂锑铅矿矿浆电解工艺的特点是将阳极氧化浸出、金属锑离子的阴极还原和氧化剂的阳极氧化再生三个过程有机地结合为一体。小型试验中，考察了浸出电量、反应温度、电解液盐酸浓度、电解液铁离子浓度、矿物粒度（磨矿时间）、阳极电流密度和液固比等诸因素对锑、铅浸出率的影响，找出了诸因素对锑、铅浸出率的影响规律，并分析了阴极电流密度和电解液锑浓度对阴极锑物理形貌的影响。

A 基本试验条件

小型试验的基本条件为：

HCl 浓度：0.5 ~ 1mol/L；

NH_4Cl 质量浓度：150 ~ 200g/L；

阳极电流密度：150 ~ 200A/m^2；

矿浆电解温度：50 ~ 60℃。

在上述基本条件下，$SbCl_3$ 的溶解度可达 100g/L 以上，可以满足阴极析出板状锑时对锑浓度的要求，而 $PbCl_2$ 的溶解度只有 2g/L 左右，完全可以避免铅在阴极析出对锑带来的污染，较好地实现了矿浆电解对锑、铅的一步分离。

B 矿浆电解过程的影响因素

a 浸出电量对锑、铅浸出（转化）率的影响

试验中，阳极电流密度为 150 ~ 200A/m^2，浸出电量选择为矿物中锑的理论浸出电量的 0.7 ~ 1.1 倍。试验结果表明，锑铅矿的浸出是比较容易的，在矿浆电解达到锑的理论浸出电

量时,锑的浸出率可达98%以上,同时铅的转化率达到了98%以上(矿浆电解时,复杂锑铅矿中被浸出的铅以$PbCl_2$的形态重新沉淀入渣),以渣计,铁的平均浸出率约为15%。也就是说,在通入锑的理论浸出电量的情况下,锑铅矿中不仅锑的硫化物被氧化了,铅的硫化物和部分铁的硫化物也都被氧化分解了。

b　电解液酸浓度对锑、铅浸出(转化)率的影响

试验结果表明,在试验所采用的酸浓度范围内,即盐酸浓度为0.5～1.4mol/L时,电解液酸浓度对锑、铅浸出(转化)率的影响不明显。

c　电解温度对锑、铅浸出(转化)率的影响

对于矿物的浸出,通常来说,温度的影响是比较明显的,温度不仅影响着离子的迁移速度和化学浸出反应速率,同时还影响着电极表面电化学反应的速率。提高电解液温度对锑、铅和银的浸出是有利的,但温度过高,不仅使能耗增加,而且电解液挥发严重,操作环境差,设备腐蚀严重,挥发还可导致电解液中的游离酸浓度降低,影响浸出率的提高,因此电解液的温度以50～60℃为宜。

d　阳极电流密度对锑、铅浸出(转化)率及槽电压的影响

根据矿浆电解的基本原理,复杂锑铅矿的矿浆电解浸出是借助于阳极区的氧化作用而实现的,因此阳极在单位时间内供电量的大小,也即阳极电流密度的大小对锑铅矿的浸出会有一定的影响,而这种影响表现在两个方面:一方面,阳极电流密度高,在其他条件相同的情况下,阳极在单位时间内所提供的电量越多,所能处理的复杂锑铅矿的量越多,也就是说,处理单位锑铅矿时所用的时间就少,生产效率也就高;另一方面,阳极电流密度高,相应地,槽电压也会增高,导致处理单位锑铅矿的电耗增高。

试验结果表明,阳极电流密度对锑、铅浸出率的影响很小,但对槽电压和处理单位锑铅矿电耗的影响较大。随着阳极电流密度的提高,槽电压和电能的消耗也随之增加,阳极电流密度由$70A/m^2$增加至$240A/m^2$时,虽然生产能力增加了三倍多,但处理1t复杂锑铅矿的电耗则由142kW · h增加至235kW · h,增加了三分之二。综合考虑能耗及生产效率,阳极电流密度取$150～200A/m^2$较适宜。

e　阴极电流密度对阴极锑物理形态的影响

在其他条件相同的情况下,阴极电流密度高,则在单位时间内锑在阴极析出的量就多,生产效率就高,但阴极电流密度过高,析出阴极锑的物理形态和晶体结构将可能发生改变。

试验考察了阴极电流密度对阴极锑物理形态和晶体结构的影响。试验的固定条件为:Sb^{3+}质量浓度60g/L,温度60℃,H^+质量浓度0.5g/L,NH_4Cl质量浓度200g/L。

试验结果表明,在试验所采用的电流密度$135～270A/m^2$条件下,电流密度对阴极锑的物理形态和晶体结构的影响不明显。

f　锑浓度对阴极锑物理形态和晶体结构的影响

矿浆电解时,溶液中金属离子浓度的高低对浸出和电解过程均会有一定的影响。金属离子浓度过低,阴极易因金属离子的贫化而发生阴极极化,使槽电压升高;金属离子浓度过高,则对浸出不利。同时,金属离子浓度的高低对阴极析出物的物理形态和晶体结构也有一定的影响。

试验考察了电解液中锑浓度对阴极锑物理形态和晶体结构的影响。试验的固定条件为:温度60℃,H^+质量浓度0.5g/L,NH_4Cl质量浓度200g/L,电流密度$200A/m^2$。

不同锑浓度下析出的阴极锑电子探针形貌图表明，在锑质量浓度为20～60g/L的试验条件下，锑浓度对阴极锑物理形态的影响不明显，但对其晶体结构则有一定的影响。随着电解液中锑浓度的增大，析出的阴极锑的晶型将愈来愈细化，阴极锑的表面也愈加光滑致密，因此，选择锑质量浓度为40～60g/L较适宜。

g 矿物粒度对锑、铅浸出（转化）率的影响

一般情况下，矿物颗粒的大小，对矿物的浸出过程有很大影响，尤其是浸出过程受扩散反应控制时，影响尤为明显。

试验对粒度为 -0.047mm 的颗粒占55.6%～99.3%的不同粒度组成的矿样进行了矿浆电解研究，结果表明，在试验的粒度范围内，锑、铅浸出（转化）率的变化不大。

h 液固比对锑、铅浸出（转化）率的影响

液固比试验，主要考察了矿浆黏度和溶液的金属离子浓度两个因素。

在不影响浸出率的情况下，减小液固比，可以减小浸出过程中矿浆的循环量，增大设备生产能力，降低材料和能量的消耗。在液固比为3～20的范围内，液固比对锑、铅浸出（转化）率的影响很小。

i 铁离子浓度对锑、铅浸出（转化）率的影响

复杂锑铅矿在矿浆电解过程中，电解液中的铁离子扮演了一个重要的角色，它直接参与了阴阳极的电极反应和复杂锑铅矿的氧化浸出反应，既起到了电子的传递作用，又使阳极反应发生改变，使槽电压明显降低。因此，溶液中有适量的铁离子存在，对复杂锑铅矿矿浆电解过程的进行有重要意义，但溶液中铁离子浓度过高，会对矿浆电解过程产生不利的影响，使溶液的黏度增大，阴阳极的电流效率降低。

试验结果表明，铁离子的质量浓度小于10g/L时，锑、铅的浸出（转化）率有一最大值，即电解液中铁离子浓度存在一最佳值，以4～8g/L为宜。

C 综合验证试验结果

综合验证试验条件为：NH_4Cl 质量浓度200g/L、HCl浓度1mol/L、温度60℃、Sb质量浓度50g/L、Fe质量浓度5g/L、阳极电流密度200A/m^2。

试验结果表明，通入锑的理论浸出电量+初始阳极液所含 Fe^{2+} 氧化为 Fe^{3+} 所需的理论电量，锑和铅即可达到较高的浸出（转化）率；经细磨后的复杂锑铅矿的锑、铅的浸出（转化）率分别达到了98%以上，未经细磨的复杂锑铅矿的锑、铅的浸出（转化）率也分别达到了97%以上；铁的浸出率约15%，基本为脆硫锑铅矿所含有的铁；处理每吨锑铅矿的直流电耗为190kW·h，酸耗为100kg，阳极平均电流效率约95%，阴极平均电流效率约99.8%。

9.4.3.4 复杂锑铅精矿矿浆电解扩大试验

A 扩大试验条件

扩大试验采用2.5m^3 的单电解槽，NH_4Cl 质量浓度为200g/L，HCl浓度为1mol/L，温度为60℃，Sb质量浓度为50g/L，精矿粒度为 -0.147mm 的颗粒占100%，阳极电流密度为150～200A/m^2，通电量为锑的理论浸出电量+初始阳极液所含 Fe^{2+} 氧化为 Fe^{3+} 所需的理论电量。

B 扩大试验结果

扩大试验中，对矿浆电解槽的槽体结构、搅拌强度、浸出时间等进行了考察，共完成了12

次扩大试验,处理脆硫锑铅精矿860kg,全流程各工序操作正常。

综合试验结果为:渣率65%,渣成分为:Sb 0.8% ~3%、Pb 35% ~40%、Ag 1000 ~1300g/t、S 28% ~32%、Fe 10% ~12%、As 1% ~3%。各元素的浸出率分别为:Sb 97%、Ag 20%、Fe 20%、S 15%。平均槽电压1.98V,吨锑平均电耗1377kW·h,吨矿酸耗280kg。

C 铁离子的积累

试验中发现,复杂锑铅矿在矿浆电解过程中,矿物中约有20%的铁被浸出并在溶液中积累。对于这部分铁,试验采用P204和N235萃取分离的办法直接对高酸阳极液进行处理。在盐酸-氯化铵体系中,采用P204萃取除铁,需预先将溶液中的二价铁氧化为三价,考虑到与矿浆电解过程的衔接,试验采用了阳极氧化的办法,即在矿浆电解过程中通过通入过量的电能,使二价铁氧化为三价铁。

采用P204和N235萃取除铁的主要过程为:先采用P204,选择性地萃取阳极液中的铁;P204负载有机相经盐酸溶液反萃后,再生有机相返回萃铁;反萃液中含大量盐酸,不宜直接中和处理,故采用N235再次萃取P204反萃液,经N235有机相萃铁后的萃余液主要含盐酸,其铁含量小于0.05g/L,可返回用于反萃P204负载有机相,从而大大降低盐酸的消耗;N235负载有机相反萃后,再生有机相返回利用,反萃液为酸性三氯化铁溶液,采用石灰中和除铁后排放。

萃取除铁的主要工艺条件如下:

(1)P204萃取。有机相组成:35% P204 +65%煤油;相比:O/A =1∶1;级数:2级逆流;混合时间:5min;温度:15℃以上。

(2)P204洗涤。洗涤液:NH_4Cl 200g/L,HCl 0.5mol/L;相比:O/A =5∶1;级数:3级逆流;混合时间:5min;温度: 15℃以上。

(3)P204反萃。反萃液:6mol/L HCl;相比:O/A =2∶1;级数:2级逆流;混合时间:5min;温度:15℃以上;

反萃后液:Fe 10 ~15g/L,HCl 5 ~5.5mol/L。

(4)N235萃取。有机相组成:25% N235 +10%异辛醇 +65%煤油;相比:O/A =1∶1;级数:单级;混合时间:5min;温度:20℃。

(5)N235反萃。反萃液:pH =0.5;相比:O/A =4∶1;级数:3级;混合时间:5min;温度:20℃;反萃后液:Fe 16g/L;pH =1 ~1.5。

(6)N235反萃液处理。石灰中和法:温度50℃;pH =10 ~11;时间2h。

D 其他有价元素的走向

分析扩大试验数据表明,矿物中所含的Sn和In均部分浸出并在溶液中积累,In在阴极上不析出,Sn有部分析出,但在阴极锑中的含量极低。由于原料中Sn和In的含量较低,加之矿浆电解过程部分浸出,残留在渣中的Sn和In含量也较低,无回收价值。As部分浸出,溶液中As含量波动在0.2 ~1.8g/L,试验过程未发现AsH_3析出。和小型试验不同,浸出的砷在阴极析出,阴极锑砷含量约2%,需进一步火法精炼除砷。

此外,在矿浆电解扩大试验过程中发现,生成的元素硫有少量被氧化。由于溶液中有少量的铅氯配合物存在,元素硫氧化生成的SO_4^{2-}将和铅离子生成$PbSO_4$沉淀,因此溶液中的硫酸根不会积累。扩大试验中,溶液中的SO_4^{2-}质量浓度稳定在7g/L左右。

9.4.3.5 矿浆电解渣的特性研究

A 矿浆电解渣的主要矿物组成

矿浆电解渣的矿物组成研究表明，精矿经矿浆电解后，脆硫锑铅矿及方铅矿这两种矿物在矿浆电解过程中基本被溶解而消失，浸渣中产出大量的氯化铅及元素硫，这说明在实际的矿浆电解过程中，随着脆硫锑铅矿及方铅矿的溶解，氯化铅及元素硫不断生成。

显微镜观察发现，新生相氯化铅基本呈细粒团状单独存在，而元素硫除单独存在外，还经常嵌生在残余的脆硫锑铅矿周围，形成疏松多孔的元素硫包裹层。这类元素硫的镶边结构，基本遍及浸渣中所有的残余脆硫锑铅矿及少量的磁黄铁矿和闪锌矿中。

氯化铅的细粒集合体粒度粗大，粒间疏松多孔，而元素硫则呈多孔镶边结构包裹在残存的脆硫锑铅矿周围。这表明在实际的矿浆电解过程中，氯化铅的生成是一个不断聚集长大的过程，而元素硫的多孔状镶边结构主要是由于脆硫锑铅矿中的铅、锑、铁不断被浸出进入溶液，硫变成零价而原地不动的结果。根据浸渣中残余脆硫锑铅矿普遍存在的元素硫镶边结构可以认为，矿浆电解时，脆硫锑铅矿的浸出包含了金属的扩散。

元素硫的 X 射线能谱分析表明，包裹在脆硫锑铅矿周围的元素硫成分单一，不含任何金属元素，这说明铅、锑、铁通过多孔状元素硫的扩散速度是较快的。此外，氯化铅在生成过程中几乎不吸附溶液中的其他金属离子。

B 矿浆电解过程其他矿物的行为

a 黄铁矿、磁黄铁矿的行为

显微镜观察发现，矿浆电解渣中的黄铁矿基本不溶，而磁黄铁矿部分溶解，部分颗粒完好，磁黄铁矿这种部分溶解的现象可能与自身的铁含量以及结晶程度有关，一般来说，铁含量高且结晶完好者不易被浸出。

b 闪锌矿、黄铜矿的行为

闪锌矿为铟的最主要载体矿物，因此闪锌矿在矿浆电解时的行为将直接关系到铟的走向。显微镜观察发现，浸渣中的大部分闪锌矿均没有明显的溶蚀痕迹，少量闪锌矿边部呈轻微锯齿形，但没有明显的元素硫包裹。这表明在实际的矿浆电解时，仅有少量的闪锌矿被溶解，而绝大部分富集在浸渣中。在闪锌矿中，呈类质同象的铟也会随之在浸渣中得到富集。

显微镜观察同样证实，黄铜矿在矿浆电解时基本不溶。

c 银黝铜矿、锑银矿的行为

显微镜观察发现，矿浆电解渣中已很难见到锑银矿，说明该矿在矿浆电解时已经溶解。而银黝铜矿在浸渣中经常可见，其边界平滑完整，周围没有明显的元素硫包裹。当与之连生的脆硫锑铅矿明显溶解时，银黝铜矿边界依然平整，没有明显的溶蚀痕迹。渣中有数量明显的银黝铜矿，说明该矿物在试验的矿浆电解条件下很难被浸出。试验使用的锑铅精矿中，银黝铜矿为银的主要载体矿物，其数量远远大于锑银矿。在实际的矿浆电解过程中，银的浸出率仅为 20% 左右，主要是由于银黝铜矿未溶解所致。

9.4.3.6 矿浆电解渣的处理

为了综合利用矿浆电解渣中的铅、硫及银等有价元素，需要对渣作进一步处理。渣的处理工艺主要包括渣中铅的转化和硫的提取两个过程，铅的转化是将渣中的 $PbCl_2$ 转化为

$PbCO_3$,再通过水洗脱出氯根以消除氯根对火法炼铅的影响,脱氯后的渣用煤油热滤提取单质硫,最终所得的渣主要含 $PbCO_3$ 及银等有价金属,可作为铅精矿送火法处理。

A　铅的转化

锑铅矿经矿浆电解提取锑后,被浸出的铅又以 $PbCl_2$ 的形态重新沉淀入渣,矿浆电解渣中的铅含量得到富集。由于 $PbCO_3$ 的溶度积远小于 $PbCl_2$ 的溶度积,因此可利用碳铵转化的办法,使 $PbCl_2$ 转化为 $PbCO_3$,并使渣中的氯根用水洗脱除。碳铵转化的反应式如下:

$$PbCl_2(s) + 2NH_4HCO_3(aq) \xlongequal{\quad} PbCO_3(s) + 2NH_4Cl(aq) + H_2CO_3(aq)$$

影响铅转化率的主要因素有 NH_4HCO_3 的加入量、转化温度及转化时间等。

试验表明,NH_4HCO_3 的多少对矿浆电解渣中 $PbCl_2$ 的转化率有重要的影响,加入量少,$PbCl_2$ 转化不完全,转化渣中氯根的含量高,所得到的铅精矿氯根含量高,不利于火法炼铅;加入量过多,不仅 NH_4HCO_3 的耗量大,而且得到的转化后液 pH 值高,返回矿浆电解利用时,导致酸的消耗增加。NH_4HCO_3 加入量以矿浆电解渣中铅所需理论量的 1.2 倍为宜,在此条件下,不仅 $PbCl_2$ 的转化率高,而且转化渣中氯根的含量也较低。转化温度应大于 40℃,以 50℃为宜。转化时间约 1h,在上述条件下转化后,转化渣中氯根的含量小于 1%。

B　单质硫的提取

复杂锑铅矿经矿浆电解提锑后,复杂锑铅矿中与锑铅结合的硫大部分以单质硫的形态留存于渣中。这部分单质硫约占渣中总硫量的 70%,占总渣重的 20% 以上。如果采用直接提取单质硫的办法把占总渣量 20% 以上的单质硫提取出来,就可以直接得到铅含量约 45%、硫含量小于 15% 的铅精矿,而银也被富集在铅精矿中得以回收。

针对单质硫的提取,常用的办法有 CCl_4 提取法、$(NH_4)_2S$ 或 Na_2S 提取法、CS_2 热滤法、熔融硫热滤法及煤油热滤法。CCl_4 提取法因 CCl_4 的挥发性强,对环境的污染严重和经济上的不合理目前已不被采用。$(NH_4)_2S$ 提取法因 $(NH_4)_2S$ 的分解比较严重,操作环境恶劣也很少被采用。Na_2S 提取法因生成的多硫化钠无法再生 Na_2S,经济上不合理也不宜采用。CS_2 毒性较高,故 CS_2 热滤法也很少采用。熔融硫热滤法已有工业应用,但要求渣中硫含量不低于 80%;若矿浆电解渣中硫的含量不高,约 30% ~35%,则无法采用熔融硫热滤法。煤油热滤法是利用单质硫在不同温度的煤油中溶解度的差异而提取硫的方法。

试验采用煤油热滤法提取转化渣中的单质硫。试验时,取一定量的转化渣,用水浆化后,加热至指定温度,保温过滤,过滤完毕后再用一定量被加热至指定温度的煤油淋洗热滤,淋洗完毕再用热水洗涤,滤渣烘干后即为铅精矿,淋洗液冷却至室温后过滤,既可得到单质硫。油水混合物经油水分离,煤油返回利用。

煤油热滤法提取单质硫的小型试验条件为:矿量 20g、浆化温度 90℃、煤油加热温度 90℃、煤油用量 200mL、煤油冷却温度 30℃。

试验结果表明,采用煤油热滤法处理转化渣是可行的,硫的溶出率大于 70%,可以直接得到铅含量约 50%、硫含量小于 15% 的铅精矿和纯的单质硫产品。银不损失而被富集在铅精矿中,可以在火法炼铅时予以回收。滤渣含煤油约 2%,由滤渣带走而损耗的煤油量很低。实际生产中,为了避免煤油的挥发,可考虑采用密闭换热器加热和冷却煤油。

9.4.3.7 脆硫锑铅矿矿浆电解机理

A 阳极区反应机理

脆硫锑铅在阳极区的浸出过程是一个复杂的反应过程，脆硫锑铅在盐酸-氯化铵介质中呈悬浮状所发生的阳极浸出过程，可以通过下列几种途径来实现。

(1)脆硫锑铅矿与石墨阳极的碰撞接触氧化：

$$Sb_6Pb_4FeS_{14} - 28e = 6Sb^{3+} + 4Pb^{2+} + Fe^{2+} + 14S^0$$

(2)石墨电极上析出的 Cl_2、O_2 氧化脆硫锑铅矿：

$$Sb_6Pb_4FeS_{14} + 14Cl_2 = 6SbCl_3 + 4PbCl_2 + FeCl_2 + 14S^0$$

$$Sb_6Pb_4FeS_{14} + 7O_2 + 28HCl = 6SbCl_3 + 4PbCl_2 + FeCl_2 + 14S^0 + 14H_2O$$

(3)铁离子参与脆硫锑铅矿的氧化浸出：

$$Sb_6Pb_4FeS_{14} + 28Fe^{3+} = 6Sb^{3+} + 4Pb^{2+} + 29Fe^{2+} + 14S^0$$

Fe^{2+}再在阳极上氧化：

$$Fe^{2+} - e = Fe^{3+}$$

(4)脆硫锑铅矿的非氧化配合酸溶反应：

$$Sb_6Pb_4FeS_{14} + 28HCl + (6n + 4m - 26)Cl^- = 6SbCl_n^{3-n} + 4PbCl_m^{2-m} + FeCl_2 + 14H_2S$$

$$2Fe^{3+} + H_2S = 2Fe^{2+} + 2H^+ + S^0$$

相关研究证明，在有铁离子存在的情况下(即实际锑铅精矿矿浆电解时)，阳极上发生的主要反应是二价铁离子的氧化反应，脆硫锑铅矿的氧化主要是由三价铁离子完成的，三价铁被还原为二价，二价铁又在石墨阳极上被氧化，如此反复循环。当然，在浸出过程中自始至终也存在着脆硫锑铅矿与阳极的碰撞接触氧化。脆硫锑铅矿的非氧化配合酸溶反应可以发生，但反应速度很慢，直接酸溶时，锑的浸出率约为8%。

研究还证明，在有铁离子存在时，在相同的电流密度下，阳极电位比无铁离子存在时有明显下降，这对降低电耗有利。

在锑铅矿矿浆电解小型试验中还发现，在仅通入锑的理论浸出电量(假定矿物中的锑均以 Sb_2S_3 的形式存在)的情况下，不仅矿物中锑的浸出率达到了98%左右，铅的硫化物也被完全氧化，且与脆硫锑铅矿共生的铁也被氧化浸出。这一现象的发生主要有以下几个原因：

(1)锑铅精矿中含有少量氧化铁矿物(褐铁矿、磁铁矿)和氧化铜矿物，这些矿物在矿浆电解的酸性环境下被溶解，产生的高价金属离子参与了对硫化矿物的氧化浸出过程；

(2)脆硫锑铅矿的直接酸溶反应使部分金属溶出；

(3)精矿中的硫锑铁矿容易被酸直接溶解浸出；

(4)搅拌浸出过程中的空气氧化作用。

B 阴极过程

脆硫锑铅矿矿浆电解时，在阴极上还原析出的金属主要是Sb和少量的Pb、Ag，此外，溶液中的 Fe^{3+} 也能在阴极发生还原反应变为 Fe^{2+}，当溶液中锑浓度很低时，阴极上还可能发生 H^+ 的还原，析出 H_2。

在矿浆电解的试验条件下，阴极上发生的主要是 $SbCl_n^{3-n}$ 的还原反应，H_2 的析出反应不会发生。阴极液中如果有 $FeCl_n^{3-n}$ 存在，则 $FeCl_n^{3-n}$ 的阴极还原不可避免，但在电荷传输中所占份额很小。矿浆电解过程中，由于 Fe^{3+} 主要是由阳极氧化产生，并很快在阳极区被矿物还原，进入阴极区的 Fe^{3+} 量很少，Fe^{3+} 对阴极电流效率的影响也很小。只有在电解的后期，锑铅矿的氧化接近完毕，阳极区产出大量的 Fe^{3+} 扩散渗透进入阴极区，才可能影响阴极的电流效率。

在矿浆电解试验条件下，铅在钛阴极上的析出可以忽略，矿浆电解可以实现锑的选择性提取。只有在溶液中锑含量极低的情况下，铅才有可能在钛阴极析出，此时的槽电压也将大大提高。在没有 Sb^{3+} 和 Fe^{3+} 存在的情况下，当电流密度较低时（小于 $6mA/cm^2$），钛阴极上的主要反应是 H^+ 的析出反应，只有在高电流密度下，铅才有可能在钛阴极析出。

10 粗锑的精炼

无论是由氧化锑还原熔炼还是由锑精矿直接熔炼产出的金属锑以及由湿法炼锑工艺所产出的阴极锑，通常都含有铁、砷、铅、硫等一定数量的杂质，其锑品位和纯度往往达不到商品锑的要求，需进行精炼。对锑的精炼，目前工业上大部分采用火法精炼，也有部分工厂采用水溶液电解精炼。近年来，锑的真空蒸馏精炼和熔盐电解精炼技术引起了人们的注意，但国内目前尚未有工业生产的报道。

表 10-1 是粗锑和阴极锑的一般成分，表 10-2 是我国的精锑（锑锭）质量标准。

表 10-1 粗锑和阴极锑的化学成分

锑的来源	化学成分/%							
	Sb	As	Pb	Cu	Fe	Na	Sn	S
还原熔炼的粗锑	96~97	0.2~3.0	0.08~0.25	0.001~0.010	0.01~0.50	0.02~0.10	0.01~0.10	0.1~1.0
沉淀熔炼的粗锑	80~90	0.2~3.0	0.1~5.0	0.03~0.20	3~15	0.02~0.10	0.01~0.10	0.2~0.3
电解阴极锑	98.0~98.3	0.018~0.120	0.0006~0.0013	0.0038~0.0046	0.005~0.010	0.10~1.00	0.01~0.03	0.15~0.36

表 10-2 锑锭质量标准（GB/T 1599—2002）

牌　号	化学成分/%								
	Sb（不小于）	杂质含量（不大于）							
		砷	铁	硫	铜	硒	铅	铋	杂质总和
Sb99.90	99.90	0.02	0.015	0.008	0.01	0.003	0.03	0.0030	0.10
Sb99.85	99.85	0.05	0.02	0.04	0.015	—	—	0.0050	0.15
Sb99.65	99.65	0.10	0.03	0.06	0.05	—	—	—	0.35
Sb99.50	99.50	0.15	0.05	0.08	0.08	—	—	—	0.50

10.1 反射炉精炼

反射炉是粗锑火法精炼最常用的设备。前已述及，在以粗锑氧粉为原料生产金属锑时，锑氧粉的还原及粗锑的精炼是在同一反射炉内进行的，即当锑氧粉的还原完成后，接着进行粗锑的精炼。

反射炉精炼粗锑的基本原理是控制合适的工艺条件，使杂质金属形成密度较锑液轻的浮渣而分离除去。根据粗锑中杂质的不同及杂质含量的不同，精炼脱杂采取的方法也不同。

10.1.1 脱铁

铁易与锑形成合金，铁在液相时能与锑完全互熔。锑与铁能组成铁含量为 1.5%、熔点为628℃的共晶。铁与锑的金属间化合物 $FeSb_2$ 和 Fe_3Sb_2 的熔化温度分别为728℃和1014℃。当锑液内铁含量超过1.5%时，在冷凝过程中，这些合金首先从锑液中析出。当锑液内铁含量降至1.5%时，$FeSb_2$ 与 Sb 形成共晶而同时凝固。根据此特性，当锑铁含量大于1.5%时，可利用锑与 $FeSb_2$ 熔点不同的特性，采取降温除铁法，即将炉温从1200℃降至接近 $FeSb_2$ 熔点的温度，部分铁便以 $FeSb_2$ 形态结晶析出，经与炉气接触后，其中的铁氧化成氧化铁，与锑液分离，作为铁渣由炉内清除。当锑液内铁含量小于1.5%时，则无法用降温法脱铁，需采用其他方法除铁。

由于铁的氧化物和硫化物的生成自由能都比锑的负，利用这个特性，能有效地除去残余的铁。在工业生产中，通常向锑液中加入硫化锑精矿（或生锑、硫酸钠、氧化锑）作为除铁剂，并加入碳酸钠作为造渣剂，同时可鼓风搅拌锑液以强化铁的氧化（但会造成锑的氧化挥发损失），脱铁过程的主要反应式为：

$$3Fe + Sb_2S_3 = 3FeS + 2Sb$$

$$4Fe + Na_2SO_4 = 4FeO + Na_2S$$

$$3Fe + Sb_2O_3 = 3FeO + 2Sb$$

$$FeS + Na_2CO_3 = FeO + Na_2S + CO_2$$

$$4FeO + 2Na_2CO_3 + O_2 = 2Na_2Fe_2O_4 + 2CO_2$$

10.1.2　脱铜

粗锑中铜的含量一般很低。在液态时，锑与铜能无限互熔，在526℃时，两者能生成铜含量为23%的共晶从锑液内析出，故可用降温法脱出部分铜，但最低只能使锑液内铜含量降至0.2%，此后需要采用其他的方法脱铜。

铜与铁一样，其硫化物的生成自由能值较硫化锑负，根据这种性质，可在一定温度下，加适量的硫化锑精矿生成 Cu_2S：

$$6Cu + Sb_2S_3 = 3Cu_2S + 2Sb$$

Cu_2S 的密度为5.6g/cm³，与锑的密度6.6g/cm³ 相差不大，不易分层分离。工业生产中，常加入适量的造渣剂 Na_2CO_3 或 NaCl，使 Cu_2S 转变成一种密度较小的钠、铜与锑的硫化复合物，即可与锑很好地分离。

10.1.3　脱硫

硫在锑中以 Sb_2S_3 形态存在。当硫在锑中的含量不超过1.5%时，能完全溶于锑内；超过1.5%而不超过25%时，则形成两种成分，上层为一种溶有锑的 Sb_2S_3 熔体，熔点520℃；下层为一种溶有 Sb_2S_3 的金属锑熔体，熔点615℃；当硫的含量超过25%时，只有一种溶有金属锑的 Sb_2S_3 熔体。

粗锑中的硫含量一般小于1%，通常采用纯碱作为脱硫剂。采用纯碱脱硫时，可将锑中的硫降至0.002%，其反应式为：

$$3Na_2CO_3 + Sb_2S_3 \longrightarrow 3Na_2S + Sb_2O_3 + 3CO_2$$

生成的 Sb_2O_3 可能挥发，或与过剩的 $NaCO_3$ 反应生成锑酸钠进入渣中，反应式为：

$$Sb_2O_3 + 3Na_2CO_3 + O_2 \longrightarrow 2Na_3SbO_4 + 3CO_2$$

生成的 Na_2S 则能继续与锑液内的 Sb_2S_3 反应，生成硫代亚锑酸钠进入渣中，反应式为：

$$3Na_2S + Sb_2S_3 = 2Na_3SbS_3$$

10.1.4 脱砷及脱硒

砷的化学性质与锑很接近，在锑精矿的挥发焙烧或挥发熔炼时，砷很容易挥发而进入锑氧粉。在锑氧粉还原熔炼时，砷又容易还原进入粗锑，所以，砷是粗锑中最常见的杂质，其含量一般在0.2%～3%之间。反射炉精炼脱砷时，需要加入适量的除砷剂，常用的除砷剂有纯碱、碱金属氢氧化物及金属铝等。

生产锑白大多采用精锑为原料，而精锑中的杂质硒是影响锑白产品白度的元素，生产锑白的精锑硒含量一般要求小于0.005%，更高的要求则应小于0.003%。在我国，一些重要锑产区（如贵州）所产的锑硒含量较高，一般为0.02%～0.03%，这些硒含量高的锑必须经过除硒后才能用于生产锑白。反射炉精炼脱硒采用的工艺及除硒剂与脱砷基本相同，即在脱砷的同时也能脱硒。下面介绍几种主要的脱砷、硒方法。

10.1.4.1 纯碱吹风氧化法

砷与锑在金属状态能够无限互溶，但在反射炉精炼的温度范围内，砷和锑与氧的亲和力有一定的差别，砷更容易被氧化，因此，在反射炉内精炼除砷，广泛采用加纯碱吹风氧化的碱性精炼除砷工艺。该工艺是将纯碱加在熔融的锑液上，并向锑液内鼓入压缩空气，在碱性熔剂存在的条件下，砷被空气中的氧所氧化，再与碱性熔剂作用生成砷酸盐或亚砷酸盐，从而与锑分离，反应式如下：

$$4As + 5O_2 + 6Na_2CO_3 = 4Na_3AsO_4 + 6CO_2$$
$$4As + 3O_2 + 6Na_2CO_3 = 4Na_3AsO_3 + 6CO_2$$

生产实践证明，粗锑中96%以上的砷能与纯碱生成砷酸钠，其余的则形成亚砷酸钠。

鼓入锑液的空气能同时使锑氧化，并与碱性熔剂生成锑酸钠和亚锑酸钠（主要是亚锑酸钠）：

$$4Sb + 3O_2 + 6Na_2CO_3 = 4Na_3SbO_3 + 6CO_2$$
$$4Sb + 5O_2 + 6Na_2CO_3 = 4Na_3SbO_4 + 6CO_2$$

生成的锑酸钠和亚锑酸钠可能会与锑液中的砷发生取代反应，形成砷钠盐浮在锑液表面，从而促进除砷过程：

$$Na_3SbO_4 + As = Na_3AsO_4 + Sb$$
$$Na_3SbO_3 + As = Na_3AsO_3 + Sb$$

加纯碱吹风氧化脱砷工艺，要求控制锑液温度在850～900℃之间，同时要鼓入足够量的空气，充分搅动锑液并保持反射炉内的氧化气氛。因为进入浮渣中的砷在还原性气氛下或与还原剂（炉内的固定碳或CO）接触时可重新进入锑液：

$$4Na_3AsO_4 = 6Na_2O + 2As_2O_5$$
$$As_2O_5 + 5CO = 5CO_2 + 2As$$
$$2As_2O_5 + 5C = 5CO_2 + 4As$$

纯碱吹风氧化除砷工艺，具有脱砷剂来源丰富，易于采购，产品质量能够满足要求等优点，但该工艺的缺点是造渣反应速度慢、时间长，往往需要分批加入纯碱，多次鼓入空气进行精炼。

采用该工艺时，每一批次纯碱的熔化时间在2h以上，每精炼一次耗时6h；纯碱消耗量大,操作复杂,生产高质量产品的成本太高;反应所生成的气体 CO_2 难以脱离浮渣而形成泡渣,使渣锑含量增高;同时,因除砷剂用量大、除砷效率低而使渣中砷品位不高,仅为 2% ~ 4%,不利于浮渣的二次处理和砷的回收,易于造成环境污染。

加纯碱吹风氧化脱硒的原理与脱砷类似,精炼时加入的纯碱与粗锑中的硒,在压缩空气的氧化作用下反应造渣而除去:

$$4Se + 3O_2 + 6Na_2CO_3 \xlongequal{\quad} 4Na_3SeO_3 + 6CO_2$$

此法存在如下缺点:除硒效果差;经多次加碱吹风操作,才能使锑硒含量降到 0.007% 左右,若要降到 0.005% 以下十分困难。锑损失大;由于多次加碱吹风使锑大量挥发和进入碱渣,锑直收率仅达 70% ~80%。操作成本高、耗碱量大;每吨低硒锑要多耗碱 80 ~130kg。劳动强度大;要进行多次高温下的吹风清渣操作。

10.1.4.2　*碱金属氢氧化物吹风氧化法*

CN1455011 发明专利公开了一种锑冶炼火法精炼除砷、硒的方法,其特征是在精炼炉内控制锑液温度在 700 ~950℃,根据粗锑中砷、硒含量的高低,一次性加入除砷、硒所需的碱金属氢氧化物,如氢氧化钠或氢氧化钾,然后再通入压缩空气搅拌 15 ~150min,其中优选的时间为 60 ~120min。加入的氢氧化物快速与粗锑液中的砷、硒杂质反应,生成浮渣及水蒸气,水蒸气可挥发去除。以氢氧化钠为例,发生的主要反应如下:

$$2NaOH \xlongequal{\quad} Na_2O + H_2O\uparrow$$

$$4As + 5O_2 + 6Na_2O \xlongequal{\quad} 4Na_3AsO_4$$

$$4As + 3O_2 + 6Na_2O \xlongequal{\quad} 4Na_3AsO_3$$

$$Se + O_2 + Na_2O \xlongequal{\quad} Na_2SeO_3$$

加入的氢氧化钠,少量会与锑液反应生成锑酸钠,而锑酸钠能很快与锑液中的砷反应,生成砷酸钠和金属锑,反应式如下:

$$4Sb + 5O_2 + 6Na_2O \xlongequal{\quad} 4Na_3SbO_4$$

$$Na_3SbO_4 + As \xlongequal{\quad} Na_3AsO_4 + Sb$$

锑精炼除砷、硒过程中,精炼炉温度宜控制在 650 ~1000℃,优选的温度为 700 ~950℃,同时应保持温度由高至低逐步下降,这既有利于造渣反应的快速进行,也有利于渣锑的分离。

该法造渣反应速度快,且加入氢氧化钠的用量比纯碱法大大降低(约为纯碱量的 25% 左右),砷、硒杂质在浮渣中的富集度高,浮渣中砷含量可高达 15%,硒含量可达 0.96%,精锑中砷含量可降至 0.0026%,硒含量可降至 0.00008%。操作过程简便,可一次性完成造渣反应。精炼时间较短,渣锑含量较低,精锑产品质量较高。浮渣中的砷较易二次回收利用,有良好的环保效益。

以下为该公开专利的两个反射炉精炼实例。

[**实例 1**] 在一个 $12m^2$ 锑精炼反射炉中生产超纯精锑。先用粗锑氧粉还原熔炼出 32.5t 粗锑,粗锑砷含量为 0.25%,硒含量为 0.019%。将温度升到 880℃,然后加入氢氧化钠 500kg,通入压缩空气搅拌 120min,完成造渣反应。清渣后取样,锑液砷含量为 0.0026%,硒含量为 0.00008%,精炼过程消耗时间为 3h,获得合格产品 29.3t,所产精炼渣锑含量为 16.20%,砷含量为 14.1%,硒含量为 0.96%。

[**实例2**]在工业反射炉中生产精锑。先用粗锑氧粉还原熔炼出31.5t粗锑,粗锑砷含量为0.28%,硒含量为0.015%,将炉温升到950℃,加入氢氧化钠475kg,通入压缩空气搅拌80min,反应温度逐步降至720℃,造渣反应基本完成。清渣完成后,取样分析,锑液砷含量为0.021%,硒含量为0.0002%,精炼过程消耗时间2.5h,获得产品31t。所产精炼渣锑含量为17.8%,砷含量为13.82%,硒含量为0.79%。

10.1.4.3 金属铝脱砷、硒

粗锑加铝除砷,与火法炼锡中所采用的方法类似,砷和铝能生成高熔点金属间化合物AlAs(熔点高于1600℃)而转入浮渣被除去。锑与铝也能生成金属间化合物AlSb(熔点约1050℃),但其稳定性不如AlAs。此外,铝与铁和铜也能生成高熔点化合物Al_3Fe(熔点1160℃)、Al_2Fe(熔点1170℃)以及Cu_3Al(熔点1016℃),因此,加铝除砷宜在脱铁和脱铜之后进行,以减少金属铝的消耗。

加铝除砷的技术条件如下:铝的用量为生成AlAs化学计算量的6~9倍,温度为700~850℃,搅拌精炼时间为15~60min。精炼后,锑中的砷含量可从0.2%~0.5%降低到0.02%~0.06%。粗锑中的铁也能随砷浮渣一起排出,锑中铁含量可从0.1%~0.5%降低到0.002%~0.003%。精炼直收率不低于85%,精炼过程中锑的挥发损失较少,损失的锑主要存在于浮渣中,其原因是铝化物可抑制锑的氧化和挥发。

加铝精炼脱砷后,可加硫酸钠或硫酸氢钠除去锑中剩余的铝,在1100~1150℃的温度下,吹入空气氧化除铝,可将锑中铝含量降低到0.002%。

金属铝脱砷的主要缺点是所得的砷浮渣有毒,当其与水或大气中的湿气接触时,会析出剧毒的AsH_3和SbH_3等,反应式为:

$$AlAs + 3H_2O = Al(OH)_3 + AsH_3 \uparrow$$

$$AlSb + 3H_2O = Al(OH)_3 + SbH_3 \uparrow$$

AsH_3气体无色、有大蒜气味,但常温下不易察觉,当空气中含有一定剂量时可致人死亡。虽然在生产过程中中毒的事例鲜有发生(原因是这些化合物极不稳定而容易分解),但还是应加以预防,如在现场悬挂AsH_3逸出试纸等。

粗锑加铝除硒,同样是使硒与铝形成金属间化合物转入浮渣除去。CN1049685专利公开了一种金属铝脱硒的方法,该法包括合金化和熔析两个过程。

合金化是在较高的温度下,使加入的金属铝与粗锑中的硒形成金属间化合物硒化铝:

$$2Al + 3Se = Al_2Se_3$$

熔析过程是将锑液温度降低,使生成的硒化铝进入浮渣而与锑液分离。主要工艺条件如下:

(1)在锑精炼中,把锑液温度控制在1000~1150℃,最好为1020~1080℃,然后把一定量的铝或铝合金加入锑液中,进行1~2h的合金化过程,使铝或铝合金熔化并均匀分布到锑液中,每吨锑所需加入的铝量为除硒前粗锑硒含量的6~10倍(质量比),但不应少于1.5kg。

(2)在合金化过程完成后,将锑液温度降至700~850℃,最好为700~750℃,保温2~4h进行熔析,使加入的铝与锑中的硒生成的硒化铝成浮渣完全析出,然后将锑液表面的硒化铝浮渣清出炉外。

经过上述措施除硒后,锑硒含量可降到0.0002%~0.001%,除硒过程中,锑的直收率大于99%(含产出的氧化锑烟尘在内),硒渣产出率为1.2% ~1.9%。该法操作费用较低,仅为纯碱吹风氧化法的15% ~30%。

除硒后,锑液中会残留少量的铝,可通入压缩空气将铝氧化造渣,使铝含量降低到所要求的指标。

该法适合处理硒含量小于0.05%的锑,对于硒含量大于0.05%的锑也可同样处理,但成本会相应增加。加入的铝最好是金属铝,但在不影响锑的其他质量指标的前提下,也可以用各种废旧铝件或含铝的合金代替,充分降低成本。

硒渣遇水时会析出剧毒气体硒化氢(H_2Se),反应式为:

$$Al_2Se_3 + 6H_2O = 2Al(OH)_3 + 3H_2Se\uparrow$$

硒化氢为无色有臭味的气体,其毒性与砒霜相当,在生产过程中应加以预防。

10.1.5 脱铅

火法炼锑过程中,伴生金属铅大部分进入粗锑,而最终产品精锑或锑白对铅含量有一定要求。精锑要求铅含量小于0.2%,锑白要求铅含量小于0.1%。铅是粗锑火法精炼过程中较难除去的杂质。

粗锑脱铅的传统方法有硫化法、氯化法、重复氧化吹炼法、真空蒸馏法等,其基本原理是根据锑与铅在物理、化学性质上的差异来实现锑、铅的分离,其中真空蒸馏法的脱铅效果较好,但不适用于锑精炼反射炉。

硫化法是向锑熔体中加入元素硫或硫化锑等硫化剂,使铅生成PbS进入渣中除去,该法除铅不彻底,锑熔体中铅的残留量仍高达0.8% ~1.3%,因此,硫化法只能用于初步脱铅,要进一步脱铅,必须与其他方法结合。

氯化法是在NaCl熔体覆盖在锑液表面的情况下,往锑液内鼓入氯气,使铅生成$PbCl_2$浮渣而除去。该法的主要缺点是:主体金属锑会被氯化,生成$SbCl_3$或$SbCl_5$挥发而导致锑直收率下降;通氯气对环境、安全和生产设备带来危害,同时,锑、铅分离仍不彻底,锑中残留的铅含量为0.12% ~0.5%。

重复氧化吹炼法是根据锑比铅更易氧化挥发的特点,往锑熔体中鼓入空气,使锑氧化成Sb_2O_3挥发除去,而铅除少量被氧化成PbO与Sb_2O_3一起进入收尘系统外,大量铅留在残余熔体(俗称底水)中,所得氧化锑再还原熔炼。该法一次作业不能使锑、铅彻底分离,需在反射炉内多次重复氧化挥发和还原熔炼过程。该法虽然能得到符合标准的金属锑,但流程长、冶炼时间长,导致锑直收率低,精炼成本较高。

下面介绍几种反射炉精炼脱铅的新方法。

10.1.5.1　含氧酸锑盐除铅法

CN1117084A发明专利公开了一种火法精炼脱铅方法,该法使用的除铅剂是硅、硼或磷的含氧酸锑盐,如硅酸锑、硼酸锑和磷酸锑等。

除铅剂可分别采用高温合成法和水溶液反应法制取。

高温合成法是将三氧化二锑与硅、硼或磷的含氧化合物如SiO_2、B_2O_3、H_3BO_3、$(NH_4)_3PO_4$、$(NH_4)_2HPO_4$、$NH_4H_2PO_4$等在高温下反应,生成相应的含氧酸锑盐。

水溶液反应法是将可溶性锑盐,即三价或五价锑盐与可溶性硼或磷的含氧酸盐在溶液中反应,生成相应的锑含氧酸盐。也可以将硼酸或磷酸溶液与Sb_2O_3或Sb_2O_5在溶液中反应，生成相应的含氧酸锑盐，具体的合成方法如下。

A 制备硅酸锑类除铅剂

将石英(SiO_2)碾成－100 目(－0.147mm)细粉，与 Sb_2O_3 充分混合均匀，在 650～1100℃温度下，使其发生如下反应：

$$3SiO_2 + 2Sb_2O_3 = Sb_4(SiO_4)_3$$

$$3SiO_2 + Sb_2O_3 = Sb_2(SiO_3)_3$$

反应时间 2～4h，反应后，产品呈玻璃状，冷却后稍加粉碎，即为硅酸锑类除铅剂。

B 制备硼酸锑类除铅剂

该类除铅剂的制备，可采用高温合成和水溶液反应两种方法。

高温合成法与硅酸锑盐类除铅剂相似，即取 B_2O_3 粉或 H_3BO_3 粉与 Sb_2O_3 充分混合均匀，使其在 450～1100℃的温度下发生如下反应：

$$6B_2O_3 + Sb_2O_3 = Sb_2(B_4O_7)_3$$

$$3B_2O_3 + Sb_2O_3 = Sb_2(B_2O_4)_3$$

$$6H_3BO_3 + Sb_2O_3 = Sb_2(B_2O_4)_3 + 9H_2O$$

$$12H_3BO_3 + Sb_2O_3 = Sb_2(B_4O_7)_3 + 18H_2O$$

反应时间 2～4h，反应后的产品也呈玻璃状，冷却后稍加粉碎，即为硼酸锑类除铅剂。

水溶液反应法制取硼酸锑类除铅剂是将可溶性三价或五价锑盐，如 $SbCl_3$、$SbCl_5$、$SbBr_3$ 或 $Sb_2(C_2O_4)_3$ 等锑盐溶液与可溶性硼酸盐，如 $Na_2B_4O_7$、$K_2B_4O_7$、$Na_2B_2O_4$、$Na_4B_2O_5$ 等硼酸盐的溶液反应(也可采用硼酸溶液与 Sb_2O_3 或 Sb_2O_5 在溶液中反应)，其离子反应方程式为：

$$3B_2O_4^{2-} + 2Sb^{3+} = Sb_2(B_2O_4)_3$$

$$3B_4O_7^{2-} + 2Sb^{3+} = Sb_2(B_4O_7)_3$$

$$3B_2O_5^{4-} + 4Sb^{3+} = Sb_4(B_2O_5)_3$$

$$5B_2O_4^{2-} + 2Sb^{5+} = Sb_2(B_2O_4)_5$$

$$5B_4O_7^{2-} + 2Sb^{5+} = Sb_2(B_4O_7)_5$$

$$5B_2O_5^{4-} + 4Sb^{5+} = Sb_4(B_2O_5)_5$$

控制反应温度为 0～100℃，搅拌 20～120min 后，将生成的沉淀物过滤、干燥，即可制得硼酸锑类除铅剂。

C 制备磷酸锑类除铅剂

锑的三价或五价磷酸盐类除铅剂可采用水溶液反应法制取，即采用前述可溶性锑盐与各种磷酸的钠盐、钾盐、铵盐等可溶性磷酸盐在溶液中反应制取，也可采用磷酸溶液与 Sb_2O_3 或 Sb_2O_5 在溶液中反应制取，其离子反应式为：

$$3PO_3^- + Sb^{3+} = Sb(PO_3)_3$$

$$PO_4^{3-} + Sb^{3+} = SbPO_4$$

$$3HPO_4^{2-} + 2Sb^{3+} = Sb_2(HPO_4)_3$$

$$3H_2PO_4^- + Sb^{3+} = Sb(H_2PO_4)_3$$

$$3P_2O_7^{4-} + 4Sb^{3+} = Sb_4(P_2O_7)_3$$

$$3P_3O_{10}^{5-} + 5Sb^{3+} = Sb_5(P_3O_{10})_3$$

$$5PO_4^{3-} + 3Sb^{5+} \longrightarrow Sb_3(PO_4)_5$$

$$5P_2O_7^{4-} + 4Sb^{5+} \longrightarrow Sb_4(P_2O_7)_5$$

控制反应温度为0～100℃，搅拌反应时间为20～120min后，将生成的沉淀物过滤、干燥，即可制得磷酸锑类除铅剂。

三价锑的磷酸盐类除铅剂也可以采用高温合成法制取，即将三氧化二锑与磷酸铵盐，如$(NH_4)_3PO_4$、$(NH_4)_2HPO_4$、$NH_4H_2HPO_4$粉末，在高温下反应生成磷酸锑类除铅剂。其合成工艺控制条件，如反应温度和反应时间等与上述硅酸锑类和硼酸锑类除铅剂相同。

通过以上制备方法得到的分子式为Sb_nR_m的除铅剂，具有良好的理化性能，其密度为1.5～5.6g/cm^3，熔点为430～900℃，沸点大于1600℃。在反射炉作业温度下，它们都具有良好的流动性和热稳定性，其热稳定性皆能适应锑精炼反射炉除铅的要求，因此，取分子式为Sb_nR_m锑盐除铅剂中的任何一种或任意2～4种的配合，均可直接加入炼锑反射炉中进行精炼除铅，其除铅反应通式为：

$$2Sb_nR_m + m \cdot nPb \longrightarrow mPb_nR_2 + 2nSb$$

式中　m——锑盐除铅剂中锑化合价数；

n——硅、硼或磷的含氧酸根化合价数；

R——硅、硼或磷的含氧酸根。

显然，这种除铅方法，不同于传统的将铅硫化、氯化或氧化等精炼除铅方法，它是使除铅剂锑盐中的锑被杂质铅置换，铅则生成热稳定性好、自由能很负的硅酸铅、硼酸铅或磷酸铅熔体渣，从而达到锑、铅分离的目的。采用此种除铅方法，最终的精炼锑产品，其铅含量可降至0.025%～0.15%。

此外，这类除铅剂不仅可除去粗锑中的杂质Pb，而且对Fe、Cu等杂质也有深度净化的效果。在反射炉中使用上述除铅剂除铅的工艺控制条件为：

(1)除铅剂Sb_nR_m的总加入量为炉内锑金属量的1%～15%；

(2)温度应控制在锑熔点温度以上，通常为630.5～1100℃；

(3)反应时间为20～240min，并可适度地鼓风搅动锑液；

(4)当粗锑中含铅量较高时，可重复多次操作，直至将铅降到满意为止。

使用此类除铅剂脱铅时，生成的含Pb浮渣，呈玻璃状，有较好的流动性，易与锑分离，冷却后性脆易碎，因此，它还可代替传统的“衣子”作保护剂，在铸锭时，让其覆盖于锑液表面，防止锑氧化，确保精锑质量，并能使锑形成美丽的凤尾草状花纹结晶。作保护剂的使用方法与常规制备“衣子”的方法相同。

以下为反射炉内脱铅的两个实例。

[**实例1**]将560kg $Sb_4(P_2O_7)_3$除铅剂加入到11m^{2}的炼锑反射炉内精炼除铅，炉内锑液35t，Pb含量0.34%，在650～1100℃的温度下鼓风搅动30min，炉前取样分析，Pb含量降至0.18%，出炉后精锑产品取样分析，Pb含量为0.16%。

[**实例2**]将300kg $Sb_2(B_4O_7)_3$和250kg $Sb_4(P_2O_7)_3$除铅剂加入到6m^{2}的炼锑反射炉内精炼除铅，炉内锑液6.35t，含Sb 94.1%、Pb 2.4%、Cu 1.86%、Fe 0.017%、S 0.04%，在650～1100℃的温度下鼓风搅动锑液45min，取样分析，除铅后的金属锑含Sb 99.62%、Pb 0.18%、Cu 0.93%、Fe 0.0014%、S 0.0022%、Se 0.0025%。

10.1.5.2 含氧酸铵盐除铅法

CN1123335A发明专利公开了一种用于锑火法精炼的铵盐除铅法，其除铅工艺是用磷含氧酸氨盐、硫含氧酸铵盐或二者的复合铵盐作为除铅剂，控制适宜的温度，恒温半小时以上，然后除去表面浮渣，降温冷却而得到精锑。

该工艺的除铅原理是：铵盐或复合铵盐在高温下不稳定，易分解放出氨气，分解出的酸酐与粗锑中的铅生成相应的盐而进入浮渣，从而达到铅、锑分离的目的。同时，放出的氨气对锑熔体起搅拌作用，可加速化学反应的进行。

以硫酸铵、磷酸铵、磷酸氢铵及磷酸二氢铵为例，除铅过程可能发生的反应如下：

$$2(NH_4)_2SO_4 + 2Pb + O_2 \xlongequal{\quad} 2PbSO_4 + 4NH_3\uparrow + 2H_2O\uparrow$$

$$4(NH_4)_3PO_4 + 6Pb + 3O_2 \xlongequal{\quad} 2Pb_3(PO_4)_2 + 12NH_3\uparrow + 6H_2O\uparrow$$

$$4(NH_4)_2HPO_4 + 6Pb + 3O_2 \xlongequal{\quad} 2Pb_3(PO_4)_2 + 8NH_3\uparrow + 6H_2O\uparrow$$

$$2(NH_4)_2HPO_4 + 2Pb + O_2 \xlongequal{\quad} 2PbHPO_4 + 4NH_3\uparrow + 2H_2O\uparrow$$

$$4NH_4H_2PO_4 + 6Pb + 3O_2 \xlongequal{\quad} 2Pb_3(PO_4)_2 + 4NH_3\uparrow + 6H_2O\uparrow$$

$$4NH_4H_2PO_4 + 4Pb + O_2 \xlongequal{\quad} 2Pb(H_2PO_4)_2 + 4NH_3\uparrow + 2H_2O\uparrow$$

由以上反应式可知，当这几种铵盐的重量相同时，磷酸二氢铵能与更多的铅反应，同时放出最少的氨气，因此，从理论上讲，磷酸二氢铵更适合作为除铅剂。

铵盐除铅工艺的主要工艺过程和条件为：

(1)当反射炉内含有高铅的锑熔化后，将铵盐或复合铵盐覆盖在锑熔体表面，升温到700~1100℃之间的某一温度，并鼓风搅拌约2h，扒出表面浮渣，放出金属锑液铸模。

(2)可单独使用磷含氧酸氨盐或硫含氧酸铵盐作除铅剂，也可以使用二者的复合铵盐作为除铅剂，复合铵盐的重量配比是磷含氧酸氨盐的40%~70%、硫含氧酸铵盐的30%~60%。

(3)铵盐或复合铵盐的加入量根据铅的含量而定，若精锑最终铅含量控制在0.15%以下，则加入量可按下列公式计算：

$$G = 100 \cdot k \cdot x$$

式中 G——每吨锑应加入的除铅剂质量，kg；

x——粗锑中铅的质量分数；

k——常数，一般取10~35，可根据具体情况而定。

上述铵盐除铅工艺的实例结果表明，锑中铅含量可降低到0.16%以下。复合铵盐的除铅效果优于单独使用一种铵盐的除铅效果，单独使用硫含氧酸铵盐的除铅效果最差。

作为除铅剂的复合铵盐，可以用市面上的磷含氧酸铵盐和硫含氧酸铵盐，如硫酸铵、硫酸氢铵、磷酸铵、磷酸氢铵、磷酸二氢铵等按比例混合而得，但是以化学方法自行制备最佳。复合铵盐的化学制备步骤是先将硫、磷含氧酸按一定配比混合，用氨或碳酸氢氨进行中和反应，再经浓缩、结晶、干燥工序而制得。

含氧酸铵盐除铅法的优点是除铅剂来源广泛，制备容易，使用设备简单，经济可行，锑的直收率高，除铅效果较好。缺点是除铅过程会析出氨气，烟雾大，不利于生产操作。

10.1.5.3 液态含氧酸除铅法

CN1127793A发明专利公开了一种用于锑火法精炼的液态含氧酸除铅法。该法是将主要由磷的含氧酸、硫酸组成的液态除铅剂,用氮气进行雾化后直接喷入高温锑熔体中,使铅与除铅剂快速接触并反应形成浮渣而除去。

液态除铅剂的制备方法是先将磷的含氧酸、硫酸按一定比例混合,进行脱水处理,然后加入15%的稳定剂进行稳定化处理,得到液态成品。稳定剂为氯化铵、碳酸氢铵、五氧化二磷、磷酸铵中的任意一种。磷的含氧酸主要包括正磷酸、偏磷酸、焦磷酸、过磷酸、聚合磷酸等。液态除铅剂各组分的重量百分比是磷的含氧酸+硫酸为85%,稳定剂为15%。

液态含氧酸除铅剂的除铅原理与前述铵盐除铅法基本相同,即使其形成含氧酸铅盐的浮渣而脱铅。由于这种除铅剂中的铵盐含量少,因而不会大量析出氨气。

采用该法在反射炉内精炼脱铅的一个实例是:炉内粗锑12t,铅含量为0.82%,用氮气将250kg液态除铅剂通过插入锑熔体的喷枪雾化并直接喷入锑熔体中。氮气起到雾化除铅剂和搅动锑熔体的双重作用。反应温度为700~1100℃,时间为20min,反应过程中生成的铅化合物浮渣应不断扒出,最后得到铅含量为0.12%的精锑11.5t。

液态含氧酸除铅法的特点是精炼速度快,除铅效果好,但需要较复杂的辅助设施,要求喷枪能耐腐蚀、耐高温。

10.1.5.4　复合磷酸盐除铅法

广州有色金属研究院曾用五氧化二磷和碳酸钠混合物组成的熔盐除铅剂,直接加入到锑熔体中,进行除铅试验研究。试验设备为坩埚炉,在五氧化二磷与碳酸钠的质量比为3:1,温度为800℃,除铅剂的加入量为粗锑质量的20%,除铅50min的条件下,可使锑中铅含量从4%降至0.015%。

试验考察了除铅剂原料配比、除铅剂加入量、温度、时间等对除铅效果的影响,得出如下结论:

(1)除铅剂中碳酸钠所占比例增加时,形成的渣比较黏,流动性差,锑与渣较难分离;当五氧化二磷所占比例增加时,渣的流动性增强,渣的颜色从浅蓝到紫色透明。当五氧化二磷与碳酸钠的配比为3.5:1时,渣为黑紫色的玻璃状物,易与锑分离。当配比为3:1时,锑中的铅含量从4%降至0.015%,除铅率最高,为99.63%。

(2)随着除铅剂添加量的增加,除铅效果提高。当除铅剂的量较少时,一方面除铅效果不理想,另一方面因除铅剂不足以完全覆盖锑液液面,导致锑挥发损失,而使锑的直收率降低,因此,决定除铅剂的使用量时,应考虑锑液面的面积,以能完全覆盖锑液面为准,根据锑中的铅含量调整除铅剂的用量。在试验条件下,除铅剂的用量以粗锑量的15%~20%为宜。

(3)当温度低于700℃时,除铅剂几乎不熔,可以看到白色的碳酸钠,无玻璃状渣形成,并且渣与锑互相夹杂,这可能是五氧化二磷在此温度下没有与碳酸钠生成偏磷酸钠,而是大量挥发了,大部分碳酸钠仍以其原态存在;当温度超过700℃时,锑中的铅含量可以下降两个数量级,除铅效果明显;当温度为800℃时,锑中的铅含量最低。虽然800℃时锑的直收率也略有减少,但是渣中的锑可以再回收,故确定最佳的除铅温度为800℃。

(4)随反应时间的增加,锑中的铅含量降低,但是当时间超过90min后,锑中的铅含量反而较50min时有所增加,其原因尚不清楚,有待进一步研究。试验确定的最佳除铅时间为50min。

(5)该除铅剂对锑中的铜没有去除作用,但可以使锑中的铁和砷的含量减少一个数量级。试验样品粗锑中,Fe和As的含量分别为0.089%和0.01%,除铅后其含量分别降到

0.0053%和0.0065%。

该除铅法的特点是原料易得,操作简单,易应用于反射炉精炼,但除铅剂的用量偏高。

关于此种除铅法的原理,目前尚不十分清楚。除铅剂在精炼炉内可能发生的反应为五氧化二磷与碳酸钠作用生成偏磷酸钠:

$$\frac{n}{2}P_2O_5 + \frac{n}{2}Na_2CO_3 \xlongequal{\quad} Na_n(PO_3)_n + \frac{n}{2}CO_2$$

偏磷酸钠再与熔体中的铅反应生成铅盐浮渣,但该反应中,五氧化二磷与碳酸钠的质量比约为1.34:1,即该反应不能全部消耗完加入的五氧化二磷。由于精炼过程的氧化作用,五氧化二磷还可能发生如下反应:

$$P_2O_5 + Sb_2O_3 \xlongequal{\quad} 2SbPO_4$$

生成的$SbPO_4$与熔体中的铅发生置换反应并形成磷酸铅入渣:

$$3Pb + 2SbPO_4 \xlongequal{\quad} Pb_3(PO_4)_2 + 2Sb$$

上述反应也可能是除铅过程的主要机理。

10.2 水溶液电解精炼

水溶液电解精炼可用于粗锑的除杂提纯,同时使粗锑中的金、银等有价金属在阳极泥中富集而得到回收,也可以用来处理含杂质较多的粗锑并取得较好的综合效益。

当粗锑中含有贵金属时,通常采用水溶液电解精炼。由于铜、铋、砷的电极电位与锑接近,电解时,这些杂质会在阴极上析出,影响精锑的质量,因此,当粗锑中铜、铋、砷杂质的含量较高时,不宜采用电解精炼法。

10.2.1 电解液体系的选择

电解工艺对电解液的一般要求是:具有良好的导电性和稳定性、毒性小且使用成本低,目的金属在电解液中有足够的溶解度。

由于锑的盐类大多数难溶于水,如锑的硫酸盐和硝酸盐均不溶于水,硅氟酸盐和硼酸盐的溶解度也很小,因此锑的电解液体系可选择的范围很小。粗锑水溶液电解精炼可采用的电解液体系可分为碱性体系和酸性体系两种。

碱性电解液体系有碳酸钠和氢氧化钠组成的碱性溶液体系以及硫化钠和氢氧化钠组成的碱性溶液体系等。前者的缺点较多,未能得到推广。后者常导致阴极沉积物不致密,尤其在溶液中锑浓度较低时易生成粉锑,精炼含贵金属的粗锑时,由于氧的去极化作用,贵金属以硫代钠盐形式转入溶液并在阴极析出,导致贵金属的损失。

酸性电解液体系主要有氢氟酸-硫酸体系、盐酸-氯盐体系、酒石酸体系、柠檬酸-柠檬酸盐体系及硫酸盐-氨配合物-氟化物体系等。各种酸性电解液体系的组成及优缺点见表10-3。

工业生产上,主要采用氢氟酸-硫酸组成的电解液,这种电解液的价格便宜,电解效果较好。如我国湘西金矿采用这种电解液,对反射炉精炼后的含金贵锑在室温下进行电解精炼处理,使金、锑分离。产出的阴极锑呈淡灰色结晶,致密平整,其阴、阳极锑(粗锑)成分列于表10-4中。阳极泥产出率10%~13%,阳极泥金含量为10%~25%。阴极电流密度在100~110A/m^{2}之间,电能消耗为400~600kW·h/t,电流效率达到96%以上。

表 10-3　各种酸性电解液体系的组成及优缺点

体系	氢氟酸-硫酸	盐酸-氯盐	酒石酸	柠檬酸-柠檬酸盐	硫酸盐-氨配合物-氟化物
成分 /g·L^{-1}	Sb^{3+} 100~130 SO_4^{2-} 360~400 总 F^- 70~90 游离 F^- >20	Sb^{3+} 40~60 NaCl 180 游离 H^+ 1.5	Sb^{3+} 60 酒石酸 100~150	Sb_2O_3 50~55 柠檬酸钾 144 柠檬酸 1.39	Sb^{3+} 90~120 SO_4^{2-} 300~360 总 F^- 70~90 NH^+ 50
优点	(1)易溶于水，稀释时不水解； (2)价格较低廉	(1)易溶于水，锑离子浓度不会贫化； (2)电流效率接近理论值	(1)溶解度较大； (2)电流效率接近理论值		(1)易溶于水； (2)可采用高的电流密度； (3)电解液毒性较小； (4)阴极锑质量优良； (5)价格较低
缺点	(1)不能采用高电流密度； (2)电解液毒性较大	(1)易生成爆锑； (2)电解液稀释时易发生水解反应； (3)电解液再生困难	(1)阴极电流密度较大时，沉积物结构变坏； (2)易出现阳极钝化； (3)价格昂贵	(1)溶解度较小； (2)价格昂贵	

表 10-4　湘西金矿电解阴、阳极锑成分

成　分	Sb	Pb	As	Fe	Cu	Au
阳极粗锑/%	75~80	<10	<1	<2	<9	20 kg/t
阴极锑/%	90	0.1	1.1	2.1	6.4	0.3

但 HF 有毒，在电解液温度升高时，氢氟酸有可能挥发。由表 10-3 可以看出，硫酸盐-氨配合物-氟化物体系不仅具有氢氟酸-硫酸体系的优点，而且在电解液的毒性特性及阴极锑的沉积质量上具有一定优势。

昆明理工大学采用硫酸盐-氨配合物-氟化物体系，对粗锑的电解精炼进行了较详细的试验研究。下面主要就该体系中粗锑的电解精炼进行讨论。

10.2.2　硫酸盐-氨配合物-氟化物体系的成分

硫酸盐-氨配合物-氟化物电解液体系，用三氧化二锑、硫酸、氢氟酸、氟化铵及柠檬酸配制，体系中主要含 F^-、Sb^{3+}、SO_4^{2-} 和 NH_4^+ 等离子。在电流密度一定的条件下，各离子在电解液中的含量，对电解过程有较大的影响。一般电解液的成分见表 10-5，各成分的作用分述如下。

表 10-5　电解液的主要成分

成　分	Sb^{3+}	NH_4^+	F^-	SO_4^{2-}	柠檬酸
质量浓度/g·L^{-1}	100	50	80	360	5

(1)电解液中的氟离子 F^-，特别是游离的氟离子对电解的影响很大，它影响到槽电压的高低及砷在电解过程中的分布。游离氟离子含量低，槽电压则高，进入阴极锑中的砷增多，此外，游离的氟离子能够避免阳极钝化。当电解液中的氟离子质量浓度保持在 70g/L 以上时，游离的氟离子达到一定的浓度，大于 20g/L，此时，电解过程稳定，槽压较低，为 0.3~

0.5V。

(2)电解液中 Sb^{3+} 浓度的变化影响着阴极锑的沉积质量。增大 Sb^{3+} 的浓度,有利于获得结晶致密、平整光滑的阴极沉积物,但会增大电解液的电阻,导致槽电压升高。而 Sb^{3+} 质量浓度较低时,如小于 80g/L,则析出的阴极锑结构疏松,附着性差,容易崩落掉入槽底,因此,电解液中 Sb^{3+} 质量浓度宜保持在 90~120g/L 之间。

(3)电解液中的 SO_4^{2-} 能增加电解液的导电性,防止阳极产生钝化,此外,SO_4^{2-} 能与阳极中的铅生成 $PbSO_4$,形成导电性的阳极泥,降低槽电压,实现锑与杂质铅的有效分离。但随着 SO_4^{2-} 浓度的增大,电解液的密度增大,阳极泥沉降困难,因此,为保证电解的顺利进行,SO_4^{2-} 质量浓度应控制在 300~360g/L 的范围内。

(4)电解液的配制过程中,用氟化铵代替氢氟酸,能够降低电解液的酸度,减少电解液的挥发及其对电解设备的腐蚀,有利于电解车间的环保。此外,Sb 及部分杂质金属能以 $[Me(NH_3)_nF_{2n}]$ 及 $[Me(NH_3)_{3n}(SO_4)_{4n}]$ 配离子形式存在,NH_4^+ 的配合效应能改变金属的平衡电位,有利于某些杂质金属,如铜等的脱除。

(5)微量柠檬酸的存在,能改善阴极锑的结晶形态。

10.2.3 粗锑精炼的电极过程

粗锑电解精炼时,粗锑作为可溶性阳极,在电解过程中,阳极锑及其他可溶性金属失去电子而进入溶液,阳极可能发生的反应为:

$$Sb - 3e \xlongequal{\quad} Sb^{3+}$$

$$Me - ne \xlongequal{\quad} Me^{n+}$$

$$2H_2O - 4e \xlongequal{\quad} 4H^+ + O_2 \uparrow$$

阴极可能发生的反应为:

$$Sb^{3+} + 3e \xlongequal{\quad} Sb$$

$$Me^{n+} + ne \xlongequal{\quad} Me$$

$$2H_3O^+ + 2e \xlongequal{\quad} 2H_2O + H_2 \uparrow$$

上述反应式中的 Me 代表粗锑中可溶的杂质金属。在硫酸盐-氨配合物-氟化物电解液体系中进行电解时,阴极上放电的离子还有锑及其他金属与 NH_3 等组成的配离子。

10.2.4 电解参数对粗锑精炼的影响

10.2.4.1 电流密度的影响

电流密度的变化范围为 100~500A/m²。阴极电流密度与阳极电流密度基本相当时,电解试验结果表明,电流密度主要影响着槽电压、阴极锑及阳极泥的产出率,而对电流效率无明显影响。随着电流密度的增加,槽电压升高,电能消耗增大,但同时阴极锑的单位面积产量也明显提高。在试验研究的电流密度控制范围内,电流密度的大小对阴极锑的表面质量影响不大,但电流密度高时,阴极锑周边毛刺增多。

阳极表面的过电位随着电流密度的增大而提高,相应地,阳极氧化强度也升高,这可能使一些在低电流密度下不能被氧化溶解的杂质,在高电流密度下被氧化溶解,并且在阴极析出。

电解试验结果表明,随着电流密度的增大,铜、砷和铋进入阳极泥的比例增大,在电解液中的含量降低，在阴极锑中的含量明显减少；电解后液中，铁离子浓度先是随电流密度增大而升高，而后随电流密度的升高而降低，电流密度在 200 ~ 400A/m^2 时保持较低水平；铁的电极电位较锑负，部分铁在电解过程中从阳极上转入溶液，但铁一般不会在阴极析出，而是在电解液中不断积累，造成电解液不纯；当溶液中铁离子含量太高时，则结晶析出，导致槽电压升高及污染阴极锑，因此，在连续生成过程中应定期除铁。

电流密度增加，使槽电压升高，电解精炼的单位能耗增加；电流密度增加，也使电解液的温度升高，电解液需要重新进行处理，才能满足对电解温度的要求。

综合以上因素，确定采用 300 ~ 400A/m^2 的阳极电流密度较适宜。

10.2.4.2　温度的影响

电解温度是水溶液电解精炼的重要影响因素之一，它不仅影响着电解过程中各杂质金属的走向与分布，而且还影响到电解液的挥发及电解车间的环境。在电解过程中，由于电流的焦耳热，将会导致电解液温度升高。在某些金属，如铜的水溶液电解中，为了加快液相传质速度及降低浓差极化对电解过程的影响，会采用外加热方式，使电解液保持在较高的温度范围内，但是对于粗锑的电解精炼来说，由于电解液体系及杂质金属的特殊性，宜采用较低的电解温度。

砷和铋在阳极泥中的分布随着电解温度的升高逐渐减小，铋减小的幅度大于砷减小的幅度，这表明电解温度升高，杂质进入电解液的数量增多，最终导致阴极锑产品的杂质含量增加，质量变差。锑在阳极泥中的数量与电解温度的升高基本没有关系，温度升高不能降低阳极泥中锑的绝对含量及提高锑的回收率。当电解温度升高时，槽电压略有降低，但电流效率也降低。

随着电解温度的升高，杂质金属在电解液中的含量均有升高的趋势；温度升高，加快了酸对阳极泥和粗锑的化学作用，使杂质溶解的速度加快，阴极锑中杂质砷和铋的含量明显增加，特别是砷，其增加速度更快；同时，电解温度的升高会增大电解液的挥发，产生明显的环境污染，增加电解液试剂的消耗；因此，粗锑电解时应尽可能采用低的电解温度，最好低于30℃。较低的电解温度有利于提高杂质在阳极泥中的富集程度，降低杂质在阴极锑中的含量，且对电解液的维护及电解车间的环境有利。

10.2.4.3　极间距的影响

在电解液组成、电流密度、温度一定的情况下，极间距对于阴极质量有较大的影响。极间距太小，阳极泥容易被机械吸附在阴极上，而阳极泥被吸附的多少与阴阳极极间距有密切关系。极间距过大，会降低电解槽的单位产率，并增大槽电压。生产上采用的异极中心距一般为 70mm。

10.2.4.4　阴极板材料的影响

金属/电解质溶液界面的结构和性质对电化学动力学影响很大。同一电化学反应在不同的电极上进行的速度可以有很大的差别，反应机理也可能不一样。电极材料的选择还影响槽电压及电解过程的顺利进行。当电极导电性差的时候，会引起电解槽内电流密度分布不均，阳极板上部的电流密度比下部的电流密度大，溶解速度较快，最终导致断板。因此，选择合适的阴极材料对电解精炼是必要的，各种金属的水溶液电解精炼，可选用的阴极材料一般有铜、不锈钢、钛、铅银合金、铁、铝等。

试验研究发现，粗锑的电解精炼不能采用电负性比锑强的金属阴极，如锌板、铁板等。

当阴极金属的电极电位比锑电极电位负得多时，一旦阴极板与电解液接触，会立即发生阴极金属与锑离子的置换反应，在阴极板表面覆盖一层黑色疏松的置换锑，使得在阴极板表面电沉积形成的锑层与阴极结合不牢固，容易掉板。

目前，锑电解精炼主要采用铜板与不锈钢板，由于铜板导电性能要优于不锈钢板，在工业上采用铜板较多。但是经试验研究发现，采用铜板会污染阴极锑。铜板在下板时，由于 F^- 和 NH_4^+ 的配合作用，铜会溶解进入电解液，在电解过程中，阴极附近铜离子浓度较高，在阴极上与锑一起放电析出，降低精锑的质量。

在电解温度为35℃，电流密度为300A/m^2，异极中心距为50mm的条件下，分别采用铜板和不锈钢板作阴极进行了对比电解试验，结果显示，采用不锈钢阴极板，阴极锑中铜含量仅为铜阴极板的1/10。电解过程中铜的物料平衡分析结果也表明，采用铜阴极电解时，铜的产出量远大于阳极粗锑带入的铜量，铜阴极明显地影响了阴极锑的质量，因此，粗锑电解精炼时采用不锈钢板较好。

10.2.5 添加剂对粗锑精炼的影响

在粗锑电解精炼过程中，添加剂具有非常重要的作用。试验研究表明，在无添加剂的单纯的硫酸盐-氨配合物-氟化物电解液体系中，要实现锑与砷、铋的有效分离，其条件很苛刻，需要较高的电流密度及很低的电解温度。在工业上由于电流的焦耳热，电解液的温度很难保持在25℃以下，因此，锑与砷、铋的分离非常困难，但在电解液中加入适当的添加剂常常能改善电解过程，提高阴极产品质量。

在粗锑电解精炼中，可选择的添加剂包括配合剂与表面活性剂等。对添加剂的一般要求是：

(1)能与杂质金属形成沉淀而进入阳极泥中；

(2)能与杂质金属形成金属配离子，改变金属的电极电位，减少杂质金属在阴极上的放电；

(3)能提高极化度，改善电解液的分散能力；

(4)能提高活化极化，有利于获得致密的阴极沉积层，降低锑板的脆性，易于剥板。

在粗锑电解精炼过程中，这类添加剂包括草酸、EDTA、硫脲、葡萄糖等。下面分别讨论其对电解过程的影响。

10.2.5.1 草酸

草酸亦称“乙二酸”，分子式为 $H_2C_2O_4 \cdot 2H_2O$，相对分子质量为126.07，为无色晶体，易溶于水或乙醇，具有较强的酸性及还原性，能与铅(II)、铋(III)、铜(II)等形成不溶于水的沉淀物。在水溶液中依下述次序进行离解：

$$\text{HOOC—COOH} = [\text{HOOC—COO}]^- + H^+$$

$$[\text{HOOC—COO}]^- = [\text{OOC—COO}]^{2-} + H^+$$

草酸属于亲水性表面活性物质，它在水中的离解常数比醋酸大约2000倍，离解出来的草酸根离子在电解过程中起到以下作用：

(1)除铋剂。草酸根离子与Bi能形成沉淀进入阳极泥，同时草酸根离子与Bi能形成稳定的配合物，铋在阴极上的电极反应为：

$$Bi(C_2O_4)_n^{3-2n} + 3e = Bi + nC_2O_4^{2-}$$

草酸根离子的配合效应使铋的电极电位负移，铋不易在阴极上还原，从而达到分离锑与铋的目的。

对电解后液中铋离子的浓度进行检测，在草酸添加量为 5～20g/L 时，铋离子浓度基本没有波动，低于未加草酸时电解后液中的铋离子浓度，而阳极泥中铋的含量比未加草酸时高。电解液中添加 5g/L 以上浓度的草酸后，阴极锑中的铋含量降至最低值，此时能够实现锑与铋的分离。

（2）除铁剂。铁的电极电位比锑负，在电解过程中，部分铁转入溶液中，在电解液中不断积累，造成电解液不纯，当其含量太高时，即结晶析出，阻碍了电解的进行，甚至会在阴极表面结晶，严重污染阴极锑，因此铁虽不会在阴极上沉积，但必须处理电解液以免其积累过多。草酸能与 Fe^{2+} 生成 FeC_2O_4。FeC_2O_4 难溶于水，在 100g 冷水中的溶解度为 0.022g，在 100g 热水中的溶解度也仅为 0.026g，在草酸溶液中难溶，因此，草酸能除去溶液中的一部分铁。

（3）改善阴极产品的物理结构。草酸根离子与金属离子结合的配合阳离子，如 $C_2O_4Sb^+$ 等，能在阴极上吸附，引起阴极极化值增加，晶格成长变慢，使阴极析出产品结晶致密，从而改善其物理结构。电解液中添加草酸后，获得的阴极锑表面质量得到了明显的改善，结晶细密，平整，光滑。草酸质量浓度在 1～5g/L 时，阴极锑表面形貌随草酸浓度的增大而变好，但当草酸质量浓度大于 5g/L 后，阴极锑表面质量基本没有改变。

综合考虑各方面的因素，草酸的最佳添加量为 5～10g/L。

10.2.5.2　乙二胺四乙酸二钠盐（EDTA）

乙二胺四乙酸二钠盐可由乙二胺四乙酸（EDTA）与氢氧化钠反应制得，习惯上也称为 EDTA，分子式为 $C_{10}H_{14}N_2O_8Na_2 \cdot 2H_2O$，相对分子质量为 372.2，常温下为白色结晶粉末，溶于水，呈弱酸性，其 5% 水溶液的 pH 值为 4～6。EDTA 在水中易离解成 $EDTA^{4-}$，能与大多数金属形成稳定的配合物。$EDTA^{4-}$ 与锑形成配合物的分子式为 $[Sb(EDTA)]^-$，其在水溶液中的稳定常数为 10^{25}，在 pH＝2 的酸性溶液中也不分解，但配合物中的 Sb^{3+} 很容易被铜、砷及其他金属离子取代。

EDTA 二钠盐在粗锑电解过程中的作用如下：

（1）除杂剂。$EDTA^{4-}$ 能与电解液中的金属离子形成稳定的配合物，由于各金属配合物的稳定常数不同，其引起的金属电极电位变化值也不同，由此将改变各金属杂质在电解过程中的分布。此外，$EDTA^{4-}$ 与金属产生的配合离子多为负电性，其在阴极上的特性吸附，将使电极电位负移。对于以配合阳离子形式在阴极上还原的金属，电位负移将使电极反应速度常数增大，有利于阴极还原，如添加 EDTA 将使阴极锑中的铋含量增加；而对于以配合阴离子形式在阴极上还原的金属，电位负移，将使其速度常数减小，即发生阻化作用，不利于其在阴极析出，如添加 EDTA 将使阴极锑中的砷含量减少；因此，在添加 EDTA 时，应在能够有效除砷的同时，尽量减少其对除铋的不利影响。当粗锑中的铋含量很低时，添加 EDTA 除砷的效果较好。

（2）改善阴极产品的物理结构。在粗锑电解精炼中，EDTA 与金属离子生成的配合离子多为负电性，其在阴极上的特性吸附，引起阴极极化值增加，晶格成长变慢，使阴极锑结晶致密，从而改善其物理结构。

（3）硫脲。硫脲是白色而有光泽的晶体，分子式为 $(NH_2)_2CS$，相对分子质量为 76.12，密度约 1.4g/cm³，溶于水，在水溶液中呈中性。硫脲在电解中作为表面活性物质，能降低固-

液相间的界面张力，在界面上形成的分子胶膜能抑制阴极上活性区域的扩展，改善阴极产品的结晶结构，形成作为补充结晶中心的微粒，有利于阴极产品结晶变细，板面致密。在高电流密度下，硫脲用量适当而又均匀分布时，阴极锑表面出现结晶致密、表面有定向结晶的平行细条纹。

硫脲浓度不宜太高。硫脲浓度太高，其吸附时，硫代基团与金属表面相互作用强，且分子胶膜脱附速度比新晶核成长速度慢，大量硫脲埋入阴极沉积层，影响阴极锑质量。在粗锑的电解精炼中，硫脲的适宜质量浓度为5mg/L。

(4)其他添加剂。粗锑电解试验表明，添加少量乙醇能够使阴极锑结晶致密，改善其物理质量。而十二烷基硫酸钠、葡萄糖、β 萘酚会恶化阴极锑的沉积质量，不适合作为粗锑电解的添加剂。

10.3 真空蒸馏精炼

粗锑所含杂质主要有 As、Pb、Fe、S、Cu、Na、Sn 等，有时还有 Au、Ag、Se 等，各种杂质的含量则因产地、冶炼方法而有所差别。

采用传统的冶金方法能分离大部分杂质，但分离有些杂质则显困难，例如火法精炼时，铅不易除去，从而影响锑的质量。采用真空蒸馏法精炼粗锑可取得较好的除杂效果。

10.3.1 真空蒸馏精炼的原理

真空蒸馏精炼锑的基本原理是基于锑和各种杂质蒸气压的差别。锑的蒸气压(p_{Sb})与温度的关系可用下式计算：

固态锑：$\lg p_{Sb} = -10320T^{-1} + 12.715$ (Pa) ($T = 500\text{K} \sim$ 熔点)

液态锑：$\lg p_{Sb} = -6500T^{-1} + 8.495$ (Pa) ($T =$ 熔点 ~ 沸点)

根据上两式，可计算出不同温度下的锑蒸气压数据，如表10-6所示。

表10-6 锑的蒸气压与温度的关系

温度/℃	400	500	600	630.755	700
蒸气压/Pa	2.4×10^{-3}	0.23	7.83	19.768	65.25
温度/℃	800	900	1000	1100	1200
蒸气压/Pa	273.66	898.77	2.45×10^{3}	5.77×10^{3}	1.208×10^{4}

从表中可见，在800℃时，锑的蒸气压已达274Pa，故蒸馏粗锑可在不太高的温度和低真空的条件下进行。

粗锑中的杂质可分为两类，一类为沸点低于Sb的杂质，主要有S、Se、As等，如表10-7所示；另一类为沸点高于Sb的杂质，主要是Pb、Sn、Cu、Au、Fe等，其熔点和沸点以及Sb－i系Sb端的活度系数γ_i列于表10-8。

表10-7 S、Se、As、Sb的熔点和沸点

元 素	S	Se	As	Sb
熔点/℃	115.22	221	603(S.P)	630.5
沸点/℃	444.6	685	603	1750

表 10-8　Pb、Cu、Sn、Au、Fe 的熔点、沸点及 Sb-i 系 Sb 端的 γ_i

元　素	Pb	Cu	Sn	Au	Fe
熔点/℃	327.5	1084.9	232.0	1064.4	1538
沸点/℃	1750	2563	2603	2857	2862
Sb－i 系 Sb 端的 γ_i	0.779(632℃)	0.378(917℃)	0.411(632℃)		

在可采用的粗锑真空蒸馏温度下,沸点较低的元素,其蒸气压比锑的蒸气压高,两者的蒸气压比值($p_i/p_{Sb}=r_i$)列于表 10-9,可见其差距甚大,达到 $10^2\sim10^4$ 倍,多数为 10^3 倍以上。

表 10-9　S、Se、As 的 p_i 和 p_i/p_{Sb} 与温度的关系

温度/℃	700	800	900	1000	1100
p_{Sb}/Pa	65.25	273.66	899	2449	5766
p_S/Pa	1.26×10^6	2.24×10^6	3.47×10^6	4.86×10^6	6.29×10^6
p_{Se}/Pa	1.22×10^5	3.66×10^5	9.14×10^5	1.97×10^6	3.81×10^6
p_{As}/Pa	4.11×10^5	1.60×10^6	4.94×10^6	1.28×10^7	2.87×10^7
r_S	1.93×10^4	8.19×10^3	3.86×10^3	1.98×10^3	1.09×10^3
r_{Se}	1.87×10^3	1.34×10^3	1.02×10^3	8.04×10^2	6.61×10^2
r_{As}	6.30×10^3	5.85×10^3	5.49×10^3	5.23×10^3	4.98×10^3

由于缺少 S、Se、As 这 3 种元素的 Sb－i 系活度系数值,因而不能准确地计算出气相中元素 i 的含量 i_g。

Sb-S 系有化合物 Sb_2S_3(同分熔点 546℃),Sb-Se 系有化合物 Sb_2Se_3(同分熔点 617℃),这两个体系可能为负偏差。Sb-As 系为互溶系,其偏差不会很大,若将这三个体系中的活度系数 γ_i^0 近似地设为 1,再取它们在 Sb－i 系中元素 i 在液相中的含量 i_l 的值为 10^{-1}、10^{-2}、10^{-3},应用下式:

$$i_g=[1+(\gamma_{Sb}/\gamma_i)\cdot(p_{Sb}/p_i)\cdot(Sb_l/i_l)]^{-1}$$

则可计算出气相中元素 i 的含量 i_g 的数值,列于表 10-10。

表 10-10　Sb－i 系中气液相平衡成分(质量分数)

温度/℃		700			900			1100		
i_l		10^{-1}	10^{-2}	10^{-3}	10^{-1}	10^{-2}	10^{-3}	10^{-1}	10^{-2}	10^{-3}
Sb_l/i_l		9	99	999	9	99	999	9	99	999
i_g	S	0.9995	0.9949	0.9508	0.9977	0.9750	0.7946	0.9918	0.9168	0.5221
	Se	0.9952	0.9497	0.6518	0.9912	0.9113	0.5045	0.9865	0.8696	0.3980
	As	0.9986	0.9845	0.8632	0.9984	0.9823	0.8461	0.9982	0.9805	0.8330

由表 10-10 中可知,在蒸馏时,S、Se、As 这三种元素优先进入气相,它们在气相中的含量大于液相。分离这三种元素,应使 Sb 保持液态,部分蒸发,使这些杂质元素富集到气相中,液态锑则得以提纯。

另一类沸点高于锑的杂质元素,其蒸气压 p_i 及 p_{Sb}/p_i 与温度的关系列于表 10-11。这一

类元素中,Pb 的蒸气压较高,但仍比 Sb 的蒸气压低,600℃时,p_{Sb}/p_{Pb} 达 129 倍,1200℃高温时降到 6.23 倍。其他元素 Sn、Cu、Au、Fe 等的 p_{Sb}/p_i 也达 $10^4 \sim 10^{11}$,较易分离。

表 10-11 高沸点元素的蒸气压 p_i 及 p_{Sb}/p_i 值

温度/℃	600	700	800	900	1000	1100	1200
p_{Sb}/Pa	7.83	65.25	273.66	898.77	2.45×10^3	5.77×10^3	1.208×10^4
p_{Pb}/Pa	0.06	0.85	7.23	42.24	186	655	1940
p_{Sn}/Pa	3.98×10^{-8}	2.66×10^{-6}	8.12×10^{-5}	1.38×10^{-3}	0.0151	0.116	0.68
p_{Cu}/Pa	5.10×10^{-9}	5.17×10^{-7}	2.18×10^{-5}	4.84×10^{-4}	6.53×10^{-3}	0.0599	0.405
p_{Au}/Pa	2.81×10^{-11}	4.69×10^{-9}	2.99×10^{-7}	9.30×10^{-6}	1.67×10^{-4}	1.96×10^{-3}	0.0164
p_{Fe}/Pa	1.21×10^{-11}	2.20×10^{-9}	1.50×10^{-7}	4.94×10^{-6}	9.31×10^{-5}	1.13×10^{-3}	9.78×10^{-3}
p_{Sb}/p_{Pb}	130.5	76.76	37.85	21.28	13.17	8.81	6.23
p_{Sb}/p_{Sn}	1.97×10^8	2.45×10^7	3.37×10^6	6.51×10^5	1.62×10^5	4.97×10^4	1.78×10^4
p_{Sb}/p_{Cu}	1.54×10^9	1.26×10^8	1.26×10^7	1.86×10^6	3.75×10^5	9.63×10^4	2.98×10^4
p_{Sb}/p_{Au}	2.79×10^{11}	1.39×10^{10}	9.15×10^8	9.66×10^7	1.47×10^7	2.94×10^6	7.37×10^5
p_{Sb}/p_{Fe}	6.47×10^{11}	2.96×10^{10}	1.82×10^9	1.82×10^8	2.63×10^7	5.11×10^6	1.24×10^6

作定量估算时,缺少 Au 和 Fe 的 Sb－i 系 γ_i 值,Sb－Au 系有化合物 $AuSb_2$,而且接近同分熔点化合物,结合能力较强,应为负偏差体系,γ_{Au}应小于 1。Sb－Fe 系中部有组成范围较小的固溶体存在,也显示异分组元间的结合能力较强,应为负偏差,γ_{Fe}也应小于 1,估算时,均取其为 1,不致有大的误差。同样取 Pb、Sn、Cu、Au、Fe 等元素在液相中的含量 i_l 的值为 10^{-1}、10^{-2}、10^{-3},则可计算出元素 i 在气相中的含量 i_g,如表 10-12 所示。

表 10-12 Sb－i 系中气液相平衡成分(质量分数)

温度/℃		700			900			1100		
i_l		10^{-1}	10^{-2}	10^{-3}	10^{-1}	10^{-2}	10^{-3}	10^{-1}	10^{-2}	10^{-3}
Sb_l/i_l		9	99	999	9	99	999	9	99	999
i_g	Pb	1.13×10^{-3}	1.03×10^{-4}	1.02×10^{-5}	4.05×10^{-3}	3.70×10^{-4}	3.66×10^{-5}	9.74×10^{-3}	8.93×10^{-4}	8.86×10^{-5}
	Sn	1.86×10^{-9}	1.69×10^{-10}	1.68×10^{-11}	7.03×10^{-8}	6.39×10^{-9}	6.33×10^{-10}	9.22×10^{-7}	8.38×10^{-8}	8.30×10^{-9}
	Cu	3.33×10^{-10}	3.02×10^{-11}	3.00×10^{-12}	2.26×10^{-8}	2.06×10^{-9}	2.04×10^{-10}	4.37×10^{-7}	3.97×10^{-8}	3.94×10^{-9}
	Au	8.00×10^{-12}	7.27×10^{-13}	7.21×10^{-14}	1.15×10^{-9}	1.04×10^{-10}	1.03×10^{-11}	3.79×10^{-8}	3.45×10^{-9}	3.41×10^{-10}
	Fe	3.75×10^{-12}	3.41×10^{-13}	3.38×10^{-14}	6.11×10^{-10}	5.55×10^{-11}	5.50×10^{-12}	2.19×10^{-8}	1.99×10^{-9}	1.97×10^{-10}

由表 10-12 可知,气相中含有的 Sn、Cu、Au、Fe 等已经很微弱,在 $10^{-7} \sim 10^{-14}$的范围,达到任何等级的锑质量标准要求。

只有杂质铅在气相中的含量稍高,在 $10^{-3} \sim 10^{-5}$之间,比液相 Pb 含量降低 1～2 个数量级,但若控制粗锑中铅含量在 10^{-2} 以下,则蒸馏锑铅含量可达到 10^{-4},若粗锑铅含量大于 10^{-2},则一次蒸馏获得的锑就难以保证 Pb 含量达到 2×10^{-3}的标准。

苏联沙仁(Сажин)等在 1959 年曾进行过粗锑的真空蒸馏试验,试验条件为:作业温度

700～800℃,残压 40～53Pa,锑的挥发率约达到 100kg/(m²·h)。一次作业可较彻底地除去 Fe、Cu、Ni 及其他杂质,要较完全地除 Pb,则需两次蒸馏。

昆明理工大学在电热式真空炉内进行了粗锑蒸馏试验,所用的粗锑化学成分见表 10-13。

表 10-13　粗锑化学成分

编　号	成分/%					杂质总和/%
	Sb	As	S	Pb	Fe	
1	80.99	0.24	4.07	0.026	7.19	19.01
2	83.68		4.81	0.26	6.65	16.32
3	94.02	0.62	0.96	0.25	3.29	5.98

试验条件为:温度由 750℃升到 800℃时,锑的总挥发率由 88%提高到 93%,当残压为 133.3Pa,温度为 680～750℃时,锑的挥发速率大于 100kg/(m²·h)。获得的精锑成分及 Sb99.85精锑的质量标准列于表 10-14。

表 10-14　真空炉产出精锑的化学成分

炉　次	成分/%							杂质总和/%
	Sb	Pb	Bi	Fe	Cu	As	S	
1	>99	0.026		0.0029	0.0035	0.08	0.12	0.23
4	>99	0.18		0.0038	0.0029	0.17	0.31	0.67
Sb99.85	99.85		0.0050	0.02	0.015	0.05	0.04	0.15

由表 10-14 可知,所得的精锑中,高沸点杂质 Fe、Cu 都达到或超过 Sb99.85 精锑的水平,但 As、S 则不能很好分离,因为在此作业中,锑大量挥发,与低沸点 As、S 同入气相而无法分离,故它们在精锑中的含量高,达不到 Sb99.85 精锑的标准。

上述两试验结果与前述气液相平衡成分计算所得到的结论是一致的。

D.狄柯维克(Dirkovic)等人于 1973 年进行了分离杂质铅的研究,在 800～900℃温度和残压 0.01Pa 条件下精炼锑,第一次蒸馏后,使铅含量从 2.2×10^{-3}降至 1.3×10^{-4},再经过第二次蒸馏,铅含量降低到 6×10^{-6},详细试验结果列于表 10-15。

表 10-15　锑真空蒸馏除铅结果

蒸馏次数	温度/℃	残压/Pa	锑铅含量/%	锑回收率/%
第 1 次	700～800	40～53.3	0.013	98
第 2 次	800～900	1.33×10^{-2}	0.0006	89
第 3 次	800～900	1.33×10^{-2}	0.0005	80

注:粗锑铅含量为 0.22%。

昆明理工大学曾对高铅粗锑进行真空蒸馏试验,所用原料的成分见表 10-16。试验条件为:温度 800℃,残压 40Pa,每次加料 40g,试验结果列于表 10-17。

表 10-16 高铅粗锑成分

元素	Pb	Sb	As	Zn	Ag	Cu	S	Fe
含量/%	9.94	89	0.61	0.098	0.38	0.055	0.1	0.018

表 10-17 真空蒸馏高铅粗锑结果

蒸馏时间/min	冷凝物组成/%			锑挥发率/%	残留物质量/g	残留物组成/%	
	Sb	Pb	As			Sb	Pb
10	98.64	0.38	0.84	77.02	12.2	68.35	31.67
20	98.01	0.81	1.13	86.70	8.5	49.27	48.80
30	96.95	1.53	0.64	93.10	5.8	32.80	69.71
40	96.00	1.90	0.40	95.70	4.5	33.60	64.90
50	95.68	2.91	0.80	96.70	4.2	28.90	71.37

冷凝物与残留物的铅含量相差 1~2 个数量级,蒸馏的温度对残留物铅含量有所影响。

上面两个除铅试验的结果与前述气液相平衡成分计算所得到的结论也是一致的。

10.3.2 高铅粗锑的真空分离

脆硫铅锑矿是我国重要的一种锑矿,其他的锑矿也常常含有或多或少的铅,采用选矿的方法不能使其中的铅、锑分开,因而铅、锑分离就成为重要的冶金课题。20 世纪 70 年代以来,人们投入了大量的人力、物力,使此课题得到了一定程度的解决,但尚不尽人意。火法冶金流程已得到广泛应用,但只能得到高铅锑(含 Pb 1%,Sb 90%)和粗铅(含 Sb 1%,Pb 90%),前者可作为产品出售,后者需用电解法处理。

高铅锑原来并不是一种市场上通行的金属材料,但由于我国的产量较大,故以一定批量供给市场,逐渐形成一种定型产品。高铅锑作为最终产品,可以销售,但它毕竟不是金属锑,其价格较精锑低。

真空蒸馏铅锑合金的主要消耗为电能,其他辅助材料用量很少,而其他方法则消耗材料较多,流程较复杂,因此,真空蒸馏法具有一定的优越性。

目前,脆硫铅锑精矿的处理,一般是先经过焙烧脱硫,然后将其还原熔炼成粗合金,粗合金再经氧化,使锑成为氧化锑挥发(部分铅也挥发),收集的烟尘再还原熔炼成高铅锑。这几种物料的主要成分列于表 10-18。

表 10-18 脆硫铅锑精矿及火法冶炼产品成分

物料	成分/%			
	Pb	Sb	Sn	Ag
铅锑精矿	25~29	16~20	0.6~0.8	0.1~0.15
粗合金	63	32	0.61	0.4
高铅锑	约 6	86~90		
粗铅	81.2	14	0.039	0.59

高铅锑真空蒸馏的基本原理是基于铅、锑两元素纯物质存在饱和蒸气压之差，如表 10-19 所示。锑在 700℃ 和残压约 60Pa 时已有明显的挥发，700℃ 时，锑的饱和蒸气压是铅的 76.8 倍，但随温度升高，蒸气压之比明显下降，到 1200℃ 时，其蒸气压之比只有约 6 倍了。

表 10-19　p_{Sb}、p_{Pb}、p_{Sb}/p_{Pb} 与温度的关系

温度/℃	600	700	800	900	1000	1100	1200
p_{Sb}/Pa	7.83	65.25	273.66	898.77	2450	5770	12080
p_{Pb}/Pa	0.06	0.85	7.23	42.24	186	655	1940
p_{Sb}/p_{Pb}	130.5	76.8	37.9	21.3	13.2	8.8	6.2

两元素形成合金以后，曾测得 632℃ 时的 $N_i - a_i$ 的关系如图 10-1 所示，据此计算全组成范围的气液相平衡成分见图 10-2。图 10-2 表明，任何成分的 Pb－Sb 合金蒸馏时，气相锑含量都比液相含量高。

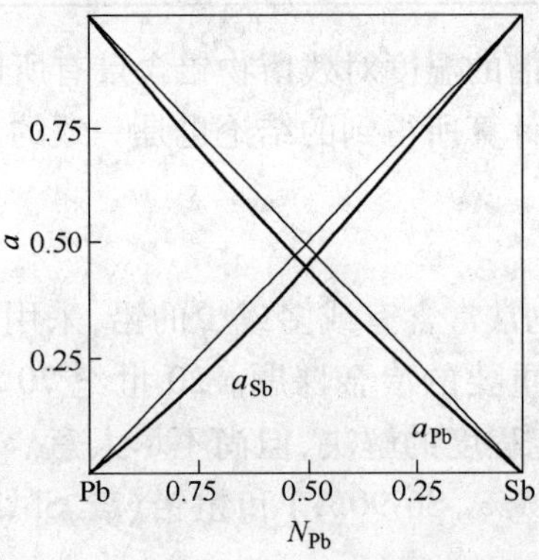

图 10-1　Pb－Sb 系的 $N_i - a_i$ 关系（632℃）

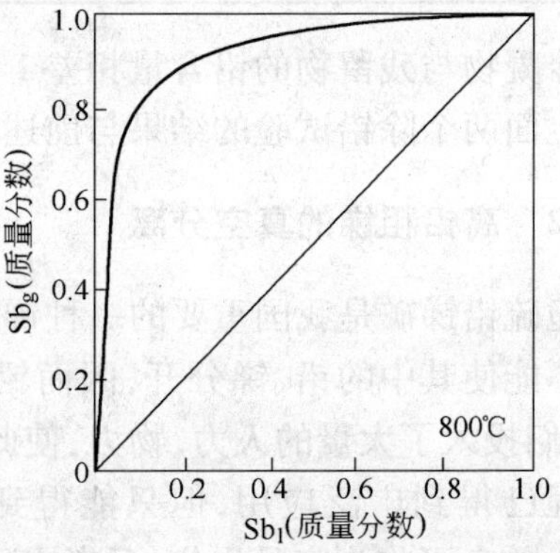

图 10-2　Pb－Sb 系全组成范围的气液相平衡成分（质量分数）

计算锑端的气液相铅含量平衡，见图 10-3，其中图 10-3（b）的成分范围较大，图 10-3（a）的液相 Pb 含量少。

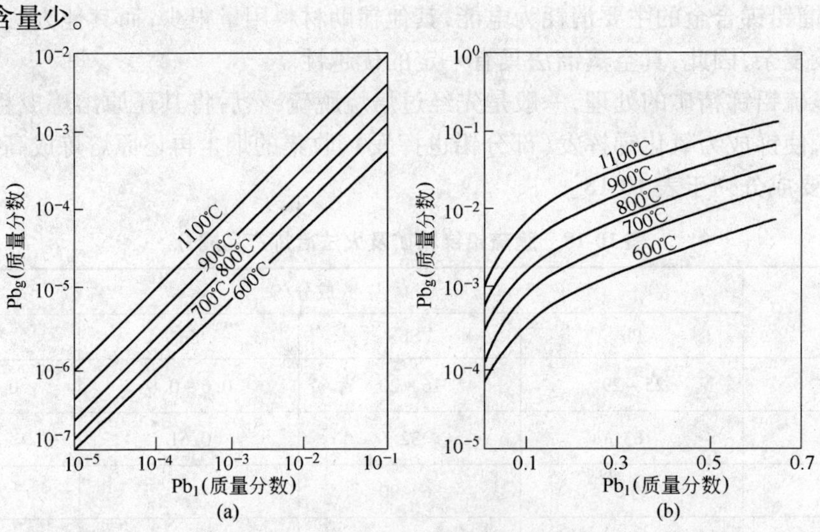

图 10-3　Pb－Sb 系 Sb 端气液相平衡成分

一般火法冶炼脆硫锑铅矿所得高铅锑的铅含量在10^{-1}(10%)左右,由图10-3可知,其平衡气相物质铅含量在10^{-4} ~ 10^{-2}之间,温度高时接近10^{-2},与液相铅含量相差10倍左右。随着锑的挥发,液相Pb逐渐富集,气相物质铅含量在10^{-3} ~ 10^{-2}之间,因此,蒸馏温度宜偏低一些。

此规律与高铅锑真空蒸馏试验结果一致,如图10-4所示。温度升高,冷凝物质铅含量增加。

上述规律表明,铅含量较小的锑(含Pb 10^{-2}或以下)一次蒸馏,能够得到含Pb 10^{-3}以下的锑。若温度低于900℃,可达到含Pb 10^{-4}以下。若原料铅含量较大(Pb大于10^{-2}),如高铅锑,Pb含量约为10^{-1},则一次蒸馏不可能得到铅含量为2×10^{-3}的锑,应采用闭式多级蒸馏。

昆明理工大学研制的处理高铅锑的闭式多级蒸馏真空炉如图10-5所示。曾对含Pb0.1的铅锑合金,进行规模为100kg/d的真空蒸馏试验。

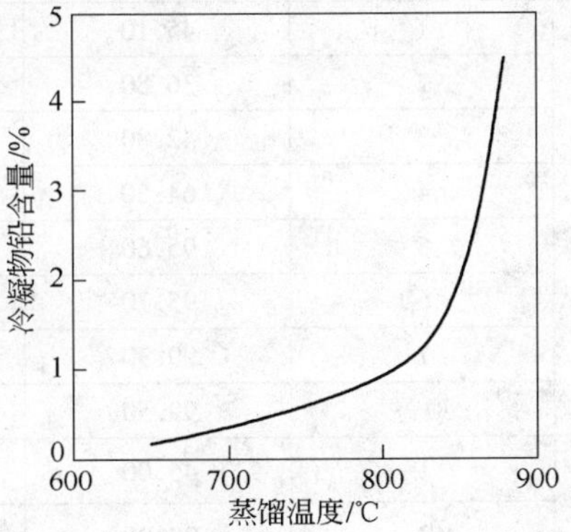

图10-4 高铅锑真空蒸馏冷凝物铅含量与蒸馏温度的关系
(原料Pb含量10%;残压40Pa;时间20min)

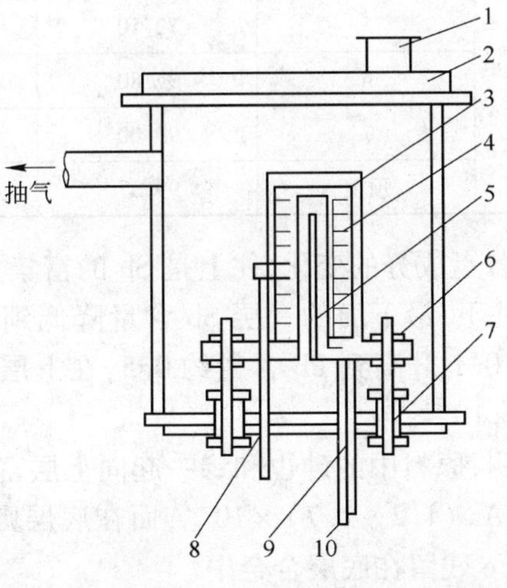

图10-5 闭式多级连续蒸馏真空炉示意图
1—观察孔;2—水冷炉壁;3—冷凝罩;4—蒸发盘;5—电柱;6—石墨座;
7—水冷导电棒;8—进料管;9—出铅管;10—出锑管

真空蒸馏试验条件为：蒸馏温度低于750℃，残压低于99Pa，采用7层（级）蒸发盘。各级盘中物料成分（质量分数）见表10-20，各级盘的物料成分变化见图10-6。

表10-20　Pb－Sb合金多级蒸馏实验结果

编　号	温度/℃	级　数	成分/%		
			Sb	Pb	As
1	650	1	54.50	41.90	0.22
		2	42.60	57.90	0.12
		3	58.90	39.81	0.12
		4	87.70	12.70	0.17
		5	98.80	1.53	0.28
		6	98.90	0.24	1.16
		7	98.80	0.22	1.49
2	700	1	45.10	53.50	0.2
		2	36.80	60.20	0.11
		3	42.80	53.00	0.10
		4	64.50	33.40	0.13
		5	95.60	4.28	0.13
		6	95.70	0.56	0.79
		7	99.30	0.048	0.83
		顶盖	99.50	0.042	1.70
3	750	1	45.00	52.80	0.038
		2	32.20	60.70	0.073
		3	40.60	59.20	0.084
		4	56.90	42.40	0.11
		5	72.10	28.50	0.12
		6	97.80	2.00	0.22
		7	99.00	0.36	0.59
		顶盖	99.37	0.084	1.19

从图10-6中可以看出，各盘成分的变化，往上是Sb的富集，最上面的第7级和顶层，Sb含量达到0.993～0.995，而往下，最下面的一层Sb含量降低到约0.45，与此相应的是铅在下层富集，由原料的Pb含量0.1升高到Pb含量约0.5，在上层盘则降低到约10^{-4}，达到并超过了精锑要求的铅含量2×10^{-3}。

表10-20中的数值还表明，原料中的砷也和锑一起向上层富集，由原料合金As含量7.5×10^{-3}增高到顶盖物料中含As（1.2～1.7）$\times10^{-2}$，而在底层则降至含As $10^{-3}\sim10^{-4}$。原料合金中的杂质Cu、Ag、Bi、Fe残留在底层合金中。

闭式多级蒸馏真空炉一次作业，可以将含Pb约0.1的铅锑合金提纯成含Pb $10^{-3}\sim10^{-4}$的锑，铅含量达到精锑要求。铅富集在成分与原铅锑合金类似的残留合金中，而砷存在于锑中，需另行除去。

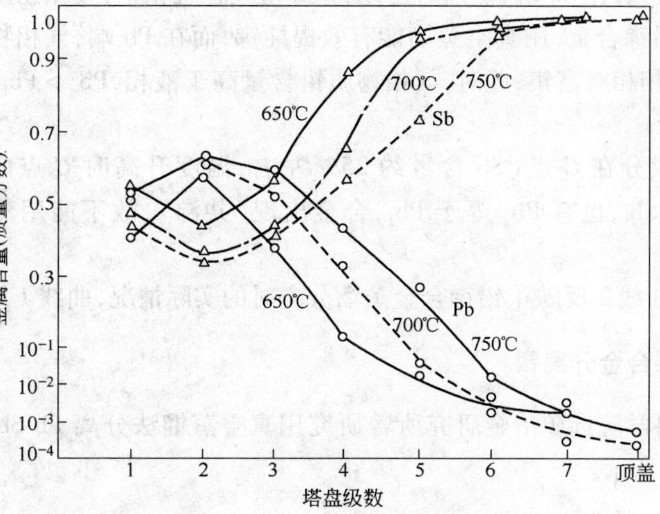

图 10-6 Pb-Sb 合金多级蒸馏各级成分的变化

上述真空蒸馏试验中,锑的金属直收率大于91.8%,每千克物料的电耗约为2.7kW·h。

根据 Pb－Sb 系 $N_i - a_i$ 图计算得到的图 10-2 表明,任何成分的 Pb-Sb 合金,蒸馏时,气相物质 Sb 含量总比液相 Sb 含量要高,即任何成分的 Pb-Sb 合金,均能用真空蒸馏方法分离,但试验发现,Sb 含量为 25% 左右的粗 Pb-Sb 合金不能用真空蒸馏方法分离。

曾有学者通过试验,对全组成范围的铅锑合金进行蒸馏,得到表 10-21 的数据,根据这些数据可绘制出图 10-7 中的曲线 2。图 10-7 中,曲线 1 是根据计算所得数据(见图 10-2)绘制的。从图 10-7 中可见,曲线 2 与曲线 1 有较大差别,在靠近 Sb 的一端有 $Sb_g > Sb_l$,而在靠近 Pb 端则是 $Sb_g < Sb_l$。

表 10-21 Pb－Sb 合金物料中的 Sb 含量和馏出物中的 Sb 含量 (%)

原 料	0	4.91	11.30	19.80	24.66	40.56	53.90	67.98	74.68	76.53	83.73	89.78	100
馏出物	0	2.44	7.13	19.26	22.09	63.33	82.89	93.95	96.06	97.70	99.44	99.64	100

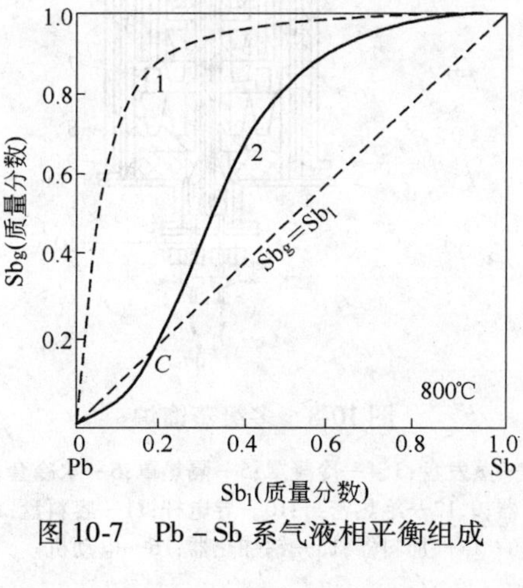

图 10-7 Pb－Sb 系气液相平衡组成

根据曲线 2 可知，在 Sb 端，蒸馏时可以将 Sb 富集在气相中，气相物质是提纯后的锑，对含量在这一端的铅锑合金，用真空蒸馏能有效提纯锑；而在 Pb 端，气相物质 Sb 含量少于液相锑含量，锑在液相相对富集，此时，气相物质铅含量高于液相，$Pb_g > Pb_l$，铅在气相中富集，与锑端的情况相反。

当铅锑合金成分在 *C* 点（Sb 含量约 25% 左右，温度升高时 *C* 点向 Sb 端移动）附近时，由于 Sb_g 等于 Sb_l，也有 Pb_g 等于 Pb_l，合金出现“共沸”，故不能用蒸馏的方法分离 Pb 和 Sb。

图 10-7 中的曲线 2 反映了铅锑合金蒸馏分离时的实际情况，曲线 1 则与实际情况不符。

10.3.3　含银铅锑合金分离银

哈萨克斯坦科学院选矿冶金研究所曾研究用真空蒸馏法分离 Pb-Sb 合金与贵金属，原料成分如表 10-22 所示。

表 10-22　含银铅锑合金成分

元　素	Sb	Pb	Cu	Ni	Fe	其　他
含量/%	44.5	45.3	0.44	0.45	0.7	0.6

扩大试验所用设备如图 10-8 所示，为开式多级蒸馏炉，在 1170～1180℃、200～533Pa 时

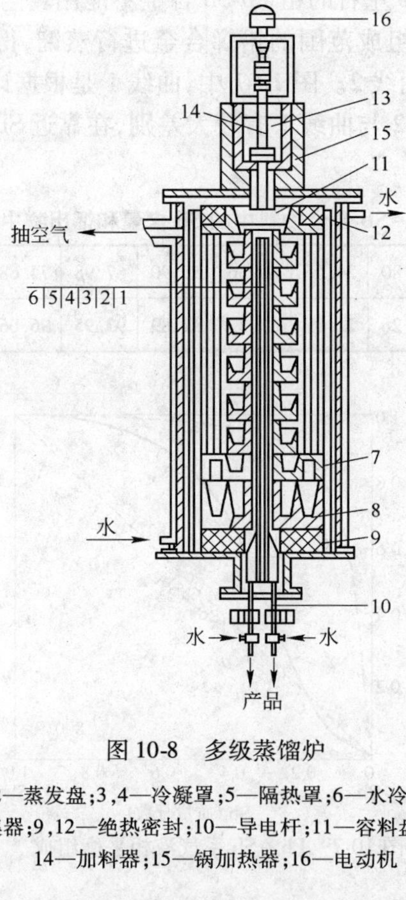

图 10-8　多级蒸馏炉

1—加热器；2—蒸发盘；3，4—冷凝罩；5—隔热罩；6—水冷套；7—中间盘；8—收集器；9，12—绝热密封；10—导电杆；11—容料盘；13—锅；14—加料器；15—锅加热器；16—电动机

的蒸馏结果列于表10-23,在此条件下,锑和铅的挥发率分别达到了82.7%和93.2%,处理量为3.2t/(m^2·d)。

表10-23 Pb-Sb合金中间产品真空处理扩大试验结果

指标		试验序号		
		1	2	3
温度/℃		1180	1170	1180
残压/Pa		3~4	1.5~2	1.5~3.5
生产率/t·(m^2·h)$^{-1}$		3.2	3.7	6.4
原料成分/%	Sb	44.5	44.5	44.5
	Pb	45.3	45.3	45.3
残留物量/%		20.6	29.6	40.6
残留物成分/%	Sb	37	45.4	50.2
	Pb	15	20.6	24.9
冷凝物量/%		79	70.4	59.3
冷凝物成分/%	Sb	46.3	44	40.2
	Pb	53	55.6	59.3
回收挥发物产率/%	Sb	82.7	69.7	53.9
	Pb	93.2	86.6	77.7

当加料量增加到6.4t/(m^2·d)时,锑和铅的挥发率分别下降为53.9%和77.7%。冷凝物的产出率由79.4%下降到59.3%。

冷凝物的成分主要是锑和铅,各元素的光谱分析结果见表10-24,残留物中富集了Cu、Ni、Au、Ag和部分Sb及Pb。

表10-24 冷凝物光谱分析结果

元素	Ag	Cu	Bi	Ni	Fe	As	Mg	Zn、Sn、Au
含量/%	0.01~0.03	0.001~0.002	0.03	0.001~0.003	痕迹	10	0.001	未发现

开式多级蒸馏时,各级的气相物质汇聚在一起凝结,得到冷凝物Pb-Sb合金,而把贵金属富集在残留物中。蒸馏过程达到了分离Pb、Sb和富集贵金属的目的,残留物可用灰吹法提Au和Ag。

10.3.4 金-锑合金(贵锑)的分离

金、锑的饱和蒸气压和温度的关系为:

$$\lg p_{Au} = -19280T^{-1} - 1.01\lg T + 14.505 \quad (Pa)$$

$$\lg p_{Sb} = -6500T^{-1} + 8.495 \quad (Pa)$$

$$\lg(p_{Sb}/p_{Au}) = 12780T^{-1} + 1.01\lg T - 6.01$$

不同温度下的数值见表10-25。锑比金的蒸气压大$10^{10}\sim10^{5}$倍，温度较低时，倍数较大。

表10-25　锑和金的蒸气压及其比值

温度/℃	700	800	900	1000	1100	1200	1300
p_{Sb}/Pa	65.25	273.66	898.77	2.45×10^{3}	5.77×10^{3}	1.208×10^{4}	2.3×10^{4}
p_{Au}/Pa	4.69×10^{-9}	2.99×10^{-7}	9.30×10^{-6}	1.67×10^{-4}	1.96×10^{-3}	0.0164	0.1
p_{Sb}/p_{Au}	1.39×10^{10}	9.15×10^{8}	9.66×10^{7}	1.47×10^{7}	2.94×10^{6}	7.37×10^{5}	2.3×10^{5}

Sb－Au系状态如图10-9所示，两元素可生成异分熔点化合物β($AuSb_2$)，其熔点为460℃。如假定$\gamma_{Sb}/\gamma_{Au}=1$，则可用下式：

$$Au_g=[1+(\gamma_{Sb}/\gamma_{Au})\cdot(p_{Sb}/p_{Au})\cdot(Sb_l/Au_l)]^{-1}$$

计算出合金蒸馏时的气液相平衡成分(质量分数)，其结果见表10-26和图10-10。

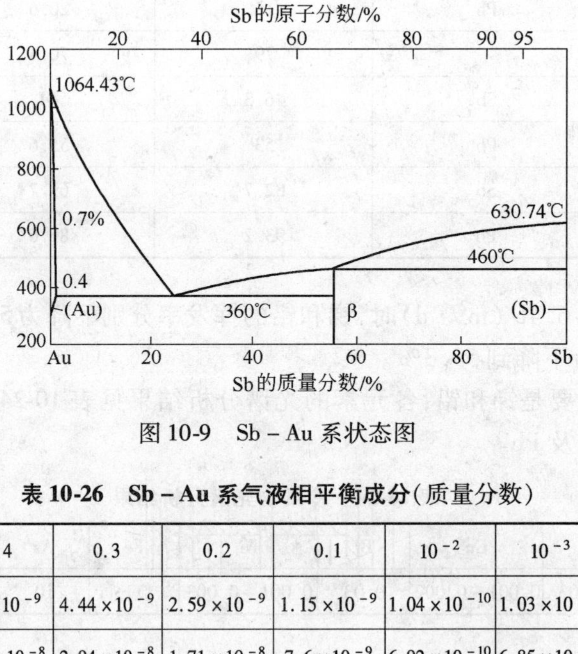

图10-9　Sb－Au系状态图

表10-26　Sb－Au系气液相平衡成分(质量分数)

	Au_l	0.5	0.4	0.3	0.2	0.1	10^{-2}	10^{-3}	10^{-4}	10^{-5}
Au_g	900℃	1.03×10^{-8}	6.9×10^{-9}	4.44×10^{-9}	2.59×10^{-9}	1.15×10^{-9}	1.04×10^{-10}	1.03×10^{-11}	1.03×10^{-12}	1.04×10^{-13}
	1000℃	6.85×10^{-8}	4.57×10^{-8}	2.94×10^{-8}	1.71×10^{-8}	7.6×10^{-9}	6.92×10^{-10}	6.85×10^{-11}	6.85×10^{-12}	6.85×10^{-13}
	1100℃	3.41×10^{-7}	2.28×10^{-7}	1.46×10^{-7}	8.53×10^{-8}	3.79×10^{-8}	3.45×10^{-9}	3.42×10^{-10}	3.41×10^{-11}	3.41×10^{-12}
	1200℃	1.36×10^{-6}	9.07×10^{-7}	5.83×10^{-7}	3.4×10^{-7}	1.51×10^{-7}	1.37×10^{-8}	1.36×10^{-9}	1.36×10^{-10}	1.36×10^{-11}

由表10-26和图10-10可知，Au和Sb能较好地分离，Au_g和Au_l相差$10^{-5}\sim10^{-6}$倍，在Au_l较大，如为0.5，温度较高，如为1200℃时，Au_g能达到10^{-6}左右，温度低时Au_g也可达$10^{-8}\sim10^{-13}$，分离效果很好。

某厂将贵锑处理方法改为真空蒸馏提金法，所加工的原料成分见表10-27，真空蒸馏炉见图10-11。

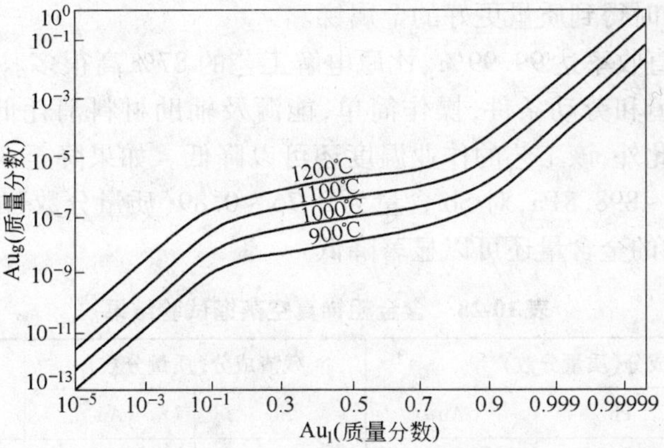

图 10-10 Sb - Au 系气液相平衡成分

表 10-27 金-锑合金原料成分(质量分数)

原 料	Sb	Pb	Au	Cu	Ni	Fe	规 模
1	0.768	0.043	0.00849	0.0128	0.014	0.0085	小试
2	0.851	0.0132	0.007358	0.0588	0.049	0.045	中试
3	0.896	0.0233	0.046588	0.0088	0.019	0.018	试产

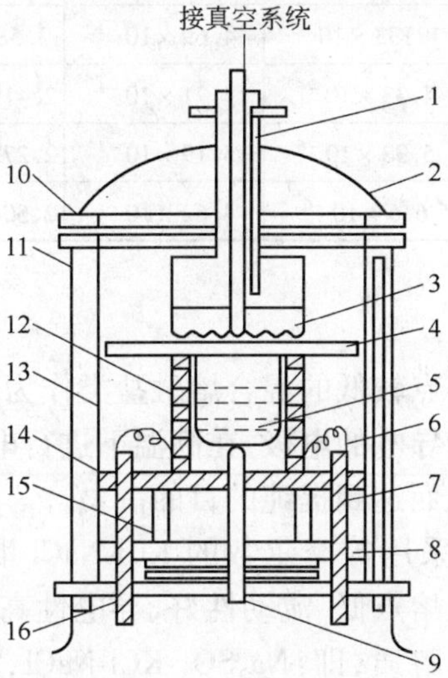

图 10-11 电热式真空蒸馏炉示意图

1—水套;2—炉盖;3—冷凝锑;4—炉胆盖板;5—石墨坩埚;6—电阻丝;7—导电棒;
8—隔热板;9—热电偶;10—密封圈; 11—炉壳;12—炉胆;13—炉身水套;
14—隔热板;15—保温套;16—散热片

作业条件为:温度 1100℃,炉内残压约 1.3Pa,蒸馏时间 4h,蒸馏结果列于表 10-28。表 10-28 中,冷凝物分离出来的粗锑,金含量为 10^{-5} ~ 10^{-6}(质量分数),与前面计算的约 10^{-9} 相符,粗锑锑含量为 0.9 以上,更好地达到了 0.994 ~ 0.998。若再蒸馏一次,可使其金含量

再降到 10^{-11} 以下,同时得到质量更好的金属锑。

该工艺中,金的直收率达99.99%,比原电解工艺的87%高很多。该工艺无废气、废水、废渣产出,改善了环境和劳动条件,操作简单,能源及辅助材料消耗低,技术指标比电解法好,经济效益显著。此外,该工艺的作业温度还可以降低。如果降至800~900℃,锑的饱和蒸气压已达到273.7~898.8Pa,对Sb含量为0.76~0.89(质量分数)的合金,蒸发速率已很可观,此时,冷凝物中的金含量还可以显著降低。

表10-28 含金粗锑真空蒸馏试验结果

编号	冷凝物成分(质量分数)			残渣成分(质量分数)		除锑分数	金直收率/%
	Sb	Pb	Au	Sb	Au		
1	8.80×10^{-1}	2.11×10^{-2}	2.133×10^{-5}	4.74×10^{-1}	3.084×10^{-2}	8.30×10^{-1}	99.8
2	9.25×10^{-1}	3.50×10^{-2}	1.5×10^{-5}	3.87×10^{-1}	4.286×10^{-2}	8.67×10^{-1}	99.85
3	8.94×10^{-1}		9×10^{-6}	4.10×10^{-1}	3.2743×10^{-2}	8.62×10^{-1}	99.79
4	9.21×10^{-1}		2.1×10^{-5}	7.00×10^{-1}	$2.296\times\times10^{-2}$	7.36×10^{-1}	99.86
5	9.31×10^{-1}		1.3×10^{-5}	6.66×10^{-1}	2.4496×10^{-2}	7.65×10^{-1}	99.87
6	9.48×10^{-1}		1.7×10^{-5}	5.36×10^{-1}	3.1247×10^{-2}	8.52×10^{-1}	99.8
7	9.75×10^{-1}	1.45×10^{-2}	8×10^{-6}	5.89×10^{-1}	2.2975×10^{-2}	7.79×10^{-1}	99.9
8	9.21×10^{-1}		9.33×10^{-6}	6.23×10^{-1}	3.1513×10^{-2}	8.29×10^{-1}	99.9
9	9.53×10^{-1}	3.80×10^{-2}	1.133×10^{-5}	4.69×10^{-1}	3.5853×10^{-2}	8.84×10^{-1}	99.86
10	9.98×10^{-1}		4.33×10^{-6}	4.71×10^{-1}	2.41991×10^{-1}	8.99×10^{-1}	99.99
11	9.94×10^{-1}		5.33×10^{-6}	5.19×10^{-1}	2.27236×10^{-1}	8.81×10^{-1}	99.99
12	9.66×10^{-1}		6.6×10^{-6}	4.62×10^{-1}	2.50418×10^{-1}	9.04×10^{-1}	99.99

10.4 熔盐电解精炼

锑的熔盐电解精炼,是用熔点较低的混合熔融盐类作为电解质,熔融的粗金属作为阳极或阴极,不熔性金属或石墨作为导电的电极,在高温下进行电解。在电解过程中杂质金属不断从粗金属阳极中迁移出来,从而达到提纯的目的。

熔盐电解精炼的电解质多采用等摩尔数的KCl-NaCl混合盐熔体,此种电解质价格低廉、无毒、容易运输和储存,并且熔点低、流动性好、导电性高、挥发性小。除KCl-NaCl外,也可采用以下几种混合盐作为电解质,即:Na_2SO_4-KCl-NaCl,NaCl-$MgCl_2$-KCl,NaCl-KCl-$CaCl_2$ 或 NaCl-Na_2CO_3。

锑的熔盐电解精炼有阳极法和阴极法。阳极法是将粗金属作为阳极,电解时电性较负的杂质金属在阳极氧化变为离子,通过电解质迁移到阴极表面,并在阴极还原沉积,图10-12为锑熔盐电解精炼阳极法示意图。反之,阴极法是将粗金属作为阴极,电解时碱金属离子(如 Na^+ 等)在阴极还原成金属,它能选择性地与阴极中杂质元素化合,生成金属间化合物(如 Na_3As、Na_3S、Na_3Bi 等)溶解于电解质中,在电场引力和扩散作用影响下迁移到阳极附近,在阳极上又氧化成杂质元素,随着杂质元素不断迁出,主体金属得以提纯。图10-13为锑熔盐电解精炼阴极法示意图。

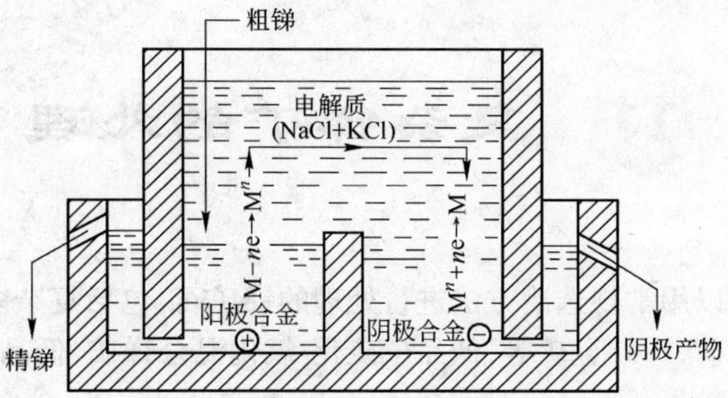

图 10-12 锑熔盐电解精炼阳极法示意图

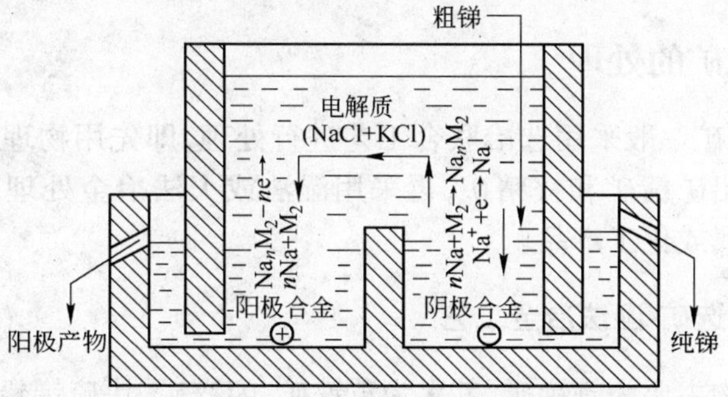

图 10-13 锑熔盐电解精炼阴极法示意图

熔盐电解精炼法具有离子电导率高、高温下化学反应快、只有被迁移的杂质元素参与电化学反应等特点。与火法精炼或水溶液电解法精炼相比,具有容易除去铅、精炼周期短、金属直收率高、化学反应快、设备生产能力大、节约电能、易实现连续化和自动化、有利于环境保护和改善劳动条件等优点。

11 复杂锑矿的处理

复杂锑矿是指难以用常规选冶方法进行处理的锑矿石，包括复杂多金属硫化锑矿，如锑铅矿、锑铅锌矿、锑汞矿、锑砷金矿等，低品位硫化-氧化混合锑矿，低品位氧化锑矿以及含有易熔脉石的低品位锑矿等。

复杂锑矿的处理难度较大，加工工艺流程相对复杂，大多需采用联合工艺才能取得较好的处理效果。

11.1 锑铅锌硫化矿的处理

复杂锑铅锌硫化矿一般采用选冶联合工艺进行处理，即先用物理选矿法获得含铅或富铅锑精矿，如脆硫锑铅矿精矿和锌精矿，再采用湿法或火法冶金处理富铅锑精矿分离铅和锑，以获得相应的金属或化工产品。

11.1.1 锑铅锌矿的选矿-湿法冶金工艺

矿石中，金属矿物主要为辉锑矿，其次为黄铁矿、闪锌矿、块硫锑铅矿、黄铜矿；脉石矿物主要有条纹长石、正长石、石英及少量伊利石、白云母等。

辉锑矿主要呈细脉状、网脉状及粒状充填交代于石英、正长石裂隙中，辉锑矿与闪锌矿、块硫锑铅矿共生关系密切，辉锑矿对闪锌矿有明显的交代现象。交代作用往往沿闪锌矿的边缘或解理裂隙进行，亦有呈星点状散布于闪锌矿中。电子探针测定结果表明，矿石中的铅除少量呈类质同象存在于辉锑矿中外，大部分以块硫锑铅矿形式存在，其中一部分呈显微包裹体的形式包裹于辉锑矿中，另一部分包裹辉锑矿，再一部分呈独立形式出现。无论是哪种形式存在的硫锑铅矿，其粒度大小都在 2 ~ 8μm 之间，可见，辉锑矿与块硫锑铅矿的浮选分离是非常困难的。

试料的主要化学成分为：锑 12.97%，锌 2.36%，铅 1.23%，铜 0.1%，铁 2.20%，砷 0.03%，硫 7.10%。锑物相分析结果为：辉锑矿占 92.86%，锑华与黄锑华占 7.14%。

针对该矿物，采用浮选方法分选辉锑矿与闪锌矿，低浓度三氯化铁选择性浸出锑、铅，使多金属锑矿中的锑、铅、锌得到了有效分离。

11.1.1.1 *辉锑矿与闪锌矿的浮选分离*

矿样中的主要有用矿物有辉锑矿、块硫锑铅矿和闪锌矿，辉锑矿为主要的含锑矿物。由于辉锑矿与块硫锑铅矿的共生关系密切，且块硫锑铅矿的嵌布粒度很细，所以浮选主要针对锑铅矿物与闪锌矿的分离。

图 11-1 为矿浆 pH 值与辉锑矿、闪锌矿、块硫锑铅矿浮选回收率的关系。从图中可见，在 pH 值小于 5 的酸性介质中，三种矿物的可浮选性都比较好，随着 pH 值的增高，它们的可浮选性都下降，其中以闪锌矿更为突出。在 pH 值小于 7 的介质中，辉锑矿与块硫锑铅矿的可浮选性极为相近，只有在碱性介质中，两者的可浮选性差异才逐渐增大。

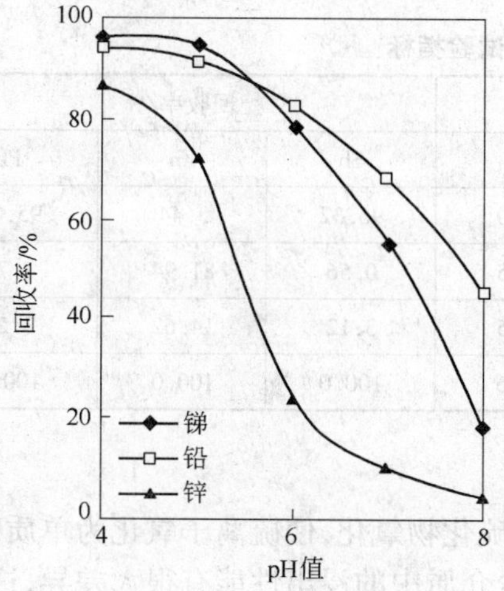

图 11-1　pH 值对锑、铅、锌浮选分离的影响

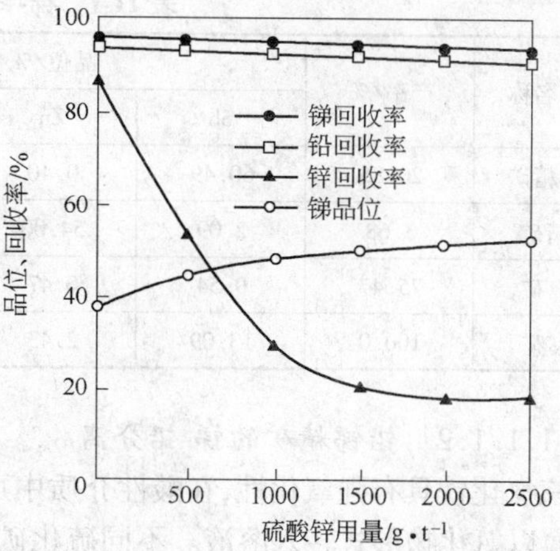

图 11-2　抑制剂用量对锑(铅)、锌浮选分离的影响

在 pH = 5 时，采用硫酸锌与亚硫酸钠组合作闪锌矿的抑制剂，试验考察了抑制剂用量对锑、铅与锌分离的影响，硫酸锌与亚硫酸钠的用量比为 2∶1。试验选用乙硫氮 300g/t 作捕收剂，松醇油 65g/t 作起泡剂，试验结果如图 11-2 所示。添加抑制剂明显提高了分选过程的选择性。当硫酸锌与亚硫酸钠用量从 0 分别增加到 2500g/t 和 1250g/t 时，辉锑矿和块硫锑铅矿仍然保持了很高的浮选回收率，且几乎是同步的，而闪锌矿的可浮选性则随着抑制剂用量的增加急剧下降，当硫酸锌和亚硫酸钠用量分别为 1500g/t 和 750g/t 左右时，综合浮选分离效果较好。

乙硫氮、丁基黄药和丁基铵黑药三种捕收剂的试验结果表明，采用乙硫氮作捕收剂选锑的效果比丁基黄药、丁基铵黑药好，不仅锑、铅的回收率高，而且锑精矿中的锌含量最低。

选锑后的尾矿进入选锌作业。锌精矿中，锑的含量是一个重要的质量指标，而选锑尾矿总会存在部分含锑矿物，所以在后续选锌作业时，应确定适宜的矿浆 pH 值，既充分考虑降低锌精矿的锑含量，又要保证锌有较好的回收率。

图 11-3 表示出了 pH 值对锌粗选指标的影响。选锌时，矿浆的 pH 值可用石灰调整，pH 值以 7.5 左右为宜，此时，锌回收率较高，而且辉锑矿受到抑制，锌精矿中的锑含量也较低。

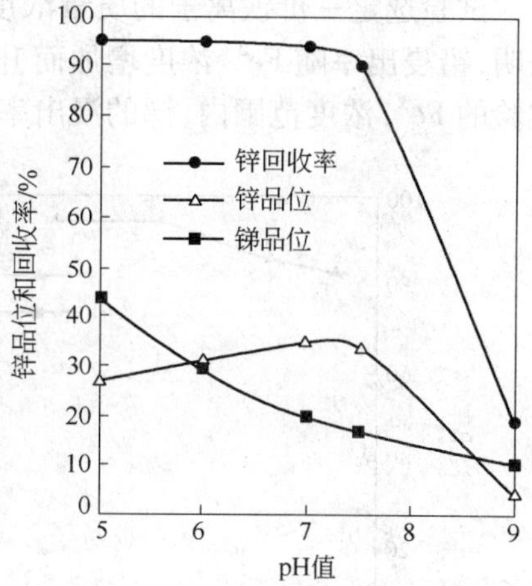

图 11-3　矿浆 pH 值对锌粗选指标的影响

根据以上试验，确定浮选分离闪锌矿的流程为一次粗选、一次扫选、四次精选浮锑，一次粗选、一次扫选、三次精选浮锌。选锑条件为：磨矿细度 -200 目(-0.074mm)占 82%，粗选 pH = 5，硫酸锌为 1500g/t，亚硫酸钠为 750g/t，乙硫氮为 300g/t，松醇油为 65g/t；精选时，硫酸锌为 300g/t，亚硫酸钠为 150g/t，分两段添加。选锌条件为：pH = 7.5，硫酸铜为 500g/t，丁黄药为 200g/t，松醇油为 60g/t。浮选分离试验指

标见表 11-1。

表 11-1　锑-锌浮选分离试验指标

产品名称	产率/%	品位/%			回收率/%		
		Sb	Zn	Pb	Sb	Zn	Pb
铅锑精矿	20.85	60.49	0.40	5.30	96.32	3.44	95.02
锌精矿	3.68	2.09	54.00	0.55	0.56	81.94	1.74
尾　矿	75.47	0.54	0.47	0.05	3.12	14.62	3.24
原　矿	100.0	13.09	2.43	1.16	100.0	100.0	100.0

11.1.1.2　铅锑精矿的锑-铅分离

三氯化铁具有强氧化性，在酸性介质中可将金属硫化物氧化，使硫离子氧化为单质硫，并使金属以氯化物形式转入溶液。不同硫化矿物在氯盐介质中的浸出性能有很大差异，这主要取决于矿物的化学组成、晶体结构、阴阳离子的极化作用和结合力大小等因素。各种金属硫化物由易到难的溶解顺序为：方铅矿 > 磁黄铁矿 > 辉铜矿 > 闪锌矿 > 辉钴矿 > 镍黄铁矿 > 黄铜矿 > 辉钼矿 > 黄铁矿，利用这种浸出性能的差别，可以实现不同物质的选择性分离。

由于块硫锑铅矿中，Pb 与 $[SbS_3]^{3-}$ 配阴离子结合，配阴离子中锑与硫的结合力比该配离子与铅的结合力大，在低浓度三氯化铁条件下，铅能被优先浸出。试验结果表明，块硫锑铅矿中的铅与方铅矿一样，晶格中的铅易被浸出，铅的浸出率为 97.25%，而锑与辉锑矿中的锑一样较难浸出，锑的浸出率仅 2.7%，这种差异正是锑-铅分离的基础。

影响锑、铅浸出率的因素主要有 Fe^{3+} 的浓度、盐酸的浓度、氯离子浓度以及浸出温度、浸出时间和浸出液固比等。

试验选定三价铁离子的质量浓度范围为 3 ~ 21g/L，试验结果如图 11-4 所示。图 11-4 表明，铅浸出率随 Fe^{3+} 浓度增加而升高，当质量浓度达到 14 g/L 后，铅浸出率增加缓慢；在试验的 Fe^{3+} 浓度范围内，锑的浸出率变化不大。Fe^{3+} 质量浓度最适宜范围是 14 ~ 20g/L。

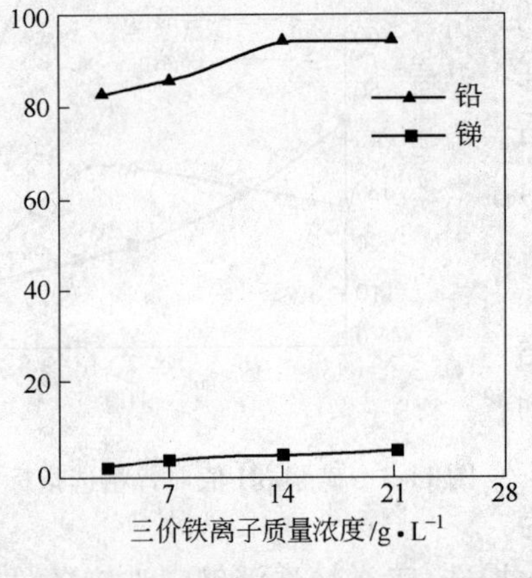

图 11-4　Fe^{3+} 质量浓度对铅、锑浸出率的影响

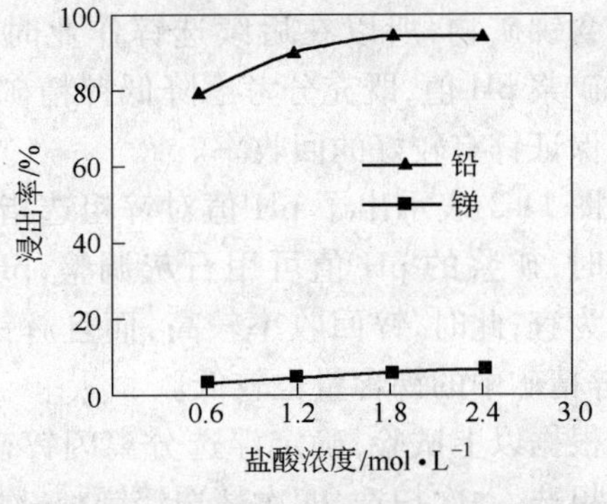

图 11-5　盐酸浓度对浸出率的影响

在三氯化铁浸出体系中，盐酸的作用主要是防止三价铁离子水解。酸度对锑、铅浸出率的影响情况见图 11-5。由图中可见，在试验范围内，铅浸出率随着盐酸浓度的升高而升高，

而对锑浸出率的影响不大。考虑到盐酸浓度过高对设备的腐蚀,适宜的盐酸浓度范围为1.2～1.8mol/L。

氯离子浓度是影响铅浸出率的重要因素。铅在氯盐溶液中,氯离子浓度不同可形成不同的配合物,如 $PbCl_3^-$、$PbCl_4^{2-}$ 等。浸出液中的氯离子来自三氯化铁及盐酸。三氯化铁用量一定,而酸浓度不能任意提高,为了维持一定的氯离子浓度可添加某些氯盐,如氯化钠等,使反应形成稳定的配阴离子,从而提高氯化铅的溶解度,加速溶解反应。氯离子浓度对锑、铅浸出率的影响见图 11-6,从图中可见,铅的浸出率随氯离子浓度升高而增加。当其质量浓度达到160g/L后,铅浸出率有下降的趋势,这是因为在高氯离子浓度下,Fe^{3+} 与 Cl^- 形成配合物 $[FeCl_4]^-$,而降低了 Fe^{3+}/Fe^{2+} 离子对的氧化还原电位,减弱了 Fe^{3+} 的氧化能力,从而导致铅浸出率下降。此外,氯离子浓度过高,浸出液中铅的溶解度增大,进而影响后续铅的结晶沉淀,因此,适宜的氯离子质量浓度为120g/L。

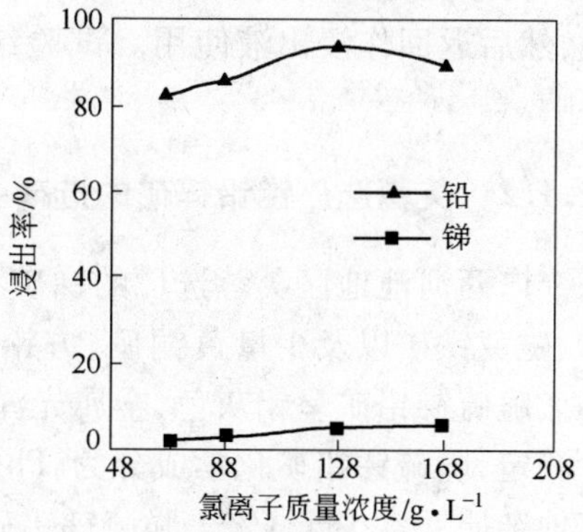

图 11-6　氯离子浓度对浸出率的影响

图 11-7 和图 11-8 表示出了浸出温度和浸出时间对铅、锑浸出率的影响情况。从图中可见,较适宜的浸出温度为95～102℃,浸出时间为1h,浸出液固比以3:1为宜。

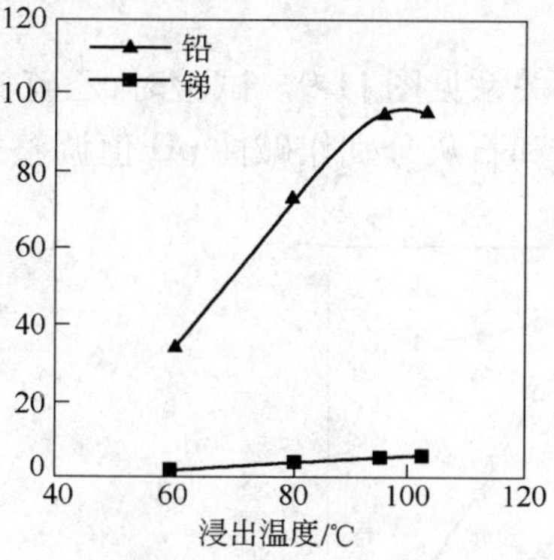

图 11-7　温度对浸出率的影响

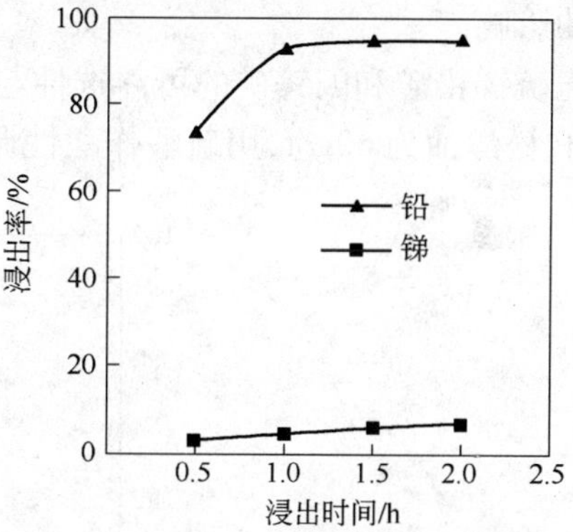

图 11-8　浸出时间对浸出率的影响

在上述适宜的浸出试验条件下,其浸出指标为:铅浸出率97.25%,锑浸出率2.7%,锌浸出率67.62%。锑精矿(浸出渣)品位63.63%,铅含量为0.14%,锌含量为0.14%。试验说明,利用低浓度三氯化铁选择性浸出工艺可以成功分离出锑铅精矿中的铅,而后的锑精矿可采用常规炼锑工艺处理。

三氯化铁浸出法的另一优点是可以利用金属氯化物的特性较容易地把金属从溶液中分离出来。在用三氯化铁浸出富铅锑精矿时,借助 $PbCl_2$ 的溶解度对温度的敏感性,可使铅直接从浸出液中结晶析出。溶液温度愈低,铅结晶愈完全,铅回收率也愈高。试验结果是铅的结晶率为85.83%,铅品位为73.96%。

此外,也可向浸出液中加入碳酸钠或碳酸氢铵,得到碳酸铅精矿,再用常规炼铅法处理。

浸出液中溶解有少量的锑，在滤液废弃之前，经过水解可使锑以 $Sb_4O_5Cl_2$ 形式结晶析出，这样不仅回收了锑，而且也消除了废液对环境的污染。

为了充分利用铅结晶过滤后的滤液，将其中的2/3通入氯气，使二氯化铁再生为三氯化铁，然后返回作浸出液使用。试验结果表明，用所得再生液直接配制浸出液对浸出率没有影响。

11.1.2　芙蓉选厂锑铅锌矿的选矿-湿法冶金工艺

广西河池地区芙蓉选厂的锑矿石中，主要金属矿物有脆硫锑铅矿、闪锌矿、黄铁矿、软锰矿、磁黄铁矿以及少量黄铜矿、方铅矿、锑的氧化物等。脉石矿物有白云石、石英和方解石等。脆硫锑铅矿呈铅灰色，金属光泽，性脆，常呈针状、长条状、羽毛状、纤维状等。经电子探针测定，脆硫锑铅矿化学成分为：Pb 39.10%，Sb 34.40%，Fe 2.40%，Bi 3.30%，S 19.80%，其他杂质元素少于1%。脆硫锑铅矿与闪锌矿共生密切，约有10%的脆硫锑铅矿呈针状、羽毛状均匀分布在闪锌矿中，其宽度小于10μm。另外，部分闪锌矿呈微粒包裹于脆硫锑铅矿中。在磨矿细度为 -0.074μm 占90%时，脆硫锑铅矿、闪锌矿的单体解离度分别达到88%及94%。

矿样多元素分析结果为：Sb 6.60%，Pb 6.50%，Zn 16.50%，Fe 11.20%，Cu 0.12%，S 18.21%，Ag 200g/t。

11.1.2.1　*浮选分离锌矿物*

针对脆硫锑铅矿与闪锌矿的分离，考察了矿浆pH值、捕收剂、抑制剂、活化剂等对浮选分离的影响。

脆硫锑铅矿和闪锌矿的可浮选性与矿浆pH值的关系见图11-9。试验时，乙硫氮用量为350g/t，松醇油为60g/t，用硫酸作酸性调整剂，碳酸钠和石灰分别作碱性pH值调整剂。

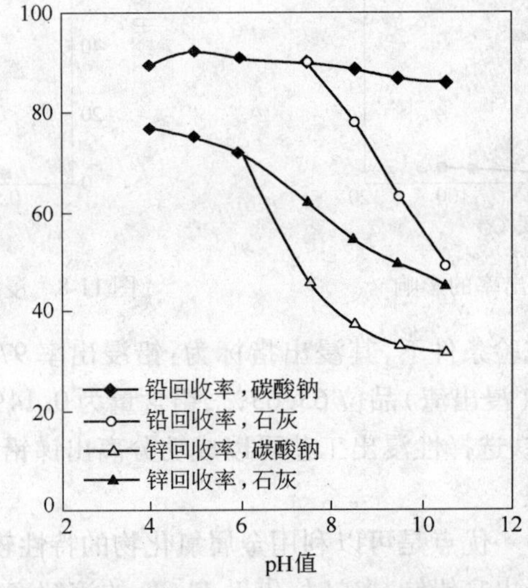

图11-9　pH值对脆硫锑铅矿和闪锌矿浮选的影响

从图11-9中可看出，当用硫酸、碳酸钠分别调整pH值时，脆硫锑铅矿在广泛的pH值范围内，即pH=4~10.5时，都具有良好的可浮选性，而闪锌矿在pH=4~6时的可浮选性较好;随着 pH 值升高,其可浮选性迅速下降,当 pH = 9.5 ~ 10.5 时,脆硫锑铅矿与闪锌矿的回收率差值达到最大,从而为两者的浮选分离奠定了基础。当用石灰作碱性调整剂,pH 值在 7.5 左右时,脆硫锑铅矿仍具有良好的可浮选性;随着 pH 值的提高,其可浮选性急剧下降,可见石灰对脆硫锑铅矿有较强的抑制作用,即用石灰作调整剂进行分选时,适宜的 pH 值在 7.5 左右,此时闪锌矿的上浮率较高,故需添加抑制剂,解决闪锌矿上浮的问题。

脆硫锑铅矿与闪锌矿、黄铁矿浮选分离时,常用氰化物作抑制剂,这不仅因为它是后两种矿物的典型抑制剂,而且它对脆硫锑铅矿几乎没有抑制作用,但是,氰化物是一种剧毒药剂,一般尽量不宜采用。

试验着重考察了两种不同 pH 值条件下(石灰 pH = 7.5,碳酸钠 pH = 9.5),硫酸锌与亚硫酸钠组合抑制剂用量对脆硫锑铅矿与闪锌矿浮选的影响。采用乙硫氮作捕收剂,硫酸锌与亚硫酸钠按 1∶1 的比例添加,试验结果见图 11-10。结果表明,在脆硫锑铅矿与闪锌矿分离浮选时,无论是用石灰还是碳酸钠作 pH 值调整剂,采用硫酸锌与亚硫酸钠组合作抑制剂,当它的总用量达到 1000g/t 时,都能显著地提高分选效果,而采用石灰作调整剂 pH = 7.5 的分选结果比用碳酸钠作调整剂 pH = 9.5 的分选结果更好。

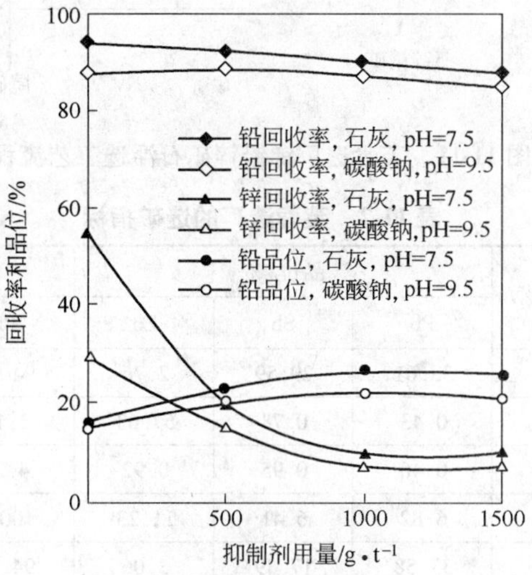

图 11-10 抑制剂对脆硫锑铅矿和闪锌矿浮选分离的影响

活化剂硝酸铅的使用没有取得预期的效果,反而使锑铅精矿中的锌含量增加。对乙硫氮、丁铵黑药及丁基黄药三种捕收剂的试验结果表明,乙硫氮的选择性最好,不仅铅锑精矿品位高,而且锌在铅锑精矿中的含量最低。但单用乙硫氮时,由于选出的泡沫性脆,铅锑回收率比其他两种捕收剂的回收率略低,从产品质量及金属回收率综合考虑,以乙硫氮为主与少量丁基黄药组合作捕收剂较为合理。此外,试验中还发现,在精选中,适当提高 pH 值,添加一定量的乙硫氮,有利于提高铅锑精矿的质量和回收率。

试验最终确定的适宜选锌条件为:粗选时,pH = 12,精选时 pH = 14;硫酸铜为 600g/t,丁基黄药为 400g/t,水玻璃为 600g/t,松醇油为 80g/t。在精选中提高矿浆 pH 值,添加一定量的水玻璃,可提高锌精矿的质量,降低锌精矿中的铅、锑含量。浮选流程见图 11-11,选矿指标见表 11-2。

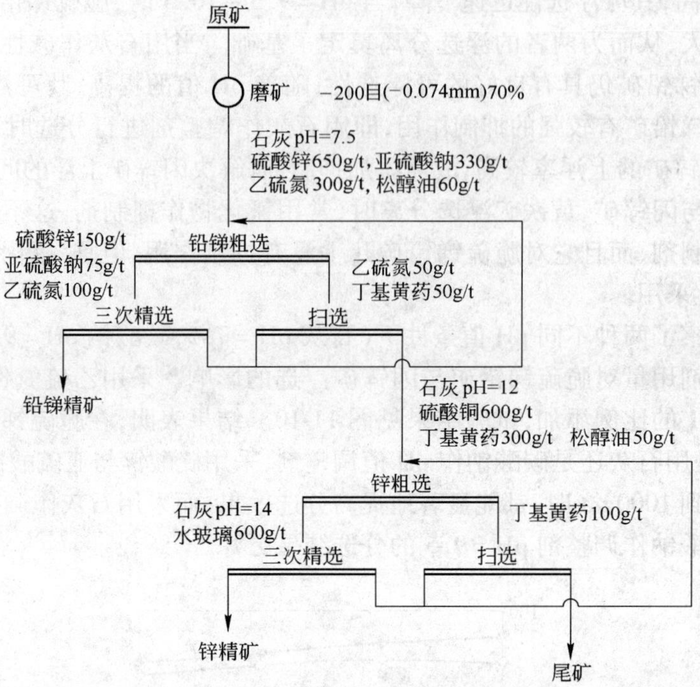

图 11-11　芙蓉选厂锑铅锌矿石浮选工艺流程

表 11-2　芙蓉选厂的选矿指标

矿石类型	产品名称	产率/%	品位/%			回收率/%		
			Pb	Sb	Zn	Pb	Sb	Zn
1号	铅锑精矿	19.21	33.61	29.59	2.76	94.63	88.73	4.72
	锌精矿	17.56	0.43	0.78	57.63	1.11	1.89	90.10
	尾　矿	63.23	0.46	0.95	0.92	4.26	9.38	6.18
	原　矿	100.0	6.82	6.41	11.23	100.0	100.0	100.0
2号	铅锑精矿	18.32	33.58	17.89	3.06	94.55	84.36	7.26
	锌精矿	11.41	0.46	0.77	58.30	0.81	2.29	86.10
	尾　矿	70.27	0.43	0.73	0.73	4.64	13.35	6.64
	原　矿	100.0	6.51	3.84	7.73	100.0	100.0	100.0

11.1.2.2　湿法分离锑铅

采用氯化浸出法，对铅锑精矿进行锑、铅分离并制取锑白（Sb_2O_3）和红丹（Pb_3O_4）试验，该工艺的原则流程见图 11-12。

A　制取锑白

首先在酸性介质中，加入液氯，同时加温，铅锑精矿中的脆硫铅锑矿和辉锑矿均被氧化，反应式如下：

$$Sb_2S_3 + 3Cl_2 \longrightarrow 2SbCl_3 + 3S$$

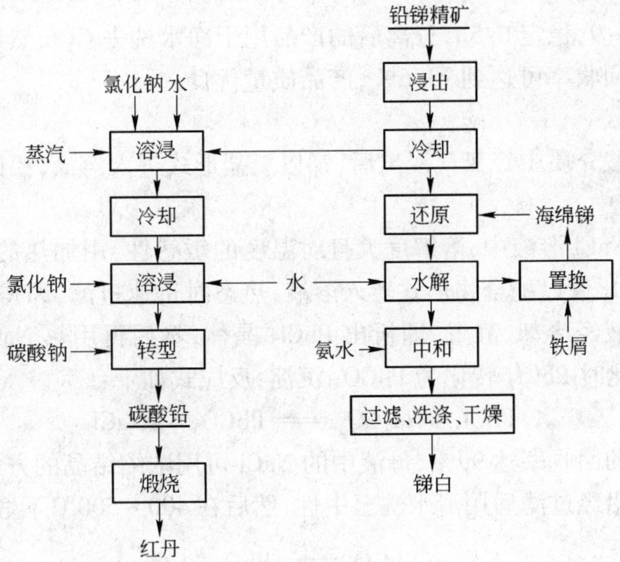

图 11-12 氯化浸出法生产锑白和红丹的原则工艺流程

$$Pb_4FeSb_6S_{14} + 14Cl_2 = 4PbCl_2 + 6SbCl_3 + FeCl_2 + 14S$$

当氯气过量时，$SbCl_3$ 和 $FeCl_2$ 进一步氧化，反应式为：

$$SbCl_3 + Cl_2 = SbCl_5$$

$$2FeCl_2 + Cl_2 = 2FeCl_3$$

锑、铅的浸出率主要取决于氯气用量、酸度及温度。试验结果表明，在氯气用量为105%（过量5%）、酸浓度3mol/L、温度100～105℃、浸出时间2h、液固比为1∶6的条件下，锑、铅的浸出率分别为96%和99%。在确定浸出条件时，既应考虑需取得高的浸出率，同时又要有利于锑、铅的分离，后者主要通过控制氯气浓度及温度实现。研究结果表明，在上述条件下，当 Cl^- 质量浓度为110～130g/L时，对含Sb 28%、Pb 32%的锑铅精矿，浸出后冷却过滤，浸出液中铅的含量仅为锑的1/150～1/100，$PbCl_2$ 绝大部分留在渣中，而锑几乎进入溶液，基本上可解决锑、铅分离问题。

在浸出液中可加入一定量的海绵锑还原 Sb^{5+} 和 Fe^{3+}：

$$2Sb + 3Sb^{5+} = 5Sb^{3+}$$

$$Sb + 3Fe^{3+} = 3Fe^{2+} + Sb^{3+}$$

当溶液中 Sb^{5+} 为0时，还原作业结束。作为还原剂的海绵锑是从水解母液中用铁屑置换而得到的。海绵锑的加入量为理论量的2～3倍，还原时间约为1h。

利用 Sb^{3+} 的强水解性能，通过加水水解，使溶液中的 Sb^{3+} 转换成固态三价锑氧化物，而杂质离子仍留在溶液中，从而达到锑与杂质的分离。水解反应式为：

$$4SbCl_3 + 5H_2O = Sb_4O_5Cl_2\downarrow + 10HCl$$

锑的水解沉淀率、锑与其他杂质的分离程度，主要受水解加水量的影响。当水解母液中的 H^+ 浓度为0.5～0.6mol/L时，锑的水解沉淀率达98%，与 Fe^{2+}、Pb^{2+}、As^{3+} 等的分离效果较好。

水解产物经制浆后加入碱，例如，加入氨水等，进行中和反应即可制得锑白，反应式为：

$$Sb_4O_5Cl_2 + 2NH_3 \cdot H_2O = 2Sb_2O_3 + 2NH_4Cl + H_2O$$

中和至 pH = 8 ~ 9，稳定 0.5h，分离后的产品用干净水洗去 Cl^-，然后烘干包装。

该工艺锑的总回收率可达到 93.6%，产品质量优良。

B　制取红丹

锑铅精矿在盐酸介质中经氯气浸出后，锑以氯盐形式进入溶液，铅则以氯化铅的形式和银、硫一起富集在渣中。

利用 $PbCl_2$ 在 NaCl 溶液中，溶解度大且对温度的敏感性，用加热的 NaCl 溶液溶浸上述浸出渣，渣中的 $PbCl_2$ 便以配合物形式转入溶液，热态时迅速过滤，即得到氯化铅溶液和硫、银渣。过滤后的溶液经冷却、静置，即析出 $PbCl_2$ 晶体，然后再用热 NaCl 溶液重溶，再加入 Na_2CO_3 进行转型，此时 $PbCl_2$ 转化为 $PbCO_3$ 沉淀，反应式如下：

$$PbCl_2 + Na_2CO_3 = PbCO_3 + 2NaCl$$

转型过程中铅的回收率达 99%，母液中的 NaCl 可用浓缩结晶的方式加以回收。

转型后的碳酸铅经过滤后用清水洗至中性，然后在 400 ~ 500℃下煅烧，即可得到红丹。

$$PbCO_3 \xlongequal{\triangle} PbO + CO_2$$

$$6PbO + O_2 = 2Pb_3O_4$$

煅烧实质上是一个分解和氧化的过程，影响煅烧速度和质量的主要因素有温度、反应时间和料层厚度等。按上述方法制得的红丹，其质量可达国家一级标准。

11.1.3　锑铅精矿的火法处理工艺

我国广西等地蕴藏着大量锑、铅、锌、锡等共生的复杂多金属硫化矿，这类矿石一般不能通过选矿获得单独的锑精矿，而只能得到以脆硫锑铅矿为主的锑铅精矿，这类精矿的一般化学成分为：Pb 20% ~ 33%、Sb 15% ~ 27%、S 19% ~ 26%、Zn 5% ~ 9%，此外，还伴生少量的 Cu、Ag、Bi、Sn、As 等金属。

目前，脆硫锑铅精矿的火法处理工艺主要是：沸腾炉焙烧脱硫-鼓风炉还原熔炼-反射炉氧化吹炼再还原熔炼，即脆硫锑铅精矿经沸腾炉焙烧脱硫，焙砂配料二次烧结，而后经鼓风炉还原熔炼，产出铅锑合金；铅锑合金经反射炉氧化吹炼，得到锑氧粉和底铅，使铅锑分离；锑氧粉再经反射炉还原、精炼生产精锑；底铅经氟硅酸铅电解生产电铅，银被富集在阳极泥回收。根据具体情况，反射炉氧化吹炼-还原熔炼可能需要进行两次，即铅锑合金经第一次氧化吹炼-还原熔炼得到粗锑，粗锑再经第二次氧化吹炼-还原熔炼得到精锑。近年来，由于采用了高效除铅剂，一般不再需要进行第二次氧化吹炼-还原熔炼。

脆硫锑铅矿精矿的沸腾焙烧-鼓风炉还原-氧化吹炼再还原法，虽然解决了复杂锑铅精矿的利用问题，但该工艺尚存在返料多、流程长、锑铅分离不彻底，锑、铅及银的回收率较低等问题，导致了企业加工费高，利润低。此外，不少企业尚未能回收烟气中的 SO_2 和氧化砷而直接排放，给环境造成了污染。

针对上述问题，还研究了一些其他的火法冶炼处理方法，如苏打熔炼-直接还原法、还原造锍熔炼法、鼓风炉挥发熔炼法、选择性挥发分离锑铅法以及低温固硫直接还原法等。

11.1.3.1　沸腾焙烧-鼓风炉还原-氧化吹炼再还原法

采用沸腾焙烧-鼓风炉还原-氧化吹炼再还原法处理脆硫锑铅矿精矿的原则工艺流程如

图 11-13 和图 11-14 所示。

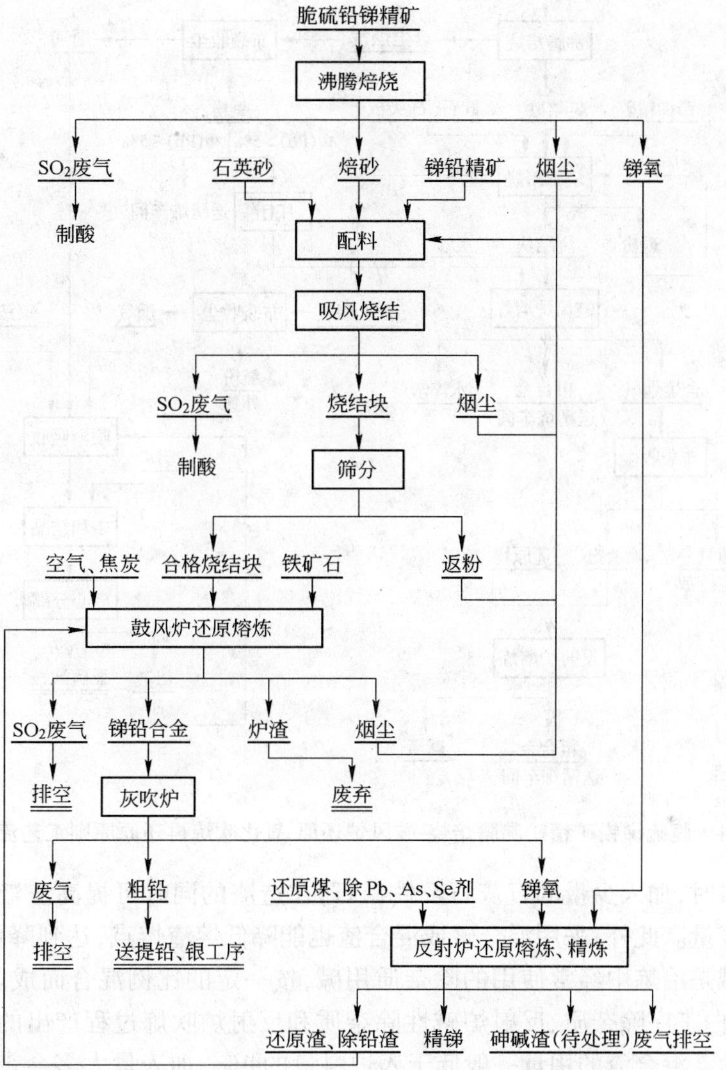

图 11-13 脆硫锑铅矿精矿沸腾焙烧-鼓风炉还原-氧化吹炼再还原原则工艺流程(一)

影响鼓风炉弃渣中金属含量的因素主要有:

(1)焦炭的质量及使用量;

(2)料柱高度及鼓风量;

(3)炉渣的渣型。

焦炭的使用量即在配料中的比例,应视焦炭的质量而定。对含固定碳在 78% 以下的焦炭,焦比(焦炭在配料中的比例)为 20% ~22%,而固定碳大于 78% 的焦炭,焦比为 17% ~19%。

料柱的高度一般视炉子情况及供料情况而定,在正常供料情况下,宜采用高料柱作业;在供料不足或炉况不正常的情况下,使用低料柱作业,但都要保证炉子料面不上大火。

在生产过程中,应根据供料情况和炉况调节风量,确保炉子平稳操作,以保证弃渣金属含量的稳定。

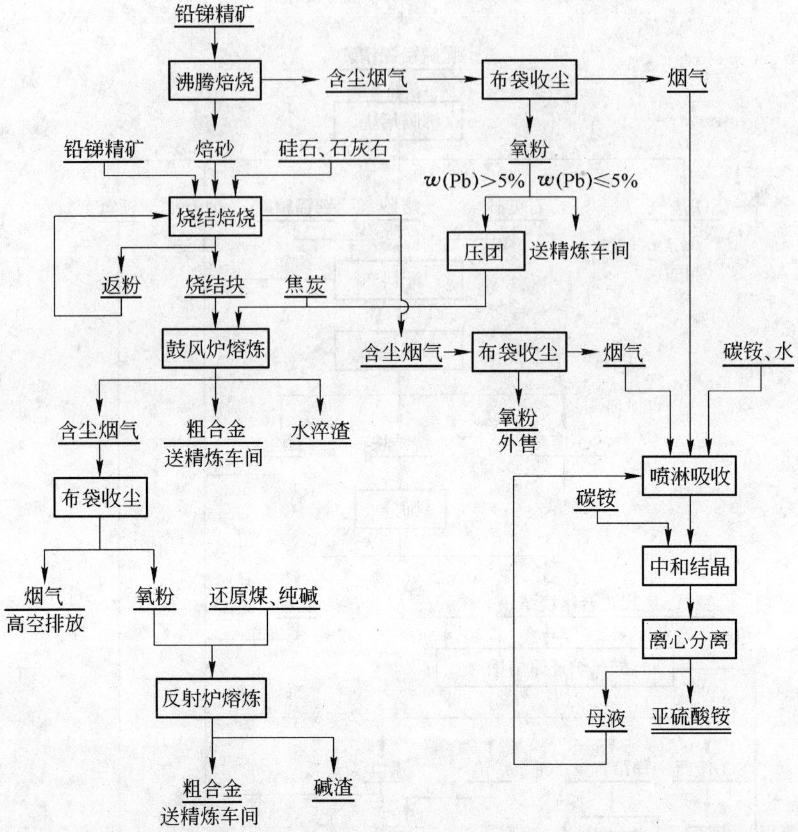

图 11-14　脆硫锑铅矿精矿沸腾焙烧-鼓风炉还原-氧化吹炼再还原原则工艺流程(二)

鼓风炉配料时,加入少量的石灰石及铁矿石,在造渣的同时可提高渣液的分离度,从而降低弃渣金属含量。此外,采用混合碱或混合渣也能降低熔渣熔点,达到降低弃渣金属含量的目的。混合碱是冶炼中经常使用的除杂质用碱,按一定的比例混合而成。混合渣为电解精炼除杂质、锑白工序除杂质、反射炉碱性除杂质和反射炉吹炼过程产出的渣,其主要成分是碱性铅锑钠盐。混合渣的用量一般低于入炉料量的4%,加入量太多会带入较多杂质,影响后续工序的顺利进行。

鼓风炉还原熔炼所得铅锑合金的氧化吹炼,是根据铅、锑对氧的亲和力的不同,以及氧化锑和氧化铅在一定温度下蒸气压的差别来实现锑、铅的分离。一般控制氧化吹炼温度为800℃,同时向合金熔体表面鼓入空气吹炼,使锑优先氧化挥发,这样,可以获得铅含量较高的底合金及铅含量较低的锑氧粉。底合金送铅电解精炼,锑氧粉经还原熔炼、精炼除杂质后制得精锑。

锑氧粉的还原熔炼、精炼除杂质过程一般在同一反射炉内一次完成,采用两段脱砷、两段脱铅工艺,其原则工艺流程见图 11-15。

锑氧粉还原熔炼、精炼除杂质的主要技术条件如下:

(1)还原熔炼。熔炼温度大于1000℃,无烟煤粒度小于5mm,反射炉烟尘的粒度小于1mm。投料前,需将烟尘与无烟煤和纯碱按要求进行配料,配料比例为:烟尘∶无烟煤∶纯碱

=100∶8∶3。无烟煤起还原剂作用，纯碱起助熔剂作用，还原时间一般为 12～16 h，当炉内渣液无气泡，无黄色火苗时，开始扒出泡渣。一般泡渣锑品位低于 15%。为了减少锑金属的挥发，扒完泡渣后，要及时投入纯碱覆盖合金液面。

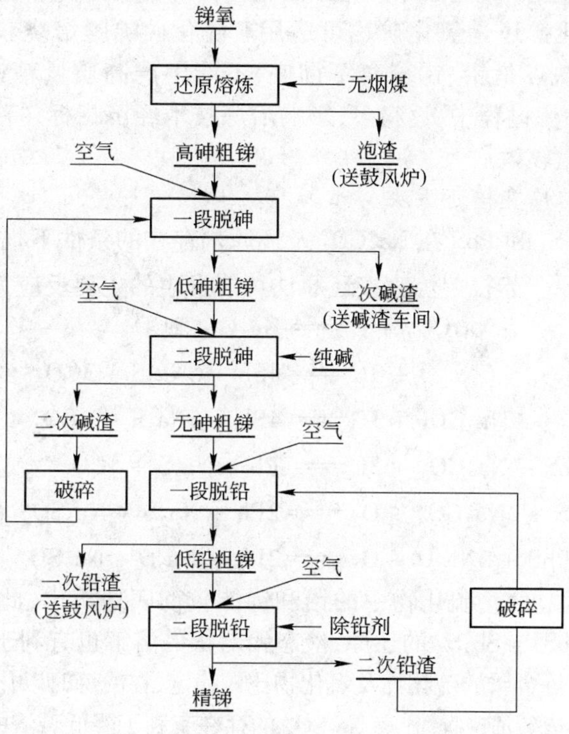

图 11-15 锑氧粉的还原熔炼、精炼除杂原则工艺流程

(2)一段脱砷。一段脱砷主要用二次碱渣进行脱砷。先将碱渣破碎，再投入炉内熔化，控制温度在 900℃以上，待加入的碱渣全部熔成液态，开始鼓入空气搅拌 80min，用铸铁小风管插入合金液底部，通过调节风阀，达到控制风压，并以能翻动合金且有少量火星冒出为标准。一段脱砷产出的一次碱渣砷含量高达 10%以上，可以送到碱渣车间处理。

(3)二段脱砷。二段脱砷用纯碱进行脱砷。控制合金温度在 800～850℃，鼓入空气搅拌 80min，用铸铁小风管插入合金液底部，通过调节风阀，达到控制风压，并以能翻动合金且有少量火星冒出为标准。二段脱砷产出的二次碱渣，砷含量较低，可以回收再利用，即破碎后用于一段脱砷精炼。

(4)一段脱铅。一段脱铅采用二次铅渣进行脱铅。控制温度在 900～950℃，当二次铅渣完全熔化后，开始鼓入空气搅拌，用铸铁小风管插入合金液底部，通过调节风阀，达到控制风压，并以能翻动合金且有少量火星冒出为标准，连续搅拌 80min。产出的一次铅渣含 Sb、Pb 品位较高，可以送到鼓风炉熔炼。

一段脱铅后，粗锑铅品位较低，不能继续用二次铅渣进行脱铅，需要用除铅剂脱铅，提高脱铅效果。

(5)二段脱铅。当全部扒出一段脱铅产出的一次铅渣后，立即投入除铅剂覆盖合金液面，将炉内温度升高到 900℃以上，然后插入铸铁小风管进行精炼脱铅，合金温度控制在

850 ~ 900℃，铸铁小风管插入合金液底部，通过调节风阀，达到控制风压，并以能翻动合金且有少量火星冒出为标准。搅拌 2h 后，除铅剂反应完全，把二段脱铅后产出的二次铅渣扒出。二段脱铅后，精锑的质量可达到产品质量要求。

沸腾焙烧-鼓风炉还原-氧化吹炼再还原法处理铅锑精矿的优点是对原料的适应性强，无论原料是多金属的硫化矿还是氧化矿均可适用。硫化矿沸腾焙烧获得的烟气 SO_2 浓度较高，有利于制酸，但其缺点是铅、锑分离不彻底，不能生产高质量精锑，一般只能生产国标 Sb99.65 的锑锭。在冶炼过程中，返料多，影响冶炼技术经济指标，特别是锑的直收率低，锑在生产过程中的循环量较大。

11.1.3.2　*苏打熔炼直接还原法*

该法的基础是 Sb_2S_3 和 PbS 在 Na_2CO_3 及还原剂存在的条件下很容易被还原成金属，而其他硫化物则较难还原。苏打熔炼直接还原法可能发生的主要反应为：

$$Na_2CO_3 + C = Na_2O + 2CO$$

$$2Sb_2S_3 + 6Na_2O + 3C = 4Sb + 6Na_2S + 3CO_2$$

$$2Sb_2S_3 + 6Na_2CO_3 + 3C = 4Sb + 6Na_2S + 9CO_2$$

$$PbS + Na_2CO_3 + 2C = Pb + Na_2S + 3CO$$

$$2PbS + 2Na_2CO_3 + O_2 = 2Pb + Na_2S + Na_2SO_4 + 2CO_2$$

$$2PbS + 2Na_2O + O_2 = 2Pb + Na_2S + Na_2SO_4$$

在 1000℃以上的温度时，硫化物中的铅和锑能较彻底地析出，此外，Pb 与 Sb 在液态下能互相溶解，可促进 PbS 与 Sb_2S_3 的还原，液态铅对银的溶解也有利于银的回收。

精矿中，Zn、Fe、Cu 等金属的硫化物及氧化物比较稳定，在冶炼时以化合物形态与反应形成的 Na_2S 和 Na_2O 互溶而形成碱渣。Na_2S 及 Na_2SO_4 的存在有利于降低碱渣的熔点和熔炼温度。

昆明理工大学曾对某脆硫锑铅矿精矿进行了苏打熔炼直接还原试验，该精矿的主要成分为：Pb 26%、Sb 18%、Zn 6%、Fe 7.2%、Sn 0.64%、Ag 0.12%、SiO_2 6.5%。PbS 和 Sb_2S_3 占精矿质量的 54.8%。

主要熔炼试验条件如下：

苏打用量（相对于精矿质量）：50%、60%、70%、80%；

木炭用量（相对于精矿质量）：3%、5%、10%；

保温时间：30min、60min、90min。

主要试验结果见表 11-3 ~ 表 11-5。

表 11-3　熔炼条件与粗金属产出率的关系

编　号	配料/g		熔炼条件		粗金属		碱　渣	
	苏打	木炭	温度/℃	时间/min	质量/g	产出率/%	质量/g	产出率/%
1	70	3	1100	30	39.75	91.4	86.30	49.9
2	60	3	1100	30	41.00	94.3	76.00	46.6
3	70	5	1100	60	41.00	94.3	83.30	49.0
4	60	5	1100	60	33.60	77.1	85.95	52.1
5	70	10	1200	90	26.00	57.5	97.65	54.3
6	70	5	1100	60	40.25	92.5	90.95	52.0

注：表中数据以 100g 精矿为基础。

表 11-4　熔炼产品的成分

编号	粗金属成分/%								碱渣成分/%							
	Pb	Sb	Zn	Sn	Cu	Fe	As	Ag	Pb	Sb	Zn	Sn	Fe	As	Na	S
2	58.1	40.0	0.04	0.36	0.12	0.077	–	0.34	2.4	2.4	5.5	0.31	–	–	15.6	11.3
3	58.5	39.7	–	–	0.13	0.17	0.08	0.26	1.8	1.7	–	0.31	5.9	0.26	22.1	17.7

表 11-5　熔炼时炉料中所含元素的分布

编号	元素在粗金属中的分布/%								元素在碱渣中的分布/%							
	Pb	Sb	Zn	Sn	Cu	Fe	As	Ag	Pb	Sb	Zn	Sn	Fe	As	Na	S
2	92.3	92.8	0.25	22	7.3	0.44		约 90	7.1	10.3	64.5	60.0			45.6	41.3
3	92.9	92.1			7.9	0.97	3.8	88.8	5.8	8.0		66.5	68.3	67	45.0	70.8

注：表中 Sb 的分布率之和大于 100%，系由取样或分析误差所致。

熔炼试验结果表明，在 1100℃时，脆硫铅锑矿的还原较彻底，碱渣与粗金属的分离良好，粗金属的纯度较高。适宜的还原熔炼条件为：苏打用量为精矿质量的 60% ~70%，木炭用量为精矿质量的 3% ~5%。

碱渣中的 Na_2S 易溶于水，用热水浸出时可回收其中的 Na_2S。

苏打熔炼直接还原法的主要缺点是苏打消耗量太大，此外，硫的入渣率不高，有相当数量的硫进入烟气。

11.1.3.3　还原造锍熔炼法

还原造锍熔炼法类似于采用铁屑作置换剂的沉淀熔炼法，其特点是采用廉价的黄铁矿烧渣作为造锍剂，并在强还原性气氛下进行造锍熔炼，使铅、锑进入合金或粗金属，硫则进入铁锍（主要为 FeS 及少量的硫化钠和 MeS）。黄铁矿烧渣还起着固硫剂的作用，使锑铅精矿中的硫进入铁锍，避免了常规火法冶炼中 SO_2 的危害；采用黄铁矿烧渣作固硫剂还能回收其中的金、银等贵金属。

还原造锍熔炼的原则工艺流程如图 11-16 所示。添加剂（纯碱和无水芒硝）、还原煤、造锍剂（黄铁矿烧渣）和精矿一起，磨碎混合均匀，然后投入熔炼炉内，在高温下进行还原造锍熔炼，反应结束后，得到粗金属、烟尘、炉渣及铁锍。烟尘返回熔炼，炉渣弃去堆存。铁锍经水浸回收硫化钠后，有两种处理方法，第一种是经湿氧化处理将 FeS 转换为氧化铁和硫磺，然后浮选分离，获得硫磺精矿及氧化铁渣，氧化铁渣再作为固硫剂返回熔炼；第二种方法是直接焙烧，烟气制酸，烧渣返回熔炼。这样，在铁锍中分散的金属，如 Pb、Ag 等，能够得到充分回收。

还原造锍熔炼所用的添加剂也可用锑酸钠渣或砷碱渣代替。砷碱渣为粗锑碱性精炼除砷过程中所产出的含砷锑废渣。锑酸钠渣是水浸砷碱渣所得的产物。锑酸钠渣含有少量砷及相应含量的与砷、锑结合的钠，由于在脆硫铅锑矿的还原造锍熔炼中需要添加一定量的碱，因此，可用锑酸钠渣来代替添加剂，这样既可以顺便回收锑酸钠渣中的锑，又可利用锑酸钠渣中的钠，从而节省添加剂，降低成本。

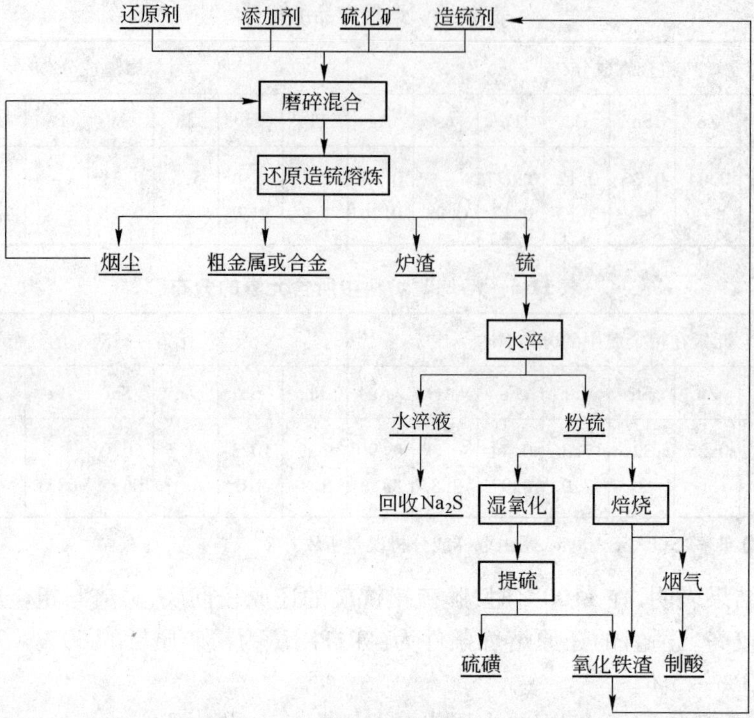

图 11-16 还原造锍熔炼原则工艺流程

A 还原造锍熔炼的理论基础

锑铅精矿还原造锍熔炼的反应机理尚不完全清楚，一般认为，烧渣中的氧化铁首先被还原成氧化亚铁，然后氧化亚铁再与脆硫锑铅矿发生还原造锍反应，反应式为：

$$Fe_2O_3 + CO = 2FeO + CO_2$$

$$Pb_4Sb_6FeS_{14} + 13FeO + 13CO = 4Pb + 6Sb + 14FeS + 13CO_2$$

精矿及烧渣中的脉石成分与氧化亚铁反应，生成熔点较高，黏度较大的多元炉渣。此外，添加剂中的碱及锑酸钠等也能与脆硫锑铅矿发生下列反应，生成 Na_2S，降低炉渣及铁锍的熔点和黏度。

$$13Na_2CO_3 + Pb_4Sb_6FeS_{14} + 13CO = 4Pb + 6Sb + FeS + 13Na_2S + 26CO_2$$

$$26NaSb(OH)_2 + Pb_4Sb_6FeS_{14} + 26CO = 4Pb + 32Sb + FeS + 13Na_2S + 26CO_2 + 26H_2O$$

$$Na_2SO_4 + 2C = Na_2S + 2CO_2$$

在熔炼过程中，一部分砷被氧化挥发进入烟尘，另一部分砷被还原成元素砷后生成黄渣或进入铅锑合金中，反应式为：

$$Na_3AsO_4 + Pb_4Sb_6FeS_{14} + CO \longrightarrow Pb + Sb + As + FeS + Na_2S + CO_2$$

黄渣的生成与加入的铁量有关，铁加入量多，则生成 Sb - As - Fe - Pb 系黄渣，铁量加入量少，则砷进入合金。

B 还原造锍熔炼试验

中南大学曾进行过锑铅精矿的还原造锍熔炼小型试验及半工业试验。小型试验使用的原料成分见表 11-6。

表 11-6 小型试验原料成分

原 料	含 量/%							
	Sb	Pb	S	Fe	SiO_2	Ag	As	Na_2O
锑铅精矿 1	24.20	26.88	22.21	8.64	2.69	0.094		
锑铅精矿 2	26.27	29.68	22.99	8.56			0.48	
烧渣 1			2.87	52.8	2.28			
烧渣 2			3.44	52.05	5.08			
锑酸钠渣	32.64		1.36	2.37				12.01
砷碱渣	22.14						6.20	22.76

先采用苏打和无水芒硝作为添加剂进行小型熔炼试验，考察各因素对熔炼过程的影响。

试验发现，随着温度的升高，铅和锑的直收率逐渐降低，这主要是因为铅和锑都是易挥发的元素，温度越高，金属挥发就越多，因此，应尽可能在低温下进行熔炼，但熔炼过程中产生的少量铁－硅－钙三元渣熔点较高，在较低温度时，渣的黏度大，金属机械损失大，放渣困难，所以，应先在900℃左右完成反应，然后再升高温度到1200℃左右，使高熔点渣完全熔化并迅速放出。

当烧渣加入量为理论量的80%以上时，烧渣加入量对锑直收率的影响不大，锑的直收率较高，均在76%以上，但对铅直收率的影响较大。在烧渣加入量达到理论量时，铅的直收率最高，但仍在70%以下。这是因为，硫化锑的还原造锍熔炼反应比硫化铅的还原造锍反应容易进行得多，氧化亚铁首先与铅锑矿中的硫化锑进行还原造锍反应，在锑完全反应后，氧化亚铁才与铅锑矿中的硫化铅进行还原造锍反应。由于铁锍铅含量高（大于5%），所以铅的损失较大。

添加剂用量试验结果表明，随着添加剂加入量的增加，铅和锑的直收率逐渐增加；对于锑而言，随着苏打加入量的增加，芒硝对锑直收率的影响逐渐减少；对于铅而言，添加剂用量越大，直收率越高。主要原因是铁锍中的铅含量与硫化钠含量密切相关，添加剂加入量大，则铁锍中硫化钠含量高、铅含量低。考虑到苏打价格较贵，而芒硝在熔炼过程中发生强吸热的还原反应，加入量太大，会造成生产能力降低，因此，添加剂的用量不宜过多。

采用苏打和无水芒硝作添加剂时，适宜的原料配比为：精矿：烧渣：苏打：无水芒硝：还原煤＝100：61：10：13：15，熔炼条件是先在900℃下反应50min，再升温至1200℃并保温（共40min），在此条件下进行的还原造锍熔炼试验结果见表11-7和表11-8。

表 11-7 还原造锍熔炼小型试验产物成分

产 物	Sb	Pb	S	Fe	SiO_2	Ag
合金/%	42.60	37.73	5.70	12.74		0.137
铁锍/%	1.03	4.95	24.46	38.53		0.031
炉渣/%	0.056	0.87	2.74	12.65	29.40	0.008

表 11-8 还原造锍熔炼小型试验金属平衡

元素	加入/%					产出/%					
	锑铅矿	烧渣	芒硝	还原煤	合计	合金	铁锍	炉渣	烟尘	水洗液	合计
Pb	100				100	68.49	15.64	0.59	15.27		100
Sb	100				100	83.26	3.50	0.042	13.19		100
Fe	21.15	78.85			100	15.05	79.29	5.66			100
Ag	100				100	70.37	28.04	1.59			100
S	81.68	6.44	10.78	1.10	100	10.17	76.46	1.84	1.03	10.48	100

从表 11-7 和表 11-8 中可以看出，锑直收率较高，为 83.26%，但铅的直收率较低，只有 68.49%；铁锍中锑含量较低，为 1.03%，但铅含量较高，在 5% 左右，占总铅的 15% 左右；金属挥发损失较大，铅为 15.27%，锑为 13.19%；合金中铁和硫的含量较高，分别为 12.74% 和 5.70%，需进一步精炼除铁和硫。根据产出物计算，固硫率为 98.97%；银在熔炼中的直收率较低，仅约为 70%，有 30% 的银分散在铁锍中，但烟尘可返回熔炼，铁锍回收硫后也可返回，这样，铅、锑、银的总回收率都将超过 95%。

用锑酸钠渣可以代替添加剂纯碱和无水硫酸钠，熔炼试验取得了良好结果，铅和锑的直收率分别达到了 78.24% 和 90.43%，随着锑酸钠用量的增加，铅和锑的直收率上升，这主要是因为，锑酸钠中含有较多的 Na_2O，降低了铁锍中铅和锑的含量。用砷碱渣作添加剂的熔炼效果较差，由于碱渣中含有大量的砷，在熔炼过程中，砷结合了大量的锑、铅和铁，形成了高熔点、高密度的黄渣，从而造成金属直收率的大幅度降低。

在试验室小型试验的基础上，采用 $\phi1.4m \times 2.0m$ 的短回转窑，分别进行了锑酸钠渣和碱渣作添加剂的还原造锍熔炼半工业试验。

试验所用的原料成分见表 11-9，试验取得了较好结果。铅和锑的直收率分别为 63.50% 及 88.02%，固硫率在 95% 以上，在合适的烧渣加入量和铁锍及烟尘金属返回的情况下，铅和锑的总回收率分别可达 98.20% 及 94.92%。熔炼中得到的铅锑合金质量较好，Pb + Sb 含量大于 95%，可以用普通的合金处理工艺，生产精锑、电铅等产品。

表 11-9 还原造锍熔炼半工业试验原料成分

原料	含量/%							
	Sb	Pb	S	Fe	SiO_2	Ag	As	Na_2O
锑铅精矿	25.59	28.39	22.63	8.13	0.53	0.085	0.48	
烧渣			2.87	52.8	2.28			
锑酸钠渣	32.64		1.36	2.37				12.01
砷碱渣	22.14						6.20	22.76

半工业试验的结果表明，选用附设有机械自动加煤燃烧室的短回转窑作为熔炼设备，具有可用劣质煤做燃料，熔炼强度大，生产能力为反射炉的 6 倍以上等优点。炉料中砷和铁的含量是影响熔炼过程的最主要因素，砷和铁的含量增加，均会造成大量黄渣生成，使金属直收率大大降低，因此必须控制合适的烧渣加入量。由于烟尘砷含量超过 15%，高的可达

23.9%，不能直接返回熔炼，因此烟尘脱砷及砷品制取是碱渣能否替代碱进行铅锑精矿固硫还原造锍熔炼的关键。此外，铅和银在铁锍中的分配比例较高，铅约占总铅的15%，银为30%，如何经济有效地回收铁锍中的铅和银，是还原造锍熔炼工艺能否走向工业应用的重要影响因素。

11.1.3.4 鼓风炉挥发熔炼法

该工艺以脆硫锑铅矿精矿为原料，用石灰作黏结剂，配入铁矿石、石灰石及锑反射炉泡渣、碱渣等，压制成团矿，在鼓风炉内进行挥发熔炼。

鼓风炉炉顶温度为800～900℃，如前所述，炉料一入炉就受到高温的作用，剧烈地进行干燥、脱水、离解、挥发、氧化、造渣等一系列物理化学变化。在熔炼温度为1350～1400℃的条件下，脆硫锑铅矿中的Sb_2S_3和PbS大部分从团矿中挥发出来，在炉气中被氧化成相应的氧化物Sb_2O_3和PbO，进入收尘系统，同时，产出锑铅合金、锑锍和炉渣。挥发熔炼过程发生的主要反应如下：

$$CaCO_3 = CaO + CO_2$$

$$2FeS_2 = 2FeS + S_2$$

$$4FeAsS = 4FeS + As_4$$

$$2FeS + 3O_2 = 2FeO + 2SO_2$$

$$2Sb_2S_3 + 9O_2 = 2Sb_2O_3 + 6SO_2$$

$$2PbS + 3O_2 = 2PbO + 2SO_2$$

$$S + O_2 = SO_2$$

$$C + O_2 = CO_2$$

$$2C + O_2 = 2CO$$

$$Sb_2S_3 + 2Sb_2O_3 = 6Sb + 3SO_2$$

$$PbS + 2PbO = 3Pb + SO_2$$

上述反应中，FeS的氧化反应进行得不充分，是形成锑锍的主要成分，在生产中要尽量减少锑锍的形成。

湖南冶金职业技术学院曾对广西河池地区的脆硫锑铅矿精矿进行过鼓风炉挥发熔炼研究，并投入试生产。所使用的原料成分如表11-10所示。

表11-10 挥发熔炼原料成分

原 料	Sb	Pb	S	SiO_2	FeO	CaO	As	Zn	Ag
锑铅精矿/%	28.37	33.15	23.01	3.85	6.81	0.81	0.84	2.10	940g/t
碱渣/%	28.44	0.031			10.42				
铁矿石/%				13.72	62.43	8.97			
石灰石/%				0.98	2.13	48.22			
卵石/%				67.82	10.30	11.20			

根据炉料的特点和鼓风炉挥发熔炼对炉渣的要求，选择的炉渣成分为SiO_2 35%，FeO 30%，CaO 25%，其他成分约10%左右。据此计算出各种原料的配料比为：精矿: 泡碱渣: 卵

石：铁矿石：石灰石 = 100：7.5：6.25：5：(20 ~ 25)，焦炭为普通冶金焦。

工业试生产中，鼓风炉床能率达到 26t/(m^2 · d)，渣 Sb 含量小于 1.5%，Pb 含量小于 1%，Ag 含量小于 60g/t。熔炼产品的主要成分见表 11-11。

表 11-11　挥发熔炼产品成分

产　品	Sb	Pb	Ag	SiO_2	FeO	CaO	As
炉渣/%	1.23	0.49	39g/t	36.24	31.21	28.34	1.08
锑锍/%	12.48	22.74	2110g/t				
锑铅合金/%	71.29	15.33	4108g/t				
锑铅氧粉/%	29.87	37.28	392g/t				

该工艺投入生产后，通过加强日常管理，严格配料，鼓风炉顺行、稳定，但在生产中应注意以下问题：

(1)采用高料柱操作时，在产出较多合金的同时，锑锍量也大，且合金质量不太好，铁含量较高。将料柱降低，适当增大风量，锑锍和合金分开放出，并延长合金的放出时间，可取得较好的效果。

(2)矿石中的 ZnS 没有被氧化，由于 ZnS 熔点高，易从熔体中析出，形成炉结。此外，料柱过高、过低都容易在炉缸形成炉结，所以应保持合适的料柱高度。在正常生产 2 ~ 3d 后，进行洗炉 3 ~ 5 次，以确保炉缸容积，保证正常生产。

鼓风炉挥发熔炼处理脆硫锑铅矿在工艺上是可行的。鼓风炉产出的锑铅合金和含铅锑氧粉在反射炉内经除砷、铁后，进行吹炼即可产出纯度为 99.50% 以上的商品锑氧粉。底铅经过电解可综合回收铅、锑、银。

11.1.3.5　*选择性挥发分离锑铅法*

脆硫锑铅矿的选择性挥发分离铅锑工艺是昆明理工大学发明的专利技术，其特点是不产出合金，只需一步处理就可直接产出铅精矿和锑精矿，实现锑和铅的有效分离，同时贵金属富集于铅精矿中。产出的铅精矿和锑精矿可用常规冶炼方法处理，得到金属。该工艺不消耗任何试剂，流程简单，生产成本低，金属综合回收率高。

该工艺的基本原理是基于在适宜的温度并有水蒸气存在的条件下，Sb_2S_3 和 PbS 具有显著的物理化学性质差别，利用水蒸气对 Sb_2S_3 的挥发所表现出来的特殊催化作用，使 Sb_2S_3 选择性地氧化挥发，PbS 则不被氧化而留在渣中，从而实现铅、锑的有效分离。

图 11-17 为脆硫锑铅矿选择性挥发分离铅锑的原则工艺流程。脆硫锑铅矿精矿经备料制成 1 ~ 4mm 的球粒，干燥后入炉进行选择性挥发分离处理。控制温度和水蒸气分压，使锑主要以氧化物形态进入烟尘，铅则留在残渣中，收集烟尘和残渣分别得到锑精矿和铅精矿。铅精矿和锑精矿用传统方法进行冶炼。

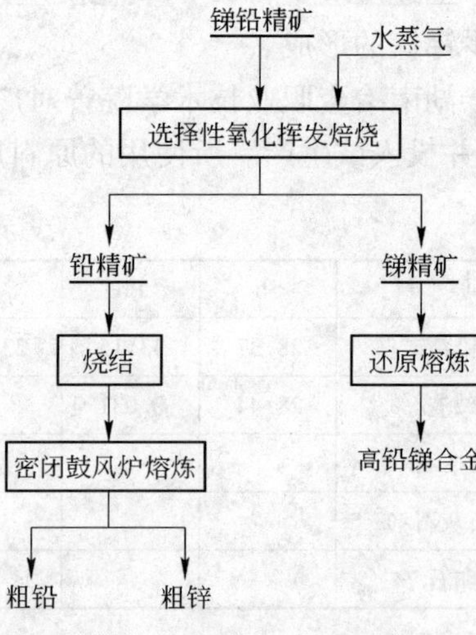

图 11-17　脆硫锑铅矿选择性挥发分离原则工艺流程

曾经做过在管式电炉内进行脆硫锑铅矿精矿的选择性挥发分离试验,试验所用原料的化学成分见表11-12。试验考察了反应温度、反应时间等因素对锑铅分离的影响。

表11-12 脆硫锑铅精矿化学成分

元素	Sb	Pb	S	Zn	Bi	Fe	Cu	As	In	Cd	Ag	CaO	SiO_2	Al_2O_3	MgO
含量/%	19.7	23.73	23.21	5.85	0.083	11	0.3	1.2	0.03	0.055	0.13	1.3	2.5	1.0	0.3

在选择性挥发分离试验中,主要技术条件的控制范围是:温度500~1000℃,水蒸气分压0.02~0.1MPa,反应时间2~4h。

反应温度是影响铅锑分离的重要因素,在750℃之前,随着温度的升高,铅精矿(残渣)中铅的直收率虽略有下降,但烟尘中锑的直收率却显著提高,即此时提高反应温度,有利于促进铅、锑分离;在800℃之后,虽然随着温度的升高,锑的直收率有所升高,但此时铅的挥发迅速增加,铅精矿中铅的直收率明显降低;到900℃时,铅由于大量挥发而使铅精矿中铅的直收率急剧下降,此时烟尘中铅含量明显增大,因此,为了获得较好的铅、锑分离效果,反应温度控制在700~750℃较为适宜。

在挥发分离过程的初期,随着反应时间的延长,铅精矿中铅的直收率缓慢降低,而烟尘中锑的直收率则明显提高,说明延长反应时间可以提高脆硫铅锑矿的铅、锑分离效果。当反应时间达到2.5h后,继续延长反应时间,锑的直收率没有明显变化,而铅的直收率却降低很快,因此,反应时间宜控制在2~2.5h。

原料的粒度小于3mm时,铅、锑分离效果与粒度大小的关系不大,但当粒度大于4mm时,随着粒度的增大,烟尘中锑的直收率明显降低,影响了铅、锑的分离效果,因而原料粒度宜控制在1~4mm之间。

试验产出的铅精矿铅含量为34.3%~37.2%,锑含量为0.65%~2.0%,铅的直收率达93%以上;烟尘(锑精矿)锑含量为57%~71%,铅含量为1.5%~3.0%,锑的直收率达92%以上;其他有价元素基本富集在铅精矿中,可综合回收。

根据X射线分析,锑精矿中的锑主要以三氧化二锑形态存在,因而可直接进行还原熔炼处理。

选择性挥发分离锑铅工艺可简化常规火法处理脆硫锑铅矿的流程,但该工艺距离工业化应用尚有一段距离。

11.1.3.6 低温固硫直接还原法

低温固硫直接还原法是基于铅、锑金属具有低熔点和易挥发的特征,因而对锑、铅精矿不经氧化处理,而在有CaO存在的条件下,用水煤气(H_2+CO)或氢气在较低温度下直接还原固硫,然后在高温下挥发获取粗金属。

在一般情况下,用氢气直接还原金属硫化矿时,反应平衡常数甚小,反应速率不大,并且有H_2S气体产出,污染环境,恶化劳动条件,危害很大,但有CaO存在时,在还原条件下,硫化铅和硫化锑矿物容易被氢气或水煤气还原。就脆硫锑铅矿来说,其还原机理还不是十分清楚,还原固硫过程可能发生的反应如下:

$$Pb_4Sb_6FeS_{14} + 14CaO + 14H_2 = 4Pb + 6Sb + Fe + 14CaS + 14H_2O$$

$$Pb_4Sb_6FeS_{14} + 14CaO + 7H_2 + 7CO = 4Pb + 6Sb + Fe + 14CaS + 7H_2O + 7CO_2$$

脆硫锑铅矿中的Fe也可能不参与还原反应:

$$Pb_4Sb_6FeS_{14} + 13CaO + 13H_2 = 4Pb + 6Sb + FeS + 13CaS + 13H_2O$$

$$2Pb_4Sb_6FeS_{14} + 26CaO + 13H_2 + 13CO = 8Pb + 12Sb + 2FeS + 26CaS + 13H_2O + 13CO_2$$

或者仅有部分 Fe 参与还原反应。由于铁的蒸气压很低，不易挥发出来，所以铁的还原与否不会影响粗金属的质量。

昆明理工大学曾对脆硫锑铅矿精矿进行低温固硫直接还原试验研究，锑铅精矿成分见表 11-13。

表 11-13　脆硫锑铅矿精矿成分

元　素	Pb	Sb	Zn	S	Fe	Bi	SiO	Sn	Ag
含量/%	24.88	17.20	9.66	25.88	9.90	0.30	3.50	微量	0.0028

试验时，先将锑铅精矿与 CaO 混合制成 3～5mm 的球粒，干燥后入炉处理。CaO 的用量可根据原料中的硫含量计算，并适当过量。

还原固硫过程中，控制反应温度 850～900℃，通入氢气进行还原固硫反应约 1.5～2h，接着升温至 1400℃左右，使还原过程中产出的金属铅和锑挥发，经冷凝收集得到粗金属。挥发过程中仍通入氢气，挥发时间约 1.5h。为保证还原和挥发良好，须有足够的料柱横截面，料柱高度不宜太高。料柱横截面越大，还原越彻底，挥发效果也越好。

挥发温度试验表明，当温度低于 1300℃时，金属的挥发率较低，当温度提高到 1400℃时，锑和铅的挥发率大于 90%，银的挥发率在 80% 以上。

试验时，分两段收集挥发出来的金属，第一段为细粉金属，第二段为粗粒金属。表 11-14 和表 11-15 列出了几组试验的结果。

表 11-14　还原挥发后的残渣成分及残渣产率　　（%）

编　号	Pb	Sb	Zn	Ag	S	残渣产率
1	1.45	3.35	微	0.128	29.16	57.0
2	0.74	3.42	微	0.017	28.95	55.5
3	0.77	5.16	微	0.123		54.0
4	0.97	3.26	微	0.040		53.3
5	1.30	2.00	微	0.085	28.09	58.0
6	0.47	2.13	微	0.034		55.0

表 11-15　挥发产物合金成分

编　号	一段细粒金属/%				二段粗粒金属/%			
	Pb	Sb	Ag	Zn	Pb	Sb	Ag	Zn
1	47.95	19.13	0.301	9.21	64.12	34.59	0.174	1.19
2	19.04	20.79	0.0205	28.93	62.99	25.34	0.438	0.28
3					47.44	26.48	0.345	9.14
4	58.28	19.51	0.324	15.15	56.74	37.10	0.040	3.13
5	22.88	17.18	0.103	28.46	53.98	29.90	0.073	0.86
6	18.97	17.54	0.452	18.11	61.34	32.13	0.0045	2.53

该工艺流程简单,分段的连续过程可在同一设备中完成,可从精矿一步直接获取液态金属或合金,且有较高的金属回收率。挥发后的残渣,其成分主要是 CaS,将其转化成 $CaSO_4$ 后是一种较好的建材原料,此外,CaS 亦可转变成 CaO 循环使用,并可回收元素硫。

11.1.4 锑铅精矿的湿法处理工艺

锑铅精矿的湿法处理工艺主要包括硫化钠溶液浸出-隔膜电积法、酸性氯化浸出-干馏法、酸性氯化浸出-水解法、氟硅酸高铁浸出-电积法及矿浆电解法等。后两种方法在第 9 章已作过介绍,本节主要讨论前三种处理方法。

11.1.4.1 硫化钠溶液浸出-隔膜电积法

用硫化钠溶液作溶剂,浸出铅锑精矿时,精矿中的锑溶解生成硫代亚锑酸盐,而铅、锌、铜、镉、铟、铁等的硫化物及锡的氧化物不溶于硫化钠溶液,锡和砷的硫化物仅部分溶解,因此,对多金属铅锑精矿,用硫化钠溶液作溶剂有比较高的选择性。首先是能使锑溶解,铅及其他稀贵金属则留在浸渣中。如果控制好条件,一次作业就能将锑与铅分开,再予以回收。

电积提取金属锑是将浸出液(硫代亚锑酸盐溶液)中的锑沉积出来,而废电解液又返回用于浸矿。电积产出的阴极锑经洗涤(除去夹带的电解液)、烘干、精炼除砷后铸锭,即得商品锑。浸出渣一般铅含量为 32% ~35%,大都呈硫化物形态存在,实际上它是一种低品位铅精矿,可单独或配入富铅精矿采用常规炼铅法处理。

硫化钠溶液浸出-隔膜电积法处理锑铅精矿具有工艺简单、流程短、有利于实现机械化等优点,其原则工艺流程见图 11-18。

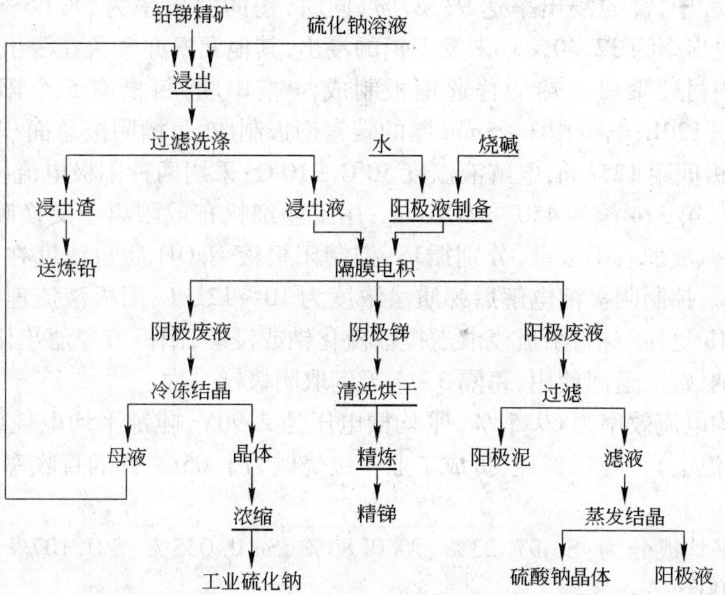

图 11-18 锑铅精矿硫化钠浸出-电积原则工艺流程

锑的电积过程可用下面反应式表示:

$$2Na_3SbS_3 + 6NaOH = 2Sb + 6Na_2S + 3H_2O + 1.5O_2$$

由上述反应式可知,电积过程要消耗一定量的烧碱,并生成多于浸出过程所需的硫化钠,一般采用真空冷冻结晶法将增加的硫化钠从阴极废液中分离出来。

电积的阳极过程主要是氧的析出,部分硫离子会被氧化而生成一些盐类,如多硫化钠、亚硫酸钠、硫代硫酸钠、硫酸钠等。锑离子在阳极也会被氧化而形成溶解度比较低的盐或高价锑化合物。这些硫的氧化盐与高价锑,会在阴极发生还原反应,从而降低了电流效率,增加了电耗。为避免发生这些无益而耗电的氧化还原反应,采用隔膜电积槽把阳极区与阴极区分开,分别循环碱液(作阳极液)与浸出液(作阴极液)。

阴极过程析出锑、砷,由于极化作用,有不同程度的析氢现象。阳极废液中的硫酸钠会积累,影响电积正常作业,需要定期净化。净化时,分流部分阳极液,发生蒸发浓缩,结晶出以硫酸钠为主的混合钠盐,可制取硫化钠或作副产品。

广西冶金研究所曾进行了规模为日产金属锑 20~25kg 的半工业试验,取得了较好的指标。试验所用锑铅精矿的成分见表 11-16。

表 11-16 锑铅精矿化学成分

元素	Sb	Pb	S	Fe	Zn	As	Sn	Cu	Mn	Bi	Cd	In	Ag	CaO	MgO	Al_2O_3	SiO_2	C
含量/%	18~20	25~29	21~26	7~13	5~9	0.5~1.5	0.6~0.8	0.2~0.4	0.2~0.4	0.12	0.06	0.025	0.1	0.5~2.0	0.2~0.4	0.7~1.2	4.5~5.7	3~4

用间接加热的机械搅拌桶浸出精矿,搅拌转速为 600r/min,加热温度 100℃ ±5℃,浸出时间 1h;浸矿溶液含游离硫化钠 125g/L,浸出时固液比为 1∶5,即每升溶液浸 200g 精矿;矿浆趁热过滤,并用 70℃以上的热水淋洗浸渣,洗水用量为矿浆容积的 15%,洗水与浸液合并送电积;浸出过程中,锑的浸出率达 93.87%,同时,锡的浸出率为 38.66%,砷的浸出率为 24.59%,硫的浸出率为 32.40%。未发现铅的浸出,其他元素亦残留在浸出渣中。

电解槽由内衬硬聚氯乙烯的普通钢板制成,4 槽串联,每槽有 5 个阳极室,总容积约 20L,阴极室容积 120L;电极用 3~5mm 厚的碳素钢板制成,每槽阴极总面积 $1.05m^2$,阳极面积 $0.336m^2$,同极间距 125mm,电解液温度 50℃ ±10℃;采用两种阳极电流密度,第 1、2 槽为 900~1200A/m^2,第 3、4 槽为 450~750A/m^2;用工业细帆布或阳离子交换膜制阳极袋,浸出液加入阴极室,碱液加入阳极室,分别循环;控制阳极液 NaOH 质量浓度在 120g/L 左右,定时分批补充液碱;控制阴极液电解后锑质量浓度为 10~12g/L;阳极液流速约 5h 更换一槽,阴极液流速约 4h 更换一槽;阴极废液送提取硫化钠或浸矿,阳极液经滤出阳极泥后,抽取部分结晶出硫酸钠,碱液返回使用;每隔 3~4 天剥取阴极锑一次。

电积的平均电流效率为 69.51%,平均槽电压为 2.90V,吨锑平均电耗(不计母线损失)2760kW·h(直流电)。吨锑碱耗,折成工业一级烧碱为 1.05t。锑的直收率计算到阴极锑为止,为 91.75%。

阴极锑的平均成分为:Sb 97.23%、As 0.83%、Sn 0.035%、S 0.107%、Fe 0.009%、Pb 0.005%、Cu 0.002%。

阴极废液中增生的硫化钠,采取真空冷冻结晶的办法使其析出。采用 0.6MPa(6atm)的蒸汽,带动三级串联的喷射泵,可达到 97.31~99.98kPa(730~750mmHg)的真空度。阴极废液用泵在蒸发器与结晶器间不断循环,经 30~60min,溶液温度从 40℃ ±5℃降到 16~

18℃，硫化钠呈0.5～1.0mm针状晶体析出，经过滤，从溶液中取出，母液与阴极废液配成适当成分返回浸矿。所得的硫化钠晶体含硫化钠28%～30%，需进一步加热浓缩、脱除结晶水，并除去部分硫酸钠或碳酸钠，至含硫化钠63%左右，用铁皮桶包装成工业硫化碱。用帆布隔膜电积时，吨锑硫化钠的产率为500 kg，用阳离子交换膜电积时，则吨锑产率可达600 kg。

由于阳极过程的氧化，生成部分硫酸钠盐并在阳极液中积累，过饱和时会析出含水结晶物，它黏附于隔膜上增大了电阻，使槽电压上升，或堵塞管道，影响阳极液流通。为使电解顺行，当硫酸钠质量浓度达40g/L以上时，应定期抽取部分阳极液，进行蒸发浓缩。当NaOH质量浓度达200g/L时，硫酸钠便结晶析出，可采用真空蒸发进行浓缩，控制条件为：间接加热，温度850℃，真空度59.98kPa(450mmHg)，浓缩率50%，则硫酸钠析出率为78%。用帆布隔膜电积时，吨锑硫酸钠的生成量约为175kg，用离子交换膜电积时，可以减少硫酸钠的产量。

半工业试验发现，锡离子能在阴极液中累积，且没有观察到不利影响，可考虑进行综合回收。阳离子交换膜的应用，可减少硫离子的氧化，从而提高硫化钠的产出率，但会出现阳极钝化、槽电压增高、电耗增大等问题。

20世纪80年代，广西冶金研究所进一步就提高电积的电流效率进行了试验，采用异相阳离子交换膜作隔膜，钛板作阴极，普通钢板作阳极。试验结果表明，影响电流效率的主要因素有锑铅精矿的氧化程度、浸出液的氧化程度(包括Sb^{5+}生成数量)、浸出液组分中$Na_2S_2O_3$及Na_2S_x含量的高低等；浸出液中NaOH和Na_2S的含量对电流效率的影响不大，浸出液中的锑离子质量浓度大于8g/L时，电流效率的变化不大；锑铅精矿的存放时间越长，其氧化程度越高，其中的元素硫含量越高；浸出液中$Na_2S_2O_3+S^0$的含量每增加1g/L，电流效率降低1.25%；当浸出液中无$Na_2S_2O_3$及元素硫时，电流效率最高可达96%；若要使电积过程的电流效率达到70%以上，必须控制锑铅精矿中元素硫含量在0.7%以下；当浸出液锑的质量浓度在50g/L左右时，若要获得75%以上电流效率，浸出液中$Na_2S_2O_3+S^0$的含量应控制在12g/L以下。

11.1.4.2 酸性氯化浸出-干馏法

酸性氯化浸出-干馏法所使用的氯化剂为三氯化铁或五氯化锑的盐酸溶液，由于五氯化锑不向体系中引入其他杂质金属离子，并且兼有三氯化铁和氯气氯化浸出的优点，所以用五氯化锑氧化浸出硫化锑原料的效果更好。

酸性氯化浸出-干馏法的基本过程是先在酸性环境下氯化处理锑铅精矿，使其中的金属硫化物转化为氯化物和元素硫；浸出后的料浆可直接进行干馏，使$SbCl_3$、$AsCl_3$、$SnCl_4$干馏出来，铅及其他金属留在渣中；干馏分离后的$SbCl_3$液体经除砷、除锡后制取锑白，干馏渣再回收铅、银等有价金属。

料浆直接干馏时存在元素硫干扰的问题，且氯化剂的再生较复杂，为此，中南大学开发了一种新的氯化浸出-干馏法。该法采用五氯化锑的盐酸溶液作氯化剂，氯化浸出后，控制适宜的条件并利用$PbCl_2$溶解度较低的特点，使铅、硫入渣，固液分离后的液体再经处理回收锑、砷、锌、铋及银并再生氯化剂，铅、银和硫则从浸出渣中回收。该工艺的原则工艺流程见图11-19。采用大厂脆硫锑铅矿精矿进行浸出试验，试验用精矿的化学成分见表11-17。

五氯化锑浸出锑铅精矿的主要反应式如下：

$$Pb_4Sb_6FeS_{14} + 14SbCl_5 = 4PbCl_2 + FeCl_2 + 20SbCl_3 + 14S^0$$

$$MeS + SbCl_5 = MeCl_2 + SbCl_3 + S^0$$

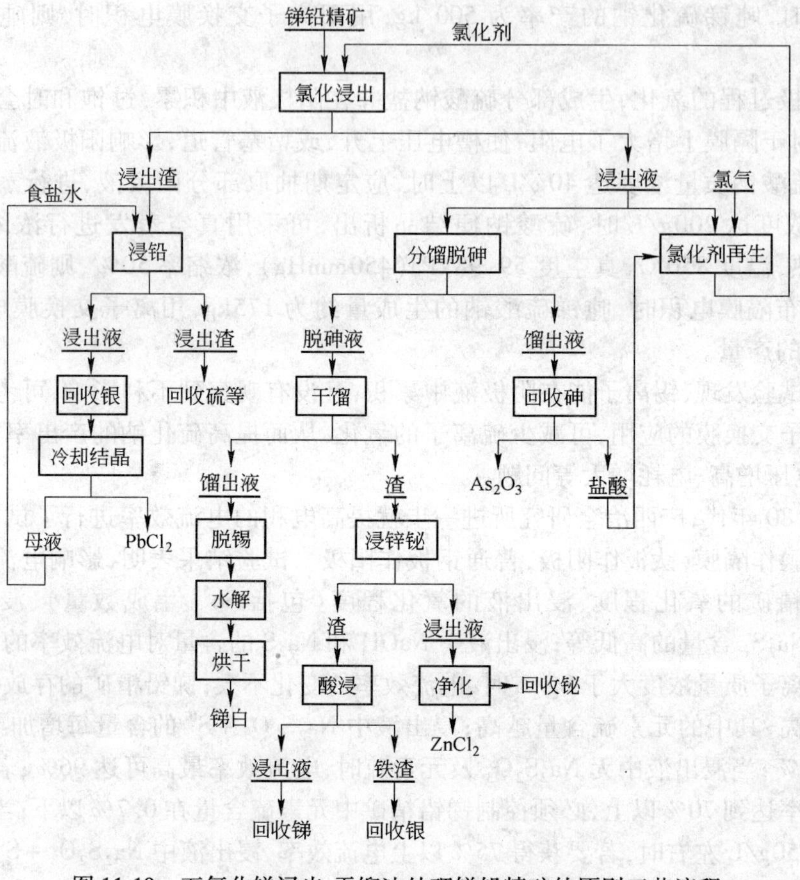

图 11-19 五氯化锑浸出-干馏法处理锑铅精矿的原则工艺流程

表 11-17 大厂脆硫锑铅矿精矿成分 (%)

元素	Sb	Pb	S	Fe	Zn	As	Sn	Cu	Mn	Bi	Ag	CaO	SiO_2	C
含量	14.22	24.18	22.96	12.41	10.98	1.18	0.58	0.45	0.14	0.62	0.185	0.49	4.80	3.33

浸出过程一般需要加热，锑铅精矿浸出时，其中的大部分金属以氯配阴离子形式进入溶液，浸出完毕后，通过控制 Cl^- 浓度及温度，可使铅以 $PbCl_2$ 的形式重新沉淀入渣。溶液中的银则通过加入沉银剂，如碘化钾、铁粉等，使其沉淀入渣。渣中的铅再用饱和食盐水进行二段浸出，二段浸出液再冷却结晶，可获得较纯净的 $PbCl_2$ 结晶。

新工艺的特点是氯化剂的再生较简单，只需从浸出液中分流一部分出来，通入氯气进行氧化处理即可。在实际生产过程中，由于浸出剂的循环使用，其成分会发生变化，最终达到稳定，试验推算出的工业用氯化剂的成分为：Sb^{5+} 122.94g/L，Fe^{3+} 52.30g/L，Zn^{2+} 95.56g/L，Cl^- 14mol/L，H^+ 3.31mol/L。人工配制这种成分的氯化剂进行浸出的试验证明，金属的浸出率虽有所下降，但仍保持较高的指标，在适宜条件下，锑、锌、银、铋的浸出率分别为：

97.44%,92.59%,91.45%及98.95%。铅的两段浸出率达97.81%,硫的入渣率为84.31%。

试验研究表明,用五氯化锑浸出时,体系的酸浓度对铅、锑浸出率的影响非常显著。酸浓度不够时,三氯化锑水解,其产物附着于脆硫锑铅矿的反应面上,阻碍氯化浸出过程的进行。锌在精矿中以独立矿物存在,在浸出的酸浓度条件下 $ZnCl_2$ 不会水解,所以酸浓度对锌的浸出率无影响。

11.1.4.3 酸性氯化浸出-水解法

该法同样采用五氯化锑的盐酸溶液作为氯化剂,其浸出、浸出渣的处理及氯化剂的再生过程与图11-19的工艺基本相同,但在处理浸出液的方法上区别较大。

中南大学曾采用表11-17所示的锑铅精矿,进行酸性氯化浸出-水解扩大试验研究,试验规模为每次10kg精矿,试验的原则工艺流程如图11-20所示。锑铅精矿经氯化浸出后,大部分铅金属入渣,对浸出液先进行还原处理,使其中的 Sb^{5+}、Sn^{4+} 和 Fe^{3+} 等高价金属离子还原,以利于后续的分馏和水解除杂质。采用活性锑粉或海绵锑为还原剂,还原过程不加热,另外加入沉银剂和除铅剂使铅和银进一步入渣,还原渣返回氯化浸出工序。经过浸出和还原处理后,锑的浸出率在94%以上,铅、银及硫的入渣率大于90%。

$AsCl_3$ 的沸点比 $SbCl_3$ 低约90℃,其他金属氯化物,如 $SnCl_2$、$ZnCl_2$、$FeCl_2$、$MnCl_2$、$CdCl_2$ 及 $BiCl_3$ 等的沸点都比 $SbCl_3$ 高很多,故可用蒸馏法分离,砷馏出液的脱砷过程采用硫化法脱砷,使 $AsCl_3$ 转化为 As_2S_3 沉淀出来,砷的沉淀率为77.54%~83.73%,返回浸出过程的砷约占1/4。此外,有约64%的HCl进入馏出液而得以回收利用。分馏渣中,主要为高沸点的 $FeCl_2$(沸点1026℃)。

脱砷后液采用氨水进行中和水解,使 $SbCl_3$ 水解生成氯氧锑($Sb_4O_5Cl_2$)沉淀,其他金属如Bi、Sn、Zn、Cd、In、Cu、Fe、Mn等,绝大多数仍留在水解溶液中。$Sb_4O_5Cl_2$ 经进一步处理可制取氧化锑或水合锑酸钠,从脱砷液到氧化锑,锑的直收率高达98.28%。水解后液经进一步处理,可回收各种有价金属,Bi、Sn、Zn、In、Cu等金属的回收率大于98%。

试验结果表明,酸性氯化浸出-水解法能使精矿中的有价元素分离富集,解决了多年存在的铅-锑、锑-砷、锑-铋、锑-锡难分离的技术难题,实现了综合利用。有价元素的回收率均较高,锑、银、铅三种主要金属的总回收率分别达到了93.37%,97.36%和99.69%。可由极复杂的矿物原料直接制取市场上需要的化工产品,特别是锑、锌、铅、锡的深加工产品。有毒元素硫、砷等都以固态回收利用。流程为闭路循环,三废排放较少,有利于环境保护,但此工艺也存在着氧化锑的白度不高,需要耐腐蚀设备等缺点。

关于 $SbCl_3$ 的水解,除了可用氨水进行中和处理外,还可直接用水稀释水解,但稀释水解法会产生大量的低浓度酸性水解液,难以实现氯的返回利用,只有直接排放,造成污染环境,因而不宜采用。此外,还可以用苏打溶液对浸出液进行中和水解处理。

苏打中和处理法可实现氯的回收利用,避免环境污染。中南大学曾对表11-18所示的浸出液进行苏打中和水解试验研究,采用的原则工艺流程见图11-21。

表11-18 酸性氯化浸出液的主要成分

成分	Sb^{3+}	Sb^{5+}	TFe	Pb^{2+}	Ag^{+}	Cl^{-}	SO_4^{2-}	Zn^{2+}
质量浓度/g·L^{-1}	239.84	21.0	75.78	1.95	0.64	424.55	41.15	31.03

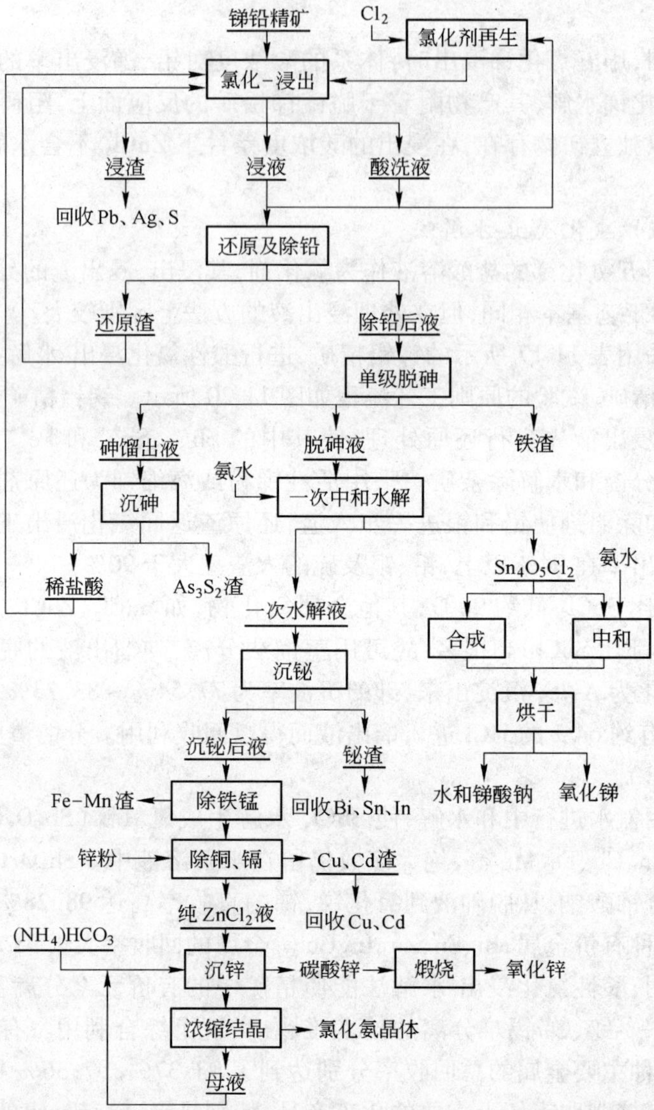

图 11-20　酸性氯化浸出-水解法处理脆硫锑铅矿原则工艺流程

用苏打中和水解法处理$SbCl_3$浸出液，体系的酸浓度较低，但在该酸浓度下，仍可分离其他金属离子，中和反应式如下：

$$SbCl_3 + Na_2CO_3 \longrightarrow Sb_4O_5Cl_2\downarrow + NaCl + CO_2$$

中和水解处理前，先向浸出液中加入海绵锑，以便还原其中的高价金属离子，同时加入铁粉除银。固液分离后，水解液中的氯化钠质量浓度为126.84g/L，为回收利用提供了良好的条件。水解所得粗氯氧锑按一定条件调浆酸洗，蒸馏水淋洗，纯氯氧锑用EDTA配合剂转型，氨水中和洗涤后，制成锑白。配合剂的作用是使锑白主要以稳定的立方晶型存在，试验制取的锑白质量指标见表11-19。

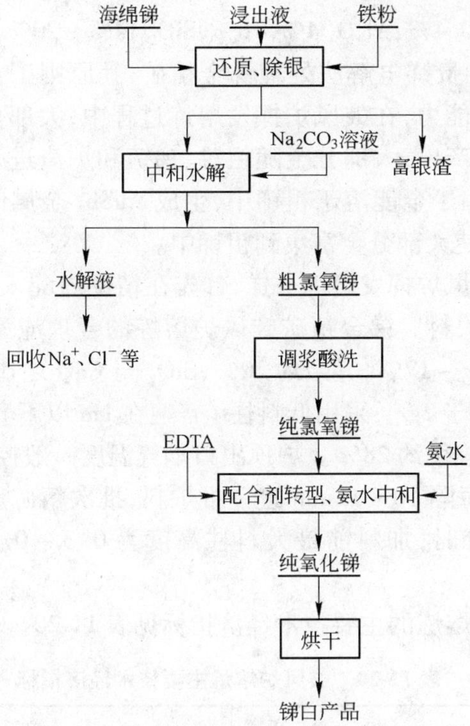

图 11-21 酸性氯化浸出液的苏打中和水解法原则工艺流程

表 11-19 锑白的主要化学成分及白度

编 号	成分/%				白 度
	Sb_2O_3	As	Pb	Zn	
1	99.70	0.053	0.0073	0.0012	94.8
2	99.29	0.048	0.0073	≤0.001	93.7

11.2 锑金(砷)硫化矿的处理

金锑共生矿资源在我国的湖南、江西、甘肃、青海、西藏、广西等地均有分布，尤其近年来，在我国西部地区新发现了不少矿床，这类矿石往往伴生有毒砂和黄铁矿，某些矿石的砷含量较低，矿石中的金主要与金属硫化物关系密切，多数呈微粒状嵌布于辉锑矿、黄铁矿及毒砂中。这类矿石大多无法单独采用选矿的办法使其中的锑、金彻底分离，一般需要采取选冶联合工艺加以处理。以下介绍我国的几种锑金(砷)矿的处理工艺。

11.2.1 湖南湘西金矿的处理工艺

湖南湘西金矿隶属于湖南辰州矿业公司，其锑金矿床属石英脉型含金、锑、钨的多金属矿，主要金属矿物有自然金、辉锑矿、白钨矿、黄铁矿、钨铁矿等，毒砂的含量较低；脉石矿物以石英为主。辉锑矿和黄铁矿是主要的载金矿物，金随辉锑矿与黄铁矿的富集而富集。选矿分离时，辉锑矿和黄铁矿一起进入锑金精矿，锑金精矿再经冶炼处理后回收锑和金。锑金精矿的一般成分为：Au 60～70g/t，Sb 30%～35%，S 18%～25%，Fe 12%～14%，As 0.5%～1.2%，Pb 0.4%～0.8%，Cu 0.1%～0.4%，Al_2O_3 4%～6%，SiO_2 14%～20%，CaO + MgO 1%。

采用鼓风炉挥发熔炼-贵锑电解法处理锑金精矿，其原则工艺流程见图 11-22。该工艺基于锑对金有较好的捕集能力，在鼓风炉挥发熔炼过程中，大部分锑以锑氧粉形态挥发，少量以锑锍和金属锑的形态产出；大部分金随粗锑、锑锍和炉渣进入前床，而小部分金随氧化锑挥发，进入收尘系统。由于金能溶于粗锑中，生成 $AuSb_2$ 金属间化合物，所以在加热前床内加入阴极锑（毛锑），可使大部分金富集到粗锑中。

与一般硫化锑矿的鼓风炉挥发熔炼一样，首先在精矿内配入 5%～8% 的消石灰并压成团矿，干燥后作为鼓风炉炉料。锑金精矿鼓风炉熔炼的合理渣型应控制 SiO_2 35%～40%，FeO 25%～28%，CaO 14%～17%，其余约 20%；SiO_2 与 CaO 之比一般选取为 2.4；渣中金属损失为 Sb 小于 3%，Au 小于 2g/t；采用低料柱（普遍在 1m 以下）操作，同时，焦耗较高，吨精矿大于 400kg，按炉料计，焦率约 28%。炉顶出口烟气温度一般控制在 850～1000℃。

生产中，鼓风炉通常每隔 10～12min 进一批炉料，批次精矿量 500～700kg、批次料层厚度约 0.4m，因此挥发熔炼时，加料前最大料柱高度为 0.3～0.6m，加料后最大料柱高度为0.7～1.0m。

辰州矿业公司鼓风炉熔炼的主要技术经济指标见表 11-20。

表 11-20　鼓风炉熔炼主要技术经济指标

项　目	指　标
风口区床面积/m^2	1.8
床能力/t·(m^2·d)$^{-1}$	21～25
日处理精矿量/t	38～45
鼓风强度/m^3·(m^2·min)$^{-1}$	85
鼓风压力/Pa	8000～11000
鼓风时率/%	83
最大料柱高度/m	加料前 0.3～0.6，加料后 0.7～1.0
下料时间间隔/min	10～12
每批次加精矿量/kg	500～700
吨精矿焦耗/kg	420～440
吨精矿熔剂消耗/kg	铁矿石 280～300，石灰石 120～140
渣型/%	$SiO_2$35～40，FeO 25～28，CaO 14～17
渣率/%	60～70（相对于精矿）
冰铜产率/%	16～18（相对于精矿）
贵锑产率/%	6～7（相对于精矿）
Sb_2O_3 产率/%	38～43
金属回收率/%	Sb 大于 95，Au 大于 98

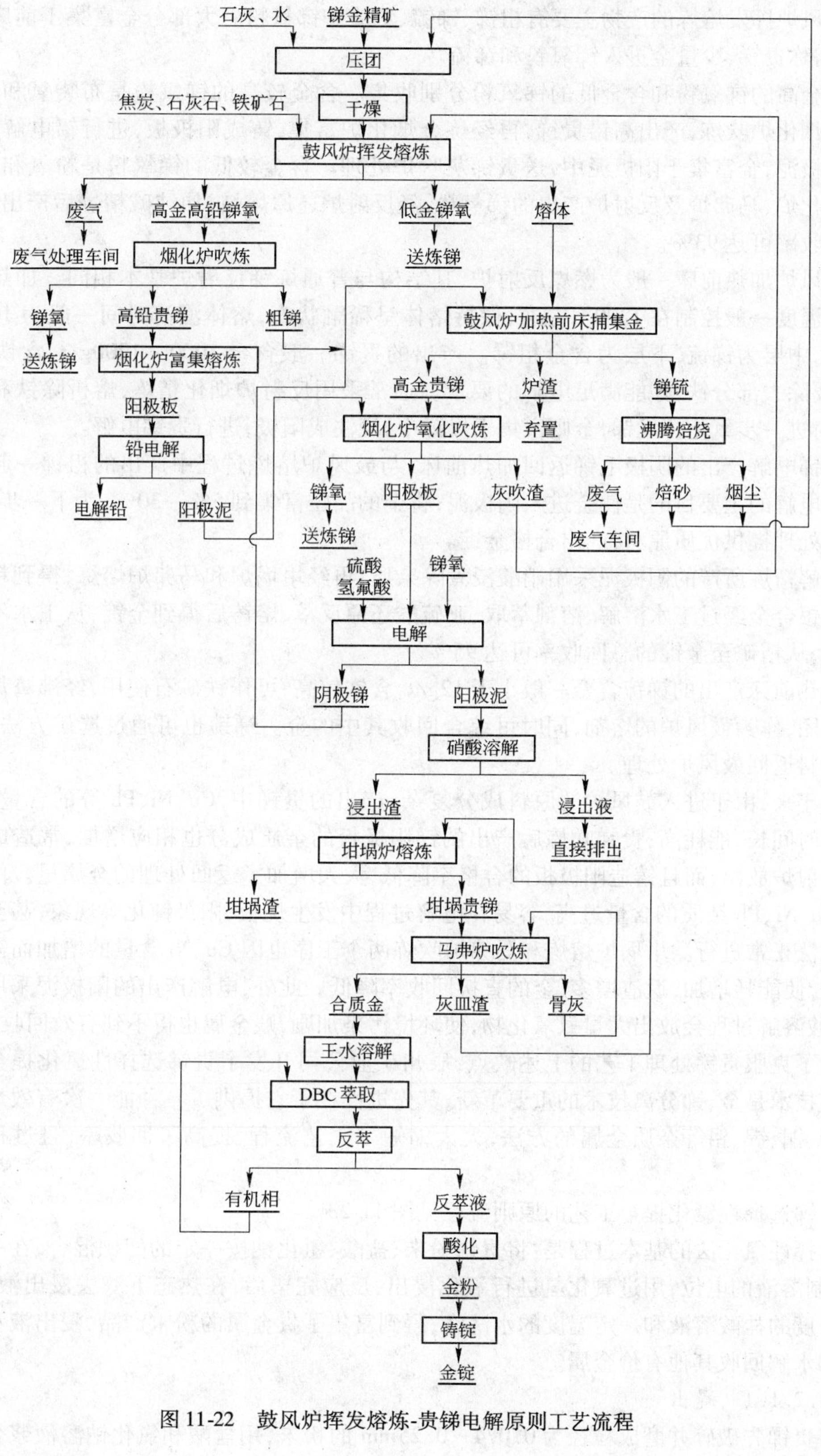

图 11-22 鼓风炉挥发熔炼-贵锑电解原则工艺流程

鼓风炉挥发熔炼的产物主要有粗锑、锑锍、炉渣和锑氧粉。大部分金富集于前床内的粗锑中，俗称贵锑，少量金进入锑氧粉和锑锍。

含金高的锑氧粉和含金低的锑氧粉分别收集。含金较高的锑氧粉是布袋氧和结氧，先将其用烟化炉吹炼，产出高铅贵锑，再经炼金烟化炉富集，铸成阳极板，进行铅电解，得电解铅和阳极泥，金富集于阳极泥中，送贵锑灰吹炉处理。含金较低的锑氧粉是粉氧和粉结氧，连同烟化炉、马弗炉及反射炉产出的锑氧粉，经反射炉还原熔炼，加纯碱精炼后产出精锑，锑的总回收率可达93%。

鼓风炉加热前床一般为燃煤反射炉，其结构与普通炼锑反射炉基本相同。加热前床内的熔体温度一般控制在1200℃左右，保持熔体呈稀融状态，熔体澄清时间一般为16h，上层为弃渣，中层为锑锍，下层为含金粗锑。产出的贵锑一般含金1000～1200g/t，含铁20%左右，需要除去部分铁，才能满足电解的要求。通常采用反射炉烟化精炼，熔析除铁和氧化除铁，同时进一步氧化挥发锑，金则富集于贵锑中，浇注成阳极，进行贵锑电解。

贵锑电解产出的阴极毛锑返回加热前床，与鼓风炉熔炼过程中产出的粗锑一起捕集贵金属。电解的主要目的是使金进入阳极泥，将金的品位富集到5%～30%，为下一步坩埚炉、马弗炉处理提供优质原料，产出合格金锭。

电解精炼所产的阳极泥采用硝酸浸煮除杂质，再经坩埚炉和马弗炉熔炼，得到粗金银合金。金银合金经过王水溶解、溶剂萃取、亚硫酸还原反萃、熔铸后得到金锭，从王水不溶渣中回收银，从精矿至金锭的总回收率可达95%。

加热前床产出的锑锍含金一般小于12g/t，含铁较高，可作铁矿石使用，经沸腾焙烧后可返回制团，作为鼓风炉的熔剂，同时可综合回收其中的金。锑锍也可通过选矿方法富集，将含金物料返回鼓风炉处理。

近年来，由于进入鼓风炉的原料成分复杂，产出的贵锑中，Cu、Ni、Pb等的含量较高，导致吹炼时间长、能耗高；贵锑吹炼后产出的锑阳极板的杂质成分也相应增加，常造成贵锑难以从反射炉放出，而且铸造阳极板的合格率降低，大大增加了返回处理的金属量。由于阳极板中Cu、Ni、Pb杂质的含量过高，容易在电解过程中发生烧板、阳极钝化等现象，甚至使电解工序无法正常进行。坩埚炉熔炼和马弗炉吹炼两个工序也因Cu、Ni含量的增加而需延长吹炼过程，使能耗增加，返渣增多，金的直接回收率降低。此外，电解产出的阳极泥采用硝酸溶解，硝酸溶解过程会放出大量氮氧化物，使环境污染加剧，贱金属也得不到有效回收。

为了克服贵锑处理工艺的上述缺点，辰州矿业公司开发了贵锑选择性氯化提金工艺技术。该技术是金、锑分离技术的重要革新，其先进性在于它提供了一种能一次有效地脱除与回收锑、铜、镍、铅等杂质金属的方法，大大缩短了工艺流程，提高了回收率，且过程基本无污染。

贵锑选择性氯化提金工艺的原则流程见图11-23。

选择性氯化法的基本过程是：将贵锑粉末、盐酸、氯化钠按一定的配比混合，在一定温度下，控制溶液的电位，用过氧化氢进行氧化浸出，反应完毕后，在热态下滤去浸出液，滤渣用一定浓度的盐酸溶液和一定温度的水洗涤，得到富集了贵金属的粉末产品，浸出液和洗水经还原和水解回收其他有价金属。

11.2.1.1　浸出

将贵锑先破碎并磨成粒径为0.074～0.25mm的粉末，用盐酸和氯化钠溶液浆化。用铂

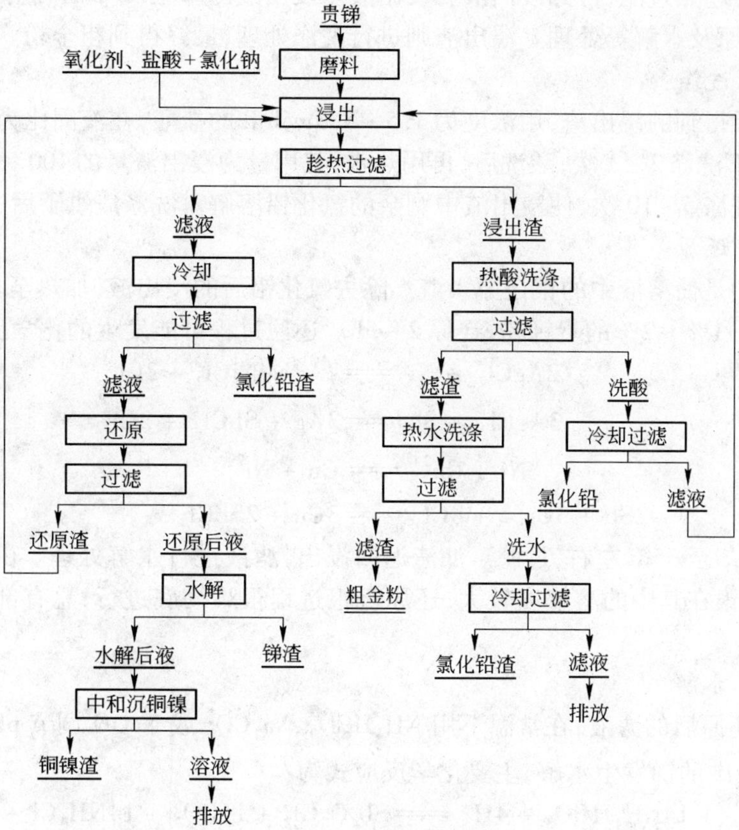

图 11-23 选择性氯化法处理贵锑的原则工艺流程

电极为工作电极，饱和氯化钾甘汞电极为参比电极测定体系的电位，在控制体系的终点电位为 200 ~ 450mV 的条件下，加入过氧化氢。浸出温度为 35 ~ 90℃，一般控制在 60℃，盐酸浓度为 1.5 ~ 5.5mol/L，氯化钠浓度为 0 ~ 2mol/L，浸出液固比(质量比)为(3 ~ 10)∶1，过氧化氢的用量根据电位来控制，一般为贵锑粉末质量的 0.7 ~ 1.4 倍，反应时间为 2 ~ 6h。

浸出过程中发生的主要化学反应为：

$$2Sb + 3H_2O_2 + 6H^+ + 8Cl^- = 2SbCl_4 + 6H_2O$$

$$Cu + H_2O_2 + 2H^+ + 2Cl^- = CuCl_2 + 2H_2O$$

$$Ni + H_2O_2 + 2H^+ + 2Cl^- = NiCl_2 + 2H_2O$$

$$Ni + 2H^+ + 2Cl^- = NiCl_2 + H_2$$

$$Pb + H_2O_2 + 2H^+ + 2Cl^- = PbCl_2 \downarrow + 2H_2O$$

$$Pb + H_2O_2 + 2H^+ + 3Cl^+ = PbCl_3^- + 2H_2O$$

$$Pb + H_2O_2 + 2H^+ + 4Cl^- = PbCl_4^{2-} + 2H_2O$$

$$Ag + H_2O_2 + 2H^+ + Cl^- = AgCl \downarrow + 2H_2O$$

$$Ag + H_2O_2 + 2H^+ + 2Cl^- = AgCl_2^- + 2H_2O$$

$$Ag + H_2O_2 + 2H^+ + 3Cl^- = 3AgCl_3^{2-} + 2H_2O$$

浸出完毕后趁热过滤，得到浸出液和浸出渣。浸出液冷却至40℃后，滤去析出的氯化铅渣，然后进行还原及水解等处理。浸出渣则进行洗涤处理，最终得到粗金粉。

11.2.1.2　洗涤

浸出反应后得到的浸出渣，用浓度为1.5～5.5mol/L的盐酸，在液固比为(2～10)∶1，温度为70～85℃下洗涤2～3次，酸洗后，再用热水，其用量为浸出渣量的100～200倍，在70～95℃的温度下洗涤5～10次，使浸出渣中剩余的氯化铅溶解。洗涤渣烘干后，即为粗金粉。

11.2.1.3　还原

还原的目的是使溶液中的银还原入渣。除去氯化铅后的浸出液，加热至80℃左右，加入浸出液量(质量)1%～2%的贵锑粉，还原2～5h。还原过程可能发生的化学反应为：

$$2AgCl_2^- + Ni = 2Ag + NiCl_2 + 2Cl^-$$

$$3AgCl_2^- + Sb = 3Ag + SbCl_4^- + 2Cl^-$$

$$Ni + Cu^{2+} = Cu + Ni^{2+}$$

$$2Sb + 3Cu^{2+} + 8Cl^- = 3Cu + 2SbCl_4^-$$

还原后，冷却至35℃左右，过滤。滤渣返回浸出，滤液进行水解处理。由于溶液中的氯离子浓度较高，银在其中的溶解度较大，还原沉银过程很难彻底进行，总有部分银损失在溶液中。

11.2.1.4　水解

经贵锑粉还原后的滤液，在常温下用NH_4HCO_3、Na_2CO_3或NaOH调节pH值至0～3，时间2～6h。溶液中的锑发生水解，主要化学反应式为：

$$4SbCl_4^- + 14NH_4HCO_3 + 4H^+ = Sb_4O_5Cl_2 + 14CO_2 + 14NH_4Cl + 9H_2O$$

$$4SbCl_4^- + 7Na_2CO_3 + 4H^+ = Sb_4O_5Cl_2 + 7CO_2 + 14NaCl + 2H_2O$$

$$4SbCl_4^- + 10NaOH = Sb_4O_5Cl_2 + 10NaCl + 4Cl^- + 5H_2O$$

水解分离锑后的溶液，再进行中和处理，回收其中的铜和镍。

贵锑粉经浸出、浸出渣酸洗、热水洗涤，可获得金品位在75%以上的粗金粉，金在粗金粉中的回收率大于99.95%。

选择性氯化浸出工艺适合于处理锑金精矿熔炼产出的贵锑，其成分范围为：Sb 30%～85%，Pb 15%～45%，Cu 8%～29%，Ni 0～10%，Au 0.07%～3.5%，Ag 0.02%～0.08%，As 0.5%～5%，Fe 0.5%～2%。也适合于处理高锑铅电解产出的阳极泥。

11.2.2　甘肃鹿儿坝金锑矿

甘肃鹿儿坝金锑矿床是以岩金为主的中低温热液型锑金矿床。矿石主要由辉锑矿、黄铁矿等金属硫化物和方解石、石英、高岭石、绢云母等脉石矿物组成。已探明C+D级锑金矿石，金的平均品位为4.1g/t，锑的平均品位为0.53%。

针对该矿石进行了原矿全泥氰化、原矿焙烧-氰化和浮选-氯化浸出-焙烧-氰化等提取工艺研究。

11.2.2.1　*原矿全泥氰化法*

该工艺是将矿石磨至粒度为-1mm、-200目(-0.074mm)、-325目(-0.043mm)，然后进行氰化浸出。对浸出矿浆中氰化钠和保护碱(石灰)的浓度、用量及氰化浸出时间等相关条件进行了反复试验,但由于矿石中的辉锑矿对金的氰化危害较大,金的最高浸出率仅达38.6%。

11.2.2.2 原矿焙烧-氰化法

先对原矿进行焙烧处理,使矿石产生孔隙和裂缝而有利于细粒金、分散金从中解离出来,也有利于包裹金暴露,同时除去矿石中妨碍氰化的元素。将矿石粉碎至 -1mm,分两段进行焙烧。第一段焙烧温度为550~600℃,时间1h;第二段焙烧温度为800℃,时间2h。经两段焙烧后,矿石中的硫几乎全部脱除,锑的脱除率为70.73%,再将焙砂磨细至 -325 目(-0.043mm),清水搅拌1h后进行常规氰化浸出。矿浆中,氰化钠质量分数为0.13%,每吨矿石氰化钠用量为4kg,搅拌浸出6h,金的浸出率为77.09%。

11.2.2.3 浮选-酸浸-焙烧-氰化法

先对原矿进行浮选,将矿石中的锑、金等有价元素富集到少量精矿中,抛弃大量尾矿,便于后序工艺处理,以降低生产成本。浮选的磨矿粒度为 -200 目(-0.074mm),试验采用一次粗选、二次扫选、一次精选流程,按常规硫化矿浮选法回收锑、金。浮选获得产率16%的锑金精矿,精矿金品位为23.56g/t,锑品位为2.094%,金的回收率为91.72%,锑的回收率为63.21%。

对浮选锑金精矿,进行较系统的氯化浸出提锑工艺试验研究。先将浮选所得精矿与清水按1:2的比例进行调浆,加入氯化钠,加入量为每吨精矿8kg,搅拌1h后,通入氯气,其用量为每吨精矿约13kg,缓慢搅拌3h以上,以使氯化钠、氯气与精矿中的硫完全发生氧化还原反应,硫以单质的形式留在浸渣中,而锑则以离子的形式进入溶液。浸出过程能使精矿中89%的锑进入溶液中,而金保留在浸渣中,达到锑、金分离目的。从浸锑溶液中回收锑的方法有多种,如电解法、还原剂还原法、水解法等。考虑到该精矿锑含量低的特点,为降低回收锑的设备投资,采用铁粉还原法回收锑较为合理。

浸渣在750℃的焙烧炉中焙烧2h,脱硫并消除浸出剂的不利影响,将焙砂进行常规氰化浸出。每吨焙砂氰化钠用量为10kg,保护碱(石灰)为2kg,氰化矿浆中氰化钠质量分数为0.32%,搅拌氰化浸出6h,由5~7级活性炭吸附金,金的浸出率可达95%。

采用浮选-氯化浸出-焙烧-氰化浸出工艺提取该矿石中的锑、金,锑的总回收率为56.25%,金的总回收率为87.13%,回收效果较理想。

11.2.3 湖南龙山金锑矿的处理

龙山金锑矿的主要金属矿物有辉锑矿、黄铁矿、毒砂、自然金、褐铁矿及微量黄铜矿、闪锌矿、黝铜矿、脆硫锑铜矿、硫锑铁矿、锑华等。非金属矿物主要有石英、绢云母、白云石、绿泥石、长石及黏土矿物等。原矿毒砂含量较高,含 As 0.4%。自然金呈不规则粒状、片状、树枝状产出,与金属硫化物的关系密切,多数呈微粒状被包裹于毒砂、黄铁矿及辉锑矿中。毒砂和黄铁矿中的包裹金约占63.5%,辉锑矿中的包裹金约占10.2%,其他矿物包裹金约占7.8%,单体裸露金约占18.5%。

由于原矿含泥量较大,金的嵌布粒度细,并包裹在其他矿物之中,很难用选矿方法使金与其他矿物完全分离。选矿过程一般仅产出锑金砷混合精矿,混合精矿含 Sb30% 左右、Au45g/t 左右、As 4% ~6%,精矿中的 SiO_2 含量较高,一般在20%以上。此外,手选块精矿的金品位更低,一般为8~16g/t,而 SiO_2 含量高达35%左右。

选矿产出的混合精矿和块精矿可采用鼓风炉挥发熔炼-贵锑电解的工艺处理，但由于精矿的金品位较低，而有害杂质砷及 SiO_2 等含量较高，给冶炼处理带来较大的困难，金的回收率较低。

根据矿石中金与辉锑矿的关系不太密切，而与毒砂和黄铁矿关系较密切的特点，在选矿加工过程中，可采用合适的工艺，产出高锑低金和高砷高金两种精矿，然后再采用适宜的冶炼工艺处理。

11.2.3.1 锑金砷混合精矿和块精矿的处理

锑金砷混合精矿和块精矿，采用鼓风炉挥发熔炼-贵锑电解工艺进行处理，生产的原则工艺流程见图11-24。

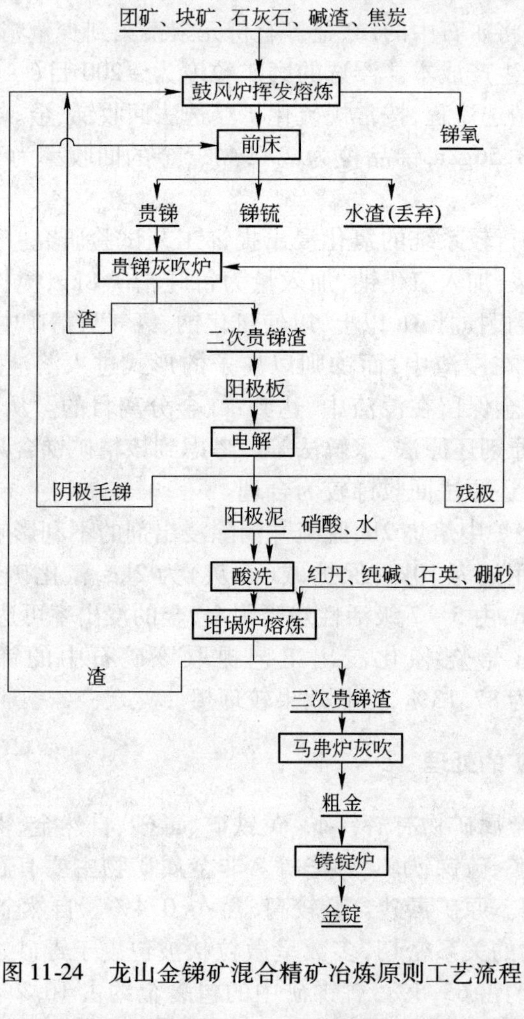

图11-24 龙山金锑矿混合精矿冶炼原则工艺流程

鼓风炉熔炼，使精矿中的锑挥发生成 Sb_2O_3，经表面冷却器、布袋收尘器收集，再经反射炉冶炼成精锑。锑氧粉含金一般为5g/t左右，金损失率10%左右。

鼓风炉熔炼过程采用低料柱、大风量操作，形成的粗锑量很少，金主要富集在锑锍和渣中，故在前床中加入部分粗锑，以便把其中的金最大限度地富集在贵锑中。贵锑中，一般含金300~400g/t，含Sb 59%~89%、As 0.2%~0.89%、Fe 4.7%~34%，产率为4%~8%。

锑锍的产出率为7%～10%,含金为3～5g/t。水淬渣含金一般为1.5～2g/t,锑1%～2%。由于精矿中SiO_2含量高,熔炼时配入的熔剂量大,故渣量大,渣中损失的金约占入炉量的7%。锑锍和水淬渣含金较低,回收利用的难度较大,造成了金的损失。

一次贵锑经反射炉灰吹浓缩,除去大量杂质,使金富集。其产物二次贵锑含金3000～11000g/t,含Sb 70%～89%,As 0.5%～1.2%。

二次贵锑采用三氟化锑与硫酸的混合液进行电解。金进入阳极泥,阳极泥含金47210～290749g/t,含Sb 37.2%～48.5%。阴极产品毛锑,含金8～58g/t,再送鼓风炉前床进一步捕金。

电解产出的阳极泥用硝酸浸煮,除去贱金属及杂质,金品位可达22.13%以上,再经坩埚炉熔炼,产出三次贵锑。三次贵锑金含量为27%～34%,渣中金含量为0.6%～1.7%。三次贵锑用马弗炉高温灰吹,使金、锑进一步分离,粗金金含量为45%～80%,灰皿渣金含量为0.05%左右。粗金用坩埚熔炼铸锭,金品位为50%～96%。各道工序的金回收率见表11-21,总的金直收率一般很难超过60%。

表11-21 龙山金锑矿混合精矿冶炼各工序金的回收率

项目	鼓风炉	贵锑灰吹	电解	酸洗	坩埚精炼
直收率/%	82～85	79～92	85～87	93.93	93.24
回收率/%	88～90	99.05	95.53	93.03	98.69

11.2.3.2 高锑低金和高砷高金精矿的处理

在选矿过程中,采用抑锑浮金、砷的Na_2CO_3-Na_2S法,使辉锑矿得到抑制而分离锑与金(砷)。现场工业试验结果表明,可产出砷含量只有0.83%而锑含量40%的高锑低金精矿和砷含量为9.39%、含金79g/t的高金高砷精矿。

高锑低金精矿可采用鼓风炉挥发熔炼-贵锑电解的常规工艺处理。由于原料质量得到改善,减少了熔剂和焦炭的用量,降低了鼓风炉的渣率,同时减少了进入贵锑和锑锍中的铁,使贵锑与锑锍得到较好的分离,金的回收效果将得到较大改善。

对于高砷高金精矿,可采用以下两种方法处理。

(1)焙烧脱砷、硫-氯化提金工艺。该工艺的基本过程是先用焙烧的方法使砷、硫挥发,布袋收尘得白砒,焙烧渣用氯化法浸金,金泥熔炼获得成品金。

由于高砷高金精矿中的金有相当一部分呈包裹体赋存于矿物中,主要被毒砂和黄铁矿包裹,要最大限度地提取金,必须先将它们分解,将精矿进行焙烧可达到这一目的。当物料被加热到一定温度后,砷和硫将挥发,产出有利于浸金的疏松多孔的焙砂。焙烧发生的主要反应为:

$$2FeAsS + 5O_2 = Fe_2O_3 + As_2O_3 + 2SO_2$$

$$4FeS_2 + 11O_2 = 2Fe_2O_3 + 8SO_2$$

试验结果证明,对含As 9%～11%,Au 80～95g/t,S ±35%,Fe ±23%的精矿进行焙烧,砷的挥发率不小于98%,硫的挥发率为98%～99%,白砒As_2O_3含量大于95%。焙砂砷含量小于或等于1.0%,金的损失率小于1.0%,完全达到了金与砷分离的目的。

脱砷后的焙砂,采用氯化法浸金,其原理是金在酸性氯化物溶液中被氧化,形成三价金的配合离子:

$$2Au + 3Cl_2 + 2HCl = 2HAuCl_4$$

三价金在氯化物溶液中的电位相当高：

$$Au + 4Cl^- \longrightarrow AuCl_4^- + 3e$$

$$E = 1.00V$$

因此，已溶解的金很容易被还原。试验采用的 HCl 质量浓度为 260g/L，温度为 90℃，液固比为 4∶1，305 添加剂量为 5g/L，浸出时间 3h，则金的浸出率达 97.43% 以上。用木炭进行吸附，金的置换率可达 98%，同时，吸附后的液体含铁达 100 g/t 以上，可浓缩结晶回收 $FeCl_3$，含 HCl 液还可返回浸出使用，终渣 SiO_2 含量达 77% 以上，可作为石英熔剂销售给铜、铅冶炼厂，并回收其中剩余的金。

此工艺技术可靠，指标先进，资源能得到充分利用，基本做到无废渣排放，经济效益比较好，但由于高砷高金精矿中还有少量的锑不但不能回收，而且在焙烧时进入白砒，影响 As_2O_3 的质量和深度加工。在焙烧过程中，脱出的 SO_2 浓度较低，难以回收，只能高空排放，对周围环境会有一定影响。

(2)焙烧固砷、硫-氰化提金工艺。在高砷高金精矿中，加入石灰进行焙烧，使砷和硫分别生成砷酸钙和硫酸钙而固定在焙烧渣中。其主要反应式为：

$$4FeS_2 + 8CaO + 15O_2 \longrightarrow 2Fe_2O_3 + 8CaSO_4$$

$$2FeAsS + 5CaO + 7O_2 \longrightarrow Fe_2O_3 + Ca_3(AsO_4)_2 + 2CaSO_4$$

焙烧烟气中，还可能有少量挥发的砷和硫，可用石灰水喷淋吸收。

焙烧渣用氰化物的水溶液浸出金：

$$2Au + 4CN^- + 0.5O_2 + H_2O \longrightarrow 2Au(CN)_2^- + 2OH^-$$

浸出液中的金用锌粉置换：

$$2Au(CN)_2^- + Zn \longrightarrow 2Au + Zn(CN)_2^-$$

沉淀的金泥用酸法去除锌等杂质，然后再熔炼而获得合金。

研究表明，焙烧时，固砷率和固硫率均达到 98%，金的浸出率达 95% ~98%。该工艺最大的优点是有效地消除了砷、硫在焙烧过程中对环境的污染，工艺简单，建设投资少。缺点是加入的石灰量较大，增大了焙烧废渣量。

11.2.4　锑金砷精矿的湿法处理工艺

锑金砷精矿的湿法处理工艺是先脱锑，使金富集到金砷精矿中。将锑、砷分离后，再分别处理，可得到锑白和金等产品。

目前研究较多的是氯化浸出脱锑-常压催化氧化脱砷-氯化提金工艺，原则工艺流程见图 11-25。

氯化浸出脱锑过程，采用 $SbCl_5$ 作为浸出剂，使精矿中的硫化锑转化为 $SbCl_3$ 进入溶液，锑的浸出率在 99% 以上。毒砂不参与反应，金、砷以及浸出过程生成的元素硫等几乎全部入渣。

浸出液经活性锑粉或海绵锑还原处理后，进行中和水解制取锑白。浸锑渣实际上是含有元素硫的金砷精矿，为了提取其中的金，必须预先脱除砷和硫。

采用常压催化氧化法脱除浸锑渣中的砷，主要过程是在硫酸介质中加入催化剂并通氧，使毒砂氧化浸出，砷的浸出率可达 95% 以上。脱砷液中的砷主要以五价砷的形式存在，利用三价砷在水中的溶解度比五价砷的溶解度低得多这一特点，将五价砷用 SO_2 进行还原处理，使其以 As_2O_3 的形式析出。

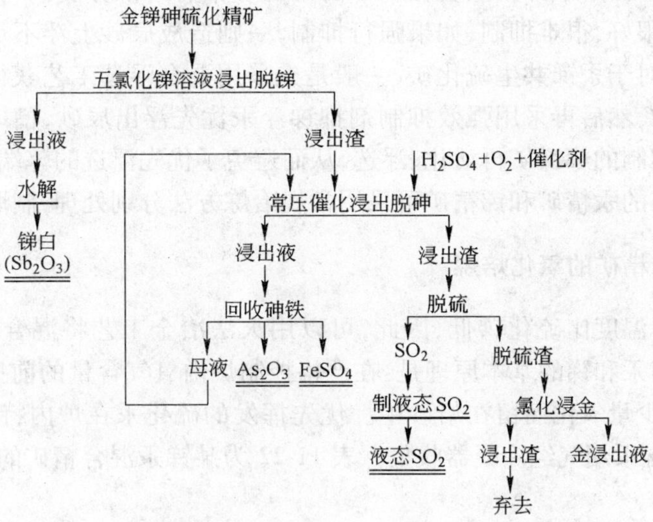

图 11-25 锑金砷精矿湿法处理工艺原则工艺流程

脱砷渣中元素硫的含量较高,由于元素硫对金有很强的吸附作用,直接进行氯化浸金的效果很差,浸出率几乎为零,因此,还必须脱除渣中的元素硫。可采用焙烧脱硫法,对脱硫后的渣进行氯化浸金,使金溶解,成为 $AuCl_4^-$ 配离子进入溶液,金的浸出率在96%以上,浸出时间一般为1~2h。

从氯化浸金的浸出液中提取金,一般采用还原法,可选用的还原剂有草酸、甲醛、二氧化硫、氯化亚铁等。其中草酸的选择性好、反应速度快,实际应用较多,其反应式为:

$$2AuCl_4^- + 3H_2C_2O_4 = 2Au + 6HCl + 2Cl^- + 6CO_2 \uparrow$$

还原反应过程需加碱中和,维持pH值在1~1.5较为适宜。加热可使反应速度加快,为避免大量 CO_2 快速逸出,导致金液外溢,反应温度一般控制在70~80℃为宜,还原母液可返回氯化浸金工序。此外,也可用锌粉置换法提取浸出液中的金。

11.3 锑汞硫化矿的处理

锑汞共生硫化矿的处理,视矿石中锑汞矿物的形态,需采取不同的处理办法。

如果矿石中的锑汞矿物主要以硫汞锑矿($HgSb_4S_8$)的形式存在,则无法用选矿的办法分离锑和汞而获得独立的锑精矿和汞精矿,选矿只能获得锑汞混合精矿,混合精矿再用冶炼方法处理。

若矿石中的主要有用矿物为辰砂(HgS)和辉锑矿,则有可能先采用选矿方法获得独立的锑精矿和汞精矿,再分别进行冶炼处理,也可以先通过选矿获得锑汞混合精矿,再冶炼分离锑和汞。

我国陕西等地区发现的锑汞共生矿床,其中的汞锑矿物大多以独立的辰砂和辉锑矿形式存在,对于这类矿石,可采用浮选法分离锑和汞,获得独立的汞精矿和锑精矿。

浮选法分离锑和汞又可分为优先浮选和混合浮选再分离两种方法。

优先浮选是在碱性介质中抑制辉锑矿,或者添加氧化剂高锰酸钾或重铬酸钾等,使辉锑矿受抑制,而辰砂仍保持其可浮选性,用选择性较好的捕收剂浮选辰砂,然后再以铅盐为活化剂,浮选辉锑矿。由于汞锑共生硫化矿中的辉锑矿常有一部分受到与生俱来的汞离子的活化,其可浮选性很好,很难抑制,如果强行抑制,一则造成辰砂上浮不足,二则影响后续辉锑矿的上浮,所以对于汞锑共生硫化矿,一般是先采用混合浮选工艺获得汞锑混合精矿,分离出大量脉石矿物,然后再采用强效抑制剂抑锑浮汞优先浮出辰砂,槽中产品即为锑精矿。由于不需要对被抑制的辉锑矿再活化、浮选,从而避免了优先浮选的弊端。

通过浮选获得的汞精矿和锑精矿可采用常规冶炼方法分别处理,制取金属锑和金属汞。

11.3.1 锑汞混合精矿的氧化焙烧

硫化汞的分解温度比硫化锑低,因此,可以用火法冶金工艺将混合精矿中的汞和锑分离。氧化焙烧分离汞和锑的基本原理是:在严格控制炉内氧气含量的前提下,使硫化汞优先挥发,而硫化锑仅少量氧化而留在焙砂中。优先挥发的硫化汞在炉内特定区域被氧化为金属汞蒸气和 SO_2,含汞烟气经冷凝器收集。表 11-22 为某锑汞混合精矿的氧化焙烧小型试验结果。

表 11-22 锑汞精矿氧化焙烧挥发率

焙烧温度/℃	金属挥发率/%	
	Hg	Sb
300	98.95	1.34
400	99.61	3.01
500	99.80	11.24

辉锑矿(Sb_2S_3)在 350℃时,即能被氧化生成 Sb_2O_3 并开始升华, 随温度增高,挥发率增加。氧化锑的生成会降低焙砂的质量并在后续处理中使提取锑的过程复杂化,因此,为了不使锑的挥发影响汞蒸气的冷凝作业,并保证 Sb_2S_3 不发生形态变化而完全残留于焙砂中,汞、锑分离应在缺氧和温度较低的条件下进行。

贵州汞矿曾在 ϕ380mm,21kW 的电热回转窑中,氧化焙烧处理汞含量为 1.99% ~2.4%、锑含量为 2.73% ~3.0%、硫含量为 22.6% ~32.7% 的混合精矿,在 600 ~650℃、焙烧时间 40min 的条件下,汞回收率为 90% ~95%,渣锑含量为 1% ~5.5%,但由于炉料硫含量高,不锈钢炉体运转 1 ~2 个月就被腐蚀穿孔甚至断裂。

氧化焙烧锑汞精矿的最佳炉型是沸腾炉,前苏联在这方面做了大量的工作,在无燃料消耗情况下用预热 400 ~500℃的压缩空气入炉, 这样既可提高炉子生产率,又能降低脱硫率。使用 Sb 含量 30% ~45%、Hg 含量 0.4% ~1%、S 含量 20% 和 Sb 含量 20%、Hg 含量 1.5% ~2.5%、S 含量 7% 的两种混合精矿,在图 11-26 所示的沸腾炉内,按获得锑含量大于 30% ~32% 的焙砂配制炉料时,炉子空气耗量为 1200 ~1600m^3/(h · m^2),出炉烟尘量小于 12%,沸腾层温度 430 ~480℃,沸腾层高 1.5 ~2m。

透过料层的焙烧气体不含自由氧,为避免辰砂蒸气冷凝,在料面上的空间补充空气,以提高温度至 450 ~500℃,同时促使挥发出的辰砂氧化,炉气经两级旋涡收尘,除尘效率约 85%。精矿含水 2% 时,沸腾炉的昼夜生产率为 90 ~100t/m^2,脱硫率为 23% ~24%;当精矿含水为 12% ~13% 时,则生产率降低一半而脱硫率高达 55% ~60%。用这种沸腾炉在

450～500℃下处理汞锑混合精矿，汞的挥发率约99%，锑损失率小于4%。

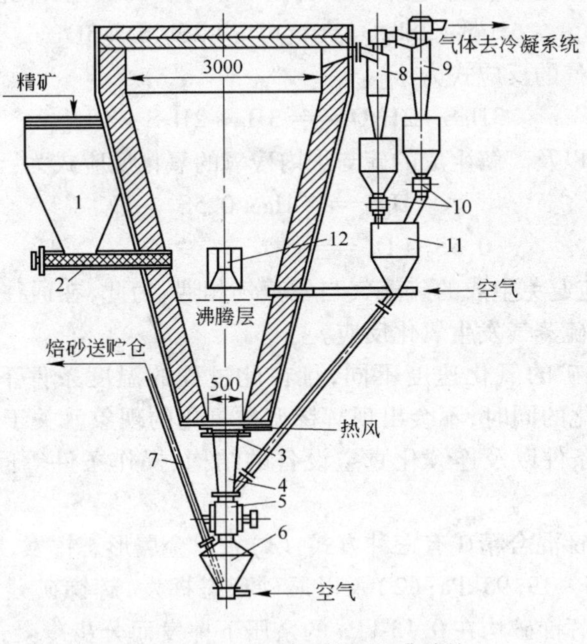

图 11-26 焙烧锑汞精矿的沸腾炉

1—给料仓；2—螺旋给料机；3—可卸料式炉底；4—卸料管；5—闸门阀；6—仓式风动泵；7—风动输送管；8—旋涡收尘器；9—双管旋涡收尘器；10—密封阀；11—灰斗；12—喷嘴孔

11.3.2 锑汞混合精矿的真空挥发

真空挥发法分离汞和锑的理论依据是：汞和锑及其化合物在蒸气压上存在着很大的差异，见图11-27。常压下焙烧时，为预防精矿由于辉锑矿及生成的硫氧锑矿软熔结块，只得在较低温度下焙烧。辰砂和金属汞在较低温度下已有足够高的蒸气压，而辉锑矿在该温度下的蒸气压却很小。当炉内压力降至6665～21328Pa时，辰砂将会在450～500℃时气化，辉锑矿则完全残留于焙砂中，因此，如果降低焙烧过程的炉内压力，过程温度就会降低，这不仅带来技术上的方便，而且会使汞、锑分离得更好。同时，在真空条件下，可以成百倍地减少炉气量，从而增大气相中汞的浓度，改善了汞蒸气冷凝条件，提高了汞收率，并相应地改善了劳动

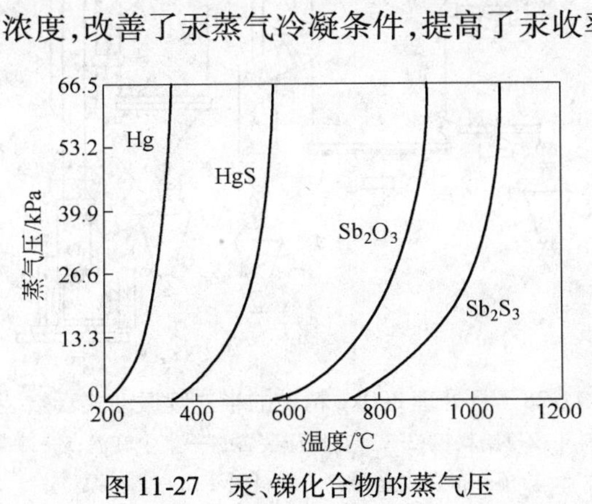

图 11-27 汞、锑化合物的蒸气压

生产环境。

真空条件下辰砂的还原反应，包括辰砂与精矿中存在的氧化锑的反应如下：

$$6HgS + 2Sb_2O_3 \xlongequal{\quad} 6Hg + 2Sb_2S_3 + 3O_2$$

辰砂蒸气与水蒸气的反应式为：

$$3HgS + 2H_2O \xlongequal{\quad} 3Hg + 2H_2S + SO_2$$

辰砂的离解反应以及离解生成的硫与炉内残氧的氧化反应式为：

$$HgS \xlongequal{\quad} Hg + 0.5S_2$$

$$0.5S_2 + O_2 \xlongequal{\quad} SO_2$$

为获得金属汞，应避免生成的硫蒸气与汞蒸气相遇，为此，在通往汞蒸气冷凝器的通道或专门的加热室内使硫蒸气发生氧化反应。

由于辰砂与辉锑矿的氧化速度不同，且在此过程的温度条件下，辉锑矿仍呈固相存在，故在辰砂挥发氧化的同时，不会出现辉锑矿被氧化的现象。关于真空条件下金属汞的形成机理、最佳传热条件以及连续化真空设备的结构、操作条件等问题，还有待继续深入研究。

真空蒸馏分离汞锑混合精矿有三种方式：(1)汞以金属形态挥发，辉锑矿残留于焙砂，此时过程的余压为6.65～19.95kPa；(2)汞以辰砂形态挥发，辉锑矿残留于焙砂，余压为1.3 kPa以下；(3)辰砂和辉锑矿均在0.13 kPa的余压下挥发而分步冷凝，分别得到单一的硫化物，再依传统方法分别提取金属锑和金属汞。

前苏联哈萨克科学院冶金和选矿研究所等单位，在实验室静态试验的基础上，用连续或半连续振动式真空装置先后进行了日处理25kg、800kg以及5t精矿的试验，取得了较好的效果。图11-28为日处理800kg精矿的半连续振动式真空装置示意图，反应装置装在设有水套

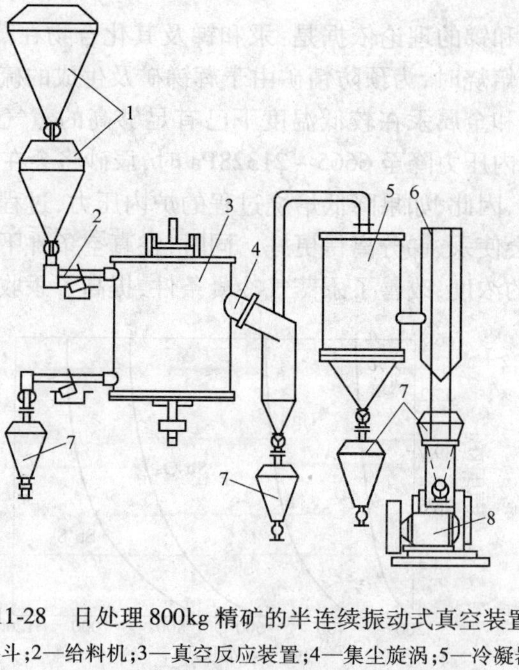

图11-28　日处理800kg精矿的半连续振动式真空装置

1—料斗；2—给料机；3—真空反应装置；4—集尘旋涡；5—冷凝器；
6—布袋收尘器；7—卸料漏斗；8—真空泵

的密闭壳体中，用带式电阻作加热器，通过改变加料机电磁振动器的电压调整精矿的加入量，圆柱形冷却室上带有清理冷凝物的机械装置。

5t/d 工业规模振动式真空炉的核心是螺旋形的内加热垂直气密钢质振动输送器，它必须安装电磁振动器以使连续作用的装置能够稳定地工作。振动器需依据温度和卸料管中焙砂的水平面自动地接通和断开。试验使用的精矿成分为：Hg 1% ~4%、Sb 12% ~24%、Fe 5% ~10%、S 15% ~20%、SiO_2 30% ~40%。为使装置工作稳定，应控制精矿水分为 2% ~3%，粒度小于 5mm；精矿在炉内停留时间为 5 ~ 10min，生产率为 1.8 ~ 7.6 t/(d·m^2)；真空处理后的焙砂为精矿重量的 75% ~80%，Hg 含量为 0.007%；烟尘产率为 7% ~10%，Hg 含量为 0.6% ~2.5%；汞产率为 3% ~4%，Hg 含量为 38% ~72%；汞挥发率为 99%。过程的适宜条件为：温度 400 ~420℃，残压 4×10^3Pa。97.8% ~98.8% 的锑残留于焙砂和返尘中，有 1% ~2% 的锑进入汞炱，吨精矿电能消耗约 100kW·h。与沸腾炉比较，废气量只有其百分之一，汞和锑的回收率可提高 4% ~6%，同时改善了劳动条件，减少了环境污染。

我国曾对陕西某汞锑精矿进行实验室静态真空蒸馏试验，试验精矿 Hg 含量为7.55% ~12.19%，Sb 含量为 18.1% ~26.92%，砷含量较低，仅 0.0017%，精矿粒度为 -200 目(-0.074mm)的颗粒占 80% ~85%。结果表明，在残压 6.65kPa，精矿料层厚 1 ~3cm，温度为 500℃的条件下，蒸馏 1h，汞的挥发率可达 90.75% ~99.88%，而锑几乎不挥发。

11.3.3 锑汞混合精矿的湿法工艺

11.3.3.1 硫化钠-苛性钠浸出法

为取得更高的汞回收率，并从根本上消除污染，采用湿法冶炼工艺处理汞锑混合精矿引起了人们的兴趣，其中硫化钠-苛性钠浸出法曾进行过工业性试验。基本工序是：汞锑混合精矿用 Na_2S、NaOH 浸出后，汞呈 Na_2HgS_2、锑呈 Na_3SbS_3(硫代锑酸钠)转入溶液，而后用金属锑选择沉淀出金属汞，金属锑则转变为 Na_3SbS_3，再采用电解工艺回收锑。

试验用精矿 Sb 含量为 20% ~30%、Hg 含量为 0.5% ~6%、As 含量为 0.2% ~0.5%。用含 Na_2S 80 ~100g/L、NaOH 20 ~30g/L 的废电解液作浸出剂，浸出温度 95 ~97℃，浸出时间 1.5 ~2h，固液比为 1:(6 ~9)。浸出液在 75 ~85℃的温度下进行置换沉淀作业，当锑粉与汞比值为(5 ~5.6):1 时，置换沉淀时间为 1 ~1.5h。电解在钢质阴阳极板的电解槽中进行，技术条件是温度 50 ~55℃，电流密度 140 ~210A/m^2，槽电压 2.3 ~2.5V。

试验结果如下：锑的浸出率为 94% ~98%，汞的浸出率为 96% ~99.4%；滤饼 Hg 含量为 0.05% ~0.06%，Sb 含量为 0.9% ~1.35%；浸出液成分为：Sb 30 ~35g/L，Hg 0.5 ~8g/L，Na_2S 50 ~70g/L，NaOH 15 ~35g/L；置换率为 99.1% ~99.4%；阴极锑品位为 97% ~98%，电流效率为 72% ~82%，吨锑电耗为 2200 ~2300kW·h；最后获得商品金属的提取率为汞 97.2% ~98.5%，锑为 90.6% ~93.4%。

该法简单、容易，其浸出和电解工序和处理单一锑矿的硫化钠法完全一致。缺点是沉淀汞要消耗大量的金属锑，同时不能保证溶液的深度净化，锑电解时，可能造成阴极半成品的汞含量高，甚至需增加额外的处理工序。

11.3.3.2 $FeCl_3$ 选择性浸出法

$FeCl_3$ 选择性浸出工艺是用 $FeCl_3$ 和 HCl 在一定条件下选择性浸出混合精矿中的锑，汞则留在浸渣中。含锑浸出液经过还原、水解及中和等程序，制取锑白，浸渣再用火法处理回收汞。这一方法虽然可得到最终产品，但浸出条件非常苛刻，如液固比、温度、搅拌时间等控制不好，HgS 就有可能被浸出，有时浸出液汞含量高达 20%。

11.4 易熔低品位锑矿的处理

广西五圩锑矿，地处丹池成矿带的南段，矿物成分主要为辉锑矿、脆硫锑铅矿、闪锌矿、黄铁矿、白云石、含铁菱锰矿、含锰菱铁矿和锡石等，其化学成分为：Sb 16.5%、Pb 1.20%、As 0.07%、S 18.81%、Fe 4.5%、Sn 0.14%、Zn 2.45%、SiO_2 0.50%，其余为 $MnCO_3$、$CaCO_3$、$MgCO_3$等碳酸盐，是较典型的碱性脉石易熔锑矿，多年来，五圩锑矿一直是配入其他锑矿加入直井炉进行焙烧挥发处理。此类矿石在 500℃左右开始，边氧化、边熔化，硫化锑、氧化锑、脉石及煤焦灰分等形成低熔点熔体流出。由于直井炉料面温度高达 700～900℃，这种矿石加入炉内会造成大面积结炉，不但回收率只有 60%～70%，而且操作困难，燃料消耗大。

为探求处理这种锑矿的合理焙烧工艺，将块矿分别在 600℃和 1000℃的中性气氛下进行焙烧试验，然后将焙烧矿进行扫描电子显微镜测试和 X 射线衍射仪分析。结果表明，在 600℃焙烧时，绝大部分硫化锑氧化为氧化锑；而在 1000℃焙烧时，硫化物、碳酸盐消失，大都转化为氧化物；MnO、MgO、CaO 等主要脉石成分不会形成低熔点的炉渣，即采用低温（550℃左右）焙烧脱硫、高温焙烧（1000℃左右）贫化渣的两段焙烧工艺流程冶炼易熔低品位锑矿，有可能避免冶炼过程中的熔化结炉现象。

采用小竖炉对五圩锑矿进行两段焙烧试验，试验结果表明，五圩低品位锑矿可以采用两段焙烧的方法冶炼，渣锑含量可降到 2.5% 以下；由于原料中碳酸盐和硫化物的含量较高，因而渣率较低，约为 35%～45%；锑的焙烧总挥发率可达 95%～97%；低温焙烧时，可以克服锑玻璃等复合化合物形成和熔结的问题，虽然局部地方温度偏高，有少量熔融物流出，但可被焦炭等底料吸附而继续挥发，不会形成大块结渣；低温焙烧后，焙矿中的残留锑可在高温焙烧中进一步挥发，使渣锑含量下降。

在试验基础上，设计了年产 400t 锑的冶炼车间。选用 0.58m×10m 的链箅机作为低温焙烧主体设备，用 1t 炉排稳定供热，保证链箅机进气温度控制在 500～550℃。链箅机有效焙烧长度为 8m，用振动加料器分别加底料和块料，箅子板线速度为 4m/h。热风从箅子板下部进入，穿过底料层和块矿层，当块矿被加热到着火点 500℃左右时，开始氧化。由于矿块集中，局部温度可达 800℃左右，也有少量液态锑玻璃流出，但附着在底料表面后进一步氧化。携带氧化锑的热烟气经收尘排风系统，收集氧化锑后排放。

低温焙烧产出的焙矿送直井炉焙烧挥发。控制烟气出口温度 650～850℃，炉内负压 399.9～666.5Pa（3～5mmHg），料层高度 1.3～1.5m，锑以三氧化二锑形态进一步挥发，贫化后的烧渣从炉底定期排出。

直井炉高温焙烧时，宜采用薄料层和间断操作的焙烧方案。这是因为，此类锑矿经低温焙烧后，硫化锑大部分氧化挥发，碳酸盐脉石部分分解，矿块较疏松；从链箅机下料到直井炉进料过程有不少矿块粉化；此外，直井炉的挫炉和翻料作业又使大部分矿块粉化。料层中充满粉矿，导致料层通风不良和透气不均匀，局部区域串风，煤燃烧迅速，料层过热，易造成流渣熔结，一部分锑化合物夹杂在渣中而损失；局部区域不透风，煤不能充分燃烧，温度下降，还原气氛增强，氧化锑被还原成金属锑珠，夹带在矿粉中不能挥发，造成锑的损失。

采用上述工艺处理五圩锑矿，可以使烧渣锑含量降到3%以下，总渣率约为49%；直井炉焙烧时间为5.5h，炉床能力为0.9t/(m^2·d)；锑的总挥发率为89.60%；两段焙烧工序中，锑的总回收率约85%左右；总耗煤量为原矿量的42.5%。

两段焙烧产出的锑氧粉，可用常规反射炉还原熔炼和精炼生产锑锭。

11.5　低品位硫氧混合锑矿的处理

低品位硫氧混合锑矿中，既有硫化锑矿物，也有氧化锑矿物。氧化锑矿物主要包括方锑矿、锑华、黄锑华($Sb_2O_4 \cdot H_2O$)及水锑钙石($3CaO \cdot 2Sb_2O_5 \cdot 6H_2O$)等。这类矿石可通过重选-浮选联合工艺进行富集，但选矿回收率一般不高，也可以直接进行冶炼处理。冶炼此类矿石可采用鼓风炉挥发熔炼，也可采用卧式焙烧炉（平炉）挥发焙烧，由于矿石中存在锑的高价氧化物，所以在工艺上，与一般硫化锑矿的冶炼有一定的区别。

硫氧混合锑矿中的高价锑矿物有黄锑华及水锑钙石等，这类矿物在高温下可能先分解为四氧化锑和五氧化锑。

五氧化锑(Sb_2O_5)不挥发，但易分解，加热至70℃时，开始分解为Sb_6O_{13}和O_2，继续加热时，中间产物(Sb_6O_{13})进一步分解为Sb_2O_4和O_2。由于Sb_2O_4具有不熔化和不挥发的特点，所以在低温下不易回收锑。适合Sb_2O_4生成的温度是500～900℃，900℃以上时开始离解为Sb_2O_3，930℃时，其离解压为2593.12Pa，1080 ℃时，达18371.77Pa，所以在实际冶炼条件下，Sb_2O_4可能离解。此外，Sb_2O_4还能与Sb_2S_3发生以下交互反应：

$$9Sb_2O_4 + Sb_2S_3 = 10Sb_2O_3 + 3SO_2$$

另外，在物料中配入足够的还原煤，保持一定的还原气氛，可促进料中的Sb_2O_4在高温下发生下列反应：

$$Sb_2O_4 + CO = Sb_2O_3 + CO_2$$

$$Sb_2O_4 + C = Sb_2O_3 + CO$$

$$2Sb_2O_4 + C = 2Sb_2O_3 + CO_2$$

基于以上分析，在配入足够的还原剂并使炉内保持一定还原气氛的条件下，采用常规挥发熔炼或挥发焙烧工艺处理硫氧混合锑矿，可以取得满意的效果。

广东韶关市锑冶炼总厂，采用卧式焙烧炉处理低品位硫氧混合锑矿。这种混合锑矿的硫化锑含量不高，而黄锑华和锑酸盐含量却非常高，其化学成分和物相组成分别见表11-23和表11-24。

表11-23　混合锑矿化学成分

元　素	Sb	Pb	S	Fe	As	Cd	Ag	Au	CaO	MgO	SiO_2	Al_2O_3
含量/%	8.87～24.15	0.04～0.1	0.94～1.2	1.02～1.59	0.01～0.024	<0.01	0.0006	0.00007	1.27～2.01	0.87	55.2～69.5	2.0

表11-24　混合锑矿的物相组成

物　相	Sb_2S_3	Sb_2O_3	$Sb_2O_4 \cdot H_2O$	$3CaO \cdot 2Sb_2O_5 \cdot 6H_2O$
锑分布率/%	11.75～27.7	1.55～7.81	15.27～20.46	46.96～66.24

卧式焙烧炉的炉膛面积为 $7m^2$，炉膛空间高度是 1.2m，炉条用空气分布板作底板，底板下鼓入空气，炉后配以火柜、表面冷却器及布袋室收集锑氧粉。相对于鼓风炉来说，卧式焙烧炉的炉膛面积大很多，料层较薄，矿石内部挥发成分向表面扩散的阻力（距离）较低，可能更有利于氧化锑的挥发。

以焦炭或无烟煤块作燃料，其粒度及矿石的粒度均控制在40mm以下。先在炉膛中引燃焦炭，待焦炭完全烧红后，再分批分层加入已混有煤粉的混合矿，并鼓入空气，焙烧时间视矿石的挥发情况而定，待锑矿完全挥发后出渣。

焙烧温度必须控制在1000℃以上，这样才有利于高价氧化物的离解挥发。炉内焙烧气氛需控制为还原气氛，并加入一定量的煤粉，以利于四氧化二锑的还原挥发。

通过采用大面积炉膛，鼓风，高温，控制还原气氛等技术措施，直接处理低品位硫氧混合锑矿时，渣锑含量可降低到1.5%以下，焦率在15%以下，处理能力为 $1.5t/(m^2 \cdot d)$。该工艺设备简单、操作简便，但存在着劳动强度大，机械化程度低等缺点。

11.6　复杂氧化锑矿的处理

复杂氧化锑矿中的主要锑矿物大多是黄锑华、黄锑矿及锑赭石等，矿石泥化严重。这类矿石中的锑无法通过浮选富集，采用重选处理时，回收率也很低，所以，一般直接采用冶炼的办法处理。对于品位较高的复杂氧化锑矿，可以采用与硫氧混合锑矿类似的直接挥发工艺处理。对品位较低的矿石，虽然也可以采用直接挥发工艺处理，但成本较高。矿石锑品位大于8%时，视市场情况，可以采用平炉焙烧挥发法处理。

针对复杂氧化锑矿的利用，曾进行过的试验研究有还原焙烧-碱浸矿浆电解法和真空碳热还原法等。

11.6.1　还原焙烧-碱性矿浆电解法

广东工学院对广西某复杂氧化锑矿进行了还原焙烧-碱浸矿浆电解试验研究。该矿石系含钙黄锑华为主的深度氧化锑矿，矿石中的主要金属矿物为黄锑华。根据物相分析结果，锑的分布率为：黄锑华和锑赭石中，锑占88.60%；锑华和方锑华中，锑占7.93%；辉锑矿中，锑占3.47%。原矿多元素分析结果为：SiO_2 38.27%，Al_2O_3 9.79%，MgO 1.40%，CaO 13.58%，Fe 2.74%，Sb 10.65%。

矿石中配入燃煤作为还原剂，试验在箱式电阻炉中进行，使黄锑华还原为 Sb_2O_3。还原焙烧试验表明，焙烧温度以800℃为宜，温度低，反应速度慢，还原率低；温度过高，会产生过还原并出现物料熔结现象；还原剂的用量以10%为宜；当焙烧温度在800～850℃范围内时，焙烧时间以15～30min为宜。

经上述还原焙烧后，矿石中的锑除极少量的挥发和机械损失外，基本上转变成 Sb_2O_3。对于这种焙烧矿，可采用酸性氯化浸出-中和水解法生产锑白，也可以采用硫化钠碱性浸出-电积法或碱性矿浆电解法生产海绵锑。

试验采用碱性矿浆电解法处理还原焙烧矿。矿浆电解的浸出体系为硫化钠和氢氧化钠混合溶液，硫化钠与氢氧化钠两者的比例为4∶1。矿浆液固比为3∶1。在硫化钠用量为120g/L，槽电压3V，阴极电流密度为 $260A/m^2$，电解温度为50℃，电解时间5h的条件下，获得了较好的效果。

焙烧-碱性矿浆电解法的全流程闭路试验获得了锑含量为93.44%的海绵锑,锑的总回收率达86.58%。

11.6.2 真空碳热还原法

复杂氧化锑矿中的Sb_2O_4具有不易熔化和挥发的特点,但在真空条件下,Sb_2O_4的稳定性降低且更易被还原。在固定碳存在时,Sb_2O_4的还原是一个复杂的多相反应体系,可能发生的主要反应如下:

$$Sb_2O_4 + CO = Sb_2O_3 + CO_2$$

$$Sb_2O_3 + 3CO \longrightarrow 2Sb + 3CO_2$$

$$Sb_2O_4 + C = Sb_2O_3 + CO$$

$$Sb_2O_4 + C \longrightarrow Sb_2O_3 + CO_2$$

$$Sb_2O_3 + 3C = 2Sb + 3CO$$

$$2Sb_2O_4 = 2Sb_2O_3 + O_2$$

根据热力学计算可知,上述反应中Sb_2O_3被气体CO还原为金属Sb的反应和Sb_2O_4被气体CO还原为Sb_2O_3的反应最容易发生,而Sb_2O_4的离解反应趋势最小,所以,采用真空碳热还原法处理氧化锑矿时,锑的挥发形式有两种,一种是以Sb_2O_3的形态挥发,另一种是以金属锑的形态挥发。

复杂氧化锑矿中的伴生元素Si、Al、Ca、Fe等均以氧化物形式存在,这些氧化物的稳定性都大于锑的氧化物,一般不会对氧化锑矿的碳热还原造成影响。

昆明理工大学曾在真空电阻炉中对某氧化锑矿进行了真空碳热还原试验。试料的化学成分为:Sb 20.78%,SiO_2 49%,CaO 15%,Fe 2.5%,其他12.72%。物相组成如表11-25所示。

表11-25 氧化锑矿的物相组成

物相	Sb_2S_3	Sb_2O_3	Sb_2O_4	合计
锑分布率/%	4.7	89.8	5.5	100

试验的温度范围控制在500~850℃之间。结果表明,随着温度的升高,锑的挥发率迅速增大,尤其当保温时间为20min,在550~600℃温度范围内时,锑的挥发率增加很快。随着保温时间的延长,挥发率也随之增加,保温时间应不低于30min。

还原剂用量增加时,一般来说挥发率也随之增加。试验发现,还原剂用量与反应温度之间的关系较密切,在还原剂量一定时,必须控制适宜的温度,才能取得好的挥发效果。

当温度低于700℃时,还原剂的用量应小于5.6%,在此条件下矿石中锑的挥发率大于90%。若还原剂用量增大,则锑的挥发率反而降低。这是因为,在此温度下,Sb_2O_3的蒸气压远大于金属锑的蒸气压,而金属锑蒸气压的绝对值又较小(小于133Pa),此时,应使矿石中的锑主要以Sb_2O_3的形态挥发,而此时若还原剂量过多,导致过多的金属锑生成,由于其蒸气压较小,大量金属锑以液态形式混杂于试料中无法蒸发,从而使矿石中锑的挥发率下降。

当温度高于800℃时,金属锑的蒸气压加大,此时可采用足量的还原剂,如大于10%,使金属锑大量地还原出来，并以较大的蒸发速率进入气相。例如，在 800℃、还原剂量为 20%、残压为 67Pa 的真空中，保温 30min，锑的挥发率可达 92% 以上。

因此，采用真空碳热还原法处理复杂氧化锑矿时，可在较低的温度，如 700℃，较少的还原剂量下，获得较高的挥发率，此时矿石中的锑主要以 Sb_2O_3 的形态挥发；也可在较高温度，如大于 800℃，较多的还原剂条件下，使矿石中的锑主要以液态金属锑的形式挥发。

12 锑白的生产

12.1 概述

锑白（Sb_2O_3），名称为三氧化二锑，也称为氧化亚锑、亚锑酸酐。常温下为白色结晶粉末，受热时变黄，冷却后又变为白色。锑白有两种结晶形态，一种是立方晶型，另一种是斜方晶型，在自然界中分别以方锑矿及锑华形态存在。

立方晶型的三氧化二锑，密度为5.2g/cm^3，受热至550～577℃即转变为斜方晶型，即立方晶型的三氧化二锑是热力学低温稳定晶型，斜方晶型是热力学高温稳定晶型。

斜方晶型三氧化二锑的密度为5.67g/cm^3，熔点为656℃，沸点为1425℃。

三氧化二锑是两性氧化物，其碱性比三氧化二砷强，不溶于水，难溶于醇，也不溶于稀硫酸或稀硝酸，但能溶于浓盐酸、浓硫酸、浓硝酸、浓氢氧化钠溶液、硫化钠溶液及酒石酸溶液。三氧化二锑被吸入人体后，会刺激呼吸器官，并对眼、鼻、喉有刺激作用，与皮肤接触可引起皮炎。

工业生产的锑白广泛用于搪瓷、颜料、油漆、塑料、玻璃、陶瓷、造纸、药物、阻燃剂等行业。

纯净的锑白不仅是搪瓷的遮盖剂，也是优良的乳化剂，可以确保搪瓷制品获得良好的表面覆盖及表面光泽，其常规用量大致是搪瓷总用量的7%～15%。

锑白是优良的白色颜料，其遮盖力略次于钛白，而与锌钡白相近。锑白粒度细、吸油率低，每100g颜料约吸油11～13g。锑白耐光、耐热、稳定性好，具备颜料、油漆所必备的优良性能。由于锑白呈微酸性，与脂肪酸不发生反应，故在高酸值油漆中不会皂化，适于制造各种喷漆及油墨。使用锑白时，须与氧化锌配合，以提早干结期并保证油膜坚韧。锑白的结晶组织能加强漆膜结构，粉化性小，密着性强，产出的油漆耐光、耐热、稳定性好，耐候性优于锌钡白，耐高温，且可溶性锑盐对人体的毒性低于铅白，故可代替铅白。用锑白制造的防火漆，广泛用于船舶、绝缘电缆、桥梁、烟囱、锅炉等行业。锑白的缺点是密度较大，单独使用时干燥缓慢，漆膜柔软。

锑白在玻璃生产中，用作澄清剂。用锑白或硫化锑作原料，还可生产锑红玻璃，色泽鲜艳，透明清亮，可用于铁路指示灯以及工艺美术玻璃。用锑白配制淡黄、金黄等黄色颜料，在陶瓷器皿上绘制装饰图案，在1250～1260℃高温煅烧，可使陶瓷具有鲜亮并十分稳定的多种黄色图案，为制品增辉。

锑白是许多塑料的理想阻燃增效成分，例如聚氯乙烯（PVC）、聚丙烯、聚酯、环氧树脂以及其他共聚物等，这不仅因为锑白具有阻燃功能，还由于它能赋予塑料耐热性，并使其对光和空气具有较高稳定性。

锑白与含卤素阻燃剂，如氯化石蜡、多氯联苯、六溴联苯、六溴苯、卤代磷酸酯等配合作用，具有显著的阻燃协同效应。在阻燃剂配料中，它既能作为一种活性单体，变成聚合物的一部分，又能作为一种廉价而又通用的非活性白色添加剂。锑白配入磷系、氯系和溴系等阻燃剂，作为增效剂，已应用于剧场、画馆、建筑壁纸、地毯、家用设备涂料、电子设备外壳、飞机和汽车等内装饰材料及各种化纤产品。

除以上主要用途外，锑白还有一系列其他功用，如在橡胶工业中与硫化锑配合作填充剂，在汽油中加入少量锑白可使其完全燃烧，减少对空气的污染。在有机合成工业中，锑白可作为聚酯缩聚及丙烯与氨氧化聚合的催化剂等。

表 12-1 是我国现行的三氧化二锑（锑白）质量标准 GB/T 4062—1998。

表 12-1　三氧化二锑的化学成分及物理性能（GB/T 4062—1998）

牌　号			$Sb_2O_3$99.80	$Sb_2O_3$99.50	$Sb_2O_3$99.00
化学成分/%	Sb_2O_3（不小于）		99.80	99.50	99.00
	杂质（不大于）	As_2O_3	0.05	0.06	0.12
		PbO	0.08	0.10	0.20
		Fe_2O_3	0.005	0.006	
		CuO	0.002	0.002	
		Se	0.004	0.005	
物理性能	白度（不小于）/%		93	93	91
	平均粒度/μm		0.3～0.9 0.9～1.6 1.6～2.5	0.3～0.9 0.9～1.6 1.6～2.5	

锑白的生产方法分为火法和湿法两大类。根据所使用的原料、设备、生产工艺及产品用途的不同，火法和湿法工艺又可细分为许多不同的方法。

湿法锑白生产工艺，一般采用锑精矿或粗锑氧粉为原料，先将原料与盐酸和 $FeCl_3$ 等氧化剂反应，将其转化成三氯化锑，提纯后的三氯化锑再经水解、氨解而制得产品。

火法生产锑白的生产工艺，通常使用精锑作为原料，通过熔化、氧化挥发和急剧冷却等步骤获得纯净的锑白。火法锑白生产工艺也可利用有害杂质很低的高品位硫化锑精矿作为原料，通过直接氧化挥发生产符合用户要求的产品，但由于高品位硫化锑精矿非常稀少，因此这种工艺在工业生产中很少应用。

12.2　火法生产锑白工艺

锑白的生产工艺以火法为主，火法生产的锑白量约占我国锑白总产量的 95% 以上。火法生产锑白，又可分为反射炉底吹式自热法和等离子体法等。

锡矿山 1958 年研究成功的反射炉底吹式自热法是一种以精锑为原料，生产率高、成本低、无污染的传统锑白生产方法，其产量约占全国总产量的 90% 左右，但传统底吹式自热法工艺的产品档次较低，粒度粗，含有斜方晶型三氧化二锑，已无法满足锑白在特殊行业，特别是聚酯行业用作催化剂的特殊要求。

等离子体法克服了自热法产品档次低的缺点，产品质量好、性能佳，但其生产成本高、生产能力较小、不适合大规模生产。为此，人们对传统的锑白生产方法在炉型、氧化挥发工艺及骤冷结晶器等方面进行了改进,开发了许多火法生产锑白的新方法,例如带或不带外加热器的顶吹法等。

以精锑为原料生产锑白的火法工艺,通常将炉内锑液温度控制在1000℃左右,等离子体法的温度更高,所以这类方法也可称为高温氧化法。相对于高温氧化法而言,我国还研究开发了一种生产锑白的低温氧化工艺,并于1997年开始应用于工业生产。

低温氧化法采用广西南丹、大厂一带的脆硫铅锑矿精矿,经焙烧氧化、还原、吹炼脱砷的高铅锑(铅锑合金)作原料,在特制的坩埚式氧化炉中,在700~750℃的温度下,鼓入空气,氧化高铅锑中的锑,使其变成 Sb_2O_3 蒸气,经冷却器冷却,布袋收尘而制得成品锑白。

12.2.1 传统底吹式自热法

12.2.1.1 基本原理和工艺过程

传统自热法生产锑白采用反射式隔焰炉,炉膛中装有耐火泥制的反应器,在隔焰的条件下,向锑液中鼓入一次空气,使锑挥发产生大量锑蒸气,同时向反应器内通入二次空气,使锑蒸气氧化生成 Sb_2O_3。当锑液温度达到1000℃时,锑的蒸气压为15.05kPa(112.9 mmHg),金属锑的气化挥发强度不高,但当向锑白炉下部的锑液中鼓入一次空气时,锑液形成强烈的沸腾状,锑液中形成大量气泡,这使锑液的挥发表面积大大增加,极大地增大了锑蒸气的挥发量,并被二次空气氧化生成 Sb_2O_3。氧化挥发的三氧化二锑蒸气经过大量冷空气冷却后,进入旋风收尘器分离出烟尘及粗粒锑白,再由布袋收尘器收集而制得锑白产品。整个过程发生的主要反应如下:

$$Sb(l) + 空气 \xlongequal{} Sb(g)$$

$$Sb(l) + 0.5O_2 \xlongequal{} SbO(g)$$

$$2Sb(l) + 1.5O_2 \xlongequal{} Sb_2O_3(g)$$

$$2SbO(g) + O_2 \xlongequal{} Sb_2O_3(g)$$

$$2Sb(g) + 1.5O_2 \xlongequal{} Sb_2O_3(g)$$

$$4Sb(g) + 3O_2 \xlongequal{} Sb_4O_6(g)$$

$$Sb_2O_3(g) + Sb_2O_3(l) \xlongequal{} 2Sb_2O_3(s)$$

因一次空气量较少,故逸出液面的蒸气主要为锑蒸气,另一部分为 $SbO(g)$ 和 $Sb_2O_3(g)$。在锑液面以上,锑受到强烈氧化而形成 Sb_2O_3 蒸气。

锑的氧化反应是放热反应,反应过程中产生的大量氧化热,可以维持反应器必须的温度和炉内锑液温度(约1000℃左右),并熔化不断加入的碎精锑或水淬锑粒,因此,这种炉子只在开炉、停炉和处理故障时才向火膛加煤,在正常操作期间完全不需要外加热量。

图12-1为传统自热法生产锑白的原则工艺流程。

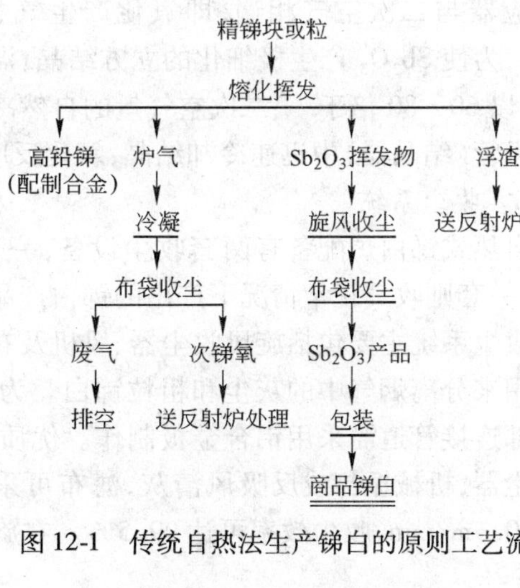

图12-1 传统自热法生产锑白的原则工艺流程

自热法生产锑白使用精锑作原料，对原料的一般要求见表12-2，其中的砷含量应小于0.05%，硒含量小于0.005%。生产实践表明，锑白原料中硒含量小于0.005%时，锑白中硒含量为0.002%～0.003%，对锑白产品白度无影响。

表12-2　自热法生产锑白对精锑的质量要求

$w(Sb)$/%	$w(As)$/%	$w(Cu)$/%	$w(Fe)$/%	$w(Pb)$/%	$w(Se)$/%
>99.65	<0.05	<0.01	<0.02	<0.2	<0.005

传统自热法生产锑白，仅开炉、停炉和处理故障时需用少量燃料，故燃料消耗甚少，一般采用烟煤，燃料率小于5%。对煤质的一般要求见表12-3。

表12-3　自热法生产锑白对煤质的要求

固定碳/%	挥发物/%	灰分/%	水分/%	粒度/mm
>55	15～20	15～20	<6	<30

12.2.1.2　主要设备

自热法生产锑白的主要设备包括锑白炉、鼓风系统、冷却系统、收尘系统及产品包装系统等，图12-2为工艺设备的连接示意图。

A　锑白炉

锑白炉为反射式隔焰炉，一般为长方形。炉膛中装有耐火泥或不锈钢制的反应器（室），反应器与炉外的冷却装置相连。反应器一般为圆筒形，一台炉子可设多个反应器。炉子的一端设有供热火膛，在开炉、停炉和处理故障时燃煤供热，在正常操作期间则停止供热。锑白炉熔池的大小、炉膛高度须配合适当，以使热量损失减少到最小限度，图12-3为6m^2锑白炉的结构图。

B　鼓风及冷却系统

鼓风系统的作用是向锑白炉和反应器提供一次与二次空气，小型炉可以共用1台风机，较大炉型一般选两台风机，分别供给一次和二次空气。

一次空气的风管插入熔池锑液中，鼓风后使部分锑氧化挥发，同时使大量锑蒸气挥发进入反应器与二次空气相遇，即氧化产生气相Sb_2O_3，此时反应器内温度保持在1000℃±20℃。为使Sb_2O_3产生极细化的立方结晶，温度需急剧冷却到200℃以下，主要采用空气冷却，即以60～80倍于一、二次空气量的自然冷空气与反应器出口气体混合，使Sb_2O_3蒸气在冷却风管（结晶器）中迅速冷却结晶，氧化反应器及炉气骤冷装置如图12-4所示。

C　收尘系统

自热式锑白炉配备有两套收尘设备，一套收集开炉、停炉和处理故障时产生的次锑氧粉，另一套则收集正常情况下产出的锑白产品。

收尘系统主要包括旋风收尘器、风机及布袋收尘器。旋风收尘器为一般的慢速收尘器，主要用来分离烟气中的灰尘和粗粒锑白。为了防止含铁物质混入锑白产品中，旋风收尘器及全部连接管道需采用铝合金板制作。优质锑白产品主要收集于布袋收尘器中，常采用房室收尘器，机械振打或反吸风清灰，滤布可采用柞蚕丝绸制作，过滤速度不宜过大，一般取0.2～0.3m/min，收尘效率可达99.5%。在旋风收尘器与布袋室之间安装风机，抽入大量冷

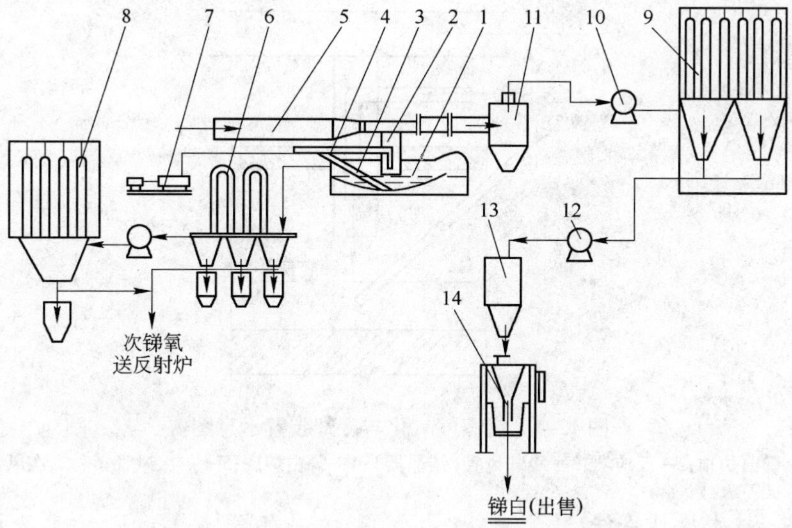

图 12-2　自热法生产锑白设备连接示意图

1—锑白炉；2—反应室；3——次空气管；4—二次空气管；5—冷却风总管；6—表面冷却器；
7—鼓风机；8—烟气收尘器；9—锑白粉收集室；10—排风机；11—旋风收尘器；
12—锑白输送风机；13—锑白输送罐；14—锑白打包机

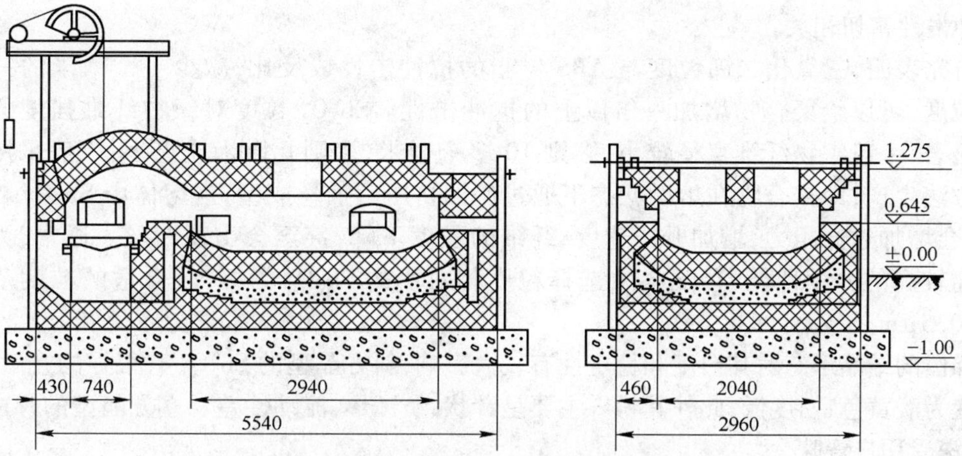

图 12-3　6m² 自热式锑白炉结构示意图

风，冷却含 Sb_2O_3 的炉气，炉气经旋风收尘器送入布袋室，废气通过布袋排出室外。风机的选择一般按一次与二次风量之和的 80～100 倍计算。

自热式锑白炉在开炉、停炉和故障处理时，需要烧煤加热，产出的烟气不能进入锑白产品收集系统，以免污染锑白，故另设置一套烟气冷却与收尘系统，用于收集次锑氧粉。从炉内排出的烟气温度约为 700～800℃，需要设置冷凝柜、表面冷却器和布袋收尘器。次锑氧粉收尘系统的结构形式与锑氧粉还原熔炼反射炉的烟气冷凝收尘设备相似，布袋排出的废气导入烟囱排空。

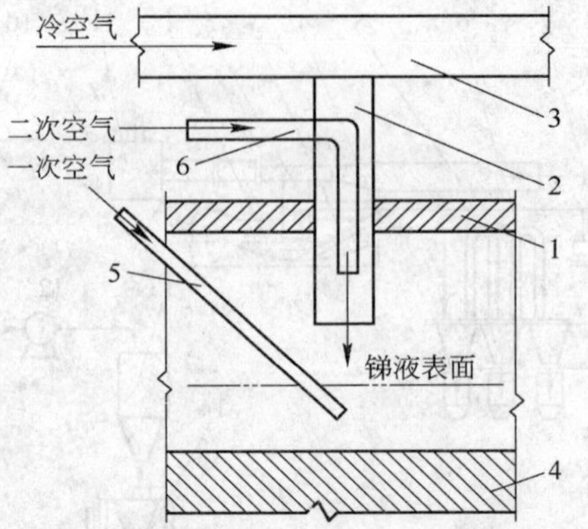

图 12-4　锑蒸气氧化与冷却装置示意图

1—锑白炉顶;2—反应器;3—冷却风管(结晶器);4—锑白炉底;5—一次风管;6—二次风管

12.2.1.3　技术操作条件

锑白的质量由白度、粒度及结晶形态等决定。一般来说,白度越高、粒度越细、立方晶型的含量越高,则产品质量越好。

以阻燃剂为例,相对于高分子材料本身结构的完整性来说,Sb_2O_3 是外来的"杂质",与高分子材料有一定的不相容性,所以它或多或少地会影响高分子材料的物理性能,这种影响程度随着 Sb_2O_3 粒度的增大而增大。Sb_2O_3 的粒度大小和均匀性,与高分子聚合物最终制品的抗冲击性密切相关。

研究表明,三氧化二锑粒度与 ABS 树脂的抗冲击性成反比,减少一个微米的三氧化二锑粒度,可以给聚合物增加一倍以上的抗冲击性。Sb_2O_3 粒度对织物纤维强度的影响尤为显著,一般织物纤维直径较小,多则 10 多个微米,少则几微米或更小,一般采用熔融纺丝方法生产,即聚合物在熔融状态下通过滤网挤压后抽丝成型,当熔体中 Sb_2O_3 粒度较大时,会增加过滤阻力,增加升压速度,纤维的强度下降,甚至会出现断丝。通常,为达到阻燃物较高的力学性能,在配料中选择粒度相对小的 Sb_2O_3 为好,较合适的粒度范围是 0.1 ~0.5μm。

锑白的结晶形态对其白度和稳定性有较大影响,斜方晶型的 Sb_2O_3 有很强的光敏性,光照后变为淡黄色,白度低,此外其粉末主要呈针状、纺锤形,流动性差。立方晶型的锑白质量更好,深受用户青睐。

自热法工艺影响锑白产品质量的主要技术条件有一次空气量、二次空气量、一次与二次空气量的比例,反应室高温区的温度控制,炉膛内锑液温度及深度控制,骤冷冷却风量的大小、调配等。

A　一、二次空气量及比例

一、二次空气量对维持锑液及氧化反应器内的温度起着重要的作用,同时影响锑蒸气的挥发和氧化速度。如果一次空气量大,导致锑蒸气挥发量过大,而二次空气量不足,氧化反应速度过低,将导致金属锑直接进入锑白产品,降低产品质量。此外,二次空气量过大会使反应器内的温度降低,一方面可能使氧化反应不彻底,另一方面可能使三氧化二锑蒸气在进入骤冷系统之前,在较高的温度下结晶而形成斜方晶体。

B 温度

自热法生产锑白，炉内锑液及反应区的温度一般控制在1000℃左右。温度控制的关键是使炉内温度保持稳定，不能波动太大。温度的波动将直接影响锑白的质量，因为温度的波动将导致锑蒸气挥发量以及氧化反应速度的变化，从而使反应生成的三氧化二锑蒸气的浓度发生变化，最终导致锑白结晶粒度不均匀。三氧化二锑蒸气浓度大，结晶粒度粗，反之则细。此外，温度的波动也可能导致三氧化二锑蒸气在进入骤冷系统之前结晶而形成斜方晶体。

C 锑液深度

炉膛内锑液深度应保持稳定，锑液深度主要是对一次空气量的影响。因为吹氧管的位置一般保持不变，当锑液深度增加1mm时，一次风管的空气阻力将增加约66Pa，这将造成很大的风量变化，导致氧化反应过程不稳定，从而影响产品质量。

D 骤冷冷却风量

斜方三氧化二锑是高温稳定晶型，因此，三氧化二锑蒸气在较高的温度下结晶时，将形成斜方晶体，为了得到立方晶型的锑白，必须以大量冷空气将三氧化二锑蒸气急剧冷却到500℃以下，一般为200℃左右。骤冷过程还可使三氧化二锑迅速通过Sb_2O_4的生成温度(500~900℃)，避免三氧化二锑继续氧化而降低锑白的质量。

冷却风量对锑白的粒度有很大影响，一般而言，冷却风量大，结晶温度低，晶粒形核的过冷度大，结晶速度快，有效结晶时间短，三氧化二锑粒度细。另外，三氧化二锑蒸气浓度小，分子间相互碰撞的频率少，有利于晶粒细化，形成的锑白粒度细。

表12-4为锡矿山矿务局炼锑厂6m^{2}底吹式自热锑白炉的生产操作条件。

表12-4 6m^{2}底吹式自热锑白炉的生产操作条件

项 目	指 标
一次空气量/$m^3 \cdot h^{-1}$	8~13
二次空气量/$m^3 \cdot h^{-1}$	80~110
二次空气量/一次空气量	10~13
反应室高温区控制温度/℃	1000±20
二次空气管出口距锑液表面/mm	500
炉膛内锑液温度控制/℃	970~990
炉膛内锑液深度控制/mm	228~234
冷却空气量/$m^3 \cdot h^{-1}$	10000~12000
锑液铅含量富集上限/%	<3.5

12.2.1.4 主要产物

A 锑白

目前，我国主要锑白工厂采用传统自热法生产的产品均已达到国标GB/T 4062-1998规定的$Sb_2O_3$99.50以上的品级。表12-5列出了益阳锑品冶炼厂所产分级锑白的化学成分和物理性质。

表 12-5　分级锑白成分和物理性质

品　级	化学成分/%			物理性质	
	Sb_2O_3（不小于）	As_2O_3（不大于）	PbO（不大于）	颜　色	平均粒度/μm
一级	99.50	0.06	0.12	纯白	0.5～1.0
二级	99.50	0.06	0.12	纯白	1.0～1.3
三级	99.50	0.06	0.12	纯白	1.3～1.7
四级	99.50	0.06	0.12	纯白	1.7～2.5

近年来，通过对传统自热法工艺进行改进或采用等离子体法等新工艺，已能产出超细氧化锑和催化剂型氧化锑，畅销国内外。

目前，超细氧化锑和催化剂型氧化锑的规格尚无统一标准，不同客户的要求有一定的区别。

对于超细氧化锑，一般要求如下：化学成分符合 GB/T 4062－1998 规定的 Sb_2O_3 99.80 标准，最大粒度小于 0.3μm。

催化剂型氧化锑，一般要求如下：化学成分为 Sb_2O_3 含量大于 99.80%，PbO 含量小于 0.003%，Fe_2O_3 含量小于 0.003%，As_2O_3 含量小于 0.003%，平均粒度小于 0.5μm，乙二醇溶解残渣小于 0.008%。

B　次锑氧

锑白炉在开、停炉和故障处理时，烟气收尘系统收集的烟尘 Sb_2O_3 含量达 90%～92%，称为次锑氧，化学成分如表 12-6 所示。次锑氧一般送锑氧还原熔炼反射炉炼成精锑。

表 12-6　次锑氧的一般化学成分

元　素	Sb	As	Pb	Cu
含量/%	79～80	0.07～0.08	0.06～0.1	约 0.001

C　高铅锑

随着吹炼过程的进行，锑白炉锑液中的铅会逐渐富集，当锑液中的铅含量达到 3.5% 以上时，不能再继续吹炼，须停炉放出剩余锑液，此种放出的锑液产品称为高铅锑，可用于配制合金，其化学成分如表 12-7 所示。

表 12-7　高铅锑的一般化学成分

元　素	Sb	Pb	As	Fe	S	Cu
含量/%	>95	>3.5	0.02±	0.01±	0.0063	>0.19

D　浮渣

锑白吹炼过程中产生的炉渣称为浮渣，其主要成分为锑的高价氧化物，同时还含有被腐蚀的炉壁耐火材料成分及铁的氧化物等，锑含量约 75%，浮渣可返回反射炉还原熔炼，常规成分见表 12-8。

表 12-8　锑白炉浮渣的常规化学成分

元　素	Sb	Pb	As	FeO	SiO_2	CaO
含量/%	>65～75	0.1～0.2	0.1～0.2	1.2～1.5	3.5～4.2	0.8～1.0

12.2.1.5 主要技术经济指标

A 吹炼时间

锑白炉生产 1t 合格锑白需要的吹炼时间，称为锑白吹炼时间，吹炼时间的长短与产品质量要求有关。$6m^2$ 锑白炉生产 Sb_2O_3 99.80 锑白的吹炼时间一般为 2 ~ 2.2h/t，Sb_2O_3 99.50 锑白的吹炼时间一般为 1.5 ~ 1.7h/t。

B 次锑氧率

开炉时熔化精锑、停炉以及处理故障时产出的次锑氧，质量均较差，需另行收集。将所产次锑氧的锑含量占加入炉内物料总锑含量的百分比，称为次锑氧率，次锑氧率一般为 7% ~ 8%。

C 残锑率（又称高铅锑率）

在吹炼过程中，锑液含铅不断富集，当锑液中铅含量达到一定程度后，吹炼出的锑白产品，铅含量不合格。实践表明，当锑液铅含量达到 3.5% 时，需立即停止吹炼，放出炉内残存的锑液，再重新开炉熔化精锑。将放出的高铅锑液的锑含量占入炉精锑锑含量的百分比，称为残锑率或高铅锑率，残锑率或高铅锑率一般为 1% ~ 1.5%。

D 锑白的直接回收率

锑白炉产出合格锑白的锑含量占加入炉内精锑锑含量的百分比，称为锑白炉的直接回收率。锑白的直接回收率一般为 87% ~ 88%。影响锑白直收率的主要因素是高铅锑、次锑氧和浮渣的产出量，因此，采用好的精锑作原料，保持最佳的炉况和较长的炉龄，是提高直收率的重要措施。

E 锑的冶炼回收率

吹炼锑白过程中产出的次锑氧、浮渣和高铅锑，均可分别回收其中的锑。次锑氧送还原熔炼反射炉炼出精锑，浮渣可送反射炉或鼓风炉处理，高铅锑可配制铅锑合金，故锑的冶炼回收率可达 98% ~ 99%，计算公式如下：

锑的冶炼回收率 = 锑白锑含量/（入炉精锑锑含量 − 再处理物料锑含量）× 100%

F 燃料消耗

生产 1t 合格锑白，根据统计数据，一般约消耗烟煤 10 ~ 15kg。

12.2.2 利用铅锑合金作原料的低温氧化法

12.2.2.1 基本原理及生产工艺

用铅锑合金生产锑白的工艺与用精锑为原料生产锑白的火法工艺既有相似之处，也有较大的不同，其主要区别在于锑白炉的结构、炉内反应温度及炉温控制方式，其原则工艺流程如图 12-5 所示。

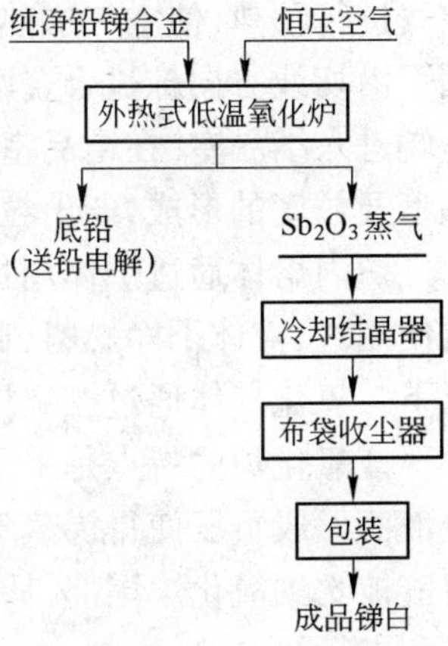

图 12-5 低温氧化法生产锑白的原则工艺流程

由于砷极易氧化挥发，所以低温氧化法使用的铅锑合金必须预先脱砷。脱砷通常是在 650℃ 以下，加碱精炼，使砷进入浮渣而除去，脱砷后的纯净（低砷）铅锑合金才能用于生产锑白。

在氧化炉内，将铅锑合金加热到熔融状态，由于重力和共晶物形成的作用，在合金液面形成了富锑层，铅则向合金液底部富集。熔体温度一般控制在750℃以下，在此温度下，Pb及PbO的蒸气压很小，不会影响锑白产品的质量。

氧化气流（空气或富氧气体）的导入不能采用传统锑白工艺的底吹方式，因为这将使底部的铅金属大量挥发并氧化而进入锑白产品。氧化气流一般通过导风板沿合金液面扫过，使液面产生一定程度的翻腾，确保仅使熔体表层的锑被蒸发和氧化，也可在合金液面上方设置多个进风管，使气流垂直吹到熔体的表面。氧化反应产生的三氧化二锑蒸气在结晶器内被冷空气迅速冷却，再由引风机抽到布袋收尘系统捕集而得到锑白产品。在氧化过程中，铅则富集于合金的底部而排出，送电解工段生产精铅。产生的部分浮渣，主要为锑的高价氧化物及铅的氧化物，需定期捞出，送鼓风炉还原熔炼处理，以回收其中的金属。

低温氧化法的特点是用外热式氧化炉作锑白炉，氧化温度容易控制，同时，反应温度比高温氧化法低300～500℃。锑白炉中，温度波动很小，温度分布也很均匀。Sb_2O_3的粒度主要由Sb_2O_3蒸气浓度和冷却器的冷却速率决定，在实际生产中，氧化反应所用的空气为恒压空气，Sb_2O_3的蒸气浓度相对稳定，这样，控制好Sb_2O_3在冷却器中的冷却速率就基本上控制了Sb_2O_3的粒度，控制不同的冷却速率，可以得到不同粒度的Sb_2O_3。由于该法控制粒度的工艺操作条件可控、易控，且可做到自动化控制，因而产品可保持同一品质，如柳州市环东锑业化工厂采用该法生产的产品，其平均粒径的一致性较好，基本保持在0.30～0.38μm的范围内，产品最大粒径小于2.0μm，0.2～1.0μm的颗粒占95%以上，粒度分布情况较好。

采用低温氧化法的另一优点是Sb_2O_3蒸气在结晶器中的结晶温度在557℃以下，因而产品的晶型几乎为立方晶体。

低温氧化法的缺点是炉子的单位生产能力较低。

12.2.2.2　主要设备

低温氧化法采用特殊的外加热坩埚式氧化炉，其他附属设备如冷却、收尘等系统与传统的自热法工艺基本相同。

坩埚式氧化炉，一般为长方形，用不锈钢板焊接制作。氧化炉的供热方式通常为在炉体的底部及周边间接加热。氧化气流可以先预热后再引入炉内。

图12-6为中国专利01131596.2公开的一种低温氧化炉。该氧化炉设置了预热系统对空气进行预热，使空气加热到50～400℃后，从氧化炉的一端进入氧化炉，在炉内导风板的作用下沿切线方向掠过合金液面进行氧化反应，氧化所产出的三氧化二锑蒸气从氧化炉的另一端进入结晶室，在结晶室内用冷风将温度迅速降低到400℃以下，从而控制三氧化二锑的晶型及粒度的形成，产出粒度为0.3～1.2μm的锑白产品。

炉内熔体通过炉体周边和底部，用手工燃烧或机械燃烧煤炭、焦炭的间接方式供热，也可使用气、液体干净燃料，通过投料供热直接加热，以确保炉内合金液体的温度保持在750℃以下。氧化气体通过燃烧尾气的热交换进行预热。

该氧化炉的特点是采用与正压气流完全相反的负压气流切线吹氧的氧化方式，既在合金液面形成负压使得锑蒸气更易挥发脱离合金液体，又使得合金液体产生翻腾并使氧化残留渣被吹到氧化炉尾部，从而保证在整个生产过程中保持最大的新鲜合金液面，以确保生产顺利进行。

中国专利02233478.5公开了图12-7所示的一种生产三氧化二锑的低温氧化炉。该坩埚式氧化炉在炉体上方设有直接与液面相通的气箱，气箱斜板浸入到熔体中，把炉内上部分

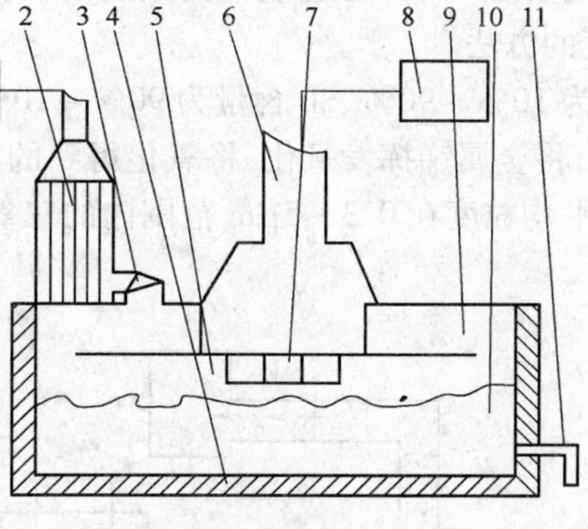

图 12-6 低温氧化炉结构示意图之一

1—空气输送系统；2—预热器；3—空气输送管道；4—氧化炉体；5—氧化反应室；6—引风管；7—投料口；8—收尘系统；9—Sb_2O_3 蒸气通道；10—合金熔体；11—放料阀

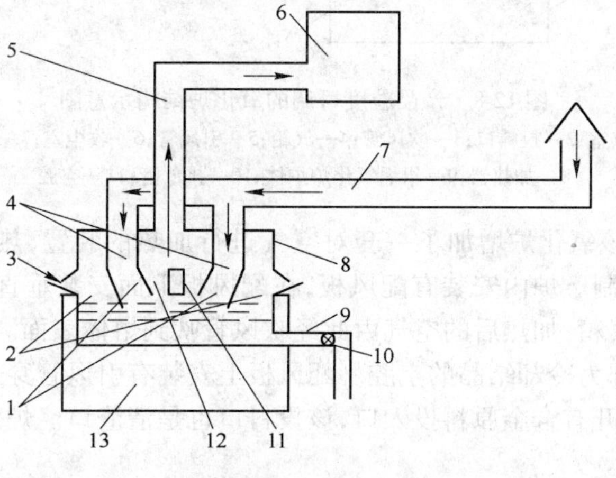

图 12-7 低温氧化炉结构示意图之二

1—反应区；2—合金预熔区；3—投料口（捞渣口）；4—气箱；5—引风管；6—收尘室；7—进风管；8—氧化炉炉体；9—排放管；10—排放阀；11—观察门（清渣口）；12—结晶室；13—供热室

隔成预熔区和反应区。气箱内部设有三氧化二锑蒸气结晶室并通过管道穿过气箱与收尘室相连。

如图 12-7 所示，锑铅合金经脱砷处理后，Sb 含量在 90% ~10%、Pb 含量在 10% ~90% 之间。从投料口投入到预熔区熔化，维持熔体液面高度，浮渣被深入到熔体中的气箱斜边板阻挡在预熔区而捞除；过滤后的洁净空气或富氧空气经进风管分配到气箱，以 900 ~5000Pa 的压力均匀鼓到反应区的液面上，使液面发生波动，强化了液体锑的蒸发和氧化；同时，气箱中的空气在斜向边板的引导下，可推动反应区的浮渣向结晶区漂移，维持反应区的液面不断清洁和更新，以保证吹风的效果，浮渣在结晶区再次得到集中清除；反应产生的三氧化二锑蒸气进入结晶室，控制温度，可获得所需粒度尺寸的三氧化二锑结晶粉末；通过常规方法，用适当的负压将结晶区的混合气经引风管引入收尘室即制得锑白产品。

利用铅锑合金制备三氧化二锑时，可以在氧化炉内的适当区域控制三氧化二锑的结晶温度，从而获得不同粒度的锑白产品，以适应不同用途的需要。我国发明专利 01136356.8 公开了一种控制锑白粒度的方法。

该方法使用 Pb 含量为 10% ~90%、Sb 含量为 90% ~10% 的合金为原料，在熔体温度稳定在 700℃以下的条件下，将金属锑挥发氧化，将氧化得到的三氧化二锑在可以调控温度的空腔中冷却结晶，可获得平均粒度在 0.3 ~5μm 范围内的三氧化二锑产品，所使用的氧化炉结构见图 12-8。

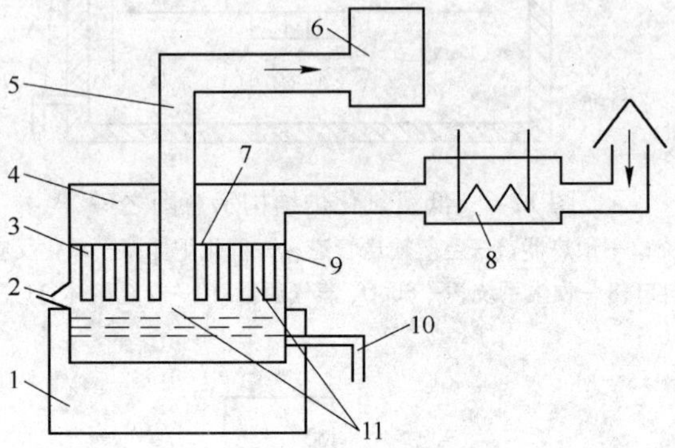

图 12-8　产品粒度可调的氧化炉结构示意图

1—供热室；2—投料口；3—吹风管；4—气箱；5—引风管；6—收尘室；7—配风板；
8—加热器；9—坩埚氧化炉炉体；10—排放管；11—空腔

如图 12-8 所示，该氧化炉增加了一套对空气进行加热的装置，热空气的温度通过加热器供给的热量进行控制。炉内安装有配风板，在配风板下面安装垂直指向合金液面的吹风管，配风板的上部为气箱，加热后的空气由此经吹风管吹到熔体表面。氧化炉下部盛有合金熔体，合金熔体的上部为冷却结晶的空腔。配风板上安装有引风管穿过气箱，经引风阀与收尘室相通。炉体侧面开有合金原料投入口，该投料口也是清渣口。炉体下部开有排放管，用于排放低锑合金熔体。

炉体下部的供热室仅在开炉和处理故障时间接对合金熔体加热，由吹风管进入的热空气或富氧空气则直接对合金熔体加热，鼓风压力控制在 900 ~5000Pa 之间，利用锑、铅和其他合金的熔点及蒸气压不同的特性，使金属锑优先挥发氧化，氧化得到的三氧化二锑在空腔中冷却结晶。与此同时，控制引风管上的引风阀，采用常规方法，用适当负压将炉膛内的混合气体引入布袋收尘室，经收集得到产品锑白。

生产过程中，需从投料口定期清除合金熔体表面覆盖物，以保持合金熔体表面清洁。当熔体的 Sb 含量小于 10% 时，停止吹氧，从排放管排放低锑粗铅，送电解车间提取电铅，电解阳极泥熔铸成合金后，送入氧化炉生产锑白。

研究发现，三氧化二锑的粒度与结晶空腔的温度相关，空腔温度高，得到的结晶粉末粒度大；空腔温度低，得到的结晶粉末粒度小，通过控制空腔温度可以得到粒度不同的三氧化二锑。空腔温度可以通过调整空气加热器的给热量进行调控。控制空腔温度在 150 ~180℃时，可以得到平均粒度为 0.3μm 的锑白；控制空腔温度为 300 ~320℃时，锑白的平均粒度为 0.63μm；控制空腔温度为 460 ~480℃时，锑白的平均粒度为 2.51μm。即炉膛空腔温度控制在 150 ~550℃时，可获得平均粒度在 0.3 ~5μm 范围内的三氧化二锑。

该装置的特点是流程简单,控制参数少,设备投资小,工业上易于实现,同一套装置可生产多种粒度规格的产品,市场适应性较强。

图 12-9 为中国专利 01258357. X 报道的另一种利用铅锑合金制取锑白的低温氧化炉。该氧化炉呈长方体,由不锈钢板焊接而成,使用时,将氧化炉体放置在供热燃炉上,并连接相应的进风管道及引风管道。

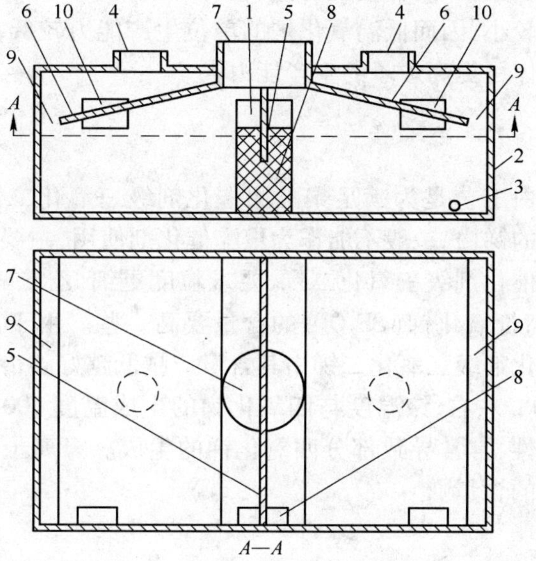

图 12-9　低温氧化炉结构示意图之三
1—排渣口;2—炉体;3—放料口;4—进风口;5—隔离板;6—挡风板;
7—排风口;8—补料口;9—间隙;10—投料口

氧化炉的顶部设有两个进风口,排风口位于顶部中央。炉体一侧的侧壁上设有两个初始加料用的投料口和一个补加合金原料的补料口,在补料口对面侧壁的中上部设有一个排渣口。炉体内中上部设有焊接在炉壁上的挡风板(导风板),挡风板与炉体端壁之间有间隙,供空气流过,在炉体的中央设有浸入合金熔体的隔离板,即在挡风板以上区域形成两个气箱,挡风板以下区域形成两个氧化反应区。空气从进风口进入气箱后,在挡风板的作用下通过炉体两端的间隙进入反应区,形成由两端向中间流动的两股气流,气流扫过合金熔体表面并与锑发生氧化反应,反应产出的三氧化二锑随气流运动至中央隔离板,从排风口排出后会合。

生产时,需要定期向合金熔体中补充合金,合金块从内部设有网框的补料口补充。合金块在网框中熔化后与炉内合金熔体混合,而杂质及氧化物则向上浮起在网框上,不会影响其他部位合金熔体表面的氧化。

氧化反应过程中,合金液面中的杂质被氧化后形成氧化物浮渣,这些浮渣在炉体内流动空气的吹动下,从炉体两端向中间运动至隔离板,被挡在隔离板两侧的液面上,很容易从位于侧壁中部的排渣口清理,在整个氧化反应过程中,能较好地保持大部分的合金液面新鲜,保证氧化反应的顺利进行。

该氧化炉的特点是内部结构简单、易于制造,不但氧化效果好,而且氧化反应产生的浮渣集中,便于清理。

12.2.2.3 主要工艺条件及技术指标

低温氧化法最关键的技术参数是炉内熔体的温度,熔体温度一般低于750℃,甚至700℃;其次,是鼓风压力,鼓风压力较低,一般为负压,鼓风压力控制在900～5000Pa较为适宜;负压气流更有利于锑蒸气的挥发,从而提高生产能力。

低温氧化法的产品质量较好,粒度更易控制且粒度分布均匀。由于不能在熔体内鼓风,锑蒸气的挥发面积相对较小,因而低温氧化炉的单位生产能力较低,一般为0.7t/(m^2·d),采用富氧空气作氧化气体可提高炉子的生产能力。

12.2.3 等离子体法

等离子体法生产锑白工艺是为满足聚酯用催化剂级三氧化二锑的要求而开发的新工艺。普通火法工艺生产的锑白,一般不能作为聚酯催化剂使用,主要原因是乙二醇溶解残渣量及粒度的大小不同。催化剂级三氧化二锑,要求粒度更细,乙二醇溶解残渣量更小,而普通三氧化二锑产品中,高价氧化锑(Sb_2O_4)的含量要高一些。由于高价氧化锑不溶于乙二醇,且无反应活性,在催化剂级三氧化二锑中其含量应越低越好。传统自热法生产锑白工艺的反应温度控制在1000℃左右,该温度与四氧化锑的生成温度500～900℃较接近,锑白炉内的温度波动及不均匀性,常常导致部分四氧化锑的生成。等离子体法的优势是可以降低产品的粒度及四氧化锑的含量。

12.2.3.1 基本原理

采用等离子体技术制取超细粉末,可分为气相化学合成法和物理气化-冷凝法两大类。气相化学合成法,通常是采用低沸点的反应物,在等离子体高温条件下,通过气相化学反应成核与晶粒长大而生成超细粉末,如碳化硅和钨粉等的制备。物理气化-冷凝法,是将一种粗粒物质的粉末或液滴尺寸较大的蒸气,通过高温等离子体加热气化,然后再快速冷凝而得到超细粉末,如超细Sb_2O_3的生产即属此类。

等离子法生产超细三氧化二锑,通常采用传统锑白工艺产出的粗粒锑白作原料,或者直接在传统工艺中增加等离子体装置,利用高温等离子体对产生的三氧化二锑蒸气进一步加热气化,然后再骤冷得到超细三氧化二锑产品。热等离子体发生器能够产生并稳定维持温度在3×10^3～3×10^4K的高温等离子体,因此,高温等离子体可以迅速将Sb_2O_3在很高的温度下气化,形成非常细微的液滴核,再通过控制冷却速度,从而控制晶粒的大小。此外,如果原料中存在一定量的四氧化锑,也会在高温等离子体的作用下而消除,因为四氧化锑在高温下不稳定,很容易分解。

12.2.3.2 等离子体发生器

以电为能源的等离子体发生器主要有两大类,即高频等离子体发生器和电弧等离子体发生器。高频等离子体发生器的原理是,在高频交变电磁场的作用下产生感应放电而形成等离子体。高频等离子体发生器不存在电极,因而不会出现电极材料对产品的污染问题,高频等离子体发生器适用于各种气氛,但与电弧等离子体发生器相比,高频等离子体发生器的设备投资高,电热转换效率低,仅约35%。

电弧等离子体发生器有两种基本形式,即实心电极型和空心电极型。

实心电极型等离子体发生器又称壁稳式电弧等离子体发生器,它的特点是电弧的阴极斑点固定在阴极尖端，因此，这种发生器的阴极通常都用钨等高熔点金属制作，但钨在高温下极易氧化，所以它只适合在氩、氮、氢等惰性或还原性气氛中使用。

空心电极型等离子体发生器又称旋稳式等离子体发生器或管状电极电弧等离子体发生器，这种发生器采用旋流稳定技术，两个电极都用金属圆管制作，还往往装有磁旋转线圈，等离子体工作气从切向引入，在气动力和电磁力的作用下，阴、阳极斑点都高速地沿电极表面不停转动，因此，既降低了电极表面的比热流，又扩大了电极的烧蚀区域。旋稳式发生器比壁稳式发生器具有更长的寿命，并能应用于氧化性气氛。电弧等离子体发生器的特点是造价低、电热转换效率高，一般大于70%。

12.2.3.3 等离子体法生产锑白的实例一

A 生产工艺

该工艺先采用传统自热法锑白炉生产 Sb_2O_3，然后将含 Sb_2O_3 的气尘引入等离子体反应区与特高温度的等离子体混合，使 Sb_2O_3 进一步气化及活化，最后引出炉体外迅速冷却，其生产设备连接示意图如图 12-10 所示，工艺流程如图 12-11 所示。

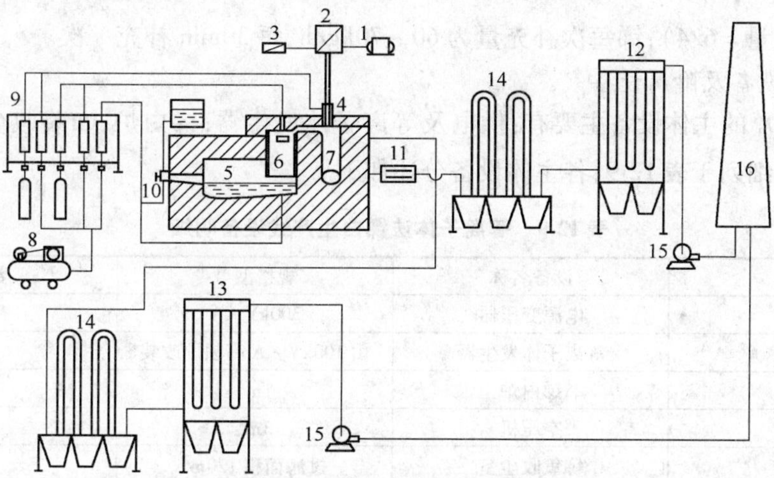

图 12-10 等离子体法生产锑白的设备连接示意图

1—变压器；2—等离子发生器；3—电气控制柜；4—等离子体灯柜；5—锑白炉；6—二次氧化室；7—等离子体反应室；8—空压机；9—气体控制柜；10—油燃烧器；11—圆筒套空气稀释器；12，13—布袋收尘室；14—表面冷却器；15—离心通风机；16—烟囱

为了保证产品质量，采用该工艺生产锑白时，采取了如下措施：

（1）在锑白炉中，设置了二次氧化室，并鼓入富氧空气将残余的锑全部氧化，防止锑蒸气冷凝为金属而降低 Sb_2O_3 的白度。

（2）进入等离子体反应区的烟气，烟气温度大于950℃，以防止生成 Sb_2O_4 而影响 Sb_2O_3 的白度和活度。

（3）使用圆筒活动套稀释器，有效而迅速地将高温烟气冷却至小于250℃，以减少 Sb_2O_3 立方晶型转变为斜方晶型的概率，增加 Sb_2O_3 的白度，提高性能指标。

等离子体法生产锑白的主要工艺参数为：氧化温度 950 ~ 1050℃；高温区温度 1150 ~ 1250℃；骤冷后炉气温度小于 250℃；一次氧化风量 15m^3/h；二次氧化风量 9 ~ 11m^3/h，也即

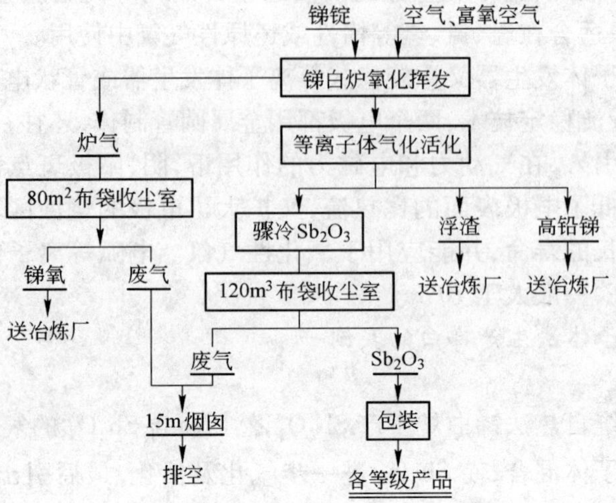

图12-11　等离子体法生产锑白的工艺流程

(空气量/氧气量 =6/4);锑每次补充量为60 ~70kg/h,每30min补充一次。

B　主体设备及附属设备

生产Sb_2O_3的主体设备主要有:供电及等离子体发生器;锑白炉;布袋收尘系统。整个生产线设备明细列于表12-9,各主体设备分述如下。

表12-9　等离子体法锑白生产线设备明细

序　号	设备名称	规格型号	数　量
1	电源变压器	300kV · A	1台
2	等离子体发生器	由100kV · A高频炉改装	1台
3	锑白炉	$1m^2$	1座
4	空压机	$3m^3$	1台
5	锑氧收尘室	过滤面积$120m^2$	1座
6	次锑氧收尘室	过滤面积$80m^2$	1座
7	离心抽风机	40kW	1台
8	离心抽风机	7.5kW	1台
9	离心水泵	4.5kW	1台
10	燃油系统		1套
11	操作控制柜	自制	1台
12	氧气瓶		50个
13	氩气瓶		4个
14	烟　囱	砖筑高20 m	1座
15	备用水塔	$2m^3$ 高8m	1座
16	配电柜		1台

a　等离子体发生器

为了获得纯净的产品,采用无电极的热射频等离子体。该装置由100kW高频炉的电气设备改装而成。将电子管整流及调压装置、振荡槽路的全部电容及线圈、变压器、阳极及阴极扼流圈和电子管截止负压整流等取消并改装，其改装部分的线路见图 12-12。

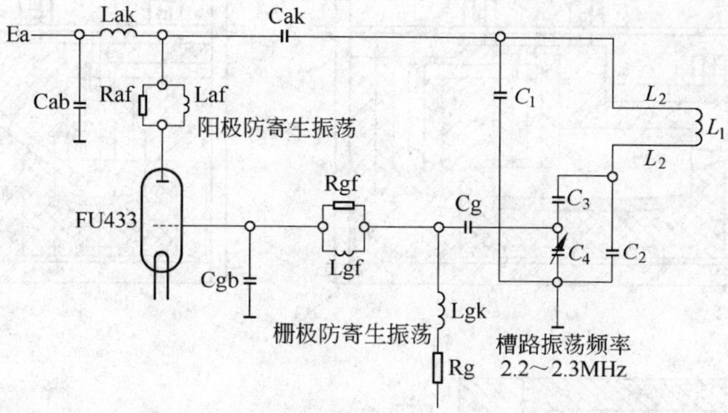

图 12-12 高频等离子体发生器电路参考图

另外增加 1 台 150 ~ 180kV · A 的电动感应调压器，采用三相全波硅堆整流器进行高压整流，对原电气柜做小的调整，使修改后的电气装置工作时，产生 2 ~ 3MHz 频率的等离子体。

振荡槽路的电感量($L = L_1 + L_2$)为 2μH，谐振槽路的输出线圈采用 ϕ10mm 的空心紫铜管，绕制螺旋圈 3.5 圈，圆圈直径为 90mm，圈总高度为 110 ~ 120mm，圈中灯炬的外管采用 ϕ70mm × 340mm 的石英管，内管为 ϕ60mm × 220mm 的石英管。

实践中，等离子体工作时所控制的主要参数为：电压 11 ~ 12kV，阳极电流 12A，栅极电流 1.6A(阳极的 1/7 ~ 1/5)。灯炬气流，起弧时主氩气流量 0 ~ 10L/min，炬边气流量 30 L/min，炬中气流量 10L/min，炬内气流量 20L/min。

等离子体电弧的引燃，采用 A 型电火花真空检测器，氩气流可根据弧的亮点进行调节。灯丝预热时，电压为 22V，电流为 10A。工作时，电压为 33V，电流为 10A。

b 锑白炉

锑白炉炉体类似反射炉，炉床面积约 1m²。炉体为黏土耐火砖砌筑，炉底、侧墙内衬为高铝砖，二次氧化室为特制的高铝材制品部件。炉子预热升温，采用燃油燃烧器，炉体一侧设一加料工作门，靠二次氧化室一侧备有吹管的预留孔。经二次氧化后的烟气，沿炉顶水平烟道进入炉尾上部的等离子体反应室，进一步气化后的 Sb_2O_3，由底部烟道引出炉体外。在烟气出口处，设一圆筒套气体吸入器，由系统负压引入空气稀释炉气，使气温迅速降至 250℃ 以下。炉体结构见图 12-13。

c 收尘系统

有两个收尘系统。一个由过滤面积为 120m² 的布袋收尘室、表面冷却器和 40kW 的离心抽风机组成；另一个则由过滤面积为 80m² 的布袋室、表面冷却器和 7.5kW 的离心抽风机组成，二者共用 20m³ 的烟囱。前者专供 Sb_2O_3 产品的收集，后者在烘炉、预热升温或停炉处理故障时使用。为了保证产品的质量，120m² 收尘室的前管道和收尘室的底部料斗，都采用金属铝材。

C 主要技术经济指标

该工艺产出的产品，其粒度分布较窄，平均粒径小于 0.5μm，表面活性好。经工厂试用，作为聚酯合成催化剂，其合成产品的质量稳定，Sb_2O_3 的单耗降低 25%，缩合时间缩短 6%，产品质量指标分别见表 12-10 和表 12-11。

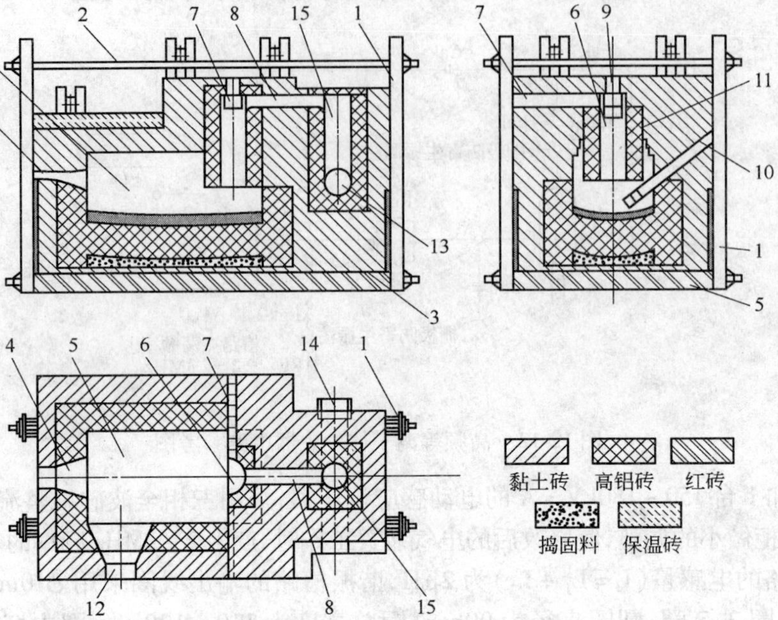

图 12-13　等离子体法锑白炉结构示意图

1—立杆；2—拉杆；3—炉壳；4—燃烧器孔；5—熔池；6—二次氧化室；7—次锑氧出口；8—锑氧烟道；9—次风管口；10——次进风管；11—反应室隔砖；12—炉门；13—炉尾烟道；14—冷却水套；15—等离子体通道

表 12-10　超细锑白质量指标

名称		含量/%				杂质总合/%	白度/%	平均粒径/μm	<2μm含量/%	325 网目(0.043mm)筛筛余物/%
		Sb_2O_3	As_2O_3	PbO	Fe_2O_3					
锡矿山企业标准	一级	≥99.5	<0.06	<0.11	<0.003		93	0.2~0.22	100	
	二级	≥99.5	<0.06	<0.12	<0.003		93	0.23~0.3	(≤4μm) 100	
等离子体企业标准	一级	≥99.5	≤0.06	≤0.1	≤0.008	≤0.5	>95	≤0.5	96	≤0.01
	二级	≥99.5	≤0.06	≤0.12	≤0.008	≤0.5	>95	≤0.9	≥90	≤0.1
生产实例		99.84	0.0317	0.048	0.006		95	0.37	99.3	

表 12-11　催化剂级锑白质量指标

名称		含量/%					白度/%	乙二醇溶解透光率/%	盐酸溶解透光率/%	360 网目(0.042mm)筛筛余物/%
		Sb_2O_3	As	Pb	Fe	Cu				
锡矿山企业标准	一级	≥99.5	≤0.1	≤0.1	≤0.01			乙二醇残渣≤0.008		45μm≤0.1
等离子体企业标准	一级	≥99.5	≤0.05	≤0.05	≤0.003	≤0.001	95	≥95	≥97	≤0.1
	二级	≥99.3	≤0.05	≤0.1	≤0.01	≤0.001	95	≥90	≥95	≤0.1
生产实例		99.8	0.024	0.044	0.004	0.0006	97	96	95	0.1

冶炼直收率为85.20%,总回收率为95.80%,锑白炉最大生产能力为4.0t/(m^2·d),锑白炉正常生产能力为3.0t/(m^2·d)。每吨Sb_2O_3的原材料单耗列于表12-12。

表12-12 等离子体法生产每吨锑白主要原材料消耗

项 目	锑 锭	氧 气	水	油	电
单耗	0.934t	10瓶	10m^3	27kg	1300kW·h

12.2.3.4 等离子体法生产锑白的实例二

中国科学院化工冶金研究所于1988年开始进行等离子体法制取超微粒Sb_2O_3的研究,小试和中试都获得了高质量的Sb_2O_3产品,产品为立方晶型,平均粒度0.035~0.07μm,纯度大于99.7%,中试能力达到30kg/h。

1991年,在湖南省益阳地区八三锑品冶炼厂,建成了年产300t等离子体法超微粒三氧化二锑生产线并投入生产。

A 生产工艺

a 原料

该工艺采用的原料是微米级的三氧化二锑,它可以是锑白炉生产的纯度大于95%的锑白,也可以是由鼓风炉生产的纯度较低的粗锑氧粉,但要求As和Pb的氧化物含量尽可能低。表12-13列出了试验与生产所用原料的化学成分。

表12-13 三氧化二锑原料化学成分

项 目		Sb_2O_3	As_2O_3	PbO
试验研究	锑白/%	99.8	0.012	0.018
	锑氧粉/%	99.7	0.018	0.031
工业生产	锑氧粉/%	98.0	0.05	0.1

b 工艺流程及主要设备

等离子体法生产超微粒三氧化二锑的工艺流程如图12-14所示。它主要由送粉器、等离子体发生器-反应器、气-固分离器以及供电、供气、供水等6个部分组成。

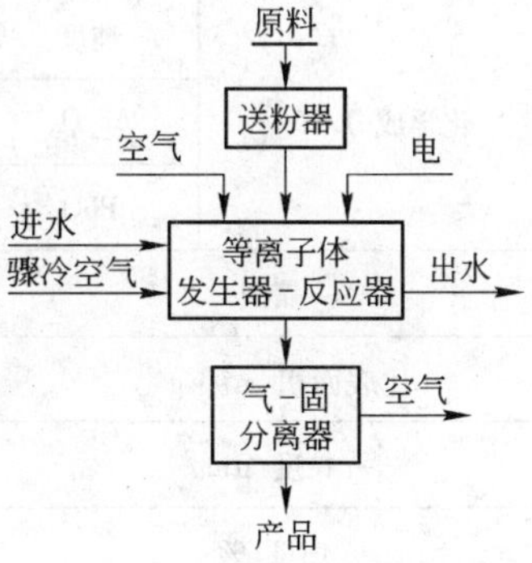

图12-14 等离子体法生产超微粒三氧化二锑的工艺流程

(1)等离子体发生器-反应器。等离子体发生器-反应器是完成Sb_2O_3粗粉气化、成核和晶粒长大过程的核心部分,关系到产品的产量、质量以及生产工艺的成功与否。它的设计涉及到等离子体、流体力学和物理化学等多方面的学科知识。中科院化冶所自行设计的等离子体发生器-反应器,在实际运行中又作了一定的改进,目前已完全能满足生产要求。

(2)送粉器。送粉器能连续、稳定地向反应器中供粉,是保证产品质量稳定的重要环节。中科院化冶所自行设计的重力载气式送粉器结构简单、操作方便。送粉调节范围为30~60kg/h,载气为0.2~0.5m^3/h。

(3)气-固分离器。气-固分离器由重力、旋风和内收式布袋三级组成。重力部分主要收集高熔点杂质熔渣;旋风部分收集少量粗颗粒杂质或 Sb_2O_3;内收式布袋收集器的收集率达到 99.5%,成品率达 100%。从气-固分离器排出的废气中未检出粉尘。

c 工艺过程的主要参数

工艺过程的主要操作参数是:等离子体发生器的工作电压、工作电流,等离子体发生器的工作气流量、骤冷气流量,三氧化二锑加料量以及气-固分离系统的负压。试验室研究与工业生产的典型操作参数如表 12-14 所示。此外,为了达到正常生产,保证产品质量稳定,使等离子体发生器处于最佳工作状态并延长电极寿命,还必须精心控制等离子体的比功率 α、加入料的有效比能耗 β 以及等离子体发生器电极进出水的温差 ΔT。

表 12-14 典型操作参数

操作参数	试验室研究	工业生产(300t/a)
电压/V	280	300
电流/A	250	280
加料量/$kg \cdot h^{-1}$	14	18
工作气流量/m^3(标态)·h^{-1}	50 ~ 60	110 ~ 120
骤冷气流量/$m^3 \cdot h^{-1}$	25 ~ 30	40 ~ 60
系统负压/kPa	6.66	13.33 ~ 19.99

B 产品及其性能

表 12-15 列出了超微粒三氧化二锑的化学分析和物理检测结果,各项指标都达到了标准。

表 12-15 产品质量检测结果

项 目		试验室研究	工业生产(300t/a)
化学成分/%	纯度	>99.8	>99.7
	As_2O_3	<0.0024	<0.15
	PbO	<0.028	<0.08
晶型		单一立方晶型	单一立方晶型
比表面积/$m^2 \cdot g^{-1}$		16.7 ~ 32.9	>16.7
粒度/μm		0.035 ~ 0.07	<0.07
白度/%		94.6 ~ 96.3	>96

用超微粒三氧化二锑产品先后作过 PBT 工程塑料和 ABS 塑料的阻燃性能以及聚酯缩聚催化剂试验,结果表明,其阻燃性能各项指标均超过用户厂级指标,缩聚催化反应正常,产品聚酯切片各项检测指标优良,产品符合部颁标准要求。

12.2.3.5 等离子体法生产锑白的实例三

我国发明专利 200510200009.8 公开了一种利用等离子体生产纳米三氧化二锑的生产

方法和装置。

A 工艺过程

该方法是将粒度不超过0.5mm的锑氧化物粉料，经给料装置投入设有二次气化室的卧式反应器内，使粉料在4000~8000℃的高温等离子体中进行一次气化，粉料中未被及时气化的含锑物料则沉降进入二次气化室，在反应器内的高温下进行二次气化，粉料中的高沸点杂质也沉降于反应器的二次气化室内，被定时从清理孔清出。在反应器出口，得到由等离子体尾焰与气态三氧化二锑组成的反应产物，该产物经反应器出口进入急冷沉降器内，用冷却空气急剧冷却至120℃以下，再经纳米布袋收粉获得成品。

主要工艺控制条件为：

(1)锑的氧化物粉料，是锑含量在75%以上的Sb_2O_3、Sb_2O_4、Sb_2O_5等氧化物粉料或锑含量在70%以上的锑氧化矿粉料；

(2)锑的氧化物粉料的投料量，按等离子体发生器功率计算为0.12~0.24kg/(kW·h)；

(3)粉料在反应器内第一次气化的时间控制在0.3s以上；

(4)等离子体尾焰与气态三氧化二锑组成的反应产物，其温度控制在1450~1900℃；

(5)冷却空气输入量为反应产物气量的20~35倍，冷却速度为$3\times(10^5\sim10^6)$℃/s。

B 生产装置

纳米三氧化二锑的生产装置，主要包括等离子体发生器、给料装置、反应器和急冷沉降器等。

如图12-15所示，该装置的反应器为卧式反应器。卧式反应器的构造，包括一个横卧的反应室，反应室经端部水平方向的热源入口与等离子体发生器相接，经上方的进料口与给料装置相连，经尾部的出料口与急冷沉降器相接。反应室的下部设有一个二次气化室，二次气

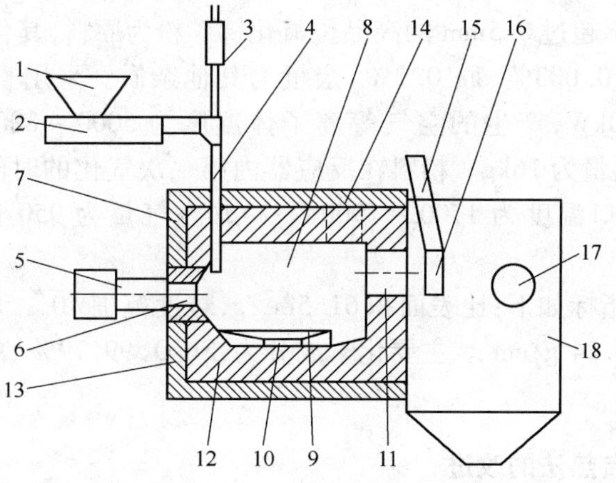

图12-15 等离子体法生产纳米三氧化二锑的装置示意图

1—加料斗；2—给料机；3—清堵机构；4—加料管；5—等离子体发生器；6—高温等离子体入口；7—反应器；8—反应室；9—二次气化室；10—清理孔；11—反应器出口；12—高温耐火材料层；13—保温隔热材料层；14—另一种设置的反应器出口；15—上部进风管；16—侧面进风管；17—急冷沉降器出口；18—急冷沉降器

化室可采用类似池子的结构。

等离子体发生器可采用高频等离子体发生器或电弧等离子体发生器。

卧式反应器内安装有测温仪，反应产物出口也可以改从反应器尾部上端或侧上端开孔，此时，急冷沉降器及其料斗应随之改变安装角度，使用效果不受影响。

该装置采用带脉冲和机械清堵机构的可更换式加料管进料，解决了加料口在高温下易堵塞、难清理，影响连续生产的问题。

急冷沉降器设有上部进风管和侧面进风管，风量和风速可以根据需要进行调控，以保证急冷条件。风管形状不限、方圆均可，可采用一根或多根排列，急冷沉降器内安装有测温仪，冷却空气可以由鼓风机、空压机供给。

C　实例

[**实例 1**] 以粒度不超过 0.5mm 的普通三氧化二锑为原料，其化学成分为：Sb_2O_3 99.63%、As_2O_3 0.016%、PbO 0.01%、Se 0.002%、Fe 0.003%，余量为其他杂质。原料由振动给料机或螺旋给料机，经过带脉冲和机械清堵机构的可更换式加料管，送入卧式反应器的反应室内，每小时的投料量为 19kg 三氧化二锑。

高频等离子体发生器的输入功率为 100kW，工作气为空气，工作气量为 $25m^3/h$，产生的空气等离子体温度为 4000～7000℃。粉料在反应器内第一次气化的时间控制在 0.3s 以上。

在反应器出口，得到由等离子体尾焰与气态三氧化二锑组成的反应产物，控制反应产物的温度在 1450～1700℃，急冷沉降器的冷却空气量为 $800m^3/h$，冷却速度为 4×10^5℃/s，可将反应产物急剧冷却至 120℃以下。冷却后的气体通过急冷沉降器出口后，采用传统的收粉技术，通过引风机经纳米布袋过滤器收集。

三氧化二锑产品的质量指标如下：比表面积 $48.75m^2/g$，平均粒径 53.3nm，全立方晶型，白度 99.07%，松装密度 $0.25g/cm^3$，真密度 5.2 g/cm^3。主要化学成分为 Sb_2O_3 99.91%、As_2O_3 0.016%、PbO 0.007%、Se 0.002%、Fe 0.002%。

[**实例 2**] 以粒度不超过 0.5mm 的高品位氧化锑矿粉为原料，其化学成分为：Sb 70%、As 0.05%、Pb 0.08%、Se 0.003%、Fe 0.2%，余量为其他杂质。采用直流电弧等离子体发生器，其输入功率为 120kW，产生的空气等离子体温度为 5000～8000℃，空气工作气量为 $18m^3/h$，每小时投粉料量为 16kg。粉料在反应器内第一次气化的时间控制在 0.3s 以上，反应产物在反应器的出口温度为 1700～1900℃，冷却空气量为 950 m^3/h，冷却速度为 9×10^5℃/s。

获得的产品质量指标如下：比表面积 $61.5m^2/g$，粒度范围 10～50nm，全立方晶型体，白度 98.1%，松装密度 0.24 g/cm^3。主要化学成分为：Sb_2O_3 99.79%、As 0.06%、Se 0.003%、Pb 0.05%、Fe 0.003%。

12.2.4　传统底吹式自热法的改进

12.2.4.1　顶吹法生产锑白新工艺

锡矿山闪星锑业有限责任公司于 1995 年开始对顶吹法生产锑白新工艺进行试验研究，2003 年在该公司全面推广应用，在不增加厂房、炉子及收尘系统的前提下，锑白产量提高了一倍以上。

A 基本原理及工艺流程

自热式顶吹法锑白生产工艺，不用向熔体中插入风管，而是将 0.2 ~ 0.8 MPa 的压缩空气，通过炉顶上的喷嘴，以 100m/s 以上的速度吹入炉内熔化的锑液表面。锑液受到压缩空气流的强烈冲击而雾化，形成良好的挥发氧化反应表面，炉内液-气、气-气反应迅速进行，锑被氧化成三氧化二锑，并释放出大量热量，维持炉内 900 ~ 1400℃ 的高温。高温烟气经过混合冷却器急剧冷却，收集后再经过后续处理，即可得到各种锑白产品，如零级锑白、粗颗粒锑白、超细锑白、微粒锑白、催化剂锑白等。其生产工艺流程如图 12-16 所示。

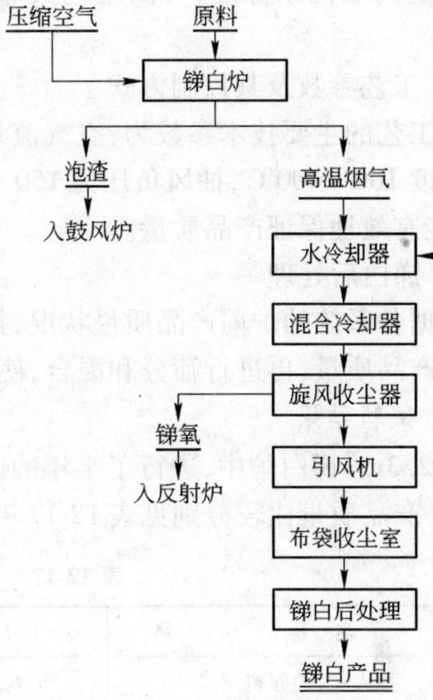

图 12-16 顶吹法生产锑白工艺流程

B 顶吹法生产锑白试验

a 原料

试验原料为精锑，其化学组成为：$w(Sb) \geqslant 99.65\%$，$w(As) \leqslant 0.05\%$，$w(Pb) \leqslant 0.20\%$，$w(Cu) \leqslant 0.01\%$，$w(Fe) \leqslant 0.02\%$，$w(Se) \leqslant 0.005\%$，$w(S) \leqslant 0.04\%$。

b 主要设备

主要设备列于表 12-16。

表 12-16 顶吹法锑白生产试验主要设备

设备名称	规格型号	台 数
锑白炉	2.3m²	1
混合冷却器	自制	1
引风机	Y5 - 48 - 8 号	1
空气压缩机	6m³/min	1
旋风收尘器	1600mm	1
布袋收尘室	2500m²	1
筛分机	自制	1
混合缸	自制	1
锑白包装机	自制	8

c 锑白炉供热方式的选择

供热方式主要从生产成本、产品质量、温度控制、热源获取等几个方面综合考虑。采用电加热方式，温度易于控制，对产品无污染，炉子密封性能好，所以产品质量好，指标稳定，对于生产高品级的锑白产品最为合适，但电加热方式存在成本高的缺点；而煤加热的方式，温度控制精度不高，炉子密封性能相对较差，且在生产过程中难以补充加热，所以产品质量相对于电炉较差，但它却具有能源易获取、成本低、操作简单等特点，其产品质量指标亦远远高于国家标准，可满足绝大部分客户的要求，所以该工艺锑白炉采用煤加热的供热方式。

d 工艺参数及其控制方式

该工艺的主要技术参数为：空气流量大于 $50m^3/h$，炉膛温度为 900 ~ 1400℃，骤冷气体混合温度 100 ~ 400℃，抽风负压为 150 ~ 600Pa。采用计算机控制，控制精度大大提高，炉况稳定，能有效地保证产品质量。

e 锑白后处理

根据各系统的炉前产品质量状况，按比例进行集中输送，除去产品中的粗大异物，进一步提高产品质量，再进行筛分和混合，使同一批号的产品物理化学性质均匀一致。

C 试验结果

在 $2.3m^2$ 锑白炉中，进行了半年的试验。试验期间投入、产出的金属平衡及主要技术经济指标、产品质量比较分别见表 12-17 ~ 表 12-19。

表 12-17 试验炉投入产出金属平衡

名称		质量/t	金属量/t	占入炉原料比例/%
投入：入炉原料		623.283	622.036	100.00
产出	锑白产品	716.000	596.879	95.96
	残锑	15.100	14.798	2.38
	次锑氧	10.820	9.013	1.45
	结氧	0.300	0.225	0.035
	泡渣	0.100	0.060	0.010
	其他损失		1.061	0.165
合计			622.036	100

表 12-18 主要技术经济指标比较

工艺类型	回收率/%	直收率/%	渣率/%	床能力/$t\cdot(d\cdot m^2)^{-1}$	炉产量/$t\cdot d^{-1}$	煤耗/$kg\cdot t^{-1}$	电耗/$kW\cdot h\cdot t^{-1}$
新工艺	99.82	95.96	0.17	8.91	20	5	50
传统工艺	99.0	94.0	1.86	2.04	10	15	100

表 12-19 产品质量比较

工艺类型	白度/%	立方晶型/%	粒度/μm	Sb_2O_3 含量/%	酒石酸不溶物/%	黑点合格率/%
新工艺	95.5 ~ 100	97.2 ~ 99.9	0.3 ~ 5.0	99.70 ~ 99.97	<0.08	>90
传统工艺	93 ~ 96	40 ~ 98	0.7 ~ 1.8	99.65 ~ 99.85	>0.12	70 ~ 90
美国 Laurel	92 ~ 95	>95	0.4 ~ 3.5	99.30 ~ 99.90	<0.10	<50
美国 Amspec	97	>95	0.5 ~ 3.0	>99.6	<0.15	<60
日本东湖	>93	>92	2.0 ~ 3.0	99.5	<0.20	<90

顶吹新工艺与其他工艺相比，具有产品质量好、床能力大、能耗低、直收率高、成本低等特点。

12.2.4.2 附设外加热器的顶吹法

我国发明专利200510031323.8公开了一种附设外加热器的顶吹法技术。该技术可生产催化剂级超高纯三氧化二锑,同时,具有能耗低、产量大等特点,弥补了等离子体法生产能力低、能耗高的缺点。

A 工艺过程

工艺过程主要包括以下步骤:

(1)将锑白炉炉温升至700℃后,向炉内投入金属锑,使之熔化。

(2)采用压缩空气离液顶吹的方式,向锑液表面喷入0.1~0.8MPa的压缩空气,使锑氧化挥发,并通过安装在锑白炉炉顶、炉墙内的电热元件,间接加热补给部分热量,将炉膛反应区域内的温度提高到1100℃以上,反应区域中央温度在1200℃以上。

(3)在锑白炉高温烟气上部,反应室出口处,通过一个烟气骤冷混合装置,控制高温三氧化二锑烟气总量与骤冷空气量之比1:(2~10),优选1:(6~8),使高温三氧化二锑烟气骤冷至60~300℃,所得产品用布袋收尘系统收集,即制得全立方晶型、高纯度、高白度的催化剂级超高纯三氧化二锑产品。

引入外加热器的目的是将氧化反应产生的含三氧化二锑的烟气维持在高温条件下,然后再进入骤冷系统。除了采用上述电加热方式供热外,也可采用以下方式达到这一目的,即将反应烟气导入一个高温气化反应室,通过向该反应室供给燃料燃烧,使三氧化二锑烟气经过此高温气化反应室迅速升温到1100~1600℃,优选温度为1200~1400℃,并形成一种均匀分布的气体状态。

B 生产装置

该工艺的生产装置主要包括改进型锑白炉、骤冷混合器及收尘系统。与普通锑白生产装置相比,该装置对锑白炉及骤冷混合器进行了改进。

锑白炉炉体顶部设有活动安装可向锑液表面垂直喷入压缩空气的喷管,压缩空气喷管与上部反应室中心的距离约为该高温反应室内径的8倍,喷管出口距锑液表面距离可在20~400mm的范围内调节;炉顶及尾端内壁分别安装有加热元件硅碳棒,加热元件与炉膛之间,分别设有将加热元件与炉膛加以分隔的耐高温导热板,其目的在于防止加热元件在高温氧化条件下氧化损耗,延长加热元件的使用寿命,并防止损耗物污染产品;炉顶表面覆盖有保温隔热层。高温烟气上部反应室出口设有骤冷混合器。骤冷混合器的一侧是冷却空气上进风口;骤冷混合器的下部与高温烟气上部反应室紧密相连的是高温烟气进口;骤冷混合器另一侧为急冷混合区,急冷混合区呈流线形展开,在其底部有一个冷却风下进风口,急冷混合区横截面最大处与冷却烟气出口管相连。电加热改进型锑白炉及骤冷混合器的结构见图12-17。

图12-18为非电加热改进型锑白炉的结构示意图,它与电加热改进型锑白炉的主要区别在于采用燃油或燃气燃烧器取代电加热元件供热。在图12-18中,锑白炉炉体顶部设有活动安装可向锑液表面垂直喷入压缩空气的喷管;在锑白炉炉膛烟气出口处设有高温气化反应室,该反应室的内壁衬有耐火材料;压缩空气喷管与高温气化反应室中心的距离约为该高温气化反应室内径的6倍,喷管出口距锑液表面距离可在20~400mm的范围内调节;在高温气化反应室内壁,分布有1~4个燃烧器作为外加热器提供热能,该燃烧器与一套独立的可调节燃料和空气供给量的燃料与空气供给系统相连;在高温气化反应室的高温烟气排

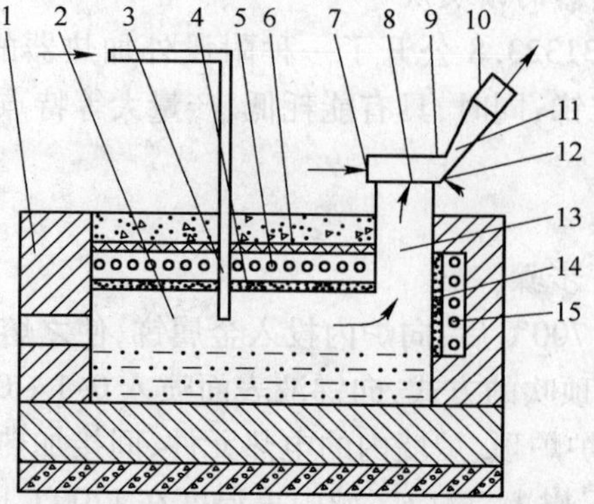

图 12-17　电加热改进型锑白炉及骤冷混合器结构示意图

1—炉体；2—炉膛；3—压缩空气喷管；4，14—高温导热板；5，15—电加热元件；6—保温隔热层；
7—冷却空气上进风口；8—高温烟气进口；9—骤冷混合器；10—冷却烟气出口管；
11—急冷混合区；12—冷却空气下进风口；13—上部反应室

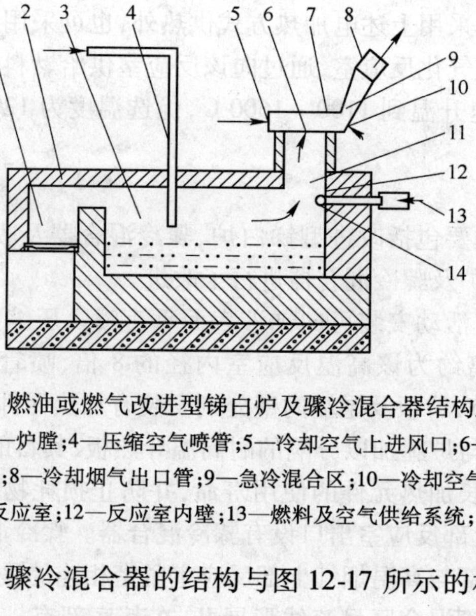

图 12-18　燃油或燃气改进型锑白炉及骤冷混合器结构示意图

1—火室；2—炉体；3—炉膛；4—压缩空气喷管；5—冷却空气上进风口；6—高温烟气进口；
7—骤冷混合器；8—冷却烟气出口管；9—急冷混合区；10—冷却空气下进风口；
11—高温气化反应室；12—反应室内壁；13—燃料及空气供给系统；14—燃烧器

出端，设置一个骤冷混合器，骤冷混合器的结构与图 12-17 所示的相同；锑白炉一端设有火室，用于烘炉及开炉熔锑。

C　实例

[**实例 1**] 采用图 12-17 所示的锑白炉作为主生产装置，以金属锑为原料，其化学成分为：Sb 99.89%、Pb 0.05%、As 0.02%、Fe 0.011%。由电加热元件将炉温升至 700℃后，向炉膛内投入金属锑熔化，待炉内熔融锑液达 2t 以上时，向锑液表面喷入 0.1 ~ 0.8MPa 的压缩空气使锑氧化挥发，通过调节压缩空气压力，从而调节喷入锑液表面的压缩空气流量并用加热元件进行补充加热，将三氧化二锑烟气温度提高到 1200℃以上，在烟气离开高温反应室进入骤冷混合器时，控制高温三氧化二锑烟气总量与骤冷空气量之比为 1∶6，每小时向炉内投入金属锑 300kg，所得产品用布袋收尘系统收集，每小时得三氧化二锑产品 340kg。其中一个批号 10t 产品的理化指标检测结果如下：

化学成分：Sb_2O_3 99.90%、As 0.018%、Pb 0.032%、Fe 0.0015%；

EG(乙二醇)溶解透光率：98.8%；

盐酸溶解混浊度：3.6×10^{-6}；

白度：98.1%；

平均粒度：0.61 μm；

立方晶型含量：99.2%。

[**实例2**]采用图12-18所示的锑白炉作为主生产装置，以金属锑为原料，其化学成分为：Sb 99.90%、As 0.03%、Pb 0.04%、Fe 0.014%。先由火室用焦炭将炉温升至700℃以上，投入金属锑进行熔化，待炉内熔融锑液达到2t以上时，向锑液表面喷入0.1～0.8MPa的压缩空气使锑氧化挥发，同时停止火室升温，通过调节压缩空气压力，从而调节喷入锑液表面的压缩空气流量，将炉内反应温度提高到1100℃以上，用液化石油气或其他燃料，维持高温气化反应室内的温度在1300～1500℃，在烟气离开气化反应室进入骤冷混合器时，控制高温三氧化二锑烟气总量与骤冷空气总量之比为1:8，每小时向炉内投入金属锑350kg，所得产品用布袋收尘系统收集，每小时获得三氧化二锑产品397kg。其有代表性产品的理化指标检测结果如下：

化学成分：Sb_2O_3 99.91%、As 0.022%、Pb 0.029%、Fe 0.0010%；

EG溶解率透光率：99.0%；

盐酸溶解混浊度：5.2×10^{-6}；

白度：98.4%；

平均粒度：0.31μm；

立方晶型含量：99.5%。

12.2.4.3 传统工艺的其他改进

对传统底吹式自热工艺的改进主要集中在锑白炉的结构及骤冷混合器(结晶器)的结构两方面。通过改进，使氧化反应烟气在进入骤冷混合器之前保持在高温状态，而烟气一旦进入骤冷混合器，则能更快速地被冷却，从而获得质量更好的锑白产品，为此，人们研究开发了多种不同形式的锑白炉及骤冷混合器。

以下介绍我国专利200610018991.1公开的一种锑白生产方法及其装置。

A 工艺过程

在改进的反射式锑白炉内，将精锑熔化，再将空气鼓入炉膛内熔融的锑液面，使锑氧化成三氧化二锑炉气，然后冷却、结晶，再将炉气从炉气出口管排出，而后用收尘系统捕集。其技术特点是，氧化成三氧化二锑的炉气引出后，先经过风冷式反应器，接着在结晶器中经过三级冷却并结晶，然后从炉气出口管排出，再用收尘系统捕集，得到单晶型、粒径分布均匀的三氧化二锑超细粉末产品。

B 主要工艺装置及工艺条件

主要工艺装置包括改进的反射式锑白炉、结晶器以及收尘系统，锑白炉及结晶器的结构示意图如图12-19所示。

其特点是在锑白炉上安装一个风冷式的不锈钢圆筒形反应器，反应器内不设二次鼓风管，而是经过若干根安装在炉壁的风管向炉膛内熔融的锑液面鼓入空气，使锑氧化成三氧化二锑炉气。风冷式反应器安装在炉膛上方的炉气出口处，风冷式反应器上端设置垂直结晶

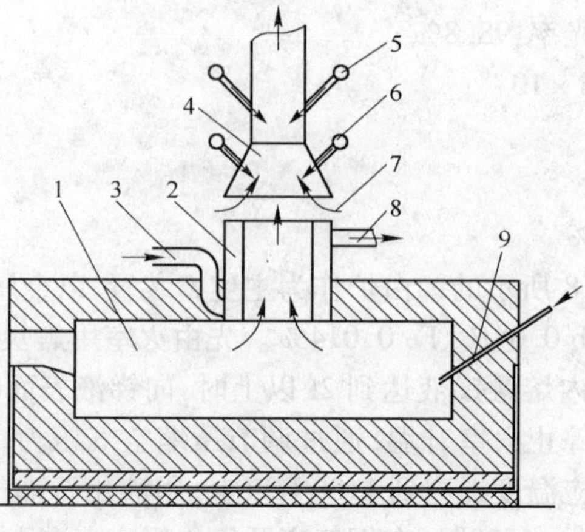

图 12-19　锑白炉及骤冷混合器(结晶器)的结构示意图

1—锑白炉;2—风冷式反应器;3—反应器冷却风进口;4—骤冷混合器(结晶器);
5—三次压缩空气冷却风喷射管;6—二次压缩空气冷却风喷射管;
7—一次冷却风;8—反应器冷却风出口;9—鼓风管

器,它由套筒和三级冷却风管构成,垂直结晶器为喇叭口形状。锑白炉内氧化反应产生的烟气,通过风冷式的不锈钢圆筒形反应器进入位于其上方的垂直冷却结晶装置,使炉气中的三氧化二锑骤冷结晶成单晶型、粒径分布均匀的三氧化二锑。

安装于炉壁的风管为 3 ~ 8 根,可使锑白炉内各处温度保持均匀,波动不大于 50℃,同时反应器内的温度场分布均匀。

骤冷结晶器的一次冷却风,从反应器和结晶器之间的环形间隙进入并与炉气均匀混合,使炉气均匀快速冷却至 500℃以下,紧接着二、三次压缩空气冷却风从均布于套筒上的喷射管喷入结晶器并与炉气再次有效混合,迅速消除结晶死角,使炉气中的三氧化二锑完全骤冷结晶成单晶型、粒径分布均匀的三氧化二锑产品,经过冷却塔沉降大颗粒的三氧化二锑后在布袋收尘系统捕集。

以通常的 $6m^2$ 锑白炉生产时,主要工艺条件是:鼓入锑白炉锑液的空气为 200 ~ $520m^3/h$;进入结晶器的冷却风分 3 级,其中一次冷却风为空气,流量用引风机控制,流量为炉气流量的 0.5 ~ 10 倍;二次和三次冷却风为压缩空气,压力为 0.4 ~ 0.6MPa,流量为 100 ~ $800m^3/h$;进入风冷式反应器的冷却风为 1000 ~ $2000m^3/h$。

C　实例

[**实例 1**]在 $6m^2$ 的锑白炉上,使用 4 根风管,鼓风量为 $200m^3/h$;进入结晶器的冷却风分 3 级,其中一次冷却风为空气,流量为炉气的 2.5 倍;2、3 次冷却风为压缩空气,压力为 0.4 ~ 0.6MPa,流量为 $100m^3/h$;进入风冷式反应器的冷却风为 $1000m^3/h$。在布袋收尘器收集单晶型、粒径分布均匀的三氧化二锑。

如以 Sb 含量为 98.65% 的锑锭为原料,则日产三氧化二锑产品 19.5t,单立方晶型为 99.5%以上,粒径分布呈单峰正态分布,费氏平均粒径 0.90μm,325 目(0.043mm)筛余物为 0.002%,白度为 99.1%,化学成分为 Sb_2O_3 99.6%,Pb 0.06%,As 0.035%。

[**实例 2**]在 $6m^2$ 的锑白炉上,使用 6 根风管,鼓风量为 $360m^3/h$;进入结晶器的冷却风分

3级,其中一次冷却风为空气,流量为炉气的2倍;2、3次冷却风为压缩空气,压力为0.4~0.6MPa,流量为200m³/h;进入风冷式反应器的冷却风为1000m³/h。

如以Sb含量为98.65%的锑锭为原料,则日产三氧化二锑产品22t,单立方晶型占99.6%以上,粒径分布呈单峰正态分布,费氏平均粒径1.02μm,325目(0.043mm)筛余物为0.002%,白度为99.0%,化学成分为Sb_2O_3 99.6%,Pb 0.065%,As 0.04%。

[**实例3**]在6m²的锑白炉上,使用8根风管,鼓风量为360m³/h;进入结晶器的冷却风分3级,其中一次冷却风为空气,流量为炉气的2倍;2、3次冷却风为压缩空气,压力为0.4~0.6MPa,流量为200m³/h;进入风冷式反应器的冷却风为1000m³/h。

如以Sb含量为98.65%的锑锭为原料,则日产三氧化二锑产品22t,单立方晶型占99.7%以上,粒径分布呈单峰正态分布,费氏平均粒径1.02μm,325目(0.043mm)筛余物为0.002%,白度为99.0%,化学成分为Sb_2O_3 99.6%,Pb 0.065%,As 0.04%。

12.3 湿法生产锑白

湿法生产锑白,大多采用酸性氯化浸出-分离除杂-中和水解的原则流程。氯化浸出-分离除杂过程的目的是获得较纯净的$SbCl_3$溶液,再利用$SbCl_3$在高酸浓度下的强水解性质进一步分离杂质,最终获得合格的商品锑白。由于许多金属氯化物的性质与$SbCl_3$的性质差别较大,特别是蒸气压的差别较大,故$SbCl_3$溶液的分离除杂在技术上没有大的难度,大多数含锑原料,包括复杂的矿物原料,都可以通过上述方法获得优质锑白,但是由于不同含锑物料中杂质品种及其含量的不同,导致浸出及分离除杂过程的复杂程度有较大差异,因而某些原料用这种技术处理时缺乏经济上的合理性。

采用高品位硫化锑精矿或粗锑白作原料,不需要对浸出液进行复杂的除杂处理,一般仅通过$SbCl_3$的水解过程,即可使杂质分离。对于复杂原料,如锑铅精矿或高砷锑精矿,浸出液的除杂工序则较复杂,可能需要蒸馏或干馏等脱杂工序,还需进行其他有价金属的回收处理,因此,对于不同的含锑物料,采用酸性氯化浸出-分离除杂-中和水解法生产锑白的具体工艺流程是不相同的。

酸性氯化浸出,一般采用盐酸和氧化剂作为浸出剂,可选的氧化剂有三氯化铁、五氯化锑、电解食盐水产生的新生态氯以及氯气等,使用这些浸出剂生产锑白的方法相应地被称为高价铁盐法、高价锑盐法、电氯化法及酸性氯水法。此外,对浸出液进行干馏除杂处理,再中和水解生产锑白的方法则称为氯化-干馏法。

高价锑盐法和酸性氯水法,不向体系中引入杂质金属,因而在生产实践中得到更广泛的应用。氯化-干馏法通常也采用氯气或高价锑盐作浸出剂,该工艺主要用于处理复杂锑精矿,如高铅或高砷锑精矿等。

除了上述氯化浸出-中和水解工艺外,人们还开发了一些其他的湿法工艺以及湿法-火法联合工艺,如使用粗锑氧为原料的硝酸分解法、以粗锑氧为原料的气相合成法、以三氯化锑为原料的醇盐水解法以及湿法-等离子体联合工艺等。

12.3.1 以硫化锑精矿为原料的高价锑盐法

12.3.1.1 原料与辅助材料

原料为硫化锑矿石或浮选锑精矿,粒度一般小于80目(0.175mm)网,对其成分要求是

Sb 含量大于 35%，最好大于 50%；As 含量不大于 0.5%；Pb 含量不大于 0.5%。

火法生产锑白，要求原料，即精锑的硒含量必须小于 0.005%，而该工艺不限制原料的硒含量，因为在浸出过程中，硒很难被浸出，因此，高硒锑矿适于湿法生产锑白。

在生产过程中需要的主要辅助材料为工业盐酸、液氯、工业氨水、锑粉、精石灰粉、软化水及一般清水。

12.3.1.2　工艺流程

五氯化锑是一种强氧化剂，能在常压下浸出硫化锑矿，使硫化锑中的硫被氧化为元素硫留在渣中，而锑以氯化物形态转入溶液中。由于三氯化锑能在较高酸浓度下水解而产出锑的固体沉淀物，因而可与溶液中其他杂质分离，最终获得合格锑白。该工艺的基本原理在前面的相关章节中已有叙述，图 12-20 为其原则工艺流程。

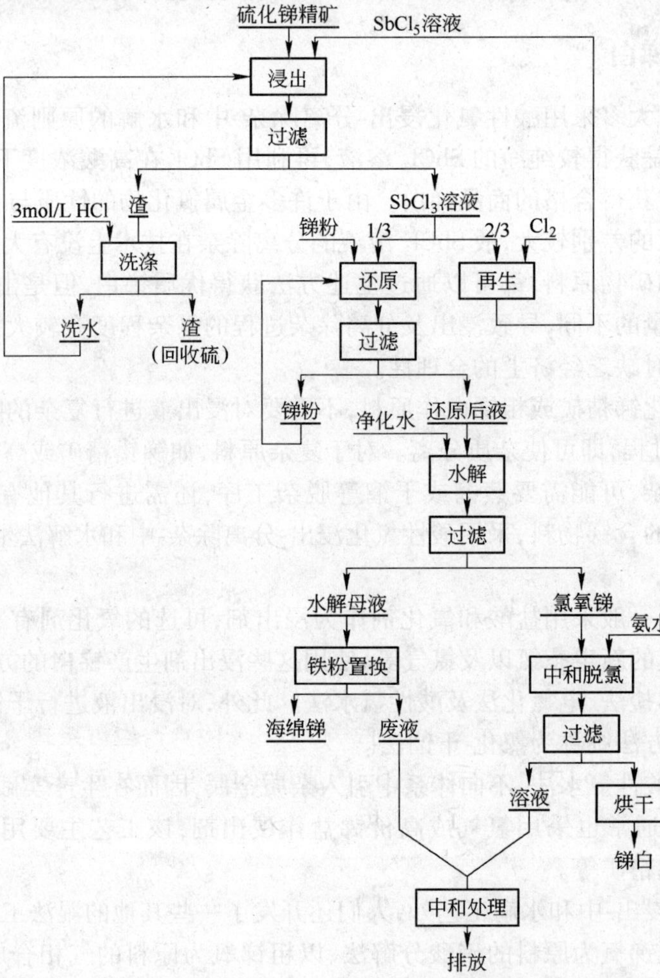

图 12-20　高价锑盐法原则工艺流程（以硫化锑精矿为原料）

12.3.1.3　主要技术条件

A　浸出条件

浸出过程必须保证足够的氧化剂量，一般为理论量的 1.05～1.3 倍。氧化剂量不足时，浸出液中会含有一定量的硫离子，硫离子可在后续的水解过程中生成橘红色的 Sb_2OS_2 或深色的 Sb_2S_3，降低产品的白度。只要浸出液中有 Sb^{5+} 存在，即可避免硫离子的影响。生产中，以浸出液呈浅棕色为其目测合格标志，浅棕色是 Fe^{3+} 在浸液中的特征颜色。浸出条件如下：

浸出液组成：Sb^{5+} 150～200g/L，HCl 3～4mo/L；

液固比：(3～8)∶1；

温度控制：70～100℃，采用蒸汽加热；

浸出时间：0.5～3h；

主要化学反应：$Sb_2S_3 + 3SbCl_5 = 5SbCl_3 + 3S^0$

B 还原条件

取浸出液三分之一，用活性还原剂还原，使浸出液中多余的 $SbCl_5$ 还原为 $SbCl_3$，否则在水解过程中多余的 $SbCl_5$ 将生成 Sb_2O_5，既降低 Sb_2O_3 含量，又影响锑白的白度，同时使浸出液中的高价铁离子还原为亚铁离子。一般采用金属锑粉作还原剂，还原剂中绝对不能混入硫化锑，因为还原过程难以将全部硫离子氧化为元素硫除去，在水解过程中生成的 Sb_2OS_2 或 Sb_2S_3 将降低产品的质量。还原条件如下：

还原温度：20～60℃或常温；

还原时间：0.5～2.0h；

还原终点判定：控制 Sb^{5+} 浓度为 0 或目测还原液由浅棕色转变为无色透明；

主要化学反应：$3Sb^{5+} + 2Sb = 5Sb^{3+}$

$$3Fe^{3+} + Sb = 3Fe^{2+} + Sb^{3+}$$

C 水解条件

浸出液经还原后加软化水进行水解，以制得氯氧锑（$Sb_4O_5Cl_2$）沉淀。水解是保证产品质量的关键作业，如锑白的纯度、白度与粒度均与水解条件密切相关。水解时，加水量是影响产品质量的重要参数。水量过少，则水解不完全，水量过多，酸浓度下降，则会造成杂质离子的水解，影响产品质量。锑白的粒度与水解酸浓度及温度密切相关，酸浓度高、温度低，产品粒度则细，但粒度过细会增加过滤作业的难度。一般的水解条件如下：

温度：30～50℃；

水解终了酸浓度：一般控制 H^+ 浓度为 1.0 mol/L 左右；

加入软化水量：水量与还原后液的比例一般取（8～10）∶1，也可按式 $n = (0.02 \times [Sb] + H_r)/H_e - 1$ 计算，式中[Sb]为还原后液中 Sb 的质量浓度，单位为 g/L；H_r 为还原后液中游离酸浓度，单位为 mol/L，H_e 为水解终了酸浓度，单位为 mol/L；

水解终点判断：控制水解液锑含量为 1.5g/L，平均在 1.22g/L 以下；

水解化学反应：$4SbCl_3 + 5H_2O = Sb_4O_5Cl_2 + 10HCl$

D 中和条件

水解后，用氨水或碳酸钠溶液中和。中和是进一步脱氯的过程，中和条件如下：

温度控制：30～50℃；

中和时间：5～30min；

中和终点判断：控制 pH＝7～8，中和液锑含量为 0.05g/L；

中和化学反应：$Sb_4O_5Cl_2 + 2NH_4OH = 2Sb_2O_3 + 2NH_4Cl + H_2O$

E 过滤、洗涤和干燥

中和产生的 Sb_2O_3 沉淀，即锑白产品，用蒸馏水洗涤，真空抽滤，滤饼含水为20%～30%。

滤饼采用远红外干燥箱干燥，或用干燥车送入干燥窑或蒸汽干燥室干燥，控制干燥温度为100～120℃，不宜超过120℃。

F 置换条件

水解母液中，还含有少量的 Sb^{3+}，为了回收这部分锑并处理污水，用金属铁粉在常温下置换0.5～1.0h，置换率可达91.8%，置换所得海绵锑可代替金属锑粉作还原剂。置换后的废液锑含量小于0.1g/L，其一般化学成分如表12-20所示，其中，Fe、As、Pb的含量随所用原料中各元素的含量而变化。

表12-20 铁粉置换后废液成分

元　素	Sb	Fe	Cl^-	As	Pb
含量/$g \cdot L^{-1}$	<0.1	0.84～1.0	17.7～400	0.008	0.036

G $SbCl_5$ 再生条件

取浸出液的三分之二，用氯气再生 $SbCl_5$，作氯化剂返回浸出。再生过程在耐酸密封容器中进行，一般控制氯气压力为0.1～0.2MPa。

H 废水处理

水解母液与中和液混合后，先用石灰水中和到pH值小于或等于1，再加入适量的石灰乳处理，调整pH值至7～8，必要时，再加入氧化剂或硫化剂，使铅和砷的含量降到排放标准，排入江河中。生产实践中，排放的废水经环保部门检验，铅和砷的含量分别为0.75 mg/L与0.04 mg/L，符合国家规定的排放标准。

12.3.1.4 主要技术经济指标

锑的浸出率：98.10%；

锑的水解率：96.00%；

中和过程锑的回收率：97.27%；

置换回收率：91.80%；

锑的冶炼总回收率：92%～94%；

锑在全过程中的机械损失：1%～2%。

生产每吨锑白的消耗量如下：

工业盐酸：1000～1200kg/t；

液体氯：860～950kg/t；

工业氨水：380～450kg/t；

精石灰粉：2～2.2t/t；

烟煤：2.0 t/t；

电能：1400 kW·h/t；

清水：44～50t/t。

12.3.1.5 产品与副产品

A 锑白

采用该工艺处理表12-21所列锑矿粉,产出锑白的典型样品质量指标列于表12-22。

表12-21 锑矿粉成分

锑矿样号	成分/%			
	Sb	As	Pb	S
生产样1	53.28	0.22	0.024	23.92
生产样2	62.59	0.21	0.01	24.35

表12-22 锑白样品检验结果

序号	化学成分/%					白度/%	粒 度
	Sb_2O_3	As_2O_3	PbO	Fe	Se		
1	99.91	<0.001	0.008			91	-325目(-0.043mm) 99.99%
2	99.97	<0.001	0.0036	0.00066	<0.001		

B 副产品

副产品为硫含量为20%~60%的浸出渣,又称硫磺渣,可作制造硫磺的原料。硫含量为20%左右的低硫浸出渣,经过简单的浮选处理,可提高硫含量达50%以上。渣硫含量的高低与使用的锑矿石品位有关。如广西宜山锑品厂采用锑含量52.13%的硫化锑矿石,浸出渣硫含量为48.3%;若采用锑含量为62.59%的罗城锑矿,则浸出渣平均硫含量为61.37%,砷含量为0.012%,此种渣可作为制酸的原料。

12.3.2 以硫化锑精矿为原料的酸性氯水法

酸性氯水法生产锑白采用氯气作浸出剂,其浸出原理与高价锑盐作浸出剂类似。该工艺也使用高品位硫化锑矿石或浮选锑精矿为原料,一般要求原料有较低的As、Pb含量,不限制硒含量。

主要辅助材料为工业盐酸、液氯、工业氨水、铁粉、锑粉(可用流程中产出的海绵锑代替)、精石灰粉、软化水及一般清水。

氯是一种强氧化剂,浸出时硫化矿中的硫被氧化成元素硫而转入渣中,矿中的金属元素则生成相应的氯化物进入浸出液,浸出液再经过水解、中和而得锑白。酸性氯水法生产锑白的原则工艺流程见图12-21。

酸性氯水法的一般浸出条件如下:

液固比:3~5;

温度:90~95℃。高温时,对防腐及操作都不利,氯水浸出硫化锑矿是放热反应,在工业生产中因用料多,发热量大,有时需通水冷却,以维持浸出温度不变;

氯气用量:以Sb计理论量的1.2~1.5倍。氯气用量需严格控制,供氯不足时,浸出液中Sb^{5+}或Fe^{3+}浓度为0,浸出液中可能存在硫离子,致使产品的白度下降。供氯过多,不仅增加耗氯成本,而且增加还原剂的消耗;

浸出时间:2~3h;

盐酸浓度:酸浓度为3~4mol/L;

主要化学反应：$Sb_2S_3 + 3Cl_2 = 2SbCl_3 + 3S^0\downarrow$

$SbCl_3 + Cl_2 = SbCl_5$

$3SbCl_5 + Sb_2S_3 = 5SbCl_3 + 3S^0\downarrow$

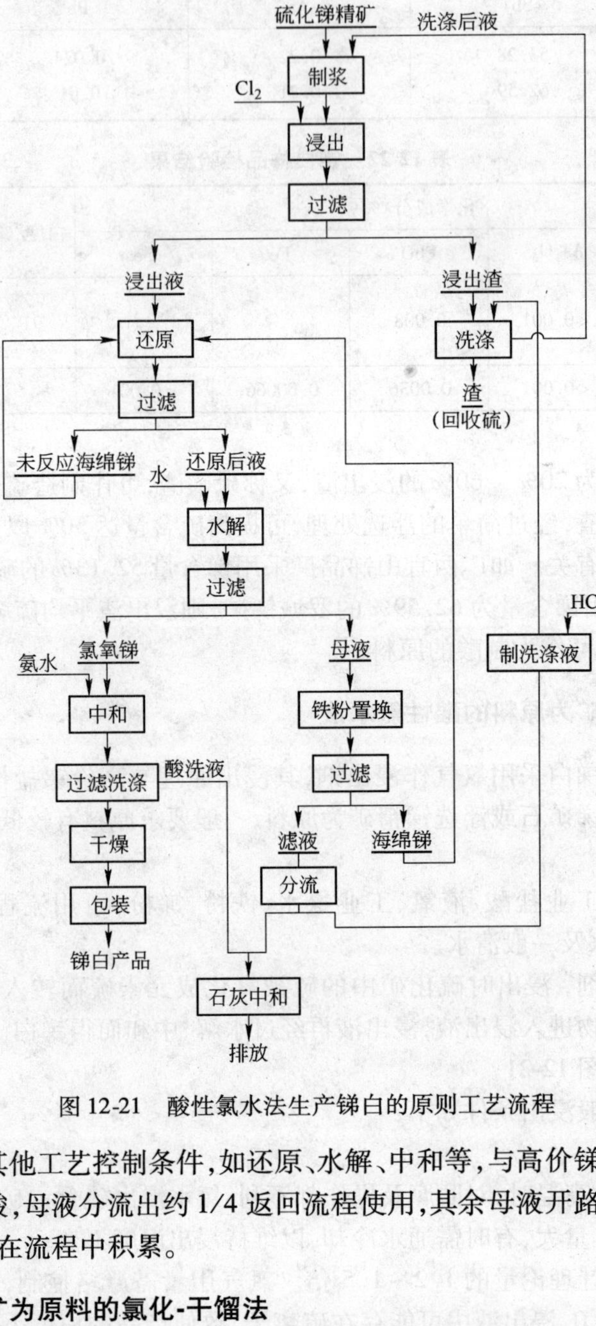

图 12-21　酸性氯水法生产锑白的原则工艺流程

酸性氯水法的其他工艺控制条件，如还原、水解、中和等，与高价锑盐法基本相同。水解所得母液含较多的酸，母液分流出约 1/4 返回流程使用，其余母液开路并进行中和处理后排放，以避免杂质离子在流程中积累。

12.3.3　以锑铅精矿为原料的氯化-干馏法

锑铅矿，如脆硫锑铅矿精矿中的铅往往比锑高，处理这类锑矿时要考虑两者或更多元素的综合利用。由于 Cl^- 对 Sb^{3+} 及 Pb^{2+} 有不同程度的配合能力，在一定的浸出条件下，在锑进入溶液的同时，部分铅也将进入浸出液。例如，用 1.5mol/L HCl，总 Cl^- 含量为 160 ~ 170g/

L的溶液,在氯过量为10%,液固比为3,温度为98℃,常温下过滤等条件下,对脆硫铅锑矿进行浸出,其结果表明,进入浸液中的铅为2g/L以下。如采用这种浸液生产锑白,则锑白中的铅含量高达0.25%,在生产中,一般需在相关作业中加入除铅剂脱铅,例如,中南大学在还原作业中除铅,效果很好,而且除去的微量铅可以回收,减轻废水处理的负担。此外,锑铅精矿中的砷含量往往较高,通常采用蒸馏(干馏)的办法脱砷。如采用多级蒸馏,则可脱除铅、砷等多种杂质。

广西宜山锑品厂在中南大学的指导下,应用氯化-干馏工艺成功地在工业生产中实现了锑、铅分离,并且解决了干馏设备的耐高温、耐腐蚀等难题,生产出合格的锑白产品,以下简要介绍其工艺流程。

宜山锑品厂使用原料的典型成分为:Sb 27%、Pb 33.43%、As 0.7%、Fe 7%、Ag 0.147%,生产工艺流程如图12-22所示。

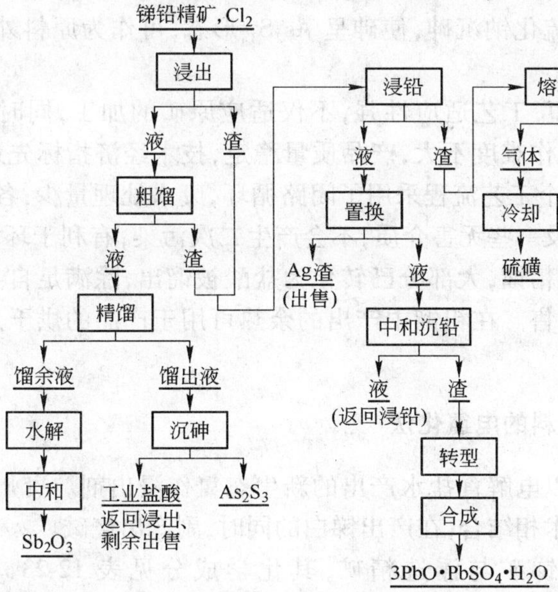

图12-22 氯化-干馏法工艺流程

12.3.3.1 浸出

在酸性介质中,以Cl_2氧化锑铅矿,铅锑浸出率均可达到97%以上,被浸出的铅多数以$PbCl_2$的形式入渣。为减少粗馏的加工量,对浸出条件进行了优化,在优选的技术条件下,浸出液中Sb^{3+}质量浓度可达450g/L以上,浸出矿浆过滤性能相当好。由于粗馏的目的是对三氯化锑溶液深度脱铅、银,为此,在浸出时,无需特别控制铅、银进入浸出液的量。滤渣经洗涤后,锑几乎全部进入溶液。

12.3.3.2 干馏、水解、中和

干馏分粗馏和精馏两级。粗馏是基于锑、砷等低沸点氯化物与铅、银、铁等高沸点氯化物的蒸气压差别较大的原理,在高于$SbCl_3$的沸点温度下,将$SbCl_3$、$AsCl_3$馏出,而高沸点氯化物$PbCl_2$、$FeCl_2$、AgCl与脉石一起留于馏渣中,从而实现铅、锑分离。在粗馏时略有微量的三价铁、银、镉、铝、铋、钴等夹带进入馏出物中,但可在精馏后,三氯化锑进行水解时进一步除去，最终产品质量不受影响。粗馏温度控制在260℃，此时锑的馏出率达95%以上，馏出液进入下一个工序精馏脱砷，馏渣则汇同浸出渣一起送另一工序浸取铅。

脱砷粗馏时，主要有低沸点的砷及四价锡等氯化物与锑一起进入馏出液，通过精馏达到与锑分离的目的，使之符合下一工序的技术要求。精馏温度控制在132℃，砷及其他低沸点氯化物随同水及盐酸被馏出。收馏采用分级收馏，收馏得到的盐酸可返回浸出作浸出母液。馏余液为纯净的三氯化锑溶液，通过常规水解、中和，即制得三氧化二锑。

12.3.3.3　副产品的综合回收加工

经过上述处理后，硫以元素硫的形式进入浸出渣中，其他有价金属均以氯化物形式进入浸出渣-馏渣的混合渣中，这就为副产品的加工提供了便利，尤其是铅的加工工艺相当灵活。在整个加工系统中，对工艺流程稍加改动，便可根据市场需要而生产出硝酸铅、二盐基磷酸铅、三盐基硫酸铅、黄丹、纯二氯化铅及粗铅等系列铅产品；在浸铅的同时把银置换出来，经熔铸后外卖；元素硫则用熔析法制成硫磺外卖；砷存在于精馏的馏出液中，返回浸矿利用，当循环砷积累到一定量时，用硫化钠沉砷，使砷呈 As_2S_3 形态，可作为原料外卖或自行加工成砷产品出售。

氯化-干馏法工艺流程短，工艺适应性强，不仅适应原矿的加工，同时还可处理各种含铅、锑的工业阳极泥；工人操作难度不大，产品质量稳定，技术经济指标先进，各种金属元素的回收率均达94%以上；整个工艺流程采用了闭路循环，废水处理量少；各工序中产出的渣均可回收，最终废渣为脉石及一些无害介质，不会产生二次污染，有利于环境保护。此外，浸矿时通入的液氯经过浸出及精馏，大部分已转化为盐酸被馏出，除满足自身循环使用外，经简单处理后可作工业盐酸出售。在粗馏中产出的余热可用于产品的烘干及制取蒸馏水，减少了锅炉的蒸气供应。

12.3.4　以硫化锑精矿为原料的电氯化法

电氯化法生产锑白，即以电解食盐水产出的新生态氯作浸出剂。贵州大学曾对此工艺进行了研究，与现代氯碱技术相结合，在产出锑白的同时，副产出烧碱。

试验原料为贵州产富锑矿与浮选精矿，其化学成分见表12-23，粒度为 -120 目（-0.122mm）。使用的试剂为化学纯氨水、氢氧化钠、碳酸钠、氯化钡、锑粉、食盐、工业盐酸及离子交换水，试验采用的工艺流程见图12-23，工艺过程描述如下。

表12-23　试验用硫化锑矿成分

名　称	Sb	As	Pb	Cu	Zn	SiO_2	Al_2O_3	Fe_2O_3	CaO	S
锑精矿/%	58.47	0.075	0.28	0.04	0.015	6.50	0.42	4.63	0.55	26.74
富锑矿/%	43.32	0.16	0.008	0.01	0.01	32.45	1.75	1.27	0.79	17.18

12.3.4.1　电氯化浸出

电氯化浸出的基本原理与离子膜法制碱工艺相同，不同之处是用阴离子交换膜，而不是用阳离子交换膜隔开阳极区与阴极区。当阳极区装入酸性食盐溶液和锑矿粉组成的矿浆并通电之后，Cl^- 在石墨阳极上放电，产生原子氯和氯气，与矿浆中的辉锑矿作用，锑从固相进入溶液。

浸出反应还包括二次反应产生的 Sb^{5+} 和 Fe^{3+} 等强氧化剂与 Sb_2S_3 的相互作用。阳极区

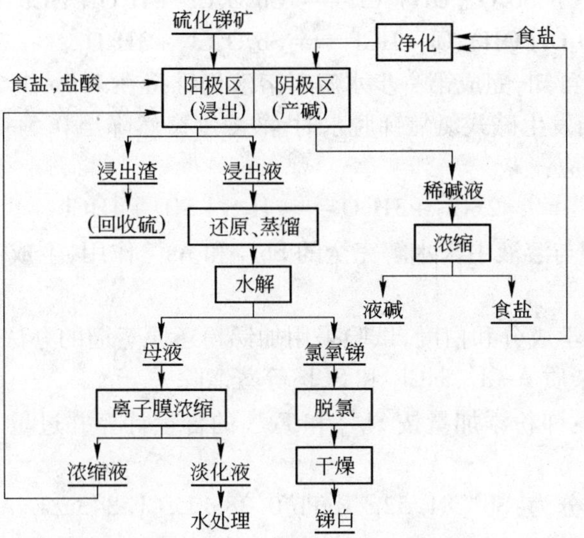

图 12-23 电氯化法制取锑白副产烧碱原则流程

Cl^- 的减少由阴极区食盐溶液中的 Cl^- 通过阴极膜补充，随着 H_2 在阴极的析出和 Cl^- 进入阳极区，阴极区产生等当量的 NaOH。

浸出在电浸槽中进行，电浸槽用呋喃玻璃钢制成，阴阳极室容积为 1L，阳极材料为石墨，用多孔铁板作阴极，阴离子交换膜作隔膜。浸出剂用返回浓缩母液补加食盐和工业盐酸配制，每次投矿量为 60～100g。阴极液为净化过的食盐水，采用高位槽循环。在极距为 40～50mm，阳极电流密度为 700～900A/m²，阴极电流密度为 500～700A/m²、槽电压为 1.8～2.5V 的条件下，试验得出的适宜浸出条件为：温度 70～85℃、氯离子浓度为 4～6mol/L、盐酸浓度为 2～3mol/L，在此浸出条件下，锑精矿浸出率大于 96%，富锑矿浸出率大于 98%。

12.3.4.2 用 $SbCl_3$ 浸出液制取锑白

根据 $SbCl_3$ 溶液有高酸水解的特性，用常规方法经还原、蒸馏、水解、中和脱氯后制取锑白。电氯化浸出锑精矿所得浸出液的一般成分为：Sb 76.09g/L，As 0.093g/L，Pb 0.36g/L，Cu 0.041g/L，Zn 0.18g/L，Cl^- 330g/L，Fe 3.42g/L，H^+ 2.53mol/L。

A 还原蒸馏

由于电氯化浸出的氧化电位高，即 $E^0(Cl_2/Cl^-)=1.36V$，浸出液中存在 5%～10% 的 Sb^{5+} 以及 As、Fe 等元素的高氧化态离子，水解时 Sb^{5+} 和 As 进入产品会影响锑白的质量，同时，由于新生态氯的强氧化作用，还有生成二氯化硫的反应发生：

$$Sb_2S_3 + 6Cl_2 = 2SbCl_3 + 3SCl_2$$

SCl_2 可在酸性溶液中存在，纯态时呈红色，沸点 59℃，并于 320℃ 时分解。电氯化法浸出辉锑矿时，使锑白产品染色的主要原因是有 SCl_2 生成。SCl_2 使锑白染色的机理如下。

$SbCl_3$ 溶液在室温下的水解分两步进行，先生成碱式氯氧锑：

$$4SbCl_3 + 6H_2O = Sb_4O_3(OH)_3Cl_3 + 9HCl$$

$$Sb_4O_3(OH)_3Cl_3 + 2H_2O = Sb_4O_3(OH)_5Cl + 2HCl$$

第二步碱式氯氧锑脱水：

$$Sb_4O_3(OH)_3Cl_3 = Sb_4O_5Cl_2 + H_2O + HCl$$
$$Sb_4O_3(OH)_5Cl + HCl = Sb_4O_5Cl_2 + 3H_2O$$

从以上水解反应可知，完成第一步水解时溶液仍维持在1.0～1.2mol/L的较高酸浓度，此时SCl_2仍稳定。当发生碱式氯氧锑脱水时，酸浓度突然降至0.5～0.7mol/L，SCl_2在酸浓度突变时发生歧化反应：

$$2SCl_2 + 3H_2O = H_2S + SO_3 + 4HCl$$

产生的H_2S立即与溶液中未水解完全的Sb^{3+}和As^{3+}作用，生成不溶于稀酸的Sb_2S_3和As_2S_3而使锑白染色。

为保证锑白的化学成分和白度，试验采用加锑粉还原蒸馏的办法，既使Sb^{5+}、As^{5+}、Fe^{3+}等还原，又使低沸点杂质$AsCl_3$、$SnCl_4$和SCl_2等蒸馏除去。

还原蒸馏条件为：锑粉添加量按Sb^{5+}和Fe^{3+}的含量计算并过量1倍，在105～115℃沸腾蒸馏20min。

还原液的一般成分为：Sb^{3+} 81.52g/L，Pb 0.38g/L，Cl^- 343g/L，As小于0.01g/L，H^+为2.14 mol/L。

B　还原液水解

$SbCl_3$溶液的高酸水解特性，使得锑易与共存的杂质分离。试验使用的水解条件为稀释体积比为4～6（决定于还原液中的Sb^{3+}浓度），温度25～35℃并适当控制净化水的加入速度和搅拌强度。温度若超过40℃，氯氧锑晶型转变显著加快，易得到粗颗粒晶体。水解得到的氯氧锑沉淀用0.2～0.3mol/L的化学纯盐酸洗至无Fe^{2+}。水解母液的代表成分为：Sb^{3+} 0.16g/L，Cl^- 66.2g/L，H^+为0.76mol/L，水解率大于99%。

C　中和脱氯与干燥

氯氧锑滤饼用净化水浆化后，先用1∶10的氨水中和至pH值为3～4，然后用1∶25的氨水中和至pH值为7～8，并稳定不变。中和时，温度保持在40～50℃，时间可缩短。

脱氯后的滤饼用热净化水洗至无Cl^-，烘干即得锑白成品。锑白化学成分和物理性能检测结果见表12-24。

表12-24　锑白质量指标

试验编号	化学成分/%			白度/%	费氏平均粒度/μm
	Sb_2O_3	Pb	As		
1	99.67	0.059	0.031	88	1.75
2	99.73	0.067	0.016	91	
3	99.78	0.033	0.008	92	
4	99.75	0.042	0.005	92	0.87

12.3.4.3　阴极区碱的回收

阴极液用食盐配制，用化学纯试剂Na_2CO_3、NaOH、$BaCl_2$净化除去Ca^{2+}、Mg^{2+}、SO_4^{2-}。精盐水的成分为：NaCl 93g/L，Ca^{2+} 0.01g/L，SO_4^{2-} 1.24g/L，pH值为6～7。

为了确定阴极室的产碱浓度与电流效率的关系，阴极室加入1L精盐水循环电解，阳极室电氯化浸出。电解过程中测定阴极液的OH^-和Cl^-浓度，并补加净化水保持阴极液体积。

从试验结果可知,阴极产碱电效随碱浓度的上升而下降,主要原因是 OH^- 穿过阴膜进入阳极区,同时 Cl^- 浓度的降低导致膜发生极化。采用阴极液循环并补加浓精盐水维持 Cl^- 浓度在 4mol/L,并控制阴极液碱浓度在 80 ~ 100g/L,即抽出进行浓缩,可使阴极电效保持在 85% 以上。将稀碱液浓缩到 40% ~ 50% 的液碱,每吨锑白可副产含 50% NaOH 的液碱 0.8t。

12.3.4.4　水解母液的处理与硫的回收

水解母液含有盐酸和食盐,数量大,需处理回收有用成分。采用离子膜浓缩后,将淡化液中和排放,效果较好,浓缩液只需补充少量食盐和盐酸即可作电氯化浸出的阳极液。

处理富锑矿时,浸出渣硫含量为 30% ~ 40%,处理锑精矿时,浸出渣硫含量为 60% ~ 70%。从含硫渣中回收元素硫的方法很多,试验选用直接蒸馏法处理硫含量高于 60% 的浸出渣,硫回收率为 88% ~ 93%。低硫浸出渣则用 $(NH_4)_2S + NH_3$ 作浸出剂处理,硫回收率可达 95% 以上,吨 Sb_2O_3 元素硫的回收指标为 0.28 ~ 0.3。

试验获得的主要技术指标为:金属回收率大于 95%,每吨锑白直流电耗为 1750kW · h、食盐消耗为 1.7 ~ 1.9t、盐酸消耗为 0.5 ~ 0.7t。

12.3.5　以粗锑氧为原料的气相合成法

我国专利 200410024884.0 公开了一种气相合成高纯超细三氧化二锑的方法。该法以粗锑氧粉、工业盐酸和氨气为原料,可制得粒径为 0.1 ~ 0.4μm,白度为 98%,Sb_2O_3 含量为 99.9% 以上的高纯三氧化二锑。

气相合成高纯超细三氧化二锑的工艺流程见图 12-24,主要工艺过程如下。

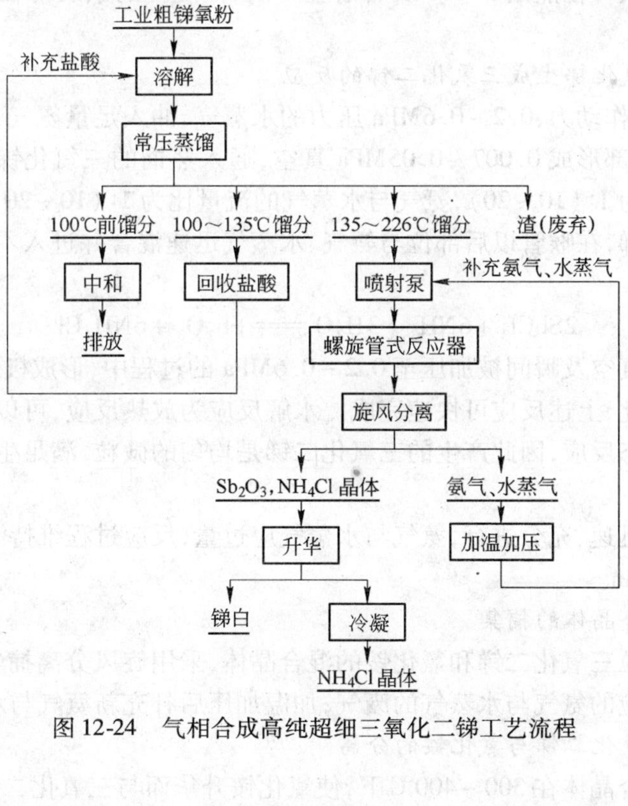

图 12-24　气相合成高纯超细三氧化二锑工艺流程

12.3.5.1　粗锑氧粉的溶解

粗锑氧粉用20% ~31%的工业盐酸或回收的盐酸溶解，使三氧化二锑转化为三氯化锑。三氧化二锑的溶解反应为吸热反应，溶解时需加热并搅拌。溶解温度20 ~100℃，搅拌转速100 ~1000r/min，溶解时间1 ~10h，盐酸用量超出化学计量的50% ~100%。

12.3.5.2　三氯化锑的蒸馏

溶解后的三氯化锑以气态常压蒸馏出釜外。三氯化锑的蒸馏取135 ~226℃的馏分，或减压下取相应温度范围的馏分。常压100℃前的馏分中和排放，100 ~135℃的馏分回收盐酸返回利用。

100℃前，馏分为稀盐酸，浓度仅1% ~2%，可中和排放或用电渗析将其浓缩到5%再回收盐酸。

由于盐酸-水的共沸浓度为18%、共沸温度为110℃，所以100 ~135℃的馏分为浓度10% ~18%的盐酸。这种浓度的盐酸可用萃取精馏的方法浓缩到22%以上，完全可以回用。盐酸-水共沸物的蒸出可以使上述反应进行到底。

135 ~226℃的馏分为三氯化锑。三氯化锑的常压沸点为223℃，粗锑氧粉中，铬、锰、钴、镍、铬、铅、锌、铜、亚铁、钾、钠、钙、镁等金属的氯化物是不挥发的，故精馏提纯三氯化锑是极为有效的除杂方法。铝的氯化物不稳定，其水溶液分解为不挥发性的氧化物，铁、汞金属的氯化物挥发性较小，馏出液中基本上不含这类杂质。砷、锡的氯化物沸点分别为123℃和120℃，是挥发性的，只要控制馏出温度为135 ~226℃，可使粗锑氧粉中的常见杂质基本去除，原料中杂质含量的高低不影响三氯化锑的提纯。

不挥发性的杂质可在蒸馏5 ~10次后清釜一次，挥发性的杂质可在盐酸回收过程中浓缩去除。

12.3.5.3　三氯化锑生成三氧化二锑的反应

以氨气、水蒸气作动力，0.2 ~0.6MPa压力的水蒸气，冲入足量氨气，进入文丘里式喷射泵中，在喷射泵喉管部形成0.007 ~0.05MPa真空，通入蒸馏的三氯化锑，三氯化锑与氨、水蒸气的流量比控制为1∶(10 ~20)，氨气与水蒸气的流量比为1∶(10 ~20)。

低压的三氯化锑，在喉管以后部位与氨气、水蒸气迅速混合并进入不锈钢螺旋管式反应器进行如下反应：

$$2SbCl_3 + 6NH_3 + 3H_2O \Longrightarrow Sb_2O_3 + 6NH_4Cl$$

三氯化锑在低真空及瞬间被加压至0.2 ~0.6MPa的过程中，形成极细的液滴，传质表面大，反应温度高，因此，上述反应可快速完成。水解反应为放热反应，可以维持反应过程水蒸气不冷凝而完成气态反应，因此产生的三氧化二锑是均匀的微粒，满足生成超细微粒三氧化二锑的要求。

为了使反应能迅速、充分进行，氨气与水蒸气应过量，反应过程维持温度为120 ~145℃，反应时间为2 ~30min。

12.3.5.4　混合晶体的捕集

反应产物为细粒三氧化二锑和氯化铵的混合晶体，采用旋风分离捕集，捕集过程循环操作。分离出的未反应的氨气与水蒸气的废气，加温加压后补充新氨气与水蒸气循环利用。

12.3.5.5　三氧化二锑与氯化铵的分离

旋风捕集的混合晶体在300 ~400℃下，使氯化铵升华而与三氧化二锑分离，常压下氯化铵在350℃时能迅速升华。分离在夹套搅拌反应器中进行,夹套中充满有机高温载热体,电加热并使之回流,升华时间1~10h,搅拌转速100~1000r/min。升华分离的同时,使三氧化二锑干燥,升华气体冷凝后为高纯氯化铵产品。

该发明与已有的等离子体法等相比,设备投资小,而且蒸馏、气相反应、升华分离设备等均为常规化工设备;产物粒径为0.1~0.4μm且均匀;由于除杂过程彻底,产品纯度高、白度高;原料要求不高,生产成本低。

以下为该发明的一个实例。

冷水江某厂粗锑氧10.0kg,其中三氧化二锑含量为69.3%、铁含量为0.85%、铅含量为0.98%、含水0.83%。投入100L搪瓷夹套搅拌釜中,加入40L浓度为20%的回收盐酸,控制转速为400r/min,温度为80℃,搅拌反应2h后,升温常压蒸馏。100℃前的馏分中和排放,100~135℃的馏分用于浓缩盐酸返回利用。

锅炉中,0.3MPa的蒸气通入喷射泵使喉管处压强为0.007MPa,导入三氯化锑蒸气,其下游5cm处通入氨气。三氯化锑与氨、水蒸气流量比控制为1:15,氨气与水蒸气的流量比为1:10。混合气在不锈钢螺旋管式反应器中与氨、水蒸气反应,反应温度控制为125℃,停留时间为5min。减压0.007MPa,三氯化锑的蒸出温度为62℃至124℃。混合气在旋风分离器中捕集三氧化二锑和氯化铵晶体,分离出的废气用电加热加温,加压至0.3MPa并补加氨、水蒸气后,重新进入喷射泵。

混合固体的分离在夹套搅拌釜中进行。夹套用SD-320有机高温载热体,控制温度360℃,搅拌转速400r/min,加温2h,使氯化铵全部升华,冷凝后回收氯化铵。得到氯化铵7kg,成分为:氯化铵含量99.5%、铁含量0.001%、铅含量0.0004%,回收率为92.3%。得超细三氧化二锑6.47kg,其中三氧化二锑含量为99.90%、铁含量为0.0004%、砷含量为0.005%、铅含量为0.00044%,平均粒径为0.3μm,最大粒径为0.8μm,白度98.0%,三氧化二锑总回收率为93.3%。

12.3.6 以粗锑氧粉为原料的硝酸分解法

我国专利00112862.0公开了一种以粗锑氧粉为原料的硝酸分解法。该发明的工艺流程简单,固定投资少,产品质量高,生产成本低,可制取高纯度三氧化二锑。图12-25为该工艺的原则流程。

硝酸分解法的基本原理是三氧化二锑不溶于稀硝酸,而工业粗锑氧粉中的其他杂质在加温搅拌的条件下可溶,再经固液分离、洗涤,即可达到提纯三氧化二锑的目的。例如,挥发焙烧或挥发熔炼产出的粗锑氧粉主要含三氧化二锑,此外,还含有As_2O_3、PbO、CuO、FeO等。As_2O_3易溶于水,三氧化二锑难溶于稀硝酸,而PbO、CuO、FeO等则能溶解在稀硝酸溶液中。

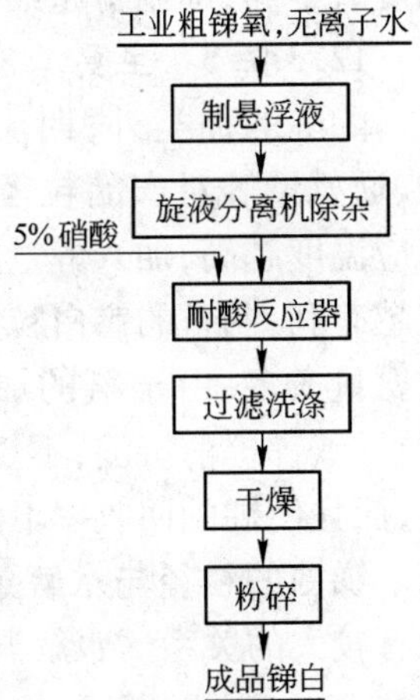

图12-25 硝酸分解法制取锑白的原则工艺流程

硝酸分解法的主要工艺过程是:将锑氧粉与无离子水配成悬浮液,除去杂质,导入耐酸反应器中;用硝酸与悬浮液配成5%的稀硝酸加入反应器,硝酸用量按杂质总和的化学计量加入;用蒸气加热至70~80℃,搅拌反应2h,锑氧粉以固态方式被保留;反应物经固液分离、无离子水洗涤至中性,pH 值为 6.5 ~ 7,再经 150℃高温干燥,粉碎后即得成品锑白。以三氧化二锑含量约 95% 的锑氧粉为原料生产时,产品三氧化二锑的含量不低于 99%。

12.3.7　以三氯化锑为原料的醇盐水解法

醇盐水解法主要用于生产超细锑白,该法用三氯化锑为原料,在有机试剂中水解或氨解而制取锑白。

12.3.7.1　基本原理

醇盐水解法,首先用三氯化锑与化学剂量过量的醇,以乙醇为例,作为醇化剂进行醇化反应,生成醇锑盐:

$$SbCl_3 + 3C_2H_5OH = Sb(OC_2H_5)_3 + 3HCl$$

当有氨、吡啶、有机胺等共存时,可促使醇化反应向右进行。通入氨,不仅能促进醇盐的生成,还可除去氯离子:

$$SbCl_3 + 3C_2H_5OH + 3NH_3 = Sb(OC_2H_5)_3 + 3NH_4Cl$$

金属醇盐易于水解生成氧化物沉淀:

$$2Sb(OC_2H_5)_3 + 3H_2O = Sb_2O_3 + 6C_2H_5OH$$

产品粒度的大小与醇化剂的碳链长度有关,一般 5 个以上碳原子的醇化剂,如戊醇、己醇、庚醇等,所得产品的粒度较细,这可能是醇化反应的完全程度,即锑的醇化率不同所致。醇化反应愈完全,所得产品的粒度愈细。碳链长的醇置换氯离子的能力更强,因而醇化率更高。

12.3.7.2　工艺流程

醇盐水解法生产超细锑白的原则工艺流程见图 12-26。首先加适量的三氯化锑、醇、溶剂苯或醚等于回流反应器中,使其在 70℃左右反应,并通入氨气以促使反应进行。过滤除去不溶于有机试剂的 NH_4Cl,蒸馏醇锑液回收部分苯、醇并循环使用,然后在醇锑液中加蒸馏水进行水解,过滤并采用精馏法回收滤液中的有机试剂回用,沉淀用蒸馏水洗净,最后在高于 100℃的温度时干燥,即制得超细锑白粉末。

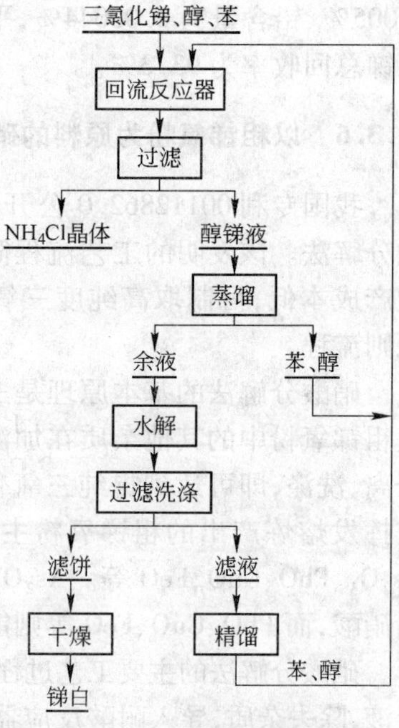

图 12-26　醇盐水解法制取锑白的原则工艺流程

12.3.7.3　主要工艺影响因素

除醇的种类外,回流反应温度、醇的加入量、反应时间、通氨量等对产品粒径均有影响。以沸点温度为限,如反应温度越高,加入醇量越大,反应时间越长,则对醇化反应越有利,制备的锑白粒径越小,但通入氨量必须适当,如通氨量太多,由于氨的加质子作用,会使溶液的 pH 值升高,导致锑提前沉淀,不仅使锑的醇化率降低,产品粒径变大,而且使锑的回收率下降。

锑白的粒径与水解条件,如水解温度、时间、加水量等也有较大的关系。水解温度以 60 ~ 80℃为宜,水解时间控制在 15 ~ 20min 即可,加水量为理论量的 10 倍以上时,可保证高的锑回收率。

中南大学曾采用异丙醇为醇化试剂进行试验制取超

细锑白,其粒径在0.02μm左右,白度达92.4%,锑回收率为94.0%。

12.3.7.4 有机试剂的回收

醇盐水解法存在的一个问题是需要消耗价格较高的有机试剂,如能将其回收循环使用,则可降低成本。为此,在醇化反应后用蒸馏法蒸馏醇锑溶液,馏出部分溶剂和未反应的醇。试验表明,醇锑化合物的沸点大于110℃,故蒸馏温度在110℃以内,能馏出约占使用的苯与醇的一半供循环使用,而与锑反应的醇及部分苯,经水解后,又被还原出来,再采用精馏法将苯和醇与水分离,可使有机试剂循环使用,有机试剂的总循环使用率一般可达70%以上。

12.3.8 湿法-等离子体法联合工艺

一般来说,湿法工艺生产的锑白产品的总体杂质含量较低,但白度较低,且不稳定。华锡集团采用氯化-水解法浸取脆硫锑铅矿生产的锑白主成分高,Fe_2O_3、PbO含量低,但As_2O_3含量大于0.05%。为满足客户要求,提供Sb_2O_3含量大于99.80%,As_2O_3、PbO含量小于0.003%、白度大于95%、粒度小于1.0μm的产品,华锡集团柳州冶炼厂通过试验,在原湿法流程的基础上,增设蒸馏脱砷、等离子体高温处理工艺,成功地生产出低铅、砷含量的超细锑白产品。

12.3.8.1 生产原料及工艺流程

柳州冶炼厂处理的脆硫铅锑矿主要成分为:Sb 25%~30%,Pb 26%~33%,Fe 7%~9%,S 16%~21%,As 0.8%~1.2%,Cu 0.15%~0.30%,Ag 800~1200g/t。

锑白生产联合工艺包括氯化浸出、还原除铅、蒸馏脱砷、水解、中和及等离子体处理等工序,图12-27为该厂采用的生产工艺流程。

12.3.8.2 主要工艺条件

A 氯化浸出

用$SbCl_5$氯化浸出脆硫锑铅矿,氯化剂用氯气再生。浸出液固比为3:1,浸出液酸浓度为4mol/L,洗酸酸浓度与浸出液大体相同,浸出温度95~105℃,机械搅拌2h。

浸出过程中,银、铅大部分进入浸出渣,锑、砷、铁、铜大部分进入浸出液,银、铅与锑、砷、铁、铜初步分离,得到的浸出液主要成分为:Sb 350~400g/L,As 2.0~3.0g/L,Fe 45~55g/L,Cl^- 350~400g/L,Pb 2.0~2.5g/L,Cu 1.5~3.5g/L,Ag 0.8~1.2g/L。

B 还原除铅

浸出液中的高价金属离子,如Sb^{5+}、As^{5+},加海绵锑还原成Sb^{3+}、As^{3+};其他金属离子,如Cu^{2+}、Ag^+,加铁粉还原成Cu、Ag,进入还原渣;另外,加入除铅剂深度除铅。还原除铅后,溶液的成分为:Sb 350~400g/L,As 2.0~3.0g/L,Fe 50~60g/L,Cl^- 350~400g/L,Pb 0.02~0.04g/L,Cu 0.3~0.6g/L,Ag 0.05~0.1g/L。

C 蒸馏脱砷

浸出液经还原除铅后,剩下的金属氯化物,主要有$SbCl_3$、$AsCl_3$、$FeCl_2$,其沸点分别为219℃、130℃、677℃,其中,$AsCl_3$沸点最低,高于100℃时被蒸馏出来,与溶液中其他氯化物分离。当蒸馏罐内真空度为0.06~0.08MPa,蒸馏温度达到120℃时,Sb_2O_3产品中的As_2O_3含量低于0.003%。随着蒸馏温度升高,Sb的蒸出率也逐渐升高,120℃时,Sb蒸出率为

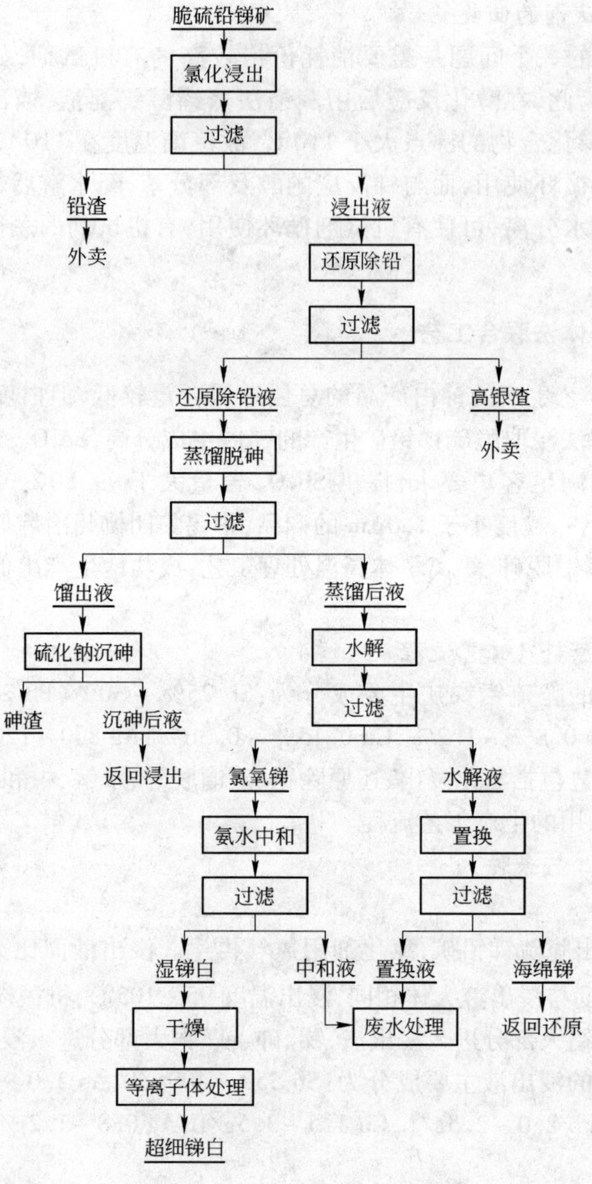

图 12-27 制取锑白的湿法-等离子体法联合工艺流程

3.72%，122℃时，迅速升高到8.23%，因此当罐内温度达到120℃时，蒸馏即可完毕，此时脱砷率可达99%。

D 硫化钠沉砷

含砷的馏出液用硫化钠沉砷，得到的砷呈 As_2S_3 形态存在，稳定、少毒，可贮存也可深加工成砷品出售，沉砷率可达99%。

E 水解中和

对于脱砷馏余液，采用常规水解、氨水中和工艺获得锑白。

F 置换

水解后液用铁置换获得海绵锑返回还原工序。从水解到置换,锑的回收率达97.5%。

G 等离子体处理

在等离子体产生3000℃的高温条件下,斜方型Sb_2O_3迅速气化,经骤冷而得到更稳定的超细立方晶型锑白,产品白度达到95%以上,粒度约0.1μm。产品的金属回收率为98%,结渣率为3.42%。

12.3.8.3 产品质量

对生产所得四批锑白在等离子体处理之前和处理之后进行全分析,其结果分别如表12-25和表12-26所示。

表12-25 湿法锑白质量指标

批号	化学成分/%						白度/%	粒度/μm
	Sb_2O_3	Fe_2O_3	PbO	As_2O_3	CuO	Se		
1	99.70	0.001	0.001	0.0010	0.0005	0.0005	87	1.0
2	99.60	0.001	0.001	0.0028	0.0005	0.0005	88	1.0
3	99.65	0.0012	0.001	0.0012	0.0005	0.0005	85	1.0
4	99.60	0.001	0.0012	0.0015	0.0005	0.0005	86	1.0

表12-26 等离子体处理后锑白质量指标

批号	化学成分/%						白度/%	粒度/μm
	Sb_2O_3	Fe_2O_3	PbO	As_2O_3	CuO	Se		
1	99.85	0.001	0.001	0.0010	0.0006	0.0005	97	0.1
2	99.90	0.001	0.001	0.0021	0.0008	0.0005	96	0.1
3	99.85	0.0012	0.001	0.0010	0.0007	0.0005	97	0.1
4	99.90	0.001	0.0012	0.0012	0.0007	0.0005	97	0.1

从分析结果看出,采用湿法工艺生产的锑白杂质含量低,但白度较低,经过等离子体处理后,粒度变小,产品白度提高。

12.3.9 湿法锑白工艺中的脱铅及产品晶型控制技术

湿法锑白工艺,大多采用氯化剂浸出原料,获得$SbCl_3$溶液,再经水解、中和产出锑白。由于Cl^-对Pb^{2+}的配合能力,在浸出高铅原料时,浸出液中的铅氯配离子($PbCl_n^{2-n}$)浓度较高,这部分铅在水解过程中,随着体系中Cl^-浓度的降低,将可能部分地以$PbCl_2$的形式与氯氧锑共同沉淀,在随后的中和过程中又以$Pb(OH)_2$的形式进入锑白产品,从而影响产品质量。根据相关配合反应平衡常数进行的理论计算表明,水解终点母液中Cl^-浓度在0.9mol/L时,最容易生成$PbCl_2$沉淀,因为此时$PbCl_2$的溶解度最小。水解终点母液中Cl^-浓度在1.4mol/L时,水解母液中铅的最大允许含量约为2g/L,若铅含量高于此值,则会生成$PbCl_2$沉淀进入氯氧锑,因此,采用高铅原料的湿法锑白工艺,一般需要在适当的工序设置脱铅作业。

此外，氯化锑水解中和转化得到的是斜方晶型锑白，由于斜方晶型锑白粉末主要呈针状、纺锤形，流动性差，且有很强的光敏性，在阳光照射下，几个小时内，即可由白色变为灰黄色，产品性能不及立方晶型锑白，因而其用途受到一定的限制。人们通过研究发现，采取适当措施，湿法锑白工艺同样可生产出立方晶型锑白。

12.3.9.1 脱铅技术

湿法锑白工艺中的脱铅技术可概括为以下三种。

A 蒸馏法

蒸馏法是将浸出液进行多级蒸馏、精馏处理，从而达到分离锑、铅及其他杂质的目的，如前面介绍的氯化-干馏法。蒸馏法可获得很纯的三氯化锑溶液，但往往需要将溶液全部蒸馏，其设备要求高，能耗大，生产成本较高。

B 钡盐除铅法

钡盐除铅法是在浸出液的还原过程中，加入可溶性钡盐，如 $BaCl_2$ 来除铅。该法需要硫酸根离子的配合，例如在氯化浸出时，用盐酸与硫酸两者混合作为浸出剂或用盐酸与硫酸钠两者混合作为浸出剂，也可在加入可溶性钡盐的同时加入硫酸钠。在浸出过程中加入硫酸或硫酸钠的益处是，由于硫酸铅的溶解度很小，因而，进入浸出液的铅含量会很低。在还原过程中，加入可溶性钡盐可进一步深度脱铅，其基本原理是使溶液中的铅与生成的 $BaSO_4$ 形成共沉淀而除去：

$$PbCl_n^{2-n} + Ba^{2+} + 2SO_4^{2-} =\!=\!= PbSO_4 \cdot BaSO_4 \downarrow + nCl^-$$

钡盐用量（摩尔比）为：Ba: Pb = (3 ~ 10) : 1，除铅过程可在 5 ~ 50℃ 的温度下进行，反应时间 2 ~ 8h。

C 氯化钠溶液浸取法

氯化钠溶液浸取法是在水解所得氯氧锑中加入饱和氯化钠溶液浸泡氯氧锑，使夹杂在氯氧锑中的 $PbCl_2$ 沉淀绝大部分溶解在氯化钠溶液中：

$$PbCl_2(s) + nCl^- =\!=\!= PbCl_{n+2}^{n-}(l)$$

然后经过滤、洗涤达到除铅的目的。饱和氯化钠溶液的用量可按氯化钠溶液与固体氯氧锑的质量比 1:1 加入。

12.3.9.2 晶型控制技术

在湿法锑白生产工艺中，为了获得立方晶型的三氧化二锑产品，可采用以下几种办法。

A 真空干燥法

斜方晶型锑白的摩尔体积小于立方晶型锑白，属于高压稳定相。研究发现，湿法工艺得到的是斜方晶型锑白，将其在真空度 666 Pa 和 400℃ 的条件下，真空干燥 4h，可转化为立方晶型的锑白。

虽然真空干燥处理可使锑白从斜方晶型转化为立方晶型，但由于条件限制，转化难以完全实现，而且成本较高。

B 添加晶型转化剂

人们研究发现，在氯氧锑中和转化调浆时添加少量的 EDTA、酒石酸、尿素、双氧水等，控制适宜工艺条件，用氨水就可以得到全立方晶型锑白，因此，人们称 EDTA、酒石酸等为锑白晶型转化剂。

EDTA 或酒石酸等锑白晶型转化剂的作用在于改变了氯氧锑中和转化反应的历程。氯氧锑中和转化由固相反应变为液相反应，氯氧锑（$Sb_4O_5Cl_2$）与相关螯合剂反应生成锑配离子而溶解，溶液中配离子与 OH^- 反应发生定向水解，生成立方晶型锑白，整个反应历程受表面化学反应控制，因此水解反应释放的螯合剂又立即吸附于氯氧锑表面，与之反应生成相应的配离子，使整个反应连续进行，从而促进 $Sb_4O_5Cl_2$ 转化为立方晶型锑白。EDTA、酒石酸、尿素、双氧水等晶型转化剂的作用，实质是中和转化反应的产物——立体结构选择性催化剂，其在反应历程中并不消耗，用量很少，关键在于其在 $Sb_4O_5Cl_2$ 表面的化学吸附能完全抑制 OH^- 与 $Sb_4O_5Cl_2$ 之间的直接反应。具体用量，由转化剂在 $Sb_4O_5Cl_2$ 表面吸附的有关参数，如配体大小、立体结构、溶解度、配离子的稳定常数以及操作条件，如 pH 值等综合决定。

C　碳酸钠中和法

水解产物氯氧锑，如果不加晶型转化剂而直接用氨水进行中和脱氯，所得到的锑白为斜方晶型锑白。

用 Na_2CO_3 溶液代替氨水作中和脱氯剂，可获得光稳定性好的立方晶型 Sb_2O_3，而且，Na_2CO_3 具有价格便宜和运输及操作方便等优点。

13 高纯锑的生产

高纯锑是指锑的含量不小于99.999%的金属锑。高纯锑主要用于制备III－V族化合物半导体,如锑化铝、锑化镓及锑化铟等,也用于制造高纯合金、制冷元件或作为硅、锗单晶的掺杂剂。

我国GB10117—88国家标准中,把高纯锑按纯度分为Sb－05和Sb－06两个牌号,要求产品表面应清洁、呈银白色、无氧化色斑。各牌号的化学成分要求列于表13-1。

表13-1　各牌号高纯锑的质量标准

牌　号		Sb－05	Sb－06
Sb含量(不小于)/%		99.999	99.9999
杂质含量(不大于)/$\times10^{-4}$%	Ag	0.05	0.01
	Au	0.2	0.05
	Cd	1.0	0.01
	Cu	0.05	0.01
	Fe	0.5	0.05
	Mg	0.2	0.05
	Ni	0.2	0.05
	Pb	0.5	0.05
	Zn	0.5	0.05
	Mn	0.05	0.01
	As	1.5	0.3
	S	0.5	0.1
	Si	1.0	0.1
	Bi	0.2	0.02

高纯锑有多种生产方法,普遍采用的是精馏-水解-氢还原法,两次电解法和区域提纯法等。

13.1　精馏-水解-氢还原法

将三氯化锑精馏提纯后,得到的三氯化锑用电导水水解,生成氧化锑,氧化锑在石英管内用氢还原,得到的锑在1.333Pa,650～700℃的温度下真空蒸馏,即可制得高纯锑。

该法的工艺流程见图13-1,主要的化学反应如下:

$$2SbCl_3 + 3H_2O \longrightarrow Sb_2O_3 + 6HCl$$

$$Sb_2O_3 + 3H_2 \longrightarrow 2Sb + 3H_2O$$

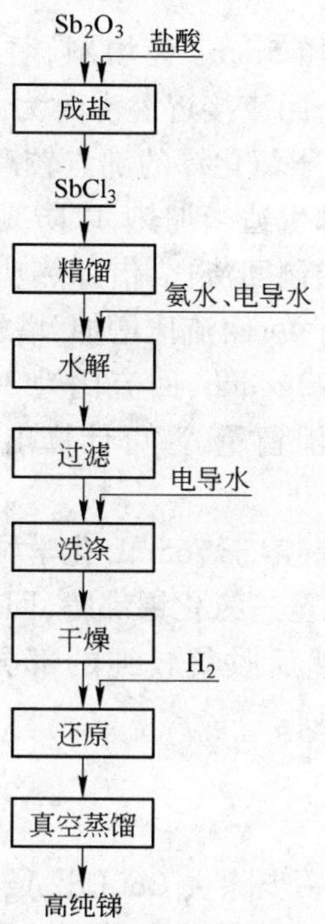

图 13-1　精馏-水解-氢还原法制备高纯锑的工艺流程

13.1.1　精馏

精馏提纯三氯化锑是极为有效的方法,特别对锑中普遍存在而又难以除去的杂质砷效果显著。精馏提纯三氯化锑法是基于三氯化锑和杂质金属的氯化物具有不同的沸点,从而可在一定温度下蒸馏分离。一些金属氯化物的沸点见表 13-2。

表 13-2　三氯化锑与部分金属氯化物的沸点

氯化物	沸点/℃	氯化物	沸点/℃	氯化物	沸点/℃
$SbCl_3$	220	$NiCl_2$	987	$BiCl_3$	441
AgCl	1564	$PbCl_2$	954	$FeCl_3$	319
$MnCl_2$	1110	$ZnCl_2$	732	$HgCl_2$	304
$CoCl_2$	1050	$SnCl_2$	652	$GaCl_3$	200
$FeCl_2$	1026	$SnCl_4$	114.1	$AlCl_3$	180
$CdCl_2$	967	$ZrCl_4$	331	$AsCl_3$	130

从表 13-2 中的数据来看,在三氯化锑蒸馏时,杂质 Ag、Mn、Co、Cd、Ni、Pb、Zn、Fe^{2+} 是不挥发的,蒸馏时,它们只有少量被喷溅或呈气雾状被机械地带入蒸馏物中,Bi、Fe^{3+}、Hg、Zr 是挥发性较小的杂质,而 As、Sn^{4+}、Ga、Al 是易挥发的杂质。控制蒸馏温度在三氯化锑的沸点,即 220℃,可以使锑和其他杂质分离。

用三氯化锑蒸馏法进行提纯,一般采用两级或多级蒸馏或采用精馏塔精馏,即可获得高纯三氯化锑。

[**实例**]蒸馏塔用玻璃珠（直径 5mm）为填料，柱高 1000mm，内径 15mm，填充高度 550mm，最高理论塔板数为 10 块，全回流接近溢沸时为 6 块，静滞流量以三氯化锑测量时为 8.5mL，底部蒸馏容积为 500mL。由于氯化锑的沸点较高，故在柱身真空夹套外缠电热丝，并用石棉布及玻璃布等包扎绝热，顶部也适当加热，以防凝结。馏出部分采用电磁开关的球形磨口，调节开启周期和开放时间以控制回流比，借加热功率调节蒸发速度。

馏出时，工作塔板数与回流比有关，回流比增加，塔板效率也增加，故采用接近溢沸的回流量，即 21.7g/min，馏出速度为 0.72g/min，回流比为 30，此时工作塔板数为 5.4 块。已知工作塔板数、相对挥发度、蒸发量及滞留量等，可计算出回流达到平衡的时间在 1.5h 左右，实际采用 2h 为宜。

进行蒸馏时，以 300g 三氧化二锑溶于 765mL 化学纯浓盐酸中，滤去不溶物，装入蒸馏瓶中。在 108℃蒸出盐酸后，逐渐加热至三氯化锑沸腾，回流平衡后进行馏出，将最初馏出的富含易挥发杂质的 5% ~10% 弃去，然后收集较纯的部分，最后在蒸馏器中，剩余液体约占 5% ~10%，其中富集了难挥发的杂质。

13.1.2　水解

将三氯化锑进行水解，可以进一步除去 Co、Cd、Ag、Fe、Al、Bi 等杂质，效果较好。将纯的三氯化锑加在电导水中，水解后生成白色沉淀。水解时有盐酸生成，因此，水量控制在 15 倍左右，以避免锑的过分损失。为了提高回收率，最好把三氯化锑用电导水加氨水进行水解。

13.1.3　氢还原

生产高纯试剂时，除了准备高纯原料和控制适宜的还原条件外，作为还原剂的氢气必须是高纯度的，即使氢气中仅带有少量杂质，也会对被还原的物质造成相当大的污染，所以，氢气提纯在高纯物质生产中占有重要的地位。

13.1.3.1　氢气的制备

用于生产高纯试剂的氢气，多采用电解水或电解食盐溶液制取，前者投资大，但易于纯化，后者投资少，便于综合利用。

用于还原高纯物质的氢气，要求含水量不能大于 0.01×10^{-6}，氧含量不大于 10×10^{-6}。一般氢气中的主要杂质有水气、氧、微量氨、氯、二氧化碳、磷的化合物以及电解液的雾沫，少量的油蒸气等。

13.1.3.2　氢气的净化

氢气的净化，通常是使氢通过一系列的净化装置，各种装置具有除去一定杂质的能力。氢气净化的方法和提纯工艺流程较多，但各种方法都主要是以除去水和氧为基本出发点。

对于氢气中的氧，一般采用各种脱氧剂或种类繁多的催化剂将其转化成水，然后再通过干燥剂或冷阱进一步除去水。在选择净化剂时，还要注意能够彻底除去氢气中可能存在的其他微量杂质。常用的催化剂、净化剂和干燥剂有如下几种。

催化剂主要有活性铜、钯石棉、镍铬触媒、载铂、钯黑、钯锆石、钯铝石和海绵钛等。

用物理方法除水和除其他杂质的净化剂主要有分子筛、硅胶、活性炭、各种干燥剂、各种冷阱，如分子筛冷阱、活性炭冷阱、石英碎片冷阱、空瓶冷阱以及液态空气、液氮、干冰等各种冷阱。生产实践证明，冷阱净化效果显著，例如，当氢气含水量较多时，一个最简单的冷阱，如干冰＋酒精，就能很快使其结冰。

用化学方法净化的主要试剂有 NaOH、KOH、P_2O_5、$Mg(ClO_4)_2$、$CaCl_2$、$CuCl_2$、$AgNO_3$、H_2SO_4、$CuSO_4$ 等。

硝酸银、浓硫酸和重金属盐类对除去氢中的磷、砷等有害杂质特别有效。

对于过滤固体尘埃，玻璃砂是一种最理想、最有效的净化剂。此外，应用钯合金扩散室，如钯臂、钯膜等，能除去氢中所有杂质。

制订净化工艺及制备净化设备时应注意以下问题：

(1)要求净化剂本身不能与氢反应，不能消耗氢，并且具有较高的净化效果。

(2)要求净化剂能连续使用，并且使其活化、再生的工艺要简单。

(3)要求设备简单，系统管道尽可能缩短，净化炉的制造与焊接、净化系统的连接都要求有良好的密封，所有净化设备与管道都不能与净化剂起化学反应。

(4)净化剂的组合应注意顺序，一般原则是按其净化能力由弱到强，但又要特别注意按各类净化剂的具体特性和要求来确定先后顺序。一般脱氧剂的脱氧机理是将氢气中的氧转化为水，而后除水，但必须注意，如采用脱氧效果很好的钯石棉和活性铜催化剂时，一定要设法先安装除硫、砷、氯的净化剂，以免引起催化剂中毒。

(5)各种净化剂均有一定的工作条件要求，如温度、压力等，生产中除了严格控制这些条件外，还要了解它的净化能力及再生周期。一般管道压力不得超过 0.05MPa($0.5kg/cm^2$)，活性铜工作温度为270℃，钯石棉工作温度为400℃，镍铬催化剂工作温度为80℃。

(6)在生产过程中，应严格操作，严禁空气倒吸到净化设备与管道系统中。当有降温、降压、停氢或断氢时，应通入高纯氮气，或将净化系统密封，例如将系统前后用夹子夹死。

(7)新装的净化剂因曾在空气中暴露过，有可能氧化或吸水，所以使用前必须进行活化。

(8)再生方法应视吸附剂的性质而定。生产中常用的再生温度为：硅胶 120～150℃，活性炭 150～200℃，分子筛为 350～400℃。氧化铝的活化温度为 300～350℃，活性铜的活化温度为 270℃。

在试验室中进行还原操作时，先将氧化锑沉淀物经过电导水洗涤后进行干燥，然后将其置于石墨舟中，每次用量 50～70g，在石英管内用氢还原。还原温度为 620～630℃，稍低于锑的熔点，还原时间约 2h，最后升温至 700℃，熔化成块后取出。

将上述含有少量熔解石墨的锑块置于一端封闭的石英炉管内，于 650～700℃的温度下真空蒸馏一次，真空度约 1.3Pa，这时，金属凝于冷阱上，在蒸馏后的残渣上可明显地看到有石墨存在。

13.2 两次电解法

两次电解法制备高纯锑的工艺流程见图 13-2。第一次电解包括弱电流电解和强电流电解两个过程。

以三氧化二锑为原料，将其溶于酒石酸的水溶液中，先在弱电流 0.6A 下电解，用甘汞电极测定电位，控制阴极电位为 －0.210V，这可使溶液中的铜和铋以及少量的锑沉积在阴

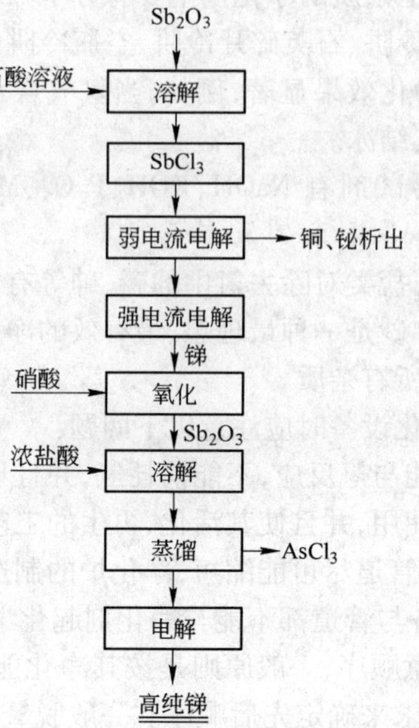

图 13-2　两次电解法制备高纯锑工艺流程

极上。

当除去溶液中的铜和铋后，接着更换阴极并用高的电流强度来电解，开始时电流为 6A，最终降至 1.2A。控制阴极电位为 -0.320V，这可使锑和砷共同沉积在阴极上，而铁、锡、锌、银、铝和镍则留在溶液中。取出阴极上的锑，用硝酸将其氧化成三氧化二锑，用沸水洗涤，再溶于浓盐酸中，然后在 220℃以下蒸馏，使 $AsCl_3$ 挥发除去。

把已除去铜、铋和砷后的 $SbCl_3$ 进行第二次电解，以除去剩下的痕量杂质而获得高纯阴极锑。适宜的电解液是溶液中，HCl 的浓度为 1.5mol/L，H_2SO_4 的浓度为 1.65 mol/L，并含有 $SbCl_3$30～50g/L，工作温度为 25～30℃，阴极电压以 150～180mV，电流密度以 1～5mA/cm^2 为最佳。阴极可用锑、铂片或钽片，阳极最好为 99.999% 的石墨，为了防止阴极上产生 HClO，应将阳极用玻璃隔膜包裹。阳极和阴极中间有带孔的塑料板，中央孔小，四周孔大，使阴极面上的电流能均匀分布，电解液靠磁力加以搅拌。隔膜底部为一碎玻璃做的板，隔膜上面有管道把产生的氯气排出，但生成的 HClO 还会留在阳极附近。

13.3　区熔提纯法

区熔提纯是区域熔炼提纯的简称。区熔提纯法是提高金属锑纯度十分有效的方法，除了砷以外，对其他杂质的净化也很有效。

区熔提纯的原理是在狭窄的熔区内，利用溶质在固、液相间的不同分配，使试样熔区缓慢地移动，以达到提纯的目的。溶质在固、液相间的分配是由系统的热力学性质决定的。溶质在固相中的浓度 C_s 与在液相中浓度 C_l 之比称为分布系数 K。三氯化锑经蒸馏脱砷后还原的锑，通过 10 次区熔能获得杂质砷、锌含量均在 10^{-7}以下的高纯锑。

区域提纯的过程是利用狭窄的熔区沿锭移动，使其中的溶质进行再分布。分布系数 K

大于 1 的溶质集中在锭首；K 小于 1 的溶质集中于锭末。例如对 K 小于 1 的溶质来讲，当熔区由锭首向锭末移动时，凝固作用将使溶质向锭末扩散，最终集中于锭末。在经过很多次行程后，溶质在固相和液相中的分布将达到稳定态，它表示最大可能的分离程度。在这种情况下，由于凝固作用向前对流的溶质（K 小于 1）等于由熔区内混合作用而产生的反向溶质流，虽然熔区继续通过，但不再有提纯作用。图 13-3 为卧式区熔炉熔炼工艺示意图。

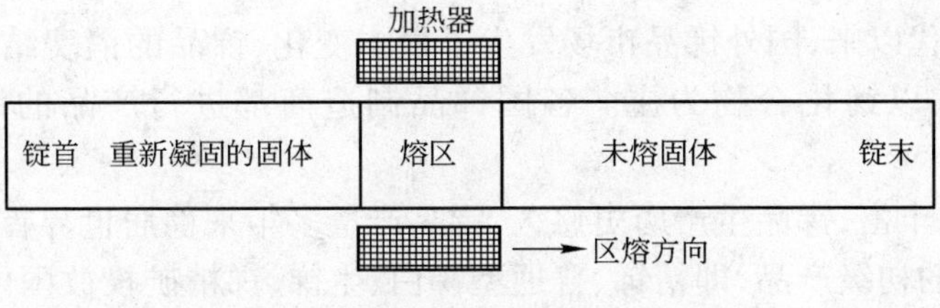

图 13-3 卧式区熔炉熔炼工艺示意图

所用原料为三氯化锑水解后经氢还原得到的金属锑，由于每批物料并非同一次还原所得，故每次操作前皆取样分析。最初几次区熔后，在锭的表面有黑色粉状不溶物出现，经 5 次区熔后，将锭取出，用王水清洗除去黑色粉状不溶物，再用 NaOH 溶液和蒸馏水冲洗，以免生成氧化膜，然后继续区熔，区熔的次数为 10 次、20 次和 30 次。

区域熔融在氩气气氛下进行，用电阻炉加热，调节加热功率以控制熔区宽度为 20 ~ 30mm。为了减小振动，采取电炉移动的方式移动熔区，并调节电动机的输入电压以控制电炉小车的行走速度在 40 ~ 60mm/h，为了使操作稳定，全部电源需经稳压。

将金属锑盛于石墨舟中，锭长 250 ~ 300mm，为了便于调节熔区，将石墨舟的总长度延至 320 ~ 370mm。石墨舟使用前在室温下用王水浸 48h，然后在 1300 ~ 1400℃ 真空处理 2h，再置于电导水中浸煮至电阻率稳定在 2MΩ，脱水干燥后使用。

操作时，将盛有金属锑的石墨舟置于石英管中，抽真空后充入氩气，并用球胆使炉管内维持正压，调节好熔区宽度后，即开始移动，为了避免熔化和凝固引起的物质传输现象，石墨舟与水平线应维持 2% 的倾斜程度。

14 其他工业锑品的生产

20 世纪 70 年代以来，国外锑品市场发生了根本变化，锑品的消费结构由以蓄电池的锑铅合金为主转变成以锑化合物为主。各国锑品制造商都进行产品的深加工以提高竞争能力。

我国锑矿资源丰富，锑品生产历史悠久，锑品产量多年来稳居世界首位，但在 1990 年以前，我国主要以锑的初级产品，即精锑、普通型锑白、生锑、锑精矿投放国内外市场，然后又从国外高价购回我国所需的锑深加工产品。目前，我国已在锑的深加工产品方面作了大量的研究开发工作，取得了显著的成绩，一些锑深加工产品不但取代了进口产品，而且还批量出口国外。我国的锑深加工产品除了各种三氧化二锑和高纯锑外，还有生锑、金黄锑、硫代锑酸钠、硫代锑酸锑、锑酸钠(钾)、醋酸锑、乙二醇锑、胶体五氧化二锑等。

14.1 生锑

生锑，又称为三硫化二锑、三硫化锑或硫化亚锑，化学式为 Sb_2S_3，相对分子质量为 339.72。生锑或纯净的辉锑矿主要用于安全火柴、弹药、鞭炮和橡胶工业，也用于制造有色玻璃、颜料和涂料，还可用于冶炼精制锑产品，用于防火纤维、防水纸及各种锑盐的制备。

生锑在火柴制造上用于磷面及药头。在磷面上的作用是作还原剂和填充剂，显著提高磷面的助燃性能，使火柴在呈平直干燥的三硫化锑结晶体上摩擦即着火，尤其在擦湿火柴时更见效。在磷面配方中，三硫化锑配量与红磷相当，常占 30% ~40% 或更多一些。火柴药头过去全用硫磺，现在也可采用松香或生锑。

用于火柴生产的三硫化锑的规格有如下要求：黑色结晶粉末，具有金属光泽，锑含量不小于 70%，粒度完全通过 120 目(0.122mm)。如混有氧化锑、金属锑粉或有过量游离硫的硫化锑以及锑盐经沉淀法制成的无定形粉末状三硫化锑，均不能用于火柴生产。因为氧化锑及锑粉均无还原作用，过量的游离硫易氧化而使火柴磷面酸化，造成动物胶变质，影响刷磷工艺。锑盐沉淀的硫化锑无结晶结构，因而也不能使用。

用生锑制造烟幕弹，是早为人们熟知的锑在军事上的应用，烟幕弹燃烧时放出的气体和固体的生成物形成烟幕。在枪炮及各种弹药中，常靠三硫化锑具有较大硬度以提高其击发的灵敏度，各种弹药的底火帽常需配 25% ~37.5% 的三硫化锑。用三硫化锑制造鞭炮和烟火，其作用与烟幕弹相同。

橡胶生产中常需用硫含量为 7% 的特制硫化锑，既作为硫化剂，又是红色颜料。

我国三硫化二锑质量标准 GB 5236—85 把三硫化二锑分为三个牌号，各牌号的化学成分规定列于表 14-1。

无定形的三硫化锑可用化学方法制得，如将硫化氢气体通入卤化锑溶液中便可获得无定形三硫化锑。结晶态三硫化锑则可直接从辉锑矿中获得，如纯度要求不高的三硫化锑可

表 14-1　三硫化二锑质量标准

品　号	牌　号	化学成分/%				
		锑$_{总}$	化合硫	杂质含量(不大于)		
				王水不溶物	游离硫	三硫化二砷
零号三硫化二锑	Sb_2S_3 -0	71.00~72.50	25.50~28.00	0.20	0.05	0.20
一号三硫化二锑	Sb_2S_3 -1	70.00~73.00	25.00~28.30	0.30	0.07	0.30
二号三硫化二锑	Sb_2S_3 -2	69.00~73.00	25.00~28.30	0.50	0.10	0.30

由黑色结晶性的辉锑矿经筛选、粉碎而得。纯净的结晶态三硫化锑的生产则可采用一种单纯的熔析方法,即将高品位的辉锑矿块矿加热到高于其熔点 546~556℃时,使 Sb_2S_3 熔化析出,与矿石中的脉石分离,从而得到纯净的三硫化锑。

小规模生产时,熔析三硫化锑的设备一般采用坩埚炉,大多为民间采用的土法。大规模生产时,多采用反射炉熔析,下面将分别介绍。

14.1.1　坩埚炉熔析法

坩埚炉也称罐炉,可分为广东式罐炉、湖南式罐炉等形式。罐炉由熔罐和受罐组成,在熔罐外部加热,罐内块状辉锑矿受热熔化,由罐底小孔流至受罐内,再由人工舀出铸锭。图 14-1 为生锑罐炉示意图。

熔析罐炉构造简单,操作方便,可随时装入炉料,随时取出产品,但罐炉的直收率低,如熔析 Sb 含量为 60% 的矿石时,直收率一般为 83%;熔析 Sb 含量为 45% 的矿石时,直收率则只有 65%,残渣锑含量约 12.5%~30%。此外,罐炉的单位产品能耗较高。

14.1.2　反射炉熔析法

14.1.2.1　原料与燃料

熔析三硫化锑所用的辉锑矿石,要求 Sb 含量大于 45%、S 含量大于 16%、含水分小于 5%。矿石中应尽量少含铜、铅、砷和铁等金属硫化物,因为这些金属硫化物在熔析过程中都熔于 Sb_2S_3 熔体,污染三硫化锑。同时,矿石中也不能含有氧化锑矿石,因为在还原气氛下,氧化锑有可能被还原成金属锑,使三硫化锑锑含量超过标准。此外,原料也不能采用粉矿,更不能使用浮选精矿,一般锑精矿的块度视其中 Sb_2S_3 的含量和结晶状态而定。当锑品位大于 50%、呈粗晶体时,块度一般为 60~80mm;当锑品位较低,且为细晶体时,块度一般控制为 20~50mm,这是因为细结晶状的三硫化锑熔化后,可能被脉石成分隔离而被封闭,不能聚合成大的液滴而自残渣中沉降分离出来的缘故。原料中的粉矿含量应小于 5%,因为粉矿量增加,将造成锑液与矿石残渣的分离困难,不但渣锑含量增高,而且粉矿会进入生锑液污染生锑。

我国生产生锑的反射炉采用烟煤作燃料,一般固定碳为 50%~60%、挥发物为 15%~20%、灰分为 15%~20%、水分为 6%、粒度约 30mm。

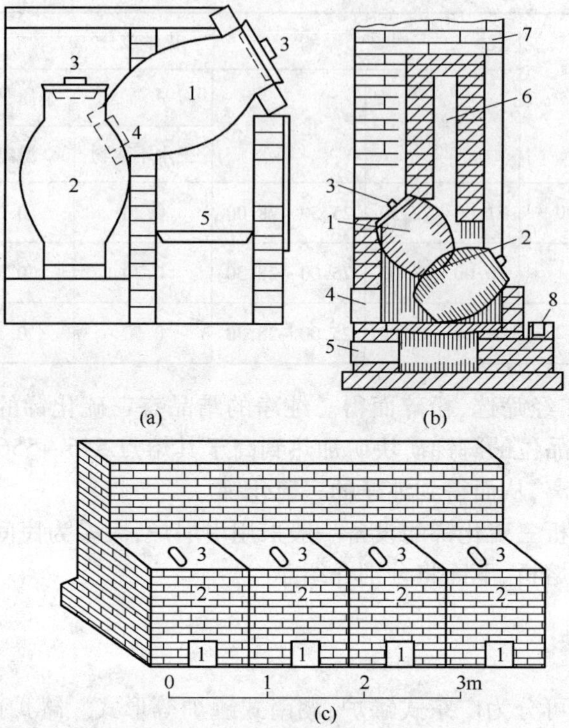

图 14-1　生锑罐炉示意图

(a)广东式罐炉:1—熔罐;2—受罐;3—罐盖;4—火泥圆碟;5—炉桥;
(b)湖南式罐炉:1—熔罐;2—受罐;3—罐盖;4—火门;
5—出灰门;6—烟道;7—烟囱;8—生锑模;
(c)生锑罐炉外貌:1—出灰门;2—火门;3—矿石入口

14.1.2.2　工艺流程与设备

图 14-2 为反射炉熔炼生锑的工艺流程,主要设备包括熔析反射炉、烟气冷凝及收尘设备。

辉锑矿熔析反射炉的结构特点如下:一般炉膛较浅,炉尾一端略深,以便于熔析出来的生锑液流动集中;炉底向一侧略倾斜,便于扒渣和放出生锑液;炉拱顶较矮,有利于加强热交换,减少燃料消耗;其余各部构造与熔炼锑氧的反射炉基本相同,所用耐火材料亦同。图 14-3 为锡矿山实用生锑反射炉结构示意图,其火床面积与炉床面积之比为 1:(3.5~4)。

烟气冷凝和收尘设备由表面冷却器和布袋收尘器组成。烟气出炉温度最高可达 800℃,一般放冷风冷却至 450℃左右,然后进表面冷却器冷却至 150℃进入抽风机,温度为 120~130℃时进布袋收尘器。出布袋收尘器的废气经排风机排入烟囱放空。

14.1.2.3　技术操作条件

加料前,炉膛温度升到 900~1000℃;熔析时期炉膛温度控制在 750~850℃,炉内维持还原气氛;分次加料,每加一次料,熔析后放一次生锑液,出一次渣;每昼夜加料 6 次,放生锑液 6 次,即每昼夜循环作业 6 次;每次熔析过程进行完毕时,适当调整温度;在熔体呈蓝色或青色的情况下,可以进行铸锭而获得高质量的三硫化锑产品,但温度过高或延续作业时间太

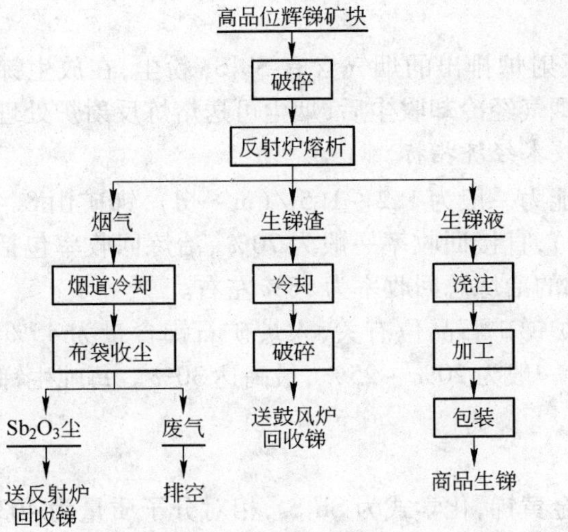

图 14-2　反射炉熔炼生锑的工艺流程

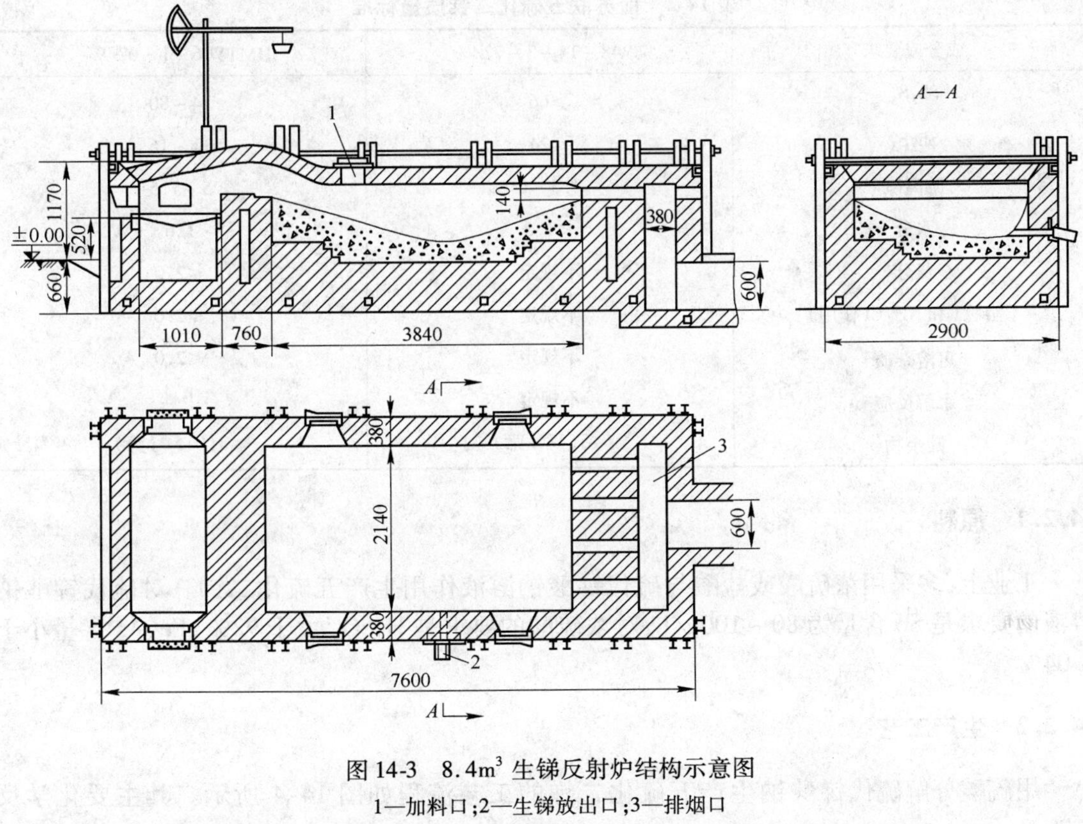

图 14-3　8.4m^3 生锑反射炉结构示意图
1—加料口;2—生锑放出口;3—排烟口

长,熔体可能因燃烧脱硫而呈现红色,使产品硫含量达不到标准。

14.1.2.4　*产物*

反射炉熔析生锑的主要产物有生锑锭、锑渣和烟尘。锑渣主要为脉石和未熔析完全而残留在脉石中的硫化锑,锑渣锑含量一般为20%～25%,可加入直井炉或鼓风炉处理,回收其中的锑。

在熔析阶段中,反射炉排出的烟气含有Sb_2S_3粉尘,在放生锑液和扒渣时,烟气中含有大量Sb_2S_3和Sb_2O_3,烟气经冷却收尘后,烟尘可送熔炼反射炉处理,回收其中的锑。

14.1.2.5　主要技术经济指标

熔析反射炉的床能力一般为1.2～1.5t/(m^2·d),锑矿山8.4m^2反射炉的实际床能力为1.4～1.8t/(m^2·d),直接回收率一般为70%,冶炼回收率包括生锑炉渣、浇铸浮渣和烟尘处理所回收的锑,锑的冶炼总回收率为98%左右。

锑渣产出率与入炉锑矿石品位有关,入炉矿石锑含量为45%～48%时,锑渣产出率为30%～32%,渣锑含量一般为20%～25%,最高达30%。每吨生锑消耗烟煤约230～270kg。

14.2　五硫化二锑

五硫化二锑俗称金黄锑,化学式为Sb_2S_5,相对分子质量为403.82。金黄锑主要用于颜料的配制,在橡胶工业中可用作硫化剂。

表14-2列出了前苏联五硫化二锑的质量标准。

表14-2　前苏联五硫化二锑质量标准

成分或要求	ТУ48－14－3－72/%	ЦМТУ06－1－67/%
Sb_2S_5	≥66	74～80
Sb_2S_3	≤24	11～16
游离硫	4.5～6	5～7.5
水分	<1.5	1.6
灰分	不规定	≤2.0
不溶物(和NH_4Cl作用)	不规定	≤2.0
可溶杂质	不规定	≤2.0
水解反应	不规定	中性
筛余物	≤5(18K筛)	≤3(015号筛)

14.2.1　原料

工业上,多采用浓硫酸或盐酸与硫代锑酸钠溶液作用生产五硫化二锑。对硫代锑酸钠溶液的要求是Sb含量为80～100g/L,对浓硫酸的要求是H_2SO_4大于92%,Fe、As含量小于0.04%。

14.2.2　生产工艺

用硫酸分解硫代锑酸钠生产五硫化二锑的工艺流程如图14-4所示。其主要化学反应为:

$$2Na_3SbS_4 + 3H_2SO_4 \longrightarrow Sb_2S_5 + 3Na_2SO_4 + 3H_2S$$

14.2.2.1　溶解

将硫代锑酸钠晶体在搅拌槽中用热水溶解成溶液,溶液中锑含量为80～100g/L。当锑浓度较大时,不宜提高温度,否则会恶化分解条件,使糊膏发黑,质量下降,同时在管道中容易产生结晶,发生堵塞;当锑浓度低时,生产能力下降,成本升高。

14.2.2.2 过滤

上述制得的硫代锑酸钠溶液,需要澄清或过滤,除去不溶性杂质,避免在分解时混入 Sb_2S_5 膏体中。

14.2.2.3 分解

将净化后浓度为92%的硫酸,在耐酸容器中稀释至 H_2SO_4 含量为21%~23%,冷却到30℃,作为分解之用。硫酸分解所用的设备是搪瓷或衬铅的反应器。将硫酸注入反应器后,再加入 Na_3SbS_4 溶液,其用量按每升硫酸加入1.8~2L计算。在用新鲜空气充分搅拌的情况下,Na_3SbS_4 溶液以每小时480~600L的流量徐徐注入反应器,过大的流量会影响分解的完全程度。如要生产优质的五硫化二锑产品,则在加入 Na_3SbS_4 的同时,加入规定量的 H_2O_2 和 $Na_2S_2O_3$,并往夹套中加入制冷剂,使温度冷却到10℃,这样做的目的是为了消除分解过程中所产生的硫化氢的还原作用,因为用 H_2O_2 氧化,可以使硫化氢转变为游离硫,同时使三价锑氧化成五价锑。分解过程控制温度为35℃,可由下列因素加以控制:溶液浓度、搅拌空气量、溶液加入速度及溶液的初始温度等。

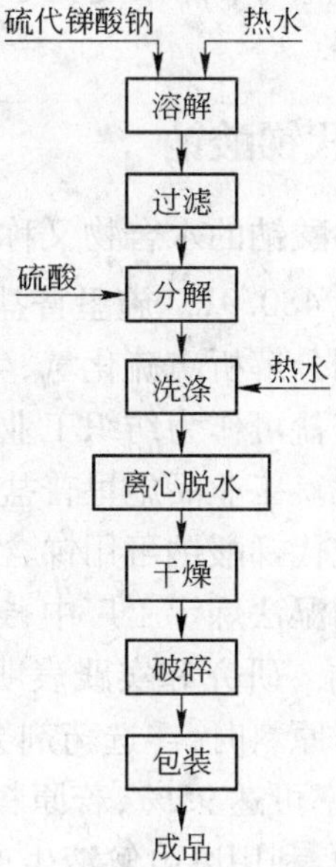

图14-4 五硫化二锑生产工艺流程

分解过程所产生的 H_2S 气体,导入装有25%苛性钠溶液的吸收桶内吸收。苛性钠的用量按生成 Na_2S 的下述反应式计算:

$$H_2S + 2NaOH \longrightarrow Na_2S + 2H_2O$$

14.2.2.4 过滤洗涤

分解反应生成的鲜红色 Sb_2S_5 糊膏,从反应器排入格栅式内衬滤布的木槽中,用低于50℃的热水搅拌洗涤,洗水由槽内排出,以除去硫酸钠和吸附的酸液等杂质。

14.2.2.5 离心脱水

洗涤后的膏体,在衬胶的离心机上脱水至含水40%~60%。

14.2.2.6 干燥

将离心脱水后的膏体用干燥机干燥到湿度为1.5%,利用热风维持80~90℃,均匀加热,干燥中要防止膏体过热发黑或自燃。少量生产时,多采用隔板式烘干箱,但时间太长,劳动强度大,在有条件的地方,最好采用机械喷雾干燥。膏体洗净以后,配成固液比为1:(8~10)的溶液,通过喷雾装置送进带有清刷室壁装置的机械干燥室,同时利用风机送进热风,干燥产物用袋式收尘器收集。

14.2.2.7 破碎

干燥产物在瓷球磨机中,磨细到150目(0.104mm),利用风力分级。球磨与风力分级组成闭路循环,自动排出合格产品,粗粒自动返回球磨,产品的粒度由风力大小进行调节。由

于 Sb_2S_5 在空气中的浓度大于 500g/m^3 时有爆炸的危险，因而，在球磨中要防止 Sb_2S_5 的自燃和自爆。

14.3　硫代锑酸钠

硫代锑酸钠的水合物又称施里普盐（Schlippes salt），其化学式为 $Na_3SbS_4 \cdot 9H_2O$，相对分子质量为 480.91。施里普盐为亮黄色的结晶体，易溶于水，在碱性溶液中很稳定，但当溶液酸化时则分解析出硫化氢，生成五硫化二锑沉淀。

施里普盐可作为纺织工业的媒染剂和着色剂，也可用于制备五硫化二锑以及用于锌电解液的净化。工业品施里普盐一般要求其锑含量为 24% ~26%。

制取硫代锑酸钠可用锑含量大于 30% 的块状锑精矿、浮选锑精矿和锑酸钠等。在采用碱性浸出的湿法炼锑工厂中，还可以利用含硫化钠为 110 ~120g/L 的废电解液生产合格的硫代锑酸钠。研究和实践表明，用块状锑精矿作原料时，Na_3SbS_4 的回收率仅约 75%；用浮选锑精矿作原料时，浮选药剂会污染产品，回收率也不高，小于 78%；用锑酸钠生产硫代锑酸钠时，回收率可达 95%，若原料成分稳定，还可回收硫代硫酸钠，但硫和硫化钠的消耗高；在湿法炼锑中，利用废电解液生产硫代锑酸钠，没有中间产品，较经济合理。

14.3.1　利用废电解液从锑的硫化物料生产硫代锑酸钠

碱性湿法炼锑的废电解液中，含有硫化钠和少量的硫代硫酸钠等，加入适量的三硫化二锑和硫磺，在一定条件下发生反应可得到硫代锑酸钠，其工艺流程见图 14-5。过程发生的主要化学反应如下：

$$Na_2S + S \longrightarrow Na_2S_2$$

$$Sb_2S_3 + 2Na_2S_2 \longrightarrow Na_4Sb_2S_7$$

$$Na_4Sb_2S_7 + Na_2S \longrightarrow 2Na_3SbS_4$$

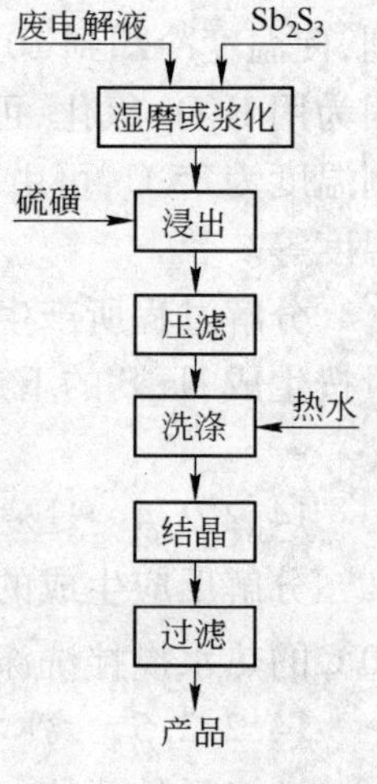

图 14-5　利用废电解液生产硫代锑酸钠工艺流程

14.3.1.1　块料粉碎或浆化

在浸出以前，块状原料 Sb_2S_3 要经过两段破碎和湿式球磨。湿磨的液体介质为 Na_2S 含量为 110 ~120g/L 的废电解液，固液比为 1:(3 ~4)。采用浮选精矿时，要进行浆化作业，如用废电解液作浆化液时，其固液比要保证下步作业所得的浸出液中锑含量为 90 ~100g/L。

14.3.1.2　浸出

湿磨或浆化后的矿浆，在蒸气夹套加热的反应器中搅拌浸出。浸出条件是：按溶液锑含量计算，1kg 锑加入 0.4 ~0.45kg 硫磺，并在 98 ~100℃ 条件下浸出 3h，硫化锑以硫代锑酸钠的形态进入溶液中；粉状硫磺可以提高反应效率和加快反应速度，其用量按理论量过量 20% ~25%；当硫磺不足量时，可生成硫代亚锑酸钠（Na_3SbS_3），在结晶过程中，将增大损失和污染产品；过多地增加硫磺用量，也于过程无益。浸出液中锑的质量浓度必须控制在 90 ~100g/L，过高的质量浓度会增加滤渣中锑的损失，导致管道中出现结晶；过低的质量浓度则使生产能力下降，并增大母液锑的损失。

14.3.1.3 压滤

浸出矿浆在 80 ~ 90℃下进行压滤，滤渣经热水洗涤后，根据其中锑含量的多少，确定是否进一步处理或废弃，滤液送往结晶工序。

14.3.1.4 结晶

浸出液中，除含硫代锑酸钠外，还含有亚硫酸钠、硫酸钠、碳酸钠、硫代硫酸钠等杂质。为了分离杂质，利用溶解度的差别，在 3 ~ 4h 的缓慢搅拌过程中，将温度从 80 ~ 90℃慢慢冷却到 22 ~ 24℃，析出符合质量标准的硫代锑酸钠。第一次结晶后的母液含 Sb 20 ~ 25g/L，再进行第二次结晶。二次结晶后的母液含 Sb 10 ~ 15g/L，丢弃或作熔炼车间湿式净化中和炉气用。二次结晶的硫代锑酸钠的质量较差，返回浸出工序。

14.3.1.5 过滤

晶体与母液在离心过滤机或吸滤机中进行分离，为了得到符合质量标准的淡黄色的优质产品，必须在过滤前，用 10% ~ 15% 的 NaOH 溶液精制，不使晶体碳酸化而发黑。如果是为了制取五硫化二锑，则在过滤时用冷水洗涤，然后脱水，结晶物再在热水中溶解，制成含 Sb 95 ~ 100g/L 微绿色的透明溶液，送去制取五硫化二锑。

14.3.2 从锑的氧化物物料生产硫代锑酸钠

从锑的氧化物物料生产硫代锑酸钠时，先制取亚锑酸钠，然后加入含 Na_2S 的湿法炼锑废电解液及适量硫磺，在一定条件下反应制得硫代锑酸钠。生产工艺原则流程如图 14-6 所示。主要化学反应为：

$$Sb_2O_3 + 6NaOH \longrightarrow 2Na_3SbO_3 + 3H_2O$$

$$Na_2S + S \longrightarrow Na_2S_2$$

$$Na_3SbO_3 + Na_2S_2 + 4S \longrightarrow Na_3SbS_4 + Na_2S_2O_3$$

先将原料三氧化锑与氢氧化钠溶液作用，作用完后过滤得到亚锑酸钠。

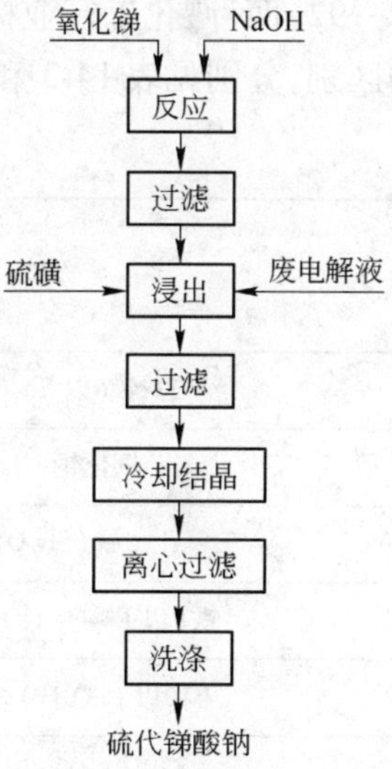

图 14-6 从氧化锑物料制取硫代锑酸钠原则工艺流程

14.3.2.1 浸出

将亚锑酸钠溶于含 Na_2S 110 ~ 120g/L 的废电解液中，按制得的溶液含 Sb 为 90 ~ 100g/L 计算，加入理论消耗量 110% 的硫磺，在温度为 98 ~ 100℃的反应器中搅拌浸出，锑以硫代锑酸钠的形态进入溶液，同时生成硫代硫酸钠。

14.3.2.2 过滤

将上述工序所产矿浆趁热过滤，滤渣积累起来，单独浸出，但需补加一定量的亚锑酸钠，使其浸出液锑含量达 90 ~ 100g/L。重复浸出后的滤渣 Sb 含量为 15% 左右，可用还原熔炼法回收其中的锑。

14.3.2.3 结晶

滤液在搅拌条件下冷却到 20 ~ 25℃，结晶 3h。

14.3.2.4 过滤、洗涤

将结晶物在离心过滤机中进行分离，用冷水洗涤晶体。为了获得优质产品，在过滤之前,要往结晶器中加入 NaOH,保持溶液含 NaOH 5~6g/L。在过滤时,为防止晶体在碳酸气作用下色泽发黑,须用质量浓度为200g/L 的 NaOH 溶液洗涤晶体,如是用于生产五硫化二锑,过滤时,用水洗涤晶体,再将晶体溶于30~50℃热水中,除去不溶物,得到清亮的溶液,送去制备五硫化二锑。

母液中含 Sb 10~12g/L、$Na_2S_2O_3$ 200~300g/L,往溶液中加一定量的浓硫酸,在 pH=5 时,使锑以硫化锑和硫的混合物形式析出。过滤以后,这种硫化物沉淀返回浸出,制取 Na_3SbS_4,而滤液含 $Na_2S_2O_3$ 200g/L,经蒸发结晶,可产出 $Na_2S_2O_3$ 含量为97%的硫代硫酸钠产品。

14.4 水合锑酸钠

水合锑酸钠(sodium antimonate hydration)曾用名焦锑酸钠、锑酸钠,分子式为 $NaSb(OH)_6$,相对分子质量为246.78。水合锑酸钠作为一种精细化工产品,近年来得到广泛的应用,它被用作电视显像管玻壳和高档玻璃的澄清剂和脱色剂(代替了对人体有害的白砒)、搪瓷生产的乳白剂、制造铸件用漆的不透明材料等,尤其在国内外电子行业受到越来越多的重视。

水合锑酸钠的质量标准有化工行业标准(HG/T 3254—2001)和有色金属行业标准(YS 22—92)两种,化工行业标准主要是针对电子行业制订的。在指标规定上,两个标准有一定的区别,分别见表14-3和表14-4。

表14-3 电子工业用水合锑酸钠质量标准

项目		指标	
		一等品/%	合格品/%
总锑(以 Sb_2O_5 计)含量		64.8±0.8	64.8±0.8
氧化钠(Na_2O)含量		12.5±0.5	12.5±0.5
三氧化二锑(Sb_2O_3)含量(不大于)		0.10	0.30
铁(以 Fe_2O_3 计)含量(不大于)		0.005	0.05
铜(以 CuO 计)含量(不大于)		0.001	0.005
铬(以 Cr_2O_3 计)含量(不大于)		0.001	0.005
钒(以 V_2O_5 计)含量(不大于)		0.001	0.005
水分(不大于)		0.30	0.30
粒度	180μm 试验筛筛余物	—	0
	125μm 试验筛筛余物	0	—
	75μm 试验筛筛余物(不小于)	95	—

注:所列指标除水分和粒度外,指标参数均以干基计。

生产水合锑酸钠,主要以金属锑或锑的氧化物为原料,也可采用锑精矿为原料。生产方法有火法和湿法两大类。

火法生产水合锑酸钠,主要是在高温和碱性介质条件下,用硝酸钠氧化三氧化二锑,然

表 14-4 锑酸钠质量标准(YS 22—92)

品级指标项目		一级	二级
化学成分/%	总锑(以 Sb_2O_3 计)	57.6~59.2	57.6~59.2
	五氧化二锑(Sb_2O_5)	64.1~65.5	63.5~65.5
	氧化钠(Na_2O)	12~13	12~13.5
	三价锑(Sb^{3+})(不大于)	0.1	0.3
	三氧化二铁(Fe_2O_3)(不大于)	0.005	0.05
	氧化铜(CuO)(不大于)	0.001	0.005
	三氧化二铬(Cr_2O_3)(不大于)	0.001	0.005
附着水(不大于)/%		0.3	
粒 度		150μm 以下,其中 75~150 μm 的不小于 95%	

后进行水解、洗涤、过滤、烘干而得产品。而湿法工艺一般是由亚锑酸钠或硫代亚锑酸钠氧化或者由五氯化锑水解而制得产品。

火法与湿法相比,湿法工艺具有反应完全、转化率高,能耗低、产品质量稳定、设备简单等特点。目前,我国主要采用湿法工艺生产水合锑酸钠。

14.4.1 硝酸钠法(火法)

此法是用金属锑或三氧化二锑为原料,用硝酸钠在高温和碱性条件下进行氧化,再经水解、洗涤、烘干而制得产品。硝酸钠法的原则工艺流程如图 14-7 所示。其主要化学反应为:

$$3Sb + 5NaNO_3 \longrightarrow 3NaSbO_3 + 5NO + Na_2O$$

或:

$$3Sb_2O_3 + 4NaNO_3 + 2NaOH \longrightarrow 6NaSbO_3 + 4NO + H_2O$$

$$NaSbO_3 + 3H_2O \longrightarrow NaSb(OH)_6$$

将金属锑或三氧化二锑与过量的硝酸钠混合,在反应炉中于 1000℃左右进行氧化,制得粗锑酸钠,然后用稀硝酸,使其中未反应完的钠盐全部转化为硝酸钠,以便于洗涤除杂。经水洗后将洗涤物压滤,滤饼再在 500~600℃温度下进行高温干燥,然后粉碎、包装,即制得水合锑酸钠成品。

此工艺中的高温反应炉既可用回转窑,也可用反射炉。

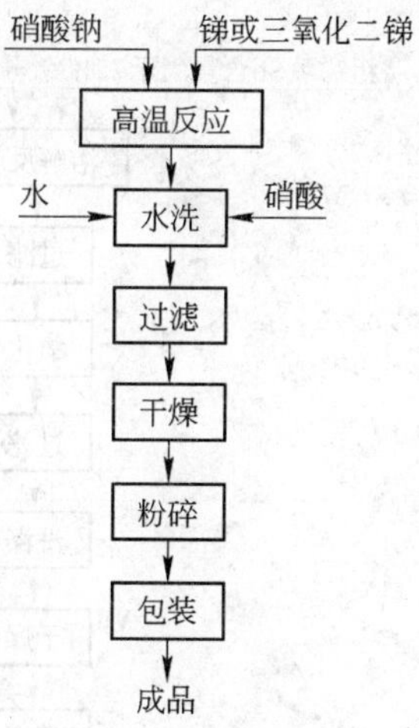

图 14-7 硝酸钠法制备水合锑酸钠原则工艺流程

14.4.2 碱性浸出氧化法

碱性浸出氧化法以粗锑氧粉、工业锑白以及锑精矿等为原料,三氧化二锑或三硫化二锑在碱性介质中溶解、浸出后变为亚锑酸钠或硫代亚锑酸钠,再通入氯气或其他氧化剂,如过氧化氢进行氧化,生成锑酸钠。锑酸钠的溶解度很小,从溶液中析出则制得产品。

碱性浸出氧化法的特点是浸出过程的选择性好,如铅、锌、铜、镉、铟、铁等的硫化物及锡的氧化物不溶于碱性溶液,因而容易获得较纯净的浸出液。

14.4.2.1　以粗锑氧粉为原料的氯气氧化法

在碱性介质中氯气氧化法制备水合锑酸钠的工艺流程如图 14-8 所示，先用氢氧化钠溶液溶解粗锑氧粉，过滤分离出不溶渣后，通入氯气进行氧化反应而制得水合锑酸钠。过程的总化学反应如下：

$$6NaOH + Sb_2O_3 + 2Cl_2 + 3H_2O \longrightarrow 2NaSb(OH)_6\downarrow + 4NaCl$$

上述反应应定量进行，为了避免过多的氯气与氢氧化钠反应，需对氯气氧化是否完全进行监测。反应生成的氯化钠经浓缩、结晶后回收，母液中剩余的碱可返回利用。该工艺的主要影响因素有氢氧化钠浓度、反应温度以及氧化时间等。

当氢氧化钠浓度为 5mol/L 时，三氧化二锑的一次浸出率可达 94% 以上。通氯氧化反应温度控制在 70℃ 左右，时间 1h，产品中锑的回收率可达 90% 以上。

该工艺的主要缺点是三氧化二锑的溶解速度慢，反应时间较长。

14.4.2.2　以工业锑白为原料的双氧水氧化法

双氧水氧化法的原理是三氧化二锑在氢氧化钠水溶液中直接与过氧化氢反应生成锑酸钠，其基本化学反应式为：

$$Sb_2O_3 + 2H_2O_2 + 2NaOH \longrightarrow 2NaSb(OH)_6$$

与用粗锑氧为原料的氯气氧化法相比，由于锑白中的杂质很少，因而无需先进行碱溶除杂，而是直接进行氧化反应。由于有氧化剂存在，故反应速度较快。

该工艺具有流程短、设备简单、转化率高、收率好、质量稳定、工艺条件范围宽等特点，图 14-9 为其原则工艺流程。

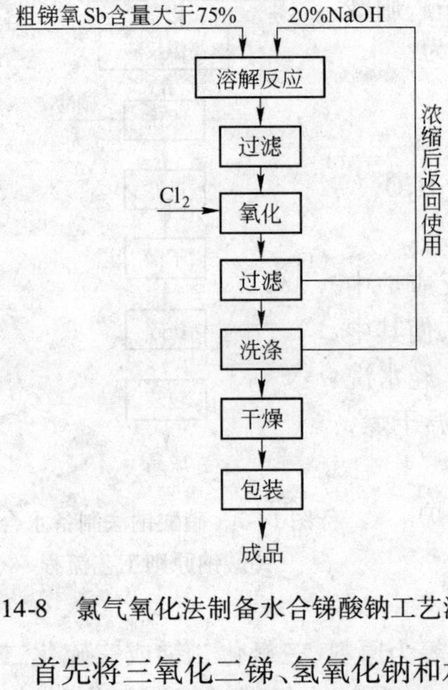

图 14-8　氯气氧化法制备水合锑酸钠工艺流程

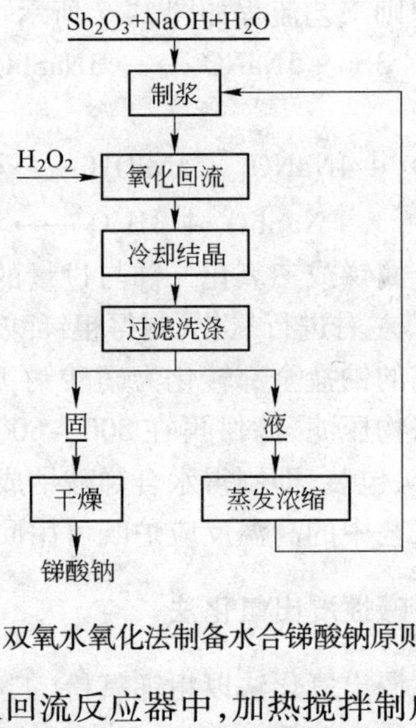

图 14-9　双氧水氧化法制备水合锑酸钠原则工艺流程

首先将三氧化二锑、氢氧化钠和水按一定比例加入回流反应器中，加热搅拌制成分散均匀的浆液，当浆液达到规定的反应温度后，恒温搅拌并缓慢加入 30% 的过氧化氢溶液进行氧化反应。氧化反应完成后，搅拌冷却结晶，当浆液温度冷却至室温时，用真空抽滤方式进行液固分离。滤液通过蒸发浓缩返回下一次试验制浆，固体产物用水反复洗涤过滤后，在 80℃ 温度下烘干，即为水合锑酸钠产品。

氢氧化钠和双氧水的用量，以 H_2O_2 计，一般控制为理论用量的 2 ~ 2.5 倍，氧化反应温度控制在 80 ~ 95℃的范围内，反应时间约 1h。

14.4.2.3 *以辉锑矿为原料的双氧水氧化法*

该法以硫化钠和氢氧化钠混合碱溶液浸取辉锑矿，获得以硫代亚锑酸钠为主的浸出液，再用双氧水氧化而制得水合锑酸钠产品。生产工艺流程见图 14-10，过程发生的主要化学反应为：

$$Sb_2S_3 + 3Na_2S \longrightarrow 2Na_3SbS_3$$

$$Sb_2S_3 + 6NaOH \longrightarrow Na_3SbS_3 + Na_3SbO_3 + 3H_2O$$

$$Na_3SbS_3 + 4H_2O_2 \longrightarrow Na_3SbO_4 + 4H_2O + 3S$$

$$Na_3SbO_3 + 4H_2O_2 \longrightarrow Na_3SbO_4 + H_2O$$

$$Na_3SbO_4 + 4H_2O \longrightarrow NaSb(OH)_6 + 2NaOH$$

首先，将锑含量大于 40% 的辉锑矿粉碎至 250 目（0.061mm），用含 NaOH 的 Na_2S 溶液浸出，温度控制在 80℃左右，并不断搅拌。混合碱液浸出剂一般含 Na_2S 130g/L、NaOH 20g/L，NaOH 的作用是抑制 Na_2S 的水解和溶液的早期氧化。浸出过程的特点是浸出时间不能过长，硫化钠的浓度不能过高。浸取时间取决于矿粉粒度、孔隙度及碱溶性好坏和矿粉中可溶锑的含量。一般浸取 10 ~ 30min，锑的浸出率可达 97% 以上。由于 Na_2S 和 Na_3SbS_3 很不稳定，浸取时间过长反而会降低浸出率。

浸出完毕后过滤，弃去浸出渣，在滤液中加入少量 NaOH，在室温及不断搅拌的条件下缓缓加入 30% 的 H_2O_2，这时便生产锑酸钠沉淀。当溶液 pH = 5 ~ 6 时，氧化反应基本完全，反应完毕后过滤，即制得锑酸钠粗产品。

锑酸钠粗产品中含有元素硫，需除去，将所得粗产品用 1:1 盐酸溶液溶解，调节溶液 pH 值为 1 ~ 2，滤去不溶物（不溶物用于回收硫磺），滤液用 NaOH 溶液中和至 pH 值为 6 ~ 7，过滤并用水洗涤，滤饼在 200℃左右烘干，破碎后即制得成品。

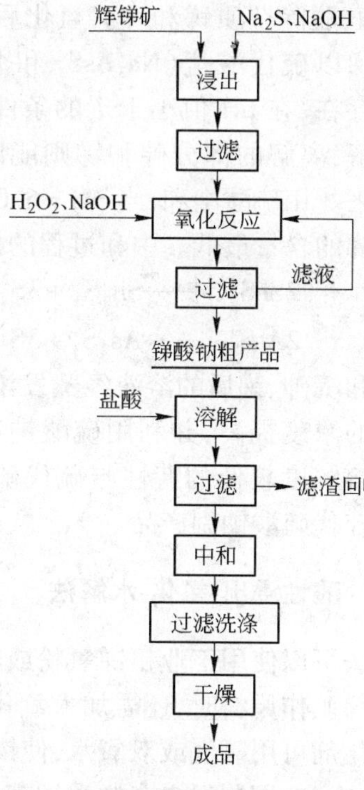

图 14-10 辉锑矿双氧水氧化法制备水合锑酸钠工艺流程

14.4.2.4 *以辉锑矿或脆硫锑铅矿为原料的空气氧化法*

空气氧化法是以辉锑矿精矿或脆硫铅锑精矿为原料，用硫化钠和氢氧化钠为溶剂进行浸出，得到的浸出液在催化剂存在的条件下，鼓入空气将硫代亚锑酸钠氧化为水合锑酸钠沉淀下来，再经过滤、洗涤、干燥后制得水合锑酸钠产品。氧化反应不生成元素硫，主要生成硫代硫酸钠，部分为亚硫酸钠和硫酸钠，氧化后液经过中和、除杂、浓缩、结晶后，得到的硫代硫酸钠作为副产品回收，有很好的经济效益。

空气氧化法的特点是不需要昂贵的氧化剂，特别是可使用较廉价的脆硫锑铅矿精矿，可大幅度地降低成本，但相对其他工艺流程而言，该工艺流程较长，产品中 Sb^{3+} 含量偏高。图 14-11 为空气氧化法的原则工艺流程。

浸出过程与大多数湿法炼锑工艺基本相同。氧化反应在特制的、设有催化剂装置的氧化塔中进行，采用蒸气加热。催化剂可采用蒽醌或其衍生物，如 1，5－二蒽醌磺酸钠等，也可采用可溶性铜盐与对苯二酚的混合物。氧化反应过程很复杂，其主要反应机理为：

$$2Na_3SbS_3 + O_2 + 2H_2O + 2NaOH \longrightarrow 2NaSb(OH)_6\downarrow + 3Na_2S_2O_3$$

氧化反应后，分离出水合锑酸钠沉淀，对氧化后液进行中和处理。中和处理的目的是降低溶液的 pH 值，脱除杂质锑和砷。氧化后液呈碱性，其中砷和锑以硫代酸盐（Na_3AsS_3 和 Na_3SbS_3）的形式稳定存在，在 pH 值小于 7 的条件下，硫代酸盐发生离解，离解的部分砷和锑则能以硫化物形式沉淀下来。用硫酸中和，当 pH＝6.0 时，中和后液中砷和锑的含量最低。中和过程的机理如下：

$$2SbS_3^{3-} \longrightarrow Sb_2S_3 + 3S^{2-}$$

$$2AsS_3^{3-} \longrightarrow As_2S_3 + 3S^{2-}$$

中和沉砷、锑后的溶液经蒸发浓缩后，使硫代硫酸钠的浓度提高，并利用硫酸钠和亚硫酸钠在高温下溶解度较低的特性与硫代硫酸钠分离，最后制得硫代硫酸钠副产品。

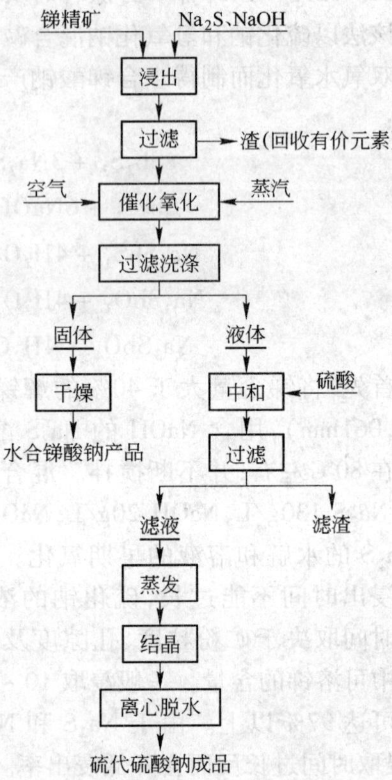

图 14-11　空气氧化法制备水合锑酸钠原则工艺流程

14.4.3　酸性浸出-氧化-水解法

该法可以使用工业粗锑氧粉或辉锑矿作为原料，其基本原理是用盐酸浸取原料中的锑，如用辉锑矿作原料时，还需加入氧化剂如氯气，获得锑的氯化物溶液，再将溶液进行氧化处理。氧化剂可用氯气或双氧水，使锑的氯化物全部氧化为五氯化锑，随后对五氯化锑溶液进行水解、中和，即制得水合锑酸钠产品。

酸性浸出-氧化-水解法生产水合锑酸钠的原则工艺流程如图 14-12 所示。

14.4.3.1　浸出

用粗锑氧粉作原料时，一般不需要加氧化剂，仅用盐酸即可。反应温度一般控制在 70～75℃，可用蒸气加热，反应时间为 3～4h，浸出液中主要含 $SbCl_3$，浸出渣丢弃。

用辉锑矿作原料时，除加入盐酸外，还要加入氯气等作为氧化剂，反应条件与酸法锑白类似。用氯气浸出时，反应可自热进行，浸出液中除含有 $SbCl_3$ 外，还含有部分 $SbCl_5$。浸出渣中含有元素硫，可回收利用。为了防止锑的氯化物水解，浸出液需保持一定的酸浓度。

14.4.3.2　氧化

将上述浸出液过滤，滤去不溶性杂质，得到澄清的锑氯化物溶液，然后将溶液放入搪瓷反应釜中，一边用蒸气升温，一边慢慢通入氯气进行氧化反应，把 Sb^{3+} 氧化成 Sb^{5+}，也可加入双氧水进行氧化反应。

氧化反应温度一般小于65℃，吨锑氯气用量为600kg，氯气压力小于0.2 MPa。氧化反应是整个工艺的关键，氧化反应的好坏，直接影响最终产品的质量，因此，在氧化过程中需严格控制反应温度、通氯压力以及溶液中的 Sb^{3+} 浓度，应不断取样分析溶液中 Sb^{3+} 浓度的变化情况。由于氧化反应为放热反应，操作时应防止温度剧升，一旦遇到温度剧升或超温时，应立即开冷却水降温。在反应后期，可将通氯压力降低到0.05MPa以下，减少通氯量，以免氯气饱和时造成氯气泄漏事故。当溶液中 Sb^{3+} 质量浓度小于0.01g/L时，可认为反应已完全，即可降温出料。

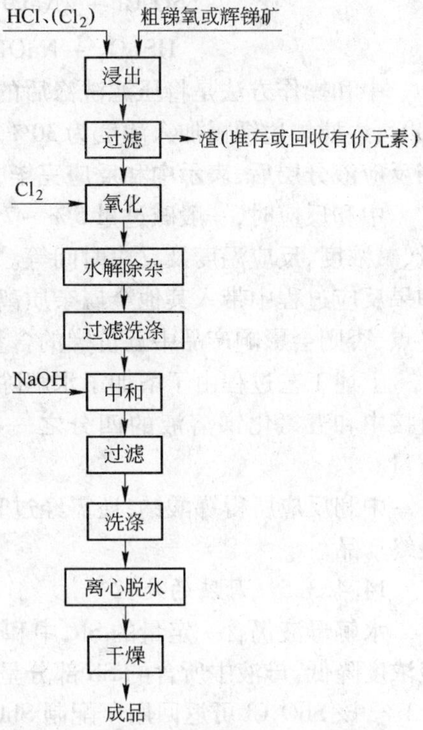

图14-12 酸性浸出-氧化-水解法生产水合锑酸钠的原则工艺流程

14.4.3.3 水解除杂

氯化后的溶液中，存在大量过量的酸，如果将此 $SbCl_5$ 溶液直接用碱中和，耗碱很大，会使生产成本大大增加。此外，溶解在溶液中的某些金属杂质离子亦会带进产品中，严重影响产品质量，为此，可利用 $SbCl_5$ 容易水解的特性，将 Sb^{5+} 从溶液中水解沉淀出来，然后经过滤将沉淀物与含酸溶液分离。由 $SbCl_5$ 水解生成的 SbO_2Cl 和 $HSbO_3$ 沉淀产物用除杂剂洗涤，洗去吸附在沉淀物中的金属杂质离子，这样，在水解除杂工序中，原 $SbCl_5$ 溶液中的金属杂质大部分随滤液分离除去，另外小部分则被除杂剂洗去，一方面达到了净化除杂的目的，另一方面由于分离了大量的游离酸，从而使中和时碱用量大大降低。

五氯化锑的水解反应如下：

$$SbCl_5 + 2H_2O = SbO_2Cl + 4HCl$$

$$SbCl_5 + 3H_2O = HSbO_3 + 5HCl$$

当加入大量水并加热时，生成的 SbO_2Cl 可进一步水解：

$$SbO_2Cl + 2H_2O = H_3SbO_4 + HCl$$

从以上反应可以看出，$SbCl_5$ 的水解反应比较复杂，当加入的水量不同时，可得到不同的水解产物。

在水解操作中，$SbCl_5$ 溶液与加入的水量之比为1:(3.5~7)(体积比)，加水量与溶液中的酸浓度和锑浓度有关。具体操作是在水解池中加入定量的水，然后在搅拌下慢慢加入经计量的五氯化锑溶液，加完后再搅拌15min，即水解完毕，用板框压滤机进行压滤，将沉淀物与溶液分离。水解后的五价锑沉淀还需经除杂洗涤剂洗涤后，才能进入中和工序。沉淀物的洗涤是用pH=2的酸性水加入少量除杂剂，对沉淀物洗涤2~3次，当洗涤水中的Fe含量小于0.001g/L时，即洗涤完毕。

14.4.3.4 中和

上述水解产物为白色沉淀物，可与碱进行中和反应生成水合锑酸钠：

$$SbO_2Cl + 2NaOH + 2H_2O \longrightarrow NaSb(OH)_6 + NaCl$$

$$HSbO_3 + NaOH + 2H_2O \longrightarrow NaSb(OH)_6$$

中和操作方法是将压滤洗涤后的五价锑沉淀物放入中和槽中,加水搅拌成浆状,升温至80℃,边搅拌边缓慢加入浓度为30%的NaOH溶液,半小时内加完,在80℃反应30min左右。当反应液分层后,表示中和反应完毕,下层沉淀即为水合锑酸钠产品。

中和反应时,一般碱过量5%~7%,以利于锑酸钠的生成。影响中和反应的因素有碱用量、碱浓度、反应温度及反应时间等。其中任何因素控制不好,均会影响产品质量和直收率。如果反应过程中带入其他金属杂质离子,还会影响产品的白度。此外,还需严格控制好反应终点,否则会影响产品中五价锑的含量,造成产品不合格。

上述工艺过程由于增加了水解除杂工序,使中和用碱量大大减少,每吨产品的耗碱量是直接中和五氯化锑溶液的四分之一左右,在这方面降低了生产成本,另外还提高了产品质量。

中和反应所得锑酸钠,还需经过真空抽滤、水析、离心分离、干燥、粉碎、过筛后才能成为最终产品。

14.4.3.5　母液的处理

水解母液仍含一定量的Sb,中和母液含NaOH。将水解母液与中和母液混合后,溶液的酸浓度降低,母液中所含的Sb部分呈SbO_2Cl析出,析出的SbO_2Cl量约占水解投入Sb量的3.3%,该SbO_2Cl可返回用于配制$SbCl_5$溶液。析出SbO_2Cl之后,母液中剩余的Sb,在常温下加入铁粉或铁屑置换20min,其中,65%以上的Sb以海绵锑形态得到回收。

置换Sb之后的置换液,在搅拌条件下加入石灰调节浆液的pH值为8~9,然后过滤,经石灰中和处理后的废水,其Pb含量小于1mg/L,As含量仅约0.15mg/L,符合国家工业废水排放标准要求。

14.5　胶体五氧化二锑

胶体五氧化二锑的结构为$Sb_2O_5 \cdot nH_2O(n \approx 3.5 \sim 4)$,是五氧化二锑的水合物,这种水合物在500℃以下只发生脱水反应,能吸收一定的热量,有利于降低燃烧区的温度和氧浓度,从而起到阻燃作用。胶体五氧化二锑不溶于硝酸,仅稍溶于水,可溶于氢氧化钾溶液。

胶体五氧化二锑是一种新型的阻燃剂,主要用于化纤、纺织、纸张、塑料、橡胶制品的阻燃处理,也可在颜料、油漆中使用,以取代其中的一些色料,而达到阻燃效果。胶体五氧化二锑的粒度一般为15~40nm,此粒度使其更适合在纤维、薄膜和透明的阻燃制品中应用,例如,在阻燃纤维的生产中,能避免堵塞喷丝孔和降低纺织强度。胶体五氧化二锑的分散均匀,不会影响纤维、织物的色泽,对织物渗透性大、附着力高,因而耐洗耐用,阻燃性持久。此外,由于胶体五氧化二锑的溶胶粒子具有极大的表面积,活性大,因此在阻燃效果相同时,其添加量远小于一般氧化锑,仅为一般氧化锑的40%~50%,并可减少含卤素阻燃剂配方的用量而使成本降低,且较三氧化二锑发烟量少,产生的气体毒性小。

胶体五氧化二锑与水、甲醇、乙二醇、乙酸、二甲基甲酰胺等许多有机溶剂相溶性好,因此,比三氧化二锑更容易与卤素阻燃剂均匀混合成各种高效复合阻燃剂。

制备胶体五氧化二锑大致可分为两种途径。一种途径是由五价锑的化合物直接制取胶体五氧化二锑,相应的制备方法有离子交换法和电渗析法。离子交换法是采用H^+型离子交换树脂,以锑酸钾为原料,往复循环进行离子交换,控制流出液的 pH 值,得到产物,五氧化二锑浓度为 10% 左右。电渗析法则是采用阳离子交换膜(E_{50})隔开的双室电渗析器,阳极室放置焦锑酸钾($K_2H_2Sb_2O_7 \cdot 4H_2O$)水溶液,电流密度控制在 0.11 ~ 0.20A/cm^2 得到产物,转化率可达 80%。这两种方法耗时过长,且所得产物浓度很低,故难以实现工业化生产。

制备胶体五氧化二锑的另一种途径,也是最为简便可行的途径是采用氧化剂氧化三氧化二锑为五氧化二锑,同时,加入适量的稳定剂或分散剂以维持胶体的稳定存在,相应的方法为回流氧化法。

过氧化氢氧化法由于过程简单而在工业上被广泛采用,但是该法采用优质锑白、双氧水等为原料,生产成本高,为此,研究出了以锑粉为原料的氯化水解法生产胶体五氧化二锑新工艺。

14.5.1 过氧化氢回流氧化法

该法以优质锑白为原料,采用过氧化氢为氧化剂氧化三氧化二锑,而得到胶体五氧化二锑产品。其原则工艺流程如图 14-13 所示,过程发生的主要反应为:

$$Sb_2O_3 + 2H_2O_2 \longrightarrow Sb_2O_5 + 2H_2O$$

14.5.1.1 氧化

在回流氧化反应器内将三氧化二锑悬浮于去离子水中,加热至 50℃ 左右,缓缓加入双氧水,在不断搅拌下进行氧化,然后加入适量稳定剂进行胶溶,经过上述处理过程后即可制得五氧化二锑溶胶产品。将五氧化二锑溶胶喷雾干燥,便得到流动性良好的干粉状胶体五氧化二锑产品。这种干粉状产品还可再分散于水中,制成胶体。

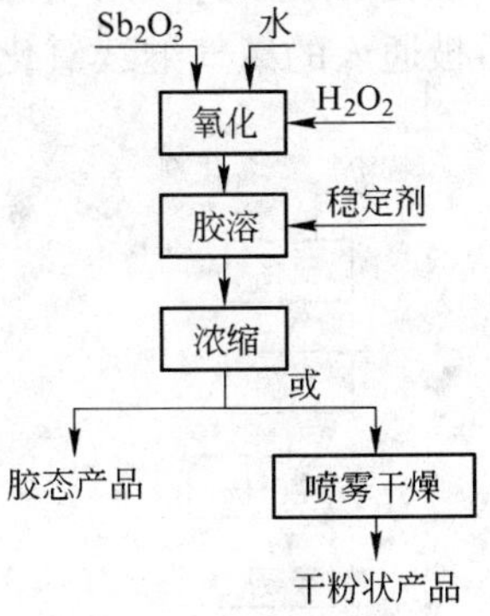

图 14-13 过氧化氢回流氧化法制备胶体五氧化二锑原则工艺流程

氧化反应温度需稳定控制在 90℃ 左右,使氧化反应均匀进行,降低反应温度,Sb_2O_5 胶粒的平均粒径减小、分布变窄,但 Sb_2O_5 的转化率降低。

过氧化氢和三氧化二锑的摩尔比等于 2.0 为宜,小于 2.0 的摩尔比不足以完全将三氧化二锑氧化成五氧化二锑,若摩尔比超过 2.0,则 H_2O_2 在化学计量上过量,不经济,而且残留的过氧化氢会导致使用这种胶体的产品发泡或质量变差,为了除去过量的过氧化氢,一般还需要增加一个处理步骤,如催化剂分解或者活性炭吸附,从而增加生产成本。

为了提高 Sb_2O_5 的转化率,可在氧化反应过程中加入钨酸钠(Na_2WO_4)、钨酸铵($(NH_4)_2WO_4$)或者钼酸钠(Na_2MoO_4)、钼酸铵($(NH_4)_2MoO_4$)等,使产品中 Sb_2O_3 与 Sb_2O_5 的质量比小于 0.04。高锰酸盐,如高锰酸钾($KMnO_4$),或重铬酸盐,如重铬酸铵($(NH_4)_2Cr_2O_7$)等也可以产生类似的效果,但是,它们在着色等方面对产品有影响,因此其使用受到限制。

没有稳定剂的胶体五氧化二锑只能短期稳定存在,加入少量稳定剂后则可长期稳定。稳定剂可选用氢氧化钠、氢氧化钾、碳酸钠;脂肪族醇胺,如三乙醇胺;烷基胺,如正丙胺或者二异丙基胺;氧羧酸,如乳酸、酒石酸;柠檬酸、磷酸及其酸式铵盐等;稳定剂可在氧化反应之前或之后加入。

以碳酸钠作稳定剂，其最佳用量是其与 Sb_2O_3 的摩尔比为 0.05；以 H_3PO_4 作稳定剂，当 H_3PO_4 与 Sb 的摩尔比为 0.10 ~ 0.30 时，能够制备出长期稳定的胶体 Sb_2O_5。H_3PO_4 不足或过量时，所得 Sb_2O_5 分散系不能稳定存在，随着 H_3PO_4 添加量的增大，Sb_2O_5 胶粒的平均粒径减小、分布变窄，H_3PO_4 与 Sb 的摩尔比为 0.20 时可得到 30nm 左右的 Sb_2O_5 胶体。

14.5.1.2　浓缩

将稀胶放入浓缩缸内，在 95 ~ 100℃ 的温度下，浓缩到相对密度 1.82 ~ 1.83，或经计算出 Sb_2O_5 含量大于 50% 时即可放料。

浓缩过程中，如果 Sb_2O_5 浓度太高，会大大降低胶体的流动性，给放料、过滤等操作带来困难，故控制好放料时间很重要。

14.5.1.3　喷雾干燥

为了保证喷干产品的质量，水溶胶中的 Sb_2O_5 含量以 30% ~ 59% 为宜，出口温度最好大于或等于 100℃，加料时，要均匀加入，以使颗粒大小一致，颜色相同。

14.5.2　氯化水解法

氯化水解法直接采用锑粉为原料，首先，用五氯化锑将锑粉氧化成三氯化锑进入溶液，然后被通入的氯气继续氧化成五氯化锑，五氯化锑再经水解而制得胶体五氧化二锑。氯化水解法要求原料锑含量大于 99%，粒度为 1 ~ 3mm，其生产工艺流程见图 14-14，主要反应如下：

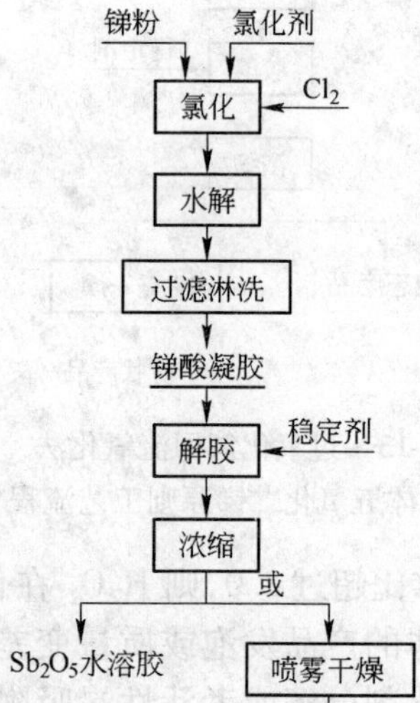

图 14-14　氯化水解法制备胶体五氧化二锑工艺流程

$$3SbCl_5 + 2Sb \longrightarrow 5SbCl_3$$
$$SbCl_3 + Cl_2 \longrightarrow SbCl_5$$
$$SbCl_5 + H_2O \longrightarrow SbO_2Cl + 4HCl$$
$$SbO_2Cl + 2H_2O \longrightarrow H_3SbO_4 + HCl$$
$$H_3SbO_4 \longrightarrow HSbO_3 + H_2O$$
$$2HSbO_3 \longrightarrow Sb_2O_5 + H_2O$$

14.5.2.1　氯化

氯化在搪瓷玻璃反应罐中进行，它包括氯化浸出和氯化氧化两个过程，即原料中五氯化锑先将金属锑粉氧化成三氯化锑进入溶液，然后被通入的氯气氧化成五氯化锑。氯化温度一般为 70 ~ 75℃，反应时间 4h，吨锑液氯加入量为 1.5t。在此条件下，锑浸出率和五氯化锑转化率接近 100%。

14.5.2.2　水解

水解的目的，一是脱氯，二是分离其他金属杂质。影响五氯化锑水解过程进行的主要因素除加水量和水解搅拌时间外，还有五氯化锑溶液中游离酸的含量，游离酸含量越高，水解沉锑率越低。这一阶段的适宜控制条件为：五氯化锑溶液浓度，Sb^{5+} 的含量为 350g/L，加水量为 6 ~ 8 倍的原液量，水解搅拌时间 40min。此时可获得 95% ~ 96% 的水解沉锑率。

14.5.2.3　解胶

解胶就是使水解后得到的锑酸凝胶转变为稳定的五氧化二锑水溶胶。将淋洗过的凝胶加到含有稳定剂的水溶液中调浆、搅拌，升温至 40～90℃，使之慢慢转变为无色清亮或乳白色、浓度为 15%～30% 左右的五氧化二锑水溶胶。控制条件为；温度 95℃，稳定剂用量按 Sb_2O_5 量计为 4%，解胶时间 40min，搅拌强度 200r/min。

14.5.2.4 浓缩及喷雾干燥

解胶后所得产品可直接出售，也可经浓缩处理后得浓胶出厂，浓缩过程可在蛇管加热反应罐中进行，浓缩温度为 85～95℃，最终产品浓度可根据需要控制在 40%～50%。

将浓胶在喷雾干燥机上干燥可得 Sb_2O_5 含量在 78%～82% 的胶体干粉。

14.6 醋酸锑

醋酸锑又名乙酸锑，其分子式为 $Sb(CH_3COO)_3$，相对分子质量为 475.8。醋酸锑是白色晶体，不溶于水和苯等一般有机溶剂，而溶于乙二醇，加热可溶于二甲苯，在空气中有吸水性，易水解。醋酸锑可代替三氧化二锑用作化纤工业涤纶合成的催化剂，是聚酯，如聚对苯二甲酸乙二酯生产较理想的聚合催化剂。

醋酸锑的生产方法有两种。一种是以金属锑和冰醋酸为原料，硝酸作氧化剂进行反应，生成醋酸锑；另一种是用三氧化二锑和醋酸酐为原料，在一定条件下进行加成反应而制得醋酸锑。

14.6.1 以金属锑为原料生产醋酸锑

以金属锑为原料生产醋酸锑的生产工艺流程见图 14-15。金属锑和冰醋酸的反应式如下：

$$Sb + 3CH_3COOH + HNO_3 \longrightarrow Sb(CH_3COO)_3 + NO + 2H_2O$$

如图 14-15 所示，先将粉碎至 200 目（0.074mm）的金属锑粉和一定量的冰醋酸加入到反应釜内，加热，再缓慢地加入一定量的硝酸进行氧化，反应温度保持 90℃，直至锑粉全部溶解。反应生成的 NO 遇空气转化为 NO_2，然后通入干燥的氮气驱除二氧化氮气体后过滤，加热浓缩滤液至结晶析出，经真空干燥即制得产品。

14.6.2 以三氧化二锑为原料生产醋酸锑

以三氧化二锑和醋酸酐为原料生产醋酸锑，是工业生产中常用的方法，其生产工艺流程如图 14-16 所示，反应方程式为：

$$Sb_2O_3 + 3(CH_3CO)_2O \longrightarrow 2Sb(CH_3COO)_3$$

14.6.2.1 浆化

将三氧化二锑、醋酸酐和冰醋酸按一定比例加入反应釜内，搅拌使物料浆化。浆化需均匀，反应釜器壁不可附有三氧化二锑固体，否则温度升高，导致有机物炭化，溶液颜色加深，产品变色。

14.6.2.2 反应

物料浆化后，开始加热，当加热到 110℃时，减慢升温速度，温度达到 120℃时停止加热，反应开始发生。随着反应的发生，温度逐渐上升，当温度达到 130℃时反应剧烈进行，大量放热，若温度超过 160℃，则要降温。剧烈反应过后，温度降至 140℃时，再分批加入剩余的醋

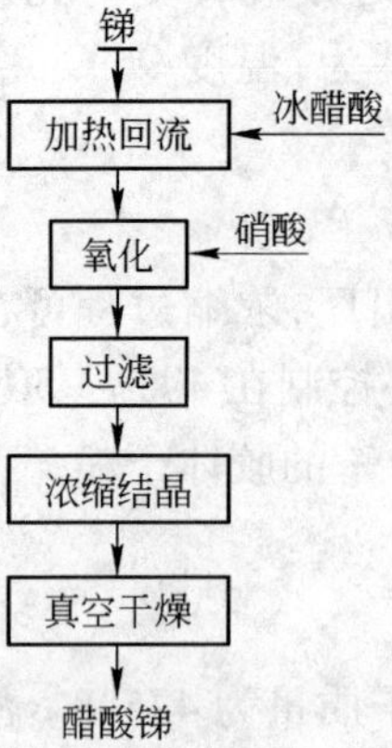

图 14-15　以金属锑为原料生产醋酸锑的工艺流程

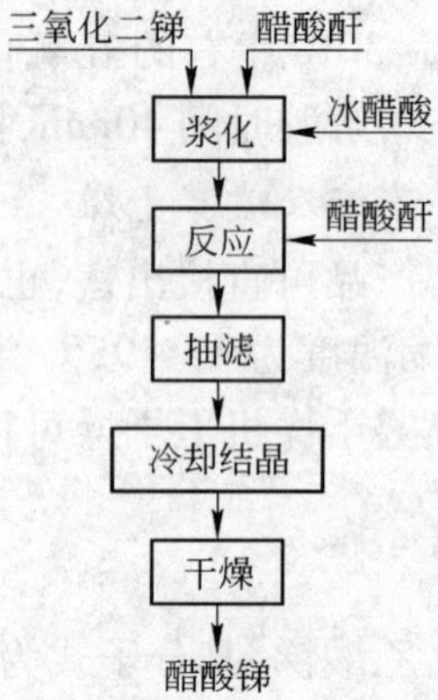

图 14-16　以三氧化二锑为原料生产醋酸锑的工艺流程

酸酐，加完后再维持 130 ~ 140℃温度，继续反应 1h，直到反应釜内溶液变清。整个反应过程应严格控制温度低于 160℃。

14.6.2.3　抽滤

抽滤前将抽滤装置预热，在保温条件下进行减压抽滤，以免晶体析出造成管路和过滤器堵塞。

14.6.2.4　冷却结晶

在干燥环境中进行冷却结晶，适当搅拌以加速散热和结晶，冷却结晶温度在 5℃左右，温度高，则直收率低。

14.6.2.5　真空干燥

先将真空干燥箱升温至 35 ~ 40℃，赶尽箱内湿气，再放入物料。料层厚度不超过 3cm，若使用耙式真空干燥箱，在干燥过程中可经常翻动物料，则物料厚度可适当增加一点。干燥温度保持在 50 ~ 55℃，在 0.01 ~ 0.008MPa 的真空度下，干燥约 1h；在 0.021 ~ 0.16MPa 的真空度下，干燥约 1.5h。

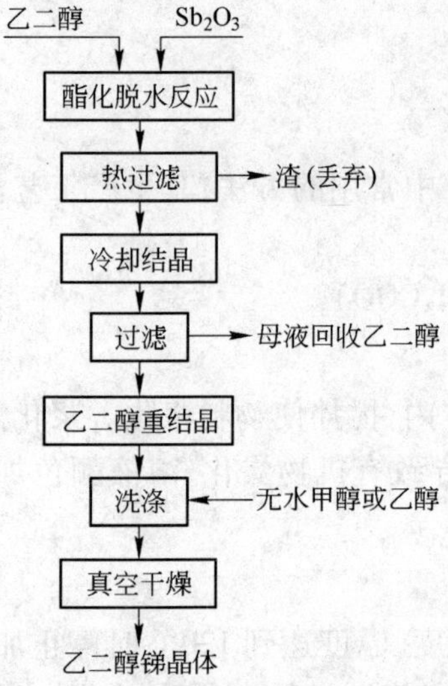

图 14-17　乙二醇锑生产原则工艺流程

14.7　乙二醇锑

乙二醇锑的结构为 $Sb_2(OC_2H_4O)_3$，相对分子质量为 423.7。乙二醇锑是聚对苯二甲酸乙二酯和聚对苯二甲酸丙二酯缩聚反应的催化剂，其催化效果优于 Sb_2O_3。它在乙二醇溶液中溶解度大，在可溶性锑催化剂中锑的含量最高，聚酯产品的色泽更好。

乙二醇锑的生产通常是用过量乙二醇与优质锑白进行酯化脱水反应而制得，图 14-17 为制备乙二醇锑的原则工艺流程，反应式如下：

$$Sb_2O_3 + 3HOC_2H_4OH \xlongequal{\quad} Sb_2(OC_2H_4O)_3 + 3H_2O$$

具体的生产过程是先在反应器中加入过量的乙二

醇，再在搅拌下缓缓加入三氧化二锑进行反应，乙二醇与三氧化二锑的质量比为10～20。反应时可通入氮气保护，反应温度控制在150～200℃，反应时间为1～3h。反应完毕，趁热过滤，除去溶液中的不溶杂质，然后将温度降至30℃以下，过滤或离心分离出乙二醇锑晶体。母液回收乙二醇，滤饼用乙二醇重结晶，结晶物用无水甲醇或乙醇反复洗涤，脱去游离的乙二醇，再在50～90℃、真空度266.6～2666Pa（2～20mmHg）条件下干燥，即制得聚酯催化剂乙二醇锑产品。

上述工艺中的过滤、结晶、分离、干燥需在密闭或隔离外部潮湿空气的特定设备中进行。

14.8 巯基羧酸酯锑

巯基羧酸酯锑的化学通式为$Sb[S(CH_2)_nCOOR]_x$，式中n为1或2，x为3或5，R为含1～20个碳原子的直链、支链的烷基或环烷基、芳基、芳烷基。

视化学式中n和R的不同，巯基羧酸酯锑有液体产品和固体产品之分。巯基羧酸酯锑不溶于水，可溶于甲苯等有机溶剂。巯基羧酸酯锑对PVC等聚合物材料具有优异的热稳定作用，与其他助剂的相容性好，与钙皂、环氧化合物等有良好的热稳定协同效应。相对于价格较为昂贵而且具有中枢神经毒性的有机锡热稳定剂而言，有机锑热稳定剂价格较低，毒性很小，其使用效果与有机锡稳定剂相当。

巯基羧酸酯锑的生产方法有两种。一种是直接采用巯基羧酸酯为原料，与Sb_2O_3或胶体Sb_2O_5在一定条件下合成巯基羧酸酯锑；另一种方法是先用脂肪醇与巯基羧酸进行酯化反应合成巯基羧酸酯，接着与Sb_2O_3或胶体Sb_2O_5反应而制得巯基羧酸酯锑。两种方法的实质是一样的，只是初始原料不同而已。

以脂肪醇、巯基羧酸为原料制备巯基羧酸酯锑的原则工艺流程如图14-18所示，反应式如下：

$$HS(CH_2)_nCOOH + ROH \longrightarrow HS(CH_2)_nCOOR + H_2O$$

$$Sb_2O_3 + 6HS(CH_2)_nCOOR \longrightarrow 2Sb[S(CH_2)_nCOOR]_3 + 3H_2O$$

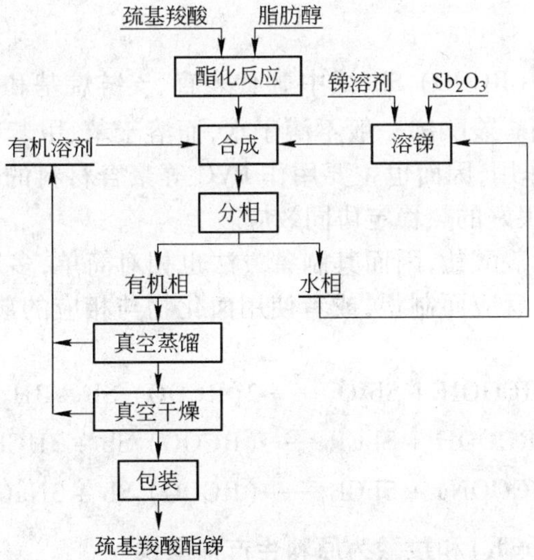

图14-18 巯基羧酸酯锑生产原则工艺流程

$$Sb_2O_5 + 10HS(CH_2)_nCOOR \longrightarrow 2Sb[S(CH_2)_nCOOR]_5 + 5H_2O$$

在装有搅拌器、回流冷却装置及分水器的反应釜中，加入等摩尔的脂肪醇、巯基羧酸和适量的有机溶剂，如甲苯等，搅拌，加热回流进行酯化反应。反应温度为 100 ~ 110℃，直至反应水完全分出为止。酯化反应时，可加入强酸或对甲苯磺酸等作为催化剂，酯化反应完毕，趁热加入预先用锑溶剂 TA – 101 溶解的三氧化二锑溶液或直接加入胶体五氧化二锑水溶胶，加入量为理论摩尔量，继续加热回流，进行合成反应，反应温度为 90 ~ 100℃，反应完全后，停止搅拌和加热，静置分相，趁热分出水相，水相可返回用于溶解 Sb_2O_3。将有机相进行真空蒸馏，蒸出溶剂后，经真空干燥，即得巯基羧酸酯锑类热稳定剂产品。

14.9　硫醇锑

硫醇锑的化学通式为 $(RS)_3Sb$，式中 R 为烃基。硫醇锑一般为白色固体，不溶于水，而溶于甲苯等有机溶剂，对 PVC 塑料具有非常好的热稳定性和透明性。用于 PVC 硬质透明片的性能指标与常用的硫醇型有机锡稳定剂相似。

硫醇锑可通过相应的硫醇与 Sb_2O_3 反应而制得。溶剂体系既可使用油性溶剂，如甲苯进行分水，也可使用水溶性溶剂，如乙醇等直接夺水的方式进行。生产原则工艺流程如图 14-19 所示，以十二烷基硫醇为原料时，其化学反应式为：

$$Sb_2O_3 + 6C_{12}H_{25}SH \longrightarrow 2(C_{12}H_{25}S)_3Sb + 3H_2O$$

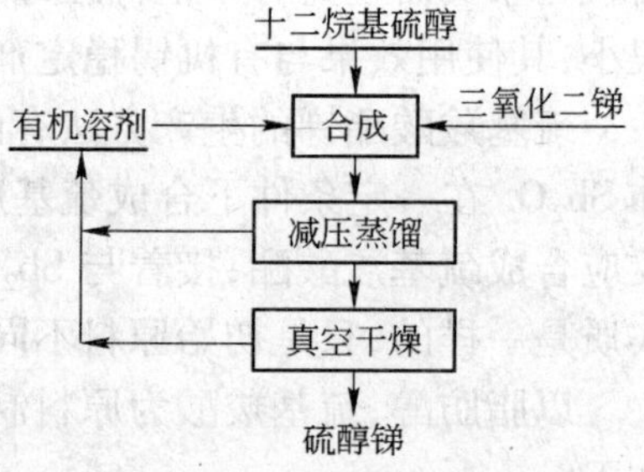

图 14-19　硫醇锑生产原则工艺流程

在装有搅拌器、回流冷凝装置和分水器的反应釜中，加入一定量的十二烷基硫醇和有机溶剂，在搅拌加热的情况下，按化学计量加入三氧化二锑，加热回流至水不再分出为止。停止加热，稍冷后，减压蒸出溶剂，再经真空干燥，得乳白色固体产品。

14.10　羧酸锑

羧酸锑的化学通式为 $(RCOO)_3Sb$，式中 R 代表直、支链烷基和芳基。视羧酸基的不同，羧酸锑有液态和固态之别。羧酸锑一般不溶于水，而溶于苯、甲苯、丙酮、乙醇等有机溶剂，对 PVC 的热降解有抑制作用，因而也主要用作 PVC 等聚合材料的热稳定剂。与硬脂酸钙、环氧化合物、亚磷酸酯有很好的热稳定协同效应。

羧酸锑是简单的有机羧酸盐，因而其制备方法也相对简单，多用锑的氧化物或卤化物，与相应的羧酸进行复分解反应而制得，或者使用卤化物与相应的羧酸皂反应而制得。主要反应式如下：

$$6RCOOH + Sb_2O_3 \longrightarrow 2(RCOO)_3Sb + 3H_2O$$

$$3RCOOH + SbCl_3 \longrightarrow (RCOO)_3Sb + 3HCl$$

$$3RCOONa + SbCl_3 \longrightarrow (RCOO)_3Sb + 3NaCl$$

14.10.1　以 Sb_2O_3（或 $SbCl_3$）和羧酸为原料生产羧酸锑

以 Sb_2O_3（或 $SbCl_3$）和羧酸为原料生产羧酸锑的原则工艺流程见图 14-20。

首先在装有搅拌器、回流冷凝装置和分水器的反应釜中，按化学计量加 Sb_2O_3 或 $SbCl_3$ 和羧酸，再加适当体积的有机溶剂，如甲苯或二甲苯，搅拌，加热回流 3～4h，分出反应水或 HCl，然后将反应混合物进行抽滤，再将滤液减压蒸馏，蒸掉有机溶剂后，即得羧酸酯锑产品。若要生产固体产品，则要趁热抽滤和蒸馏，蒸馏后再经干燥，即可制得固体产品。

14.10.2　以 $SbCl_3$ 与羧酸皂为原料制备羧酸锑

以 $SbCl_3$ 与羧酸皂为原料制备羧酸锑的生产原则工艺流程如图 14-21 所示。

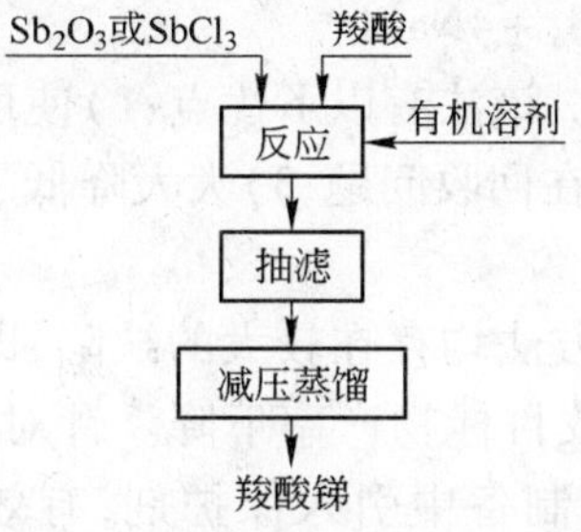

图 14-20　羧酸锑生产原则工艺流程

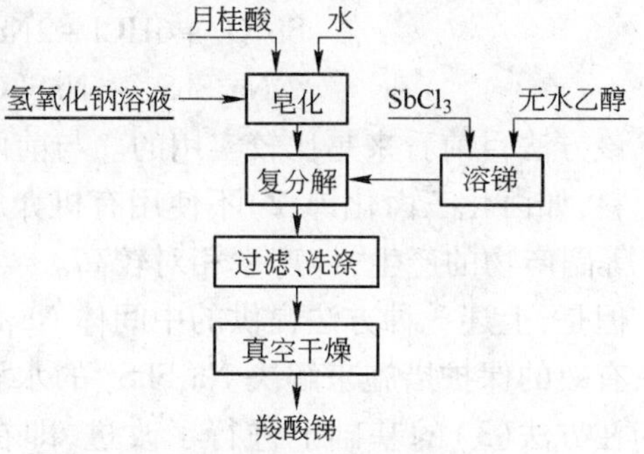

图 14-21　羧酸锑生产原则工艺流程

在反应釜中，首先加入一定量的羧酸，如月桂酸和水，加热使之熔化，与水分层。在温度为60℃下，缓慢加入 0.3 mol/L 的 NaOH 溶液，搅拌至反应完全，得月桂酸钠溶液，然后加入预先配好的一定量的 $SbCl_3$ 乙醇溶液，搅拌，即有白色沉淀出现，待反应完全后，过滤，沉淀用蒸馏水洗涤三次，经真空干燥，即得白色油状固体产品。

14.11　硫代锑酸亚锑

硫代锑酸亚锑的分子式为 $SbSbS_4$，相对分子质量为 371.78。$SbSbS_4$ 是一种红褐色的无定形固体粉末，不溶于大多数的有机溶剂和无机酸，它是一种性能优良的新型润滑油添加剂，可使机械摩擦面形成二次化合物保护膜，防止磨耗，并可在极压润滑状态下，防止烧附或烧剥现象发生，从而提高润滑性能。润滑效果明显优于传统的 MoS_2、WS_2、石墨等固体润滑油脂，与传统的固体润滑剂 MoS_2、石墨等配合使用，还能起到增效作用。此外，$SbSbS_4$ 与各类型润滑油脂的相容性很好，甚至包括对添加剂感受性能差的硅脂。

在 $SbSbS_4$ 的合成方法中，具有现实意义的是先合成中间体碱金属或铵的硫代锑酸盐，如 Na_3SbS_4，然后再由中间体进一步合成 $SbSbS_4$。比较典型的合成方法有以下几种。

（1）以 Sb_2O_3 和 KOH 为起始原料与 $Na_3SbS_4 \cdot 9H_2O$ 反应，然后用 HCl 中和，形成一种橙红色沉淀物，再用蒸馏水洗涤游离酸和 NaCl，最后用乙醇洗涤 2 次，在 95℃ 下干燥，得到 $SbSbS_4$ 产品。总反应式为：

$$Sb_2O_3 + 2KOH + 2Na_3SbS_4 \longrightarrow 2SbSbS_4 + 2K + 6Na + 5H_2O$$

该方法是最早开发的，加酸中和过程中，反应体系会产生 H_2S 气体，并且有大约 6% 的游离硫产生与最终的 $SbSbS_4$ 产品发生共沉淀，致使产品游离硫含量升高。游离硫能加速金属腐蚀,这对于润滑剂是很不利的,因此,该法的最终产品需要有机溶剂除去游离硫,同时还得增加回收处理 H_2S 的附加装置。

(2)在乙醇介质中,使用 SbF_3 或 $SbCl_3$ 与 Na_3SbS_4 反应,直接合成 $SbSbS_4$,其反应式为:

$$SbF_3 + Na_3SbS_4 \longrightarrow SbSbS_4 + 3NaF$$

该方法虽然消除了 H_2S 气体,并得到游离硫含量小于1%的 $SbSbS_4$ 产品,但由于使用了不稳定易水解的三卤化锑为反应原料,使得反应必须在有机介质中和低温状态下进行,增加了反应操作的难度,并带来了有机介质的回收问题。

(3)采用稳定的卤化三卤化锑代替卤化锑作反应剂,不用有机介质,而直接与 Na_3SbS_4 反应,可得游离硫含量小于1%的 $SbSbS_4$,产率约为90%,反应式如下:

$$Sb_2O_3 + 6HCl + 2NaCl \longrightarrow 2NaSbCl_4 + 3H_2O$$

$$Na_3SbS_4 + NaSbCl_4 \longrightarrow SbSbS_4 + 4NaCl$$

该方法目前看来是比较实用的。与前两种方法相比,该法有以下优点:1)使用稳定的反应原料,如卤化三卤化锑;2)不使用有机介质,所以不存在回收问题;3)大大降低了游离硫和 H_2S 等副产物的产生;4)产率相对较高。

但是,上述3种方法提供的中间体 Na_3SbS_4 的制备方法均存在较大的缺陷,即由于没有采取有效的保护措施来解决 Na_3SbS_4 的水解问题而导致目标物产率下降。针对上述缺陷,人们在方法(3)的基础上进行了改进,即在 Na_3SbS_4 的制备中引入保护剂,有效地避免了 Na_3SbS_4 的水解,获得了比较满意的结果。

第一步,先合成硫代锑酸钠,其原材料是 $Na_2S \cdot 9H_2O$、升华硫、Sb_2S_3 和保护剂,保护剂的主要成分为 NaOH。硫代锑酸钠的合成反应如下:

$$2Na_2S + 2S \longrightarrow 2Na_2S_2$$

$$Sb_2S_3 + 2Na_2S_2 \longrightarrow 2Na_2SbS_3$$

$$NaSbS_3 + Na_2S \longrightarrow Na_3SbS_4$$

具体合成过程是:先将过量4%的 $Na_2S \cdot 9H_2O$ 和保护剂加适量水溶解,倒入反应器并加热搅拌使其完全溶解,然后加入 Sb_2S_3 和过量20%的升华硫磺,并加入足量的水,升温至90~95℃,保温3h,反应结束后冷却至常温,抽滤、弃去滤渣,滤液供合成 $SbSbS_4$ 用。

第二步,用 NaCl 溶液作反应介质,调节体系 pH 值为2左右,用硫代锑酸钠与三氯化锑反应合成硫代锑酸亚锑,其原则工艺流程见图14-22,反应式为:

$$Na_3SbS_4 + SbCl_3 \longrightarrow SbSbS_4 + 3NaCl$$

在反应器中加入适量的水和 NaCl 溶解,再加入一定量的 $SbCl_3$,搅拌、溶解,缓慢加入理论量的 Na_3SbS_4 溶液,并用盐酸调节并保持体系的 pH 值为2,在10℃下反应0.5h,再在室温下反应1.5h,得到红色膏状物,过滤,用去离子水洗至无 Cl^-,反应所得产物在75℃下烘干、粉碎,即得 $SbSbS_4$ 产品。

采用上述酸性氯化钠溶液作反应介质,可获得低游离硫含量的 $SbSbS_4$ 产品,产品回收率可达98%以上,产品中锑的质量分数达64%以上,总硫含量为33.3%以上,游离硫含量为0.10%~0.13%。

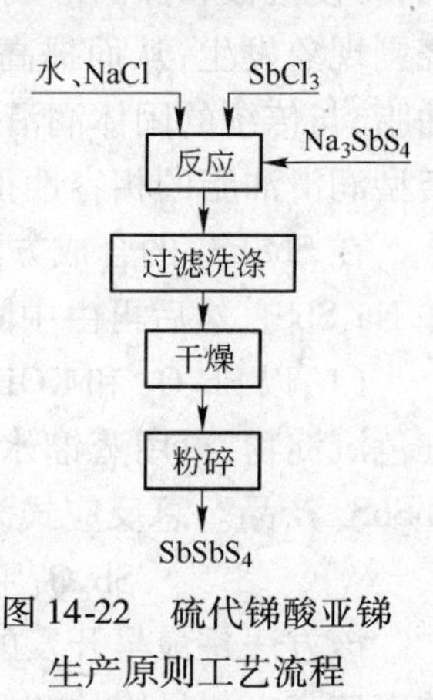

图14-22　硫代锑酸亚锑生产原则工艺流程

15 锑冶金中的污染治理和环境保护

与其他有色金属冶炼行业一样,锑冶金中的污染源有废气、废水和废渣三种。锑冶金中的有害废气主要是火法炼锑过程中排出的低浓度二氧化硫;废水则主要包括选矿废水、湿法及火法炼锑产生的废水,其中,火法炼锑的废水较少,选矿废水的量最大;废渣包括选矿厂的尾矿及各种冶炼渣,选厂尾矿储存在尾矿库中,一般不会对环境造成危害,危害最大的是火法精炼锑时产生的可溶性砷碱渣。

由于生产原料及生产工艺等的不同,锑冶金过程中产出的“三废”的性质存在很大的差别,因而其处理工艺也就不同,很难用同一种办法来处理所有的废弃物。本章主要介绍锑冶金中主要废弃物的常用处理技术。

15.1 低浓度 SO_2 废气的处理

锑冶炼所使用的矿物资源大多为金属硫化矿,在焙烧和熔炼过程中不可避免地要产生 SO_2 烟气,这种烟气的 SO_2 浓度往往较低,达不到制酸的要求,例如,我国湘西金矿鼓风炉挥发熔炼烟气的主要成分为:SO_2 0.3% ~0.8%,CO_2 3.4% ~3.8%,O_2 16.9% ~18.3%,CO 0 ~3%,这种烟气中的 SO_2 含量约相当于 8.5 ~22.7g/m^3,达不到制酸要求,但远远超过国家规定的排放标准。此种烟气对车间生产工人和厂区附近居民的健康及农作物造成了近距离危害,同时,如排入大气,形成的酸雨还可造成大范围的危害,是大气的主要污染源,因此,需对其治理后才能排放。

表 15-1 所列是我国工业炉窑大气污染物排放标准(GB 9078—1996)中规定的二氧化硫排放标准。目前,工业上主要采用吸收法处理低浓度 SO_2 废气,所使用的吸收剂有石灰乳、碱液、氨液、亚硫酸钠溶液和硫化钠溶液等,有的企业也利用工业废水作吸收剂,达到以废治废的目的。

表 15-1 二氧化硫排放标准(GB 9078—1996)

污染项目	标准级别	1997 年 1 月 1 日前安装的工业炉窑	1997 年 1 月 1 日起新、改、扩建的工业炉窑
		排放浓度 /mg · m^{-3}	排放浓度 /mg · m^{-3}
二氧化硫(SO_2)	一	850	禁排
	二	1430	850
	三	4300	1430

15.1.1 石灰乳吸收法

该法的原理是使 $Ca(OH)_2$ 与 SO_2 转化为 $CaSO_3$、$CaSO_4$ 沉淀,反应式如下:

$$Ca(OH)_2 + SO_2 = CaSO_3 \cdot 1/2H_2O + 1/2H_2O$$

$$2Ca(OH)_2 + 2SO_2 + 1/2O_2 = CaSO_3 + CaSO_4 + 2H_2O$$

按其吸收方式，在工艺上有塔式喷淋法和柱式鼓泡吸收法。石灰乳吸收法的优点是工艺简单，投资少，石灰乳来源丰富，价格便宜，但产生的沉淀易结垢阻塞管道，而且产出的 $CaSO_3 \cdot 1/2\ H_2O$ 和石膏（$CaSO_4 \cdot 2H_2O$）的利用有待解决。

15.1.2　碱液吸收法

该法的原理是用 Na_2CO_3 或 NaOH 作吸收剂，其吸收过程发生如下反应：

$$2Na_2CO_3 + SO_2 + H_2O = 2NaHCO_3 + Na_2SO_3$$

$$2NaHCO_3 + SO_2 = Na_2SO_3 + 2CO_2 + H_2O$$

$$Na_2SO_3 + SO_2 + H_2O = 2NaHSO_3$$

$$2Na_2SO_3 + O_2 = 2Na_2SO_4$$

为提高吸收效果，一般采用两级吸收的方法。首先将烟气送入有弱酸性亚硫酸钠溶液循环的第一吸收塔，在塔中，Na_2SO_3 吸收 SO_2 生成 $NaHSO_3$，未吸收完的 SO_2 进入第二吸收塔，被 Na_2CO_3 和 Na_2HCO_3 完全吸收。为防止生成 Na_2SO_4，在吸收液中必须加入相当于纯碱量十二万分之一的对苯二胺作抗氧化剂，以阻止 Na_2SO_3 的氧化。

吸收过程中生成的 $NaHSO_3$ 经加热解吸生成 Na_2SO_3，即：

$$2NaHSO_3 = Na_2SO_3 + H_2O + SO_2$$

产出的 SO_2 经脱水后，可得到高浓度 SO_2，用于制造液体 SO_2 或硫酸。

该法的优点是吸收过程速度快、效率高，容易将烟气中的 SO_2 降低至排放标准以下，副产物无水亚硫酸钠的销路较广，但吸收剂的价格较高，解吸过程中又重新产生高浓度 SO_2，虽可制酸，但需投入制酸设备，不适合中小企业采用。

15.1.3　氨吸收法

该法又分为循环吸收法和亚铵法。

所谓循环吸收法，是以氨水或氨气作吸收剂，将含有 SO_2 的烟气与氨作用，生成亚硫酸铵和亚硫酸氢铵溶液，反应式如下：

$$NH_3 + SO_2 + H_2O = NH_4HSO_3$$

$$2NH_3 + SO_2 + H_2O = (NH_4)_2SO_3$$

如烟气中有 O_2 和 SO_3 存在时，在吸收过程中还会发生如下反应：

$$SO_3 + 2NH_3 + H_2O = (NH_4)_2SO_4$$

$$SO_3 + NH_3 + H_2O = NH_4HSO_4$$

$$2(NH_4)_2SO_3 + O_2 = 2(NH_4)_2SO_4$$

$$2NH_4HSO_3 + O_2 = 2NH_4HSO_4$$

为了保持良好的吸收效果，必须不断添加氨水或氨气，使之与 NH_4HSO_3 作用生成亚硫酸铵，即：

$$NH_4HSO_3 + NH_3 = (NH_4)_2SO_3$$

而亚硫酸铵又可作为吸收剂吸收 SO_2，反应式为：

$$(NH_4)_2SO_3 + SO_2 + H_2O \longrightarrow 2NH_4HSO_3$$

吸收 SO_2 所得到的溶液，在常压或真空条件下加热解吸，放出 SO_2 使溶液再生，反应式为：

$$2NH_4HSO_3 \longrightarrow (NH_4)_2SO_3 + H_2O + SO_2$$

解吸后的再生液冷却之后，补充氨水或氨气再返回循环使用，而 SO_2 气体脱水降温后用于生产液体 SO_2 或制酸。

我国锡矿山炼锑厂的实践证明，该法流程畅通，放空尾气能达到国家卫生标准，副产物硫酸铵可用作肥料，但吸收率低，蒸气消耗大，SO_2 氧化率高。

所谓亚氨法是用氨吸收低浓度 SO_2 烟气，所得到的亚硫酸铵和亚硫酸氢铵混合液，直接作为肥料或其他工业原料使用，不再进行解吸，因而省去了大量设备，简化了工艺流程。

15.1.4 Na_2S 溶液吸收法

采用硫化钠碱性湿法炼锑，在贫化电积或还原后的电积废液中，还含有一定量的 Na_2S 和 Na_2CO_3 等钠盐以及微量的 As 和 Sb，故不能直接排放。前苏联学者曾进行过将碱性湿法炼锑贫化电积后的废电解液用于中和低浓度 SO_2 研究的报道。我国也研究过用 Na_2S 吸收低浓度 SO_2，再在常压下还原并再生 Na_2S 的新工艺。这些研究工作不仅为贫化电积或还原后废液的利用提供了化害为利的新途径，而且为低浓度 SO_2 的治理提供了以废治废的新工艺。

废电解液吸收 SO_2 的总反应可表示为：

$$6SO_2 + 4Na_2S + 3H_2O \longrightarrow 3Na_2S_2O_3 + 2NaHSO_3 + 2H_2S$$

上述吸收反应的可能反应机理为：

$$SO_2 + H_2O \longrightarrow H_2SO_3$$

$$H_2SO_3 + Na_2S \longrightarrow Na_2SO_3 + H_2S$$

$$2H_2S + SO_2 \longrightarrow 3S + 2H_2O$$

$$S + Na_2SO_3 \longrightarrow Na_2S_2O_3$$

$$2NaHS + 2H_2SO_3 \longrightarrow Na_2HSO_3 + 2H_2S$$

试验采用两级鼓泡式吸收器吸收 SO_2。SO_2 的流速及流量由毛细管流量计控制，经两级吸收后的尾气用 1mol/L 的 NaOH 溶液吸收。吸收过程评价指标用 SO_2 的一级吸收率 R_1 和总吸收率 R_T 表示，其中：

R_1 =（一级吸收液中还原态总硫的增量/通入的 SO_2 所含 S 量）×100%

R_T =［（1 - 尾气中所含的 S 量）/通入的 SO_2 所含 S 量］×100%

图 15-1 表示 Na_2S 浓度对 SO_2 吸收率的影响。从图中可以看出，随着 Na_2S 浓度的提高，一级吸收率逐渐降低，这是因为 Na_2S 浓度越高，生成 H_2S 的量增多，来不及进一步反应而逸出的 H_2S 量增加，因此，随着 Na_2S 浓度增加，一级吸收率降低。逸出的 H_2S 被二级吸收器吸收，而且二级 Na_2S 浓度越高，缓冲能力就越强，因此，Na_2S 浓度对总吸收率没有影响。为保证较高的一级吸收率，Na_2S 的最佳浓度控制在 0.4 mol/L。

图 15-2 表示的是吸收液的 pH 值对 SO_2 吸收率的影响情况。从图中可以看出，当 pH 值大于 12 时有利于 SO_2 的吸收，此时，一级吸收率和总吸收率都接近 100%。在 pH 值为 8.5 ~12.5 的范围内，pH 值降低，Na_2S 浓度也随之降低。由上面反应看出，由于 H_2S 耗量逐渐

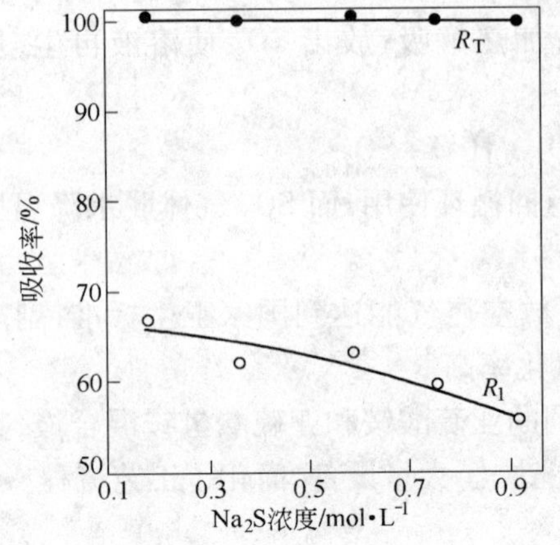

图 15-1　Na_2S 浓度对 SO_2 吸收率的影响

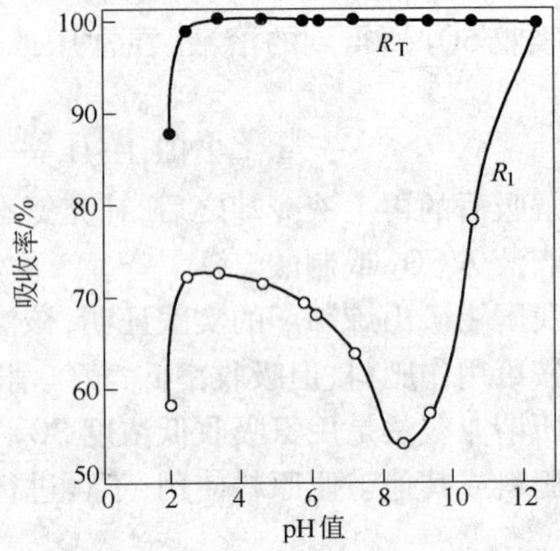

图 15-2　吸收液 pH 值对 SO_2 吸收率的影响

减少及 NaHS 体系中 H_2S 分压增加，由一级进入二级的 H_2S 增加，结果使一级吸收率降低。当 pH 值为 8.5 时，达到 NaHS-H_2S 的缓冲体系，Na_2S 浓度等于零，H_2S 逸出量达到最大值，故此时一级吸收率最小，但由于 H_2S 被二级吸收器充分吸收，所以总吸收率仍保持不变。当 pH 值降至 2.5～8.5 的范围时，随 pH 值降低，一级吸收以 H_2SO_3 和 Na_2S，H_2S 和 SO_2，S 和 Na_2SO_3 以及 NaHS 和 H_2SO_3 的反应为主，有利于 $NaHSO_3$ 及 $Na_2S_2O_3$ 的生成，故一级吸收率随 pH 值降低而增加，总的吸收率仍接近 100%。当 pH 值降至 2.0 时，$NaHSO_3$ 及 $Na_2S_2O_3$ 发生分解，使一级吸收率和总吸收率迅速降低，因此，吸收过程的终点 pH 值宜控制在 2.0～3.0 之间，这样能保证总吸收率在 99.8% 以上，而一级吸收率最高。

在研究了诸多影响因素之后得到的结论为：用 Na_2S 溶液吸收 SO_2 影响最大的因素是溶液的 pH 值。适宜的工艺条件是溶液的 pH 值为 2.0～3.0，Na_2S 浓度为 0.4mol/L，SO_2 含量为 1%～50%，SO_2 的气流速度为 300～600mL/min，温度为常温，此时，SO_2 的总吸收率达 99.8% 以上。

硫化钠吸收法的优点是适应烟气 SO_2 浓度范围广，吸收率高，设备简单，操作方便，由于同时解决了碱性湿法炼锑废电积液的利用和低浓度 SO_2 的治理，具有较好的应用前景。

15.1.5　选矿废水-石灰乳吸收法

该法是在我国湘西金矿已经应用的以废治废的新工艺。湘西金矿锑鼓风炉挥发熔炼的烟气含 SO_2 的体积分数为 0.3%～0.8%，而选矿厂废水成分为：悬浮物 40.8～42.27g/L，Na_2O 0.243～0.297g/L，CaO 0.008～0.018g/L，CO_3^{2-} 0.33g/L。总碱度为 0.0079～0.0145 mol/L，pH = 10.1～10.3，石灰乳质量浓度约为 10g/L。这两种污染物单独处理都有一定困难，又不能直接排放，而以废治废是一种新途径。

该法第一段用选矿厂废水作吸收剂，利用废水中的碱和悬浮物吸收烟气中的 SO_2，同时又可在过量的 SO_2 酸化作用下破坏溶液中的硅胶，使悬浮物沉淀；第二段用石灰乳喷淋烟气，以中和在第一段未能吸收的 SO_2。吸收过程的主要反应是：

第一段：　$2Na_2O + 3SO_2 + H_2O \xlongequal{} Na_2SO_3 + 2NaHSO_3$

第二段：　$Ca(OH)_2 + SO_2 \xlongequal{} CaSO_3 \cdot 1/2H_2O + 1/2H_2O$

$$2Ca(OH)_2 + 2SO_2 + 1/2O_2 = CaSO_3 + CaSO_4 + 2H_2O$$

实践证明，采用该法产出混合液的 pH 值为 6～9，放空尾气中 SO_2 含量低于 0.1%，总的净化效率在 80% 以上。

15.2 锑冶金相关废水的排放标准及治理原则

我国对污水的排放给予了高度重视，为了控制水污染，保护江河、湖泊、运河、渠道、水库和海洋等地面水以及地下水水质，保障人体健康，维护生态平衡，制定了污水综合排放国家标准 GB 8978—1996。按照国家综合排放标准与国家行业排放标准不交叉执行的原则，除少数已制定行业标准的行业外，其他水污染物排放均执行该标准。目前，锑冶金行业还没有制定相关行业标准，因而应执行上述标准。GB 8978—1996 污水综合排放标准，将排放的污染物按其性质及控制方式分为两类。第一类污染物指的是对人体健康产生长远影响的物质，该标准规定，对第一类污染物，不分行业和污水排放方式，也不分受纳水体的功能类别，一律在车间处理设施排出口取样，其最高允许排放浓度必须达到 GB 8978—1996 标准要求（采矿行业的尾矿坝出水口不得视为车间排放口）。第一类污染物的最高允许排放浓度见表 15-2。

表 15-2 第一类污染物最高允许排放浓度

序 号	污染物名称	最高允许排放浓度/$mg \cdot L^{-1}$
1	总汞	0.05
2	烷基汞	不得检出
3	总镉	0.1
4	总铬	1.5
5	六价铬	0.5
6	总砷	0.5
7	总铅	1.0
8	总镍	1.0
9	苯并(a)芘	0.00003
10	总铍	0.005
11	总银	0.5
12	总 α 放射性	1Bq/L
13	总 β 放射性	10Bq/L

从表 15-2 可以看出，第一类污染物质主要是重金属，这类重金属污水具有以下特征：

（1）它们的危害具有长期持续性。因为在水中微生物的作用下，此类污染物可能转化为毒性更强的有机化合物，例如，无机汞被水中微生物转化为毒性更强的甲基汞等。

（2）它们可被水中生物大量富集，构成食物链危害人类。生物，例如鱼类，摄取重金属后，经体内某些器官高度富集，其富集量可达成千上万倍，人类食用这类生物而使污染物进入体内后，构成人体慢性中毒，严重危害人体健康，这是重金属污水的突出特点。

（3）重金属污水无论采取何种方法处理，或通过微生物都不能降解，而只能改变其化合价和化合物种类。水中的 OH^-、Cl^-、SO_4^{2-}、NH_4^+ 等物质在腐殖酸的作用下，可重新生成各种配合物或螯合物而使其浓度增大，也可使沉入水底的重金属又释放出来。

(4)在水中产生毒性的浓度低。一般重金属产生毒性的浓度范围在1.0～10mg/L之间,而Hg、Cd等毒性较强的重金属浓度范围在0.01～0.1mg/L之间,因此,要严格控制重金属污水的排放。

处理重金属污水的原则是减少其含量及污水的排放量。从环境保护和资源综合利用的角度考虑,处理重金属污水最理想的原则是将水与重金属都回收利用,但单纯依靠简单的污水处理措施难以达到此目的,还必须采取多方面的综合措施,包括:

(1)从生产工艺着手,尽可能减少重金属污水的排放量;

(2)对已经产生的重金属污水,应坚持就地处理,一般不与其他污水混合处理,以避免处理和防治过程复杂化,更应杜绝直接排入城市下水道或天然水体。

(3)针对具体情况,选择好适宜而有效的污水处理工艺。这里要特别指出的是,目前我国大多数污水处理工艺设施,只注重对污水本身的处理,而忽视经处理后浓缩物的回收或无害化,这是当前污水处理中比较突出的问题。

15.3　有色金属污水处理方法概述

处理有色金属污水的方法很多,按处理方法划分,可以粗略地分为物理法,化学及物理化学法和生化法,如表15-3所示。

表15-3　处理有色金属污水的基本方法

分类	处理和利用的方法		处理对象	适应范围
物理法	重力法	沉淀	可沉淀物质	预处理
		隔油	颗粒较大的油珠	预处理
		气浮	乳状油、密度近于$1g/cm^3$的悬浮物	中间处理
	离心分离法	离心旋流器	密度大于$1g/cm^3$的悬浮物,例如矿石	预处理
		离心机	乳状物、纤维、悬浮物等	预处理或中间处理
	过　滤	格栅	粗大悬浮物	预处理
		筛网	较小悬浮物	预处理
		砂滤	细小的悬浮物及乳状油等	中间或最终处理
		布滤	细小悬浮物,沉淀脱水	中间或最终处理
		微孔管	极细的悬浮物	最终处理
		反渗透	某些分子或离子	中间或最终处理
	热处理	蒸发	加热蒸发高浓度酸、碱、盐废液,可结晶析出的盐类,如亚硫酸铁、黄血盐等	中间处理
		结晶		最终处理
化学及物理化学法	投药法	混凝	胶体、乳状油、细微颗粒酸或碱中的重有色金属离子溶解有害物,如CN、Cr、Hg等	最终处理
		中和		中间或最终处理
		氧化还原		最终处理
	传质法	蒸馏	溶解挥发物,如单元分子	中间处理
		吸脱	溶解性气体,如H_2S、CO_2等	中间处理
		萃取	溶解性物质,如酚	中间处理
		吸附	溶解性物质,如酚、汞	中间或最终处理
		离子交换	可溶性物质,如盐类	中间或最终处理
		电渗析	可溶性物质,如盐类	中间或最终处理

续表 15-3

分类	处理和利用的方法		处理对象	适应范围
生化法	天然生化法	农田灌溉	胶体状或可溶性有机物	
		养鱼塘	胶体状或可溶性有机物	
	人工生化法	生物滤池	胶体状或可溶性有机物	中间或最终处理
		活性污泥法	胶体状或可溶性有机物	中间或最终处理

随着科学技术的进步,将不断打破各个方法之间的界限,推出新的更有效的废水处理方法。

如果按处理产物的形态来划分,废水处理方法大体上可以划分为两类。

第一类方法是将废水中呈溶解形态的重金属离子转变为不溶性化合物,经沉淀或上浮从废水中分离除去,这类方法包括中和法、硫化法、离子交换法、活性炭法、铁氧体法、电解法和隔膜电解法等。

第二类方法是将废水中重金属离子在不改变其化学形态的条件下进行浓缩和分离,这类方法主要有反渗透法、电渗析法和蒸发浓缩法等。

从环境治理和金属回收角度考虑,第一类方法要使金属离子经多次化学形态转化才能回收,而且每次转化都有一个化学平衡问题,重金属离子脱除不完全彻底;而第二类方法是以原物质形态经浓缩可直接返回而用于生产工艺,显然第二类方法比第一类方法优越,但第二类方法耗资较大、成本较高,对数量大的废水难以适应,因而只在特殊条件下才使用。在实际情况下,要根据废水的水质和水量选用一种或几种方法综合使用、合理配置,由几个单元过程相互组合成一个完整的废水处理系统。

15.4 锑冶金相关废水的处理

根据当前锑生产与加工所采用工艺的不同,其产生的废水可分为酸性和碱性废水两种。酸性废水主要包括湿法生产锑白和 Sb_2S_5 生产的工业废水;碱性废水主要包括选矿、烟气净化、碱性浸出、电积废水以及 Sb_2S_5 生产过程中的废水等。视废水成分及数量多少以及生产单位所处的环境与条件的不同,选用的废水处理方法有所不同。当废水中所含的有价成分较高时,在废水处理前常采用适宜的方法,如共沉淀、电解法等提取有价成分,以便充分利用资源,降低废水处理费用。

15.4.1 硫化锑矿浮选废水的处理

硫化锑矿经浮选处理后,其尾矿矿浆一般均进入尾矿库,经澄清和自净处理后,部分废水可作为回水循环使用,除蒸发等损失外,还有部分尾矿废水需排入天然水体。在需要排放的这部分尾矿废水中尚含有黄药、2 号油和锑等有害成分,虽然其浊度较低,外观几乎无色透明,但是它具有极易为人们感觉到的黄药和 2 号油等的特殊气味。这部分尾矿废水若不经处理即排入天然水体,势必造成环境污染。在有关工业"废水"排放标准中对黄药、2 号油和锑等未见具体规定,但并不意味这些污染物可任意排放。

2 号油的性质稳定,具有中等毒性并易为水生物所富集。黄药(烷基黄原酸钠)具有中等毒性,能使哺乳动物及人类染色体产生突变,尤其是鱼卵会受到很强的毒害。2 号油和黄药都有特殊的气味，极易被人觉察。美、俄等国正是根据它的限阈浓度来作为它们在废水中的排放标准，即 2 号油为 0.2mg/L、黄药为 0.001mg/L。当超过上述浓度时，人们凭借感观即可立即觉察到它们的存在。当废水中锑的质量浓度达到 0.5mg/L 时，即可抑制水体自净作用，达到 0.2mg/L 将阻碍废水的生物处理。俄罗斯规定，排入城市污水处理设施的废水中，Sb 的最高允许质量浓度为 0.2mg/L。

[**实例**]某锑矿尾矿水中丁基黄药、2 号油及锑的含量分别为 1～2mg/L、6.1～10.3mg/L 及 1.1～3.5mg/L，这种废水具有强烈的黄药和 2 号油气味。

为去除废水中少量的锑，可加入 $FeSO_4$ 和 $Ca(OH)_2$ 石灰乳进行混凝与吸附共沉淀，其主要化学反应为：

$$FeSO_4 + Ca(OH)_2 \xlongequal{\quad} Fe(OH)_2 \downarrow + CaSO_4 \downarrow$$

主要工艺技术条件：常温，每吨废水加入 $FeSO_4 \cdot 7H_2O$ 0.7kg，加石灰乳调整 pH = 8，静置后固液分离。

处理后的上清液锑含量小于 0.1mg/L，接着进行丁基黄药和 2 号油的处理。丁基黄药和 2 号油的处理可采用以下方法：

(1) 氧化分解法，如软锰矿法、过氧氢法及漂白粉法等；

(2) 吸附处理法，如硫化精矿法、粉煤灰法、活性炭法等。

用这些方法进行处理，都可达到不同的效果，其中漂白粉法比较适宜。漂白粉在水中生成次氯酸，它具有很强的氧化性，可将 2 号油和丁基黄药分解破坏或降解，从而使原来具有危害的官能团破坏失去作用。丁基黄药和 2 号油被氧化分解或降解的反应机理比较复杂，目前尚不完全清楚。

为提高漂白粉氧化分解 2 号油和丁基黄药的活性，并减少漂白粉的用量，在氧化分解反应中可加入少量 $FeCl_3$。$FeCl_3$ 不仅在漂白粉氧化分解 2 号油和丁基黄药时起催化作用，而且，它在水中水解生成的氢氧化铁也有一定的絮凝吸附作用。

漂白粉氧化分解 2 号油和丁基黄药的工艺技术条件为：常温，用 0.05mol/L H_2SO_4 调整 pH = 4.5，每吨废水加入含活性氯 25% 的工业漂白粉 0.25kg、$FeCl_3$ 0.025kg，机械搅拌 20min。

在上述技术条件下处理后的废水，其丁基黄药和 2 号油的特殊气味完全消失，它们的浓度分别小于 0.0005mL/L 和 0.22mg/L。

15.4.2　废水中有价成分的提取

当废水中某些有价成分含量较高时，为综合利用资源，并降低废水处理的费用，常采用适宜的方法，如共沉淀法、电解法等，预先提取有价成分。例如，当采用 Na_2S-NaOH 溶液浸出脆硫锑铅精矿时，精矿中所含的 Sn 及 As 会部分地随 Sb 一起进入溶液。在电积锑过程中，由于电解液的循环，Sn、As 会进一步积累，其中 Sn 可达 17g/L 左右，可用电解法从废电解液中回收 Sn。由于锑、锡的析出电位非常接近，Sb、Sn 在阴极上会共同析出，这样既使废电解液中的 Sb 得到贫化，又能使 Sn 得到回收利用，是一种有效的方法，但它的缺点是电流效率较低，能耗较大。

对于重金属污水的治理，还应从工艺着手，以尽可能减少重金属杂质以离子形态转入溶液中。例如，当采用 Na_2S-NaOH 溶液浸出脆硫锑铅精矿时，由于 Sb、Sn、As 之间存在竞争反应，当溶液中总 Na^+ 浓度一定时，适当提高 NaOH 浓度，可以在保持较高锑浸出率的同时，使

Sn、As 的浸出率降低,这意味着在浸出过程中使 Sn、As 大部分进入浸出渣中,从而有利于 Sn、As 的综合回收,也减小了废水处理的难度和成本。

15.4.3 吸附法处理含重金属离子废水

吸附处理技术应用于废水处理,主要是利用具有吸附性能的吸附剂,使废水中的一种或多种物质通过物理吸附和化学吸附的作用被吸附在吸附剂的表面,从而达到去除废水中污染物质的目的。

废水处理中常用的吸附剂有活性炭、活化煤、沸石、焦炭等。例如,利用煤渣吸附处理废水中的砷,在煤渣粒度为 200 目(0.074mm),废水 pH 值为 4~9,三价砷含量为 10~150 mg/L、砷/煤渣质量比为 1/2000 的条件下,砷的去除率可达 47% 以上。影响除砷效果的主要因素有煤渣的活化温度、吸附时间等。活化温度越高,砷的去除率越大;一般加入煤渣后吸附时间越长,除砷效果越好;不同温度条件下的煤渣,若无限制延长时间,最终的吸附效果是相同的;高温条件下,活化的煤渣只能加速吸附速度,并不能提高吸附量。

钢渣也具有较好的除砷效果,在水样 pH 值为 1.5~9.0、三价砷含量为 10~200mg/L 时,钢渣质量比按 1/2000 投加钢渣,砷去除率可达 98%。

研究表明,在维持一定的时间、温度、pH 值下,用高岭石等黏土矿物吸附水溶液中三价砷可以达到很好的效果。此外,天然海泡石经过适当活化处理后,对砷有很强的去除能力,在 pH 值大于 6.5 的条件下,经活化的海泡石可将废水中的 As 含量由 3mg/L 降至小于 0.05mg/L。

吸附法处理废水,可采用工业生产中的废料作为吸附剂,具有货源充足、价格低廉等特点,用以处理废水不仅成本较低,而且可达到以废治废的目的,但这种方法通常只适用于处理水量小、有害金属含量较低的废水。

15.4.4 铁盐混凝沉淀法处理含重金属离子废水

该法使用 $FeSO_4 \cdot 7H_2O$ 或 $Fe_2(SO_4)_3 \cdot 6H_2O$ 作混凝剂,其基本原理是铁盐在水中水解生成 $Fe(OH)_2$ 或 $Fe(OH)_3$ 凝胶,吸附废水中的有害金属离子而沉淀下来,所以该法也可称为吸附共沉淀法。

试验表明,在 pH 值为 5~6.5 的范围内,硫酸亚铁对废水中砷和锑的去除率较高,对砷的去除率达到 50% 左右,对锑的去除率达到 80% 以上。在 pH 值为 7~12 的范围内,砷、锑的去除率随 pH 值的升高而下降,这是因为亚铁离子在碱性溶液中会发生如下反应:

$$Fe^{2+} + 2OH = Fe(OH)_2 \downarrow$$

$$Fe(OH)_2 + 4OH^- = [Fe(OH)_6]^{4-}$$

在碱性条件下,砷、锑在水中主要以 AsO_4^{3-}、SbO_3^{3-} 等阴离子形式存在,与 $[Fe(OH)_6]^{4-}$ 所带电荷相同,电斥力较大,所以在碱性条件下砷、锑的去除率会下降。在 pH 值小于 5 的范围内,砷、锑的去除率随 pH 值的下降而降低,这是由于亚铁离子在 pH 值升高到一定值时才会生成 $Fe(OH)_2$ 沉淀,形成的 $Fe(OH)_2$ 凝胶表面带 $Fe(OH)^+$ 正电荷,具有吸附能力,能吸附在水中带负电荷的砷、锑化合物,从而使水中的砷、锑离子除去,而在 pH 值较低时,不能生成 $Fe(OH)_2$ 凝胶或生成的凝胶较少,因而使砷、锑离子的去除率下降。

用 $Fe_2(SO_4)_3 \cdot 6H_2O$ 作混凝剂去除废水中的砷和锑比用 $FeSO_4 \cdot 7H_2O$ 作混凝剂的效

果更好，$Fe(OH)_3$ 凝胶对砷具有很强的吸附作用，同时 Fe^{3+} 可与 AsO_4^{3-} 作用生成砷酸铁沉淀。使用硫酸铁的适宜 pH 值为 4～6，对砷的去除率达到 70% 左右，对锑的去除率可达到 85% 左右。

此外，三价铁盐还可与二价锰盐等配合使用，使金属离子与铁和锰共沉淀，然后通过沉淀和浓缩进行固液分离而除去水中的有害金属离子。

15.4.5 硫化沉淀法处理含重金属离子废水

许多金属硫化物的溶解度很低，容易从溶液中沉淀析出，因此，可在废水中通入 H_2S 气体或加入 Na_2S、NaHS，使溶液中的重金属离子形成硫化物沉淀，再经固液分离而除去。例如，Pb^{2+}、Hg^{2+}、As^{3+}、As^{5+} 等重金属离子与 S^{2+} 发生如下反应：

$$Pb^{2+} + S^{2+} = PbS\downarrow$$

$$Hg^{2+} + S^{2+} = HgS\downarrow$$

$$2As^{3+} + 3S^{2+} = As_2S_3\downarrow$$

$$2As^{5+} + 5S^{2+} = As_2S_5\downarrow$$

此法能较好地处理含高浓度重金属离子的废水，处理工艺简单，适用范围广，虽对某些低浓度金属离子的去除效果尚不十分理想，但对低浓度的含砷废水常能达到较好的处理效果，被广泛应用于处理含砷废料。用此法处理高浓度含砷废水，可获得砷含量为 30% 左右的富砷渣，这种渣可进一步资源化，既可用作炼砷的原料，也可作为制取木材防腐剂的原料。

15.4.6 浮选法处理含重金属离子废水

处理含重金属离子废水，常采用沉淀浮选法，即先将水中的重金属离子转化为硫化物或氢氧化物沉淀，然后使沉淀物上浮的方法。例如，采用硫化钠，使重金属离子转化为难溶的硫化物沉淀，然后浮选此种沉淀，以达到废水净化并回收有价金属的目的。值得指出的是，沉淀浮选所用的捕收剂，应与浮选该金属相应矿物时选用的捕收剂一致。

采用沉淀浮选法脱除重金属离子的效果是显著的，表 15-4 列出了用该法脱除重金属离子的条件和能力。

表 15-4 沉淀浮选法脱除重金属离子的条件及能力

离子	质量浓度 /$mg \cdot L^{-1}$	沉淀剂及其用量 /$mg \cdot L^{-1}$	捕收剂及其用量 /$mg \cdot L^{-1}$	pH 值	处理水浓度 /$10^{-6} mg \cdot L^{-1}$	脱出率/%
Cd^{2+}	1×10^{-6}	$Fe(OH)_3$ 50	油酸钠 25	8～10	0.05	98
		Na_2S 200	辛基癸基醋酸胺 150～250	8.5	未检出	100
Hg^{2+}	1×10^{-6}	$Fe(OH)_3$ 60	油酸钠 25	8～9	0.103	98
		$Fe(OH)_3$ 80	油酸钠 45	9.1	未检出	100
		Na_2S 全汞的 2 当量	黄药类	9.1	未检出	100
As^{2+}	1	$Fe(OH)_3$ 60	油酸钠 30	6～5	未检出	100
Pb^{2+}	1	$Fe(OH)_3$ 20	油酸钠 25	8.0	0.03	99.8
Cu^{2+}	1	$Fe(OH)_3$ 50	油酸钠 25	6～10	Cu^{2+} 未检出	100
Zn^{2+}	1	$Fe(OH)_3$ 50	油酸钠 25	6～10	Zn^{2+} 0.25	98

电化学选矿是一种新的浮选技术,这种技术也可以应用于废水处理,其原理是应用直流电电解水,在废水中产生氢和氧的微小气泡,以代替空气,即:

$$H_2O \xlongequal{} H^+ + OH^-$$

在阳极: $4OH^- - 4e \xlongequal{} O_2 + 2H_2O$

在阴极: $2H^+ + 2e \xlongequal{} H_2$

电解产生的氢气和氧气所形成的气泡直径分别为10~30μm和20~60μm,其捕获能力和浮载能力比机械产生的空气气泡大很多,同时,当采用铝板或钢板作为阳极材料时,在直流电作用下,由于阳极溶解而产生的Al^{3+}和Fe^{2+},与溶液中OH^-反应后,生成具有凝聚作用的胶状氢氧化铝和氢氧化铁,如废水中有重金属离子,在其与OH^-生成重金属氢氧化物沉淀后,随之与$Al(OH)_3$、$Fe(OH)_2$形成凝聚共沉体,吸附于气泡上,迅速上浮分离。这种方法能较有效地脱除各种微量重金属离子及其络盐,使废水达到排放标准。表15-5列出了用该法处理含镉废水的试验结果。

表15-5 电解浮选法处理含镉废水的试验结果

溶 液	pH值	Cd的含量/10^{-6}mg·L^{-1}	Cu的含量/10^{-6}mg·L^{-1}	Zn的含量/10^{-6}mg·L^{-1}
处理前液	2~3	200~300	50~80	60~100
处理后液	7~8	0.003	0.2	0.04
再经过滤		0.002	0.15	0.02

对含铅废水、含锌废水以及含氰化物废水的处理,此法均取得了良好的效果。此外,由于阳极的氧化作用,废水中凡易被氧化的有机物,如酚、油以及化学污染物CN^-等均可被氧化破坏,因而电解浮选法又具有降低BOD和COD、脱色、除臭及消毒的效果。

电解浮选法的优点是产生的泥渣量少,占地面积小,缺点是电能消耗大。据研究,若采用脉冲电流,电耗可降为原来的1/4。

15.4.7 中和法处理低浓度酸碱废水

中和法一般用于处理低浓度的酸碱废水。酸含量大于3%~5%或碱含量大于1%~3%的废水,称为高浓度酸碱废水,这类废水一般通过蒸发浓缩方法回收酸和碱,综合利用或制取新产品;而酸碱含量小于上述浓度范围的废水称为低浓度酸碱废水,一般采用中和法处理,处理后的水可返回使用或排放。中和法视情况不同可采用投药中和法、过滤中和法、酸碱废水相互中和等。

15.4.7.1 投药中和法

该法是应用最为广泛的一种处理酸碱废水的方法,适应于任何物质、任何浓度的酸碱废水的处理。

常用的酸性废水中和剂有石灰、石灰石,有时也用Na_2CO_3、NaOH、白云石或碱性废渣,如电石渣等。

常用的碱性废水中和剂有工业硫酸、硝酸和烟道气中的酸性气体,如CO_2、SO_2等,也可用生产过程中的酸性废水。

当酸性废水中含有重金属离子如铜、镉、铅、锌、镍、钴等时,用于中和酸性废水的碱性中

和剂,可与这些重金属离子反应生成沉淀,如:

$$ZnSO_4 + Ca(OH)_2 = Zn(OH)_2\downarrow + CaSO_4\downarrow$$

因此,计算中和剂用量时,应包括与重金属离子反应的药剂量,计算这部分中和剂增量按当量关系进行。表15-6列出了酸或盐所需中和剂的质量比耗量。

中和过程形成的各种沉渣,应及时从沉淀池中分出,并尽可能回收其中的有价成分,或作无害化处理,以免造成二次污染。

表15-6 中和剂的质量比耗量

待中和的酸或盐	中和1单位酸或盐所需中和剂的质量比					
	CaO	$Ca(OH)_2$	Ca	Na_2CO_3	NaOH	$CaMg(CO_3)_2$
H_2SO_4	0.57	0.755	1.02	1.08	0.816	0.94
H_2SO_3	0.68	0.90	1.22	1.292	0.975	1.122
HNO_3	0.445	0.50	0.795	0.84	0.635	0.732
HCl	0.77	1.01	1.37	1.45	1.1	1.29
CO_2	1.27	1.68	2.27	2.41	1.82	2.09
H_3PO_4	0.86	1.13	1.53	1.62	1.22	1.41
CH_3COOH	0.466	0.616	0.83	0.88	0.666	1.53
H_2SiF_6	0.38	0.51	0.69	0.73	0.556	0.63
$FeSO_4$	0.37	0.487	0.658	0.7	0.526	0.605
$CuSO_4$	0.376	0.463	0.626	0.664	0.551	0.576
$FeCl_2$	0.44	0.58	0.79	0.835	0.63	0.775

15.4.7.2 过滤中和法

该法是把过滤与中和过程相结合,用石灰石、大理石(主要成分为$CaCO_3$)和白云石(主要成分为$CaCO_3\cdot MgCO_3$)等碱性物质作为滤料,使酸性废水通过滤料而被中和。过滤中和设备有普通中和滤池、升流式膨胀滤池和滚筒式滤池等。所用滤料需根据酸性废水中和产物的性质和成分而定。中和硝酸、盐酸和有机酸时,生成的钙盐溶解度大,可选用廉价的石灰石作滤料;而中和硫酸时,生成的各种硫酸盐溶解度相差很大,例如,同样温度下硫酸镁的溶解度比硫酸钙大得多,因此,原则上应选择含镁的滤料,如白云石等,但白云石来源困难,成本较高,且反应速度慢,因此仍可选择石灰石作滤料,但对废水中的硫酸浓度要予以控制,使生成的硫酸钙不超过相应温度下的溶解度。当用碳酸盐作中和剂时,有大量CO_2产生,它能形成气膜附着在滤料表面,阻碍中和反应的进行,采用升流式过滤有利于消除气体的阻碍作用。

当废水中含有较多胶体物质或细微颗粒的悬浮物质时,常加入凝聚剂,以消除胶体所带的电荷,或者产生吸附架桥作用,使之变成絮状物沉淀除去,此法称为混凝法,这是处理废水较常采用的一种方法。在有色金属工业废水处理中,常把石灰石中和法与混凝法结合起来。

15.4.7.3 酸碱废水相互中和法

这是一种既经济又省事的废水处理方法,特别适合于在同一企业有不同废水排出的情况。若酸碱废水混合后,水质仍达不到排放标准时,可与投药中和法相配合,以节省中和剂的用量，降低废水处理成本。若酸碱废水的水质、水量均匀，且酸碱含量相互平衡，可不必设中和池，直接用水泵或管道混合达到中和的目的。

15.4.8 氧化还原法

某些物质在不同价态时的毒性是不一样的，在特定价态下其毒性降低或无毒。氧化还原法的实质，是在化学反应中使污染元素的原子或离子失去或得到电子，引起化合价的升高或降低，从而达到处理的目的。

15.4.8.1 氧化法

当废水中的污染物处于还原态，即低价态时，用氧化剂将其转变为无毒或无害的氧化态物质，这种方法称为氧化法。常用的氧化剂，有空气中的氧、纯氧、液态氧、氯气、液态氯、次氯酸盐，如漂白粉和高锰酸盐，如 $KMnO_4$ 等。

空气氧化法是常用的廉价方法，一般用于处理废水中的有机物质和还原性物质，例如，当废水中的硫化物，如 NaHS、NaS、NH_4HS、$(NH_4)_2S$ 等含量不高，在 1000 ~ 2000mg/L 以下，且无回收价值时，可通空气和蒸气于废水中，使硫化物氧化为硫代酸盐或硫酸盐。通入蒸气的目的是提高反应温度，使氧化反应速度加快进行。通蒸气处理废水中硫化物的主要化学反应如下：

$$2HS^- + 2O_2 \xlongequal{} S_2O_3^{2-} + H_2O$$

$$2S^{2-} + 2O_2 + H_2O \xlongequal{} S_2O_3^{2-} + 2OH^-$$

$$S_2O_3^{2-} + 2O_2 + 2OH^- \xlongequal{} 2SO_4^{2-} + H_2O$$

又如，用漂白粉或液氯处理含氰配合物的反应为：

$$2Cu(CN)_3^{2-} + 7ClO^- + 2OH^- + H_2O \xlongequal{} 6CNO^- + 7Cl^- + 2Cu(OH)_2\downarrow$$

用氯气氧化硫化物的反应为：

$$H_2S + Cl_2 \xlongequal{} S + 2HCl$$

$$H_2S + 3Cl_2 + 2H_2O \xlongequal{} SO_2 + 6HCl$$

臭氧是一种强氧化剂，在废水处理时，对除臭，脱色，杀菌，去除酚、氰、铁、锰和降低 COD、BOD 等都具有显著的作用，同时，由于臭氧制取方便，应用时操作管理简便，不产生二次污染等，因此，在废水处理中越来越受到人们的重视。

15.4.8.2 还原法

当废水中的污染物质为氧化态时，用还原剂将其转变为还原态的方法，称为还原法。该法常用于处理含重金属离子的废水，例如，电镀工业中产生的含六价铬的废水，可加硫酸亚铁和石灰进行处理。研究表明，六价铬的毒性比三价铬大，所以，先用硫酸亚铁作还原剂将六价铬还原为三价铬，然后用石灰在碱性介质中（pH 值为 7.5 ~ 8.5），使铬变成氢氧化铬沉淀，化学反应式如下：

$$H_2Cr_2O_7 + 6FeSO_4 + 6H_2SO_4 \xlongequal{} Cr_2(SO_4)_3 + 3Fe_2(SO_4)_3 + 7H_2O$$

$$Cr_2(SO_4)_3 + 3Ca(OH)_2 \xlongequal{} 2Cr(OH)_3\downarrow + 3CaSO_4$$

15.5 锑冶金相关废渣的处理

冶炼与深加工过程中排出的废渣以固体状态存在，一般而言，它对人体健康的直接危害相对小一些,但其数量大,如露天堆放,不仅占地破坏周围植被环境,而且渣中若含有可溶性重金属盐类及其他可溶性有毒物质时,如砷等,在雨水作用下,流入江河湖泊,对水质造成污染,同样会对人体及生物造成危害,所以必须根据渣的成分和性质认真处理。

处理废渣的一般原则是:

(1)就地消化。对于不含可溶性有害盐类的废渣,例如锑鼓风炉挥发熔炼水淬渣,可与高炉水淬渣配制成普通水泥,供矿井胶结充填用;

(2)对于含有可溶性重金属盐类及金属杂质砷的废渣,必须先进行固化,使其转化为不溶性盐,然后再作其他处理;

(3)尽可能化害为利,综合利用有价元素,降低废渣的处理成本。

15.5.1 鼓风炉炼锑水淬渣的处理

在锑的火法冶炼中,鼓风炉挥发熔炼产生的渣量是比较大的,必须进行妥善处理。鼓风炉炼锑的渣型主要是 FeO、CaO、SiO_2 以及少量 Al_2O_3,与钢铁工业的高炉水淬渣相似。目前,高炉水淬渣通常用于生产钢渣水泥,表 15-7 列出了炼锑鼓风炉水淬渣和高炉水淬渣的一般成分。由表 15-7 可以看出,两种渣的化学组成相同,仅含量有差别,若两者合理搭配,即可配制成水泥。

表 15-7 锑鼓风炉熔炼渣与高炉渣的成分

渣的成分	Fe_2O_3	SiO_2	CaO	Al_2O_3
炼锑鼓风炉水淬渣/%	28 ~ 35	32 ~ 40	12 ~ 16	3 ~ 7
高炉水淬渣/%	1 ~ 2	20	37 ~ 42	5 ~ 7

水泥配料比为:鼓风炉水淬渣 28% ~30%,高炉渣 35% ~37%,立窑煅烧熟料 28% ~30%,石膏 5% ~6%。据我国锡矿山矿的实践,产出 300 号水泥完全可以用于胶结充填,该矿每年因此消耗的鼓风炉水淬渣达 5000 ~ 8000t。

用炼锑鼓风炉水淬渣制水泥,不仅可以消除渣害,而且可以降低水泥生产成本,其缺点是水淬渣硬度大,磨料比较困难,耗电量较高。

在一般的水泥生产中,通常要加入铁矿石配制生料,炼锑鼓风炉水淬渣中的铁含量较高,因而可代替铁矿石配制水泥生料。实践证明,锑渣的活性比铁矿石强,烧成反应上火速度快,生料易烧性好。

15.5.2 锑精炼碱渣的处理

在锑的精炼过程中,为了脱除粗锑中的杂质砷,常采用加入 Na_2CO_3 使之与砷发生下列反应:

$$2As + 2.5O_2 + 3Na_2CO_3 \xlongequal{} 2Na_3AsO_4 + 3CO_2$$

$$2As + 1.5O_2 + 3Na_2CO_3 \xlongequal{} 2Na_3AsO_3 + 3CO_2$$

生成碱性渣使锑与砷分离,这种碱性渣也称为砷碱渣,视精炼除砷时采用工艺的不同,一般每生产 1 万吨精锑将产生砷碱渣 400 ~ 1000t。

砷碱渣的主要成分是砷酸钠、亚锑酸钠和碳酸钠,一般锑含量为 20% ~40%,砷含量为

3% ~9%,以 Na_2CO_3 计的总碱度为 20% ~30%,并含有少量 SiO_2、CaO、Al_2O_3 和 S。锡矿山炼锑厂典型碱渣中锑和砷的存在形态与含量如表 15-8 所示。

表 15-8 精炼碱渣中锑和砷的存在形态及含量

存在形态	Sb				As			
	Na_3SbO_3	Na_3SbO_4	Sb	合计	Na_3AsO_4	$NaAsO_3$	As	合计
含量/%	83.27	0.22	16.51	100	97.88	1.89	0.23	100

从表 15-8 中可以看出,碱渣中的砷几乎全是水溶性的,一旦渗入地下或流入江河湖泊,将对环境造成严重危害。20 世纪 60 年代初,我国锡矿山矿务局曾因此造成人员与牲畜严重中毒事故,有数百人中毒。近年来,湖南、贵州等地多次发生砷碱渣污染水体和人畜中毒事故。

砷碱渣的处理有多种方式,例如,填埋、火法处理和湿法处理等。简单的填埋堆置由于安全性低,管理费用高,已很少采用。火法除砷的工艺原理是将废渣通过氧化焙烧-挥发制取 As_2O_3,获得的粗 As_2O_3 可进行鼓风炉熔炼和反射炉熔炼、还原精炼制取单质砷。火法工艺处理砷碱渣制取 As_2O_3 易带来二次污染,且该工艺的适用范围小,处理砷含量较低的砷碱渣时效果不佳。

目前对砷碱渣的处理主要采用湿法工艺,其基本原理是利用锑酸钠、亚锑酸钠基本不溶于水,而砷酸钠、亚砷酸钠溶于水的特性,采用水浸,使锑、砷分离,然后对含砷溶液再采用化学沉淀或离子交换等方法进一步处理。主要方法介绍如下。

15.5.2.1 钙盐沉淀法

该法首先将碱渣进行水浸,使可溶性砷进入溶液,砷浸出率可达 90% 以上,金属锑及不溶性锑酸盐则留在渣中,这种渣一般锑含量为 50% ~63%,砷含量低于 1%,经脱水干燥后,可作为二次锑精矿返回鼓风炉处理。所得浸出液,加消石灰或石灰乳苛化,生成砷酸钙沉淀,即钙渣,反应式如下:

$$2Na_3AsO_4 + 4Ca(OH)_2 \xlongequal{} Ca_3(AsO_4)_2 \cdot Ca(OH)_2 \downarrow + 6NaOH$$

砷的沉淀率在 98% 以上,所得钙渣砷含量为 4% ~9%,锑含量低于 1%,因砷是剧毒物质,既不能丢弃,也不能利用,只能暂时库存等待处理。余下的烧碱溶液,经蒸发浓缩得固碱或液碱,可供造纸用,如砷含量较高,则需进一步处理。

此法的优点是碱渣中的砷、锑可以分离,锑可回收利用,但脱砷效果不理想,所需钙量较大,而且砷的危害并未能根本解决,钙渣不稳定,易与二氧化碳和水发生反应生成砷酸,因而难以获得推广应用。

15.5.2.2 铁盐沉淀法和硫化沉淀法

这两种方法的过程与钙盐沉淀法基本相同,主要区别在于沉砷过程中采用了不同的沉砷剂,沉砷的基本原理在前述废水处理方法中已经介绍。

采用硫酸铁或聚合硫酸铁等取代石灰乳作沉砷剂的特点是沉砷速度较快,形成的砷酸铁较稳定,且铁盐价廉易得,运行费用较低,但铁盐需要在酸性条件下,才能获得好的沉砷效果,此外,砷资源没有被充分利用。

硫化沉淀法能取得较好的沉砷效果,可获得富砷渣,便于综合利用,由于 As_2S_5、As_2S_3 在碱性环境下易溶解,因此,硫化沉淀法也需要在酸性或弱酸性条件下进行。砷碱渣水浸液中含有大量碳酸钠，碱性强，为了降低水浸液的碱性，可加入硫酸或通入 H_2S 调整 pH 值，但其成本较高，最好是用这种水浸液吸收挥发熔炼过程中产出的低浓度 SO_2 废气，既降低了溶液的 pH 值，又减少了 SO_2 的危害，达到以废治废的目的。硫化沉砷的适宜 pH 值约为 4 ~5，除了用硫化氢、硫化钠等作沉砷剂外，还可用硫代硫酸钠作沉砷剂。硫代硫酸钠和硫化钠沉砷的反应式如下：

$$2AsO_4^{3-} + 5S_2O_3^{2-} + 6H^+ \rightleftharpoons As_2S_5\downarrow + 5SO_4^{2-} + 3H_2O$$

$$2AsO_3^{3-} + 3S_2O_3^{2-} + 6H^+ \rightleftharpoons As_2S_3\downarrow + 3SO_4^{2-} + 3H_2O$$

$$2AsO_4^{3-} + 5S^{2-} + 16H^+ \rightleftharpoons As_2S_5\downarrow + 8H_2O$$

$$2AsO_3^{3-} + 3S^{2-} + 12H^+ \rightleftharpoons As_2S_3\downarrow + 6H_2O$$

15.5.2.3　砷酸钠混合盐法

该法也是先将碱渣进行水浸，使可溶性的砷酸钠、亚砷酸钠溶于水，使锑与砷分离。该法与沉淀法的区别在于分离锑之后的浸出液不进行沉淀处理，而是直接蒸发浓缩，产出结晶砷酸钠混合盐，或经烘干变成无水砷酸钠混合盐。

20 世纪 80 年代，锡矿山矿务局和湘西金矿曾采用砷酸钠混合盐法建设了处理砷碱渣的生产线，取得了一定的效果，基本做到了无废水、废渣排放，排入大气中的废气，也达到了国家规定的排放标准。

砷酸钠混合盐法的原则工艺流程如图 15-3 所示。该流程既可回收砷碱渣中的锑金属，又可提取其中的砷，产出砷酸钠混合盐。

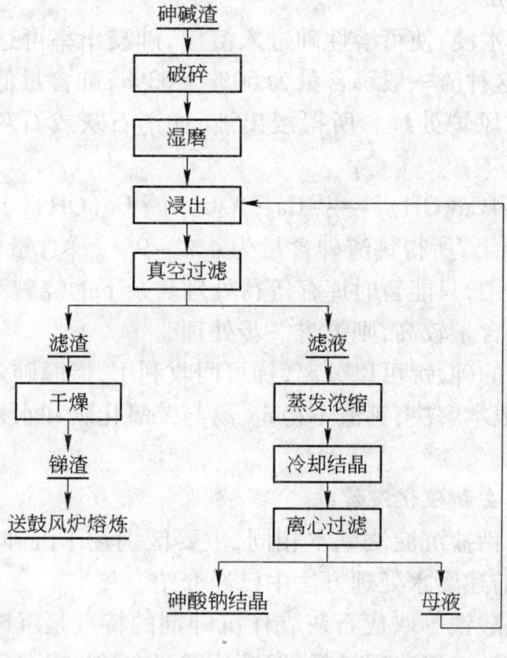

图 15-3　砷酸钠混合盐法处理砷碱渣原则工艺流程

该工艺所获锑渣，称为二次锑精矿，锑含量约为 55% ~57%，砷含量为 0.4% ~0.5%，含水小于 8%，一般返回锑鼓风炉熔炼回收锑。副产品砷酸钠混合盐的主要成分为

$Na_3AsO_4 \cdot 12H_2O$、$Na_2CO_3 \cdot H_2O$、$Na_3AsO_3 \cdot 12H_2O$、$Na_2SO_4 \cdot 10H_2O$ 及 NaOH 和少量锑，其中砷含量达 15% 左右。砷酸钠混合盐的化学成分见表 15-9。

表 15-9 砷酸钠混合盐化学成分

名 称	$Na_3AsO_4 \cdot 12H_2O$	$Na_3AsO_3 \cdot 12H_2O$	$Na_2CO_3 \cdot H_2O$	$Na_2SO_4 \cdot 10H_2O$	NaOH	Sb
混合盐 1/%	86.5	0.75	7.25	0.35	1.52	0.21
混合盐 2/%	84.7	0.65	8.10	0.24	1.81	0.23

这种砷酸钠混合盐，曾在玻璃生产中代替白砷（As_2O_3）作澄清剂，生产优质玻璃，但由于该工艺产出砷酸钠混合盐的质量不稳定，而且近年来玻璃工业普遍使用水合锑酸钠作澄清剂，致使这种砷酸钠混合盐无法销售，目前，采用砷酸钠混合盐法处理砷碱渣的生产线均已停产。

15.5.2.4 分步结晶法

分步结晶法处理砷碱渣同样是先将碱渣进行水浸，使锑与砷分离，获得的锑渣返回熔炼工序回收锑，对水浸液则采用分步结晶的办法分别回收其中的砷和碱，而不是只获得混合盐。该技术是柳州华锡集团的发明专利，专利号 200410013369.2，其基本原理是基于多元组分的溶液，如组分间有低溶解度和高溶解度的差异，且低溶解度的组分在室温下的溶解度与高于室温乃至沸腾温度下的溶解度差异较大，而高溶解度的组分其溶解度受温度的影响不大，则该溶液可采用分步结晶法分离回收，即常温下为低溶解度，加温后溶解度明显升高的溶质，能通过加温浓缩使其浓度达到过饱和，再冷却至室温，使其过饱和的溶质析出，从而达到分离该组分的目的。

分步结晶法的具体技术方案是：

第一步，先将砷碱渣水浸液置于浓缩设备中浓缩，浓缩温度控制在 40～100℃，浓缩至溶液中砷的质量浓度达到 62.36～75.66g/L，即为浓缩终点，静置冷却至室温或室温以下，再静置结晶 2h，过滤，获得砷酸钠晶体。

第二步，将第一步结晶后的母液置于浓缩设备中浓缩，温度控制在 40～100℃，第二步浓缩终点以粗碱含水率为 15%～30%，以利于从浓缩设备中排出和入窑煅烧为宜，将第二步结晶产物进行煅烧处理，获得的粗碱返回火法精炼脱砷工序使用。

该技术的关键是控制一步结晶终点溶液中砷的浓度，砷碱渣水浸液中的 As^{5+} 和 Na^+ 浓度不同，其结晶终点 As^{5+} 浓度和 Na^+ 浓度也有差异。

经过反复试验证明，将含 As^{5+} 32.39～38.22g/L，Na^+ 88.26～93.22g/L 的砷碱渣水浸液，在 40～100℃ 的温度下浓缩至溶液中含 As^{5+} 62.36～75.66g/L，Na^+ 190.31～203.00g/L，然后将此浓缩液冷却至室温或室温以下，静置结晶 2h，过滤，获得含 Na_3AsO_4 63.81%～84.00%、NaOH 1.34%～10.63%、Na_2CO_3 0.29%～1.06%、H_2O 11.96%～29.05% 的砷酸钠结晶，As 直收率达 86.14%～92.93%，回收率达 94.09%～99.68%。将第一步结晶母液置于浓缩设备中，在 40～100℃ 的温度下浓缩至含水率为 15%～30%，结晶物煅烧即制得粗碱，粗碱含 NaOH 78.88%～83.4%、Na_2CO_3 8.96%～12.36%、As 2.09%～2.65%、H_2O 0.56%～4.68%，Na 的直收率为 59.03%～68.27%，回收率为 94.34%～99.51%。

分步结晶法获得的砷酸钠晶体纯度较高，可用作玻璃澄清剂或用于提砷，粗碱则可返回火法精炼脱砷工序使用，因而该技术具有较好的环保效益和经济效益。

15.5.2.5 CO_2 脱碱-硫化沉砷法

该法主要包括水浸分离锑和砷、CO_2 脱碱、硫化沉砷以及脱硫酸根等工序，其工艺流程如图 15-4 所示。

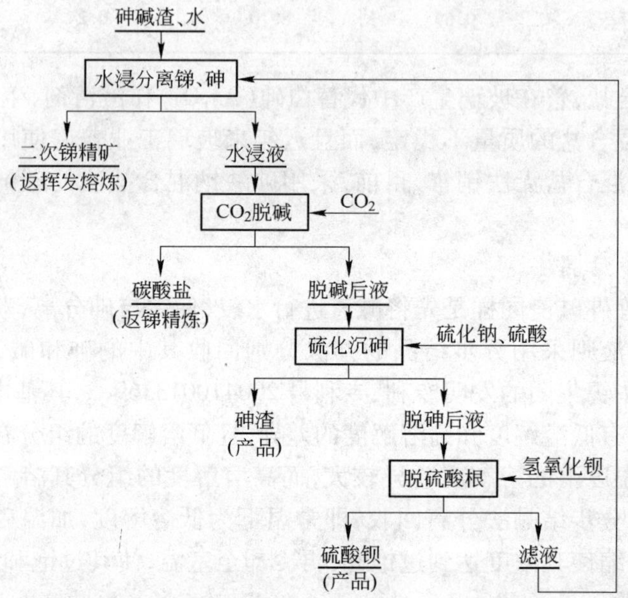

图 15-4 CO_2 脱碱-硫化沉砷法处理砷碱渣工艺流程

首先将砷碱渣破碎，在浸出釜中采用 80℃左右的热水搅拌浸出，过滤后得到的锑精矿返回锑的挥发熔炼工序，砷等可溶性钠盐进入 CO_2 脱碱工序。

CO_2 脱碱的原理是二氧化碳与碳酸钠发生反应形成碳酸氢钠，而碳酸氢钠的溶解度远小于碳酸钠的溶解度，因此，向水浸液中通入二氧化碳气体，可以脱除其中大部分碳酸钠，主要化学反应为：

$$CO_2 + H_2O = H_2CO_3$$

$$Na_2CO_3 + H_2CO_3 = 2NaHCO_3\downarrow$$

脱碱操作时，把水浸液加入到反应釜内，通入二氧化碳气体，在 40℃左右和中性 pH 值条件下搅拌脱碱，过滤后得到的碳酸盐可用于锑的火法精炼脱砷，脱碱后液送硫化沉砷工序。

在脱碱后液中加入硫化钠和硫酸溶液，在 60℃和酸性，pH 值小于 5 的条件下搅拌脱砷，沉淀出砷的硫化物，脱砷后液进入脱硫酸根工序。硫化沉砷的反应式为：

$$2Na_3AsO_4 + 5Na_2S + 8H_2SO_4 = As_2S_5\downarrow + 8Na_2SO_4 + 8H_2O$$

硫化沉砷所得砷渣的砷含量较高，达 35%左右，可作为专业砒霜冶炼厂的原料。

在脱砷后液中，加入过饱和的氢氧化钡溶液，使溶液中的硫酸钠转变为硫酸钡沉淀析出，化学反应式如下：

$$Na_2SO_4 + Ba(OH)_2 = BaSO_4 \downarrow + 2NaOH$$

过滤后产出的硫酸钡用温水洗涤，硫酸钡烘干后作为最终产品出售，脱硫酸根后的滤液返回用于浸出砷碱渣。

CO_2 脱碱-硫化沉砷法处理砷碱渣，可获得二次锑精矿、碳酸钠、砷硫化物和硫酸钡产品。整个工艺流程中的水溶液可实现闭路循环，各次洗涤水返回浸出，没有废水外排，工艺流程中没有新的废渣产生，在脱砷过程中产生的少量硫化氢废气，采用氢氧化钠溶液吸收，吸收液可返回脱砷系统使用，该工艺的环保效益明显。

参考文献

[1] 有色金属提取冶金手册编辑委员会. 有色金属提取冶金手册(锡锑汞)[M]. 北京:冶金工业出版社,1999.

[2] 赵天从. 锑[M]. 北京:冶金工业出版社,1987 .

[3] 邹洪涛. 锑与社会[J]. 化学教育,1998,7: 1 ~3.

[4] 中国有色金属学会. 中国有色金属学会会讯, 2003(4):17 ~32.

[5] 中国有色金属学会重冶学术委员会. 第二届全国重冶新技术新工艺成果交流推广应用会论文集,北京,2005.

[6] 王积涛. 金属有机化学[M]. 北京:高等教育出版社,1989.

[7] Несмеянов Н А. Давлние Пара Химических Элементов[M]. M. Иэд - во АН ССР,1961.

[8] Gospodinov G G, et al. Determination of the Saturated Vapor Pressure of Solid Antimony Sulfide[J]. Izv. Akad. Nauk SSSR, Neorg. Matter., 1970, 6(7): 1242.

[9] No 552022(1932),硫化锑在高温下的热分解.

[10] 中南矿冶学院有色重金属冶炼教研室. 有色重金属冶金学[M]. 北京:冶金工业出版社,1959.

[11] Hicke W L. The Vapor Pressure of Sb_2O_3[J]. J. Amer. Chem., Soc., 1930,52:10.

[12] Maier C G. Thermodynamic Data on Some Metallurgically Important Compounds of Lead and the Antimony-group Metals and Their Application[J]. Progress Repts. Met. Div.9. USBM RI,1934, 3262:54.

[13] Мызенков Ф А, Клушин Д Н. Исследование Давления Пара Трехокиси и Металлической Суръмы При Высоких Температурах[J]. ЖПХ., 1965,38(8):1709.

[14] Бочкарев Э П и Др, Суръма в Кн. Основы Металлургии, т.5, М. Металлургия, 1968:132.

[15] Simon A. Fractional Saturation[J]. Z. Zuckering. Bohmen, 1916,40:173.

[16] Wang C Y. Antimony: Its History, Chemistry, Mineralogy, Geology, Metallurgy, Uses, Preparations, Analysis, Production, and Valuation; with Complete Bibliographies [M]. Charles Griffin & Co., Ltd., London, 1909.

[17] Lews S J. The Ore Deposits of Mexico[M]. Min. & Scient. Press,1920:19.

[18] Scratch R B. Fracture - controlled Antimony - quartz Mineralization, Lake George Deposit, New Brunswick: Mineralogy Geochemistry, Alteration, and Hydrothermal Regimes[J]. Econ. Geol.,1984,79(5):1159.

[19] 吴良士,白鸽,袁忠信. 实用天然产物手册 - 矿物与岩石[M]. 北京:化学工业出版社,2004.

[20] 黄任军. 广西右江流域红锑矿产出特征与成因浅析[J]. 矿山地质,1994,(4).

[21] 何明跃,楼亚儿. 湖南锡矿山辉锑矿的矿物标型特征研究[J]. 地质与勘探,2002,(4):73 ~77

[22] 杜国银. 矿产地质基础[M]. 北京:地质出版社,1998.

[23] 赵一鸣. 中国主要金属矿床成矿规律[M]. 北京:地质出版社,2004.

[24] 顾丽兰. 世界锡锑矿山实录,1992.

[25] 王青. 采矿学[M]. 北京:冶金工业出版社,2001.

[26] 刘松伟. 采用上向水平分层充填采矿法开采倾斜薄矿体的实践[J]. 湖南有色金属,1996,(3):13 ~15.

[27] 敬文宇,张根深. “三下”矿体充填采矿法回采实践与研究[C]. 第八届国际充填采矿会议论文集,2004.

[28] 庞欣荣,刘晨,张绍国. 大厂 100 号矿体残矿安全回采技术初探[J]. 云南冶金,2007,(1):18 ~20.

[29] 刘仲春. 长锚杆预控顶尾砂胶结充填采矿法回采缓倾斜中厚矿体的实践[J]. 采矿技术,2005,(1):4 ~5

[30] 陈忠毅. 分条块石胶结充填法在鱼儿山金矿的应用[J]. 有色金属(矿山部分),1993,(3):12 ~15.

[31] 施辉亮．中国锑矿的选矿概况[J]．南方冶金科技，1989，(1)．
[32] 胡熙庚．有色金属硫化矿选矿[M]．北京：冶金工业出版社，1987．
[33] I·格兰伯格，等．辉锑矿浮选的平衡模型[J]．国外金属矿选矿，1994，(12)．
[34] Oberbillig E. Flotating of Antimony Ores[J]. The Mining Magazine，1964，110(7)．
[35] 徐晓军，胡熙庚，刘金华．辉锑矿的活化与浮选特性[J]．有色金属，选矿部分，1995，(6)．
[36] P. Solozhenkin 等．复杂锑矿石的浮选[J]．国外金属矿选矿，1993，(2)．
[37] 刘如意，李文杰，何晓川，等．锑铅锌多金属硫化矿综合利用工艺的研究与实践[J]．有色金属(选矿部分)，1994，(4)：1～6．
[38] 张秀华．锡矿主要伴生硫化矿的基本性质及浮选行为[J]．矿产保护与利用，1995，(1)：29～32．
[39] 张芹，胡岳华，顾帼华，等．氰化脆硫锑铅矿和磁黄铁矿选择性分离[J]．中南大学学报(自然科学版)，2004，(3)：372～375．
[40] 邓海波，许时．脆硫锑铅矿的浮选机理和与铁闪锌矿的分离[J]．有色金属(选矿部分)，1990，(6)：15～18．
[41] 冯其明，欧乐明，陈荩．辉锑矿表面疏水产物-丁基双黄药的电化学还原行为[J]．中南大学学报，1997，(5)：530～432．
[42] P·索洛正金，等．自旋标记试剂在浮选研究中的应用[J]．国外金属矿选矿，2000，(12)：31～34．
[43] П·М·索洛仁金，等．改善锑矿石浮选的药剂制度[J]．国外金属矿选矿，1996，(7)：52～54．
[44] 丁大森，李希山，彭子宜，等．Y89-3 黄药提高湘西金矿金锑回收率的研究与应用[J]．黄金，2001，(5)：35～38．
[45] 冯志坚．MA 高效浮选捕收剂应用研究及生产实践[J]．有色金属(选矿部分)，2003，(3)：35～36．
[46] 廖威．二乙基胺甲醇黄药[J]．有色金属(选矿部分)，1991，(6)：27～28．
[47] П. М. Соложенкин. 锑矿石加工过程的最佳化[J]．国外金属矿选矿，1991，(5)：11～14．
[48] 顾帼华，刘如意．含锑矿石浮选药剂[J]．江西有色金属，1997，(3)：24～28．
[49] 陈一峰．从含碳矿石中浮选辉锑矿的研究[J]．有色金属(选矿部分)，1989，(3)：16～17．
[50] 林放春．提高含碳锑矿石浮选技术指标的生产试验[J]．有色金属(选矿部分)，1991，(6)：41．
[51] 邓海波，戴朝晖．含碳贫锑矿的脱碳浮选和选择性捕收新工艺研究[J]．有色金属(选矿部分)，1993，(1)：5～8．
[52] 陈家模，伍光兰．半坡锑矿石选别流程的研究[J]．有色金属(选矿部分)，1989，(6)：13～14．
[53] 韦登禄，梁尚明．隆林锑矿选矿研究与生产实践[J]．有色金属(选矿部分)，1992，(5)：42～43．
[54] 向连生．含砷混合锑矿浮选分离生产试验[J]．有色金属(选矿部分)，1991，(3)：11～13．
[55] D. E. 皮克特，等．加拿大选矿实践[M]．李怀先 等 译．北京：冶金工业出版社，1983．
[56] 刘英伯，陈光利．锑废石全浮选生产实践[J]．江西冶金，1986，(6)：30～31．
[57] 刘传善．我国锑选厂的生产实践[J]．工程设计与研究，1989，(3)：26～32．
[58] 刘如意．富砷锑矿石选矿研究与生产实践[J]．有色金属(选矿部分)，1991，(4)：1～5．
[59] 施辉亮．锑砷分离时毒砂抑制剂的探讨[J]．江西有色金属，1989，(6)：25～27．
[60] 于雪，李玉霜，杨长颖，等．某含砷锑金矿石选矿综合回收试验研究[J]．有色矿冶，2000，(1)：20～23．
[61] 张泽强．多金属硫化锑矿的综合回收[J]．有色金属(选矿部分)，2003，(1)：3～5．
[62] 欧乐明，冯其明．含金锑砷金属硫化矿浮选分离试验研究[J]．黄金，1995，(2)：31～34．
[63] 选矿手册编辑委员会．选矿手册(第八卷，第二分册)[M]．北京：冶金工业出版社，1990．
[64] 刘如意，陆林娣，刘璇华，等．多金属锑矿综合利用工艺的研究[J]．有色金属(选矿部分)，1991，(5)：1～6．
[65] 刘如意，周为吉，李高轩，等．低品位锑铅锌多金属硫化矿选矿研究与生产实践[J]．有色金属(选矿部分)，1994，(6)：1～6．

[66] 张兴琼. 大厂100号矿体硫化矿浮选的合理工艺[J]. 矿冶工程,2000,(1):26~28.
[67] 喻连香,董天颂,邹霓. 大厂100号特富矿选矿新工艺工业应用的研究[J]. 广东有色金属学报,1999,(2).
[68] 李希山,冯志坚. 湘西金矿多金属硫化矿选矿工艺研究与实践[J]. 黄金,1999,(9):38~41.
[69] 张生禄. 鹿儿坝锑金矿矿石选矿方法的探讨[J]. 黄金,2004,(7):36~37.
[70] 黄云阶,刘敏,刘述平. 某金锑共生矿选矿试验研究[J]. 矿产综合利用,2003,(1):7~10.
[71] 左惠琴,白 昕,张文钲. 旬阳汞锑矿的分离研究[J]. 有色矿山,1991,(2):46~48.
[72] 白秀梅. 青铜沟汞锑矿汞锑浮选分离试验研究[J]. 有色金属(选矿部分),1998,(4):20~23.
[73] 闫晔轶,胡家菊,陈文科,等. 硫化汞锑矿汞锑分离降铬工艺试验研究[J]. 岩矿测试,2000,(3):224~226.
[74] 王建斌,刘运杰,陈文科,等. 浮选分离汞锑中降铬工艺的研究与实践[J]. 有色金属,2000,(4):208~211.
[75] 王建斌,刘运杰,陈文科,等. 在浮选分离汞锑中降低重铬酸钾用量的工业试验[J]. 矿产综合利用,2001,(1):4~8.
[76] 李晓健. 汞锑共生矿石的选厂设计与问题探讨[J]. 工程设计与研究,1999,(12):1~4.
[77] T. Lager,等. 含锑矿石的选矿现状[J]. 国外金属矿选矿,1990,(8):1~9.
[78] 赖仁魁,喻坚意,刘邦瑞. 氧化锑矿物与石英浮选分离新法[J]. 有色矿山,1991,(2):44~45.
[79] 邓竹声,郭昌槐,余雪花. 变性水玻璃对难选细粒氧化锑矿物浮选的影响[J]. 中南矿冶学院学报,1991,(2):137~141.
[80] 廖品钧,肖力平,等. 氧化锑矿物表面电性与可浮性研究[J]. 中南矿冶学院学报(增刊),1983,(9):21~30.
[81] 余礼扬. 难选氧化锑矿石的浮选工艺[J]. 有色金属(选矿部分),1993,(3):17~20.
[82] Salikhova L N, Popov E L. Study of Floatability of Antimony Oxides and Quartz[J]. Geol. Mineral, Tekhnol. Obogashch. Rud. 1975.
[83] 庞曼萍,王蓓,陈锐钊. 某高度氧化锑矿选矿工艺试验[J]. 矿产综合利用,1991,(2):15~17.
[84] 李维天,陈柏泉. 广西都结氧化锑矿可选性试验研究[J]. 广西地质,2002,15(3):67~70.
[85] 锡矿山矿务局. 硫化锑浮选精矿制粒焙烧试验小结[R]. 研究报告,1963.
[86] 锡矿山矿务局. 用赫氏焙烧炉处理制粒精矿[R]. 研究报告,1963.
[87] 锡矿山矿务局. 浮选硫化锑精矿团矿挥发焙烧试验总结[R]. 研究报告, 1973.
[88] Мельникова С. М. (ред), Сурьма М. Металлургия, 1977.
[89] The Use of a Rotary Furnace for the Roasting of Rich Antimony Ore, Metall. u. Erz., (1922,19): 373.
[90] Harris W E. The Waelz Process[J]. Trans. AIME,1936,121:702.
[91] 锡矿山矿务局. 高品位粉末硫化锑精矿沸腾焙烧扩大型试验报告[R]. 研究报告,1959.
[92] 锡矿山矿务局. 浮选硫化锑精矿高温沸腾焙烧试验报告[R]. 研究报告, 1962.
[93] Yoshida Y, et al. Fluidized－bed Roasting of Antimony Ores with Temperature Regulated by Oxygen Content Adjustment, Jap. Pat. No7416702, 24 Apr. 1974.
[94] Stojadinovic S, et al. Fluo－solids Reactor and Its Use in Roasting Low－grade Antimony Ores[J]. Tehnika (Belgrade), 1976,31 (6): 11.
[95] Бабина И В. Метод Переработиа Сурьмяных Руд в Кипящем Слое Цветн[J]. Мет., (1958,7:70.
[96] Бабина И В. Возгоночный Обжиг Суръмяных Руд в Килящем Слое с Полупромыщленны Испытания [J], Сб. ТР. Тбс. н. －и. ин－т Цветн. Мета., 1959,15:328.
[97] Манцевич М И. Автоматизация Процесса Возгонки Суръмы ИЗ Руд методом Обжига в Кипацем Слое Цветн[J]. Мета., 1961, 4:12.

[98] 锡矿山矿务局. 飘悬焙烧处理浮选硫化锑精矿试验小结[R]. 研究报告, 1961.
[99] 锡矿山矿务局. 对悬浮炉处理浮选硫化锑精矿的几点意见[R]. 研究报告, 1965.
[100] 荷浦金斯 D. W. 物理化学与金属提取[M]. 北京:科学出版社,1958.
[101] 锡矿山矿务局. 鼓风炉处理浮选硫化锑精矿试验小结[R]. 研究报告, 1960.
[102] 锡矿山矿务局. 硫化锑浮选精矿鼓风炉挥发熔炼试验总结报告[R]. 研究报告,1964.
[103] 锡矿山矿务局. 硫化锑浮选精矿鼓风炉挥发熔炼试生产报告[R]. 研究报告,1966.
[104] 锡矿山矿务局北炼厂. 挥发熔炼鼓风炉的实践[R]. 研究报告,1973.
[105] 锡矿山矿务局. 锑精矿鼓风炉挥发熔炼设计冶金计算资料[R]. 研究报告,1977.
[106] Mŭller E A. Die Verflŭchtigung von Antimon aus Sulfidischen Vorstoffen in Zyklonofen[J]. Erzmetall, 1978,31 (6): 267.
[107] Мельникова С. М. (ред), Суръма, М. Металлурги Я,1977:503 ~ 514.
[108] Anon. Bunkor Hill and Sullivan Mining and Concentrating Company, Electrolytic Antimony[J]. Mining World, 1942,4 (6): 3.
[109] Bradley J D. Mining and Milling Methods and Costs at the Yellow Pine Mine, Stibnite, Idaho, Bureau of Mines IC 7194, 1942:12.
[110] Holmes W C. How Electrolytic Antimony is Made at Sunshine Plant, Eng. And Min. Journ., 1944, 145: 54.
[111] Gould W D. Sunshine's Tetrahedrite Ores Yield Electrolytic Antimony[J]. Eng. Mining J., 1955,156 (6): 91.
[112] Kadlec F. Diffusion of Antimony in the Matte Cyclone Furnace Smelting[J]. Hutnicke Listy,1972, 27:12.
[113] Lavrila A, Anderson B. Modern Flash Smelting Technology Energy and Waste in the Nonferrous Metals Industry, 1975.
[114] Lysenko V A, Gel V I. Pilot Plant Tests of Burners for the Flash Melting of Sulfide Materials[J], Tsvetn. Metally,1981, 3: 29.
[115] Тонконогий А В. и др. Циклонный Пирометаллургический Ироцесс[J]. Цветн. Мет., 1957, 1:30.
[116] Тонконогий А В и др. Опытная Установка для Циклонной Плавки[J]. Изв. АН Казсср, Серия энергетическая, 1957,1(2):85.
[117] Hofmon M O, Blatchford J. The Behavior of Stibnite in an Oxidizing Roast[J]. Trans. Am. Inst. Min. Eng.,1916, 54:671.
[118] Miller M N. Antimony in U. S. Mineral Resources[J]. U. S. Geol. Surv., Prof. Pap., 1973, 820: 45.
[119] Derjaguin B V,Shukakidse N D. Dependence of the Floatability of Antimonite on the Value of Zeta - potential[J]. Transactions Institution of Mining and Metallurgy, 1960 ~ 1961,70:564.
[120] Rozlovskii A A, Efimov G N. Removing Iron from Antimony, USSR pat. No173009, 7 July. 1965
[121] Розловский А А. К Теории Окислительного Рафинирования Сурьмы от железа Щелочными Флюсами[J], Ученые Записки Цниилолово, 1964, 1:37.
[122] Розловский А А, Ефимов Г Н. Способрафинирования Сурьмы от железа, Авт. свид. No173009, Бюл. изобр. и тов. знаков, 1965, No. 14, с. 25.
[123] 长沙有色冶金设计院. 锑、铅、锡冶金及其分离译文集,1967.
[124] КерШанский И И, Рогова Л Н. Новый Способ Очистки Суръмы от Свинца, Научные труды ВНИИЦветмет, устъКаменогорск, ИЗД. ВНИИЦ ветмета, 1962,7:12.
[125] Engel A L. Concentration Tests on Various Base-metal Ores, USBM RI 4927, 1952.
[126] 贵州冶金地质勘探公司情报组. 国外锑矿专辑,1982,(1):120 ~ 130.

[127] Wang C Y. Calculating Charges for the Precipitation Method of Antimony Smelting[J]. Eng. & Min. J., 1949,150: 67.

[128] Mustaev A K, Yakovenko K T. Precipitation Method for Obtaining Sb, Izv. Akad. Nauk Kirg. SSR, Ser. Estestven. I Tekh. Nauk, part 2, 1960, 3:55.

[129] Розлоовский А А, Устинов А И. Осадителъная Злекетроплавка Сулъфидных Суръмяных Концентратов[J], Бюл. Научно－техн. информ. ЦНИИОлово, 1961,4:40.

[130] Розловский А А. Способ Переработки Щтейна Осадителъной плавки Суръмяных Концентротов, Авт. свид. No.160317, Бюп. изобр. итов. знаков, 1964, 3:55.

[131] Жариков М Г. Месторождения Суръмы В кн.: Рудные Месторождения СССР, т. М., 1974,2: 260～273.

[132] Фридман Я Д, Мустаев А К. Изучение Окситиосоединений Суръмы, Синтез Моноокситиоантимонита Натрия[J]. Труды Ин－ТаХимии АН Кирг. ССР. Т. 1956,7:56～64.

[133] Болышаков К А. и др. Диаграммя Плавкости Системы су Лъфид Суръмы－сулъфат Натрия[J]. Изв. вуз Цветн. мет, 1959,2:51.

[134] Colom F, De La Cruz M. Antimony Electrowinning from Molten Sulfide[J]. Electrochim Acta, 1969, 14 (3):217.

[135] 商宝禄. 冶金过程原理[M]. 西安:西北工业大学出版社,1986.

[136] 中南矿冶学院. 稀有金属冶金原理及工艺[M]. 北京:冶金工业出版社,1981.

[137] 中南矿冶学院. 有色冶金炉[M]. 北京:冶金工业出版社,1994.

[138] 魏军,陈云. 炼锑鼓风炉的配料方法[J]. 有色金属(冶炼部分),1997,(6):28～30.

[139] 夏加群,许季光. 炼锑鼓风炉节能途径的探讨[J]. 冶金能源,2000,(1):35～36.

[140] 魏军,陈云. 炼锑鼓风炉炉料配比的确定[J]. 甘肃有色金属,1997,(1):14～16.

[141] 李禹安. 炉顶抽风两侧进料活动炉缸无前床炼锑鼓风炉[J]. 有色金属(冶炼部分),1993,(2): 14～16.

[142] 金贵忠. 浅谈鼓风炉炼锑技术存在的问题[J]. 有色冶炼,1993,(2):76～77.

[143] 郑克强. 锑鼓风炉设计与实践[J]. 甘肃有色金属,1997,(1－2):32～36.

[144] 刘小平. 锑鼓风炉冶炼炼铅含锑渣实践[J]. 有色金属(冶炼部分), 1994,(5):47.

[145] 谢朝辉. 锡矿山锑鼓风炉设备自动控制系统[J]. 有色冶炼,2002,(6):149～150.

[146] 孙克萍, 先晋聪. 小型炼锑鼓风炉的应用[J]. 新疆有色金属,1997,(1).

[147] 戴伟明. 中低度硫化锑矿平炉挥发焙烧生产实践[J]. 有色金属(冶炼部分), 1995,(4):12～14.

[148] Wndt W. Separation of Arsenic and Antimony: Technical Methods in Several Countries[J]. Chem. Age, 1949:459.

[149] Меерсон Т А. и др. Окислителъная Рафинировка Суръмы, ПХ. 13(1940), вып.3, 1940,13:323.

[150] Баибородов П П. и др. Извлечение Мышьяка из Сруръмяномышъяковых Окисленных Продруктов, Илим, 1965:58～69.

[151] Байборобов П П, Цыганов Г А. Извлечение Мышъяка из Щлаков Рафинирования Металличеокой Суръмы, см. реф. No. 62.40.

[152] Байбородов П П. Рафинирование Суръмы от Мышъяка и Вывод Его из Процесса, Цветн. мет, 1967,2:67.

[153] Lodeishchiikov V V, et al. Pilot－plant Test of Gravitation Flotation Beneficiation of Gold－antimony Ore [J]. Obogashch Rud., 1974, 19(1):37.

[154] 克里沃森科 И. 锑冶金[M]. 北京:冶金工业出版社,1956.

[155] Артыкбаев Т Д, Хамудханова Ш. З. (ред). Химия Редких и Цветных Металлов, Издательство,

Фан. , Уз. ССР,1975.
[156] Morey B W, Mckinley J R. Hydrometallurgical Manufacture of Antimony Trioxide and Pentoxide, U. S. Pat. No213929 31 Dec. 1971;Fr. Demande 2165821, 14,Sep. 1973.
[157] Kurkchi U M, et al. Semiworks Testing of Hydrometallurgical Recovery of the Sublimate of Fluidized Bed Furnace for Antionmy Trioxide, Sb. Nauchn. [J]. Tr. Sredneaziat. Nauchno Issled. Proektn. Inst. , Tsvetn. Metally. , 1973,8(17):57.
[158] Kurkchi U M. Electrochemical Preparation of Antimony Trioxide in Solutions of Alkali Metal Nitrates[J]. Tsvetn. Metally,1981, (2): 34.
[159] Куркчи У М. Электрохимический Способ Получения Чистой Трехокис и Сурьмы[J]. Цветн. Мет. , 1976, 2:37.
[160] Kleshchov D G, et al. Formation of Antimony Pentoxide during Thermolysis of Antimony Pentoxide Hydrate in a Closed System[J]. Izv. Akad. Nauk SSSR Neorg. Mater. , 1983, 19(19): 1505.
[161] Nippon Seiko K K. Ultrafine Antimony Trioxide Priduction and Apparatus for the Process, Jan. Pat. No. 59181116, 30 Jan. 1984.
[162] Vladimir M. Recent Advances in Flame Retardation of Textiles[J]. J. Ind. Fabr. , 1984,2(3):36.
[163] Wiliams I G. Flame Retarded Polyamides - development, Types and Applications[J]. Plast. Rubber Process Appl, 1984,4(3): 239.
[164] 彭容秋. 重金属冶金学[M]. 长沙:中南工业大学出版社,1994.
[165] 中国冶金百科全书编委会. 中国冶金百科全书(有色金属冶金)[M]. 北京:冶金工业出版社,1999.
[166] 中国有色金属工业总公司等. 第一届重有色金属冶炼年评报告会议论文集,重有色冶炼, 1987.
[167] 中国有色金属学会重有色金属冶金学术委员会编. 中国有色金属学会重有色金属冶金学术委员会第二届学术年会论文集,北京:1996.
[168] 中国有色金属学会重有色金属冶金学术委员会编. 全国重冶新技术新工艺成果交流大会文集, 北京:1998.
[169] 昆明冶金研究院. 熔池熔炼-连续烟化炉处理锡炉渣试验研究[R]. 研究报告,1992.
[170] 昆明冶金研究院. 栗木锡矿锡水淬渣和中矿烟化试验报告[R]. 内部资料,1986.
[171] 昆明冶金研究院. 学术论文摘要专辑[R]. 内部资料,1993.
[172] 昆明冶金研究院. 江西赣南炼锡厂电炉钨锡渣固态硫化挥发工艺探索试验报告[R]. 内部资料, 1992.
[173] 黄位森. 锡[M]. 北京:冶金工业出版社,2001.
[174] 雷霆,王吉坤. 有色金属,1998,(2):51 ~ 57.
[175] 雷霆,王吉坤. 有色金属(冶炼部分),1998,(5):9 ~ 12.
[176] 昆明冶金研究院. 锑矿石沉没熔炼挥发粗锑氧阶段试验报告[R]. 内部资料,1986.
[177] 昆明冶金研究院. 沉淀燃烧熔炼炉处理锡、锑物料的方法及装置研究报告之二——以煤代油阶段试验报告[R]. 内部资料,1988.
[178] 云南省科技情报研究所检索查新中心. 检索查新报告书,1995 年 3 月 23 日.
[179] 浙江大学,等. 硅酸盐物理化学[M]. 北京:中国建筑工业出版社,1980:157 ~ 262.
[180] 石野俊夫,等(溶融盐委员会编). 溶融盐物性表,Printed in Japan,电气化学协会,昭和三十八年.
[181] 锡矿山矿务局. 硫化锑浮选精矿熔析试验小结[R]. 研究报告,1963.
[182] 锡矿山矿务局. 浮选硫化锑精矿熔析和造渣熔析小型试验报告[R]. 研究报告,1964.
[183] 孙克萍, 先晋聪. 锑的低温冶炼新工艺[J]. 有色金属(冶炼部分), 1994,(1): 19 ~ 22.
[184] 先晋聪, 孙克萍. 锑精矿低温焙烧脱硫[J]. 新疆有色金属,2000,(4): 24 ~ 26.
[185] 孙克萍, 先晋聪, 莫昌辉. 锑精矿低温冶炼过程中杂质的分离技术[J]. 有色冶炼,2001,(4):

20 ~ 21.
[186] 孙克萍，先晋聪. 锑精矿非挥发焙烧产品的还原及渣锑分离技术[J]. 有色金属(冶炼部分),2001,(4):2 ~ 4.
[187] 孙克萍，先晋聪，莫昌辉. 锑精矿氧化焙砂还原与熔析的试验研究[J]. 有色冶炼,2002,(4):27 ~ 28.
[188] 陈永明,黄 潮,唐谟堂,等. 硫化锑精矿还原造锍熔炼一步炼锑[J]. 中国有色金属学报,2005,(8):1311 ~ 1316.
[189] 唐谟堂,唐朝波,张多默. 一种无二氧化硫的有色金属冶炼方法——有色金属硫化矿及含硫物料的还原造锍熔炼[J]. 有色金属,2000,(4):58 ~ 60.
[190] 锡矿山矿务局. 湿法处理锑矿试验报告[R]. 研究报告,1959.
[191] 锡矿山矿务局. 浮选硫氧混合锑精矿湿法浸出初步试验小结[R]. 研究报告,1971.
[192] 肖永福. 硫化锑精矿的湿法冶炼[J]. 湖南冶金,1984,(1):9 ~ 13.
[193] Ivkovic V. Leaching of Antimonites and Their Concentrates with Sodium Sulfide Solutions, Glasnik-khem. Drushtva Beograd,1955, 20:211.
[194] Anan'ev, N. I. et al. Reactions of Antimony Compounds with Sodium Sulfate, Tr. Inst. Met. Obogashch. Akad. Nauk Kaz SSR,1965,13:96.
[195] Holmes W C. Recovering Antimony from Stibnite Concentrates, U. S. Pat. No. 3657081, 18 Apr. 1972.
[196] Solozhenkin P M, et al. Leaching of Antimony from Antimony-containing Raw Material, USSR pat. No. 872586, 15 Oct. 1981.
[197] Jaroslau D, Jivi K. Separation of Antimony from Bismuth in the Processing of Antimony - bismuth Materials, Czech. Pat. No202856, 15 Sep. 1982.
[198] Grigor'ev Yu O. et al. Leaching of Antimony from Manganese-antimony Deposits during Treatment of Sulfide-alkaline Electrolytes[J]. Tsvetn. Metally, 1984, 2:24.
[199] Grigor'ev Yu O. Complate Extraction of Antimony from a Spent Sulfide-alkaki Electrolyte[J]. Tsvetn. Metally, 1983, (11): 20.
[200] Ettel V A. Fundamentals, Practice and Control in Electrodeposition - an overview[J]. Process Metall, 1984, (3): 1.
[201] Wikstron L L, Nobe Ken. Electrode Kinetics of Antimony in Alkaline Solution[J]. J. Appl. Electrochem., (1984),14 (2): 257.
[202] Marinkina G A, et al. Extraction of Antimony from Chloride Solutions, Czech. Pat. No. 199832, 1 Nov. 1982.
[203] Bigelis V, Takhirova M N. Kinetics of the Electrodeposition of Antimony from Strongly Acidic Fluoride Electrolytes[J]. DOKL. Akad. Nauk UZSSR, 1983, (6): 2.
[204] Tolokonnikov L I, et al. Antimony Trichloride-antimony Trioxide Water System at 25℃[J]. Zh. Neorg. Khim., 1984,29(1): 244.
[205] 钟竹前. 湿法冶金过程[M]. 长沙:中南工业大学出版社,1988.
[206] 杨显万,等. 矿浆电解原理[M]. 北京:冶金工业出版社,2000.
[207] 谢祥林,等. 有色金属科学技术进展[M]. 长沙:中南工业大学出版社,1994:455 ~ 458.
[208] 柳巧越,孙文粹,李承鹏,等. $FeCl_3$ 溶液浸取辉锑矿工艺过程的研究 1(最佳浸取工艺条件的选择)[J]. 华东化工学院学报,1991,(6):254 ~ 257.
[209] 柳巧越,孙文粹,朱炳承. $FeCl_3$ 溶液浸取辉锑矿工艺过程的研究 2(浸取动力学)[J]. 华东化工学院学报,1991,(6):258 ~ 264.
[210] 张元福,陈家蓉,樊远鉴. 辉锑矿的电氯化浸出及其产物处理[J]. 有色金属(冶炼部分),1991,

(6):24~26.

[211] 张元福. 辉锑矿电氯化浸出与锑的同时电积[J]. 有色金属, 1993,(5):87~88.

[212] 姜德全. 氯化-饱和水解法生产锑白[J]. 陕西化工,1991,(1):48~49.

[213] 柳巧越,孙文粹,李承鹏,等. 三氯化铁溶液浸取辉锑矿制取锑白工艺过程的研究[J]. 无机盐工业, 1991,(2):2~5

[214] 龚竹青, 陈白珍, 曹再珍. 锑(Ⅲ)-氯和锑(Ⅲ)-羟基络合物的研究[J]. 中南矿冶学院学报, 1981,(3):72~78.

[215] 许晓明,郑蒂基,傅崇说. 锑湿法冶金的基础研究——爆锑中氯化物的X射线光电子能谱研究[J]. 中南矿冶学院学报,1987,(2):31~37.

[216] 郑蒂基,许晓明,傅崇说. 锑湿法冶金的基础研究——关于爆锑的形成条件[J]. 中南矿冶学院学报, 1986,(6):24~31.

[217] 龚竹青. 电流密度对阴极锑沉积物质量的影响[J]. 中南大学学报,1987,(2):87~91.

[218] 康思琦 傅崇说. 辉锑矿浸出动力学的研究[J]. 矿冶工程,1989,(12):58~60.

[219] 罗国良. 加强工程管理发挥投资效益——锡矿山矿务局湿法炼厂改建成锑白生产系统[J]. 湖南有色金属,1990,(2):59~60.

[220] 杨松青,龚竹青. 硫化碱溶液中电积锑的电极动力学参数的测定[J]. 中南大学学报,1980,(9): 62~68.

[221] 肖永福. 硫化锑精矿的湿法冶金[J]. 有色金属,1981,(2):67~72.

[222] 湖南冶金研究所. 湿法浸出锑的高压氢还原试验[J]. 有色金属(冶炼部分), 1974(6):62~63.

[223] 蒋汉瀛. 湿法炼锑的电化学基础研究[J]. 有色金属(冶炼部分), 1981(2):23~28.

[224] 薛福连. 湿法炼锑浸出液及电解液中硫化钠的测定[J]. 云南冶金,2002,(2):44~45.

[225] 蒋汉瀛,舒余德,赵瑞荣,等. 在 Na_2S、NaOH 浸出液中电沉积 Sb 时的电化学行为[J]. 金属学报, 1982,(6):378~386.

[226] 刘伯龙,李俊明,李蓉晖. 粗锑火法精炼除铅[J]. 有色金属(冶炼部分), 1996,(6):24~26.

[227] 周西银. 粗锑加 Me 精炼除硒[J]. 有色金属(冶炼部分), 1991,(4):14.

[228] 伍光明, 黄新跃. 高砷锑铅的初步火法精炼[J]. 株冶科技, 2000,(2):9~10.

[229] 曹 辉,张传福,张训鹏,等. 高铜粗锑火法精炼除铜研究[J]. 有色金属(冶炼部分), 2003,(3): 10~12.

[230] 金贵忠. 快速除砷除硒炼锑新工艺[J]. 中国有色冶金,2005,(2):20~22.

[231] 王 英,陈少纯. 锑火法精炼除铅的研究[J]. 广东有色金属学报, 2004,(11):111~113.

[232] 锡矿山闪星锑业有限责任公司. 一种锑冶炼火法精炼除砷除硒方法[J]. 甘肃冶金, 2005(3):136.

[233] 锡矿山矿务局. 关于粗锑碱性精炼的几个问题[R]. 研究报告,1964.

[234] 湘西金矿. 贵锑电解收金生产实践[J]. 有色金属(冶炼部分),1976,(5):63~64.

[235] 林艳. 粗锑电解精炼的工艺及机理研究[D]. 昆明理工大学,2006.

[236] 戴永年. 有色金属真空冶金[M]. 北京:冶金工业出版社,1998.

[237] 戴永年,等, 有色金属材料的真空冶金[M]. 北京:冶金工业出版社,2000.

[238] 李淑兰,戴永年. 粗锑真空蒸馏精炼[J]. 昆明工学院学报,1989(6):48~55.

[239] 何发泉,刘中华,陈雯. 铅锑合金分离研究现状及问题初探[J]. 有色矿冶,2000,(2):38~40.

[240] 冉俊铭. 铅锑合金火法分离工艺探讨[J]. 湖南有色金属, 2004,(8):22~23.

[241] 朱福良,华一新,高云涛. PbS-Sb_2S_3 二元系在水蒸气气氛下的铅锑分离研究[J]. 有色金属(冶炼部分), 2003,(5):2~5.

[242] 徐养良,华一新. 脆硫铅锑矿铅锑分离新工艺研究[J]. 中国有色冶金, 2005,(10):44~46.

[243] 王志英,朱祖泽,刘纯鹏. 硫化铅锌锑矿一步获取金属新工艺的研究[J]. 昆明理工大学学报, 1996,

(12):148~154.
[244] 朱福良,华一新. 铅锑复杂硫化矿中锑的挥发动力学[J]. 有色金属(冶炼部分),2002,(6):10~13.
[245] 唐朝波,唐谟堂,姚维义,等. 脆硫铅锑精矿短回转窑还原造锍熔炼半工业试验[J]. 矿冶工程,2004,(2):51~53.
[246] 韦元基. 脆硫铅锑矿鼓风炉死炉的原因及预防措施[J]. 有色金属(冶炼部分),2005,(2):8~10.
[247] 唐朝波,唐谟堂,姚维义,等. 脆硫铅锑矿精矿的还原造锍熔炼[J]. 有色金属(冶炼部分),2003,(10):502~505.
[248] 张天禄. 脆硫铅锑矿苏打熔炼直接产出粗金属的研究[J]. 昆明工学院学报,1985,(4):43~48.
[249] 凌云汉. 脆硫锑铅矿的沸腾焙烧实践[J]. 有色金属(冶炼部分), 1996,(3):19~21.
[250] 韦万新. 脆硫锑铅矿火法流程生产高铅锑合金的实践[J]. 有色冶炼,1992,(2):42~45.
[251] 符金开. 挥发法熔炼脆硫锑铅矿精矿生产实践[J]. 江西冶金,2004,(4):9~11.
[252] 唐朝波. 铅－锑还原造锍熔炼新方法研究[D]. 中南大学,2003.
[253] 张寅生,王成彦,江培海,等. P204 萃取分离锑铁工艺研究[J]. 有色金属(冶炼部分),2003,(2):2~4.
[254] 王成彦,邱定蕃,江培海,等. 脆硫锑铅矿矿浆电解过程流的形成机理[J]. 有色金属,2002,(11):42~46.
[255] 王成彦,邱定蕃,江培海. 脆硫锑铅矿矿浆电解机理研究[J]. 有色金属, 2003,(2):25~28.
[256] 王成彦,邱定蕃,江培海,等. 脆硫锑铅矿矿浆电解试验研究[J]. 有色金属,2002,(8):24~27.
[257] 王成彦,邱定蕃,江培海,等. 复杂锑铅精矿矿浆电解研究[J]. 矿冶,2002,(9):51~55.
[258] 王成彦,邱定蕃,江培海. 复杂锑铅矿矿浆电解工艺和理论研究[J]. 有色冶炼,2002,(12):72~75.
[259] 王成彦. 复杂锑铅矿矿浆电解工艺及理论研究[D]. 昆明理工大学,2002.
[260] 王成彦,邱定蕃,江培海,等. 复杂锑铅矿矿浆电解过程银的控制浸出[J]. 有色金属(冶炼部分),2002,(3):31~34.
[261] 王成彦,邱定蕃,江培海,等. 矿浆电解法处理脆硫锑铅矿的介质体系选择[J]. 有色金属,2002,(5):35~39.
[262] 唐谟堂,赵天从. AC 法处理大厂脆硫锑铅矿精矿[J]. 有色金属(冶炼部分), 1989,(6):13~16.
[263] 广西冶金试验研究所冶金室. 脆硫铅锑矿硫化钠浸出电积锑[J]. 有色金属(冶炼部分),1976,(6):50~53.
[264] 赵瑞荣,蒋汉瀛,秦毅红. 脆硫锑铅精矿电沉积锑的阳极过程[J]. 金属学报,1990,(4):82~86.
[265] 赵瑞荣,曾振欧,王天有. 脆硫锑铅精矿浸出过程中 Sb、Sn、As 行为的研究[J]. 有色金属(冶炼部分),1990(2):21~24.
[266] 赵瑞荣,蒋汉瀛,曾振欧,等. 脆硫锑铅精矿浸出过程中 Sb、Sn、As 行为的研究[J]. 金属学报,1990,(2):48~53.
[267] 王俊中. 方铅矿及脆硫铅锑矿的浸出新工艺研究[D]. 昆明理工大学,2001.
[268] 余延年,周兴茂,李楚颐. 湿法提锑电流效率的研究[J]. 有色金属,1985,(8):59~62.
[269] 唐谟堂,鲁君乐,晏德生,等. 新氯化－水解法处理大厂脆硫锑铅矿精矿[J]. 有色金属(冶炼部分),1991,(5):20~22.
[270] 鲁君乐,唐谟堂,贺青蒲,等. 新氯化－水解法处理铅阳极泥[J]. 有色金属(冶炼部分),1992,(3):21~23.
[271] 唐谟堂,赵天从,鲁君乐,等. 新氯化－水解法的原理和应用[J]. 中南矿冶学院学报,1992,(8):405~411.
[272] 唐谟堂,王玲. 中和水解法处理脆硫锑铅精矿浸出液新工艺[J]. 中南工业大学学报,1997,(6):226~228.

[273] 朱福良,华一新,高云涛. $PbS - Sb_2S_3 - FeS$ 三元系在水蒸气气氛下的铅锑分离[J]. 中南工业大学学报,2003,(6):2~6.
[274] 冉俊铭,史文革,郑燕琼.脆硫铅锑矿生产精铅工艺研究[J]. 湖南有色金属,2004,(4):15~16.
[275] 吕勇明. 脆硫铅锑矿生产精锑的工艺总结[J]. 有色金属(冶炼部分),2001,(2):23.
[276] 吕勇明. 提高铅锑电解电流效率的工艺研究[J]. 有色冶炼,1999,(2):36~37.
[277] 陈金彪,范翔,安剑刚. 反射炉炼锑二段脱砷二段脱铅法生产实践[J]. 湖南有色金属,2006,(10):33~35.
[278] 冯冀燕. 汞锑复合矿的分离提取工艺[J]. 有色金属(冶炼部分),1990,(5):40~43.
[279] 冯冀燕. 汞锑混合精矿的真空蒸馏焙烧分离[J]. 西安冶金建筑学院学报, 1990,(9):245~250.
[280] 刘共元,刘勇. 鼓风炉挥发熔炼锑金精矿工艺探讨[J]. 有色金属(冶炼部分),2003,(3):35~37.
[281] 刘寿山. 湖南金砷锑难处理矿石选冶生产现状及其改进意见[J]. 湖南冶金,1994,(1):20~24.
[282] 王树霞,李一. 锑金砷多金属硫化矿的浮选分离[J]. 黄金,1988,(6):42~45.
[283] 高 军. 降低鼓风炉渣含铅、锑工业试验研究[J]. 湖南有色金属,2005,(12):11~13.
[284] 夏丹葵,戴永年,曹阳. 难选氧化锑矿的真空热还原[J]. 真空科学与技术, 1994,(1):51~56.
[285] 周淑珊,罗绍尧. 氧化锑矿还原焙烧:碱浸矿浆电积法提取锑[J]. 有色金属(冶炼部分),1992,(4):27~29.
[286] 傅政,韩德荣,徐成浩. 易熔低品位锑矿冶炼新技术[J]. 有色金属(冶炼部分),1989,(4):14~16.
[287] 黄维杰. 直接处理混合锑矿的生产实践[J]. 有色金属(冶炼部分),1996,(5):30~34.
[288] 张多默,肖松文,刘志宏,等. Ostwald 规则与湿法锑白晶型控制[J]. 中南工业大学学报,2000,(4):121~123.
[289] 刘云霞. $PbCl_2$ 在不同盐酸浓度. Sb^{3+} 浓度和温度条件下溶解度的研究[J]. 稀有金属,2000,(7):270~272.
[290] 石西昌,秦毅红. Sb_2O_3 表面改性研究[J]. 塑料工业,1999,(11):41~42.
[291] 莫新朝. Sb_2O_3 粒度对阻燃材料性能影响及其控制[J]. 阻燃材料与技术, 2000,(4):8~10.
[292] 段学臣,张多默,赵天从. 超微锑白(Sb_2O_3)的研究[J]. 中南矿冶学院学报,1999,(10):485~490.
[293] 刘启劲. 超微细三氧化二锑的生产方法及设备[J]. 湖南化工, 1991,(1):53~55.
[294] 肖松文,刘志宏,李启厚,等. 超细立方晶型锑白粉的湿法制备新工艺[J]. 矿冶工程,1999,(9):39~41.
[295] 聂晓军,朱柒金,陈庆邦. 从复杂含砷锑银矿制取立方晶型锑白[J]. 矿产综合利用,2000,(2):5~9.
[296] 李景国, 修蔼田. 从含锑工业废渣中制取锑白工艺过程的研究[J]. 无机盐工业,1996,(4):37~39.
[297] 李景国,姜胤. 从含锑工业废渣中制取锑白工艺过程的研究[J]. 辽宁化工, 1996,(3):39~41.
[298] 胡汉祥,何晓梅,谢华林. 从铅阳极泥中制备纳米三氧化二锑粉体的研究[J]. 武汉理工大学学报,2006,(4):14~16.
[299] 甘庆民,胡乃信,吴鸿铭,等. 从锑矿石制备三氯化锑的工艺研究[J]. 材料工程,1997,(1):38~39.
[300] 冉春玲,何占航,王振民,等. 从中低品位辉锑矿制取锑白的湿法工艺[J]. 河南化工,1995,(8):4~6.
[301] 刘福峰. 等离子炉超细锑白生产中除铅技术的探讨[J]. 有色冶炼,1996,(4):49~50.
[302] 程雪琴. 等离子体法年产 300 吨超微粒三氧化二锑[J]. 科技发展动态, 1992,(4):18~23.
[303] 何书燊. 等离子体生产 Sb_2O_3 的装置及工艺[J]. 有色冶炼, 2003,(1):26~29.
[304] 符金开,罗晓春,余伦. 等离子体锑白炉生产超细三氧化二锑粉末试验研究[J]. 湖南有色金属,2003,(12):35~36.
[305] 叶有明. 低铅砷含量超细锑白产品的研制[J]. 中国有色冶金,2004,(10):16~18.

[306] 魏明坤,张丽鹏. 低压制备纳米 Sb_2O_3 粉的研究[J]. 武汉理工大学学报, 2001,(6):21~23.

[307] 宋如泽, 戴永俊. 低杂质催化剂三氧化二锑[J]. 聚酯工业,2004(12):13~15.

[308] 张元福,陈家蓉. 电氯化法制取锑白副产烧碱试验研究[J]. 无机盐工业, 1992,(2):10~13.

[309] 吴少华,谭显铂,戴永俊. 顶吹法生产锑白新工艺的研究与应用[J]. 中国有色冶金,2006,(8):23~25.

[310] 邬建辉, 张传福. 浮选硫化锑精矿小型鼓风炉挥发熔炼生产超细氧化锑[J]. 有色金属(冶炼部分),2001,(5):14~15.

[311] 段学臣, 黄蔚庄, 赵天从. 高纯超细锑白的研制[J]. 矿冶工程, 1998(6):61~63.

[312] 黄初荣,戴新. 高频等离子体工艺生产聚酯催化剂三氧化二锑[J]. 聚酯工业, 1996(4):23~24.

[313] 柳松. 高铅粗锑氧制取锑白的研究[J]. 无机盐工业, 2007(1):19~20.

[314] 周华文. 工业粗锑氧盐酸法直接制取锑白新工的研究[J]. 株冶科技,1994(8):65~70.

[315] 唐仕祥. 工业化生产过程中锑白结晶条件与纯度的关系[J]. 湖南冶金,2006,(2):20~23.

[316] 唐仕祥. 工业锑白炉试制粗颗粒 Sb_2O_3 的研究[J]. 湖南冶金,1998,(5):8~10.

[317] 卢铁贵,徐锡华. 国内外超微粒锑白的制取技术现状[J]. 陕西化工,1996,(4):11~13.

[318] 阮德水,李德华. 辉锑矿湿法制取锑白[J]. 化学与生物工程,1993,(3):2~5.

[319] 石锑中. 火法制取锑白的生产实践[J]. 有色金属(冶炼部分),1990,(3):17~18.

[320] 李启厚,肖松文,刘志宏,等. 酒石酸根离子控制锑白粉末结构形貌的模板作用行为[J]. 高等学校化学学报,2000,(9):1344~1347.

[321] 吕志平, 吴岚, 李福祥, 等. 立方晶体三氧化二锑的制备[J]. 太原理工大学学报,2001,(9):510~512.

[322] 郦东浩. 硫化锑精矿湿法制取锑白和硫脲新工艺研究[J]. 广西化工, 1989,(4):3~9.

[323] 许素敏,刘秀庆. 硫化锑矿直接制取锑白的研究[J]. 甘肃冶金, 2003,(3):24~26.

[324] 姜德全. 氯化-饱和水解法生产锑白[J]. 陕西化工,1991,(1):48~49.

[325] 阮越中,李宁,韦秀龙,等. 氯化-干馏-水解法处理铅锑多金属硫化矿制取零级锑白[J]. 有色金属(冶炼部分),1993,(5):8~10.

[326] 李文杰, 徐本富. 论酸法锑白工艺[J]. 广东工学院学报,1993,(5):51~58.

[327] 甘庆民, 杨秉文. 耐光三氧化二锑的制备[J]. 化学世界,1997,(5):243~245.

[328] 彭长宏,唐谟堂,杨声海,等. 铅碱性精炼废渣制取三氧化二锑[J]. 中南工业大学学报,2001,(6):577~579.

[329] 张荣良,丘克强,胡汉祥,等. 铅锑复合渣于低温真空蒸发直接制备纳米 Sb_2O_3[J]. 中南大学学报,2006,(10):948~953.

[330] 周树栋,李培友. 浅谈锑白的湿法生产[J]. 有色金属(冶炼部分),1995,(5):12~13.

[331] 蔡芝林. 切莫盲目发展湿法锑白[J]. 甘肃化工,1990,(4):17~18.

[332] 柳巧越,孙文粹,李承鹏,等. 三氯化铁溶液浸取辉锑矿制取锑白工艺过程的研究[J]. 无机盐工业,1991,(2):2~5.

[333] 宋燕妮. 三氧化二锑超微细粉体材料的一种制备工艺[J]. 贵州化工,1996,(1):33~35.

[334] 黄云翔. 三氧化二锑的制造和用途[J]. 广州化工,1995,(3):27~30.

[335] 唐仕祥. 三氧化二锑粒度的控制[J]. 湖南冶金,1997(7):45~46.

[336] 陈献桃,李革新. 三氧化二锑提纯的研究[J]. 岳阳师范学院学报,2001,(12):62~63.

[337] 邓志城, 崔英德, 朱柒金. 湿法立方晶锑白的制备方法及主要应用[J]. 广州化工,2000,(4):154~156.

[338] 段学臣,赵天从. 湿法锑白的晶型转变[J]. 中国有色金属学报,1996,(3):36~39.

[339] 雷新有,刘新文,左国防,等. 湿法锑白生产中还原液水解工艺控制[J]. 应用化工,2001,(2):

42 ~ 43.
[340] 肖松文,肖骁,刘志宏,等. 水解法锑白的晶型结构控制机理[J]. 无机材料学报,2000,(8):589 ~ 594.
[341] 杜澍芝,黄华堂. 酸法制取细粒级锑白[J]. 云南冶金,1994,(3):36 ~ 39.
[342] 列醒泉,钟启愚,林世英,等. 酸性五氯化锑溶液浸出硫化锑矿制取锑白[J]. 中南矿冶学院学报,1990,(12):615 ~ 621.
[343] 韩汉民. 特纯三氧化二锑的制备[J]. 辽宁化工,1994,(12):8.
[344] 陈正. 锑白白度影响因素的研究[J]. 有色金属(冶炼部分),2000,(2):38 ~ 40.
[345] 郑文裕,刘希澄,沈展中,等. 锑白生产新工艺——用三氯化锑水解法制取三氧化二锑[J]. 湿法冶金,1991,(3):13.
[346] 朱裕彬. 锑锭氧化法生产高质量 Sb_2O_3[J]. 湖南化工,1990,(3):47.
[347] 郑文裕,刘希澄,沈展中,等. 锑精矿氯水浸出液水解法生产锑白粉[J]. 冶金丛刊,1991,(2):10 ~ 14.
[348] 刘希澄,郑文裕,沈展中,等. 锑矿酸性氯水浸出法生产锑白的研究[J]. 冶金丛刊,1992,(3):4 ~ 10.
[349] 胡南秋. 锑杂废料冶炼高纯超细三氧化二锑技术[J]. 发展论坛,2000,(10):14 ~ 16.
[350] 宋如泽. 微粒高纯三氧化二锑的工业试验研究[J]. 甘肃有色金属,1998(1):38 ~ 41.
[351] 梅显芝,赖传介,赵瑞荣. 温度和炉料含铅量对锑白质量的影响[J]. 矿冶工程,1994(3):41 ~ 44.
[352] 孙克萍,张念炳,先 桁. 用等离子体蒸发制备超细高纯锑白的研究[J]. 有色金属(冶炼部分),2005,(5):47 ~ 48.
[353] 李德华,阮德水. 由辉锑矿湿法制取高纯锑白工艺研究[J]. 湖北化工,1993,(3):16 ~ 18.
[354] 钟启愚,列醒泉,林世英,等. 杂质对锑白白度的影响[J]. 中南矿冶学院学报,1990,(12):610 ~ 614.
[355] 卞东. 阻燃级三氧化二锑自动化生产工艺[J]. 有色金属(冶炼部分),1999,(3):16 ~ 17.
[356] 陈鸿彬. 高纯试剂提纯与制备[M]. 上海:上海科学技术出版社,1983.
[357] 韩长日. 电子与信息化学品制造技术[M]. 北京:科学技术文献出版社,2001.
[358] 舒万艮. 有色金属精细化工产品生产与应用[M]. 长沙:中南工业大学出版社,1995.
[359] 马娴贤,姚卡玲,吴集贵,等. 碱性介质氧化法制备锑酸钠的工艺探讨[J]. 无机盐工业,1995,(6):4 ~ 6.
[360] 梁永棠,钟宁远. 氯化法生产锑酸钠工艺[J]. 无机盐工业,1991,(1):14 ~ 18.
[361] 梁永棠,钟宁远. 氯化法生产锑酸钠工艺[J]. 有色冶炼,1991,(6):44 ~ 47.
[362] 曹振欧. 锑酸钠的应用与制备方法[J]. 湖南化工,1991,(1):24 ~ 26.
[363] 杜燕军,申小清,李中军. 氧化回流法制备锑酸钠工艺研究[J]. 河南师范大学学报,2000,(1):47 ~ 49.
[364] 曹振欧,赵瑞荣,关选国. 氧化回流法制备锑酸钠研究[J]. 无机盐工业, 1991,(1):11 ~ 13.
[365] 张永战,刘金盾,张香平,等. 一步法合成锑酸钠的研究[J]. 河南化工, 1998,(2):22 ~ 23.
[366] 刘述平, 唐湘平. 由金锑共生矿制取锑酸钠[J]. 矿产综合利用,2002,(6):16 ~ 18.
[367] 黄春林,李德昌,罗桂新,等. 硫代锑酸锑的合成研究[J]. 现代化工,1999(7):24 ~ 26.
[368] 唐中坤,周昕,何国强,等. 硫代锑酸锑的合成与应用[J]. 合成润滑材料, 2000,(4):14 ~ 18.
[369] 唐中坤,周昕,何国强,等. 硫代锑酸锑的合成与应用[J]. 化学世界,2001,(5):268 ~ 270.
[370] 阳卫军,唐谟堂. $Sb_4O_5Cl_2$ 阻燃助剂的制备工艺[J]. 中南工业大学学报, 2001,(3):273 ~ 276.
[371] 阳卫军, 唐谟堂. SbOCl 阻燃剂的酸法合成[J]. 中南工业大学学报, 2000,(6):520 ~ 523.
[372] 段学臣, 杨向萍, 黄蔚庄. 高纯三氯化锑的制备[J]. 中南工业大学学报, 2001,(2):169 ~ 172.
[373] 刘述平. 我国的锑深加工产品[J]. 矿产综合利用,2003,(1):29 ~ 32.

[374] 赵瑞荣,石西昌. 锑冶金物理化学[M]. 长沙:中南大学出版社,2006.
[375] 金哲男,蒋开喜,魏绪钧,等. 处理炼锑砷碱渣的新工艺[J]. 有色金属(冶炼部分),1999,(5):11 ~ 14.
[376] 陈顺. 从高砷高锑烟灰中综合回收有价金属工艺研究[J]. 株冶科技, 2002,(1):5 ~ 7.
[377] 李义兵,陈白珍,王之平,等. 分银渣铅锑浸出工艺研究[J]. 有色金属(冶炼部分),2004,(5):9 ~ 11.
[378] 张广汉. 火法炼银产锑烟尘的湿法处理[J]. 南方金属,2003,(6):35 ~ 37.
[379] 锡矿山矿务局. 炼锑砷碱渣综合利用[J]. 湖南冶金,1982,(2):60 ~ 65.
[380] 宾万达,陈希鸿,杨天足,等. 氯氧锑渣的处理[J]. 矿冶工程,1995,(3):41 ~ 44.
[381] 唐谟堂,陈进中,蔡传算. 铅锑精矿氯化浸出渣处理新工艺(I) - 苏打转化研究[J]. 中南工业大学学报,1995,(2):164 ~ 167.
[382] 王建强. 湿法处理砷碱渣制备胶体五氧化二锑的研究[D]. 中南大学,2005.
[383] 王建强,王云燕,王欣,等. 湿法回收砷碱渣中锑的工艺研究[J]. 环境污染治理技术与设备,2006,(1):65 ~ 67.
[384] 陈超伦. 湿法炼锑废水处理的研究[J]. 环境污染与防治,1985,(5):24 ~ 26.
[385] 任学佑. 湿法冶金处理含锑(Sb)工业废料[J]. 现代材料动态,2002,(5):12.
[386] 杜军. 锑矿选矿尾矿废水的处理研究[J]. 甘肃有色金属,1995,(4):32 ~ 35.
[387] 王贵生. 锑矿渣作铁质原料稳定生产优质水泥[J]. 贵州建材,2001,(2):43.
[388] 国家发展改革委环境和资源综合利用司. 我国砷碱渣综合利用情况及对策建议[J]. 中国经贸导刊,2004,(1):29.
[389] 仇勇海,卢炳强,陈白针,等. 无污染砷碱渣处理技术工业试验[J]. 中南工业大学学报,2005,(2):234 ~ 237.
[390] 客绍英,石洪凌,刘冬莲. 锑的污染及其毒性效应和生物有效性[J]. 化学世界,2005,(6):382 ~ 383.
[391] 何天荣. 小型化工冶炼厂生产"四白"粉的尘毒危害及其防治[J]. 工业安全与防尘,1998,(3):31.
[392] 张 志. 氧化 - 铁盐混凝一体法处理碱性含砷废水的研究[D]. 广东工业大学,2003.
[393] Dr. Agena P A G Francis,Campine N V,IZ Kanaal . 氧化锑的毒性研究——阻燃剂氧化锑和其他锑化合物对人和环境危害的文献综述[J]. 阻燃材料与技术,2000,(5):12 ~ 15.